浙江省高职院校"十四五"重点立项建设教材

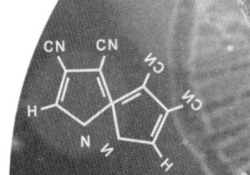

生物化学与分子生物学

陈阳建 范三微 ◎主编

浙江大学出版社
·杭州·

图书在版编目（CIP）数据

生物化学与分子生物学 / 陈阳建，范三微主编. -- 杭州：浙江大学出版社，2024.5
ISBN 978-7-308-24935-5

Ⅰ.①生… Ⅱ.①陈… ②范… Ⅲ.①生物化学 ②分子生物学 Ⅳ.①Q5②Q7

中国国家版本馆 CIP 数据核字(2024)第 091830 号

生物化学与分子生物学
SHENGWU HUAXUE YU FENZI SHENGWUXUE

陈阳建　范三微　主编

责任编辑	秦　瑕
责任校对	徐　霞
封面设计	春天书装
出版发行	浙江大学出版社
	（杭州市天目山路148号　邮政编码310007）
	（网址：http://www.zjupress.com）
排　　版	杭州青翱图文设计有限公司
印　　刷	杭州高腾印务有限公司
开　　本	889mm×1194mm　1/16
印　　张	24.25
字　　数	803千
版 印 次	2024年5月第1版　2024年5月第1次印刷
书　　号	ISBN 978-7-308-24935-5
定　　价	78.00元

版权所有　侵权必究　　印装差错　负责调换

浙江大学出版社市场运营中心联系方式:0571-88925591;http://zjdxcbs.tmall.com

编 委 会

主　编　陈阳建　范三微
副主编　袁莉霞　宋潇达　方春生
编　者　(按姓氏笔画排序)
　　　　方春生　广东食品药品职业学院
　　　　许丽丽　浙江药科职业大学
　　　　李凤燕　浙江药科职业大学
　　　　吴丽双　浙江药科职业大学
　　　　何军邀　浙江药科职业大学
　　　　宋潇达　中国药科大学
　　　　张立飞　浙江药科职业大学
　　　　陈阳建　浙江药科职业大学
　　　　范三微　浙江药科职业大学
　　　　林正槐　浙江华海药业股份有限公司
　　　　罗　方　浙江药科职业大学
　　　　胡晓静　正大天晴药业集团股份有限公司
　　　　袁莉霞　浙江药科职业大学
　　　　彭　昕　宁波市中医药研究院
　　　　董丽辉　浙江药科职业大学

前 言

生物化学与分子生物学是高等职业教育药学、食品等相关专业的重要基础课程,可为学生后续专业课程的学习提供理论和技术支持。在传承众多优秀教材的基础上,本教材注重改革和创新,以够用、实用、适用为标准,突出工学结合,体现职业教育特色,既注重理论基础知识的学习,又强调技能的提高和综合职业素质的培养,以满足相关职业岗位的需求。

在整体上,本教材遵循知识性、系统性、科学性、前瞻性和实用性的原则,知识面宽、浅显易懂,力图使教师易教,学生易学;在编写内容上,突出工学结合,进一步强化学科与生命健康、生物医药的关系,力求体现生物化学与分子生物学的应用和新进展,并将相关知识整合至各章节;在编写模式上,充分体现"以学生为中心"的理念,每章设置"学习目标""案例分析""知识链接""本章小结""在线测试""思考题"等模块,全书精选了十二个实验项目,以增强教材内容的可读性、趣味性和应用性;同时,本教材还提供电子课件、教学视频、在线测试题等数字化资源,便于学生自主学习。本教材有较强的实用性和针对性,可供高等职业院校药学类、中药类、制药类、食品类及化妆品等相关专业的教学使用,也可作为同等学力人员和相关行业从业人员的培训和学习用书。

本教材编写分工如下:绪论由陈阳建和宋潇达编写;第一章由罗方和许丽丽编写;第二章由李凤燕和陈阳建编写;第三章由袁莉霞和何军邀编写;第四章由袁莉霞和陈阳建编写;第五章由陈阳建编写;第六章由范三微和方春生编写;第七章由吴丽双编写;第八章由罗方和彭昕编写;第九章由范三微和张立飞编写;第十章由范三微和方春生编写;第十一章由陈阳建和董丽辉编写;第十二章由陈阳建和林正槐编写;第十三章至第十五章由范三微和方春生编写;第十六、十九、二十一章由陈阳建编写;第十七章由李凤燕和胡晓静编写;第十八、二十章由袁莉霞和宋潇达编写;全书由陈阳建进行统稿。

鉴于编者学术水平有限,难免有疏漏不当之处,恳请同行、专家及广大读者批评指正。

目 录 CONTENTS

绪 论 ············ 1
第一节 生物化学与分子生物学的发展简史 / 1
第二节 生物化学与分子生物学的研究内容 / 3
第三节 生物化学与分子生物学和医药学的关系 / 4

第一章 蛋白质的化学 ············ 6
第一节 蛋白质的化学组成 / 6
第二节 蛋白质的分子结构 / 10
第三节 蛋白质的结构与功能的关系 / 15
第四节 蛋白质的理化性质 / 17
第五节 蛋白质的分离纯化与分析鉴定 / 21
第六节 氨基酸、多肽和蛋白质类药物 / 26
实验项目一 考马斯亮蓝染色法测定蛋白质含量 / 29
实验项目二 SDS-聚丙烯酰胺凝胶电泳测定蛋白质相对分子质量 / 30

第二章 核酸的化学 ············ 34
第一节 核酸的化学组成 / 35
第二节 核酸的分子结构 / 39
第三节 核酸的理化性质 / 46
第四节 核酸的分离纯化与含量测定 / 49
第五节 核酸类药物 / 52
实验项目三 酵母RNA的提取及组分鉴定 / 55

第三章 酶 ············ 58
第一节 酶的概述 / 58
第二节 酶的分子组成与结构 / 61
第三节 酶的作用机制 / 65
第四节 酶促反应动力学 / 67
第五节 酶的调节与多样性 / 75
第六节 酶在医药方面的应用 / 79
实验项目四 淀粉酶的提取及活力测定 / 83
实验项目五 影响酶促反应速率的因素 / 85

第四章　维生素······89

第一节　维生素概述　/ 89
第二节　脂溶性维生素　/ 91
第三节　水溶性维生素　/ 94
第四节　维生素类药物　/ 100
实验项目六　果蔬中维生素C的含量测定　/ 103

第五章　糖类化学与糖类代谢······105

第一节　糖的化学与功能　/ 105
第二节　糖的消化、吸收与糖代谢概况　/ 109
第三节　糖的分解代谢　/ 110
第四节　糖异生作用　/ 123
第五节　糖原的合成与分解　/ 126
第六节　血糖的调节与糖代谢紊乱　/ 130
第七节　糖类药物　/ 133
实验项目七　糖酵解中间产物的鉴定　/ 137
实验项目八　胰岛素和肾上腺素对血糖浓度的影响　/ 138

第六章　生物氧化······141

第一节　生物氧化概述　/ 141
第二节　线粒体氧化体系　/ 142
第三节　非线粒体氧化体系　/ 151

第七章　脂类化学与脂类代谢······155

第一节　脂类的化学与功能　/ 155
第二节　脂类的消化、吸收与转运　/ 159
第三节　脂肪的代谢　/ 163
第四节　类脂的代谢　/ 172
第五节　脂类代谢的调节与代谢紊乱　/ 176
第六节　脂类药物　/ 177
实验项目九　肝中酮体的生成作用　/ 180

第八章　蛋白质的分解代谢······182

第一节　蛋白质的营养作用　/ 182
第二节　蛋白质的消化、吸收与腐败　/ 183
第三节　氨基酸的一般代谢　/ 184
第四节　个别氨基酸的代谢　/ 192
实验项目十　血清丙氨酸氨基转移酶的活力测定　/ 200

第九章　核苷酸代谢 ········· 202

　　第一节　核苷酸的分解代谢 / 202
　　第二节　核苷酸的合成代谢 / 205
　　第三节　核苷酸的代谢障碍 / 210

第十章　物质代谢调控 ········· 213

　　第一节　物质代谢的特点 / 213
　　第二节　物质代谢的相互联系 / 215
　　第三节　物质代谢的调节 / 217
　　第四节　抗代谢物和代谢抑制剂 / 222

第十一章　细胞信息转导 ········· 225

　　第一节　细胞信号转导概述 / 225
　　第二节　细胞信号转导途径 / 230
　　第三节　细胞信号转导的基本规律 / 237
　　第四节　细胞信号转导异常与疾病的关系 / 238

第十二章　药物在体内的转运和生物转化 ········· 242

　　第一节　药物在体内的转运 / 242
　　第二节　药物的生物转化 / 244
　　第三节　影响药物代谢的因素 / 248
　　第四节　药物生物转化的意义 / 251

第十三章　DNA 的生物合成 ········· 254

　　第一节　遗传信息概述 / 254
　　第二节　DNA 的复制 / 256
　　第三节　逆转录 / 263
　　第四节　DNA 的损伤与修复 / 265

第十四章　RNA 的生物合成 ········· 269

　　第一节　转录体系及过程 / 269
　　第二节　真核生物转录后加工 / 273
　　第三节　RNA 生物合成的抑制剂 / 275

第十五章　蛋白质的生物合成 ········· 278

　　第一节　蛋白质的生物合成体系 / 278
　　第二节　蛋白质生物合成的过程 / 282
　　第三节　蛋白质生物合成的抑制剂 / 289

第十六章　基因表达调控 ... 291

第一节　基因表达的基本规律 / 291
第二节　原核生物基因表达调控 / 295
第三节　真核生物基因表达调控 / 297

第十七章　重组 DNA 技术 ... 301

第一节　重组 DNA 技术中常用的工具酶 / 302
第二节　重组 DNA 技术中常用的载体 / 304
第三节　重组 DNA 技术的基本过程 / 307
第四节　重组 DNA 技术在医药中的应用 / 314
实验项目十一　质粒 DNA 的提取与鉴定 / 317

第十八章　分子生物学常用技术 ... 319

第一节　分子杂交与印迹技术 / 319
第二节　PCR 技术 / 323
第三节　DNA 测序技术 / 328
第四节　转基因技术与基因剔除技术 / 330
第五节　生物芯片技术 / 334
第六节　生物大分子间相互作用研究技术 / 335
实验项目十二　定量 PCR 技术检测目的基因表达 / 340

第十九章　癌基因、抑癌基因及生长因子 ... 344

第一节　癌基因 / 344
第二节　抑癌基因 / 348
第三节　生长因子 / 350

第二十章　基因诊断和基因治疗 ... 354

第一节　基因诊断 / 354
第二节　基因治疗 / 359

第二十一章　组学 ... 365

第一节　基因组学 / 365
第二节　转录物组学 / 369
第三节　蛋白质组学 / 370
第四节　代谢组学 / 372
第五节　其他组学 / 373

参考文献 ... 377

绪 论

学习目标

知识目标
1. 掌握：生物化学与分子生物学的研究内容。
2. 熟悉：生物化学与分子生物学的发展简史。
3. 了解：生物化学与分子生物学和医药学的关系。

能力目标
1. 熟悉生物化学与分子生物学的发展史，加强对生物化学与分子生物学课程的了解。
2. 了解生物化学与分子生物学原理和技术在实际工作中的具体应用以及其对后续专业课程学习的重要性。

生物化学（biochemistry）是关于生命的化学（chemistry of life），是用化学和生物学的原理和方法，研究生物体基本物质的化学组成、结构和功能，以及这些物质在生命活动中的化学变化规律及生命现象本质的一门学科。传统生物化学主要采用化学的原理和方法来揭示生命的奥秘，而现代生物化学已融入生理学、细胞生物学、遗传学、免疫学、生物信息学等学科的理论和技术，与众多学科有广泛的联系和交叉，是现代生命科学研究的重要基础学科之一。

20世纪50年代以来，伴随着生物物理学、遗传学、细胞学、生物信息学等学科的发展和渗透，生物化学的发展进入研究生物大分子（主要是蛋白质和核酸）的结构与功能，进而阐明生命现象的分子生物学（molecular biology）时期。分子生物学的发展揭示了生命本质的高度有序性和一致性，是人类探索生命现象本质的重大飞跃。从广义上理解，分子生物学是生物化学的重要组成部分，也被视为生物化学的发展和延续。分子生物学的飞速发展，无疑为生物化学的发展注入了生机和活力。近年来，生物化学与分子生物学学科的迅猛发展，有力地促进了生物医药领域相关学科和交叉学科的发展，已成为生命科学的重要学科之一。

第一节 生物化学与分子生物学的发展简史

生物化学是一门既古老又年轻的学科。人们很早就认识到生物化学是对生物体的组成和功能的研究,但是人们对生物化学本质的认识却很晚。生物化学直到20世纪初才真正发展成一门独立的学科,并在20世纪上半叶蓬勃发展起来。近几十年来,该学科又有许多重大的进展和突破,成为生命科学领域的前沿之一。20世纪50年代,苏联生物化学家提出,生物化学的发展可分为叙述生物化学、动态生物化学和机能生物化学三个阶段。第三个阶段正是分子生物学崛起并迅速发展为一门独立学科的阶段,因此也称为分子生物学阶段。

(一)叙述生物化学阶段

18世纪中叶至20世纪初是生物化学发展的萌芽时期,称为叙述生物化学阶段,主要研究生物体的化学成分及其含量、分布、结构、性质与功能。18世纪中叶,Lavoisier证明了动物吸进氧气,呼出二氧化碳,同时释放热能,开创了生物氧化与能量代谢的研究。1928年,Wöhler用无机物氰酸铵合成了生物体内的有机物尿素,开创了人工合成有机物的先河,也为生物化学的发展开辟了广阔的道路。1877年,Hoppoe-Seyler首次提出"Biochemie"这个词,建立了生理化学学科。1897年,Buchner等证明了无细胞的酵母提取液也具有发酵作用,可以使糖生成乙醇和二氧化碳,为近代酶学的发展奠定了基础。随后,Fischer提出了"锁钥学说"来解释酶作用的专一性,阐明了酶对底物的作用。1903年,Neuberg提出"biochemistry"一词,至此,生物化学成为一门独立的学科。

(二)动态生物化学阶段

20世纪初期至20世纪中叶,生物化学进入蓬勃发展时期,即动态生物化学阶段。在营养方面,发现了人类所需的必需氨基酸、脂肪酸和多种维生素。在内分泌方面,发现了多种激素,并将其分离、合成。在酶学方面,1926年,Sumner分离出脲酶并获得结晶,认识到酶的化学本质是蛋白质。在物质代谢方面,1937年,Krebs创立了三羧酸循环理论,奠定了物质代谢的基础;这一阶段,基本确定了生物体内主要物质的代谢途径,包括糖酵解途径、三羧酸循环、脂肪酸β-氧化及尿素合成途径等。在生物能研究中,提出了生物能产生过程中的ATP循环学说。在这一阶段,一些技术方法在生物化学研究中应用,如放射性核素标记、电泳和X射线晶体学等,极大地推动了学科发展。

(三)机能生物化学阶段(分子生物学阶段)

20世纪50年代以来,生物化学进入了快速发展时期,推动了生命科学各领域的交叉渗透和深入研究。1953年Watson和Crick提出的DNA双螺旋结构模型以及60年代中期遗传中心法则的初步确立、遗传密码的发现,为揭示遗传规律奠定了基础,标志着生物化学的发展进入分子生物学阶段。1973年Cohen建立了体外重组DNA方法,标志着基因工程的诞生。1981年Cech发现了核酶(ribozyme),打破了酶的化学本质都是蛋白质的传统概念。1985年Mullis发明了聚合酶链式反应(polymerase chain reaction,PCR)技术,使人们能够在体外高效扩增DNA。1990年开始实施的人类基因组计划(human genome project,HGP)是生命科学领域有史以来最庞大的全球性研究计划,于2001年完成了人类基因组"工作草图",2003年成功绘制人类基因组序列图,首次在分子层面为人类提供了一份生命"说明书",给人类健康和疾病的研究带来了根本性的变革。随后产生了与人类基因组计划相关的基因组学、蛋白质组学、转录组学等,通过对这些数据的整合,形成了目前应用非常广泛的生物信息学(bioinformatics)学科,这对生命科学研究将起到非常重要的作用。近年来,生物冷冻电镜技术的快速发展,有力推动了对蛋白质结构与功能的研究。同时,DNA重组、基因剔除、转基因、基因编辑等生物技术手段,也为基因功能的研究、疾病模型的建立、发病机制的研究提供了有力的手段,使人类对疾病进行基因诊断和基因治疗成为可能。此外,干细胞技术、生物3D打印、生物免疫疗法等技术为治疗疾病提供了新的可能。

(四)我国科学家对生物化学与分子生物学发展的贡献

早在西方生物化学诞生之前,我们的祖先就已经在生产、饮食以及医疗等方面积累了丰富的经验,例如酿酒、造酱、制饴(麦芽糖),膳食疗法,用猪胰治消渴病等,其中许多成为现代生物化学发展的基础。20世纪以来,我国生物化学家在营养学、临床生化、蛋白质变性学说、人类基因组研究等领域都作出了贡献。我国生物化学家吴宪等在血液化学分析方面,创立了血滤液的制备和血糖测定法,并于1931年提出了蛋白质变性理论,认为天然蛋白质变性的原因在于其结构发生了改变。1965年,我国首先人工合成了有生物学活性的结晶牛胰岛素;1971年,利用X射线衍射方法测定了牛胰岛素分子的空间结构;1981年,采用有机合成与酶催化相结合方法,成功合成了酵母丙氨酸-tRNA。我国于1999年参与人类基因组计划,并于2000年4月提前绘制完成"中国卷",赢得了国际生命科学界的高度评价。2003年,由我国科研团队提出的"人类肝脏蛋白质组计划"开始实施,并于2007年取得阶段性进展,系统构建了国际上第一张人类器官蛋白质组"蓝图",这是我国科学家首次领衔相关国际重大科研合作项目。近年来,随着我国国力的不断增强和科研投入的不断增加,一大批年轻科学家在生物化学与分子生物学领域崭露头角,并取得了一些具有国际影响力的新成就。

第二节 生物化学与分子生物学的研究内容

生物化学与分子生物学的研究对象为一切生物有机体,包括人类、动物、植物和微生物,其研究内容十分广泛,主要集中在以下几个方面。

1. **生物体的化学组成、结构与功能** 组成生物体的重要物质有蛋白质、核酸、糖类、脂类、无机盐和水等,另外还有含量较少但对生命活动极为重要的维生素、激素和微量元素等。蛋白质、核酸、多糖及复合脂类属于生物大分子,它们都是由某些结构单位按一定顺序和方式连接形成的多聚体,其特征之一是具有传递信息功能,因此也称为生物信息分子。这些生物大分子种类繁多、结构复杂,是一切生命现象的物质基础。生物大分子的结构与功能密切相关,其功能通过分子的相互识别和相互作用而实现。因此,分子结构、分子识别和分子间的相互作用是实现生物大分子功能的基本要素。生物化学的研究内容之一就是探讨这些基本物质的化学组成、结构、理化性质、生物学功能及结构与功能的关系,这些内容称为静态生物化学。

2. **物质代谢及其调控** 生命活动的基本特征之一是新陈代谢(metabolism),即生物体不断地与外环境进行有规律的物质交换,为生命活动提供所需的能量,是生物体生长、发育、繁殖、运动等生命活动的基础。因此,物质代谢的进行是正常生命过程的必要条件,而物质代谢紊乱则可引发疾病。人体内各反应和各代谢途径在复杂的调控机制作用下,通过改变酶的催化活性,保证各组织器官乃至整体正常的生理功能和生命活动。与代谢相关的内容统称为动态生物化学。目前机体的主要代谢途径已经基本阐明,但对物质代谢的调控机制、规律及其分子机制仍有待继续探索和发现。

3.遗传信息的传递、表达与调控　核酸是遗传信息的携带者,遗传信息按照中心法则指导蛋白质的生物合成,控制生命现象,使生物性状能够代代相传。研究基因表达、调控的规律和机制是分子生物学(molecular biology)的重要内容,这一过程与细胞的正常生长、分化以及机体的生长、发育密切相关。对基因表达调控的研究将进一步阐明生物大分子的结构、功能及疾病发生、发展的机制,从而在分子水平上为疾病的预防、诊断及治疗提供科学依据和技术支持。目前,基因的传递、表达与调控是生物化学与分子生物学最重要、最活跃的研究领域之一。

利用生物化学技术可以对生化物质进行分离、纯化和分析鉴定,为将来从事药学及制药工作打下基础。随着各种生物技术的快速发展,新型生物药物层出不穷并已广泛应用于人类疾病的预防、诊断和治疗。特别是DNA重组、基因克隆、基因剔除、转基因、基因编辑等分子生物学技术,已经成为现代生命科学领域常用的重要研究手段。

第三节　生物化学与分子生物学和医药学的关系

生物化学与分子生物学是一门重要的基础学科,它的理论和技术研究已渗透到生命科学的各个领域。生物化学与分子生物和医药学的关系十分密切,与临床医学、基础医学、预防医学、药学及各基础学科都有广泛联系,是医学、药学等专业的重要基础学科之一,并对制药工业有重要的指导意义。

一、生物化学与分子生物学和医药学的关系

从医学方面来看,体内代谢与人的生命健康息息相关,代谢过程的异常必将表现为疾病。如糖尿病就是胰岛素缺乏而引起的糖代谢障碍,可用胰岛素治疗。此外,从血、尿及其他体液的分析来了解人体物质代谢情况,有助于疾病的诊断。所以生物化学与疾病的病因、发病机制、诊断和治疗有极为密切的关系。利用分子生物学理论和技术探讨各种疾病的发生发展机制,也已成为现代医学研究的方向,在一些重大疾病的发病机制研究方面也取得了突破性进展。PCR、基因芯片、蛋白质芯片等技术已应用于临床疾病的诊断,基因治疗手段也已应用于临床,这给医学带来了全新的理念。此外,对生物化学与分子生物学的认知有助于人们更好地了解自身的健康状况,从而保持良好的生活习惯,提高人们的生活质量。

从药学方面来看,生物化学与分子生物学为新药的研究与开发提供了坚强的理论基础和技术手段。其已经渗透到中药学、药理学、药学化学、药剂学等多个学科。至20世纪末,药学已经步入新的发展阶段,其特点是从以化学模式为主体迅速转向以生命科学和化学相结合的新模式,因此,生物化学与分子生物学在现代药学发展中起到了先导作用。应用现代生物化学技术,从生物体获取生理活性物质,不但可以直接开发有意义的生物药物,还可以从中发现具有进一步研究和开发价值的生物分子,即药物的先导物。再对其分子结构进行改造、修饰或优化,即可开发具有新颖结构及特殊药理作用的生物新药。利用分子生物学技术研究开发的基因工程类药物、基因类药物、单抗类药物、新型生物技术类疫苗等已经成为当前生物医药领域的研究热点,必将为各种传染病、遗传性疾病、恶性肿瘤、心脑血管疾病、免疫系统疾病、神经系统疾病等提供更为有效的治疗手段。

二、生物化学与分子生物学和制药工业的关系

生物化学与分子生物学的发展促进了制药工业产品更新、技术进步和行业发展，因此在制药工业生产实践中起着极其重要的作用。以生物化学、微生物学和分子生物学为基础发展起来的生物技术制药工业已经成为制药工业的一个新门类。基因工程、酶工程、发酵工程、细胞工程和蛋白质工程等生物技术已广泛应用于制药工业，越来越多的重组蛋白药物如人胰岛素、人生长激素、干扰素、白细胞介素2、促红细胞生成素、组织纤溶酶原激活剂和乙肝疫苗等均已在临床广泛使用。蛋白质工程药物的种类正在日益增加，应用生物工程技术改造传统制药工业，将生物制药技术和传统制药技术融为一体，已经迅速成为生物医药产业发展的新模式。

三、生物化学与分子生物学的学习方法

学习和掌握生物化学与分子生物学知识，既可以理解生命现象的本质，又可以把生物化学与分子生物学的原理和技术应用于药物的研究、生产、检测、储运和临床使用中，为后续专业课程的学习打下扎实的基础。

生物化学与分子生物学的内容相当广泛，涵盖了生命过程的各个环节，内容抽象，结构繁杂，代谢途径纵横交错且相互联系，因此掌握科学的学习方法能起到事半功倍的效果。生物化学与分子生物学的研究涉及化学、生物学及生理学等许多学科的知识，因此学习时掌握一定的相应学科知识，尤其是化学知识，也是学好本课程的基础。

学习时要把生物体看成无数生物化学变化和生理活动相融合的统一体。物质代谢过程虽错综复杂、多种多样，但相互联系、彼此制约。要试着从分子水平上来探究生命活动的本质和基本规律。因此，在学习过程中，不应机械、静止、孤立对待问题，必须注意它们之间的相互联系及发展变化。另外，生物化学与分子生物学是一门实验性的学科，在学好书本知识的同时，也要重视实践操作能力的培养。

思 考 题

1. 生物化学与分子生物学的研究内容包括哪些？
2. 简述生物化学与分子生物学的发展简史。
3. 查阅资料了解生物化学与分子生物学的最新研究进展。

第一章 蛋白质的化学

学习目标

知识目标

1. 掌握:蛋白质的化学组成、氨基酸的结构特点,蛋白质的分子结构,蛋白质的理化性质及应用。
2. 熟悉:蛋白质结构与功能的关系。
3. 了解:蛋白质的功能与分类,氨基酸及多肽蛋白质类药物。

能力目标

1. 能运用蛋白质结构与功能关系的相关知识来解释某些疾病的发病机制。
2. 能根据蛋白质的理化性质选择合适的分离纯化方法,并进行分析鉴定。

蛋白质的化学

第一节 蛋白质的化学组成

蛋白质(protein)是由氨基酸组成的一类生物大分子,它与核酸是生命活动过程中最重要的物质基础。蛋白质普遍存在于生物界,是生命活动的主要执行者,也是生命现象的体现者,是人体细胞中含量最丰富的生物大分子。同时蛋白质的分子结构千差万别,决定了蛋白质具有多种多样的生物学功能,如生物催化、代谢调节、免疫保护、运输、储存、运动和支持、信号转导、记忆,以及生长、繁殖、遗传和变异等作用。

一、蛋白质的元素组成

蛋白质的元素分析结果表明,组成蛋白质的主要元素为 C、H、O、N。此外,有些蛋白质含有一定量的硫及微量的磷、碘、铁、铜、锰和锌等。各种蛋白质的含氮量十分接近且恒定,平均为 16%。由于动植物组织中的含氮物以蛋白质为主,所以,通过测定样品中的含氮量,即可大致推算出样品中蛋白质的含量,这就是凯氏定氮法测定蛋白质含量的依据。计算公式如下:

样品中蛋白质的含量(g)=样品中含氮量(g)×6.25。

二、蛋白质的基本组成单位——氨基酸

蛋白质经酸、碱或蛋白水解酶作用后,所得最终产物都是氨基酸(amino acid),因此氨基酸是蛋白质的基本组成单位。存在于自然界中的氨基酸有300余种,但组成人体内蛋白质的氨基酸仅有20种。这20种氨基酸都有相应的遗传密码子,也称为编码氨基酸。

(一) 氨基酸的结构特点

氨基酸分子中,因α-碳原子上同时连接一个羧基和一个氨基,故称为α-氨基酸。此外氨基酸有一个R侧链,不同氨基酸其侧链不同,它对蛋白质的空间结构和理化性质有重要影响。除甘氨酸外,其他氨基酸的α-碳原子都是不对称碳原子(手性碳原子),故它们具有旋光异构现象,存在 D-型和 L-型两种异构体。组成天然蛋白质的氨基酸通常为 L-型,称为 L-α-氨基酸。氨基酸的结构通式如下(R表示侧链基团):

$$H_2N-\underset{R}{\underset{|}{C_\alpha}}-H \quad (COOH)$$

(二) 氨基酸的分类

组成蛋白质的20种氨基酸,根据侧链R基团的结构和性质不同,可分为四类(表1-1)。

1. 非电离极性氨基酸 R基团具有极性,但在中性溶液中不解离。
2. 非极性氨基酸 包括4种带有脂肪烃侧链的氨基酸,此类氨基酸在水中的溶解度较小。
3. 酸性氨基酸 在生理条件(pH 7.35~7.45)下,这类氨基酸带负电荷,包括谷氨酸、天冬氨酸。
4. 碱性氨基酸 在生理条件下,这类氨基酸带正电荷,包括赖氨酸、精氨酸和组氨酸。

表1-1 氨基酸的结构与分类

分类	名称	结构式	相对分子质量	等电点(pI)
非电离极性氨基酸	甘氨酸(甘)(glycine) Gly, G	H-C(H)(NH₂)-COOH	75.05	5.97

续表

分类	名称	结构式	相对分子质量	等电点（pI）
非电离极性氨基酸	丝氨酸（丝）(serine) Ser,S	HO—CH$_2$—CH(NH$_2$)—COOH	105.6	5.68
	苏氨酸（苏）(threonine) Thr,T	CH$_3$—CH(OH)—CH(NH$_2$)—COOH	119.08	6.17
	半胱氨酸（半）（半胱）(cystein) Cys,C	HS—CH$_2$—CH(NH$_2$)—COOH	121.12	5.07
	酪氨酸（酪）(tyrosine) Tyr,Y	HO—C$_6$H$_4$—CH$_2$—CH(NH$_2$)—COOH	181.09	5.66
	天冬酰胺（天胺）(asparagine) Asn,N	H$_2$N—CO—CH$_2$—CH(NH$_2$)—COOH	132.12	5.41
	谷氨酰胺（谷胺）(glutamine) Gln,Q	H$_2$N—CO—CH$_2$—CH$_2$—CH(NH$_2$)—COOH	146.15	5.65
非极性氨基酸	丙氨酸（丙）(alanine) Ala,A	CH$_3$—CH(NH$_2$)—COOH	89.06	6.0
	缬氨酸（缬）(valine) Val,V	(CH$_3$)$_2$CH—CH(NH$_2$)—COOH	117.09	5.96
	亮氨酸（亮）(leucine) Leu,L	(CH$_3$)$_2$CH—CH$_2$—CH(NH$_2$)—COOH	131.11	5.98

续表

分类	名称	结构式	相对分子质量	等电点（pI）
非极性氨基酸	异亮氨酸（异）(isoleucine) Ile, I	$CH_3-CH_2-CH(CH_3)-CH(NH_2)-COOH$	131.11	6.02
	脯氨酸（脯）(proline) Pro, P	（吡咯烷环）-COOH，NH	115.13	6.30
	苯丙氨酸（苯）（苯丙）(phenylalanine) Phe, F	$C_6H_5-CH_2-CH(NH_2)-COOH$	165.09	5.48
	色氨酸（色）(tryptophan) Trp, W	吲哚-$CH_2-CH(NH_2)-COOH$	204.22	5.89
	蛋氨酸（蛋）(methionine) Met, M	$CH_3-S-CH_2-CH_2-CH(NH_2)-COOH$	149.15	5.74
酸性氨基酸	天冬氨酸（天）(aspartic acid) Asp, D	$HOOC-CH_2-CH(NH_2)-COOH$	133.60	2.77
	谷氨酸（谷）(glutamic acid) Glu, E	$HOOC-CH_2-CH_2-CH(NH_2)-COOH$	147.08	3.22
碱性氨基酸	赖氨酸（赖）(lysine) Lys, K	$H_2N-(CH_2)_3-CH_2-CH(NH_2)-COOH$	146.13	9.74
	精氨酸（精）(arginine) Arg, R	$H_2N-C(=NH)-NH-(CH_2)_3-CH_2-CH(NH_2)-COOH$	174.14	10.76
	组氨酸（组）(histidine) His, H	咪唑-$CH_2-CH(NH_2)-COOH$	155.16	7.59

三、蛋白质的分类

(一)按分子形状分类

1. 球状蛋白　蛋白质分子形状的长短轴比小于10。生物界中多数蛋白质属球状蛋白,一般溶于水,有特异生物活性,如酶、免疫球蛋白等。

2. 纤维状蛋白　蛋白质分子形状的长短轴比大于10。一般不溶于水,多为生物体组织的结构材料,如毛发中的角蛋白、结缔组织的胶原蛋白和弹性蛋白、蚕丝的丝心蛋白等。

(二)按分子组成分类

1. 单纯蛋白　其完全水解产物仅为氨基酸而不产生其他物质的蛋白质,如清蛋白、球蛋白、组蛋白、精蛋白、硬蛋白和植物谷蛋白等。

2. 结合蛋白　由单纯蛋白与非蛋白部分组成,非蛋白部分称为辅基。根据辅基不同可分为糖蛋白、核蛋白、脂蛋白、磷蛋白和金属蛋白等。

(三)按溶解度分类

1. 可溶性蛋白　可溶于水、稀中性盐和稀酸溶液的蛋白,如清蛋白、球蛋白、组蛋白和精蛋白等。

2. 醇溶性蛋白　不溶于水、稀盐,而溶于70%~80%乙醇的蛋白,如醇溶谷蛋白。

3. 不溶性蛋白　不溶于水、中性盐、稀酸、稀碱和一般有机溶媒等的蛋白,如角蛋白、胶原蛋白、弹性蛋白等。

第二节　蛋白质的分子结构

蛋白质是具有三维空间结构的高分子化合物,其复杂多样的结构赋予了不同蛋白质特有的理化性质和生理功能。蛋白质的分子结构分为四级,即一级结构、二级结构、三级结构和四级结构,后三者称为空间结构或空间构象。蛋白质的一级结构是基础,它决定了蛋白质的空间结构。

一、蛋白质的一级结构

(一)肽键和肽键平面

一个氨基酸的 α-羧基与另一个氨基酸的 α-氨基脱水缩合形成的化学键(—CO—NH—)称为肽键,又称酰胺键。肽键是蛋白质分子的基本化学键,是氨基酸在蛋白质分子中的连接方式。其结构如下:

$$H_2N-\underset{\underset{H}{|}}{\overset{\overset{R_1}{|}}{C}}-\underset{}{\overset{\overset{O}{\|}}{C}}-OH + H-N-\underset{\underset{H}{|}}{\overset{\overset{R_2}{|}}{C}}-COOH \xrightarrow{-H_2O} H_2N-\underset{\underset{H}{|}}{\overset{\overset{R_1}{|}}{C}}-\underset{}{\overset{\overset{O}{\|}}{C}}-\underset{\underset{H}{|}}{N}-\underset{\underset{H}{|}}{\overset{\overset{R_2}{|}}{C}}-COOH$$

氨基酸　　　　　　　　　　　　　　　　　　　　　　　　　　　　肽键

肽键具有部分双键的性质,不能自由旋转,而且与之相邻的 2 个 α-碳原子由于受到侧链 R 基团和肽键中 H 和 O 原子空间位阻的影响,也不能自由旋转,因此,组成肽键的 4 个原子(C、O、N、H)和 2 个 α-碳原子都位于同一个平面,称为肽键平面,也称为肽单位(图 1-1)。肽键平面是刚性平面结构,2 个 α-碳原子单键是可以自由旋转的,其自由旋转的角度决定了两个相邻的肽键平面的相对空间位置。此外,肽单位中与 C—N 相连的 H 和 O 原子与 2 个 α-碳原子呈反向分布。根据这些特性,可以把多肽链的主链看成是由一系列刚性平面组成的。

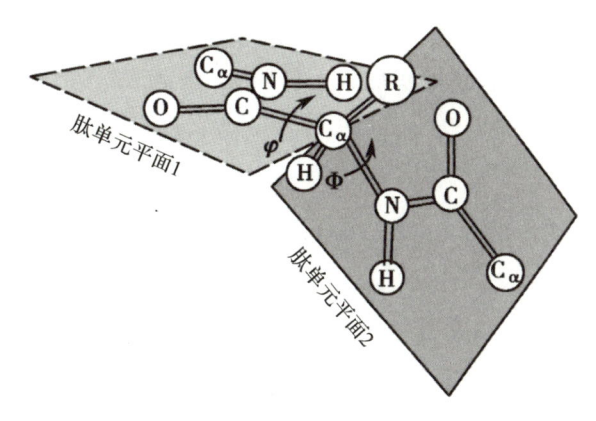

图 1-1 肽键平面

(二)肽和多肽链

氨基酸通过肽键相连形成的化合物称为肽。由两个氨基酸组成的肽称为二肽,三个氨基酸组成的肽称为三肽,以此类推。一般把 10 个及以下氨基酸组成的肽称为寡肽,10 个以上氨基酸组成的肽称为多肽。由多个氨基酸通过肽键连接形成的链状化合物称为多肽链,它的结构如下:

多肽链中的 α-碳原子和肽键的若干重复结构称为主链,各个氨基酸残基侧链基团(R 基团)部分,称为侧链。多肽链的氨基酸由于参与肽键的形成,已非原来完整的氨基酸分子,称为氨基酸残基。多肽链的结构具有方向性,一端具有游离的 α-氨基,称为氨基末端或 N 末端;另一端具有游离的 α-羧基,称为羧基末端或 C 末端。生物体内在合成多肽和蛋白质时,是从氨基末端开始,延长到羧基末端终止,因此,N 末端被定为多肽链的头,在书写多肽链结构时通常是将 N 末端写在左边,C 末端写在右边;肽的命名也是从 N 末端到 C 末端。如丙丝甘肽是由丙氨酸、丝氨酸和甘氨酸组成的三肽,丙氨酸为 N 末端,而甘氨酸为 C 末端,其结构如下:

丙氨酸　丝氨酸　甘氨酸

(三)蛋白质的一级结构

蛋白质的一级结构(primary structure)是指多肽链中氨基酸残基的排列顺序,这种顺序是由基因上的遗传信息决定的。一级结构中的基本结构键为肽键,在某些蛋白质的一级结构中还有二硫键,它是由两个半胱氨酸残基的巯基脱氢氧化生成的。如牛胰岛素的一级结构是由英国生物化学家Sanger于1954年完成测定的,这是世界上第一个被确定一级结构的蛋白质。图1-2为牛胰岛素的一级结构,共由51个氨基酸残基组成,形成A、B两条多肽链,A链有21个氨基酸残基,B链有30个氨基酸残基,A、B两条链通过两个二硫键相连,A链本身第6及11位两个半胱氨酸形成一个链内二硫键。

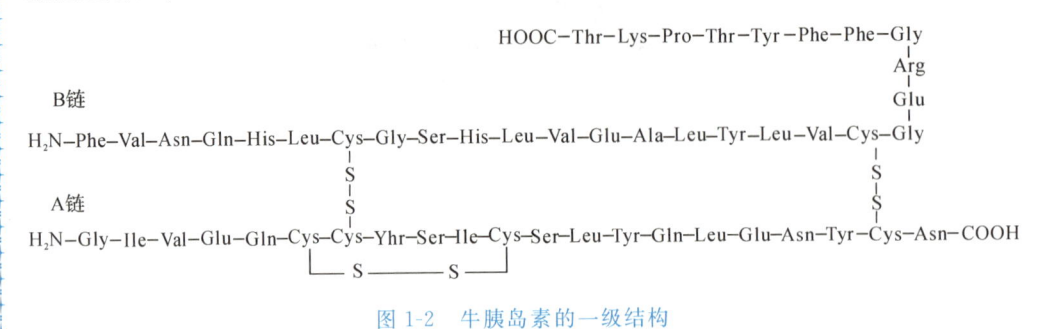

```
                                              HOOC-Thr-Lys-Pro-Thr-Tyr-Phe-Phe-Gly
                                                                              |
                                                                             Arg
                                                                              |
  B链                                                                         Glu
                                                                              |
H₂N-Phe-Val-Asn-Gln-His-Leu-Cys-Gly-Ser-His-Leu-Val-Glu-Ala-Leu-Tyr-Leu-Val-Cys-Gly
                            |                                            |
                            S                                            S
                            |                                            |
                            S                                            S
  A链                       |                                            |
H₂N-Gly-Ile-Val-Glu-Gln-Cys-Cys-Yhr-Ser-Ile-Cys-Ser-Leu-Tyr-Gln-Leu-Glu-Asn-Tyr-Cys-Asn-COOH
                        |       |
                        S-------S
```

图1-2 牛胰岛素的一级结构

蛋白质的一级结构是决定其空间结构的基础,而空间结构则是实现其生理功能的基础。尽管各种蛋白质的基本结构都是多肽链,但所含氨基酸总数、各种氨基酸所占比例、氨基酸在肽链中的排列顺序不同,这就形成了结构多样、功能各异的蛋白质。一级结构的改变往往会导致疾病的发生,因此,蛋白质一级结构的研究,对揭示某些疾病的发病机制、指导疾病治疗有十分重要的意义。

二、蛋白质的空间结构

蛋白质分子中各原子和基团在三维空间中的排列、分布及肽链的走向,称为蛋白质的空间结构,又称为蛋白质的构象,包括蛋白质的二级、三级和四级结构。蛋白质的空间结构是决定蛋白质性质和功能的结构基础。

(一)蛋白质的二级结构

蛋白质的二级结构(secondary structure)是指多肽链的主链骨架中若干肽单位,各自沿一定的中心轴盘旋或折叠,并以氢键为主要次级键而形成有规则的构象。蛋白质的二级结构一般不涉及R侧链的构象,由于肽键平面相对旋转的角度不同,形成不同类型的构型,主要包括α-螺旋、β-折叠、β-转角和不规则卷曲等。

1.α-螺旋(α-helix) 蛋白质分子中多个肽键平面通过氨基酸α-碳原子的旋转,使多肽链的主链骨架沿中心轴盘曲成稳定的α-螺旋构象。α-螺旋是蛋白质分子中最稳定的二级结构,其结构特点如图1-3所示。

(1)α-螺旋为右手螺旋,每3.6个氨基酸旋转一周,螺距为0.54 nm,每个氨基酸残基的高度为0.15 nm,肽键平面与螺旋长轴平行。

(2)相邻的螺旋之间形成链内氢键,即一个肽单位N上的氢原子与第四个肽单位羰基上的氧原子形成氢键。氢键是稳定α-螺旋的主要次级键,若破坏氢键,则α-螺旋构象遭到破坏。

(3)肽链中氨基酸残基的R侧链分布在螺旋的外侧,其形状、大小及电荷等均影响α-螺旋的形成和稳定性。如多肽链中连续存在酸性或碱性氨基酸,由于所带相同电荷而相斥,阻止链内氢键形成而不利于α-螺旋的形成;异亮氨酸、苯丙氨酸、色氨酸等氨基酸残基的 R 侧链集中的区域,因空间阻碍的影响,也不利于α-螺旋的形成;脯氨酸或羟脯氨酸残基的存在则不能形成α-螺旋,因其 N 原子位于吡咯环中,C_α-N 单键不能旋转,加之其α-亚氨基在形成肽键后,N 原子上无氢原子,不能形成维持α-螺旋的氢键。显然,蛋白质分子中氨基酸的组成和排列顺序对α-螺旋的形成和稳定性具有决定性的影响。

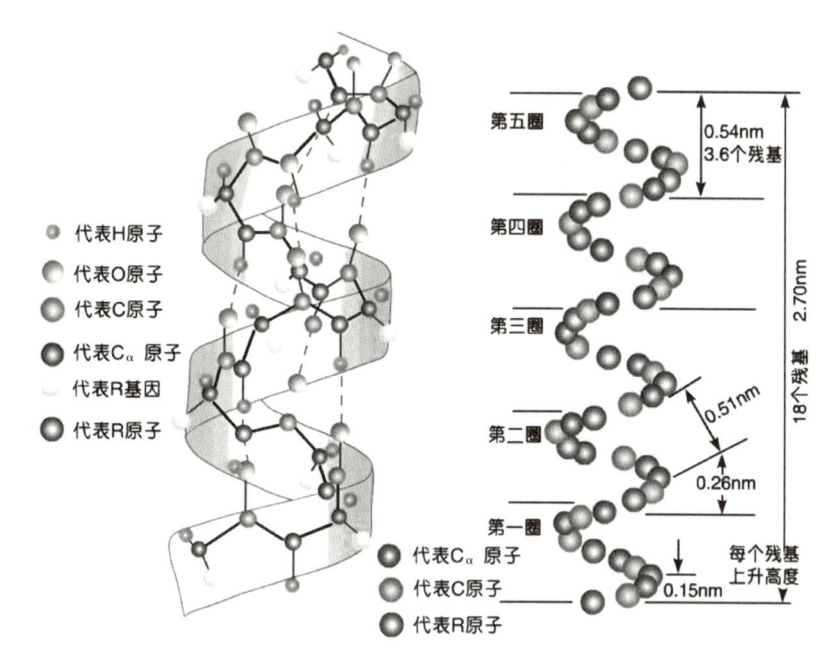

图 1-3　α-螺旋结构示意图

2.β-折叠(β-pleated)　又称 β-片层(β-sheet),是蛋白质中常见的二级结构。β-折叠中的多肽链主链相当伸展,用热水或稀碱处理,蛋白质的α-螺旋也被伸展形成 β-片层的空间结构,此结构具有下列特征。

(1)肽链的伸展使肽键平面之间折叠成锯齿状;肽链中氨基酸残基的 R 侧链分布在片层的上下。

(2)肽链平行排列,相邻肽链之间的肽键相互交替形成许多氢键,是维持这种结构的主要次级键。

(3)肽链平行的走向有顺式和反式两种,肽链的 N 端在同侧为顺式,不在同侧为反式(图 1-4)。从能量角度看,反式平行较顺式平行更为稳定。

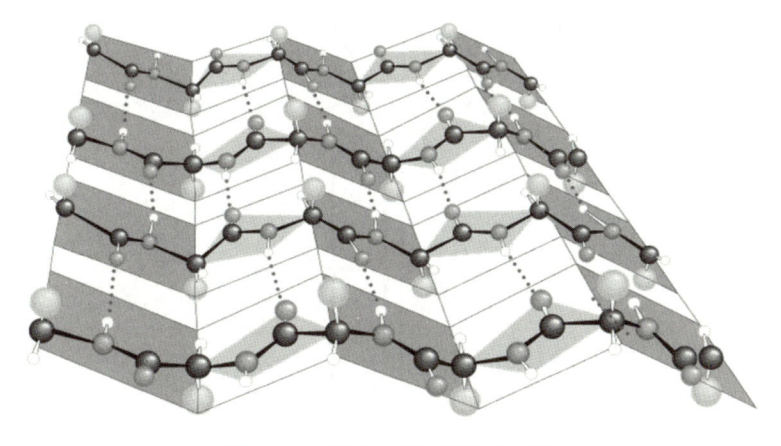

图 1-4　β-折叠(反式)结构示意图

3. β-转角(β-bend)　多肽链的主链经过180°回折形成发夹状结构,即U形转折结构(图1-5)。它由4个连续氨基酸残基构成,第一个氨基酸残基的羰基与第四个氨基酸残基的亚氨基之间形成氢键以维持其构象。β-转角的第二个氨基酸常为脯氨酸。

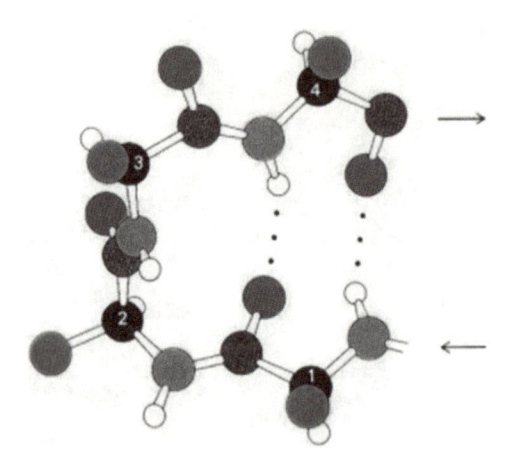

图1-5　β-转角结构示意图

4. 不规则卷曲(random coil)　也称无规卷曲,是指蛋白质多肽链中的肽键平面不规则排列而形成的松散结构。

(二)蛋白质的三级结构

在二级结构的基础上,由于氨基酸残基侧链基团的相互作用,使多肽链进一步盘旋和折叠,形成的包括主、侧链在内的整条肽链的空间排布,即多肽链中所有原子的空间排列,称为蛋白质的三级结构(tertiary structure)。各R基团间相互作用生成的次级键是稳定三级结构的主要化学键,如疏水键、氢键、盐键等,其中以疏水键数量最多和最重要。

相对分子质量较大的蛋白质在形成三级结构时,多肽链中某些局部的二级结构汇集在一起形成的发挥生物学功能的特定区域,称为结构域(structural domain),每个结构域具有相对独立的生物学功能,如酶的活性中心、受体结合配体的部位等。较大的蛋白质有多个结构域,如纤维蛋白质有6个结构域,免疫球蛋白质IgG有12个结构域(图1-6)。

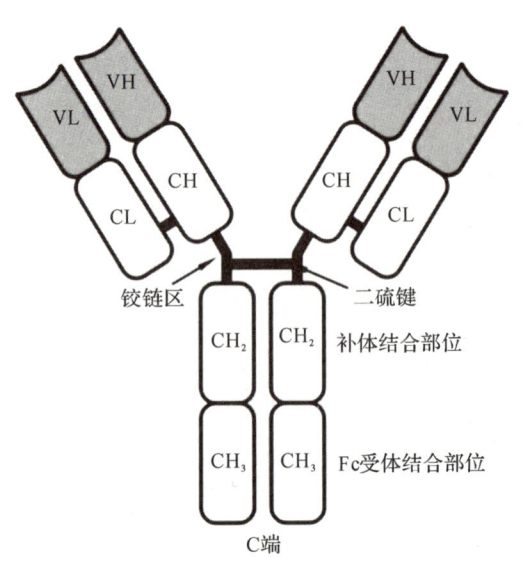

图1-6　IgG的结构域示意图

(三)蛋白质的四级结构

蛋白质的四级结构(quaternary structure)指由两条或两条以上的具有独立三级结构的多肽链通过非共价键相连形成的更复杂的空间构象。维持蛋白质四级结构的主要化学键是疏水键,它是由亚基间氨基酸残基的疏水基相互作用而形成的。

每一条具有完整三级结构的多肽链称为一个亚基(subunit),亚基一般由一条多肽链组成,但有的亚基由两条或两条以上肽链组成,这些肽链间以二硫键连接。由2~10个亚基组成具有四级结构的蛋白质称为寡聚体(oligomer),更多亚基数目构成的蛋白质则称为多聚体(polymer)。蛋白质分子中的亚基结构可以相同,也可不同,如血红蛋白就是两个α亚基和两个β亚基按特定方式排布形成的具有四级结构的四聚体蛋白(图1-7)。具有四级结构的蛋白质,一般亚基多无活性,只有具备完整的四级结构才表现出生物学活性,亚基本身各自具有一、二、三级结构(图1-8)。

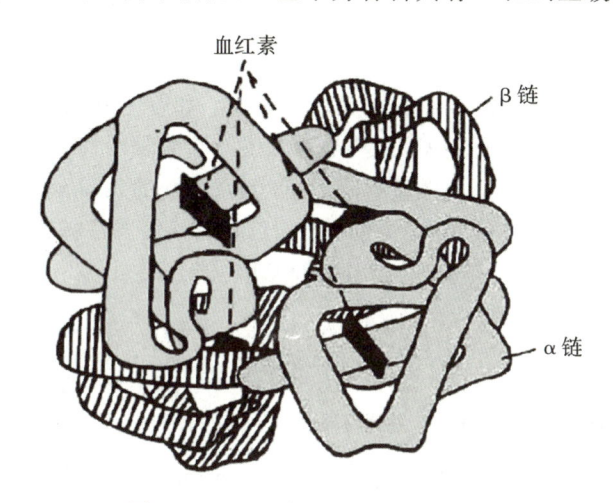

图1-7 血红蛋白的四级结构示意图

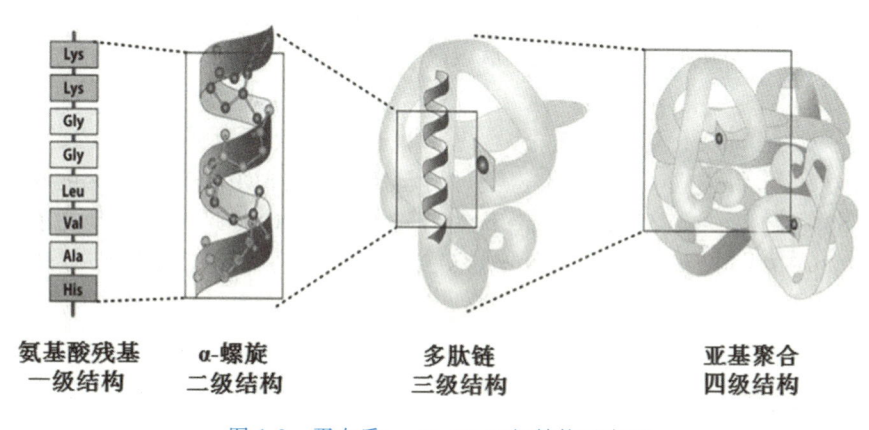

图1-8 蛋白质一、二、三、四级结构示意图

第三节 蛋白质的结构与功能的关系

蛋白质是生命的物质基础。各种蛋白质都具有特定的生物学功能,而所有这些功能又都与蛋白质分子的特定空间结构密切相关。总的来说,蛋白质的功能取决于以一

级结构为基础的特定空间结构。

一、一级结构与功能的关系

1. **一级结构不同，生物学功能各异**　不同蛋白质和多肽具有不同的功能，根本的原因是它们的一级结构各异，有时仅微小的差异就可表现出不同的生物学功能。如加压素与催产素都是由神经垂体分泌的 9 肽激素，它们分子中仅两个氨基酸有差异，但两者的生理功能完全不同。加压素能促进血管收缩、升高血压及促进肾小管对水的重吸收，表现为抗利尿作用；而催产素则能刺激平滑肌引起子宫收缩，表现为催产功能。其结构如下：

```
                    ┌────S────────S────┐
加压素  H₂N—半胱—酪—苯丙—谷胺—天胺—半胱—脯—精—甘—CO—NH₂
催产素  H₂N─────────异亮────────────────亮─────────
                     3                  8
```

2. **一级结构中"关键"部分相同，其功能也相同**　如肾上腺皮质激素（ACTH）是由腺垂体分泌的 39 肽激素。研究表明，其 1～24 位氨基酸是活性所必需的关键部分，若 N 端 1 位丝氨酸被乙酰化，则活性显著降低，仅为原活性的 3.5%；若切去 25～39 位氨基酸仍具有全部活性。不同动物来源的 ACTH，其氨基酸顺序差异主要在 25～39 位，1～24 位的氨基酸顺序相同而表现出相同的生理功能。

```
1 ─────────────── 24 ──── 33 ···39      来源    31    33
                                         人     丝    谷
                                         猪     亮    谷
ACTH活性必需部分     种属特异性            牛     丝    谷胺
```

3. **一级结构"关键"部分的变化，其生物活性也改变**　研究多肽结构与功能的关系时发现，改变多肽链中某些重要的氨基酸，常可改变其活性。近年来应用蛋白质工程技术，如选择性的基因突变或化学修饰等，定向改造多肽链中一些"关键"的氨基酸，可得到自然界中不存在但功能更优的多肽或蛋白质，这对研究多肽或蛋白质类新药具有重要意义。

4. **一级结构的变化与疾病的关系**　基因突变可导致蛋白质一级结构的变化，使蛋白质的生物学功能降低或丧失，甚至可引起疾病。这种由于基因突变引起蛋白质分子氨基酸序列改变而导致的疾病，称为分子病。例如，糖尿病胰岛素分子病是胰岛素 51 个氨基酸残基中的一个氨基酸残基异常，使胰岛素活性很低而导致的糖尿病。

知识链接

镰刀状红细胞贫血症

镰刀状红细胞贫血症是血红蛋白一级结构的变化引起的一种遗传性疾病。血红蛋白由两条 α 链和两条 β 链（共 574 个氨基酸残基）与辅基血红素组成，四条多肽链通过各种次级键的作用而形成严格的四级结构，具有运输 O_2 和 CO_2 的功能。正常人血红蛋白 β 亚基的第 6 位氨基酸是谷氨酸，而镰刀状红细胞贫血症患者的血红蛋白中该位置的谷氨酸被缬氨酸替换，导致 β 亚基的表面产生了一个疏水的"黏性位点"。这使得红细胞中水溶性的血红蛋白易聚集成丝,相互黏着,导致红细胞变成镰刀状而极易破碎,发生贫血。

二、空间结构与功能的关系

蛋白质分子特定的空间结构与其生物学功能密切相关。若蛋白质分子特定的空间构象受破坏或发生改变,则其生物学功能丧失或发生变化。

1.蛋白质前体的活化 许多蛋白质通常以无活性或活性很低的蛋白质原形式存在,在一定条件下,才转变为有特定构象的蛋白质而表现其生物活性,这一过程称为蛋白质前体的活化。如胰岛素的前体胰岛素原的激活,猪胰岛素原是由84个氨基酸残基组成的一条多肽链,其活性仅为胰岛素活性的10%。在体内胰岛素原经两种专一性水解酶的作用,将肽链的31、32和62、63位的四个碱性氨基酸残基切掉,除去一分子C肽(29个氨基酸残基)后得到由A链(21个氨基酸残基)同B链(30个氨基酸残基)经二硫键连接而成的胰岛素分子,后者具有特定的空间结构,从而表现其完整的生物活性(图1-9)。

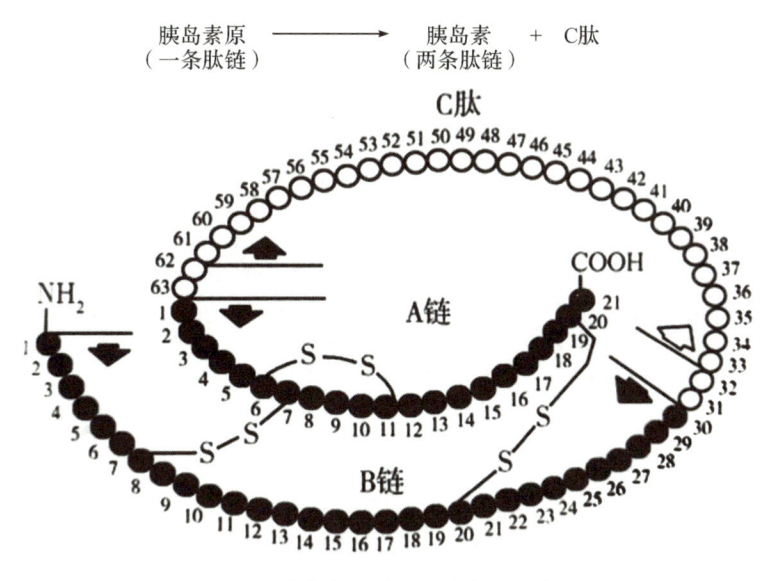

图1-9 胰岛素原转变为胰岛素示意图

2.蛋白质的变构现象 有些蛋白质受某些因素的影响,其一级结构不变而空间构象发生一定的变化,导致其生物学功能改变,称为蛋白质的变构现象或别构现象。由此导致人类发生的疾病,又称为蛋白质构象病。目前发现的蛋白质构象病有二十多种,如人纹状体脊髓变性病、阿尔茨海默病、帕金森病和疯牛病等。

第四节 蛋白质的理化性质

一、蛋白质的变性

某些理化因素使蛋白质分子的空间构象发生破坏,导致其生物活性的丧失和原有理化性质的改变,这种现象称为蛋白质的变性作用(denaturation)。

1. 变性的因素　物理因素有高温、紫外线、X射线、超声波和剧烈振荡等;化学因素有强酸、强碱、尿素、去污剂、重金属(Hg^{2+}、Ag^+、Pb^{2+})、三氯醋酸、浓酒精等。

2. 变性的本质　蛋白质变性作用的本质是破坏了维持蛋白质分子空间构象的各种次级键,并不涉及肽键的断裂和一级结构氨基酸序列的改变。不同蛋白质对各种变性因素的敏感度不同,因此空间构象破坏的深度与广度各异,如除去变性因素后,有些蛋白质构象可恢复或部分恢复其原有的构象和生物活性,称为复性(renaturation)。构象可以恢复的变性称为可逆变性,构象不能恢复者称为不可逆变性。

3. 变性作用的特征

(1) 生物活性的丧失:这是蛋白质变性的主要特征。蛋白质的生物活性是指蛋白质表现其生物学功能的能力,如酶的生物催化作用、蛋白质激素的代谢调节功能、抗原与抗体的反应能力等。这些生物学功能是由各种蛋白质特定的空间构象所决定,一旦外界因素使其空间构象遭受破坏,其表现生物学功能的能力就随之丧失。

(2) 某些理化性质的改变:一些天然蛋白可以结晶,而变性后失去结晶的能力;蛋白质变性后,溶解度降低易发生沉淀,但在偏酸或偏碱时,蛋白质虽变性但却可保持溶解状态;变性还可引起球蛋白不对称性增加、黏度增加、扩散系数降低等;蛋白质变性后,分子结构松散,易被蛋白酶水解,因此食用变性蛋白质更有利于消化。

4. 变性作用的意义　蛋白质的变性作用不仅在研究蛋白质的结构与功能方面有重要的理论价值,而且对生物药物的生产和应用亦有重要的指导作用。在工业生产和临床中,常利用变性的原理进行灭菌和消毒,如酒精、紫外线消毒,高温、高压灭菌等是使细菌蛋白变性而失去活性;在制备有生物活性的酶、蛋白质、激素或其他生物制品(疫苗、抗毒素等)时,要求所需成分不变性,而不需要的杂蛋白应使其变性或沉淀除去。此时,应选用适当的方法,严格控制操作条件,尽量减少所需蛋白质的变性,有时还可加些保护剂、抑制剂等以增强蛋白质的抗变性能力。

案例分析

重组人血管内皮抑制素是一种抗肿瘤的蛋白质类药物,系采用大肠埃希菌作为蛋白表达体系生产的,主要通过抑制肿瘤新生血管的生成阻断肿瘤细胞的营养供给而达到"饿死"肿瘤细胞的目的。该药物在生产过程中先加入 8 mol/L 尿素,之后逐渐降低尿素浓度,直到完全除去尿素达到分离纯化的目的。

1. 加入 8 mol/L 尿素的目的是什么?
2. 如何除去尿素? 除去尿素的目的是什么?
3. 根据该案例,分析蛋白质药物在生产过程中应该注意的方面。

二、蛋白质的两性电离与等电点

氨基酸分子含有氨基和羧基,它既可接受质子,又可释放质子,因此氨基酸是两性电解质。蛋白质是由氨基酸组成的,分子中除两个末端有自由的 α-NH_2 和 α-COOH 外,许多氨基酸残基的侧链上尚有不少可解离的基团,如—NH_2、—OH、—COOH 等,所以蛋白质也是两性物质,其解离情况如下:

$$P\begin{cases}COOH\\NH_3^+\end{cases} \underset{H^+}{\overset{OH^-}{\rightleftharpoons}} P\begin{cases}COO^-\\NH_3^+\end{cases} \underset{H^+}{\overset{OH^-}{\rightleftharpoons}} P\begin{cases}COO^-\\NH_2\end{cases}$$

$$pH < pI \qquad\qquad pH = pI \qquad\qquad pH > pI$$

$$\updownarrow$$

$$P\begin{cases}COOH\\NH_2\end{cases}$$

蛋白质在溶液中的带电情况主要取决于溶液的 pH。使蛋白质所带正负电荷相等，净电荷为零时溶液的 pH，称为蛋白质的等电点(isoelectric point,pI)。各种蛋白质具有特定的等电点，这与其所含的氨基酸种类和数目有关，即所含酸性和碱性氨基酸的比例，以及可解离基团的解离度。

一般来说，含酸性氨基酸较多的蛋白质，等电点偏酸；含碱性氨基酸较多的蛋白质，等电点偏碱。当溶液的 pH＞pI 时，蛋白质带负电荷；pH＜pI 时，则带正电荷。体内多数蛋白质的等电点为 5 左右，所以在生理条件下(pH7.35～7.45)，它们多以负离子形式存在。在一定的 pH 条件下，不同蛋白质所带电荷不同，可用离子交换层析法和电泳法分离纯化。

三、蛋白质的胶体性质

蛋白质是生物大分子化合物，其在溶液中所形成的质点大小为直径 1～100 nm，达到胶体质点的范围，所以蛋白质具有胶体性质，如布朗运动、光散射现象、不能透过半透膜以及具有吸附能力等。蛋白质水溶液是一种比较稳定的亲水胶体。这里的稳定是指"不易沉淀"。蛋白质形成亲水胶体有两个基本的稳定因素，如若破坏，蛋白质颗粒易相互聚集而从溶液中沉淀出来。

1. 蛋白质表面具有水化层　蛋白质颗粒表面带有许多亲水的极性基团，如 —NH_3^+、—COO^-、—$CO—NH_2$、—OH、—SH 等。它们易与水分子起水合作用，使蛋白质颗粒表面形成较厚的水化层。水化层的存在使蛋白质颗粒相互隔开，阻止蛋白质颗粒相互聚集而沉淀。

2. 蛋白质表面具有同性电荷　蛋白质溶液除在等电点时分子的净电荷为零外，在非等电点状态时，蛋白质颗粒皆带有同性电荷，即在 pH＞pI 的溶液中，蛋白质带负电荷；在 pH＜pI 的溶液中，蛋白质带正电荷。同性电荷相互排斥，使蛋白质颗粒不易聚集沉淀。

四、蛋白质的沉淀作用

蛋白质分子因发生聚集而从溶液中析出的现象，称为蛋白质的沉淀(sediment precipitate)。蛋白质的沉淀反应有重要的实用价值，如蛋白药物的分离制备、灭菌技术、生物样品的分析、杂质的去除等都涉及此类反应。蛋白质沉淀可能引起变性，也可能不引起变性，这取决于沉淀的方法和条件。常用沉淀蛋白质的方法有以下几种。

1. 中性盐沉淀法(盐析法)　蛋白质溶液中加入中性盐后，因盐浓度的不同可产生不同的反应。高盐浓度时，因破坏蛋白质的水化层并中和其电荷，促使蛋白质颗粒相互聚集而沉淀，称为盐析(salt precipitation)；低盐浓度时，可使蛋白质溶解度增加，称为盐溶(salt dissolution)。不同蛋白质因分子大小以及电荷多少的不同，盐析时所需盐的浓度各异。混合蛋白质溶液可用不同的盐浓度使其分别沉淀，这种方法称为分级沉

蛋白质的性质二

淀。常用的中性盐包括$(NH_4)_2SO_4$、$NaCl$、Na_2SO_4等。盐析法一般不引起蛋白质的变性,故常用于酶和激素等具有生物活性蛋白质的分离制备。

2. 有机溶剂沉淀法　在蛋白质溶液中加入一定量的与水可互溶的有机溶剂(如酒精、丙酮、甲醇等),破坏蛋白质表面水化层,使蛋白质颗粒相互聚集而沉淀。在等电点时,加入有机溶剂更易使蛋白质沉淀。不同蛋白质沉淀所需有机溶剂的浓度各异,因此,调节有机溶剂的浓度可使混合蛋白质达到分级沉淀的目的。此法可能引起蛋白质变性,这与有机溶剂的浓度、与蛋白质接触的时间以及沉淀的温度有关。因此,用此法分离制备有生物活性的蛋白质时,应确保在低温下操作,尽可能缩短操作时间,同时掌握好有机溶剂的浓度。

3. 加热沉淀法　加热可使蛋白质变性沉淀,加热灭菌的原理就是加热使细菌蛋白凝固而失去生物活性。蛋白质加热变性与 pH 密切相关,在 pI 时加热最易沉淀,偏离 pI 值即使加热也不易沉淀。实际工作中常利用在等电点时加热沉淀除去杂蛋白,如链霉素生产中采用加热除去菌体蛋白的方法达到分离纯化的目的。

4. 重金属盐沉淀法　蛋白质在 pH＞pI 的溶液中带负电荷,可与重金属离子(Cu^{2+}、Hg^{2+}、Pb^{2+}、Ag^+等)结合成不溶性蛋白盐而沉淀。临床上常用口服大量蛋白质(如牛奶、蛋清)和催吐剂抢救误食重金属盐中毒的病人,蛋白质和重金属离子生成不溶性沉淀而减少重金属离子的吸收。

5. 生物碱试剂沉淀法　蛋白质在 pH＜pI 时带正电荷,可与一些生物碱试剂(如苦味酸、磷钨酸、磷钼酸、鞣酸、三氯醋酸、磺基水杨酸等)结合成不溶性的盐而沉淀。此类反应在实际工作中有许多应用,如血液样品分析中无蛋白滤液的制备,中草药注射液中蛋白的检查以及鞣酸、苦味酸的收敛作用等。

蛋白质变性和沉淀反应是两个不同的概念,二者有联系但又不完全一致。蛋白质变性有时可表现为沉淀,也可表现为溶解状态;同样,蛋白质沉淀有时可引起变性,也可以不引起变性,这取决于沉淀的方法和条件对蛋白质空间构象是否破坏。

五、蛋白质的颜色反应

蛋白质分子中,肽键及某些氨基酸残基的化学基团,可与化学试剂反应显色,称为蛋白质的颜色反应,利用这些反应可以对蛋白质进行定性和定量分析。

1. 茚三酮反应　在 pH 5~7 的溶液中,蛋白质分子中的游离 α-氨基能与茚三酮反应生成蓝紫色化合物,在 570 nm 波长处的吸光度值与蛋白质含量成正比。此外,多肽、氨基酸及伯胺类化合物与茚三酮亦有同样反应。

2. 双缩脲反应　含有多个肽键的蛋白质或肽在碱性溶液中加热可与 Cu^{2+} 反应产生紫红色反应,在 540 nm 处有最大吸收。这是蛋白质分子中肽键的反应,肽键越多反应颜色越深,氨基酸和二肽无此反应。此反应可用于蛋白质的定性和定量分析,还可用于检测蛋白质的水解程度,水解越完全则颜色越浅。

3. 酚试剂反应　又称 Folin-酚反应或 Lowry 法。在碱性条件下,蛋白质分子中的酪氨酸残基和色氨酸残基可与酚试剂(含磷钼酸-磷钨酸化合物)生成蓝色化合物,在 680 nm 处有最大吸收。此法是测定蛋白质浓度的常用方法,其优点是灵敏度高,可测定微克水平的蛋白质含量。

六、蛋白质的紫外吸收

酪氨酸、色氨酸和苯丙氨酸由于含有共轭双键,在 280 nm 附近有最大吸收峰

(图1-10)。由于大多数蛋白质含有酪氨酸和色氨酸残基,蛋白质在 280 nm 附近也有特征性吸收峰,故测定蛋白质溶液在 280 nm 处的吸光度值,是蛋白质定量分析的一种快速、简便的方法。

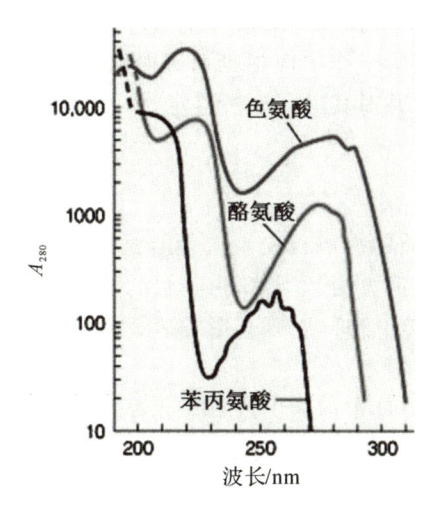

图 1-10 三种氨基酸的紫外吸收

七、蛋白质的免疫学性质

1.抗原与抗体　凡能刺激机体免疫系统产生免疫反应的物质,统称为抗原(antigen,Ag)。抗原刺激机体产生能与抗原特异结合的蛋白质,称为抗体(antibody,Ab)。抗原物质的特点是具有异物性、大分子性和特异性。蛋白质是大分子物质,异体蛋白具有较强的抗原性,是主要抗原物质;一些小分子物质本身不具抗原性,但与蛋白质结合后可具有抗原性,称为半抗原,如脂类、某些药物(青霉素、磺胺)等,这是一些药物引起过敏反应的重要因素。抗体经电泳分析主要存在于 γ-区,故称 γ-球蛋白或丙种球蛋白,因具有免疫学性质,又称免疫球蛋白(immunoglobulin,Ig)。

2.免疫反应　抗原与抗体结合所引起的反应,称为免疫反应。免疫反应是人类对疾病具有抵抗力的重要标志。正常情况下,免疫反应对机体有一种保护作用;异常情况下,免疫反应伴有组织损伤或出现功能紊乱,称为变态反应或过敏反应,这是一类对机体有害的病理性免疫反应。

3.蛋白质免疫学性质的应用　蛋白质免疫学性质具有重要的理论与应用价值,在医药乃至整个生命科学领域都显示了广阔的应用前景,例如疾病的免疫预防、免疫诊断和免疫治疗,酶联免疫吸附试验、免疫亲和层析等。但是,蛋白质的免疫学性质有时可带来严重的危害,如异体蛋白进入人体内可产生病理性的免疫反应,甚至可危及生命。因此,对一些生产过程中可带入异体蛋白质的注射用药物,如生化药物、中药制剂、发酵生产的抗生素和基因工程产品等,其主要质量标准之一是异体蛋白的控制,过敏试验应符合规定,以保证药品的安全性。

第五节　蛋白质的分离纯化与分析鉴定

蛋白质的来源是动、植物组织或微生物细胞,以及基因工程表达产物。分离蛋白质的目的不同,则需要保证蛋白质不同的特性。如研究某种蛋白质的分子结构、氨基酸组成、化学和物理性质,需要纯的、均一的甚至是结晶的蛋白质样品;研究蛋白质的生物学功能,需要样品保持天然构象,避免因变性而丧失活性。在制药工业中,需要把某种具有特殊功能的蛋白质纯化到规定的要求,特别要注意把一些具有干扰或拮抗性质的成分除去。因此,在实际工作中应根据研究和生产的目的和具体要求,选择合适的分离纯化蛋白质的方法,并对其进行分析鉴定。

一、蛋白质的提取

1. **材料的选择** 蛋白质的提取首先要选择合适的材料。选择的原则是材料中应含大量的所需蛋白质,且来源方便。当然,由于目的不同,有时只能用特定的原料。原料确定后,还应注意其储存和管理,否则会影响后续的蛋白质提取,也就难以获得满意的结果。

2. **组织细胞的粉碎** 一些蛋白质以可溶形式存在于体液中,可直接分离。但大多数蛋白质存在于细胞内或特定的细胞器中,需先破碎细胞,然后以适当的溶媒提取。细胞破碎方法有很多种,如动物细胞可用匀浆法和超声破碎法;植物细胞可先用纤维素酶处理,再用研磨法。对于不同的微生物细胞,采用不同的方法,例如,对于细菌添加溶菌酶,再配合研磨法,细菌的包涵体则用差速离心法分离。

3. **蛋白质的提取** 蛋白质的提取应按其性质选用适当的溶媒和提取次数以提高收率。总的要求是既要尽量提取所需蛋白质,又要防止蛋白酶的水解和其他因素对蛋白质特定构象的破坏。蛋白质的粗提液可进一步分离纯化。

二、蛋白质的分离纯化

(一)根据溶解度不同的分离纯化方法

1. **等电点沉淀法** 蛋白质在等电点时溶解度最小。单纯使用此法不易使蛋白质沉淀完全,故常与其他沉淀法联合应用。

2. **盐析沉淀法** 一定浓度的中性盐可使蛋白质盐析沉淀,且沉淀后的蛋白质一般保持着天然构象而不变性。盐析时的pH多选择在pI值附近,有时不同的盐浓度能有效地使蛋白质分级沉淀。例如在pH 7.0附近时,人血清白蛋白溶于半饱和的$(NH_4)_2SO_4$中,而球蛋白沉淀下来;当$(NH_4)_2SO_4$达到饱和浓度时,白蛋白也随之析出。

3. **低温有机溶剂沉淀法** 在一定量的有机溶剂中,蛋白质分子间极性基团的静电引力增加,水化作用降低,促使蛋白质聚集沉淀。此法沉淀蛋白质的选择性较高,且无需脱盐,但温度高时可引起蛋白质变性,故应注意低温条件。例如用冷乙醇法从血清中分离制备人体白蛋白和球蛋白。

(二)根据分子大小不同的分离纯化方法

1. **透析法和超滤法** 透析法(dialysis)是利用蛋白质分子不能通过半透膜的性质,使蛋白质和其他小分子物质如无机盐、单糖等分开。操作过程是把待纯化的蛋白质溶液装在半透膜的透析袋里,放入透析液(蒸馏水或缓冲液)中进行的,透析液可以更换,直至透析袋内无机盐等小分子物质降低到最小为止。此法简便,常用于蛋白质的脱盐,但需时间较长。常用的半透膜有玻璃纸、火棉胶或动物膀胱膜等。

超滤法(ultrafiltration)是依据分子大小和形状,利用超滤膜在一定的压力或离心力作用下,大分子物质被截留而小分子物质则滤过排出。选择不同孔径的超滤膜可截留不同相对分子质量的物质。此法的优点是选择性地分离所需相对分子质量的蛋白质,超滤过程无相态变化,条件温和,蛋白质不易变性,常用于蛋白质溶液的浓缩、脱盐、分级纯化等。

2. 凝胶过滤层析(gel filtration chromatography) 又称分子排阻层析,其原理是利用蛋白质相对分子质量的差异,通过具有分子筛性质的凝胶而被分离。常用的凝胶有葡聚糖凝胶、聚丙烯酰胺凝胶和琼脂糖凝胶等。葡聚糖凝胶是以葡聚糖与交联剂形成有三维空间的网状结构物,二者的比例和反应条件决定其交联度的大小,即孔径大小(用 G 表示),交联度越大、孔径越小。当蛋白质分子的直径大于凝胶的孔径时,被排阻于凝胶之外;小于孔径者则进入凝胶。因此,在层析洗脱时,大分子受阻小而最先流出;小分子受阻大而最后流出,从而使相对分子质量不同的蛋白质分离(图 1-11)。

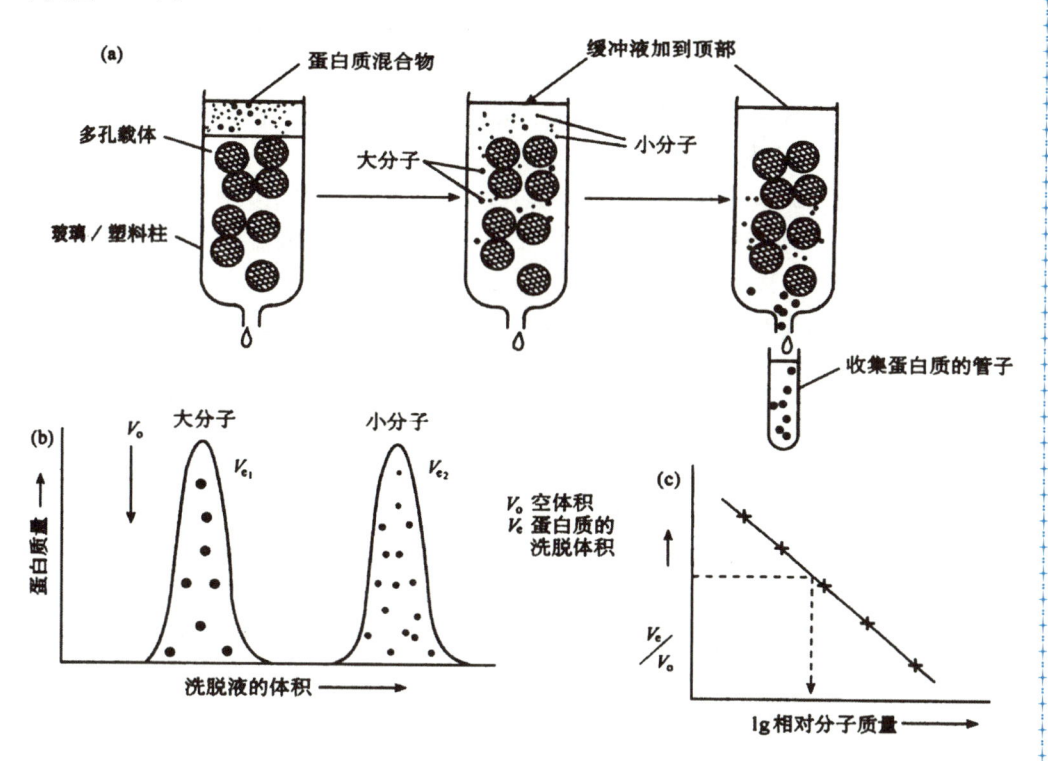

图 1-11 凝胶过滤层析
(a)凝胶过滤层析示意图;(b)洗脱曲线;(c)蛋白质洗脱体积与相对分子质量对数的关系

3. 密度梯度离心法(density gradient centrifugation) 当蛋白质在具有密度梯度的介质中离心时,质量和密度大的颗粒比质量和密度小的颗粒沉降得快,并且每种蛋白质颗粒沉降到与自身密度相等的介质梯度时即停止,可分步收集进行分析。蛋白质颗粒的沉降速度取决于蛋白质相对分子质量的大小、分子的形状、密度及介质的密度。密度梯度离心法具有稳定作用,可以抵抗由于温度的变化或机械振动引起区带界面的破坏而对分离效果的影响。

(三)根据电离性质不同的分离纯化方法

1. 电泳法 电泳(electrophoresis)是指带电粒子在电场中向着与其本身所带电荷相反的电极移动的现象。在一定条件下,各种蛋白质分子因所带电荷的性质、数量及分子大小不同,其在电场中的电泳迁移率各异,从而达到分离不同蛋白质的目的。由于电泳装置、电泳支持物的不断改进及电泳目的的不同,逐步形成了形式多样、方法各异但本质相同的电泳技术,常用的电泳方法有以下几种。

(1) 醋酸纤维薄膜电泳:以醋酸纤维薄膜作为支持物,电泳效果比纸电泳好,时间短、电泳图谱清晰。临床用于血浆蛋白电泳分析。

(2) 聚丙烯酰胺凝胶电泳(polyacrylamide gel electrophoresis,PAGE):又称为分子筛电泳或圆盘电泳,它以聚丙烯酰胺凝胶为支持物,具有电泳和凝胶过滤的特点,即可发挥电荷效应、浓缩效应和分子筛效应,因而电泳分辨率高,可分出20~30种蛋白成分。

(3) 等电聚焦电泳(isoelectric focusing electrophoresis):以两性电解质作为支持物,电泳时即形成一个由正极到负极逐渐增加的pH梯度。蛋白质在此系统中电泳,各自集中在与其等电点相应的pH区域,从而达到分离的目的。此法分辨率高,各蛋白pH相差0.02即可分开,可用于蛋白质的分离、纯化和分析。

(4) 免疫电泳(immuno-electrophoresis):一般以琼脂或琼脂糖凝胶为支持物,先将抗原中各蛋白质组分经凝胶电泳分开,然后加入特异性抗体,经扩散即可产生免疫沉淀反应。此法将电泳技术和抗原-抗体反应的特异性相结合,常用于蛋白质的鉴定及纯度检查,如荧光免疫电泳、酶免疫电泳、放射免疫电泳等。

2. 离子交换层析(ion-exchange chromatography) 是以离子交换剂为固定相,依据流动相中待分离的离子与交换剂上的平衡离子进行交换时结合力的差异而进行分离的一种层析方法。离子交换剂包括离子交换纤维素、离子交换凝胶、大孔离子交换树脂等。此法依据各种蛋白质在相同pH条件下所带的电荷种类和数量不同,与交换剂上的平衡离子进行交换时的结合力大小不同而得以分离。能与交换剂结合的电荷数目愈多结合力愈大,相反则愈小。结合力小的蛋白质先被洗脱,结合力大的蛋白质后被洗脱。

(四)根据配基特异性的分离纯化方法

亲和层析(affinity chromatography)是根据具有特异亲和力的化合物之间能可逆结合与解离的性质建立的层析方法。此法是具有高度专一性的一种蛋白质分离纯化方法,具有简单、快速、纯化倍数高等显著优点。例如,分离纯化抗原时,首先选用与抗原相应的抗体为配基,用化学方法使之与固相载体相连接,再将连有抗体的固相载体装入层析柱,使含有抗原的混合物通过此柱,相应的抗原被抗体特异地结合,而非特异性抗原等杂质不能被吸附而直接流出层析柱,如图1-12所示。改变条件,使抗原抗体复合物分离,此时即可得到纯化的抗原。

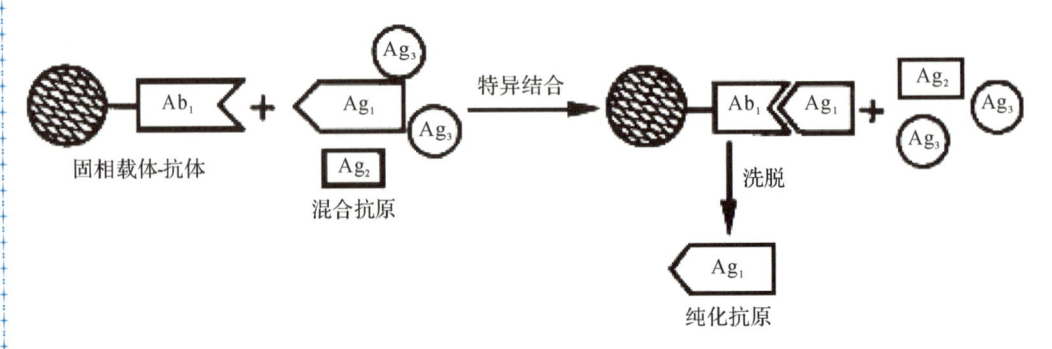

图1-12 亲和层析原理示意图

三、蛋白质的纯度鉴定与含量测定

(一)蛋白质的纯度鉴定

蛋白质纯度的鉴定方法很多,常用的方法有以下几种。

1. 层析法　用分子筛或离子交换层析检测样品时,如果样品是纯的应显示单一洗脱峰;若样品是酶类,层析后则显示恒定的比活性。用此法检测的纯度称为层析纯。

2. 电泳法　用 PAGE 检测样品呈现单一区带,也是纯度的一个指标,这表明样品在电荷和质量方面的均一性,如果在不同 pH 条件下电泳均为单一区带,则结果更可靠些;SDS-PAGE 检测纯度也很有价值,它说明蛋白质在分子大小上的均一性,但此法只适用于单链多肽和具有相同亚基的蛋白质;等电聚焦电泳用于检测纯度,可表明蛋白质在等电点方面的均一性。用此法检测的纯度称为电泳纯。

3. 免疫化学法　免疫学方法是蛋白质纯度鉴定的有效方法,它根据抗原与抗体反应的特异性,可用已知抗体检测抗原或已知抗原检测抗体。常用的方法有免疫扩散、免疫电泳、双向免疫电泳和放射免疫分析等。用此法检测的纯度称为免疫纯。

必须指出的是,采用任何单一方法鉴定所得结果,只能作为蛋白质均一性的必要条件而不是充分条件。事实上只有很少几个蛋白质能够全部满足上面的严格要求,往往是在一种鉴定方法中表现为均一性的蛋白质,在另一种鉴定方法中又表现出不均一性。

(二)蛋白质的含量测定

1. 凯氏定氮法(Kjedahl 法)　这是测定蛋白质含量的经典方法,其原理是蛋白质具有恒定的含氮量,平均为 16%,因此测定蛋白质的含氮量即可计算其蛋白质含量,但是此法易受非蛋白氮化合物的干扰。其测定方法是将蛋白质中的氮及其他有机氮经硫酸消化为 $(NH_4)_2SO_4$,碱性条件下蒸馏释放出 NH_3 并用定量的硼酸吸收,再用标准浓度的酸滴定,求出含氮量即可计算蛋白质的含量。

2. 福林-酚试剂法(Lowry 法)　多年来被选为蛋白质含量的标准测定方法,其原理是在碱性条件下蛋白质与 Cu^{2+} 生成复合物,还原磷钼酸-磷钨酸试剂生成蓝色化合物,在 680 nm 处的吸光度值与蛋白质含量成正比。此法优点是操作简便、灵敏度高,适合浓度是 25~250 μg/ml 的蛋白质。但此法实际上是蛋白质中酪氨酸和色氨酸与试剂的反应,因此它受蛋白质氨基酸组成的影响,即不同蛋白质中此两种氨基酸含量不同使显色强度有所差异。此外,酚类等一些物质的存在可干扰此法的测定,导致分析误差。

3. 双缩脲法　在碱性条件下,蛋白质分子中的肽键与 Cu^{2+} 可生成紫红色的络合物,在 540 nm 波长处的吸光度值与蛋白质含量成正比。此法简便,受蛋白质氨基酸组成影响小,但灵敏度低,样品用量大,测定浓度为 0.5~10 mg/ml 的蛋白质,主要用于快速但不需要十分精确的测定。

4. 紫外分光光度法　蛋白质分子中常含有酪氨酸等芳香族氨基酸,在 280 nm 处有特征性的最大吸收峰,可用于蛋白质的定量。此法操作简便、不损失样品,测定浓度为 0.1~1 mg/ml 的蛋白质。但若样品中含有其他具有紫外吸收的杂质,如核酸等,会产生较大的误差。

案例分析

截至2008年9月21日,很多食用三鹿集团生产的婴幼儿奶粉的婴儿被发现患有肾结石,该事件引起国家的高度关注。经检测发现国内包括伊利、蒙牛、光明、圣元、雅士利在内的多个厂家多批次产品中均检出三聚氰胺(melamine,$C_3H_6N_6$)。三聚氰胺,俗称蛋白精,是一种三嗪类含氮杂环有机物,分子中含有6个非蛋白氮(含氮量约66.7%),为白色晶体,几乎无味。

1.乳制品厂家为什么要在奶粉中添加三聚氰胺?

2.对婴幼儿,三聚氰胺有哪些危害?

3.该事件对我们有哪些启发?

第六节 氨基酸、多肽和蛋白质类药物

一、氨基酸及其衍生物类药物

从20世纪60年代开始,氨基酸类药物的生产就有了迅速的发展,在医药、保健等方面的应用愈加广泛。常见的氨基酸类药物可分为单一氨基酸制剂和复合氨基酸制剂两类。

1.单一氨基酸制剂 如甲硫氨酸用于防治肝炎、肝坏死和脂肪肝,谷氨酸用于防治肝性脑病、神经衰弱和癫痫,甘氨酸用于治疗肌无力及缺铁性贫血,天冬氨酸可保护心肌。氨基酸的衍生物 N-乙酰半胱氨酸可用于化痰,L-二羟苯丙氨酸(L-多巴)用于治疗帕金森病。

2.复合氨基酸制剂 复合氨基酸制剂含有多种氨基酸,可以制成血浆代用品给患者提供营养,如水解蛋白注射液、配方蛋白注射液等。

二、多肽蛋白质激素类药物

多肽蛋白质激素是人体中重要的一类激素分子,发挥着调控机体新陈代谢、维持内环境相对稳定、促进细胞增殖分化、控制机体生长发育和生殖功能等重要功能。多肽蛋白质激素分泌量过少或过多都会引起机体功能的紊乱,例如胰岛素分泌量不足会导致糖尿病,生长激素分泌过多会导致肢端肥大症等。所以临床上常以多肽蛋白质激素水平的测定作为诊断某些疾病的依据,同时也将许多此类激素作为治疗药物应用于临床。

三、细胞因子类多肽蛋白质药物

细胞因子是一类多肽,通过自分泌或旁分泌的方式,与细胞表面特殊的受体结合,

调节细胞的代谢、分裂和基因表达,各种细胞因子往往协同作用。重要的细胞因子包括干扰素、造血因子、白介素、肿瘤坏死因子等。目前已经开发出干扰素、凝血因子、白介素-2、粒细胞集落刺激因子、血小板生长因子等众多细胞因子类蛋白质药物。

四、抗体类蛋白质药物

抗体是一类能与抗原特异性结合的免疫球蛋白,在疾病的预防、诊断和治疗方面都有一定的作用。例如临床上用丙种球蛋白预防病毒性肝炎、麻疹、风疹等,用抗DNA抗体诊断系统性红斑狼疮,用毒素中毒进行抗毒治疗以及免疫缺陷性疾病的治疗等。抗体具有高度特异性,它仅能与相应抗原发生反应。抗体的特异性取决于抗原分子表面的特殊化学基团,即抗原决定簇,各抗原分子具有许多抗原决定簇。因此,由它免疫动物所产生的抗血清实际上是多种抗体的混合物,称为多克隆抗体(polyclonal antibody),用这种传统的方法制备抗体,其效价不稳定且产量有限,要想将这些不同抗体分离纯化是极其困难的。单克隆抗体(monoclonal antibody,mAb)是针对一个抗原决定簇,由单一的B淋巴细胞克隆产生的抗体。其为结构和特异性完全相同的高纯度抗体,具有高度特异性、均一性、来源稳定和可大量生产等特点。随着人源化单克隆抗体的发展,抗体药物在肿瘤治疗领域具有重要的应用,已成为制药行业中"重磅炸弹"级的药物。随着抗体技术的不断发展,人源化、多功能抗体和抗体药物偶联物成为抗体药物的发展趋势。

思 考 题

1. 蛋白质分子的基本组成单位是什么?它们在结构上有何特点?
2. 什么叫蛋白质等电点(pI)?等电点时蛋白质为何容易沉淀?
3. 组成蛋白质分子的氨基酸与遗传密码有关的有几种?它们怎样分类?
4. 蛋白质相对分子质量很大,为什么它所组成的胶体溶液还相当稳定?
5. 何谓蛋白质变性?有哪些因素可引起蛋白质变性?蛋白质变性有何特征和意义?
6. 何谓蛋白质的一、二、三、四级结构?维系蛋白质各级结构的化学键有哪些?
7. 有哪些方法可使蛋白质沉淀?沉淀的原理是什么?有何实用意义?
8. 根据蛋白质结构与性质的差别,可以用哪些方法来分离各种蛋白质?

在线测试

本章小结

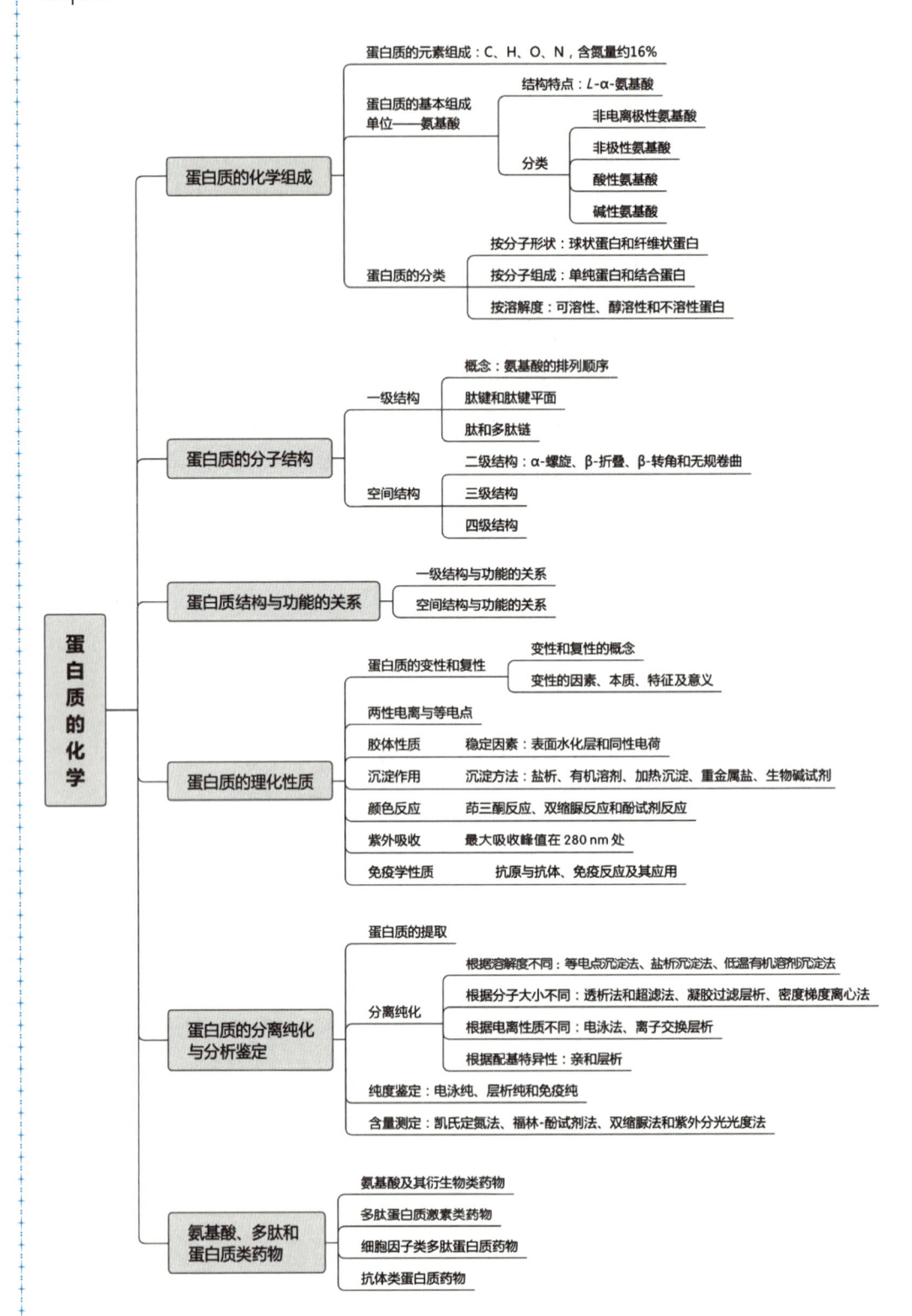

蛋白质的化学
- 蛋白质的化学组成
  - 蛋白质的元素组成：C、H、O、N，含氮量约16%
  - 蛋白质的基本组成单位——氨基酸
    - 结构特点：L-α-氨基酸
    - 分类
      - 非电离极性氨基酸
      - 非极性氨基酸
      - 酸性氨基酸
      - 碱性氨基酸
  - 蛋白质的分类
    - 按分子形状：球状蛋白和纤维状蛋白
    - 按分子组成：单纯蛋白和结合蛋白
    - 按溶解度：可溶性、醇溶性和不溶性蛋白
- 蛋白质的分子结构
  - 一级结构
    - 概念：氨基酸的排列顺序
    - 肽键和肽键平面
    - 肽和多肽链
  - 空间结构
    - 二级结构：α-螺旋、β-折叠、β-转角和无规卷曲
    - 三级结构
    - 四级结构
- 蛋白质结构与功能的关系
  - 一级结构与功能的关系
  - 空间结构与功能的关系
- 蛋白质的理化性质
  - 蛋白质的变性和复性
    - 变性和复性的概念
    - 变性的因素、本质、特征及意义
  - 两性电离与等电点
  - 胶体性质　稳定因素：表面水化层和同性电荷
  - 沉淀作用　沉淀方法：盐析、有机溶剂、加热沉淀、重金属盐、生物碱试剂
  - 颜色反应　茚三酮反应、双缩脲反应和酚试剂反应
  - 紫外吸收　最大吸收峰值在280 nm处
  - 免疫学性质　抗原与抗体、免疫反应及其应用
- 蛋白质的分离纯化与分析鉴定
  - 蛋白质的提取
  - 分离纯化
    - 根据溶解度不同：等电点沉淀法、盐析沉淀法、低温有机溶剂沉淀法
    - 根据分子大小不同：透析法和超滤法、凝胶过滤层析、密度梯度离心法
    - 根据电离性质不同：电泳法、离子交换层析
    - 根据配基特异性：亲和层析
  - 纯度鉴定：电泳纯、层析纯和免疫纯
  - 含量测定：凯氏定氮法、福林-酚试剂法、双缩脲法和紫外分光光度法
- 氨基酸、多肽和蛋白质类药物
  - 氨基酸及其衍生物类药物
  - 多肽蛋白质激素类药物
  - 细胞因子类多肽蛋白质药物
  - 抗体类蛋白质药物

实验项目一 考马斯亮蓝染色法测定蛋白质含量

【实验目的】

1. 掌握考马斯亮蓝染色法测定蛋白质含量的原理和方法。
2. 了解蛋白含量测定的其他方法。

【实验原理】

考马斯亮蓝 G-250 染料，在酸性溶液中与蛋白质结合，使染料的最大吸收峰的位置由 465 nm 变为 595 nm，溶液的颜色也由棕黑色变为蓝色。通过测定 595 nm 处的吸光度值，可计算与其结合的蛋白质的量。该染料主要是与蛋白质中的碱性氨基酸（特别是精氨酸）和芳香族氨基酸残基相结合。

考马斯亮蓝染色法是利用上述蛋白质-染料结合的原理，定量测定微量蛋白浓度的一种快速、灵敏的方法。这种蛋白质含量测定方法具有灵敏度高、测定方法快速、简便、干扰物质少等突出优点，因而得到广泛的应用。

【试剂与器材】

1. 试剂

(1) 考马斯亮蓝试剂：考马斯亮蓝 G-250 100 mg 溶于 50 ml 95% 乙醇中，加入 100 ml 85% 磷酸，用蒸馏水稀释至 1000 ml。

(2) 标准蛋白质溶液：结晶牛血清蛋白，预先经微量凯氏定氮法测定蛋白氮含量，根据其纯度用 0.15 mol/L NaCl 配制成 1 mg/ml 蛋白溶液。

(3) 待测蛋白质溶液：人血清，使用前用 0.15 mol/L NaCl 稀释 200 倍。

2. 器材　试管及试管架、移液管、移液枪、紫外-可见分光光度计。

【实验方法及步骤】

1. 制作标准曲线　取 7 支试管，按表 1-2 平行操作。

表 1-2　试剂添加

试管编号	0	1	2	3	4	5	6
标准蛋白溶液/ml	0	0.01	0.02	0.03	0.04	0.05	0.06
0.15 mol/L NaCl/ml	0.1	0.09	0.08	0.07	0.06	0.05	0.04
考马斯亮蓝试剂/ml	5	5	5	5	5	5	5
	摇匀，1h 内以 0 号管为空白对照，在 595 nm 处比色						
A_{595}							

绘制标准曲线：以 A_{595} 为纵坐标，标准蛋白含量为横坐标，在坐标纸上绘制标准曲线或通过软件求出标准曲线的线性方程。

2. 未知样品蛋白质浓度测定　测定方法同上，取合适的未知样品体积，使其测定值在标准曲线的直线范围内。根据所测定的 A_{595} 值，在标准曲线上查出其相当于标准蛋白的量或带入标准曲线的线性方程，从而计算出未知样品的蛋白质浓度 (mg/ml)。

【注意事项】

1. 在试剂加入后的 5~20 min 测定吸光度值,因为在这段时间内颜色是最稳定的。

2. 测定中,蛋白-染料复合物会有少部分吸附于比色杯壁上,测定完后可用乙醇将蓝色的比色杯洗干净。

【思考题】

1. 蛋白质含量测定的方法还有哪些?
2. 试比较该法与其他几种蛋白质含量测定方法的优缺点。

实验项目二 SDS-聚丙烯酰胺凝胶电泳测定蛋白质相对分子质量

【实验目的】

1. 掌握 SDS-聚丙烯酰胺凝胶电泳测定蛋白质相对分子质量的原理及操作。
2. 学会利用 SDS-聚丙烯酰胺凝胶电泳对蛋白质进行分析检测。

【实验原理】

蛋白质混合样品进行电泳分离时,各蛋白质组分的迁移率主要取决于分子大小、形状以及所带电荷多少。SDS-聚丙烯酰胺凝胶电泳(SDS-PAGE)是一种常用的蛋白质电泳技术,即在聚丙烯酰胺凝胶系统中,加入一定量的十二烷基硫酸钠(SDS,一种阴离子表面活性剂)。SDS 加入电泳系统中能使蛋白质的氢键和疏水键打开,并结合到蛋白质分子上(在一定条件下,大多数蛋白质与 SDS 的结合比为 1.4 g SDS/1 g 蛋白质),使各种蛋白质-SDS 复合物都带上相同密度的负电荷,其数量远远超过了蛋白质分子原有的电荷量,从而掩盖了不同组分蛋白质间原有的电荷差别。此时,蛋白质分子的电泳迁移率主要取决于它的相对分子质量大小,而其他因素对电泳迁移率的影响几乎可以忽略不计。当蛋白质的相对分子质量在 10000~200000 时,电泳迁移率与相对分子质量的对数值呈直线关系,符合下列方程:

$$\lg Mr = K - bm_R$$

式中,Mr 为蛋白质的相对分子质量;K 为直线的截距;b 为直线的斜率;m_R 为相对迁移率。在条件一定时,K 和 b 均为常数。

若将已知相对分子质量的标准蛋白质的迁移率对相对分子质量的对数作图,可获得一条标准曲线。当未知蛋白质在相同条件下进行电泳时,根据它的电泳迁移率即可利用标准曲线方程求出其近似相对分子质量。

【试剂与器材】

1. 试剂

(1) 分离胶缓冲液(Tris-HCl 缓冲液 pH8.9):取 1 mol/L 盐酸 48 ml,三羟甲基氨基甲烷(Tris)36.3 g,用重蒸水溶解后定容至 100 ml。

(2)浓缩胶缓冲液(Tris-HCl 缓冲液 PH6.7):取 1 mol/L 盐酸 48 ml,Tris 5.98 g,用重蒸水溶解后定容至 100 ml。

(3)30%分离胶贮液:称取丙烯酰胺(Acr)30 g 及 N,N′-甲叉双丙烯酰胺(Bis)0.8 g,溶于重蒸水中,最后定容至 100 ml,过滤后置棕色试剂瓶中,4 ℃保存。

(4)10%浓缩胶贮液:称取 Acr 10 g 及 Bis 0.5 g,溶于重蒸水中,定容至 100 ml,过滤后置棕色试剂瓶中,4 ℃贮存。

(5)10% SDS 溶液:称取 SDS 5 g,加重蒸水至 50 ml,微热使其溶解,置于试剂瓶中,4 ℃保存。SDS 在低温易析出结晶,用前微热,使其完全溶解。

(6)四甲基乙二胺(TEMED)。

(7)10%过硫酸铵(AP):称取 AP 1 g,加重蒸水至 10 ml,现配现用。

(8)电泳缓冲液(Tris-甘氨酸缓冲液 pH8.3):称取 Tris 6.0 g,甘氨酸 28.8 g,SDS 1.0 g,用重蒸水溶解后定容至 1 L。

(9)样品溶解液:取 SDS 100 mg,巯基乙醇 0.1 ml,甘油 1 ml,溴酚蓝 2 mg,0.2 mol/L,pH 7.2 磷酸缓冲液 0.5 ml,加重蒸水至 10 ml(遇液体样品,浓度增加一倍配制)。用来溶解标准蛋白质及待测样品。

(10)染色液:称取 0.25 g 考马斯亮蓝 G-250,加入 454 ml 50%甲醇溶液和 46 ml 冰乙酸即可。

(11)脱色液:量取 75 ml 冰乙酸,875 ml 重蒸水与 50 ml 甲醇混匀即可。

(12)原料:低相对分子质量标准蛋白质按照每种蛋白 0.5~1 mg/ml 配制,可配制成单一蛋白质标准液,也可配成混合蛋白质标准液,或是商业购买的蛋白 Marker;待测蛋白质样品。

2.器材 电泳仪、垂直板型电泳槽、直流稳压电源、脱色摇床;10 或 20 μl 微量进样器、各种规格的移液枪;玻璃板、水浴锅、染色槽;烧杯;胶头滴管等。

【实验方法及步骤】

1.安装夹心式垂直板电泳槽 目前,夹心式垂直板电泳槽有很多型号,虽然设置略有不同,但主要结构相同,且操作简单,不易泄漏,可根据具体不同型号要求进行操作。

2.配胶 根据所测蛋白质相对分子质量范围,选择适宜的分离胶浓度。本实验采用 SDS-PAGE 不连续系统,按 1-3 表所列配制分离胶和浓缩胶。

表 1-3 分离胶和浓缩胶的配制

试剂名称	分离胶(20 ml)				浓缩胶(10 ml)
	5%	7.5%	10%	15%	3%
分离胶贮液 (30% Acr-0.8% Bis)	3.33	5.00	6.66	10.00	—
分离胶缓冲液 (pH8.9 Tris-HCl)	2.50	2.50	2.50	2.50	—
浓缩胶贮液 (10% Acr-0.5% Bis)	—	—	—	—	3.0

续表

试剂名称	分离胶(20 ml)				浓缩胶(10 ml)
	5%	7.5%	10%	15%	3%
浓缩胶缓冲液(pH6.7 Tris-HCl)	—	—	—	—	1.25
10% SDS	0.20	0.20	0.20	0.20	0.10
TEMED	2.00	2.00	2.00	2.00	2.00
重蒸水	11.87	10.20	8.54	5.20	4.60
10% AP	0.10	0.10	0.10	0.10	0.05

3. 制备凝胶板

(1) 分离胶制备：按表配制 20 ml 10% 分离胶(或其他浓度)，混匀后用细长头滴管将凝胶液加至长、短玻璃板间的缝隙内，约 8 cm 高，用 1 ml 注射器取少许蒸馏水，沿长玻璃板板壁缓慢注入，3~4 mm 高，以进行水封。约 30 min 后，凝胶与水封层间出现折射率不同的界线，则表示凝胶完全聚合。倾去水封层的蒸馏水，再用滤纸条吸去多余水分。

(2) 浓缩胶的制备：按表配制 10 ml 3% 浓缩胶，混匀后用细长头滴管将浓缩胶加到已聚合的分离胶上方，直至距离短玻璃板上缘约 0.5 cm 处，轻轻将样品槽模板插入浓缩胶内，避免带入气泡。约 30 min 后凝胶聚合，再放置 20~30 min。待凝胶凝固，小心拔去样品槽模板，用窄条滤纸吸去样品凹槽中多余的水分，将 pH8.3 Tris-甘氨酸缓冲液倒入上、下贮槽中，应没过短板约 0.5 cm 以上，即可准备加样。

4. 样品处理及加样　各标准蛋白及待测蛋白都用样品溶解液溶解，使浓度为 0.5~1 mg/ml，沸水浴加热 3 min，冷却至室温备用。处理好的样品液如经长期存放，使用前应在沸水浴中加热 3 min，以消除亚稳态聚合。

一般加样体积为 10~15 μl (即 2~10 μg 蛋白质)。如样品较稀，可增加加样体积。用微量注射器小心将样品通过缓冲液加到凝胶凹形样品槽底部，待所有凹形样品槽内都加了样品，即可开始电泳。

5. 电泳　将直流稳压电泳仪开关打开，开始时将电流调至 10 mA。待样品由浓缩胶进入分离胶时，将电流调至 20~30 mA。当蓝色染料迁移至底部时，将电流调回到零，关闭电源。拔掉固定板，取出玻璃板，用刀片轻轻将一块玻璃撬开移去，在胶板一端切除一角作为标记，将胶板移至大培养皿中染色。

6. 染色及脱色　将染色液倒入培养皿中，染色 1 h 左右，用蒸馏水漂洗数次，再用脱色液脱色，直到蛋白区带清晰，即用直尺分别量取各条带与凝胶顶端的距离。

7. 计算

(1) 相对迁移率 m_R = 样品迁移距离(cm)/染料迁移距离(cm)。

(2) 以标准蛋白质相对分子质量的对数对相对迁移率作图，得到标准曲线及线性方程，根据待测样品相对迁移率，代入线性方程计算出其相对分子质量。

【注意事项】

1. 安装夹心式垂直板电泳槽时，胶条、玻璃板、槽子都要洁净干燥，勿用手接触灌胶面的玻璃。整个电泳操作过程中，切勿用手直接碰触凝胶及与凝胶接触的器具，实验结束后，凝胶应统一回收并处理。

2. 不是所有的蛋白质都能用 SDS-PAGE 法测定其相对分子质量，已发现有些蛋白质用这种方法测出的相对分子质量是不可靠的。它们包括：电荷异常或构象异常的蛋白质，带有较大辅基的蛋白质（如某些糖蛋白）以及一些结构蛋白如胶原蛋白等。例如组蛋白 F1，它本身带有大量正电荷，因此，尽管结合了正常比例的 SDS，仍不能完全掩盖其原有正电荷的影响，它的相对分子质量是 21000，但 SDS-凝胶电泳测定的结果却是 35000。因此，最好至少用两种方法来测定未知样品的相对分子质量，互相验证。

3. 有许多蛋白质是由亚基（如血红蛋白）或两条以上肽链（如 α-胰凝乳蛋白酶）组成的，它们在 SDS 和巯基乙醇的作用下，解离成亚基或单条肽链。因此，对于这一类蛋白质，SDS-PAGE 法测定的只是它们的亚基或单条肽链的相对分子质量，而不是完整分子的相对分子质量。为了得到更全面的资料，还必须用其他方法测定其相对分子质量及分子中肽链的数目等，与 SDS-PAGE 法的结果互相参照。

【思考题】

1. SDS-聚丙烯酰胺凝胶电泳与聚丙烯酰胺凝胶电泳原理上有何不同？

2. 用 SDS-聚丙烯酰胺凝胶电泳测定蛋白质的相对分子质量，为什么有时和凝胶层析法所得结果有所不同？是否所有的蛋白质都能用 SDS-凝胶电泳法测定其相对分子质量？为什么？

3. 利用 SDS-聚丙烯酰胺凝胶电泳可对蛋白质进行哪些分析检测？

第二章 核酸的化学

学习目标

知识目标

1. 掌握：核酸的化学组成和基本结构单位；DNA 的分子结构，tRNA 二级、三级结构；核酸的理化性质及其应用。
2. 熟悉：核酸的分离纯化和含量测定的基本方法。
3. 了解：核酸类药物及其临床应用。

能力目标

1. 能采用合适的方法提取和分离纯化核酸。
2. 能用定糖法、定磷法及紫外分光光度法测定核酸定量。

核酸（nucleic acid）是由核苷酸（nucleotide）组成的具有复杂三维结构的大分子化合物，是遗传的物质基础。核酸是动物、植物、微生物机体的重要组成成分，占细胞干重的 5%～15%。核酸分为核糖核酸（ribonucleic acid, RNA）和脱氧核糖核酸（deoxyribonucleic acid, DNA）两类。绝大多数生物细胞都含有这两类核酸，DNA 主要存在于细胞核、线粒体、叶绿体中，质粒中也含有少量 DNA，而 RNA 主要存在于细胞质中。病毒中核酸分布与其他生物不同，一种病毒只含有一种核酸。只含 DNA 的病毒称为 DNA 病毒，只含 RNA 的病毒称为 RNA 病毒。

核酸作为遗传的物质基础，不仅与遗传变异、生长发育、细胞分化等正常的生命活动有密切关系，而且与肿瘤发生、辐射损伤、遗传病、代谢病等异常的生命活动也息息相关。因此，核酸是现代生物化学、分子生物学和医药学研究的重要领域。

知识链接

核酸的发现

1868 年，瑞士医生 Friedrich 从脓细胞核中首次发现核酸，称之为"核素"。他还发现生殖细胞富含核酸，核酸在各种细胞中广泛存在，细胞分裂前核酸含量会显著增加。这类物质都是从细胞核中提取出来的，且都具有酸性，因此称为核酸。可惜的是，米歇尔经过一番研究后认为不同生物的核酸性质过于接近，无法解释生物遗传的多样性，遗传信息更可能储存在蛋白质中,所以米歇尔最终与遗传物质的发现失之交臂,实际上当时的实验技术也无法解析核酸的结构。1944 年,美国细菌学家艾弗里(Oswald Avery)通过肺炎双球菌体外转化实验证明 DNA 是遗传物质;1952 年,Hershey 和 Chase 的 T_2 噬菌体旋切实验彻底证明遗传物质是核酸,而不是蛋白质;1956 年,Fraenkel Conrat 的烟草花叶病毒(TMV)重建实验证明,RNA 也可以作为遗传物质。这些实验证明了核酸是遗传物质,使核酸成为研究热点。

第一节 核酸的化学组成

一、核酸的元素组成

核酸是一类主要由碳、氢、氧、氮和磷组成的化合物,其中磷的含量比较恒定。元素分析表明,RNA 的平均含磷量为 9.4%,DNA 的平均含磷量为 9.9%。因此,只要测定核酸样品中的含磷量,就可以推算出该样品中的核酸含量。

二、核酸的基本结构单位——核苷酸

(一)核苷酸的组成

核酸是一种多聚核苷酸(polynucleotide),核酸水解生成核苷酸(mononucleotide),后者进一步水解生成核苷(nucleoside)和磷酸,核苷再水解成碱基(base)和戊糖(pentose)。所以,核苷酸是由碱基、戊糖和磷酸组成的化合物,是核酸分子的基本结构单位。

```
核酸 ——→ 核苷酸 ──┬── 磷酸
                    │         ┌── 戊糖
                    └── 核苷 ──┤
                              └── 碱基
```

1. **碱基** 核酸分子中的碱基有两类:嘌呤碱与嘧啶碱。嘌呤碱主要有腺嘌呤(adenine,A)和鸟嘌呤(guanine,G)。嘧啶碱主要有胞嘧啶(cytosine,C)、尿嘧啶(uracil,U)和胸腺嘧啶(thymine,T)。其中 DNA 和 RNA 都有的碱基是 A、G 和 C,而 DNA 特有的碱基是 T,RNA 特有的碱基是 U。碱基分子结构式如下:

嘌呤　　　　　腺嘌呤(A)　　　　　鸟嘌呤(G)

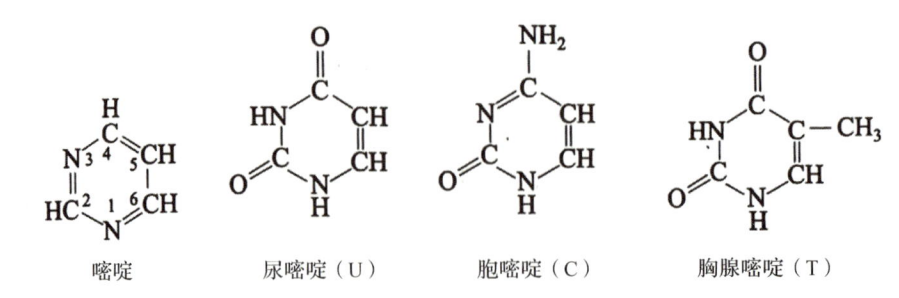

| 嘧啶 | 尿嘧啶（U） | 胞嘧啶（C） | 胸腺嘧啶（T） |

上述5种碱基广泛存在于两类核酸中，称为基本碱基。有的核酸分子中还含有 1-甲基腺嘌呤(m^1A)、N^6-甲基腺嘌呤(m^6A)、次黄嘌呤(I)、二氢尿嘧啶(DHU)等碱基，因为它们在核酸中并不多见，故称为稀有碱基。

2. 戊糖　核酸分子中的戊糖有两种：β-D-核糖（β-D-ribose）和β-D-2-脱氧核糖（β-D-2-deoxyribose），据此将核酸分为核糖核酸（RNA）和脱氧核糖核酸（DNA）。戊糖的碳原子编号数字上加一撇（如 1′、2′），以便与碱基编号区别。

β-D-2-脱氧核糖（构成DNA）　　β-D-核糖（构成RNA）

RNA和DNA的基本化学组成见表2-1。

表2-1　RNA和DNA的基本化学组成

组成成分	RNA	DNA
碱基	A,G,C,U	A,G,C,T
戊糖	核糖	脱氧核糖
磷酸	磷酸	磷酸

(二)核苷酸的分子结构

1. 核苷　碱基与戊糖缩合所形成的化合物称为核苷。戊糖的第1位碳原子(C_1)与嘧啶碱的第1位氮原子(N_1)或嘌呤碱的第9位氮原子(N_9)相连接。戊糖与碱基之间的化学键是 N—C 键，一般称为 N-糖苷键。核苷中的 D-核糖及 D-2-脱氧核糖均为呋喃型环状结构。糖环中的 C_1 是不对称碳原子，所以有 α 及 β 两种构型，但核酸分子中的糖苷键均为 β-糖苷键。

根据核苷中所含戊糖的不同，将核苷分成两大类：核糖核苷和脱氧核糖核苷。对核苷进行命名时，必须先冠以碱基的名称，例如腺嘌呤核苷、胞嘧啶脱氧核苷等。

核苷酸的结构

腺嘌呤核苷
（腺苷）

胞嘧啶脱氧核苷
（脱氧胞苷）

2. 核苷酸 核苷分子中戊糖环上的羟基磷酸酯化，形成核苷酸，也可称为磷酸核苷，因此核苷酸是核苷的磷酸酯。根据核苷酸分子中戊糖的不同，核苷酸可分为核糖核苷酸和脱氧核糖核苷酸两类。核糖核苷的糖环上有三个游离羟基（2′、3′、5′），脱氧核糖核苷的糖环上有两个游离羟基（3′、5′），但生物体内游离存在的核苷酸多为 5′-核苷酸（其代号可略去 5′），如 5′-腺嘌呤核苷酸，简称腺苷酸，5′-胞嘧啶脱氧核苷酸，简称脱氧胞苷酸。

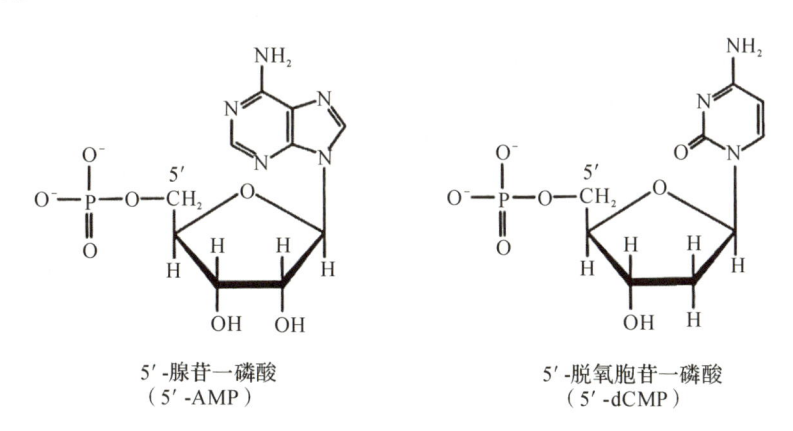

5′-腺苷一磷酸
（5′-AMP）

5′-脱氧胞苷一磷酸
（5′-dCMP）

三、核苷酸的衍生物

（一）多磷酸核苷

含有一个磷酸基的核苷酸称为核苷一磷酸。其中 5′-磷酸核苷的磷酸基可进一步磷酸化，生成 5′-二磷酸核苷和 5′-三磷酸核苷，后两者统称为多磷酸核苷。如腺苷一磷酸（AMP）磷酸化生成腺苷二磷酸（ADP），后者再磷酸化生成腺苷三磷酸（ATP），它们的结构式如下：

腺苷一磷酸（AMP）　　腺苷二磷酸（ADP）　　腺苷三磷酸（ATP）

多磷酸核苷在生物体内具有重要的生物学作用。四种核苷三磷酸(ATP、CTP、GTP、UTP)是生物合成 RNA 的原料,四种脱氧核苷三磷酸(dATP、dCTP、dGTP、dTTP)是生物合成 DNA 的原料。ATP 在生物体内化学能的储存和利用中起着关键的作用,ATP、CTP、UTP 和 GTP 在物质合成代谢过程中提供能量。

常见的核苷酸及其简化符号见表 2-2。

表 2-2 常见的核苷酸及简化符号

核苷	一磷酸	二磷酸	三磷酸
腺苷	AMP	ADP	ATP
鸟苷	GMP	GDP	GTP
胞苷	CMP	CDP	CTP
尿苷	UMP	UDP	UTP
脱氧胸苷	dTMP	dTDP	dTTP

(二)环核苷酸

5′-核苷酸的磷酸基可与戊糖上的 3′-OH 脱水缩合形成 3′,5′-环核苷酸。环核苷酸普遍存在于动植物和微生物细胞中,参与调节细胞生理生化过程从而控制生物的生长、分化和细胞对激素的效应。重要的环核苷酸有 3′,5′-环腺苷酸(cAMP)和 3′,5′-环鸟苷酸(cGMP),具有放大激素作用信号和缩小激素作用信号的功能,是细胞信号转导过程中的第二信使。外源 cAMP 不易通过细胞膜,cAMP 的衍生物双丁酰 cAMP 可通过细胞膜,对心绞痛、心肌梗死等的临床治疗有一定疗效。cAMP 的结构如下:

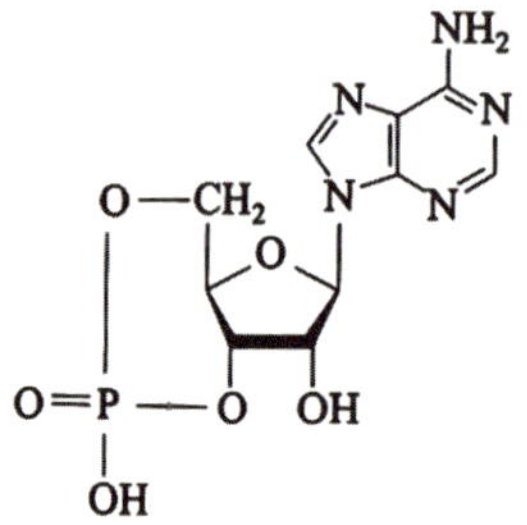

3′,5′-环腺苷酸(cAMP)

(三)辅酶类核苷酸

核苷酸还是许多辅酶的组成成分。辅酶Ⅰ(NAD$^+$)和辅酶Ⅱ(NADP$^+$)都是腺嘌呤核苷酸与烟酰胺核苷酸组成的化合物,黄素单核苷酸(FMN)是由异咯嗪、核醇和磷酸组成的化合物,黄素腺嘌呤二核苷酸(FAD)是由黄素单核苷酸与腺嘌呤核苷酸组成的化合物。NAD$^+$、NADP$^+$、FMN、FAD 在生物氧化过程中起重要的递氢作用(详见第六章生物氧化)。辅酶 A(CoA—SH)是由腺苷酸、氨基乙硫醇和叶酸组成的化合物,在糖、脂肪和蛋白质代谢中起重要作用。

第二节 核酸的分子结构

一、DNA 的分子结构

(一) DNA 的一级结构

DNA 的一级结构是指其分子中脱氧核苷酸的排列顺序和连接方式。由于 DNA 分子之间的差异仅是碱基的不同,故也可称为碱基排列顺序。生物界物种的多样性即在于 DNA 分子中四种碱基(A、T、G、C)的不同排列组合。

DNA 分子中脱氧核苷酸之间是通过 3′,5′-磷酸二酯键连接,即一个核苷酸的脱氧核糖的第 5′位碳原子(C_5')上的磷酸基与相邻核苷酸的脱氧核糖的第 3′位碳原子(C_3')上的羟基结合。后者分子中的 C_5' 上的磷酸基又可与另一个核苷酸分子 C_3' 上的羟基结合。如此通过 3′,5′-磷酸二酯键将许多核苷酸连接在一起形成多核苷酸链(图 2-1)。脱氧核苷酸的这种连接方式是有方向性的,所形成的脱氧核苷酸链的两个末端不同,具有游离磷酸基团的一端称为 5′-磷酸末端(简称 5′端),具有游离羟基的一端称为 3′-羟基末端(简称 3′端)。

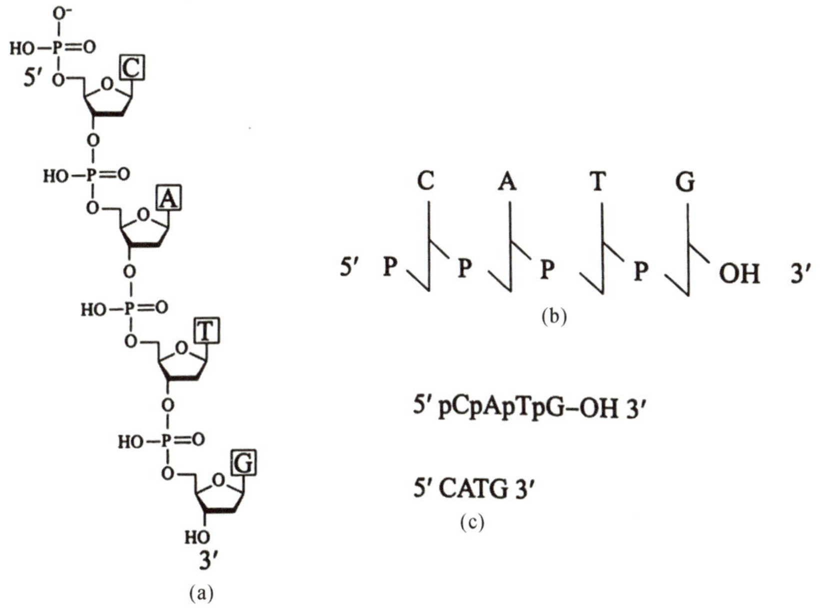

图 2-1 DNA 分子中多核苷酸链的一个小片段及缩写符号

图 2-1(a)表示 DNA 多核苷酸链的一个小片段,常用一些简单的方式表示 DNA 的一级结构。图 2-1(b)为线条式缩写,其中竖线表示戊糖的碳链,A、C、T、G 表示不同的碱基,P 代表磷酸基,由 P 引出的斜线代表两个核苷酸之间的 3′,5′-磷酸二酯键。图 2-1(c)为文字式缩写,其中 P 写在碱基符号左边,表示 P 在 C_5' 端,还可进一步将 P 也省略,如写成 ACTG 的片段,可见 DNA 分子中的碱基排列顺序即为核苷酸的排列顺序。

不同 DNA 的核苷酸数目和排列顺序不同,生物遗传信息就储存记录于 DNA 的核苷酸序列中,因此测定 DNA 的核苷酸序列,即测定 DNA 的一级结构。目前这方面的工作已取得重大突破,如人类基因组计划的顺利完成。

(二)DNA 的二级结构

DNA 二级结构的主要形式是 B 型双螺旋结构,即 Watson-Crick 模型,是沃森(J. Watson)和克里克(F. Crick)在前人的工作基础上于 1953 年提出来的(图 2-2)。

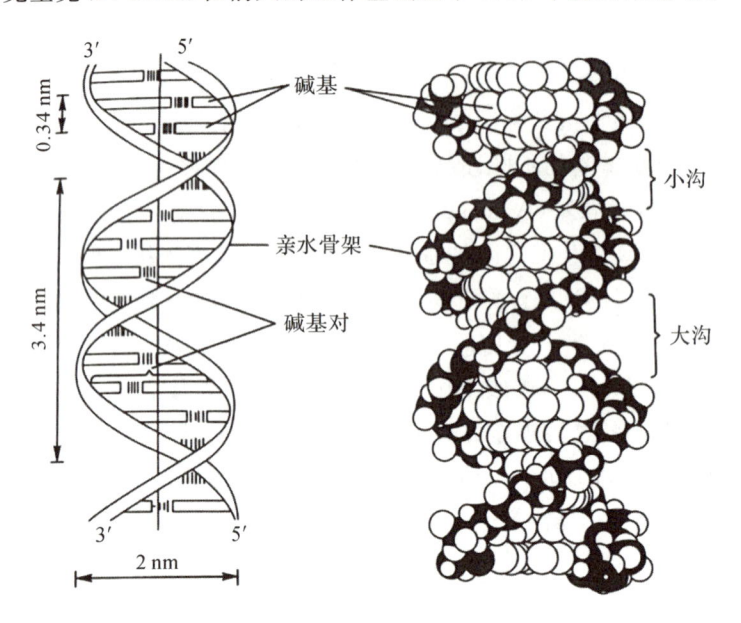

图 2-2 DNA 分子双螺旋结构模型

DNA 双螺旋结构模型的要点:

(1)DNA 分子由两条反向平行(即一条为 $C_5'\rightarrow C_3'$,另一条为 $C_3'\rightarrow C_5'$)的多聚脱氧核苷酸链构成,两条链相互缠绕形成右手双螺旋。沿螺旋轴方向观察,双螺旋结构的表面交替形成大沟和小沟,这些沟状结构与 DNA 和蛋白质之间的相互识别有关。

(2)磷酸基和脱氧核糖在外侧,彼此之间通过 3′,5′-磷酸二酯键相连接,形成 DNA 的骨架。碱基连接在糖环的内侧,糖环平面与碱基平面相互垂直。

(3)双螺旋的直径为 2 nm。顺轴方向,每隔 0.34 nm 有一个核苷酸,两个相邻核苷酸之间的夹角为 36°。每一圈双螺旋有 10 对核苷酸,每圈高度为 3.4 nm。

(4)两条链通过碱基间的氢键连接,腺嘌呤(A)与胸腺嘧啶(T)配对,鸟嘌呤(G)与胞嘧啶(C)配对。A 和 T 间形成两个氢键,G 和 C 间形成三个氢键。这一规律称为"碱基互补规律"(图 2-3)。因此,当一条多核苷酸链的碱基序列已确定,就可推知另一条互补核苷酸链的碱基序列。

(5)碱基堆积力和氢键共同维系 DNA 双螺旋结构的稳定。相邻的两个碱基对平面彼此重叠,产生疏水性的碱基堆积力,维系双螺旋结构的纵向稳定性;互补链之间碱基对形成的氢键,维系双螺旋结构的横向稳定性。此外,DNA 分子中磷酸基的负电荷与介质中阳离子的正电荷之间形成的离子键,可以减少 DNA 分子双链间的静电斥力,也有利于 DNA 双螺旋结构的稳定。

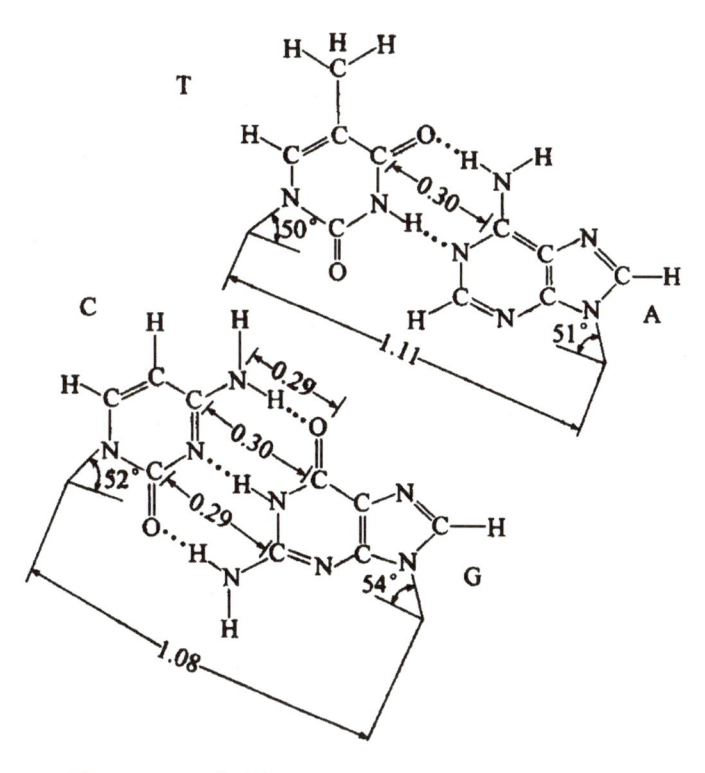

图 2-3　DNA 分子中 A=T,G≡C 配对(长度单位为 nm)

> **知识链接**

DNA 双螺旋结构模型的发现

1953 年 4 月 25 日,沃森(Watson)和克里克(Crick)在英国杂志 *Nature* 上公开了他们的 DNA 模型。两人将 DNA 的结构描述为双螺旋,由四种化学物质组成的碱基对扁平环连接,并认为遗传物质可能就是通过它来复制的。在推断出 DNA 的双螺旋结构 59 年后,意大利物理学教授恩佐-迪-法布里奇奥和他的研究团队,利用电子显微镜成功拍摄到了之前只能通过 X 射线晶体衍射技术间接观察到的双螺旋结构的第一张直接照片。该研究发表于 *Nano Letters* 杂志上。

DNA 双螺旋结构具有多样性,可受环境条件的影响而改变。Watson-Crick 模型基于在 92% 相对湿度下得到的 DNA 纤维的 X 射线衍射图像的分析结果,这是 DNA 在水环境下和生理条件下最稳定的结构,称为 B 型 DNA。除 B 型外,DNA 双螺旋结构通常还有 A 型 DNA(右手螺旋)和 Z 型 DNA(左手螺旋)。此外,科学家还发现存在三链 DNA 结构,即由三条脱氧核苷酸链按一定规律绕成的三股螺旋 DNA 结构。

(三)DNA 的三级结构

在 DNA 双螺旋二级结构基础上,双螺旋的扭曲或再次螺旋就构成了 DNA 的三级结构。超螺旋是 DNA 三级结构的一种形式,其形成与分子能量状态有关(图 2-4)。

(1) 正超螺旋:为左手超螺旋,其盘绕方向与双螺旋方向相同,此种结构使分子内部张力加大,旋得更紧。

(2) 负超螺旋:为右手超螺旋,其盘绕方向与双螺旋方向相反。这种结构可使其二级结构处于松缓状态,使分子内部张力减少,有利于 DNA 复制、转录和基因重组。

自然界中,生物体内的超螺旋都以负超螺旋形式存在,DNA 的拓扑异构体之间的转变是通过拓扑异构酶来实现的。DNA 特定区域中超螺旋的增加有助于 DNA 的结构转化,其结构变化之一就是使 DNA 双股链分开,或局部熔解。超螺旋所具有的多余的能量被用于碱基间氢键的断裂。超螺旋不仅使 DNA 形成高度致密的状态,得以容纳于有限的空间内,在功能上也是很重要的,它推动着结构的转化,以满足功能上的需要。

DNA 双螺旋　　环状螺旋　　负超螺旋　　正超螺旋

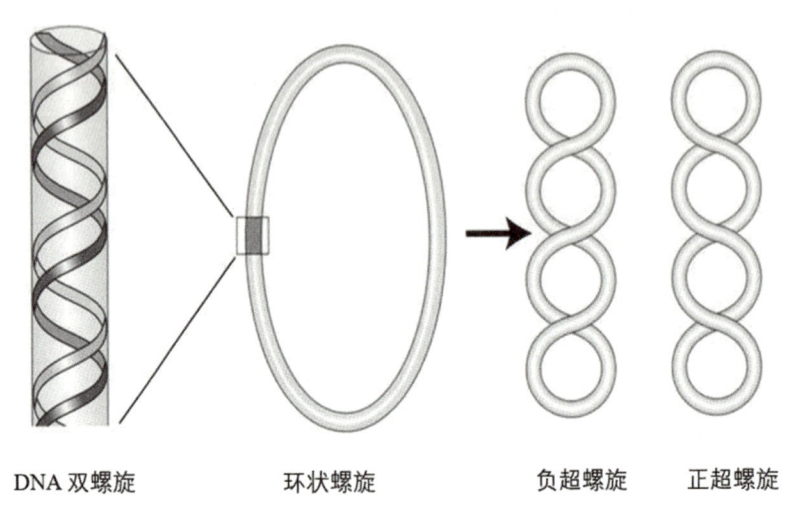

图 2-4　环状 DNA 的超螺旋结构

(四) 染色质与染色体

具有三级结构的 DNA 和组蛋白紧密结合组成染色质。构成真核细胞的染色体物质称为染色质(chromatin)。它们是不定型的,几乎随机地分散于整个细胞核中,当细胞准备有丝分裂时,染色质凝集,并组装成因物种不同而数目和形状特异的染色体(chromosome)。当细胞被染色后,用光学显微镜可以观察到细胞核中有一种密度很高的着色实体。因此染色体和染色质是同一物质在细胞有丝分裂不同时期的两种存在形态。

真核细胞染色质中,双链 DNA 呈线状长链,与组蛋白结合成核小体的形式串联存在(图 2-5)。核小体是染色质的结构单位,它是由组蛋白 H_2A、H_2B、H_3 和 H_4 各两分子组成的八聚体,外绕 DNA,长度约 145 个碱基对,形成核心颗粒,再由组蛋白 H_1 与 DNA 两端连接,使 DNA 围成两圈左手超螺旋,共约 166 个碱基对。核小体长链进一步卷曲,每 6 个核小体为 1 圈,H_1 组蛋白在内侧相互接触,形成直径为 30 nm 的螺旋筒结构,组成染色质纤维,螺旋筒再进一步卷曲、折叠形成染色单体。人体每个细胞中长约 1.7 m 的 DNA 双螺旋链,最终压缩到 1/8400,分布于各染色单体中。46 个染色单体总长仅 200 nm 左右,储于细胞核中。

染色质中还存在非组蛋白,一些非组蛋白参与了调节特殊基因的表达,以控制同种生物的基因组可以在不同的组织和器官中表达出具有不同生物学功能的活性蛋白。

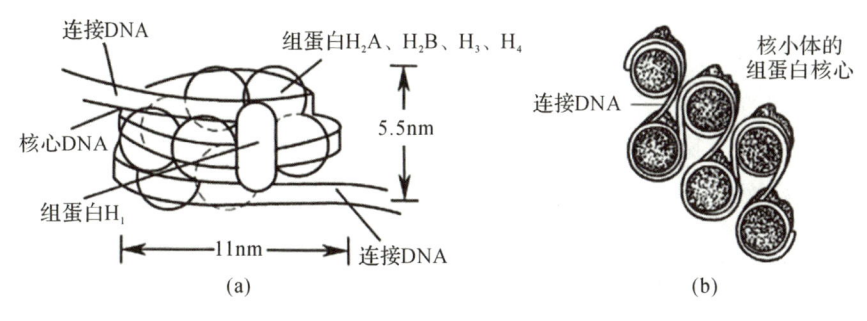

图 2-5 核小体结构
(a)核小体结构模式;(b)核小体纤维模式

二、RNA 的分子结构

根据结构、功能不同,生物细胞内的 RNA 主要有三类:信使 RNA(messenger RNA,mRNA)、转运 RNA(transfer RNA,tRNA)和核糖体 RNA(ribosomal RNA,rRNA)。此外,细胞内还有一些其他类型的 RNA,如细胞核内的核内不均一 RNA(hnRNA)、核小 RNA(snRNA)和染色体 RNA(chRNA)等。体内 RNA 的种类、大小和结构远比 DNA 复杂,这是由其功能的多样性决定的。

(一)RNA 的一级结构

RNA 的一级结构是指多核苷酸链中核苷酸的排列顺序。RNA 的基本组成单位是 AMP、GMP、CMP 和 UMP 四种核苷酸,一般含有较多种类的稀有碱基核苷酸,如假尿嘧啶核苷酸和甲基化碱基核苷酸等。RNA 主要是单链结构,但局部区域可卷曲形成链内双螺旋结构,其相对分子质量比 DNA 小得多,由数十至数千个核苷酸组成,彼此之间通过 3′,5′-磷酸二酯键连接成多核苷酸链。

1.信使 RNA(mRNA) mRNA 的相对分子质量大小不一,由几百至几千个核苷酸组成,其特点是种类多、寿命短、含量少,在细胞中占 RNA 总量的 3%～5%。mRNA 的异源性很高,每一个 mRNA 分子携带一个 DNA 序列的拷贝,在细胞内被翻译成一条或多条肽链,因此,mRNA 是蛋白质生物合成的模板。真核生物 mRNA 具有以下结构特点:

(1) 5′端的帽结构：真核生物 mRNA 在 5′端有 7-甲基鸟嘌呤核苷三磷酸（m⁷Gppp）结构，称为帽结构。该结构可保护 mRNA 免受核酸酶的水解作用，并与蛋白质生物合成的起始有关。

(2) 3′端的多聚腺苷酸尾结构：大多数真核生物 mRNA 在 3′端有一段由长约 200 个腺苷酸连接而成的多聚腺苷酸结构，称为多聚腺苷酸尾或多聚(A)尾[poly(A)-tail]结构。它的作用是增加 mRNA 的稳定性和维持其翻译活性。

目前认为，这种 5′帽结构和 3′多聚(A)尾结构共同负责 mRNA 从细胞核向细胞质的转运、维持 mRNA 的稳定性以及对翻译起始的调控。若去除 5′帽结构和 3′多聚(A)尾结构可导致细胞内的 mRNA 迅速降解。原核生物 mRNA 无 5′帽结构，其 3′端一般也不含多聚(A)尾结构。

2. 转运 RNA(tRNA)　　tRNA 是细胞中最小的一类 RNA，约占细胞中 RNA 总量的 15%。细胞内 tRNA 的种类很多，在蛋白质生物合成中起转运氨基酸的作用，每种氨基酸有 2~6 种相应的 tRNA。tRNA 由 70~90 个核苷酸组成，有较多的稀有碱基核苷酸，3′端末尾 3 个核苷酸的碱基为—CCA。书写各种不同氨基酸的 tRNA 时，在右上角注以其转运氨基酸的三字母缩写，如 tRNA^Phe 代表转运苯丙氨酸的 tRNA。

3. 核糖体 RNA(rRNA)　　rRNA 是细胞中主要的一类 RNA，占细胞中 RNA 总量的 80%左右，是一类代谢稳定、相对分子质量最大的 RNA，存在于核糖体内。rRNA 与核糖体蛋白共同构成的核蛋白体称为核糖体(ribosome)，是蛋白质合成的场所。

(二) RNA 的二级结构

RNA 的多核苷酸链可以在某些部分弯曲折叠，形成双螺旋区，此即 RNA 的二级结构。双螺旋区的碱基也按一定规律配对，A—U、G—C 之间分别形成氢键，每一双螺旋区至少有 4~6 对碱基对才能保持稳定。不同种类 RNA 分子中的双螺旋区所占比例不同，例如 rRNA 的双螺旋区占 40%，tRNA 的双螺旋区占 50%。

RNA 二级结构研究比较清楚的是 tRNA。tRNA 的核苷酸链有几个片段回折形成局部双螺旋区，而非互补区形成环状结构，绝大多数 tRNA 都有四个双螺旋区，由此形成四个环及一个氨基酸臂，使其二级结构呈三叶草形(图 2-6)。由于双螺旋结构所占比例甚高，tRNA 的二级结构十分稳定。三叶草形由氨基酸臂、二氢尿嘧啶环、反密码环、额外环和 TΨC 环五个部分组成。

(1) 氨基酸臂(amino acid arm)：由 7 对碱基组成，富含鸟嘌呤，末端为 CCA—OH，可通过酯键结合相应的氨基酸。

(2) 二氢尿嘧啶环(dihydrouracil loop)：由 8~12 个核苷酸组成，具有两个二氢尿嘧啶，故得名。通过 3~4 对碱基组成的双螺旋区(也称二氢尿嘧啶臂)与 tRNA 分子的其余部分相连。

(3) 反密码环(anticodon loop)：由 7 个核苷酸组成，次黄嘌呤核苷酸常出现于反密码环中。环中部为反密码子，由 3 个碱基组成，可识别 mRNA 的密码子。反密码环通过由 5 对碱基组成的双螺旋(反密码臂)与 tRNA 的其余部分相连。

(4) 额外环(extra loop)：由 3~18 个核苷酸组成。不同的 tRNA 具有不同大小的额外环，是 tRNA 分类的重要指标。

(5) TΨC 环：由 7 个核苷酸组成，因环中含有 T-Ψ-C 碱基序列，故名。TΨC 环通过由 5 对碱基组成的双螺旋(TΨC 臂)与 tRNA 的其余部分相连。

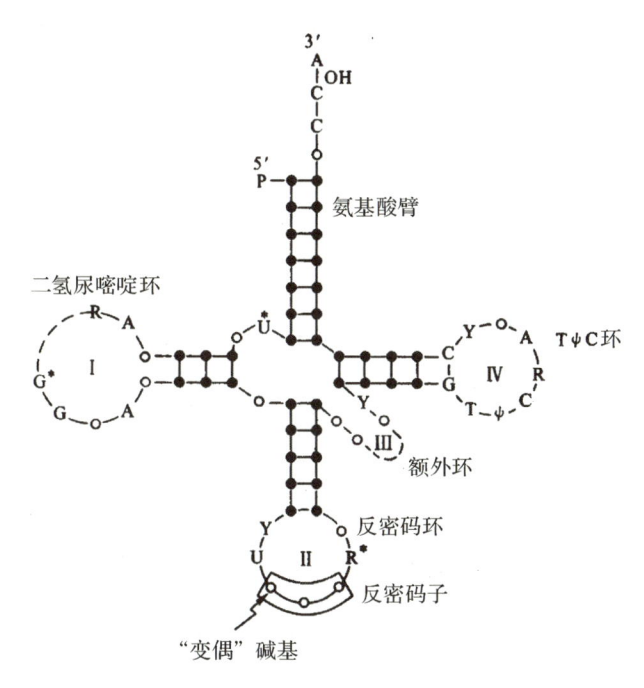

图 2-6 tRNA 三叶草形二级结构模型

R:嘌呤核苷酸,Y:嘧啶核苷酸,T:胸腺嘧啶核苷酸,Ψ:假尿嘧啶核苷酸
带星号的表示可以被修饰的碱基,黑的圆点代表螺旋区的碱基,空心圈代表不互补的碱基

(三)RNA 的三级结构

RNA 的三级结构是指多聚核苷酸链中所有原子在三维空间中伸展所形成的相对空间排布位置。RNA 三级结构研究得较清楚的也是 tRNA。酵母苯丙氨酸 tRNA 在其二级结构的基础上折叠形成倒 L 形的三级结构(图 2-7),其他 tRNA 也类似。氨基酸臂与 TΨC 臂形成一个连续的双螺旋区,构成字母 L 下面的一横,二氢尿嘧啶臂与反密码臂及反密码子环共同构成 L 的一竖。二氢尿嘧啶环中的某些碱基与 TΨC 环及额外环中的某些碱基之间可形成一些额外的碱基对,维持 tRNA 的三级结构。

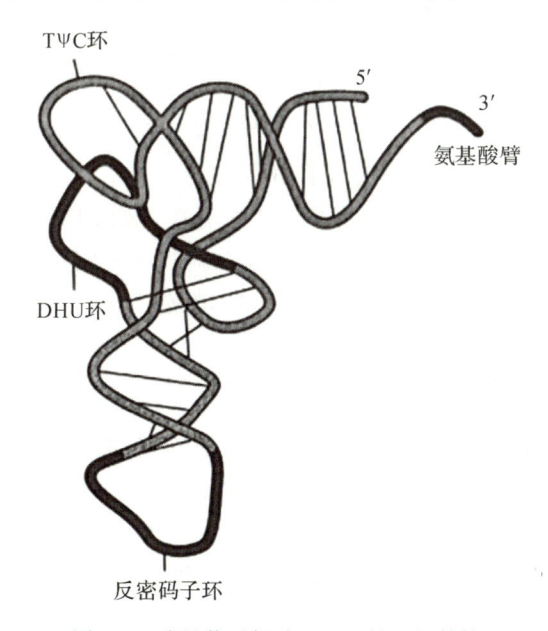

图 2-7 酵母苯丙氨酸 tRNA 的三级结构

第三节 核酸的理化性质

一、核酸的一般性质

1. 核酸的分子大小 采用电子显微镜照相及放射自显影等技术,已能测定许多完整 DNA 的相对分子质量。T_2 噬菌体 DNA 的电镜像显示整个分子是一条连续的细线,直径为 2 nm,长度为 (49 ± 4) μm,由此计算其相对分子质量约为 1×10^8。大肠杆菌染色体 DNA 的放射自显影像为一环状结构,其相对分子质量约为 2×10^9。真核细胞染色体中的 DNA 相对分子质量更大。果蝇巨染色体只有一条线形 DNA,长达 4.0 cm,相对分子质量约为 8×10^{10},为大肠杆菌 DNA 的 40 倍。RNA 分子比 DNA 短得多,其相对分子质量只有 $(2.3\sim110)\times10^4$。

2. 核酸的溶解度与黏度 RNA 和 DNA 都是极性化合物,都微溶于水,而不溶于乙醇、乙醚、氯仿等有机溶剂。它们的钠盐比自由酸易溶于水,RNA 钠盐在水中溶解度可达 4%。在分离核酸时,加入乙醇即可使之从溶液中沉淀出来。

天然 DNA 具有双螺旋结构,分子长度可达几厘米,而分子直径只有 2 nm,分子极为细长,即使是很稀的 DNA 溶液,黏度也极大。RNA 分子比 DNA 分子短得多,RNA 呈无定形,不像 DNA 那样呈纤维状,故 RNA 的黏度比 DNA 黏度小。当 DNA 溶液加热,或在其他因素作用下发生螺旋到线团转变时,黏度降低,因此可用黏度作为 DNA 变性的指标。

3. 核酸的酸碱性 核苷酸上含有可解离的酸碱基团,这些基团的 pK_a 值不一样,因此核酸是两性分子。多核苷酸链中两个单核苷酸残基之间的磷酸残基的解离具有较低的 pK' 值($pK'=1.5$),所以,当溶液的 pH 大于 4 时,全部解离,呈多阴离子状态。因此,可以把核酸看成是多元酸,具有较强的酸性。核酸的等电点较低,如酵母 RNA(游离状态)的等电点为 2.0~2.8。多阴离子状态的核酸可以与金属离子结合成盐,成盐后的溶解度比游离酸的溶解度要大得多。多阴离子状态的核酸也能与碱性蛋白,如组蛋白等结合。病毒与细菌中的 DNA 常与精胺、亚精胺等多阳离子胺类结合,使 DNA 分子具有更强的稳定性与柔韧性。

由于碱基对之间氢键的性质与其解离状态有关,而碱基的解离状态又与 pH 有关,所以溶液的 pH 直接影响核酸双螺旋结构中碱基对之间氢键的稳定性。对 DNA 来说,碱基对在 pH 为 4.0~11.0 最为稳定,超越此范围,DNA 就要变性。

二、核酸的紫外吸收

由于嘌呤及嘧啶碱基含有共轭双键,故核酸具有较强的紫外吸收,其最大吸光度值在 260 nm 处,利用这一特性,可以检测核酸样品的纯度。

天然 DNA 分子发生变性时,氢键断裂,双链发生解离,碱基外露使其共轭双键更充分暴露,故变性的 DNA 在 260nm 处的紫外吸光度值显著增加,该现象称为 DNA 的增色效应(hyperchromic effect)(图 2-8)。在一定条件下,变性核酸可以复性,此时紫外吸光度值又恢复至原来水平,这一现象称为减色效应(hypochromic effect)。减色效应是由于在 DNA 双螺旋结构中堆积的碱基之间的电子相互作用,减少了对紫外光的吸收。因此紫外吸光度值可作为核酸变性和复性的指标。

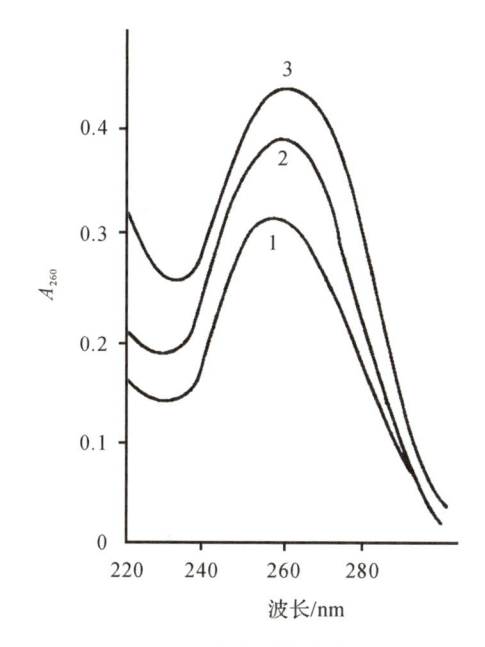

图 2-8 DNA 的紫外吸收光谱
1.天然 DNA;2.变性 DNA;3.核苷酸总吸收值

三、核酸的变性、复性与分子杂交

(一)核酸的变性

某些理化因素会破坏核酸的氢键和碱基堆积力,使核酸分子的空间结构改变,从而引起核酸理化性质和生物学功能的改变,这种现象称为核酸的变性。核酸变性时,其双螺旋结构解开成为两条单链,空间结构破坏,但并不涉及核苷酸间磷酸二酯键的断裂,因此变性作用并不引起核酸相对分子质量的降低。多核苷酸链上的磷酸二酯键的断裂称为核酸降解,核酸相对分子质量伴随着核酸的降解而降低。

多种因素可引起核酸变性,如加热、过高或过低的 pH、有机溶剂、酰胺和尿素等。加热引起 DNA 的变性称为热变性。将 DNA 的稀盐溶液加热到 80~110 ℃ 数分钟,双螺旋结构即被破坏,氢键断裂,两条链彼此分开,形成无规则线团。这一变化称为螺旋到线团的转变(图 2-9)。随着 DNA 空间结构的改变,引起一系列性质变化,如黏度降低,某些颜色反应增强,尤其是 260 nm 紫外吸收增加,DNA 完全变性后,紫外吸收能力增加 25%~40%。DNA 变性后失去生物活性。DNA 热变性的过程不是一种"渐变",而是一种"跃变"过程,即变性作用不是随温度的升高徐徐发生,而是在一个很狭窄的临界温度范围内突然引起并很快完成,就像固体的结晶物质在其熔点时突然熔化一样。通常 DNA 在热变性过程中紫外吸光度值达到最大值的 1/2 时的温度称为"熔点"或熔解温度(melting temperature),用符号 T_m 表示。在 T_m 时,核酸分子内 50% 的双螺旋结构被解开,DNA 的 T_m 值一般为 70~85 ℃(图 2-10)。

DNA 的变性与复性

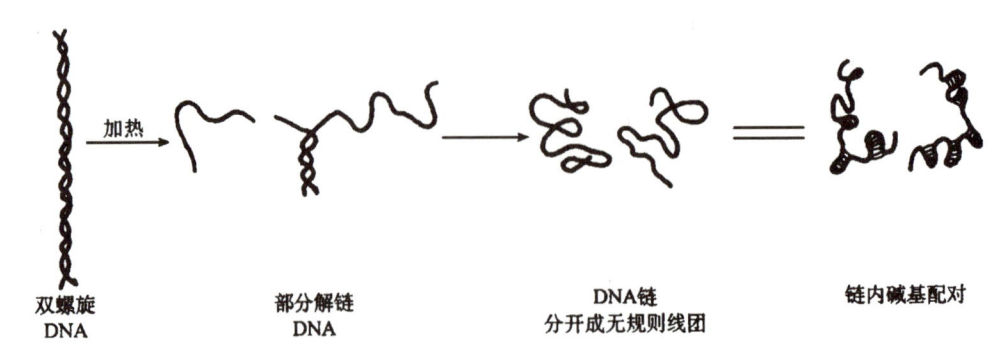

图 2-9 DNA 的变性过程

双螺旋DNA　部分解链DNA　DNA链分开成无规则线团　链内碱基配对

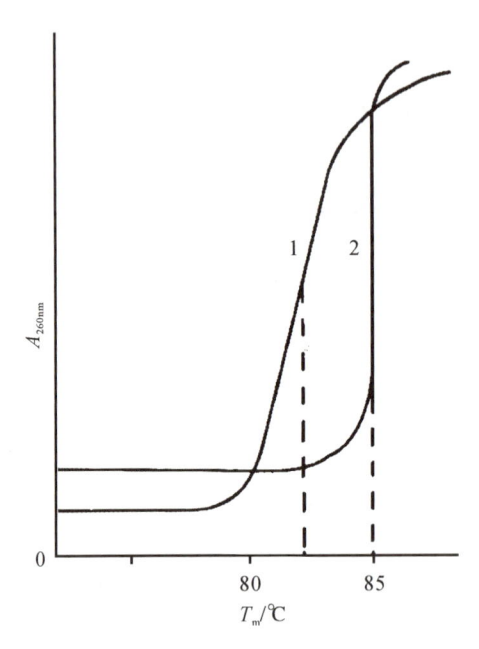

图 2-10 DNA 的熔点
1. 细菌 DNA；2. 病毒 DNA

DNA 的 T_m 值与其分子中的 G—C 碱基对含量成正比关系，G—C 对含量越多，T_m 值就越高，这是因为 G—C 对之间有三个氢键，所以含 G—C 对多的 DNA 分子更为稳定。此外 T_m 值还受介质中离子强度的影响，一般来说，在离子强度较低的介质中，DNA 的 T_m 值较低，而离子强度较高时，DNA 的 T_m 值也较高。因此，DNA 制品不应保存在极稀的电解质溶液中，一般在 1 mol/L 氯化钠溶液中保存比较稳定。

(二)核酸的复性

变性 DNA 在适当条件下，可使两条彼此分开的链重新由氢键连接而形成双螺旋结构，这一过程称为 DNA 复性(renaturation)。复性后 DNA 的一系列物理化学性质得到恢复，如紫外吸收下降(减色效应)，黏度增高，生物活性也得到恢复或部分恢复。通常以紫外吸光度值的改变作为复性的指标。将热变性 DNA 骤然冷却至低温时，DNA 不可能复性，只有在缓慢冷却时才可以复性，这一过程称为退火(annealing)。

(三)核酸分子杂交

将不同来源的 DNA 经热变性，再冷却使其复性，在复性时，如这些异源 DNA 之间在某些区域有相同的序列，则会形成杂交 DNA 分子。DNA 与互补的 RNA 之间也会发生杂交。这种不同来源的核苷酸链因存在互补序列而产生杂交双链的过程称为核酸分子杂交(hybridization)。

核酸分子杂交可以在液相或固相载体上进行,最常用的是以硝酸纤维素膜作为载体进行杂交。英国分子生物学家 Southern 创立的 Southern 印迹法(Southern blotting)就是将凝胶电泳分离的 DNA 片段转移至硝酸纤维素膜上,再进行杂交。将 RNA 经电泳分离及变性后转移至硝酸纤维素膜上再进行杂交的方法称为 Northern 印迹法(Northern blotting)。这两种分子杂交技术是研究核酸结构和功能的极其有用的工具,被广泛应用于研究基因变异、基因重排、DNA 多态性分析和疾病诊断。此外,根据抗体和抗原可以结合的原理,用类似方法也可以分析蛋白质,这种方法称为 Western 印迹法(Western blotting)。具体操作过程见第十八章。

第四节 核酸的分离纯化与含量测定

一、核酸的提取、分离和纯化

在提取、分离和纯化过程中应特别注意防止核酸的降解和变性。要尽可能保持其在生物体内的天然状态,就必须采用温和的条件。因此,核酸的提取应在低温(0 ℃左右)条件下进行,防止过酸、过碱、高温、剧烈搅拌等使核酸分子变性,还应防止核酸酶、化学因素和物理因素对核酸的降解,尤其是要抑制核酸酶的活性防止核酸被降解。柠檬酸钠有抑制脱氧核糖核酸酶(DNase)的作用,故制备 DNA 时常用它来防止 DNase 引起的降解。

(一)核酸的提取

提取核酸的一般原则是先破碎细胞,提取核蛋白使其与其他细胞成分分离。再用蛋白质变性剂如苯酚或去垢剂(如十二烷基硫酸钠,即 SDS)等,或用蛋白酶处理除去蛋白质。最后用乙醇等将所获得的核酸从溶液中沉淀出来。

(二)DNA 的分离纯化

真核细胞中 DNA 以核蛋白(DNP)的形式存在。DNP 溶于水和浓盐溶液(如 1 mol/L 氯化钠溶液),但在 0.14 mol/L 氯化钠溶液中溶解度最小,仅为水中溶解度的 1/100。利用这一性质,可将破碎后的细胞匀浆用高浓度氯化钠溶液提取,然后用水将溶液稀释至 0.14 mol/L,使 DNP 纤维沉淀。还可将 DNP 与 RNA 蛋白(RNP)分离,因为 RNP 溶于 0.14 mol/L 氯化钠溶液。经多次溶解和沉淀,可得到纯的核蛋白,再将蛋白质除净后即可得到纯的 DNA。DNP 的蛋白质部分可用下列方法去除。

(1)苯酚提取法:苯酚是极强的蛋白质变性剂。水饱和的新蒸馏苯酚与 DNP 振荡后,冷冻离心。DNA 溶于上层水相中,变性蛋白质在酚层内,中间残留物也混杂有部分 DNA。这种方法需反复操作多次,然后合并含 DNA 的水相,加入 2.5 倍体积的冷无水乙醇,可使 DNA 沉淀出来。苯酚能使蛋白质迅速变性,当然也抑制了核酸酶的降解作用。整个操作条件比较温和,用此法可得到天然状态的 DNA。

(2)三氯甲烷-异戊醇提取法:将 DNP 溶液和等体积的三氯甲烷-异戊醇(24∶1)混匀并剧烈振荡,离心,上层水相含 DNA、蛋白质,下层为三氯甲烷和异戊醇,两层之间为蛋白质凝胶。上层水相再用三氯甲烷-异戊醇的混合液处理,并反复数次,至两层之间无蛋白质胶状物为止。

(3)去污剂法:用十二烷基硫酸钠(SDS)等去污剂可使蛋白质变性。用这种方法可以获得一种很少降解,而又可以复制的 DNA 制品。

(4)酶法:用广谱蛋白酶(如蛋白酶 K)使细胞蛋白质全部降解,再用苯酚抽提,然后除净蛋白酶和残留的蛋白质。DNA 制品中混杂有少量 RNA,可用核糖核酸酶(RNase)降解除去。

天然的 DNA 分子有的呈线形,有的呈环形,采用超离心法可纯化核酸或将不同构象的核酸进行分离。蔗糖梯度区带超离心,可按 DNA 分子的大小和形状进行分离。氯化铯密度梯度平衡超离心,可按 DNA 的浮力密度不同进行分离。双链 DNA 中如插入溴化乙啶等染料,可以降低其浮力密度。但由于超螺旋状态的环状 DNA 中插入溴化乙啶的量比线状或开环 DNA 分子少,所以前者的浮力密度降低较小。因此,这个方法很容易将不同构象的 DNA、RNA 及蛋白质分开,这也是目前实验室中纯化质粒 DNA 时最常用的方法。

此外,RNA 和 DNA 杂交已广泛地应用于基因分离,羟甲基磷灰石和甲基白蛋白硅藻土柱层析也是常用的纯化 DNA 的方法。

(三)RNA 的分离纯化

RNA 为单链结构,易被酸、碱、酶水解,尤其是核糖核酸酶(RNase)几乎无处不在,因此 RNA 的提取和纯化远比 DNA 困难。RNA 的提取一般是先将细胞匀浆进行差速离心,制得细胞核、核蛋白体和线粒体等细胞器和细胞质。再从这些细胞器分离某一类 RNA,如从核蛋白体分离 rRNA,从多聚核糖体分离 mRNA,从线粒体分离线粒体 RNA,从细胞核可以分离核内 RNA,从细胞质可以分离各种 tRNA。RNA 在细胞内也常和蛋白质结合,所以必须除去蛋白质。从 RNA 提取液中除去蛋白质的方法有以下几种。

(1)在 10% 氯化钠溶液中加热至 90 ℃,离心除去不溶物,加乙醇使 RNA 沉淀,或者调节 pH 至等电点使 RNA 沉淀。

(2)用盐酸胍(最终浓度 2 mol/L)可溶解大部分蛋白质,冷却,RNA 即沉淀析出。粗制品再用三氯甲烷除去少量残余蛋白质。

(3)去污剂法,常用的为十二烷基硫酸钠(SDS),使蛋白质变性。

(4)苯酚法,可用 90% 苯酚提取,离心后,蛋白质和 DNA 留在酚层,而 RNA 在上层水相内,然后进一步分离。

皂土有吸附 RNA 酶的能力,制备 RNA 时常被作为 RNA 酶抑制剂使用。

RNA 制品中往往混有链长不等的多核苷酸,这些多核苷酸是不同类型的 RNA,或者是 RNA 的降解产物。可以采用下列方法进一步纯化,得到均一的 RNA 制品。

(1)蔗糖梯度区带超离心,可将 18S、28S、4S RNA 分开。

(2)聚丙烯酰胺凝胶电泳,可将不同类型的 RNA 分开。

(3)甲基白蛋白硅藻土柱、羟基磷灰石柱、各种纤维素柱,都常用来分级分离各种类型的 RNA。寡聚 dT-纤维素用于分离 mRNA，效果很好。凝胶过滤法也是分离 RNA 的有效方法。分离 mRNA 还可用亲和层析法和免疫法。

二、核酸的含量测定

(一)定磷法

RNA 和 DNA 中都含有磷酸，根据元素分析可知 RNA 的平均含磷量为 9.4%，DNA 的平均含磷量为 9.9%。因此，可从样品中测得的含磷量来计算 RNA 或 DNA 的含量。

用强酸(如 10 mol/L 硫酸)将核酸样品消化，使核酸分子中的有机磷转变为无机磷，无机磷与钼酸反应生成磷钼酸，磷钼酸在还原剂(如抗坏血酸、氯化亚锡等)作用下还原成钼蓝。钼蓝在 660 nm 处有最大吸收值，可用比色法测定样品中的含磷量。反应式如下：

$$(NH_4)_2MoO_4 + H_2SO_4 \longrightarrow H_2MoO_4 + (NH_4)_2SO_4$$
$$\text{钼酸铵} \qquad\qquad\qquad \text{钼酸}$$

$$12H_2MoO_4 + H_3PO_4 \longrightarrow H_3PO_4 \cdot 12MoO_3 + 12H_2O$$
$$\qquad\qquad\qquad\qquad \text{磷钼酸}$$

$$H_3PO_4 \cdot 12MoO_3 \xrightarrow{\text{还原剂}} (MoO_2 \cdot 4MoO_3)_2 \cdot H_3PO_4 \cdot 4H_2O$$
$$\qquad\qquad\qquad\qquad \text{钼蓝}$$

(二)定糖法

RNA 含有核糖，DNA 含有脱氧核糖，根据这两种糖的颜色反应可对 RNA 和 DNA 进行定量测定。

1. 核糖的测定　RNA 分子中的核糖和浓盐酸或浓硫酸作用脱水生成糠醛，可与某些酚类化合物缩合而生成有色化合物。如糠醛与地衣酚(3,5-二羟甲苯)反应产生深绿色化合物，当有高铁离子存在时，则反应更灵敏。反应产物在 660 nm 处有最大吸收，并且与 RNA 的浓度成正比关系。反应式如下：

2. 脱氧核糖的测定　DNA 分子中的脱氧核糖和浓硫酸作用，脱水生成 ω-羟基-γ-酮戊酸，可与二苯胺反应生成蓝色化合物。反应产物在 595 nm 处有最大吸收，并且与 DNA 浓度成正比关系。反应式如下：

(三)紫外吸收法

紫外吸收法利用的是核酸组分中的嘌呤环、嘧啶环具有紫外吸收的特性。用这种方法测定核酸含量时,通常在 260 nm 处测得样品 DNA 或 RNA 溶液的吸光度值(A_{260}),即可计算出样品中核酸的含量。

第五节 核酸类药物

核酸是生物体的遗传信息物质,所有的蛋白质分子都是由 DNA 转录、翻译得到;同时,核苷与核苷酸也是生命活动中重要的信号调控分子。核酸作为药物,在疾病的预防和治疗中发挥着重要作用,目前在临床上使用的核酸类药物包括核苷类药物、小核酸药物、核酸疫苗和基因治疗药物等。

一、核苷类药物

核苷类药物被广泛应用于各种病毒性疾病和肿瘤的治疗。核苷类抗病毒药(如叠氮胸苷、阿糖腺苷、三氮唑核苷等)是治疗艾滋病、疱疹及肝炎等病毒性疾病的首选药物,其作用靶点多为 RNA 病毒的逆转录酶或 DNA 病毒的聚合酶。核苷类药物一般与天然核苷结构相似,病毒对这些假底物的识别能力差,该类药物可以竞争性地作用于酶活性中心,也可以嵌入到正在合成的 DNA 链中,终止 DNA 链的延长,从而抑制病毒复制。用作抗肿瘤药的核苷类药物(如阿糖胞苷)多为抗代谢化疗剂,其可通过干扰肿瘤细胞的 DNA 合成以及 DNA 合成中所需嘌呤、嘧啶、嘌呤核苷酸和嘧啶核苷酸的合成来抑制肿瘤细胞的生长和增殖。

二、小核酸药物

小核酸是指相对分子质量相对较小的核酸分子,目前还没有严格的碱基数量界定,通常认为是小于 50 bp 的核酸片段。小核酸药物专指靶向作用 RNA 或蛋白质的一类寡核苷酸分子,包括反义核酸、CpG 寡核苷酸、核酶、siRNA、microRNA 等。小核酸药物可以抑制或替代某些基因的功能,有些内源性寡核苷酸具有疾病诊断和预后评估价值,是生物制药领域的重要研究内容。

反义核酸(antisence nucleic acid)是指能与特定 mRNA 精确互补并能特异阻断其翻译的 RNA 或 DNA 分子。利用反义核酸特异性地封闭某些基因表达,使之低表达或不表达的技术即为反义核酸技术,包括反义 RNA、反义 DNA 和核酶三大技术。与传统药物主要是直接作用于致病蛋白本身的机制相比,反义核酸作为直接作用于致病蛋白编码基因的治疗药物,显示出诸多优点。

小干扰 RNA(small interfering ribonucleic acid,siRNA)是长 21~23 个碱基对的双链 RNA,它可与内源性 mRNA 互补结合,导致靶 mRNA 降解,抑制靶基因的表达。利用 siRNA 技术针对内源性致病基因(如癌基因)和外源性基因(如病毒基因)进行特异性的抑制,从而发挥疗效。

三、核酸疫苗

核酸疫苗(nucleic acid vaccine)是指用能表达抗原的核酸制备成的疫苗。其重要特征是疫苗制剂的主要成分是表达抗原的核酸。世界卫生组织于 1994 年将由 DNA 或 RNA 诱导产生抗体的疫苗统称为核酸疫苗,分为 DNA 疫苗和 RNA 疫苗两种。

核酸疫苗作为新型疫苗,可通过特定途径激活机体免疫系统,从而达到快速免疫的效果,被称为继灭活疫苗、减毒活疫苗、亚单位疫苗之后的第三代疫苗,具有广阔的发展前景。目前对核酸疫苗的研究以 DNA 疫苗为主,主要用于肿瘤的防治,虽然在人体中的有效性还有待验证,但动物 DNA 疫苗的研究取得了突破性进展,已有多个疫苗上市,其中第一个是 2005 年由美国批准上市的西尼罗病毒 DNA 疫苗,用于保护马免受西尼罗病毒感染。2019 年新冠疫情的暴发,极大地推动了 RNA 疫苗的研发和临床应用。2020 年 12 月,Bio-Tech/辉瑞公司和 Moderna 公司的两款新冠病毒 mRNA 疫苗获得了美国 FDA 批准的紧急使用权而相继上市。mRNA 疫苗具有针对病原体变异反应速度快、生产工艺简单、易规模化扩大等优势。我国在推出了多款新冠病毒疫苗的同时,也正在加速开发 mRNA 疫苗用于新冠病毒、流感病毒等的预防接种。

四、基因治疗药物

基因治疗(gene therapy)是以核酸(DNA 或 RNA)为治疗物质,通过特定的基因转移技术将治疗性核酸输送到患者细胞中发挥治疗作用。治疗性核酸可以通过表达正常功能蛋白或者抑制异常功能蛋白的表达、纠正或替换异常基因等方式发挥治疗作用。基因治疗可分为生殖细胞基因治疗和体细胞基因治疗。二者的区别在于:体细胞基因治疗改变的是某些特定细胞的基因,这种改变不会遗传给后代;生殖细胞基因治疗中改造后的基因将遗传给后代。目前在伦理上只允许开展体细胞基因治疗的研究与实践。

基因治疗不仅是一种治疗手段,同时也是一门药物学。与传统药物学的不同之处在于,它是将一种特殊的活性物质导入体内,使其在特定空间、特定时间进行表达,从而达到治疗疾病的目的。1990 年美国 FDA 批准了第一例基因治疗临床试验,治疗两个患有腺苷脱氨酶缺乏症的儿童。2012 年欧洲药品监督管理局批准了欧洲地区第一个基因治疗药物 Glybera，用于治疗脂蛋白脂酶缺乏症。该药的上市极大地推动了基因治疗的发展。目前，全球已有二十多个基因治疗产品上市，涉及寡核苷酸类、溶瘤病毒、CAR-T 疗法、干细胞疗法以及其他基于细胞的基因疗法。基因治疗不断整合新的技术，特别是基因编辑技术和干细胞的研究成果，使治疗肿瘤和遗传病等有了可能。

此外，核酸也是重要的药物作用靶点，通过干扰或阻断细菌、病毒和肿瘤细胞中核酸的合成，就能有效地抑制或杀灭细菌、病毒和肿瘤细胞。以 DNA 为靶点的药物，通过干扰或阻断 DNA 合成，直接破坏 DNA 结构和功能等方式发挥治疗作用；以 RNA 为靶点的药物，通过抑制 RNA 的合成等方式发挥治疗作用。铂类化疗药物和博来霉素类化合物正是通过断裂 DNA 或 RNA 发挥着重要的抗肿瘤作用；反义核酸、小干扰 RNA 等核酸药物也是直接作用于核酸大分子靶点而发挥药效。

综上所述，核酸作为生命体的遗传信息物质，既是重要的药物分子也是重要的药物作用靶点。尤其是随着基因治疗技术的发展，它能以特定的载体将携带有正常基因的核酸分子输送到特定的细胞中，有效地预防、治疗疾病。基因治疗有望成为生物医药发展的重要方向。

思 考 题

1. 比较 DNA 和 RNA 在化学组成和分子结构上的异同点。
2. DNA 双螺旋结构模型的要点有哪些？
3. 蛋白质变性和 DNA 变性的区别是什么？
4. 核酸含量测定有哪些方法？

本章小结

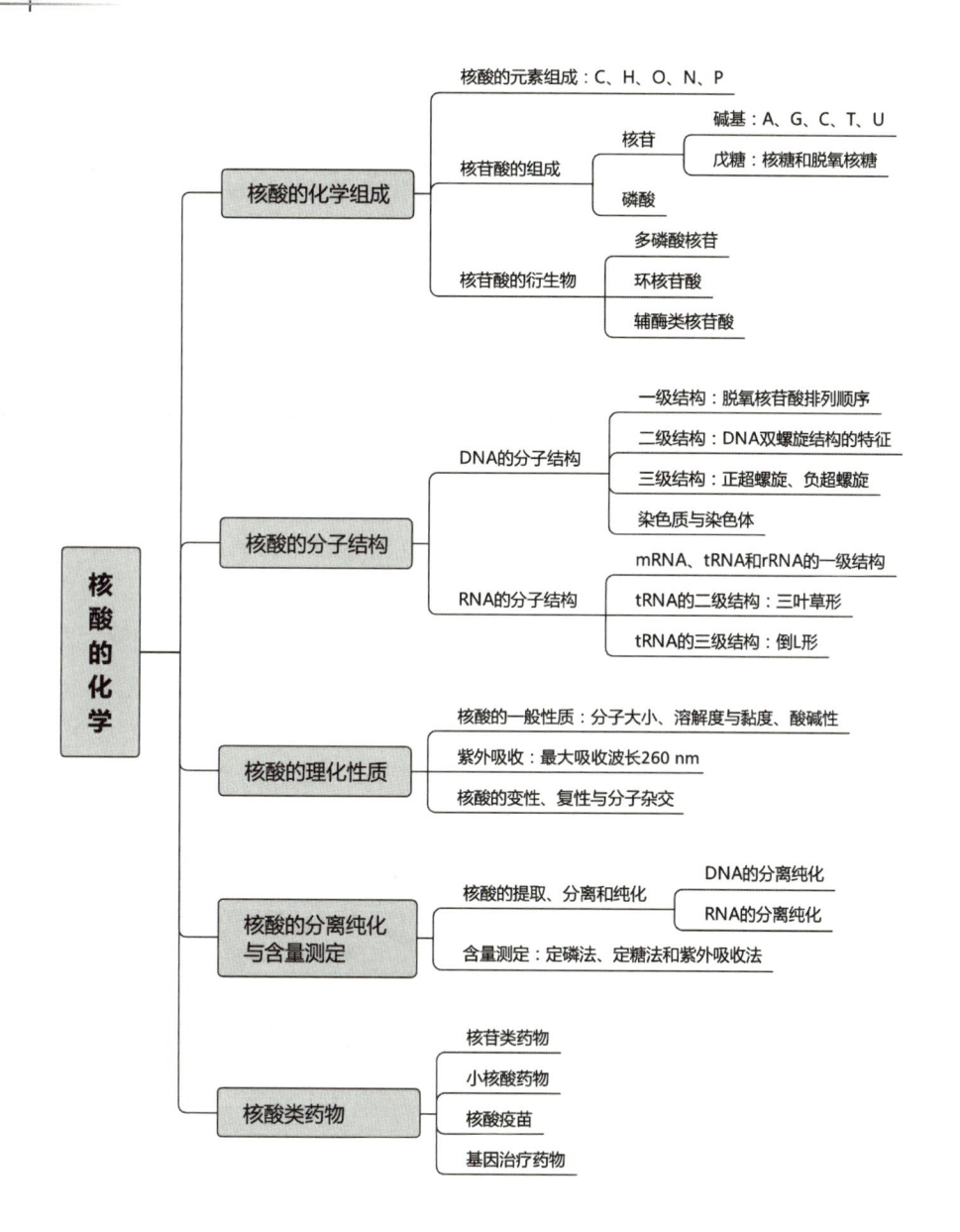

```
                    ┌── 核酸的元素组成：C、H、O、N、P
                    │
                    │                  ┌── 核苷 ┌── 碱基：A、G、C、T、U
                    │                  │       └── 戊糖：核糖和脱氧核糖
         ┌─核酸的化学组成─┤── 核苷酸的组成 ┤
         │          │                  └── 磷酸
         │          │
         │          │                  ┌── 多磷酸核苷
         │          └── 核苷酸的衍生物 ─┤── 环核苷酸
         │                             └── 辅酶类核苷酸
         │
         │                    ┌── 一级结构：脱氧核苷酸排列顺序
         │                    │── 二级结构：DNA双螺旋结构的特征
         │          ┌─DNA的分子结构─┤── 三级结构：正超螺旋、负超螺旋
         │          │         └── 染色质与染色体
核        ├─核酸的分子结构─┤
酸        │          │         ┌── mRNA、tRNA和rRNA的一级结构
的        │          └─RNA的分子结构─┤── tRNA的二级结构：三叶草形
化        │                    └── tRNA的三级结构：倒L形
学 ──────┤
         │          ┌── 核酸的一般性质：分子大小、溶解度与黏度、酸碱性
         ├─核酸的理化性质─┤── 紫外吸收：最大吸收波长260 nm
         │          └── 核酸的变性、复性与分子杂交
         │
         │          ┌── 核酸的提取、分离和纯化 ┌── DNA的分离纯化
         ├─核酸的分离纯化─┤                 └── RNA的分离纯化
         │  与含量测定  └── 含量测定：定磷法、定糖法和紫外吸收法
         │
         │          ┌── 核苷类药物
         │          │── 小核酸药物
         └─核酸类药物─┤── 核酸疫苗
                    └── 基因治疗药物
```

实验项目三　酵母 RNA 的提取及组分鉴定

【实验目的】

1. 掌握稀碱法提取 RNA 的原理和方法。
2. 了解核酸的组分并掌握其鉴定方法。

【实验原理】

由于 RNA 的来源和种类很多，所以 RNA 的提取制备方法各有差异，一般有苯酚法、去污剂法和盐酸胍法,而工业上常用稀碱法和浓盐法。酵母细胞中 RNA 含量较多,而 DNA 较少,故提取 RNA 多以酵母为原料。稀碱法提取酵母 RNA 的原理是:用稀碱使酵母细胞裂解,再用酸中和,除去蛋白质和菌体的上清液再用乙醇沉淀 RNA 或调 pH 至 2.5,利用等电点沉淀,即得到 RNA 的粗制品。

RNA 含有核糖、嘌呤碱、嘧啶碱和磷酸等组分。加硫酸煮沸可使 RNA 水解,从水解液中可以测出上述组分。其中,嘌呤碱可与硝酸银反应产生白色的嘌呤碱银化合物沉淀;磷酸可与定磷试剂反应产生蓝色物质;核糖和浓硫酸作用脱水生成糠醛,再与苔黑酚(地衣酚)反应产生深绿色化合物,当有高铁离子存在时,反应更为灵敏。

【试剂、材料与器材】

1. 试剂

(1) 0.04 mol/L NaOH 溶液;95% 乙醇;1.5 mol/L 硫酸溶液;浓氨水;0.1 mol/L 硝酸银溶液。

(2) 酸性乙醇溶液:将 0.3 ml 浓盐酸加至 30 ml 乙醇中。

(3) 三氯化铁浓盐酸溶液:将 2 ml 10% 三氯化铁溶液(用 $FeCl_3 \cdot 6H_2O$ 配制)加至 400 ml 浓盐酸中。

(4) 苔黑酚(3,5-二羟基甲苯)乙醇溶液:称取 6 g 苔黑酚,溶于 100 ml 95% 乙醇中(可低温保存一个月)。

(5) 定磷试剂:17% 硫酸溶液∶2.5% 钼酸铵溶液∶10% 抗坏血酸溶液∶水＝1∶1∶1∶2(体积比),临用时按比例混合。

17% 硫酸溶液:将 17 ml 浓硫酸(相对密度 1.84)缓缓倾入 83 ml 水中。

2.5% 钼酸铵溶液:2.5 g 钼酸铵溶于 100 ml 水中。

10% 抗坏血酸(维生素 C)溶液:10 g 抗坏血酸溶于 100 ml 水中,棕色瓶保存。

2. 材料　干酵母粉。

3. 器材　离心机、电磁炉、天平、真空泵;离心管、研钵、布氏漏斗;移液管、锥形瓶、量筒、试管、烧杯、玻璃棒等。

【实验方法及步骤】

1. 酵母 RNA 的提取　称取 5 g 干酵母粉悬浮于 30 ml 0.04% NaOH 溶液中,并在研钵中研磨均匀。悬浮液转入锥形瓶中,沸水浴加热 30 min,冷却,转入离心管。3000 r/min 离心 10 min 后,将上清液慢慢倾入 10 ml 酸性乙醇中,边加边搅动。加毕,静置,待 RNA 沉淀完全后,3000 r/min 离心 3 min。弃去上清液,用 95% 乙醇洗涤沉淀 2 次。再用乙醚洗涤沉淀 1 次后,将沉淀转移至布氏漏斗抽滤,沉淀在空气中干燥,即得 RNA 粗品。称量所得 RNA 粗品的质量,可计算 RNA 的百分含量。

2. RNA 各组分鉴定　取 2 g 提取的 RNA 粗品,加入 1.5 mol/L 硫酸溶液 10 ml,在沸水浴中加热 10 min,制得水解液,然后进行各组分鉴定。

(1) 嘌呤碱的鉴定:取水解液 1 ml,加入过量浓氨水,然后加入约 1 ml 0.1 mol/L 硝酸银溶液,观察有无嘌呤碱的白色银化合物沉淀。

(2)核糖的鉴定:取水解液 1 ml,加三氯化铁浓盐酸溶液 2 ml 和苔黑酚乙醇溶液 0.2 ml。放沸水浴中 10 min,注意观察溶液是否变成绿色。

(3)磷酸的鉴定:取水解液 1 ml,加定磷试剂 1 ml。在水浴中加热,观察溶液是否变成蓝色。

【思考题】

1.为什么用稀碱溶液可以使酵母细胞裂解?

2.如何从酵母中提取到较纯的 RNA?

第三章 酶

学习目标

知识目标
1. 掌握：酶的概念及酶促反应特点，酶的分子组成与活性中心，影响酶作用的因素。
2. 熟悉：同工酶、调节酶、修饰酶、核酶、抗体酶，酶活性测定及酶活力单位。
3. 了解：酶的命名和分类，酶的作用机制，酶在医药方面的应用。

能力目标
1. 能正确理解生物大分子的结构与功能的关系。
2. 学会运用酶促反应的影响因素解释酶类药物的作用机制并合理用药。

酶

认识生物催化剂——酶

第一节 酶的概述

1926 年，美国化学家 Summer 第一次从刀豆中获得了脲酶结晶，并提出酶的本质是蛋白质。之后陆续发现的 2000 余种酶中，均证明酶的化学本质是蛋白质。1982 年，Thomas Cech 等研究四膜虫时首次发现 RNA 也具有酶的催化活性，提出了核酶（ribozyme）的概念。1995 年，Szostak 研究室首先报道了具有 DNA 连接酶活性的 DNA 片段，称为脱氧核酶（deoxyribozyme）。

知识链接

Hans 和 Edward Buchner 兄弟的偶然发现和重大贡献

19 世纪，法国化学家和微生物学家 Pasteur 认为没有生物则没有发酵，而德国化学家 Justus von Liebig 则认为发酵是由化学物质引起的。直到 1896 年，Hans 和 Edward Buchner 兄弟的偶然发现，此争议才得以解决。他们为制作不含细胞的酵母菌浸液供药用，用沙和酵母菌一起研磨，加压取得了榨汁后就存在如何防腐的问题。兄弟俩最初打算用动物来做实验，但不能用强烈的防腐剂，所以就采用家常食物保存中惯用的办法,加了许多蔗糖。随后就有了一个重大发现,即酵母菌榨汁可以使蔗糖发酵产生乙醇和二氧化碳。这一过程说明酵母菌榨汁中含有一种或多种催化剂,由此证明了发酵与细胞的活动无关。后来又发现了其他类似的生物催化剂,统称为酶,从而说明了发酵是酶作用的化学本质,为此 Hans 和 Edward Buchner 兄弟获得了 1907 年的诺贝尔化学奖。

一、酶的概念

酶(enzyme)是生物体内一类具有高效催化作用和特定空间构象的生物大分子,包括蛋白质和核酸等,又称为生物催化剂(biological catalyst)。生物体内一切化学反应,几乎都是在酶催化下进行的,酶是生物体内新陈代谢必不可少的物质,酶量与酶活性的异常改变都会引起代谢的紊乱乃至生命活动的停滞。

在酶学中,酶催化的化学反应称为酶促反应,被酶催化的物质叫底物(substrate,S),催化所产生的物质叫产物(product,P)。酶催化一定化学反应的能力称为酶活力(enzyme activity),也称酶活性。因某种因素使酶失去催化能力称为酶的失活。

二、酶的分类与命名

随着生物化学、分子生物学等生命科学的发展,生物体内的酶不断被发现。为了研究和使用的方便,需要对已知的酶加以分类,并给以科学名称。

(一)酶的分类

国际酶学委员会(IEC)按酶催化反应的类型将酶分成六大类。

1. 氧化还原酶类(oxidoreductases) 催化底物进行氧化还原反应的酶,如乳酸脱氢酶、细胞色素氧化酶等。

$$A \cdot 2H + B \rightleftharpoons A + B \cdot 2H$$

2. 转移酶类(transferases) 催化底物之间进行某些基团转移的酶,如氨基转移酶、甲基转移酶等。

$$AB + C \rightleftharpoons A + BC$$

3. 水解酶类(hydrolases) 催化底物发生水解反应的酶,如蛋白酶、淀粉酶等。

$$AB + HOH \rightleftharpoons AOH + BH$$

4. 裂解酶类(lyases) 也称为裂合酶类,催化一种化合物裂解成两种化合物或者催化两种化合物逆向合成一种化合物的酶,如醛缩酶、柠檬酸裂解酶等。

$$AB \rightleftharpoons A + B$$

5. 异构酶类(isomerases) 催化各种同分异构体之间相互转化的酶,如磷酸丙糖异构酶、消旋酶等。

$$A \rightleftharpoons B$$

6. 合成酶类(synthetases) 也称为连接酶类(ligases),催化两分子底物合成一分子产物,同时偶联有 ATP 消耗的酶,如谷氨酰胺合成酶、氨基酰-tRNA 合成酶等。

$$A + B + ATP \longrightarrow A \cdot B + ADP + H_3PO_4$$

(二)酶的命名

酶的命名包括习惯命名法和系统命名法两种方法。

1. 习惯命名法 按照以下方式进行命名:①一般采用"底物名称+反应类型+酶"

来命名,如磷酸己糖异构酶、乳酸脱氢酶等;②对水解酶类,可略去反应类型,只要"底物名称+酶"即可,如淀粉酶、蔗糖酶、胆碱酯酶等;③有时在底物名称前冠以酶的来源,如血清丙氨酸氨基转移酶、唾液淀粉酶等。习惯命名法比较简单,使用方便,但缺乏系统性,可导致某些酶的名称混乱,如肠激酶和肌激酶是作用方式截然不同的两种酶,而铜硫解酶和乙酰CoA转酰基酶则是同一种酶。

2. 系统命名法　国际酶学委员会于1961年提出系统命名法,并规定每种酶都有一个系统名称。其命名原则是以酶所催化的整体反应为基础,标明酶的底物及反应性质,底物名称之间以":"隔开。根据酶的系统命名法,每种酶都有一个4位数字的分类编号,如葡萄糖激酶的系统名称是"ATP:葡萄糖磷酸转移酶",分类编号为 EC.2.7.1.1。其中EC表示国际酶学委员会规定的命名,第一个数字"2"代表酶的大类(转移酶类),第二个数字"7"代表亚类(磷酸转移酶类),第三个数字"1"代表亚亚类(以羟基为受体的磷酸转移酶类),第四个数字"1"代表亚亚类中的排序(以 *D*-葡萄糖作为磷酸基的受体)。由于酶的系统名称一般都很长,使用不方便,故常采用习惯名称。

三、酶催化作用的特点

酶是生物催化剂,具有一般催化剂的共性:在化学反应前后没有质和量的改变;加速化学反应而不改变反应的平衡点;只能催化热力学允许的化学反应;降低反应活化能等。但是酶作为生物催化剂还具有一般催化剂所没有的特点。

(一)高度的不稳定性

酶的主要成分是蛋白质,极易受外界条件的影响,例如对高温、强酸、强碱、紫外线、有机溶剂等都非常敏感,容易变性而失去催化活性。因此酶所催化的反应往往都是在比较温和的常温、常压、接近中性的pH条件下进行的,在生产、保存酶制剂和临床测定酶活性时应避免这些因素的影响。

(二)高度的催化效率

酶具有极高的催化效率,酶促反应速度通常比非催化反应速度高 $10^8 \sim 10^{17}$ 倍,比一般催化反应速度高 $10^7 \sim 10^{13}$ 倍。例如,脲酶催化尿素水解的速度是 H^+ 催化作用的 7×10^{12} 倍,蔗糖酶催化蔗糖水解的速度是 H^+ 催化作用的 2.5×10^{12} 倍。可见,酶的催化效率是极高的,这是由于酶比一般催化剂更能有效地降低反应所需的活化能,初态底物只需较少能量便可转变为活化分子,从而使单位体积内活化分子数大大增加,化学反应加速进行。

(三)高度的专一性

酶的高度专一性(特异性)是指酶对所催化的反应和所作用的底物有严格的选择性,即一种酶仅作用于一种或一类化合物,或作用于一种化学键。根据酶对底物选择的严格程度不同,酶的特异性分为以下三类。

1. 绝对专一性(absolute specificity)　有些酶只能作用于一种底物,进行专一的反应,这种专一性称为绝对专一性。例如,脲酶只能催化尿素水解生成 NH_3 和 CO_2,而不能催化尿素的衍生物(如甲基尿素)水解。

2. 相对专一性(relative specificity)　有些酶作用于一类化合物或一种化学键,这种对底物不太严格的选择性称为相对专一性。例如,脂肪酶不仅水解脂肪,也可以水解简单的酯;蔗糖酶不仅水解蔗糖,也可以水解棉籽糖中相同的糖苷键。

3.立体异构专一性(stereo specificity) 有些酶仅作用于底物立体异构体中的一种,这种选择性称为立体异构专一性。例如,L-乳酸脱氢酶只能催化 L-乳酸脱氢,对 D-乳酸没有作用;延胡索酸酶只能作用于延胡索酸(反丁烯二酸),而对马来酸(顺丁烯二酸)无作用。

(四)酶活性的可调节性

酶促反应可受多种因素的调节,以适应机体对不断变化的内外环境的需要,确保代谢活动的协调性和统一性,维持生命活动的正常进行。如可通过酶合成或降解来对酶的含量进行调节,可通过酶构象改变或修饰来对酶的活性进行调节。

第二节 酶的分子组成与结构

一、酶的分子组成

除了核酶外,绝大多数酶都是蛋白质。和其他蛋白质一样,酶的生物活性取决于蛋白质空间构象的完整性。

(一)单纯酶和结合酶

酶按其分子组成可分为单纯酶和结合酶两类。单纯酶(simple enzyme)是指仅由多肽链构成的酶,其催化活性仅取决于它的蛋白质结构,如胃蛋白酶、淀粉酶、核糖核酸酶、脲酶等水解酶。结合酶(conjugated enzyme)是指除了蛋白质部分外,还有一些非蛋白质成分的酶。其中蛋白质部分称为酶蛋白(apoenzyme),非蛋白质部分称为酶的辅助因子(cofactor),两者结合形成的复合物称为全酶(holoenzyme)。只有全酶才有催化活性,酶蛋白和辅助因子单独存在时均无催化活性。在酶促反应中,酶蛋白与辅助因子所起的作用不同,酶蛋白主要起识别底物的作用,反应的高效性、特异性以及高度不稳定性均取决于酶蛋白;而辅助因子决定了反应性质和类型,对电子、原子或某些化学基团(如氨基、羧基、酰基、一碳单位等)有传递作用。

辅助因子按其与酶蛋白结合的紧密程度不同,可分为辅酶和辅基两类。与酶蛋白结合疏松,可用透析或超滤等方法将其分离的称为辅酶(coenzyme);与酶蛋白结合牢固,不易用透析和超滤等方法将其分离的称为辅基(prosthetic group)。

辅助因子有金属离子和小分子有机化合物两类。常见的金属离子有 K^+、Na^+、Mg^{2+}、Zn^{2+}、Cu^+(或 Cu^{2+})、Fe^{2+}(或 Fe^{3+})等,其主要作用有:①稳定酶蛋白的活性构象;②参与构成酶的活性中心;③连接酶和底物的桥梁;④中和阴离子。小分子有机化合物多数是 B 族维生素的活性形式(表 3-1)。

表 3-1 B 族维生素及其辅助因子形式

B族维生素	酶	辅助因子	辅助因子的作用
硫胺素(B_1)	α-酮酸脱羧酶	焦磷酸硫胺素(LTPP)	α-酮酸氧化脱羧、酮基转移作用

酶的结构与功能

续表

B族维生素	酶	辅助因子	辅助因子的作用
硫辛酸	α-酮酸脱氢酶系	二硫辛酸	α-酮酸氧化脱羧
泛酸	乙酰化酶等	辅酶A(CoA)	转移酰基
核黄素(B_2)	氧化还原酶	黄素单核苷酸(FMN) 黄素腺嘌呤二核苷酸(FAD)	传递氢原子
烟酰胺(PP)	多种脱氢酶	烟酰胺腺嘌呤二核苷酸(NAD^+) 烟酰胺腺嘌呤二核苷酸磷酸($NADP^+$)	传递氢原子
生物素(H)	羧化酶	生物素	传递CO_2
叶酸	甲基转移酶	四氢叶酸(FH_4)	转移一碳基团
钴胺素(B_{12})	甲基转移酶	5-甲基钴胺素、5-脱氧腺苷钴胺素	转移甲基
吡哆醛(B_6)	转氨酶	磷酸吡哆醛	转移氨基

体内酶的种类很多,而辅助因子的种类却较少。通常一种酶蛋白只能与一种辅助因子结合,成为一种特异性的酶;但一种辅助因子往往能与不同的酶蛋白结合构成多种不同特异性的酶。例如 L-乳酸脱氢酶的辅助因子是 NAD^+,而 NAD^+ 不仅是 L-乳酸脱氢酶的辅助因子,也是很多脱氢酶如 L-苹果酸脱氢酶的辅助因子。

(二)单体酶、寡聚酶、多酶体系和多功能酶

根据酶蛋白分子的结构和功能特点,可将酶分为以下几类。

1. 单体酶(monomeric enzyme)　单体酶只有一条多肽链。这类酶很少,大多是催化水解反应的酶,如核糖核酸酶、胰蛋白酶、溶菌酶等。它们的相对分子质量较小,为13000～35000。

2. 寡聚酶(oligomeric enzyme)　这类酶由两个或两个以上相同或不相同的亚基组成,亚基之间以非共价键连接,彼此很容易分开。寡聚酶的相对分子质量从35000到几百万。己糖激酶、醛缩酶等属于这类酶。

3. 多酶体系(multienzyme system)　由催化功能密切相关的几种酶通过非共价键相互嵌合而成,又称多酶复合体。所催化的反应依次连接,有利于一系列反应的连续进行。这类多酶复合体的相对分子质量很高,一般都在几百万以上。例如脂肪酸合成中的脂肪酸合酶复合体,是由6种酶和一个酰基载体蛋白构成的一种多酶体系。

4. 多功能酶(multifunctional enzyme)　一条多肽链上含有两种或两种以上催化活性的酶,也称为串联酶。这种酶是基因融合的产物,含有多个活性中心,可以催化多种生化反应,有利于提高物质代谢速率和调节效率。如DNA聚合酶Ⅰ具有3种酶活性。

二、酶的结构

(一)酶的活性中心

酶主要是大分子蛋白质,其相对分子质量比底物分子大得多。酶与底物的结合范

围通常只是酶分子的少数基团或较小区域。酶分子中与底物发生专一性结合,并可将底物催化为产物的特定空间结构区域称为酶的活性中心(active center)或活性部位(active site)。酶的活性中心在结构上具有以下特点。

(1)酶的活性中心仅占酶体积很小的一部分,通常只占整个酶分子体积的1%~2%。酶的活性中心可能仅由几个氨基酸残基组成。催化部位一般为2~3个氨基酸,结合部位氨基酸残基数目变化较大,可能是一个,也可能是多个。

(2)酶的活性中心具有三维结构,构成酶活性中心的基团,可位于同一条肽链上,也可位于不同的肽链上,在一级结构上可能相距甚远,但在空间结构上必须相互靠近。

(3)酶的活性中心往往位于酶分子表面的一个裂缝内,底物分子或底物分子的一部分可结合到裂缝中。裂缝内的非极性基团较多,形成一个疏水环境,提高了与底物的结合能力,也有极性的氨基酸残基,以便与底物结合并催化底物发生反应。

(4)底物往往通过较弱的次级键与酶结合,这就需要活性中心的基团精确排列。

(5)对于结合酶来说,其辅酶或辅基往往参与酶活性中心的组成。

(二)酶的必需基团

酶的分子结构中存在许多基团,如—NH$_2$、—COOH、—SH、—OH 等,但不是所有基团都与酶活性有关。与酶活性有关的基团称为酶的必需基团(essential group)。酶的活性中心内直接参与结合底物和催化反应的基团,称为活性中心内的必需基团;不直接与底物作用,但能维持酶分子构象,使活性中心各有关基团处于最适的空间位置,对酶的催化活性发挥间接作用的基团,称为活性中心外的必需基团(图 3-1)。

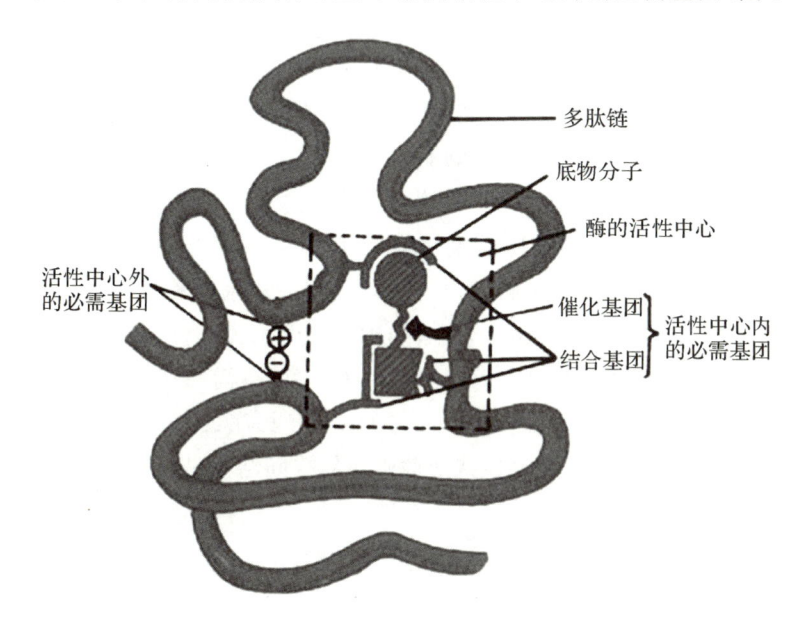

图 3-1 酶的活性中心及必需基团示意图

就功能而言,酶活性中心内的必需基团又可分为结合基团(binding group)和催化基团(catalytic group),分别构成酶的底物结合部位和催化部位。底物结合部位是与底物特异结合的部位,因此也叫特异性决定部位。催化部位直接参与催化反应,底物的敏感键在此部位被切断或形成新键,并生成产物。

底物结合部位和催化部位并不是各自独立存在的,而是相互关联的整体。酶的催化效率能否充分发挥,在很大程度上,取决于底物结合的位置是否合适,也就是说,底物结合部位的作用,不单单是固定底物,而且要使底物处于被催化的最佳位置。因此,酶的底物结合部位和催化部位之间的相对位置是很重要的。所以酶的活性中心与酶蛋白的空间构象的完整性之间,是辩证统一的关系。当外界物理化学因素破坏酶的结构时,就可能影响酶活性中心的特定结构而导致酶失活。

三、酶的结构与功能的关系

酶的分子结构是其功能的物质基础。酶催化的专一性和高效性,是其分子结构的特异性决定的。酶的催化活性不仅与酶分子的一级结构有关,而且与其高级结构有关。

(一)酶的活性中心与酶作用的专一性

酶作用的专一性主要取决于酶活性中心的结构特异性,该特异性是由酶蛋白的一级结构决定的。如胰蛋白酶催化碱性氨基酸(Lys和Arg)的羧基所形成的肽键水解,而胰凝乳蛋白酶则催化芳香族氨基酸(Phe、Tyr和Trp)的羧基所形成的肽键水解。X射线衍射显示胰蛋白酶分子的活性中心丝氨酸残基附近有一凹隙,其中有带负电荷的天冬氨酸侧链(为结合基团),故易与底物蛋白质中带正电荷的碱性氨基酸侧链形成离子键而结合成中间产物;而胰凝乳蛋白酶凹陷中则有非极性氨基酸侧链,可供芳香族侧链或其他的非极性脂肪族侧链伸入,通过疏水作用而结合,故这两种蛋白酶有不同的底物专一性。

(二)酶的空间结构与催化活性

酶的活性不仅与一级结构有关,也与其空间结构紧密相关。在酶活性的表现上,有时空间结构比一级结构更为重要,因为活性中心需借助于一定的空间结构才得以维持。有时一级结构的轻微改变并不影响酶的活性,只要酶活性中心各基团的空间位置得以维持就能保持全酶的活性。如牛胰核糖核酸酶由124个氨基酸残基组成,其活性中心为His^{12}及His^{119},当用枯草杆菌蛋白酶将其中的Ala^{20}-Ser^{21}的肽键水解后,得到N端20肽(1~20)和另一段104肽(21~124)两个片段,前者称S肽,后者称S蛋白。S肽含有His^{12},而S蛋白含有His^{119},两者单独存在时均无活性,但在pH7.0介质中,使两者按1:1重组时,两个肽段之间的肽键并未恢复,酶活性却能恢复。这是S肽通过氢键及疏水键与S蛋白结合,使His^{12}又与His^{119}互相靠近,恢复了表现酶活性的空间构象的缘故(图3-2)。由此可见保持活性中心的空间结构是维持酶活性所必需的。

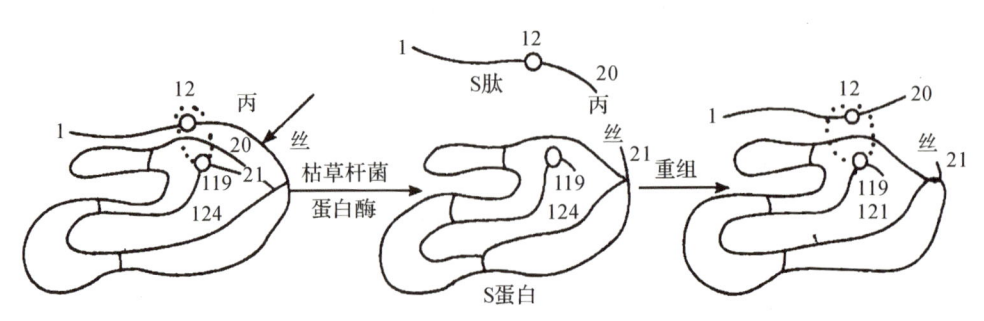

图3-2 牛胰核糖核酸酶分子的切断与重组

第三节 酶的作用机制

一、酶能显著降低反应活化能

在任何化学反应中,反应物分子必须超过一定的能阈,成为活化的状态,才能发生变化并生成产物。这种促使分子由常态转变为活化状态所需的能量称为活化能(activation energy)。催化剂的作用是降低反应所需的活化能,以致相同的能量能使更多的分子活化,从而加速反应的进行。酶能显著地降低反应的活化能,所以表现出高度的催化效率(图 3-3)。例如 H_2O_2 的分解,在无催化剂时,活化能为 75 kJ/mol;用胶状钯作催化剂时,只需活化能 50 kJ/mol;当有过氧化氢酶催化时,活化能下降到 8 kJ/mol。

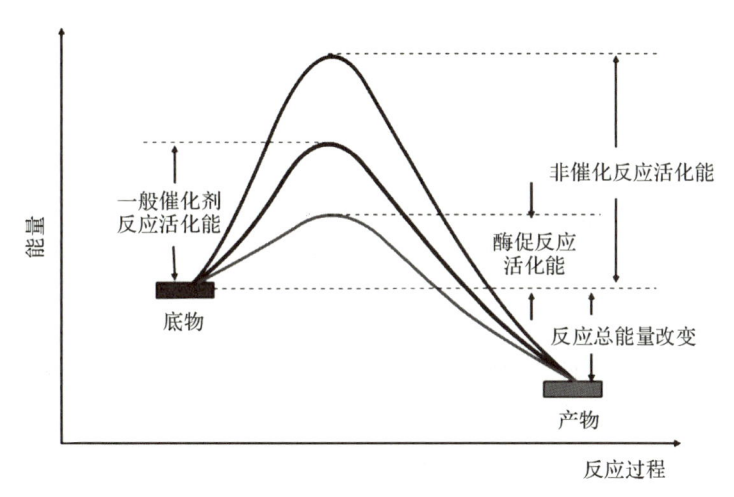

图 3-3 催化剂对活化能的影响

二、中间复合物学说

一般认为,在酶促反应中酶(E)总是先与底物(S)结合形成不稳定的酶-底物复合物(ES),再分解成酶(E)和产物(P),E 又可与 S 结合,继续发挥其催化功能,所以少量酶可催化大量底物。E 与 S 结合形成 ES,致使 S 分子内的某些化学键发生极化而呈现不稳定的状态或称为过渡态(transition state),大大降低了 S 的活化能,使反应加速进行。

$$E + S \rightleftharpoons ES \longrightarrow E + P$$
酶　底物　　中间复合物　　酶　产物

酶与底物结合形成中间产物目前存在两种学说。一种学说是锁钥学说,认为酶活性中心的构象与底物的结构正好互补,就像锁和钥匙一样是刚性匹配的,但是在酶促可逆反应中,酶不可能同时与底物和产物的结构都相配,故这种学说存在一定的局限性。另外一种学说是诱导契合学说,这是为了修正锁钥学说的不足而提出的一种理论,该学说认为,酶的活性中心与底物的结构不是刚性互补而是柔性互补,当酶与底物靠近时,底物能够诱导酶的构象发生变化,使其活性中心变得与底物的结构互补;底物在酶的诱导下也可发生变形,处于不稳定的过渡态,过渡态的底物与酶的活性中心结合,大幅度降低反应活化能,使酶促反应速度加快(图3-4)。

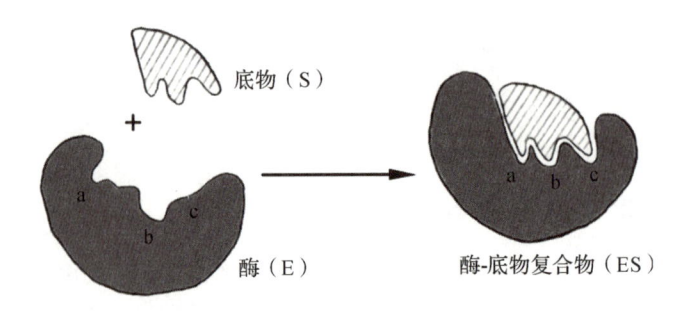

图3-4 诱导契合学说示意图

三、酶作用高效率的机制

不同的酶可有不同的作用机制,许多酶促反应常常有多种机制,共同完成催化作用,这是酶具有高度催化效率的重要原因。

1.趋近效应和定向效应　任何化学反应,参加反应的分子都必须靠近在一起,才能发生反应。趋近效应(approximation)系指A和B两个底物分子结合在酶分子表面的某一狭小的局部区域,其反应基团互相靠近,从而降低了进入过渡态所需的活化能。趋近效应大大增加了底物的有效浓度,由于化学反应速度与反应物的浓度成正比,在这种局部的高浓度下,反应速度将会相应提高。

酶不仅能使底物结合到酶的活性中心,还可使底物处于有利于反应的定向位置,即具有定向效应(orientation)。因而反应物就可以用一种"正确的方式"互相碰撞而快速发生反应(图3-5)。这种趋近效应和定向效应使一种分子间的反应变成了类似于分子内的反应,使反应得以高速进行。

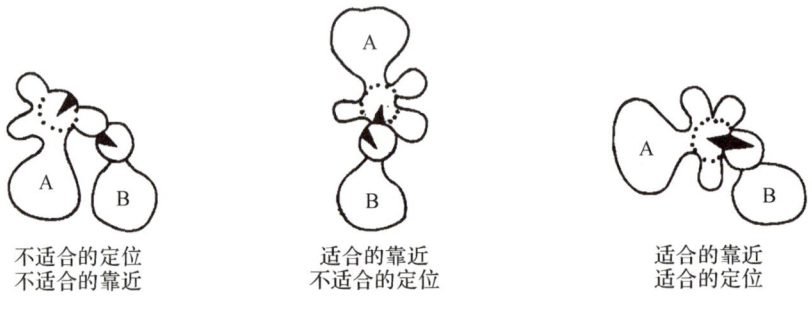

图3-5 底物的趋近效应和定向效应示意图

2.底物变形与张力作用　酶与底物结合后使底物的某些敏感键发生"变形"(distortion),从而使底物分子接近于过渡态,降低了反应的活化能。同时,由于底物的诱导,酶分子的构象也会发生变化,并对底物产生张力作用(strain)使底物扭曲,促进ES进入过渡态。

3.酸碱催化作用　酶分子是两性电解质,其活性中心的氨基、羧基、巯基、酚羟基和咪唑基等都可作为质子供体或受体对底物进行催化而加快反应速率,其中咪唑基的作用尤为重要。细胞中的多种有机反应如羰基的加水、羧酸酯及磷酸酯的水解、分子重排和脱水形成双键等反应都受酸碱催化作用(acid-base catalysis)的影响。由于酶分子中存在多种质子供体或质子受体,所以酶的酸碱催化效率比一般酸碱催化剂高得多。

4.共价催化作用　某些酶和底物以共价键结合形成一个高反应活性的共价中间产

物,使反应的能阈降低从而加快反应速度,这种催化机制称为共价催化作用(covalent catalysis)。共价催化作用分为亲核催化作用和亲电子催化作用,其中前者比较常见。在亲核催化作用(nucleophilic catalysis)中,酶的活性中心通常都含有亲核基团,如 Ser 的羟基、Cys 的巯基和 His 的咪唑基等,这些基团都有剩余的电子对作为电子供体,和底物的亲电子基团以共价键结合而形成共价中间产物,从而快速完成反应。

第四节 酶促反应动力学

酶促反应动力学主要研究酶促反应速度及其影响因素。影响酶促反应速度的因素主要有底物浓度、酶浓度、pH、温度、抑制剂和激活剂等。在研究某一因素对酶促反应速度的影响时,应该维持反应中其他因素不变,而只改变所要研究的因素。为了避免反应产物以及其他因素的影响,酶促反应速度是指酶促反应开始的初速度,即底物浓度被消耗5%以内的反应速度。

酶促反应动力学

案例分析

为了把有油渍、汗渍的衣服洗干净,很多人都会选择加酶洗衣粉,因为它的洗涤效果比普通的洗衣粉好得多。

1. 加酶洗衣粉中通常加的是什么酶?为什么?
2. 为了提高加酶洗衣粉的效果,冬季使用时常将水温调整到25~35 ℃,这是为什么?
3. 加酶洗衣粉要加多种酶才能提高洗涤效果,这体现了酶催化作用的什么特点?

一、底物浓度的影响

若在酶浓度、pH、温度等条件固定不变的情况下研究底物浓度和反应速率的关系,两者呈矩形双曲线(图3-6)。酶促反应速率和底物浓度之间的这种关系,可利用中间产物学说加以说明,即酶作用时,酶(E)先与底物(S)结合成酶-底物中间复合物(ES),然后再分解为产物(P)并游离出酶。

$$E+S \rightleftharpoons ES \longrightarrow E+P$$

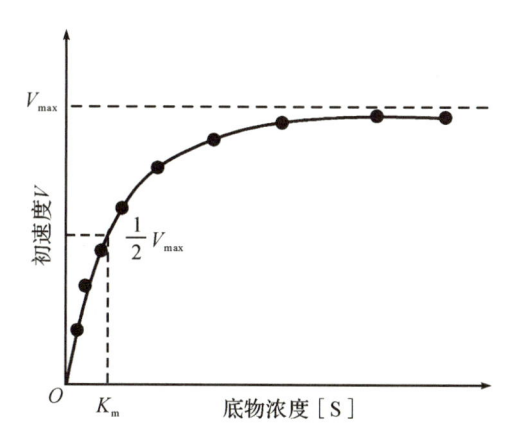

图3-6 底物浓度对酶促反应初速度的影响

在底物浓度低时,每一瞬时,只有一部分酶与底物形成 ES,此时若增加底物浓度,则有更多的 ES 生成,因而反应速率亦随之增加。但当底物浓度很大时,每一瞬时,反应体系中的酶分子都已与底物结合生成 ES,此时底物浓度虽再增加,但已无游离的酶与之结合,故无更多的 ES 生成,因此反应速率几乎不变。

图 3-6 的曲线可分为三段:

(1)当底物浓度很低时,酶未被底物饱和,反应速度与底物浓度成正比关系,表现为一级反应。

(2)当底物浓度加大后,酶逐渐被底物饱和,反应速度的增加和底物浓度的增加不再成正比,反应速度增加的幅度不断下降,为混合级反应。

(3)继续增加底物浓度至极大值,所有酶分子均被底物饱和,此时的反应速度不会进一步加快,反应速度也达极限值,即最大反应速度,用 V_{max} 表示,为零级反应。

(一)米氏方程

Michaelis 和 Menten 于 1913 年根据中间复合物学说推导出了能够表示整个酶促反应中底物浓度和反应速率定量关系的公式,即著名的米氏方程(Michaelis-Menten 方程)。

$$V=\frac{V_{max}[S]}{K_m+[S]}$$

式中,V 为酶促反应速度,V_{max} 为最大反应速度,[S]为底物浓度,K_m 为米氏常数。

(二)米氏常数

1. 米氏常数的概念 当酶促反应处于 $V=1/2V_{max}$ 时,则米氏方程可变换为:

$$V_{max}/2=\frac{V_{max} \cdot [S]}{K_m+[S]}$$

计算可得 $K_m=[S]$。由此可见,K_m 值等于酶促反应速度为最大速度一半时的底物浓度,单位与浓度单位一样,用 mol/L 或 mmol/L 表示。

2. 米氏常数的意义

(1)K_m 是酶的特征性常数之一,只与酶的结构、催化的底物、pH 及温度等有关,与酶的浓度无关。

(2)K_m 值可反映酶与底物亲和力的大小。K_m 值越小,表示酶与底物的亲和力越大,反之越小。

(3)K_m 值可反映酶的最适底物。如果一种酶可以作用于几种底物,那么酶催化的每一种底物都有一个特定的 K_m 值,其中 K_m 值最小的底物即为该酶的最适底物。

(4)酶不仅与底物结合,也可与激活剂或抑制剂结合而影响 K_m 值。K_m 值的测定可协助判断酶的激活剂或抑制剂的存在与否以及抑制作用的类型。

3. 米氏常数的求法 从酶的 V-[S]图上可以得到 V_{max},再从 $1/2V_{max}$ 处可求得相应的[S],即为 K_m 值。但实际上用这个方法来求 K_m 值是行不通的,因为即使用很大的底物浓度,也只能得到接近 V_{max} 的反应速度,而达不到真正的 V_{max},所以测不到准确的 K_m 值。常用以下两种方法求出 K_m 值。

(1)双倒数作图法:将米氏方程两边取倒数:

$$\frac{1}{V}=\frac{K_m+[S]}{V_{max} \cdot [S]},即\frac{1}{V}=\frac{K_m}{V_{max}}\left(\frac{1}{[S]}\right)+\frac{1}{V_{max}}$$

该方程也称为 Lineweaver Burk 方程。根据这一线性方程,用 $1/V$ 对 $1/[S]$ 作图即得到一条直线(图 3-7),直线的斜率为 K_m/V_{max},当 $1/V=0$ 时,$1/[S]$ 的截距为 $-1/K_m$。

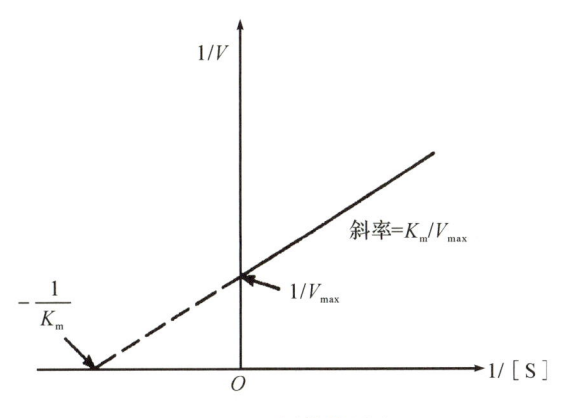

图 3-7 双倒数作图法

(2) Hanes 作图法：将米氏方程双倒数后，等号两侧再乘以[S]得：

$$[S]/V = 1/V_{max}[S] + K_m/V_{max}$$

以[S]/V 对[S]作图，直线的斜率为 $1/V_{max}$，[S]/V 轴上的截距为 K_m/V_{max}，而[S]轴上的截距为 $-K_m$（图 3-8）。

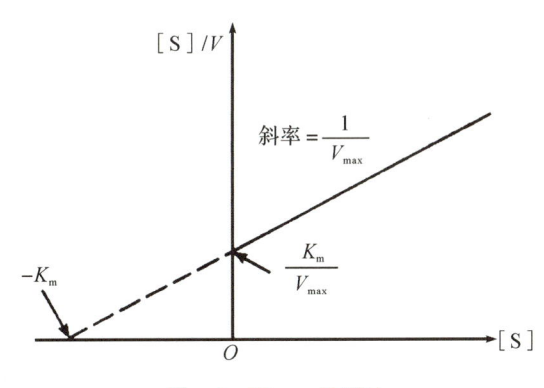

图 3-8 Hanes 作图法

二、酶浓度的影响

在酶促反应体系中，在底物浓度足以使酶饱和的情况下，酶促反应的速度与酶浓度成正比（图 3-9）。但当酶的浓度增加到一定程度，以致底物浓度已不足以使酶饱和时，再继续增加酶的浓度，反应速度也不再成正比地增加。

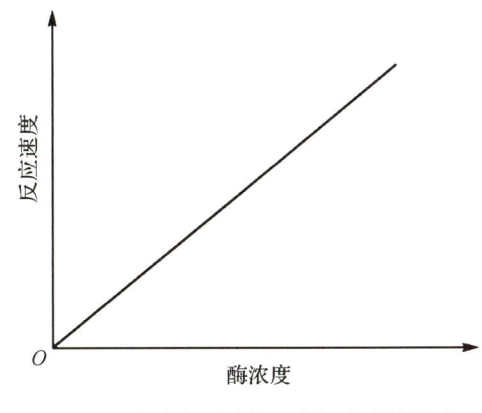

图 3-9 酶浓度对酶促反应初速度的影响

三、温度的影响

温度对酶促反应速度有双重影响。在温度较低时，随着温度的升高，反应速度加快，一般来说，温度每升高 10 ℃，反应速度大约增加一倍；但当温度超过一定数值后，酶受热变性的因素占优势，反应速度反而随温度上升而减缓，形成倒 V 形曲线（图 3-10）。此曲线顶点所代表的温度，反应速度最大，称为酶的最适温度（optimum temperature）。

酶的最适温度不是酶的特征性常数，它与底物浓度、介质 pH、离子强度、保温时间等许多因素有关。人体内多数酶的最适温度一般在 35～40 ℃，当温度升高到 60 ℃以上时，大多数酶开始变性，80 ℃以上，多数酶的变性不可逆。低温一般不破坏酶的空间结构，温度回升后，酶又恢复活性，故菌种和酶制剂都采用低温保存。

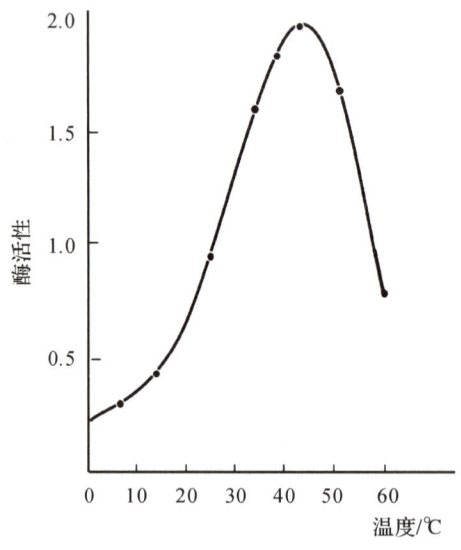

图 3-10　温度对酶活性的影响

四、pH 的影响

酶促反应体系的 pH 对酶的催化作用影响很大。一方面 pH 影响酶和底物的解离状态，从而影响酶与底物的亲和力；另一方面 pH 影响酶活性中心的空间构象，从而影响酶的活性。

在某一 pH 时，酶、底物和辅酶的解离状态最适宜于它们相互结合，并发挥最佳的催化作用，使酶促反应速度达最大值，这时的 pH 称为酶的最适 pH。体系的 pH 偏离酶的最适 pH 越远，酶的活性越小，过酸或过碱可使酶变性失活（图 3-11）。

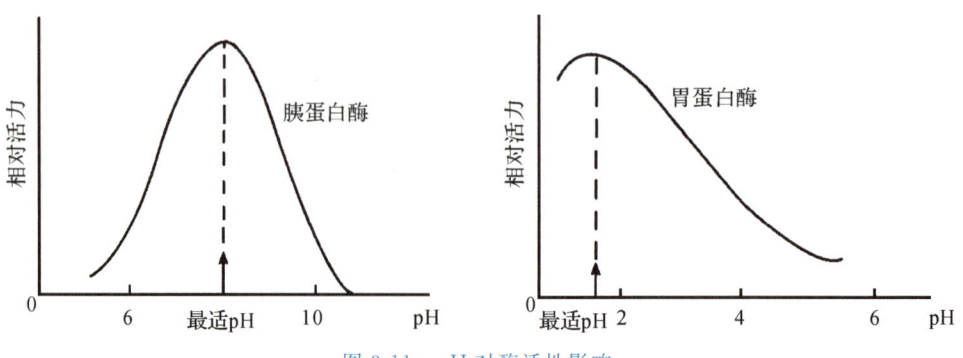

图 3-11　pH 对酶活性影响

酶的最适 pH 不是酶的特征常数,它受底物浓度、缓冲液的种类和浓度以及酶的纯度等因素的影响。不同酶的最适 pH 不同,人体内多数酶的最适 pH 接近中性,但胃蛋白酶最适 pH 约为 1.8,肝精氨酸酶的最适 pH 约为 9.8。因此,酶促反应宜选用最适 pH 的缓冲液,以保持酶的最佳活性。

五、激活剂的影响

使酶由无活性变为有活性,或使酶活性增加的物质称为酶的激活剂。激活剂大多为金属离子,如 Mg^{2+}、K^+、Mn^{2+} 等;少数为阴离子,如 Cl^-、Br^- 等;也有部分是小分子有机化合物,如胆汁酸盐等。激活剂通过与酶、底物或酶-底物复合物结合参加反应,但不转化为产物。

按其对酶促反应速度影响的程度,激活剂分为必需激活剂和非必需激活剂两类。大多数金属离子激活剂对酶促反应是不可缺少的,这类激活剂称为必需激活剂,如 Mg^{2+} 是己糖激酶的必需激活剂。有些激活剂不存在时,酶仍有一定的催化活性,但催化效率较低,这类激活剂称为非必需激活剂,如 Cl^- 是唾液淀粉酶的非必需激活剂。

六、抑制剂的影响

凡能使酶活性下降而不引起酶蛋白变性的作用,称为酶的抑制作用(inhibition),这类物质统称为酶的抑制剂(inhibitor)。抑制剂可与酶的必需基团结合,从而抑制酶的催化活性,当去除抑制剂后,酶仍可表现其原有活性。抑制剂通常对酶有一定的选择性,一种抑制剂只能引起某一类或某几类酶的抑制。抑制作用不同于失活作用,凡使酶变性失活的因素如强酸、强碱等,其作用对酶没有选择性,称为钝化作用,不同于酶的抑制剂。

很多药物是酶的抑制剂,通过对病原体内某些酶的抑制或改变体内某些酶的活性而发挥其治疗功效,了解酶的抑制作用是阐明药物作用机制和设计研究新药的重要途径。

(一)可逆抑制

抑制剂与酶以非共价键结合而引起酶活性的降低或丧失,可用透析、超滤等简单物理方法除去抑制剂来恢复酶的活性,称为可逆抑制作用。根据抑制剂在酶分子上结合位置的不同,又分为竞争性抑制、非竞争性抑制和反竞争性抑制。

1.竞争性抑制(competitive inhibition) 抑制剂(I)与底物(S)的化学结构相似,在酶促反应中,抑制剂与底物相互竞争酶的活性中心,当抑制剂与酶结合形成复合物(EI)后,酶则不能再与底物结合,从而抑制了酶的活性,这种抑制称为竞争性抑制作用(图 3-12A、B)。

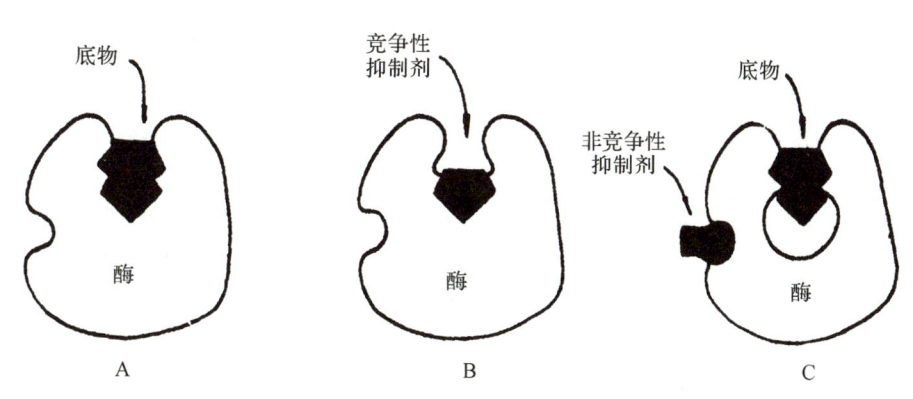

图 3-12 竞争性抑制与非竞争性抑制示意图

竞争性抑制作用的特点有：①抑制剂与底物的结构相似，相互竞争与酶活性中心的结合；②抑制强度与抑制剂和底物的浓度有关，当[I]≫[S]时，抑制作用强；当[S]≫[I]时，S可以把I从酶的活性中心置换出来，从而使酶抑制作用被解除，表现为抑制作用减弱。竞争性抑制的例子很多，例如丙二酸与琥珀酸的结构相似，是琥珀酸脱氢酶的竞争性抑制剂。

有些药物属于酶的竞争性抑制剂，磺胺类药物及磺胺增效剂是典型的例子。对磺胺类药物敏感的细菌在生长和繁殖时不能利用环境中的叶酸，只能利用对氨基苯甲酸合成二氢叶酸，二氢叶酸可再还原为四氢叶酸，后者是合成核酸所必需的。磺胺类药物与对氨基苯甲酸结构类似，竞争性占据细菌体内二氢叶酸合成酶，从而抑制细菌生长所必需的二氢叶酸的合成，使细菌核酸的合成受阻，从而抑制了细菌的生长和繁殖。抗菌增效剂甲氧苄啶（TMP）可增强磺胺类药物的药效，因为它的结构与二氢叶酸有类似之处，是细菌二氢叶酸还原酶的强烈抑制剂。它与磺胺类药物配合使用，可使细菌的四氢叶酸合成受到双重阻碍，严重影响细菌的核酸及蛋白质合成。

人体能从食物中直接利用叶酸，故其代谢不受磺胺类药物影响。根据竞争性抑制的特点，首次服用磺胺类药物时必须达到足够高的血药浓度，以产生较大的竞争性抑制作用，再继续使用维持量。此外，竞争性抑制原理是药物设计的依据之一，如抗癌药阿糖胞苷、5-氟尿嘧啶、6-巯基嘌呤等都是依据竞争性抑制原理设计出来的。

2.非竞争性抑制（noncompetitive inhibition） 抑制剂与底物结构并不相似，也不与底物抢占酶的活性中心，而是通过与活性中心以外的必需基团结合来抑制酶的活性，称为非竞争性抑制（图 3-12A、C）。

非竞争性抑制反应如下：

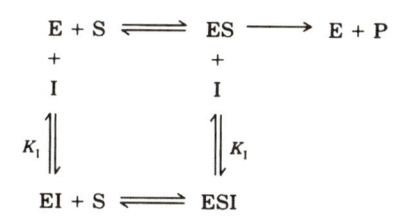

$$E + S \rightleftharpoons ES \longrightarrow E + P$$
$$+ \qquad +$$
$$I \qquad I$$
$$K_I \updownarrow \qquad \updownarrow K_I$$
$$EI + S \rightleftharpoons ESI$$

E 既能与 S 生成 ES 复合物,又能与 I 生成 EI 复合物。ES 或 EI 又均能生成 ESI 复合物,ESI 不能释放出产物。故增加[S]不能减少抑制程度。例如,EDTA 结合某些酶活性中心外的巯基(—SH),氰化物(—CN)结合细胞色素氧化酶的辅基铁卟啉,均属于非竞争性抑制。

3. 反竞争性抑制(uncompetitive inhibition) 此类抑制剂仅与酶-底物复合物(ES)结合,使酶失去催化活性。抑制剂与 ES 结合后,减弱了 ES 解离成产物(P)的趋势,更加有利于底物和酶的结合,这与竞争性抑制正好相反,故称反竞争性抑制。反竞争性抑制较为少见,多发生于双底物反应中,偶见于酶促水解反应中,如 L-苯丙氨酸对肠道碱性磷酸酶的抑制就属于此种类型。

(二)不可逆抑制

抑制剂与酶的必需基团以共价键结合而引起酶活性丧失或降低,不能用透析、超滤等物理方法除去抑制剂而恢复酶活力。抑制作用随着抑制剂浓度的增加而逐渐增加,当抑制剂的量大到足以和所有的酶结合,则酶的活性完全被抑制。

1. 非专一性不可逆抑制 抑制剂与酶分子中一类或几类基团作用,不论其是不是必需基团,皆进行共价结合,由于酶的必需基团也被抑制剂结合,故可使酶失活。

某些重金属离子(Pb^{2+}、Cu^{2+}、Hg^{2+})、有机砷化合物及对氯汞苯甲酸等能与酶分子的巯基进行不可逆结合,许多以巯基为必需基团的酶(称为巯基酶)会因此而被抑制,可用二巯基丙醇(BAL)或二巯基丁二酸钠等含巯基的化合物使酶复活。

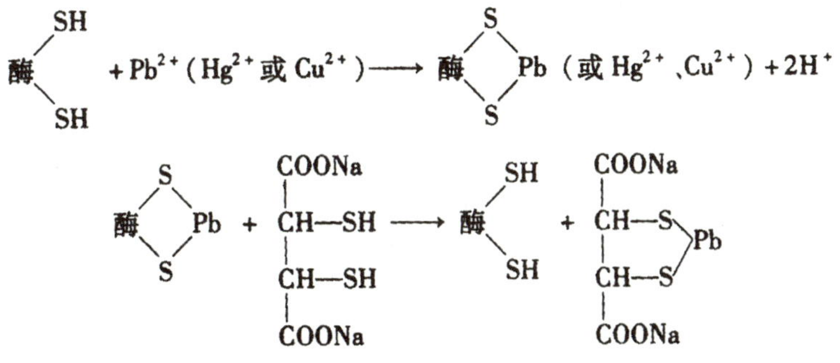

2. 专一性不可逆抑制 抑制剂专一作用于酶的活性中心或其必需基团,进行共价结合,从而抑制酶的活性。有机磷杀虫剂专一作用于胆碱酯酶活性中心的丝氨酸残基,使其磷酰化而产生不可逆抑制作用,有机磷杀虫剂的结构与底物越近似,其抑制越快,有人称其为假底物。当胆碱酯酶被有机磷杀虫剂抑制后,乙酰胆碱不能及时分解,导致乙酰胆碱过多而产生一系列胆碱能神经过度兴奋症状。碘解磷定等药物可与有机磷杀虫剂结合,使酶与有机磷杀虫剂分离而复活。

有些专一性不可逆抑制剂在与酶作用时,通过酶的催化作用,其中某一基团被活化,使抑制剂与酶发生共价结合从而抑制酶活性,如同酶的自杀,此类抑制剂称为自杀底物。例如新斯的明抑制胆碱酯酶时,先被胆碱酯酶水解,所产生的二甲氨基甲酰基可结合到酶活性中心的丝氨酸羟基而抑制酶活性。

七、酶的活力测定与纯度分析

(一)酶的活力测定

酶在细胞内含量很少,直接测定其绝对量很难,一般是测定酶的活力。在一定条件下,酶活力与酶浓度成正比,所以酶的活力可代表酶的含量。酶活力测定的基本原理是:在一定条件下测定酶反应体系中单位时间内底物的消耗量或产物的生成量来反映酶的活性。

酶活力的高低用酶活力单位(U)来表示。所谓酶活力单位是指酶在最适条件下,单位时间内底物的减少量或产物的生成量。酶活力单位有习惯单位和国际单位两种表示方法。酶活力习惯单位是根据每种实验方法做出具体规定的。同一种酶,用不同方法测定,单位的标准也不相同。一般在单位前加上规定这一单位者的姓氏,如淀粉酶有温氏单位和苏木杰单位,它们之间是不同的,不能进行比较。

1961年国际生物化学学会酶学委员会建议采用"国际单位"(international unit, IU)来表示。IU 为"在特定条件下,每分钟催化 1 微摩尔(μmol)底物生成产物的酶量为一个酶活力单位,亦即国际单位"。1972 酶学委员会又推荐一个新的酶活力单位,即催量(Kat),1 Kat 单位定义为"在最适条件下,每秒钟可使 1 摩尔(mol/L)底物转化的酶量"。二者的换算关系为:1 Kat=6×10^7 IU;1 IU=16.67×10^{-9} kat。

(二)酶的纯度分析

对于酶制剂产品来说,不仅在于得到一定量的酶,而且要求得到不含其他杂蛋白的酶制品,即既要产率,又要纯度。酶的纯度用比活力表示:

$$比活力 = 酶活力单位数/毫克蛋白$$

此外,在酶制品的生产及分离纯化工作中往往还要计算纯化倍数和产率(即回收率)。

$$纯化倍数 = 每次比活力/第一次比活力$$

$$回收率(产率) = (每次总活力/第一次总活力) \times 100\%$$

一个酶的纯化过程,常常需要经过多个步骤,往往步骤越多,则纯度越高、产率越低。确定一个纯化方案,须在纯度与产率间权衡考虑,并考虑产品的使用目的(纯度要求)。

案例分析

天冬酰胺酶纯化过程见表3-2。

表3-2 从 *E. coli* 中分离纯化天冬酰胺酶

纯化步骤	总蛋白/mg	总活力/IU	比活力/(IU/mg)	回收率/%	纯化倍数
匀浆液	1.4×10^6	2.8×10^6	2	100	1
等电点沉淀	4×10^4	1.4×10^6	35	50	17.5
DEAE色谱	8×10^3	1×10^6	125	36	62.5
CM柱色谱	5×10^3	9×10^5	180	32	90

通过四个主要步骤,总蛋白量逐渐减少,总活力也减少,但相比起来,杂蛋白去除更多,因此纯度提高,比活力由2.0上升到180,纯化倍数为90倍。但在酶纯化时也损失不少,原来总活力为2.8×10^6,最后为9×10^5,回收率为32%。

如何计算分离纯化过程中的纯化倍数和回收率?

第五节 酶的调节与多样性

一、酶原及酶原激活

体内大多数酶合成后即有生物活性,但有些酶在细胞内初合成或初分泌时没有活性,这种无活性的酶的前体称为酶原(zymogen),使酶原转变为有活性的酶的过程称为酶原激活(zymogen activation)。酶原激活的机制一般是通过某些蛋白酶的作用,水解一个或几个特定的肽键,使蛋白质分子构象发生变化,其实质是活性中心形成或者暴露,从而形成有活性的酶。

如胰蛋白酶原在激活过程中,其分子中赖氨酸-异亮氨酸之间的肽键被切断,失去一个六肽,断裂后的 N 端肽链的其余部分解脱张力的束缚,使它能像一个放松的弹簧一样卷起来,这样就使酶蛋白的构象发生变化,并由于把与催化作用有关的组氨酸$_{46}$、天冬氨酸$_{90}$带至丝氨酸$_{183}$附近,形成一个合适的排列而产生了活性中心。激活胰蛋白酶原的蛋白酶是肠激酶,而胰蛋白酶一旦生成后,也可自身激活(图 3-13)。

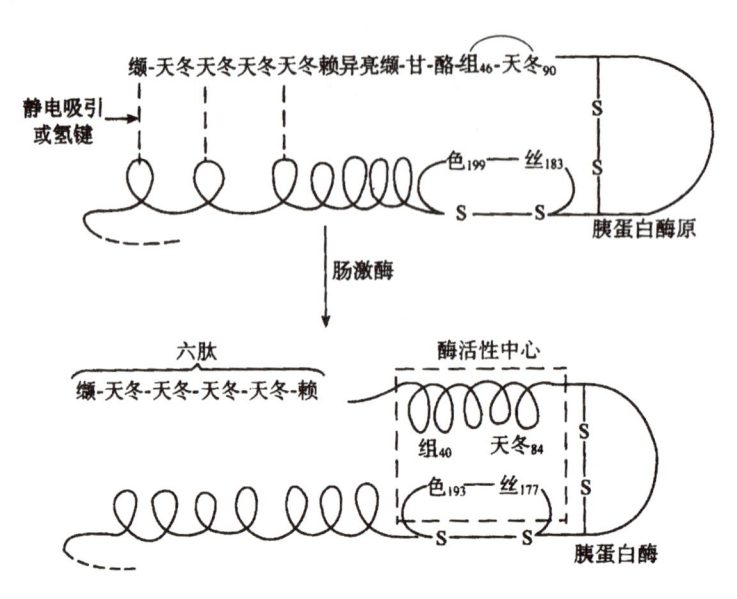

图 3-13 胰蛋白酶原激活过程示意图

除消化道的蛋白酶外,血液中有关凝血和纤维蛋白溶解的酶类,也都以酶原的形式存在。酶原激活的生理意义在于避免细胞产生的蛋白酶对细胞进行自身消化,并使酶在特定的部位和环境中发挥作用,保证体内代谢的正常进行。例如出血性胰腺炎的发生就是胰蛋白酶原在未进入小肠前就被激活而消化自身的胰腺细胞,导致胰腺破裂出血所致。

案例分析

某医院急诊室接收了一位重症患者。患者主诉暴食暴饮后,突发肚子痛,疼痛难忍,疼痛影响到左腰背部,继而出现呕吐,将胃的食物全部吐出。体检发现腹软,中上腹压痛,无反跳痛。

1. 该患者可能患什么疾病?
2. 产生急性胰腺炎的机制是什么?
3. 简述酶原存在的意义。
4. 简述酶原激活的过程及实质。

二、同工酶

同工酶(isozyme)是指能催化相同化学反应,但酶分子的组成、结构、理化性质甚至免疫学性质不同的一组酶。同工酶可以存在于同一种属或同一个体的不同组织或同一细胞的不同亚细胞结构中。同工酶属于寡聚酶,由两个或两个以上亚基组成。其分子结构的不同之处主要是所含的亚基的组合情况不同,在非活性中心部分组成不同,但它们与酶活性有关的结构部分均相同。它是由不同基因编码或虽然基因相同,但基因转录物 mRNA 或其翻译产物经不同的加工而产生的。

目前已知的同工酶有数百种,其中研究最多的是哺乳动物中的乳酸脱氢酶(lactate dehydrogenase,LDH)。该酶相对分子质量约 140 000,是由 M 型亚基(骨骼肌型)和 H 型亚基(心肌型)组成的四聚体。两种亚基以不同比例组合成 $LDH_1(H_4)$、$LDH_2(H_3M)$、$LDH_3(H_2M_2)$、$LDH_4(HM_3)$、$LDH_5(M_4)$ 5 种同工酶,在电泳中显示 5 个区带。

同工酶虽然催化相同的化学反应,但在不同的组织中,其催化特性可不相同。例如 $LDH_1 \sim LDH_5$ 均可催化乳酸和丙酮酸之间的氧化还原反应,但实际上各酶对乳酸和丙酮酸的亲和力不同。心肌组织富含 LDH_1,对乳酸的亲和力特别强,促使乳酸氧化成丙酮酸,丙酮酸进一步氧化分解供应心肌能量,所以心肌中乳酸很少。骨骼肌中富含 LDH_5,对丙酮酸的亲和力强,促使丙酮酸还原成乳酸,所以剧烈运动后会感到肌肉酸痛(图 3-14)。

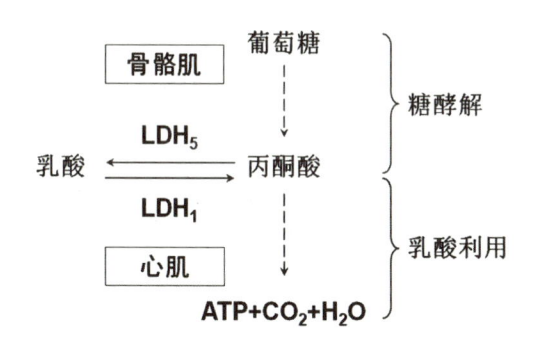

图 3-14　乳酸脱氢酶同工酶在骨骼肌和心肌中的作用

各种 LDH 同工酶在不同组织器官中的比例是不同的(表 3-3),其中 LDH_1 在心肌含量最高,而 LDH_5 在肝中含量最高。临床上可通过分析患者血清中 LDH 同工酶的电泳图谱来辅助诊断某些器官组织是否发生病变,如心肌梗死时患者血清 LDH_1 含量明显上升,而肝病患者血清 LDH_5 含量高于正常。

表 3-3　人体主要组织器官中 LDH 同工酶的分布

组织器官	同工酶百分比/%				
	LDH_1	LDH_2	LDH_3	LDH_4	LDH_5
心肌	67	29	4	<1	<1
肾	52	28	16	4	<1
肝	2	4	11	27	56
骨骼肌	4	7	21	27	41
血清	27	38	22	9	4

三、诱导酶

在生物体内有一类酶是天然存在的,含量也较稳定,受外界的影响很小,这类酶称为结构酶(structural enzyme)。诱导酶(inducible enzyme)是相对结构酶而言的,是指当细胞中加入特定诱导物质而诱导产生的酶。它的含量在诱导物存在下显著增高,而在没有诱导物时,诱导酶一般不产生或含量很少,这种诱导物往往是该酶的底物类似物或底物本身。诱导酶在微生物中较为多见,例如大肠杆菌的β-半乳糖苷酶的生物合成需要有乳糖存在,乳糖即为β-半乳糖苷酶的诱导物。

许多药物能加强体内药物代谢酶的合成,因而能加速其本身或其他药物的代谢转化。研究药物代谢酶的诱导生成对于阐明许多药物的耐药性是有重要意义的。如长期服用苯巴比妥催眠药的人,会因药物代谢酶的诱导生成而使苯巴比妥逐渐失效。

四、调节酶

调节酶(regulatory enzyme)是指对代谢途径的反应速度起调节作用的酶。通常位于一个或多个代谢途径内的关键部位,酶分子一般具有明显的活性部位和调节部位,可与调节剂结合而改变活性。调节酶一般可分为变构酶(allosteric enzyme)和共价修饰酶(covalent modification enzyme)。

(一)变构酶

变构酶又名别构酶,均为寡聚酶,含有两个或多个亚基。其分子中包括两个中心:一个是与底物结合、催化底物反应的活性中心;另一个是与调节物结合、调节反应速度的别构中心。调节物与酶分子中的别构中心结合可引起酶分子的构象发生改变,使酶活性中心对底物的结合与催化作用受到影响,从而调节酶促反应速度,这种效应称为酶的变构效应(allosteric effect)。因变构效应导致酶的激活称为变构激活效应,反之就称为变构抑制效应,对应的调节物分别称为变构激活剂和变构抑制剂。

各代谢途径中的关键酶大多是变构酶,对代谢调控起着重要作用。而代谢途径中酶作用的底物、终产物或某些中间产物以及 ATP、ADP、AMP 等一些小分子化合物,常可作为变构效应剂。例如磷酸果糖激酶-1 就是一种变构酶,催化 6-磷酸果糖生成 1,6-二磷酸果糖,在该酶促反应中,ATP 和柠檬酸是变构抑制剂,可防止产物过剩,而 ADP 和 AMP 是变构激活剂,促进 ATP 生成。

(二)共价修饰酶

共价修饰酶是一类可由其他酶对其结构进行可逆共价修饰,使其处于活性和非活性的互变状态,从而调节活性的酶。共价修饰酶一般都存在无活性(低活性)和有活性(高活性)两种形式,它们之间互变的正、逆向反应常由不同的酶催化。

常见的共价修饰类型有 6 种:磷酸化/去磷酸化、乙酰化/去乙酰化、甲基化/去甲基化、尿苷酰化/去尿苷酰化、腺苷酰化/去腺苷酰化和氧化型巯基(—S—S—)/还原型巯基(—SH)。其中磷酸化/去磷酸化是最常见的共价修饰类型,如糖原磷酸化酶即为典型的共价修饰酶。

五、核酶和抗体酶

(一)核酶

核酶(ribozyme)又称催化 RNA、核糖酶、酶性 RNA,是具有生物催化功能的 RNA 分子。核酶的底物是 RNA 分子,可催化 RNA 的切割和剪接。利用核酶剪接作用的高度专一性来治疗相应疾病具有良好的应用前景,目前核酶已广泛用于抗肝炎、抗人类免疫缺陷病毒Ⅰ型(HIV-Ⅰ)、抗肿瘤的研究。例如,针对艾滋病病毒(HIV)的 RNA 序列和结构,设计出专门裂解 HIV 病毒 RNA 的核酶,而这种核酶对正常细胞 RNA 没有影响。核酶是催化剂,可以反复作用,因此与反义 RNA 相比,核酶药物使用剂量较少,毒性也较小,而且核酶对病毒作用的靶向序列是专一的,因此病毒较难产生耐受性。

(二)抗体酶

抗体酶(abzyme)是既有抗体特性又具有催化功能的蛋白质,故又称为催化抗体。制备方法是根据酶与底物作用的过渡态结构设计并合成一些类似物作为半抗原,结合蛋白质成为结合抗原后免疫动物,以杂交瘤细胞技术生产针对人工合成半抗原的单克隆抗体。这些抗体除能使所催化的反应加速外,还具有酶的其他基本特性,如对底物的专一性、动力学行为符合米氏方程、催化活性依赖于 pH 及温度、可被抑制剂抑制等。

近年来,除上述制备抗体酶的方法外,还陆续发展了其他新的方法。抗体酶催化反应的类型也更加广泛,除了催化水解反应外,还能催化酰基转移、酰胺键、碳碳键的形成以及氧化还原等反应。

抗体酶的成功制备有力地证明了过渡态理论的正确性,加深了人们对酶作用原理的理解,进一步丰富了酶学的内容。创造出的新酶类也在临床医学及制药工业等方面有极好的应用前景。

第六节 酶在医药方面的应用

一、酶在疾病诊断上的应用

(一)许多疾病与酶的异常相关

1. **酶的先天性缺陷常引发先天性疾病** 现已发现多种先天性代谢缺陷,多由酶的先天性或遗传性缺损所致。例如,酪氨酸酶缺乏引起白化病;苯丙氨酸羟化酶缺乏使苯丙氨酸和苯丙酮酸在体内堆积,高浓度的苯丙氨酸可抑制 5-羟色胺的生成,导致精神幼稚化;肝细胞中葡萄糖-6-磷酸酶缺陷,可引起Ⅰa型糖原贮积症。

2. **一些疾病可引起酶活性或量的异常** 许多疾病引起酶的异常,这种异常又使病情加重。例如,急性胰腺炎时,胰蛋白酶原在胰腺中被激活,造成胰腺组织被水解破坏。许多炎症都可以导致弹性蛋白酶从浸润的白细胞或巨噬细胞中释放,对组织产生破坏作用。激素代谢障碍或维生素缺乏可引起某些酶的异常,例如,维生素 K 缺乏时,凝血因子Ⅱ、Ⅶ、Ⅸ、Ⅹ的前体不能在肝内进一步羧化生成成熟的凝血因子,病人表现出因这些凝血因子质的异常所导致的临床病症。酶活性受到抑制多见于中毒性疾病,例如,有机磷农药中毒、重金属盐中毒以及氰化物中毒等都会抑制相关酶的活性。

(二)体液中酶的活性作为疾病的诊断指标

组织器官损伤可使其组织特异性的酶释放入血,有助于对组织器官疾病的诊断。如急性肝炎时血清谷丙转氨酶活性升高;急性胰腺炎时血、尿淀粉酶活性升高;前列腺癌患者血清酸性磷酸酶含量增高等。因此,临床上进行体液酶活性检查,可作为疾病诊断、病情监测、疗效观察、预后及预防的重要指标。表 3-4 为临床上常用于诊断疾病的部分血清酶。

表 3-4 临床上常用于诊断疾病的血清酶

酶	临床应用	酶的来源
丙氨酸氨基转移酶	肝病	肝、骨骼肌、心脏
天冬氨酸氨基转移酶	心肌梗死,肝、肌肉疾病	肝、骨骼肌、心脏
淀粉酶	胰腺疾病	胰腺、唾液腺
碱性磷酸酶	骨骼、肝、胆疾病	肝、骨、肠、肾
酸性磷酸酶	前列腺癌、骨病	前列腺、红细胞
乳酸脱氢酶	心肌梗死、溶血	心肌、肝、骨骼肌
γ-谷氨酰转肽酶	肝病、乙醇中毒	肝、肾
胰蛋白酶	胰腺疾病	胰腺

(三)酶法分析在临床生化检验中的应用

酶法分析是利用酶的作用特点,以酶作为分析工具或分析试剂的主要成分进行反应体系中底物、辅酶、抑制剂或激活剂等成分含量测定的方法。随着蛋白质纯化技术的发展和自动生化分析仪的普遍应用,许多临床生化检验项目都利用工具酶建立了酶学分析方法。例如可用己糖激酶法、葡萄糖氧化酶法或葡萄糖脱氢酶法来测定体液中葡萄糖含量,有助于对糖尿病患者的诊断。

二、酶在疾病治疗上的应用

(一)酶类药物

1.消化酶类 酶作为药物最早用于助消化,治疗消化功能失调,消化液分泌不足或其他原因引起所致的消化系统疾病,如胃蛋白酶、胰蛋白酶、纤维素酶、淀粉酶等。

2.抗栓酶类 链激酶、尿激酶及弹性蛋白酶等既有明显的降低血液黏度及血小板聚集、溶栓扩张血管、增加病灶血液供应、改善微循环的作用,又能促进胆固醇转变成胆酸,加速胆汁排泄,防止胆固醇在血管壁上沉积,对动脉硬化及血栓形成有预防及治疗作用。

3.抗炎清创酶类　在清洁化脓伤口的洗涤液中,加入胰蛋白酶、溶菌酶、纤溶酶、木瓜蛋白酶、菠萝蛋白酶等可加强伤口的净化、抗炎和防止浆膜粘连等。

4.抗肿瘤酶类　如天冬酰胺酶、谷氨酰胺酶及神经氨酸苷酶,它们的作用机制主要是干扰肿瘤细胞蛋白质的合成,从而抑制肿瘤细胞的生长。

5.抗氧化酶类　体内氧自由基产生过多或抗氧化体系出现障碍,会导致细胞损伤,引起心脏病、癌症和衰老等严重疾病。能清除氧自由基的酶有超氧化物歧化酶、过氧化氢酶等。

6.其他药用酶类　如透明质酸酶可用作药物扩散剂和治疗青光眼;胰激肽原酶可作为血管扩张药;青霉素酶能够分解青霉素分子中的β-内酰胺环,消除青霉素引发的过敏反应。

(二)通过抑制酶的活性治疗疾病

许多药物可通过抑制体内某些酶的活性来达到治疗疾病的目的。凡能抑制细菌重要代谢途径中的酶的活性,即可达到抑菌或杀菌的目的,如磺胺类药物是细菌二氢叶酸合成酶的竞争性抑制剂而影响细菌核酸合成,氯霉素可抑制某些细菌肽酰转移酶活性来抑制其蛋白质合成。5-氟尿嘧啶、6-巯基嘌呤、氨甲蝶呤等是核酸代谢途径中相关酶的竞争性抑制剂,能阻断肿瘤细胞的核酸合成,抑制肿瘤生长。又如他汀类药物通过竞争性抑制 HMG-CoA 还原酶的活性,减少胆固醇合成;抗抑郁药通过抑制单胺氧化酶而减少儿茶酚胺的灭活,治疗抑郁症。

思 考 题

1.酶作为生物催化剂有哪些特点?
2.辅基和辅酶有何不同?在酶催化反应中起什么作用?
3.影响酶促反应速度的因素有哪些?用图表示并说明它们各有什么影响。
4.何谓酶的竞争性和非竞争性抑制作用?
5.举例说明不可逆抑制剂和可逆抑制剂。
6.磺胺类药物抗菌作用的机制是什么?

本章小结

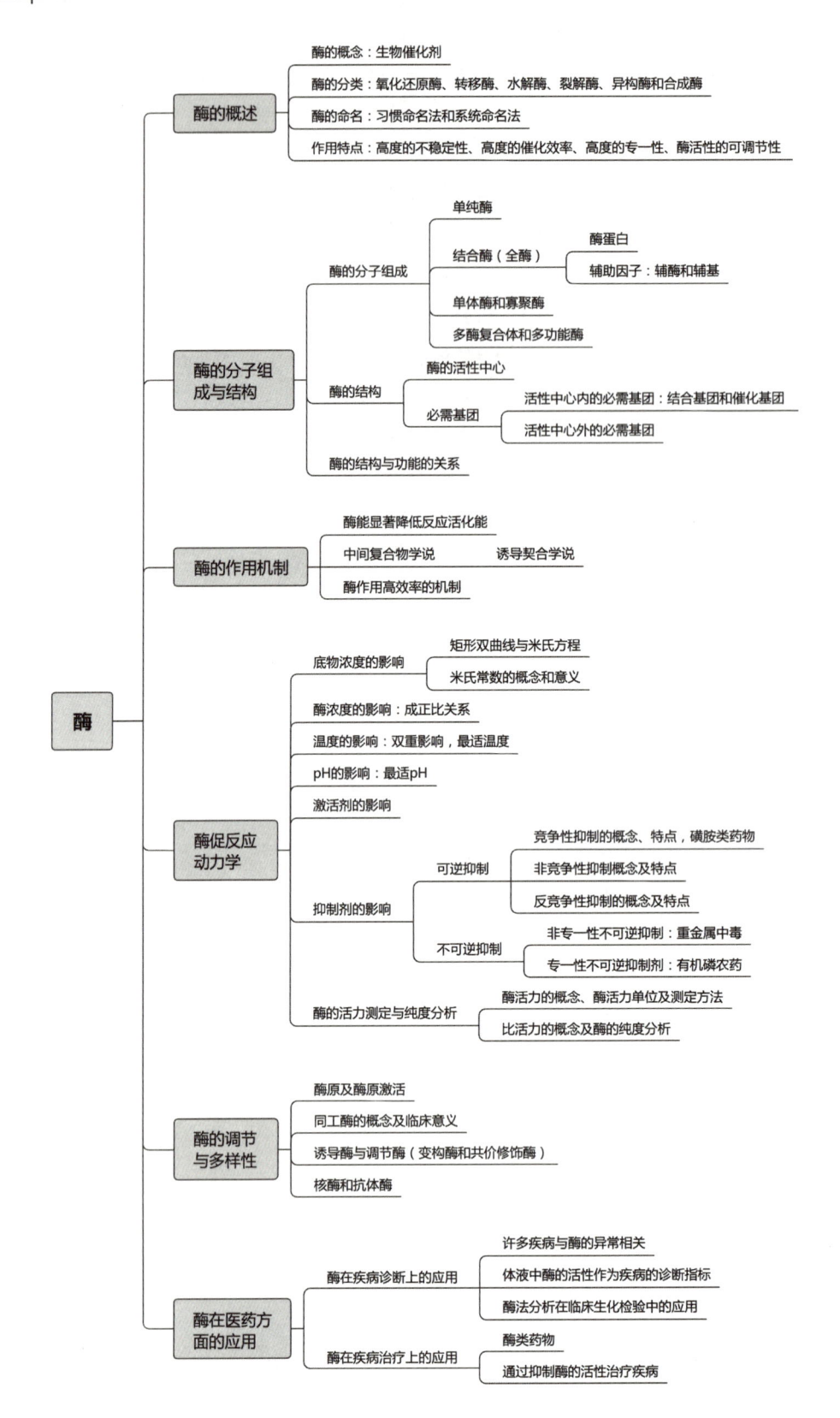

- **酶**
  - **酶的概述**
    - 酶的概念：生物催化剂
    - 酶的分类：氧化还原酶、转移酶、水解酶、裂解酶、异构酶和合成酶
    - 酶的命名：习惯命名法和系统命名法
    - 作用特点：高度的不稳定性、高度的催化效率、高度的专一性、酶活性的可调节性
  - **酶的分子组成与结构**
    - 酶的分子组成
      - 单纯酶
      - 结合酶（全酶）
        - 酶蛋白
        - 辅助因子：辅酶和辅基
      - 单体酶和寡聚酶
      - 多酶复合体和多功能酶
    - 酶的结构
      - 酶的活性中心
      - 必需基团
        - 活性中心内的必需基团：结合基团和催化基团
        - 活性中心外的必需基团
    - 酶的结构与功能的关系
  - **酶的作用机制**
    - 酶能显著降低反应活化能
    - 中间复合物学说　诱导契合学说
    - 酶作用高效率的机制
  - **酶促反应动力学**
    - 底物浓度的影响
      - 矩形双曲线与米氏方程
      - 米氏常数的概念和意义
    - 酶浓度的影响：成正比关系
    - 温度的影响：双重影响，最适温度
    - pH的影响：最适pH
    - 激活剂的影响
    - 抑制剂的影响
      - 可逆抑制
        - 竞争性抑制的概念、特点，磺胺类药物
        - 非竞争性抑制概念及特点
        - 反竞争性抑制的概念及特点
      - 不可逆抑制
        - 非专一性不可逆抑制：重金属中毒
        - 专一性不可逆抑制剂：有机磷农药
    - 酶的活力测定与纯度分析
      - 酶活力的概念、酶活力单位及测定方法
      - 比活力的概念及酶的纯度分析
  - **酶的调节与多样性**
    - 酶原及酶原激活
    - 同工酶的概念及临床意义
    - 诱导酶与调节酶（变构酶和共价修饰酶）
    - 核酶和抗体酶
  - **酶在医药方面的应用**
    - 酶在疾病诊断上的应用
      - 许多疾病与酶的异常相关
      - 体液中酶的活性作为疾病的诊断指标
      - 酶法分析在临床生化检验中的应用
    - 酶在疾病治疗上的应用
      - 酶类药物
      - 通过抑制酶的活性治疗疾病

实验项目四　淀粉酶的提取及活力测定

【实验目的】

1.学会从小麦种子中提取淀粉酶的方法。
2.掌握测定淀粉酶(包括 α-淀粉酶和 β-淀粉酶)活力的原理和方法。

【实验原理】

淀粉是植物最主要的贮藏多糖,也是人和动物的重要食物和发酵工业的基本原料。淀粉经淀粉酶作用后生成葡萄糖、麦芽糖等小分子物质而被机体利用。淀粉酶主要包括 α-淀粉酶和 β-淀粉酶两种。α-淀粉酶可随机地作用于淀粉中的 α-1,4-糖苷键,生成葡萄糖、麦芽糖、麦芽三糖、糊精等还原糖,同时使淀粉的黏度降低,因此又称液化酶。β-淀粉酶可从淀粉的非还原性末端进行水解,每次水解一分子麦芽糖,又被称为糖化酶。淀粉酶催化产生的这些还原糖能使 3,5-二硝基水杨酸还原,生成棕红色的 3-氨基-5-硝基水杨酸,淀粉酶活力越高,这种棕红色越深,其反应如下:

$$\underset{O_2N}{\overset{COOH}{\underset{NO_2}{\bigodot}}}\overset{OH}{} + 还原糖 \xrightarrow[\text{碱性}]{\text{加热}} \underset{O_2N}{\overset{COOH}{\underset{NH_2}{\bigodot}}}\overset{OH}{} + 糖酸$$

淀粉酶活力的大小与产生的还原糖的量成正比。用标准浓度的麦芽糖溶液制作标准曲线,用比色法测定淀粉酶作用于淀粉后生成的还原糖的量,以单位重量样品在一定时间内生成的麦芽糖的量表示酶活力。

淀粉酶存在于几乎所有植物中,特别是萌发 3～4 d 的小麦种子,淀粉酶活力最强,其中主要是 α-淀粉酶和 β-淀粉酶。两种淀粉酶特性不同,α-淀粉酶不耐酸,在 pH3.6 以下迅速钝化。β-淀粉酶不耐热,在 70 ℃下 15 min 钝化。根据它们的这种特性,在测定酶活力时钝化其中之一,就可测出另一种淀粉酶的活力。本实验采用加热的方法钝化 β-淀粉酶,测出 α-淀粉酶的活力。在非钝化条件下测定淀粉酶总活力(α-淀粉酶活力+β-淀粉酶活力),再减去 α-淀粉酶的活力,就可求出 β-淀粉酶的活力。

【试剂与器材】

1.试剂

(1)标准麦芽糖溶液(1 mg/ml):精确称取 100 mg 麦芽糖,用蒸馏水溶解并定容至 100 ml。

(2)3,5-二硝基水杨酸试剂:精确称取 3,5-二硝基水杨酸 1 g,溶于 20 ml 2 mol/L 的 NaOH 溶液中,加入 50 ml 蒸馏水,再加入 30 g 酒石酸钾钠,待溶解后用蒸馏水定容至100 ml。盖紧瓶塞,勿使 CO_2 进入。若溶液浑浊可过滤后使用。

(3)0.1 mol/L 柠檬酸缓冲液(pH5.6):

A 液(0.1 mol/L 柠檬酸):称取 $C_6H_8O_7 \cdot H_2O$ 21.01 g,用蒸馏水溶解并定容至 1 L。

B液(0.1 mol/L柠檬酸钠):称取 $Na_3C_6H_5O_7 \cdot 2H_2O$ 29.41 g,用蒸馏水溶解并定容至 1 L。

取 A 液 55 ml 与 B 液 145 ml 混匀,即为 0.1 mol/L 的柠檬酸缓冲液(pH5.6)。

(4) 1%淀粉溶液:称取 1 g 淀粉溶于 100 ml 0.1 mol/L 的柠檬酸缓冲液(pH5.6)中。

(5) 材料:萌发的小麦种子(芽长 1~1.5 cm)。

2. 器材　离心机、离心管、研钵、电炉、容量瓶(50 ml×1、100 ml×1)、恒温水浴锅、20 ml具塞刻度试管×13;试管架、刻度吸管(2 ml×3、1 ml×2、10 ml×1)、紫外-可见分光光度计等。

【实验方法及步骤】

1. 淀粉酶液的制备　称取 1 g 25 ℃下萌发 3 d 的小麦种子(芽长 1~1.5 cm),置于研钵中,加入少量石英砂和 2 ml 蒸馏水,研磨成匀浆后,将匀浆转入离心管中,用 6 ml 蒸馏水分次将残渣洗入离心管。提取液在室温下放置提取 15~20 min,每隔 2 分钟搅动 1 次,使其充分提取。然后在 3000 r/min 转速下离心 10 min,将上清液倒入 50 ml 容量瓶中,加蒸馏水定容至刻度,摇匀,即为淀粉酶原液,用于 α-淀粉酶活力的测定。吸取上述淀粉酶原液 10 ml,放入 50 ml 容量瓶中,用蒸馏水定容至刻度,摇匀,即为淀粉酶稀释液,用于淀粉酶总活力的测定。

取干燥种子或浸泡 2.5 h 后的小麦种子 1 g,进行淀粉酶的提取,提取方法同上。

2. 麦芽糖标准曲线制作　取 7 支干净的具塞刻度试管,编号,按表 3-5 加入试剂。

表 3-5　麦芽糖标准曲线制作

试　剂	管　号						
	1	2	3	4	5	6	7
麦芽糖标准液/ml	0	0.2	0.4	0.8	1.2	1.6	2.0
蒸馏水/ml	2.0	1.8	1.6	1.2	0.8	0.4	0
3,5-二硝基水杨酸/ml	2	2	2	2	2	2	2
麦芽糖含量/mg	0	0.2	0.4	0.8	1.2	1.6	2.0

摇匀,置沸水浴中煮沸 5 min。取出后流水冷却,加蒸馏水定容至 20 ml。以 1 号管作为空白调零点,在 540 nm 波长下测定吸光度值。以麦芽糖含量为横坐标,吸光度值为纵坐标,绘制标准曲线。

3. 酶活力的测定　取 6 支干净的试管,编号,按表 3-6 进行操作。

表 3-6　酶活力的测定

操作项目	α-淀粉酶活力测定			淀粉酶总活力测定		
	Ⅰ-1	Ⅰ-2	Ⅰ-3	Ⅱ-1	Ⅱ-2	Ⅱ-3
淀粉酶原液/ml	1.0	1.0	1.0	0	0	0
钝化 β-淀粉酶	置 70 ℃ 水浴 15 min,冷却					
淀粉酶稀释液/ml	0	0	0	1.0	1.0	1.0
3,5-二硝基水杨酸/ml	2.0	0	0	2.0	0	0
预保温	将各试管和 1%淀粉溶液置于 40 ℃ 恒温水浴中保温 10 min					

续表

操作项目	α-淀粉酶活力测定			淀粉酶总活力测定		
	Ⅰ-1	Ⅰ-2	Ⅰ-3	Ⅱ-1	Ⅱ-2	Ⅱ-3
1%淀粉溶液/ml	1.0	1.0	1.0	1.0	1.0	1.0
保温	在40 ℃恒温水浴中准确保温5 min					
3,5-二硝基水杨酸/ml	0	2.0	2.0	0	2.0	2.0

将各试管摇匀,后续操作同标准曲线,显色后在540 nm波长处测定吸光度值,记录测定结果。

4.结果计算 用Ⅰ-2、Ⅰ-3吸光度平均值与Ⅰ-1吸光度值之差,代入标准曲线方程计算出相应的麦芽糖含量(mg),再按下式计算α-淀粉酶的活力($A_α$):

$$A_α = C_α \cdot V_t / (W \cdot T \cdot V_1)$$

用Ⅱ-2、Ⅱ-3吸光度平均值与Ⅱ-1吸光度值之差,代入标准曲线方程计算出相应的麦芽糖含量(mg),按下式计算(α+β)-淀粉酶总活力(A_T):

$$A_T = C_T \cdot V_t / (W \cdot T \cdot V_1)$$

式中,A为淀粉酶活力,以每克样品中的酶在单位时间内水解1%淀粉产生的麦芽糖的量为1个活力单位,用mg/(g·min)表示,其中,$A_α$为α-淀粉酶的活力,A_T为淀粉酶总活力,即α、β-淀粉酶活力之和;$C_α$为α-淀粉酶水解淀粉生成的麦芽糖量;C_T为(α+β)-淀粉酶共同水解淀粉生成的麦芽糖量;V_t为淀粉酶液总体积[α-淀粉酶为50 ml,(α+β)淀粉酶为250 ml];V_1为显色所用酶液体积(ml);T为酶作用时间(min);W为样品鲜重(g)。

【注意事项】

1.样品提取液的定容体积和酶液稀释倍数可根据不同材料酶活性的大小而定。

2.为了确保酶促反应时间准确,在进行保温这一步骤时,可以将各试管每隔一定时间依次放入恒温水浴,准确记录时间,到达5 min时取出试管,立即加入3,5-二硝基水杨酸以终止酶反应,以便尽量减小因各试管保温时间不同而引起的误差。同时恒温水浴温度变化应不超过±0.5 ℃。

3.如果条件允许,各实验小组可采用不同材料,例如萌发1 d、2 d、3 d、4 d的小麦种子,比较测定结果,以了解萌发过程中这两种淀粉酶活性的变化。

【思考题】

1.为什么要将Ⅰ-1、Ⅰ-2、Ⅰ-3号试管中的淀粉酶原液置于70 ℃水浴中保温15 min?

2.为什么要将各试管中的淀粉酶原液和1%淀粉溶液分别置于40 ℃水浴中保温?

实验项目五 影响酶促反应速率的因素

【实验目的】

1.掌握pH、温度、抑制剂对酶活力的影响。

2.了解影响酶活力的其他因素。

【实验原理】

酶作为生物催化剂,与一般催化剂一样呈现温度效应。酶促反应开始时,反应速度随温度升高增快,达到最大反应速度时的温度称为此酶的最适温度。由于绝大多数酶是有活性的蛋白质,当达到最适温度后,继续升高温度,引起蛋白质变性,酶促反应速度反而逐步下降,以致完全停止。酶的最适温度不是一个常数,它与作用时间长短有关。测定酶活性均在酶促反应最适温度下进行。大多数动物来源的酶最适温度为37~40 ℃,植物来源的酶最适温度为40~50 ℃。

酶的催化活性与环境pH有密切关系,通常各种酶只在一定pH范围内才具有活性。酶活性最高时的pH,称为酶的最适pH。高于或低于此pH时酶的活性逐渐降低。酶的最适pH不是一个特征物理常数,对于同一个酶,其最适pH因缓冲液和底物的性质不同而有差异。

在酶促反应过程中,酶的抑制剂可以降低酶的活性使酶促反应速度降低。抑制剂对酶的抑制作用可分为可逆抑制和不可逆抑制,可逆抑制根据抑制剂和底物的关系分为三种类型:竞争性抑制、非竞争性抑制和反竞争性抑制。

在本实验中,胰蛋白酶的最适温度为37 ℃,最适pH为8.1,胰蛋白酶的抑制剂为苯甲脒,其抑制方式为竞争性抑制。

【试剂与器材】

1.试剂

(1)5%三氯醋酸溶液。

(2)1 mmol/L苯甲脒溶液:称取19.25 g苯甲脒,用少量水溶解,定容至100 ml。

(3)1%酪蛋白溶液:取1 g酪蛋白,加0.1 mol/L氢氧化钠溶液10 ml,水40 ml,置60 ℃水浴加热至溶解,放置室温后,加水稀释成100 ml,并调pH至8.0。

(4)0.1mol/L硼酸缓冲液:

A液[0.1 mol/L硼酸(H_3BO_3)]:称取6.18 g H_3BO_3溶于1000 ml水中。

B液[0.025 mol/L硼砂($Na_2B_4O_7 \cdot 10H_2O$)]:称取9.54 g硼砂($Na_2B_4O_7 \cdot 10H_2O$)溶于1000 ml水中。

pH 7.4硼酸缓冲液:90 ml A液+10 ml B液。

pH 8.0硼酸缓冲液:70 ml A液+30 ml B液。

pH 9.0硼酸缓冲液:20 ml A液+80 ml B液。

(5)胰蛋白酶溶液(50~200 μg/ml):用0.1 mol/L硼酸缓冲液(pH 8.0)配制,可用粗提的猪胰蛋白酶,用量根据实际测的比活值而定。

2.器材 试管、吸量管、量筒、恒温水浴锅、白瓷板、胶头滴管、台式离心机、紫外-可见分光光度计。

【实验方法及步骤】

1.温度对酶活力的影响 取3支试管,按表3-7操作。

表 3-7 试剂添加(一)

操作项目	管号		
	1	2	3
胰蛋白酶溶液/ml	0.2	0.2	0.2
蒸馏水/ml	0.8	0.8	0.8
预处理温度(5 min)/℃	0	37	70
1%酪蛋白酶溶液/ml	1.0	1.0	1.0
混匀后,置于各相应温度保温10 min,加入3.0 ml 5%三氯醋酸溶液终止反应			
A_{253}			

空白管:先在试管中加入 1.0 ml 1%酪蛋白溶液和 3.0 ml 5%三氯醋酸溶液,摇匀后,再加入 0.2 ml 酶液、0.8 ml 蒸馏水,在 37 ℃保温 10 min。

将样品管和空白管分别离心,取上清液于 280 nm 处测定各管的吸光度值,并比较之。

2. pH 对酶活力的影响 取 3 支试管,按表 3-8 操作。

表 3-8 试剂添加(二)

操作项目	管号		
	1	2	3
胰蛋白酶溶液/ml	0.2	0.2	0.2
pH 7.4 硼酸缓冲液/ml	0.8	0	0
pH 8.0 硼酸缓冲液/ml	0	0.8	0
pH 9.0 硼酸缓冲液/ml	0	0	0.8
混匀,37 ℃水浴中保温 2 min			
1%酪蛋白溶液/ml	1.0	1.0	1.0
迅速混匀,37 ℃水浴中继续保温 10 min,加入 3.0 ml 5%三氯醋酸溶液终止反应			
A_{253}			

空白管:先在试管中加入 1.0 ml 1%酪蛋白溶液和 3.0 ml 5%三氯醋酸溶液,摇匀后,再加入 0.2 ml 酶液、0.8 ml 蒸馏水,在 37 ℃保温 10 min。

将样品管和空白管分别离心,取上清液于 280 nm 处测定各管的吸光度值,并比较之。

3. 抑制剂对酶活力的影响 取 3 支试管,按表 3-9 操作。

表 3-9 试剂添加(三)

操作项目	管号	
	1	2
1%酪蛋白溶液/ml	1.0	1.0
1 mmol/L 苯甲脒溶液/ml	0	0.1
蒸馏水/ml	0.8	0.7
混匀,37 ℃水浴中保温 2 min		

续表

操作项目	管号	
	1	2
胰蛋白酶溶液/ml	0.2	0.2
迅速混匀,37 ℃水浴中继续保温 10 min,加入 3.0 ml 5％三氯醋酸溶液终止反应		
A_{253}		

空白管:先在试管中加入 1.0 ml 1％酪蛋白溶液和 3.0 ml 5％三氯醋酸溶液,摇匀后,再加入 0.2 ml 酶液、0.8 ml 蒸馏水,在 37 ℃保温 10 min。

将样品管和空白管分别离心,取上清液于 280 nm 处测定各管的吸光度值,并比较之。

【注意事项】

1.由于胰蛋白酶活力不同,因此实验 1、2、3 应随时检查反应进行情况。如反应进行太快、应适当稀释酶液;反之,则应减少酶溶液的稀释倍数。

2.注意不要在检查反应程度时使各管溶液混杂。

【思考题】

1.何谓酶的最适温度和最适 pH?
2.说明温度、pH 和抑制剂对酶反应速度的影响。

第四章　维生素

学习目标

知识目标
1. 掌握:维生素的概念、各种维生素的活性形式、生化功能及相应缺乏病。
2. 熟悉:维生素的分类和命名,维生素类药物。
3. 了解:各种维生素的来源、化学本质、性质及导致其缺乏的原因。

能力目标
1. 能正确理解维生素的生化功能及其与辅酶之间的关系。
2. 能运用所学知识,预防和判断维生素的缺乏或中毒,并分析其原因。

维生素

第一节　维生素概述

一、维生素的概念与特点

维生素(vitamin)是维持机体生理功能所必需的一类小分子有机化合物。若食物中长期缺乏维生素,就会导致相应的维生素缺乏病。维生素种类很多,结构、来源不同,功能各异,具有下列特点:①在体内既不是构成组织的原料,也不是供应能量的物质,但却是人和动物生长发育所必需的物质;②人体对维生素的需要量很少,每日需要量一般在毫克(mg)或微克(μg)水平,但由于它们在体内不能合成或合成量不足,且维生素本身也在不断地进行代谢,所以必须由食物供给;③许多维生素是构成辅酶(或辅基)的基本成分,有的参与特殊蛋白质的合成,或是激素的前体,在体内物质代谢过程中发挥着重要作用。不过,若维生素使用不当或长期过量服用,也可出现中毒症状。

二、维生素的命名与分类

1. **维生素的命名**　维生素是由 vitamin 一词翻译而来,其名称一般是按发现的先后,以"维生素"之后加上 A、B、C、D 等英文字母来命名。对同一族的几种维生素,便在英文字母右下方注以 1、2、3 等数字加以区别,例如维生素 B_1、B_2、B_6 及 B_{12} 等;也有根据它们的化学结构特点而命名的,如维生素 B_1,因其分子结构中既含硫又含有氨基,故又名硫胺素;还有根据其生理功能而命名的,如维生素PP又名抗糙皮病维生素。此外,还有一些化合物最初发现时被认为是维生素,而后经大量的研究证明并非维生素,因此,目前维生素的命名不论是从字母顺序,或是按阿拉伯数字排列来看,都是不连贯的。

2. 维生素的分类　至今已知有六十多种维生素,它们的化学结构已经清楚,有脂肪族、芳香族、杂环和甾类等,皆为低分子的有机化合物。按溶解性质分为水溶性维生素(B族维生素和维生素C)及脂溶性维生素(维生素A、维生素D、维生素E、维生素K)两大类。

知识链接

维生素的发现

15至16世纪,坏血病波及整个欧洲,大量的船员死于该病。直到18世纪末,英国医生伦达发现,柠檬可以治疗坏血病。但此时人们并不知道柠檬中的什么物质对"坏血病"有治疗作用。1886年,荷兰医生Christian Eijkman在调查脚气病的致病原因时发现,未经碾磨的糙米能治疗脚气病,并且发现可治疗脚气病的物质能用水或酒精提取,这一发现为维生素的研究奠定了基础。因此,Christian Eijkman获得1929年诺贝尔生理学或医学奖。

1911年,波兰化学家Casimir Funk从米糠中得到了一种胺类结晶,认为这就是可以治疗脚气病的成分,并命名为vitamin,即"生命胺"。1928—1933年,匈牙利生理学家Albert Szent-Gyorgyi等人从生物中分离出维生素C,并证明其为抗坏血酸。他也因研究维生素C和延胡索酸催化作用的成就而获得了1937年诺贝尔生理学或医学奖。1933—1934年,英国化学家Norman Haworth等研究维生素C的结构式并成功合成维生素C,Norman Haworth也因糖类化学和维生素方面的研究成就而获得了1937年诺贝尔化学奖。

随着人们对维生素的认识逐渐加深,发现的维生素种类越来越多,对其功能的认识也越来越清楚。维生素的发现被认为是20世纪的伟大发现之一。

三、维生素缺乏症及原因

维生素在体内不断代谢失活或直接排出体外,当维生素供应不足或需要量增加时,可引起机体代谢失调,严重者可危及生命,称为维生素缺乏症。人体每天对维生素有一定需要量,摄取过多或者过少都会导致疾病,必须合理使用。引起维生素不足或缺乏的常见原因如下。

1. 摄取不足　膳食调配不合理或有偏食习惯,长期食欲不好等都会造成摄取不足;另外,食物的贮存及烹饪方法不科学也可造成维生素的大量破坏与丢失。如小麦加工过精,稀饭加碱蒸煮等会损失维生素B_1;蔬菜储存过久、先切后洗或烹饪时间过长会使维生素C大量破坏。

2. 吸收障碍　尽管摄入足量的维生素,但吸收障碍(如长期腹泻、肝胆系统疾病等)也可造成维生素的缺乏。

3. 需要量增加　生长期儿童、妊娠及哺乳期妇女对维生素A、维生素D、维生素

C 的需要量增加。重体力劳动、长期高热和慢性消耗性疾病患者对维生素 A、维生素 B_1、维生素 B_2、维生素 C、维生素 D 及维生素 PP 等的需要量增加,故必须额外增加摄入。

4.服用某些药物　体内肠道细菌可合成维生素 K、维生素 B_6、泛酸、叶酸等供人体需要。若长期服用抗菌药物,可抑制肠道细菌的生长,导致某些维生素的缺乏。有些药物是维生素的拮抗剂,如一些抗肿瘤化疗药是叶酸拮抗剂,治疗结核病的异烟肼是烟酰胺拮抗剂,都会引起相应维生素的不足。

5.其他　一些特异性的缺陷也可引起维生素缺乏病,如缺乏内源因子影响维生素 B_{12} 的吸收;慢性肝、肾疾病,影响维生素 D 的羟化,导致活性维生素 D 的不足。

四、维生素中毒

维生素对维持机体生理功能非常重要,不可缺乏,但并非越多越好,如长期过量摄入则会导致维生素中毒。一般来讲,水溶性维生素在体内达饱和后可以随尿液排出体外,不易引起机体中毒。脂溶性维生素摄入过多,常因不易排出体外而蓄积,易引起中毒。

第二节　脂溶性维生素

一、维生素 A

1.结构与性质　维生素 A 化学名称为视黄醇,有 A_1、A_2 两种结构,皆为含 β-白芷酮环(β-ionone)的不饱和一元醇。分子中的支链由两个 2-甲基丁二烯(1,3)和一个醇基组成,整个支链为 C_9 的不饱和醇。维生素 A 的化学性质活泼,遇热和光易氧化,加热或日光暴晒食品可使维生素 A 大量破坏。

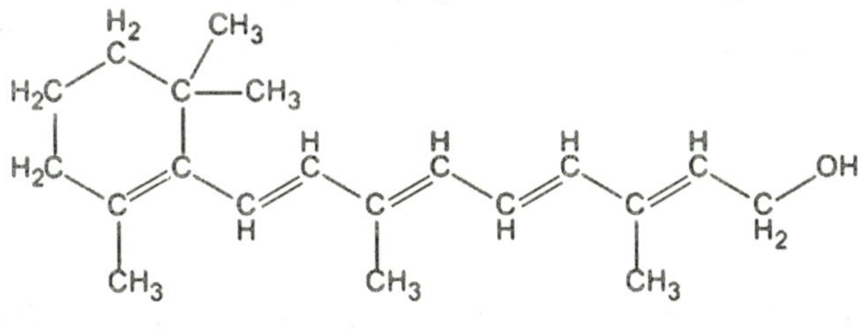

维生素 A_1

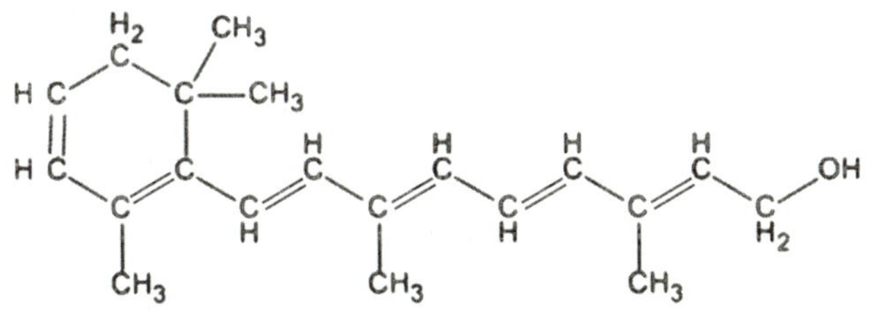

维生素 A_2

2. 来源 维生素A只存在于动物性食物中,其中鱼肝油中含量最多,且维生素A_1和A_2的来源不同,前者主要存在于咸水鱼的肝脏中,而后者主要存在于淡水鱼的肝脏中。一般哺乳动物,除摄入大量维生素A_2外,其肝脏中不会有维生素A_2存在,奶类、蛋类和肉类亦含有维生素A_1。动物性食物还含有维生素A原,即β-胡萝卜素(β-carotene)。植物性食物不含维生素A,但含有β-胡萝卜素,食入后可在动物肠黏膜内转化为维生素A。

3. 生化功能及缺乏症 维生素A除与其他维生素一样能促进年幼动物生长外,其主要功能为维持上皮组织的健康及正常视觉。

(1) 维持上皮组织结构的完整性:维生素A为维持上皮组织结构完整及功能的必需因素,有预防眼结膜、泪腺、鼻腔及皮脂腺等黏膜变质、干燥及角质化的功能。当维生素A缺乏时,上述器官的组织结构即会变质而失去分泌功能,因此对外界微生物侵蚀的防御力降低甚至完全丧失,容易感染疾病。

(2) 构成视觉细胞内的感光物质:视网膜内的感光物质即视紫红质(rhodopsin),也称视紫质,由11-顺视黄醛与视蛋白结合而成。在弱光下,视紫红质感光,使11-顺视黄醛异构化,转变为全反视黄醛,而与视蛋白分离,出现褪色反应,造成胞外Ca^{2+}内流,使杆状细胞的膜电位发生变化,激发神经冲动,经传导至大脑而产生暗视觉。维生素A供应不足时,能导致视紫红质合成延缓,暗适应延长,甚至出现暗视觉障碍,即夜盲症。

(3) 其他功能:维生素A还有助于机体的生长发育,对肾上腺皮质类固醇的生物合成、黏多糖的生物合成、核酸代谢和电子传递都有促进作用。此外,维生素A还具有抗癌和抗氧化的作用。

二、维生素D

1. 结构与性质 维生素D又名抗软骨病维生素,已知有维生素D_2、D_3、D_4及D_5等4种相似结构,均为类固醇化合物,含有环戊氢烯菲环结构,以维生素D_2(麦角钙化醇)及维生素D_3(胆钙化醇)最重要。维生素D性质比较稳定,不易被热、碱和氧破坏。

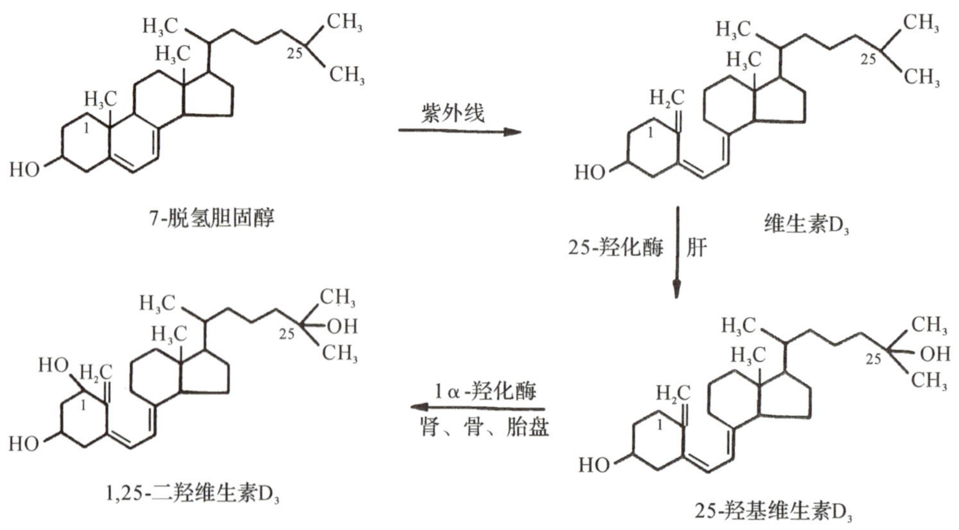

图4-1 维生素D_3的转变

2. 来源 维生素D只存在于动物体内,其中鱼肝油含量最丰富,蛋黄、牛奶、肝、肾、脑及皮肤组织也都含有维生素 D。动植物组织含有可以转化为维生素 D 的固醇类物质,称为维生素 D 原,经紫外线光照射可变为维生素 D(图 4-1)。

目前尚不能用人工方法合成维生素 D,只能用紫外线照射维生素 D 原的方法来制造。自然界存在的维生素 D 原至少有 10 种,其中植物中的麦角固(甾)醇,人及动物体内的 7-脱氢胆固醇是典型的维生素 D 原。

3. 生化功能及缺乏症　维生素 D 的主要功能是调节钙、磷代谢,维持血液钙、磷浓度正常,从而促进钙化,使牙齿、骨骼正常发育。维生素 D 之所以能促进钙化,主要是因其能促进磷、钙在肠内的吸收。血浆磷酸离子及钙离子浓度的乘积超过溶解度时,即产生磷酸钙沉积的钙化现象。当维生素 D 缺乏时,儿童可导致佝偻病,成年人则引起软骨病。

血浆中的钙离子还有促进血液凝固及维持神经肌肉正常敏感性的作用。缺乏钙质的人和动物,血液不易凝固,神经易受刺激。维生素 D 能保持血钙的正常含量,有间接防止失血和保护神经肌肉系统的功能。

三、维生素 E

1. 结构与性质　维生素 E 又称生育酚(tocopherol),为苯并二氢吡喃的衍生物。天然存在的维生素 E 有多种不同的分子结构,根据其苯环上取代基的数目和位置不同,可将维生素 E 分为 α、β、γ、δ、η 等数种。维生素 E 在无氧条件下对热稳定,对酸碱也有一定的抵抗力,但对氧敏感而易被氧化,从而可保护其他物质不被氧化,故具有抗氧化作用。维生素 E 可被紫外线破坏,它与酸结合生成的酯类是较稳定的形式,也是临床上的药用形式。

维生素 E

2. 来源　维生素 E 分布甚广,以动植物油,尤其是麦胚油、玉米油、花生油及棉籽油含量较多。此外,蛋黄、牛奶、水果、莴苣叶等都含有。植物的绿叶能合成维生素 E,而动物不能,因此动物组织(包括奶、蛋黄)中的维生素 E 都是从食物中获取的。

3. 生化功能及缺乏症　维生素 E 在一般食品中含量充足且在体内保存时间长,故一般不易缺乏,其主要生化功能如下。

(1) 抗氧化作用:维生素 E 能防止生物膜的不饱和脂肪酸被氧化成脂褐色素(lipofuscin),从而保护细胞膜的结构与功能。维生素 E 与维生素 C、谷胱甘肽、硒等抗氧化剂协同作用,可更有效地清除自由基,故有一定的抗衰老作用。当维生素 E 缺乏时,红细胞膜容易被氧化破坏而发生溶血。

(2) 影响生育功能:实验证明,维生素 E 缺乏可导致动物生殖器官发育不良,甚至不育,但对人类生殖功能的影响尚不明确。

(3) 促进血红素代谢:维生素 E 能提高血红素合成过程中的关键酶 ALA 合酶和 ALA 脱水酶的活性,从而促进血红素的合成。新生儿缺乏维生素 E 可引起轻度溶血性贫血,可能与此有关。

(4) 其他作用:维生素 E 具有调节信号转导和基因表达的作用,具有抗炎、维持正常免疫功能和抑制细胞增殖、降低血浆低密度脂蛋白浓度等作用,在预防和治疗冠心病、肿瘤以及延缓衰老等方面有一定作用。

四、维生素 K

1. 结构与性质 维生素 K 是一类能促血液凝固的萘醌衍生物,于 1929 年被 H. Dam 所发现,具有凝血活性,故又称凝血维生素。维生素 K 的化学结构是 2-甲基-1,4-萘醌的衍生物,其化学性质稳定,耐酸耐热,但易被光和碱破坏,故应避光保存。天然存在的有维生素 K_1 和 K_2 两种结构。

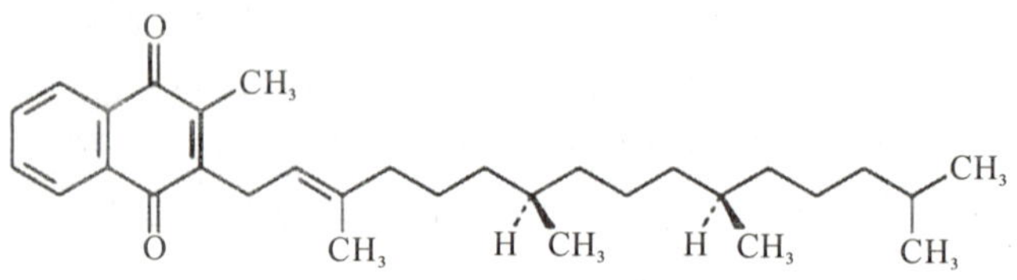

维生素 K_1

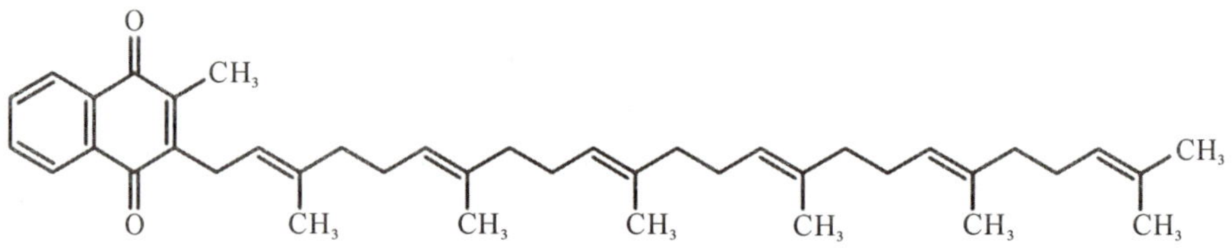

维生素 K_2

2. 来源 猪肝、蛋黄、苜蓿、白菜、花椰菜(菜花)、菠菜、甘蓝和其他绿色蔬菜都含丰富的维生素 K_1;肉类和家禽含维生素 K_2 最多,人和动物肠内的细菌能合成维生素 K_2。

3. 生化功能及缺乏症 维生素 K 的主要作用是促进血液凝固,因维生素 K 是促进肝合成凝血酶原及几种凝血因子(Ⅶ、Ⅸ、Ⅹ)的重要因素,当维生素 K 缺乏时,血中这几种凝血因子均减少,凝血时间延长,易发生皮下、肌肉及胃肠道出血。新生儿肠道无细菌合成维生素 K,故孕妇产前或早产儿常给予维生素 K,以预防新生儿出血。此外,维生素 K 还能解除平滑肌痉挛而具有解痉止喘和解痉止痛作用。

一般较少见维生素 K 的缺乏症,但严重肝、胆疾患或长期使用抗菌药物抑制了肠道细菌,可产生维生素 K 缺乏病。维生素 K 在参与凝血因子谷氨酸残基的羧化反应过程中,本身由具有活性的氢醌型转变为环氧化物而失活,后者需在环氧化物还原酶的催化下重新活化为氢醌型。香豆素类药物是维生素 K 的拮抗剂,这是因为香豆素类药物在结构上与维生素 K 极为相似,能竞争性地抑制环氧化物还原酶,从而拮抗维生素 K 的作用。

第三节 水溶性维生素

一、维生素 B_1

1. 结构与性质 维生素 B_1 由含硫噻唑环及含氨基的嘧啶环以亚甲基相连,故又称硫胺素(thiamine)。维生素 B_1 为抗神经炎维生素,在体内以焦磷酸硫胺素(TPP)形式存在。维生素 B_1 为白色结晶,在中性及碱性溶液中遇热极易被破坏,而在酸性溶液中则可耐受120 ℃高温,氧化剂或还原剂都可以使其失活。

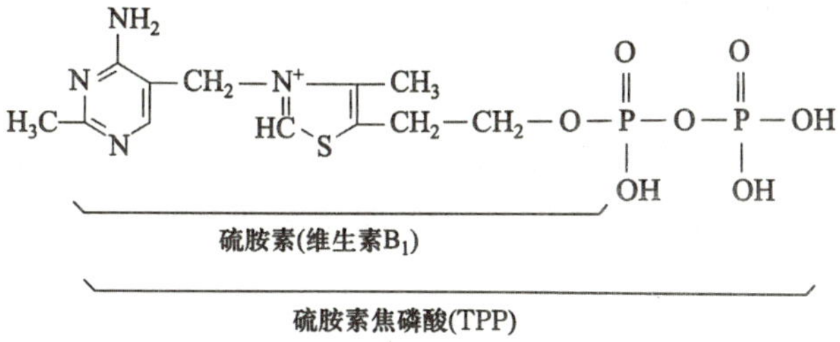

维生素 B_1(硫胺素)及其活性形式 TPP

2. 来源　酵母中含维生素 B_1 最多,其他食物中虽然普遍含有维生素 B_1,但含量不高。其中五谷类含量较高,多集中在胚芽及皮层中,瘦肉、核果和蛋类的含量也较多。总的来说蔬菜及水果含维生素 B_1 的量都很少。

3. 生化功能及缺乏症　维生素 B_1 的主要功能是以辅酶方式参加糖的分解代谢。硫胺素在体内可转变为其活性形式焦磷酸硫胺素(TPP),后者是 α-酮酸氧化脱羧酶如丙酮酸脱氢酶和 α-酮戊二酸脱氢酶系的辅酶,分别参与丙酮酸和 α-酮戊二酸的氧化脱羧作用。维生素 B_1 缺乏时,α-酮酸的氧化受阻,造成丙酮酸和乳酸的堆积,使能量供应不足,影响心肌、骨骼肌和神经系统的功能。临床表现为健忘、易怒、肢端麻木、共济失调、眼肌麻痹、肌肉萎缩、心力衰竭等脚气病症状。

TPP 也是转酮醇酶的辅酶,在磷酸戊糖途径中发挥着重要作用。当维生素 B_1 缺乏时,可使体内核苷酸合成及神经髓鞘中的鞘磷脂合成受阻,导致末梢神经炎和其他神经病变,因此临床上维生素 B_1 广泛应用于辅助治疗神经痛、腰痛、面神经麻痹及视神经炎等疾病。此外,维生素 B_1 还可抑制胆碱酯酶的活性,当维生素 B_1 缺乏时,乙酰胆碱分解增多,使胆碱能神经受到影响,表现为胃肠道蠕动变慢、消化液分泌减少、食欲缺乏、消化不良等。临床上维生素 B_1 可用于消化不良的辅助治疗。

二、维生素 B_2

1. 结构与性质　维生素 B_2 是7,8-二甲基-异咯嗪与 D-核糖醇的缩合物,其水溶液呈黄绿色荧光,故又称核黄素(riboflavin)。维生素 B_2 耐热,在中性或酸性溶液中稳定,但易被碱和紫外线破坏。

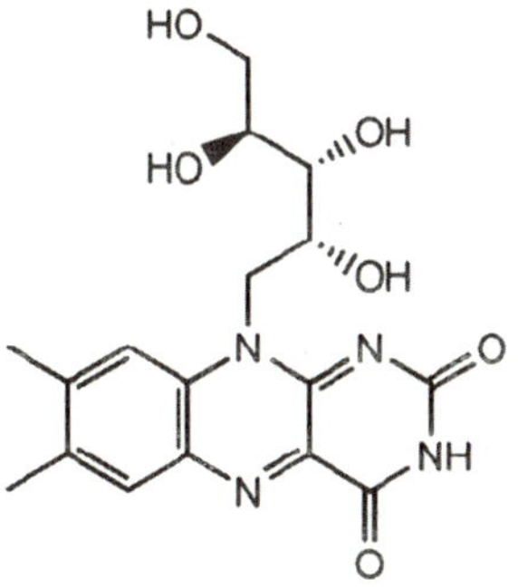

维生素 B_2(核黄素)

2. 来源　维生素 B_2 的分布较广。酵母、肝脏、乳类、瘦肉、蛋黄、花生、糙米、全粒小麦、黄豆等含量较多;蔬菜及水果也略含。人体不能合成维生素 B_2,某些微生物如人体肠道细菌能合成一部分。

3. 生化功能及缺乏症　维生素 B_2 主要功能是参加组成氧化还原酶的两种重要辅酶:黄素单核苷酸(FMN)和黄素腺嘌呤二核苷酸(FAD),这是维生素 B_2 的两种活性形式。在细胞氧化反应中,FMN 和 FAD 能起递氢体的作用,广泛参与体内的各种氧化还原反应。

维生素 B_2 对维持皮肤、黏膜和视觉的正常机能均有一定作用。维生素 B_2 缺乏时,组织呼吸减弱,代谢强度降低,主要症状表现为口角炎、舌炎、结膜炎、视觉模糊、脂溢性皮炎等。

三、维生素 PP

1. 结构与性质　维生素 PP 包括烟酸(又叫尼克酸)和烟酰胺(又叫尼克酰胺)两种结构形式,都是吡啶的衍生物,二者在体内可以相互转化。维生素 PP 为白色结晶,性质稳定,不易被酸、碱和热破坏,是维生素中性质最稳定的一种。

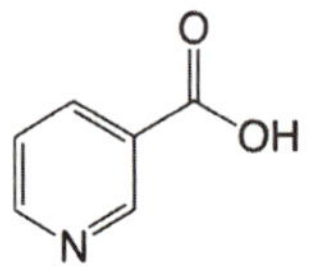

烟酸 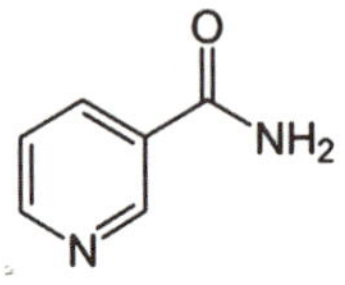　　　　烟酰胺

2. 来源　维生素 PP 在自然界中广泛存在,以酵母、肝、瘦肉、牛乳、花生、黄豆等含量较多;谷类皮层及胚芽中含量亦高,动物肠道细菌可用色氨酸合成少量的维生素 PP。

3. 生化功能及缺乏症　在细胞内,维生素 PP 参与组成两种重要的辅酶:烟酰胺腺嘌呤二核苷酸(NAD^+,辅酶Ⅰ)和烟酰胺腺嘌呤二核苷酸磷酸($NADP^+$,辅酶Ⅱ)。二者是维生素 PP 的活性形式,在体内生物氧化过程中起传递氢的作用,广泛参与体内各种代谢,如糖代谢、脂类代谢和氨基酸代谢等。维生素 PP 缺乏时可引起糙皮病,主要表现为皮炎、腹泻及痴呆。

玉米中维生素 PP 和色氨酸贫乏,长期单食玉米可引起维生素 PP 缺乏症。抗结核药异烟肼与维生素 PP 的结构相似,是维生素 PP 的拮抗剂,长期使用时应注意补充维生素 PP。

四、泛酸

1. 结构与性质　泛酸又称遍多酸,是由二甲基羟丁酸与 β-丙氨酸的缩合而成的一种酸性化合物。泛酸为淡黄色油状物,在中性环境中对热稳定,在酸性、碱性环境中加热易被分解破坏。

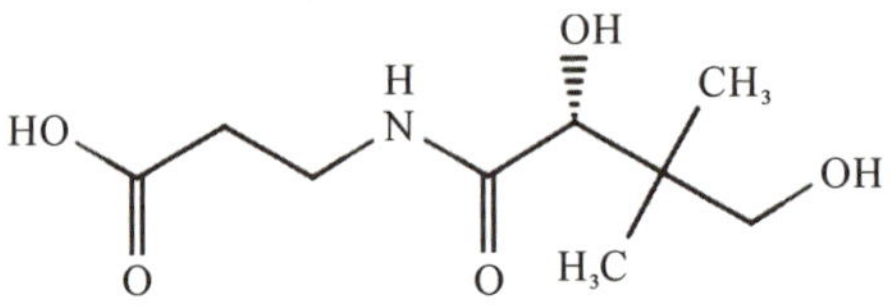

泛酸

2. 来源　泛酸因广泛存在于自然界中而得名,在酵母、肝、肾、蛋、小麦、米糠、花生、豌豆中含量丰富,在蜂王浆中含量最多。

3. 生化功能及缺乏症　在细胞中,泛酸与磷酸和巯基乙胺结合生成 4-磷酸泛酰巯基乙胺,后者是辅酶 A(CoA)和酰基载体蛋白(ACP)的组成成分。CoA 和 ACP 是泛酸在体内的活性形式,构成酰基转移酶的辅酶,在代谢中起传递酰基的作用,广泛参与糖、脂类和蛋白质的代谢及肝的生物转化作用。肠内细菌也能合成泛酸,故单纯的泛酸缺乏症极为罕见。

五、维生素 B_6

1. 结构与性质　维生素 B_6 为吡啶衍生物,包括吡哆醇(pyridoxine)、吡哆醛(pyridoxal)和吡哆胺(pyridoxamine)三种,其中吡哆醇可转变成为吡哆醛,吡哆醛和吡哆胺则可互相转变。维生素 B_6 在酸性环境中稳定,对光、碱和热均敏感,高温下迅速破坏。

吡哆醇:　R= —CH₂OH
吡哆醛:　R= —CHO
吡哆胺:　R= —CH₂NH₂

2. 来源　维生素 B_6 在动植物中分布很广,蜂王浆、麦胚芽、米糠、大豆、酵母、蛋黄、肝、肾、肉、鱼中含量丰富。肠道细菌能少量合成,人体一般不易缺乏维生素 B_6。

3. 生化功能及缺乏症　吡哆醇、吡哆醛和吡哆胺在体内可被磷酸化生成磷酸吡哆醇、磷酸吡哆醛和磷酸吡哆胺,后两者是维生素 B_6 的活性形式。维生素 B_6 的功能主要是作为氨基酸转氨酶、氨基酸脱羧酶和 ALA 合成酶的辅酶,参与氨基酸的转氨、脱羧反应和血红素的合成。维生素 B_6 还是同型半胱氨酸分解代谢酶的辅酶,缺乏时因同型半胱氨酸分解受阻,可引起高同型半胱氨酸血症,进而导致心脑血管疾病,如高血压、血栓形成和动脉粥样硬化等。

人类未发现典型的维生素 B_6 缺乏病,但吡哆醛可与抗结核药异烟肼结合而失活,故长期使用异烟肼需补充维生素 B_6。

六、生物素

1. 结构与性质　生物素为含硫维生素,又称维生素 H、维生素 B_7,是由带戊酸侧链的噻吩环和尿素结合形成的双环化合物。自然界中至少存在两种生物素,即 α-生物素和 β-生物素。生物素为无色针状结晶体,在酸性环境中稳定,在碱性溶液中易被破坏,氧化剂和高温可使其失活。

α-生物素　　　　　　　　β-生物素

2. 来源　生物素在动、植物界分布很广,如肝、肾、蛋黄、酵母、蔬菜、谷类中都有。

许多生物都能自身合成生物素,牛、羊的合成能力最强,人体肠道细菌也能合成部分生物素。

3.生化功能及缺乏症　生物素的主要功能是作为体内多种羧化酶(丙酮酸羧化酶、乙酰 CoA 羧化酶及丙酰 CoA 羧化酶等)的辅酶或辅基参与细胞内 CO_2 的固定和羧化反应,在糖、脂肪、蛋白质和核苷酸的代谢中起重要作用。近年来的研究表明,生物素还参与细胞信号转导和基因表达过程,影响细胞周期、转录和 DNA 损伤的修复。

生物素在体内很少出现缺乏。未熟的鸡蛋清中有一种抗生物素的蛋白,能与生物素结合而使生物素不能为肠壁吸收,因此吃鸡蛋清过多或长期口服抗生素易患生物素缺乏症,主要症状有疲乏、恶心、呕吐、食欲缺乏、皮炎和毛发脱落。

七、叶酸

1.结构与性质　叶酸又称蝶酰谷氨酸(PGA),因叶酸缺乏能引起贫血,故又称抗贫血维生素。叶酸是由 2-氨基-4-羟基-6-甲基蝶啶、对氨基苯甲酸和 L-谷氨酸连接而成。叶酸为黄色结晶,在中性及碱性环境中耐热,但在酸性环境中不稳定,加热或光照易被分解破坏。

叶酸

2.来源　叶酸分布较广,绿叶、肝、肾、菜花、酵母中含量较多,其次为牛肉、麦粒,人体肠道细菌也能合成。

3.生化功能及缺乏症　在肠壁、肝、骨髓等组织中,经叶酸还原酶(folic acid reductase)催化,并有维生素 C 和 $NADPH+H^+$ 参与,叶酸首先还原为 5,6-二氢叶酸,再进一步还原生成 5,6,7,8-四氢叶酸(THFA 或 FH_4),四氢叶酸是叶酸的活性形式。

四氢叶酸是一碳单位转移酶系的辅酶,其分子中的 N^5 和 N^{10} 能与甲基、甲烯基、甲炔基、甲酰基、亚氨甲基等一碳单位结合而传递一碳单位,在嘌呤、嘧啶的合成中起重要作用。叶酸缺乏时,DNA 的合成受到抑制,可导致细胞周期停止在 S 期,红细胞的发育成熟受到影响,引起巨幼细胞贫血症。

叶酸缺乏多见于需要量增加但未及时补充的人群,如妊娠期及哺乳期妇女等,这类人群因代谢较旺盛,应适当补充叶酸。抗癌药物氨基蝶呤、氨甲蝶呤与叶酸的结构相似,均为叶酸还原酶的竞争性抑制剂,在应用时,需注意叶酸的补充。

八、维生素 B₁₂

1.结构与性质　维生素 B_{12} 的结构复杂,是一种与卟啉环结构相似的咕啉环衍生物,分子中含有钴(Co^{3+})和氰基(—CN),故又称钴胺素或氰钴胺素,是体内唯一含有金属元素的维生素。维生素 B_{12} 在弱酸性条件下稳定、耐热,但易被光、氧化剂及还原剂破坏,尤其在强酸强碱环境下更易被破坏。

维生素 B₁₂

2. 来源 维生素 B₁₂ 广泛存在于动物食品中，其中肝脏为最佳来源，其次为奶、肉、蛋、鱼、蚌、心、肾等，植物不含维生素 B₁₂，肠道细菌也能合成维生素 B₁₂。

3. 生化功能及缺乏症 维生素 B₁₂ 作为辅酶的主要结构形式是 5-脱氧腺苷钴胺素，称为辅酶维生素 B₁₂，是 L-甲基丙二酰 CoA 变位酶的辅酶，催化生成琥珀酰 CoA 进入三羧酸循环。若缺乏维生素 B₁₂，可引起 L-甲基丙二酰 CoA 大量堆积，其结构与丙二酰 CoA 相似，影响脂肪酸的正常合成。脂肪酸的合成障碍会影响髓鞘质的转换，引起髓鞘质变性退化，进而造成进行性脱髓鞘。因此，维生素 B₁₂ 缺乏还会导致神经髓鞘变性退化、智力衰退等表现。

维生素 B₁₂ 的另一种辅酶形式为甲基钴胺素，称为甲基维生素 B₁₂，它是转甲基酶的辅酶，参与生物合成中的甲基化作用，如胆碱、甲硫氨酸等化合物的生物合成。若缺乏维生素 B₁₂，会影响甲硫氨酸的代谢，导致胆碱、肌酸等重要物质的合成障碍。因此，维生素 B₁₂ 对神经功能有特殊的重要性，可用于治疗神经炎、神经萎缩、烟毒性弱视等病症。

维生素 B₁₂ 对红细胞的成熟起重要作用，可能和维生素 B₁₂ 参与 DNA 的合成有关。缺少维生素 B₁₂ 时，会造成体内游离的四氢叶酸缺乏，巨红细胞的 DNA 合成受到阻碍，不能进行细胞分裂，因而不能分化成红细胞，引起巨幼红细胞贫血症。故临床上常将维生素 B₁₂ 和叶酸合用治疗巨幼细胞贫血。

九、维生素 C

1. 结构与性质 维生素 C 是一种己糖酸内酯，显酸性，又因能防治坏血病，故得名抗坏血酸。维生素 C 有 L-及 D-型两种异构体，只有 L-型有生理功能，还原型和氧化型都有生物活性。其分子中第 2、3 位 C 原子上的两个烯醇式羟基极易解离出质子（H⁺），也可以脱掉氢原子生成脱氢维生素 C。维生素 C 为无色晶体，味酸，溶于水及乙醇，不耐热，在碱性溶液中极不稳定，日光照射后易被氧化破坏，有微量铜、铁等重金属离子存在时更易氧化分解，干燥条件下较为稳定。故维生素 C 制剂应放在干燥、低温和避光处保存；在烹调蔬菜时，不宜烧煮过度并应避免接触碱和铜器。

还原型抗坏血酸 氧化型抗坏血酸

2. 来源 植物、微生物能够合成维生素C，人和灵长类动物自身不能合成，要靠食物供给。维生素C主要存在于新鲜水果及蔬菜中。水果中以猕猴桃含量最多，在柠檬、橘子和橙子中含量也非常丰富；蔬菜以辣椒中的含量最丰富，在番茄、甘蓝、萝卜、青菜中含量也十分丰富；野生植物以刺梨中的含量最丰富，有"维生素C王"之称。

3. 化功能及缺乏症

(1) 参与体内羟化反应：人体内很多物质代谢，如胶原蛋白的合成、胆固醇的转化、芳香族氨基酸的代谢、肉碱的合成及非营养物质的转化等过程都需要经过羟化酶催化，维生素C作为羟化酶的辅酶参与其中。例如，维生素C是胶原蛋白合成中脯氨酸羟化酶和赖氨酸羟化酶的辅助因子，可促进胶原蛋白的合成。维生素C缺乏时，胶原蛋白合成不足，可出现毛细血管通透性和脆性增加，易破裂出血，导致牙龈出血、牙齿松动、骨折和创伤不易愈合等症状，称为维生素C缺乏症，也称为坏血病。

(2) 参与体内氧化还原反应：维生素C具有较强的还原性，可通过氧化自身来维持谷胱甘肽的还原性，可将Fe^{3+}还原成Fe^{2+}，促进体内铁的吸收，恢复血红蛋白的输氧功能，还可以保护维生素A、维生素E及B族维生素免遭氧化，并能促进叶酸还原而转变成其活性形式FH_4。

(3) 增强机体免疫力：维生素C能促进淋巴细胞的增殖和趋化作用，促进免疫球蛋白的合成，提高吞噬细胞的吞噬能力，从而提高机体免疫力。临床上可用于心血管疾病、病毒性疾病等的支持治疗。

案例分析

15世纪初至17世纪末，欧洲人开始大规模地扬帆远航，发现了之前未知的大片陆地和水域。大航海时代的大部分船员是被坏血病给夺走生命的。18世纪，英国的一个海军医生林德（Lind），做了一个有趣的实验，两组病人每天吃基本相同的食物，但其中一组每天再多吃两个橘子和一个柠檬，后面的结果大家也许猜到了，多吃橘子和柠檬的病人很快康复了。

1. 为什么在陆地上生活的人很少患坏血病，而航海的船员容易患呢？
2. 为什么多吃橘子和柠檬的病人很快康复？

第四节 维生素类药物

维生素有预防性应用和治疗性应用，两者是截然不同的概念。预防是对体内维生素缺乏的营养补充，而治疗则针对疾病，其剂量和疗程也不同，因此用于预防的产品应与用于治疗的制剂区分开来。现有维生素提纯及合成制品中,有单项成分的,也有不同成分组合的复方制剂。

维生素与其他药品一样,同样遵循"量变到质变"和"具有双重性"的规律。剂量过大,在体内不易吸收,甚至有害,出现典型不良反应。在患有长期的慢性疾病(如肺炎、心肌炎、肾炎)时,适当补充水溶性维生素,将会提高患者的免疫功能,预防维生素缺乏。但不宜将维生素视为"补药",以防中毒,对儿童应用的维生素D、维生素A的剂量要严格掌握,以防止出现不良反应。

临床常用的维生素类药物有维生素A、维生素B族、维生素C、维生素D、维生素E等。主要用于补充维生素和特殊需要,也可作为某些疾病的辅助用药。临床上维生素类药物用药监护需注意:区分维生素的预防性与治疗性应用,合理掌握维生素剂量,注意联合用药对维生素吸收和代谢的影响,选择适宜的服用时间。不应把维生素视为营养品而不加限制地使用,过量服用维生素可引起不良反应或产生潜在的毒性。只有合理运用才能治疗和预防疾病,减少药物不良反应。常见的维生素类药物如表4-1所示。

表4-1 常见的维生素类药物

名称	来源	缺乏症	国家基本药物(剂型)	OTC药物(剂型)
维生素A	动物性食物(如肝脏、蛋黄),有色蔬菜(含有维生素A原)	夜盲症、眼干燥症	—	复方制剂、糖丸、胶丸
维生素D	动物性食物(肝、奶、蛋等)	佝偻病(儿童),软骨病(成年人)	口服常释剂型、注射剂	复方制剂、咀嚼片、散剂
维生素E	植物油、油性种子和蔬菜、豆类	未发现典型缺乏症,临床用于防治不育症及先兆流产等疾病	—	复方制剂、胶丸、片剂、乳膏剂
维生素K	深绿色蔬菜,肠道细菌合成	凝血障碍、出血倾向	注射剂	复方制剂
维生素B_1	种子的外皮和胚芽、米糠、麸皮、酵母	脚气病、末梢神经炎、消化功能障碍	注射剂	复方制剂、片剂
维生素B_2	鸡蛋、牛奶、肉类、酵母	口角炎、舌炎、唇炎、阴囊炎、脂溢性皮炎、眼角膜炎、眼干燥症等疾病	口服常释剂型	复方制剂、片剂
维生素PP	广泛存在于动、植物中	癞皮病	—	复方制剂、片剂
维生素B_6	动、植物食物,如种子、谷类、肝、酵母、鱼、肉等	未发现典型缺乏症	注射剂	复方制剂、缓释片、软膏
泛酸	动植物食物、肠道细菌合成	未发现典型缺乏症	—	复方制剂、片剂
生物素	动植物食物、肠道细菌合成	未发现典型缺乏症	—	复方制剂

续表

名称	来源	缺乏症	国家基本药物（剂型）	OTC药物（剂型）
叶酸	酵母、肝、水果、绿色蔬菜	未发现典型缺乏症	—	复方制剂、片剂
维生素 B_{12}	动物性食物，如肝、肾、瘦肉、鱼、蛋等，酵母	巨幼红细胞贫血症	注射剂	复方制剂、片剂
维生素 C	新鲜蔬菜及水果	坏血病	注射剂	复方制剂、颗粒剂、片剂、口含片、咀嚼片、泡腾片

在线测试

思考题

1. 什么是维生素？有哪些种类？
2. 简述 B 族维生素的种类、活性形式及主要生化功能。
3. 试简述维生素 C 的生理意义。
4. 试简述脂溶性维生素的生化功能。
5. 体内缺乏哪些维生素可以导致巨幼红细胞性贫血？为什么？

本章小结

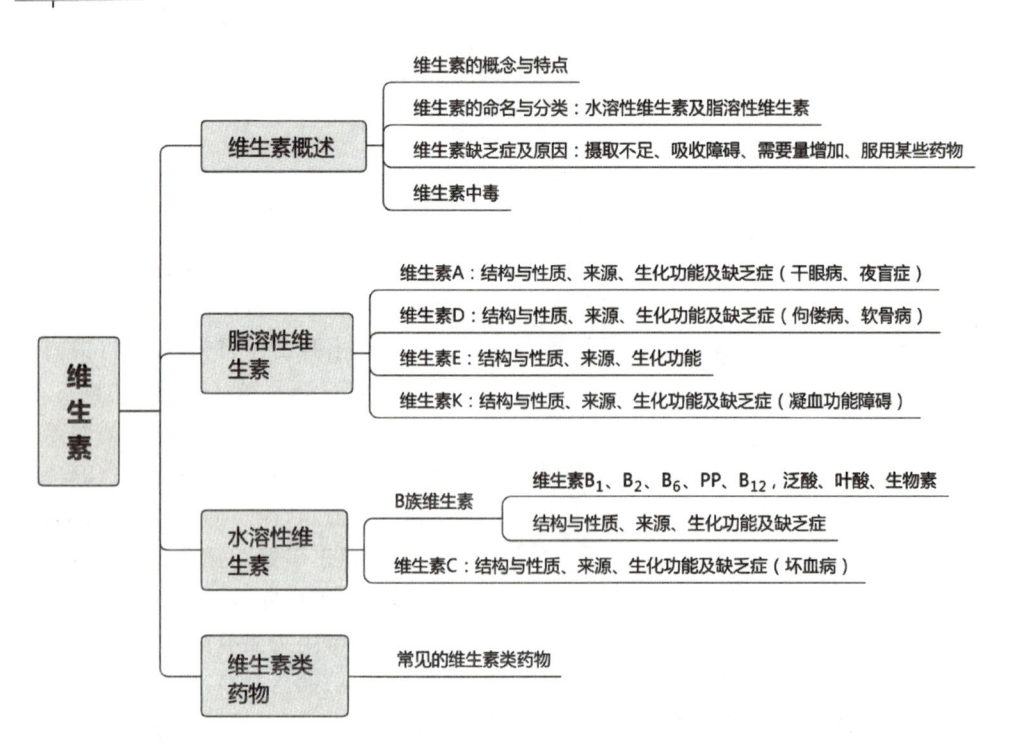

维生素
├─ 维生素概述
│   ├─ 维生素的概念与特点
│   ├─ 维生素的命名与分类：水溶性维生素及脂溶性维生素
│   ├─ 维生素缺乏症及原因：摄取不足、吸收障碍、需要量增加、服用某些药物
│   └─ 维生素中毒
├─ 脂溶性维生素
│   ├─ 维生素A：结构与性质、来源、生化功能及缺乏症（干眼病、夜盲症）
│   ├─ 维生素D：结构与性质、来源、生化功能及缺乏症（佝偻病、软骨病）
│   ├─ 维生素E：结构与性质、来源、生化功能
│   └─ 维生素K：结构与性质、来源、生化功能及缺乏症（凝血功能障碍）
├─ 水溶性维生素
│   ├─ B族维生素
│   │   ├─ 维生素B_1、B_2、B_6、PP、B_{12}、泛酸、叶酸、生物素
│   │   └─ 结构与性质、来源、生化功能及缺乏症
│   └─ 维生素C：结构与性质、来源、生化功能及缺乏症（坏血病）
└─ 维生素类药物
    └─ 常见的维生素类药物

实验项目六 果蔬中维生素C的含量测定

【实验目的】

1. 学习定量测定维生素C的原理和方法。
2. 掌握滴定法的基本操作技术。

【实验原理】

维生素C是人类营养中最重要的维生素之一，缺乏时会产生坏血病，因此又称为抗坏血酸。它对物质代谢的调节具有重要的作用。近年来，研究发现它还有增强机体对肿瘤的抵抗力，并具有化学致癌物的阻断作用。

维生素C具有很强的还原性，它可分为还原型和氧化型。还原型抗坏血酸能还原染料2,6-二氯酚靛酚(DCPIP)，本身则氧化为脱氢型。在酸性溶液中，2,6-二氯酚靛酚呈红色，还原后变为无色。因此，当用此染料滴定含有维生素C的酸性溶液时，维生素C尚未全部被氧化前，则滴下的染料立即被还原成无色。一旦溶液中的维生素C已全部被氧化，则滴下的染料就立即使溶液变成粉红色。所以，当溶液从无色变成微红色时即表示溶液中的维生素C刚好全部被氧化，此时即为滴定终点。如无其他杂质干扰，样品提取液所还原的标准染料量与样品中所含还原型抗坏血酸的量成正比。

【试剂、材料和器材】

1. 试剂

(1) 2%草酸溶液：草酸2 g溶于100 ml蒸馏水中。

(2) 1%草酸溶液：草酸1 g溶于100 ml蒸馏水中。

(3) 标准抗坏血酸溶液(1 mg/ml)：准确称取100 mg纯抗坏血酸(应为洁白色，如变为黄色则不能用)溶于1%草酸溶液中，并稀释至100 ml，储于棕色瓶中，冷藏。（最好临用前配制）

(4) 0.1% 2,6-二氯酚靛酚溶液：250 mg 2,6-二氯酚靛酚溶于150 ml含有52 mg $NaHCO_3$ 的热水中，冷却后加水稀释至250 ml，储于棕色瓶中冷藏(4 ℃)，约可保存一周。每次临用时，以标准抗坏血酸溶液标定。

2. 材料 松针、新鲜蔬菜、新鲜水果。

3. 器材 锥形瓶、吸量管、容量瓶、微量滴定管、研钵、漏斗、纱布。

【实验方法及步骤】

1. 提取 水洗干净整株新鲜蔬菜或整个新鲜水果，用纱布或吸水纸吸干表面水分。然后称取20 g，加入20 ml 2%草酸，用研钵研磨，4层纱布过滤，滤液备用。纱布可用少量2%草酸洗几次，合并滤液，滤液总体积定容至50 ml。

2. 标准液滴定 准确吸取标准抗坏血酸溶液1 ml置于100 ml锥形瓶中，加9 ml 1%草酸，用微量滴定管以0.1% 2,6-二氯酚靛酚溶液滴定至淡红色，并保持15 s不褪色，即达终点。由所用染料的体积计算出1 ml染料相当于多少毫克抗坏血酸(取10 ml 1%草酸作空白对照，按以上方法滴定)。

3. 样品滴定 准确吸取滤液2份，每份10 ml，分别放入2个锥形瓶内，滴定方法同前。另取 10 ml 1% 草酸作空白对照滴定。

4. 计算

$$维生素 C 含量(mg/100\ g) = \frac{(V_A - V_B) \times C \times T \times 100}{D \times W}$$

式中,V_A 为滴定样品所耗用的染料的平均体积(ml);V_B 为滴定空白对照所耗用的染料的平均体积(ml);C 为样品提取液的总体积(ml);D 为滴定时所取的样品提取液体积(ml);T 为 1 ml 染料能氧化抗坏血酸的质量(mg);W 为待测样品的质量(g)。

【注意事项】

1. 某些水果和蔬菜(如橘子、西红柿等)浆状物泡沫太多,可加数滴丁醇或辛醇。

2. 整个操作过程要迅速,防止还原型抗坏血酸被氧化。滴定过程一般不超过 2 min。滴定所用的染料不应小于 1 ml 或多于 4 ml;如果样品含维生素 C 的量太高或太低,可酌情增减样液用量或改变提取液稀释度。

3. 提取的浆状物如不易过滤,亦可离心,留取上清液进行滴定。

【思考题】

1. 为了准确测定维生素 C 含量,实验过程中应注意哪些操作步骤?为什么?

2. 维生素 C 含量的测定方法还有哪些?

第五章 糖类化学与糖类代谢

学习目标

知识目标

1. 掌握：糖类各种代谢途径的概念、反应部位、主要过程、关键酶及生理意义；血糖的来源和去路。
2. 熟悉：糖的生理功能；糖代谢异常。
3. 了解：糖的概念、分类、化学结构及消化吸收；血糖的调节；糖类药物。

能力目标

1. 学会计算糖的无氧酵解和有氧分解过程中所产生的能量。
2. 能运用所学知识，联系临床实际，说明常见糖代谢紊乱的原因、机制。

第一节 糖的化学与功能

糖(carbohydrates)是自然界中存在数量最多、分布最广且具有重要生理功能的有机化合物，几乎存在于所有生物体内。其中，以植物体中糖的含量最为丰富，主要以淀粉和纤维素的形式存在。人和动物组织中的糖主要以葡萄糖或糖原的形式存在。微生物体内的糖主要与蛋白质或脂类结合以复合糖的形式存在。在人体内糖的含量虽少，但却是人体生命活动中不可或缺的能源物质和碳源。

一、糖的概念与分类

糖是指多羟基醛、多羟基酮及其衍生物或聚合物的统称，主要由碳、氢、氧三种元素组成。它的另一个名称是"碳水化合物"，这是因为在一些糖分子中氢原子和氧原子间的比例是2:1，刚好与水分子中氢和氧的比例相同，它们的分子式可用 $C_n(H_2O)_m$ 表示，故以为糖类是碳和水的化合物，但是后来的发现证明了有些糖类并不符合上述分子式，如鼠李糖($C_6H_{12}O_5$)、脱氧核糖($C_5H_{10}O_4$)；而有些物质符合上述分子式但并非糖类，如甲醛(CH_2O)、乙酸[$(CH_2O)_2$]、乳酸[$(CH_2O)_3$]等。但是，现在人们有时还是习惯称糖类为碳水化合物。

根据糖类物质能否水解以及水解以后产物的不同，可以将其分为以下几类：

（一）单糖

单糖是指不能被水解成更小分子的糖。单糖是糖类中最简单的一种,是组成糖类物质的基本结构单位。根据单糖所含碳原子数目的不同,可分为丙糖、丁糖、戊糖、己糖和庚糖。其中,丙糖是最简单的单糖,只有两种,即甘油醛和二羟丙酮,它们是糖代谢的中间产物。戊糖中最重要的是核糖和脱氧核糖,它们分别是 RNA 和 DNA 的组成成分。己糖在自然界中分布最广,数量最多,与机体的营养代谢也最为密切,重要的己糖有葡萄糖、果糖和半乳糖,其中,葡萄糖是人体最重要的单糖,它是体内糖主要的运输和利用形式。

（二）寡糖

寡糖是由单糖缩合而成的短链结构的糖(一般含 2~6 个单糖分子),根据其所含单糖数目可分为双糖、三糖、四糖等。自然界中存在最为广泛,也最为重要的寡糖是双糖,为两分子单糖以糖苷键连接而成。常见的双糖有蔗糖、麦芽糖和乳糖,是人体食物中糖的重要来源。

（三）多糖

多糖是由许多单糖分子通过糖苷键缩合而成的高分子化合物。根据来源不同可分为动物多糖、植物多糖、微生物多糖、海洋生物多糖。多糖按其组成成分,则可以分为以下几类:

1. 同聚多糖　又称为均一多糖,是由同一种单糖缩合而成,如淀粉、糖原、纤维素、木糖胶、阿拉伯糖胶、几丁质等。

2. 杂聚多糖　又称为不均一多糖,是由不同类型的单糖缩合而成,如肝素、透明质酸和许多来源于植物中的多糖如波叶大黄多糖、当归多糖、茶叶多糖等。

3. 黏多糖　又称为糖胺聚糖,是一类含氮的不均一多糖,其化学组成通常为糖醛酸及氨基己糖或其衍生物,有的还含有硫酸,如透明质酸、肝素、硫酸软骨素、硫酸角质素等。

（四）结合糖

结合糖又称为复合糖或糖复合物,是指糖与蛋白质、脂类等非糖物质结合而成的复合分子,其中的糖链一般是杂聚寡糖或杂聚多糖。常见的结合糖有糖蛋白、蛋白聚糖、糖脂和脂多糖等。糖蛋白和蛋白聚糖均是由糖与蛋白质结合形成的复合物,前者糖含量占 2%~10%,后者糖含量占 50% 以上。常见的糖蛋白包括人红细胞膜糖蛋白、血浆糖蛋白、黏液糖蛋白以及一些酶、载体蛋白、凝血因子等;蛋白聚糖则是构成动物结缔组织、软骨、角膜等的主要成分之一。糖脂和脂多糖均是由糖与脂类结合形成的复合物,前者以脂质为主,后者以糖为主体成分。

二、糖的生物学功能

1. 氧化供能和储能　提供能量是糖最主要的生理功能,糖也是人和动物的主要能源物质,通常人体生命活动所需能量的 50%~70% 来自糖的氧化分解。糖原是糖在体内的重要储存形式。在能量充足时,糖以糖原的形式储存起来,需要能量时,糖原可以快速分解,释放出葡萄糖,有效地维持正常的血糖浓度,保证生命活动所需。

2. 参与构成组织细胞　糖是构成人体组织细胞结构的重要成分。糖类可与蛋白质、脂质等结合,形成糖蛋白、蛋白聚糖、糖脂等分子,进一步参与构成某些组织细胞。

如蛋白聚糖和糖蛋白是结缔组织、软骨和骨基质的构成成分;糖蛋白和糖脂均参与神经组织和生物膜的组成。

3. 提供碳源　糖代谢过程产生的一些中间产物可为体内其他含碳化合物的合成提供原料,如糖在体内可转变为脂肪酸和 α-磷酸甘油,进而合成脂肪;可转变为某些非必需氨基酸,参与组织蛋白质合成。

4. 其他功能　糖可以参与构成体内多种重要的生物活性物质,如 NAD^+、FAD、ATP 等是糖的磷酸衍生物;核糖、脱氧核糖可分别参与 RNA 和 DNA 的组成;某些血浆蛋白质、免疫球蛋白、酶、激素和多种凝血因子等分子中也含有糖;可转变为葡糖醛酸参与机体的生物转化作用。此外,部分膜糖蛋白还与细胞间信息的传递、细胞的免疫、细胞的识别作用有关。

三、常见的多糖类物质

(一)淀粉

淀粉是由葡萄糖分子聚合而成的,它是细胞中碳水化合物最普遍的储藏形式。天然淀粉由直链淀粉和支链淀粉组成,前者葡萄糖残基以 α-1,4-糖苷键首尾相连而成无分支的螺旋结构;后者以 24~30 个葡萄糖残基以 α-1,4-糖苷键首尾相连而成,在支链处为 α-1,6-糖苷键。直链淀粉遇碘呈蓝色,支链淀粉遇碘呈紫红色。酸或酶可水解淀粉产生葡萄糖,中间产物为长度不等的糊精。

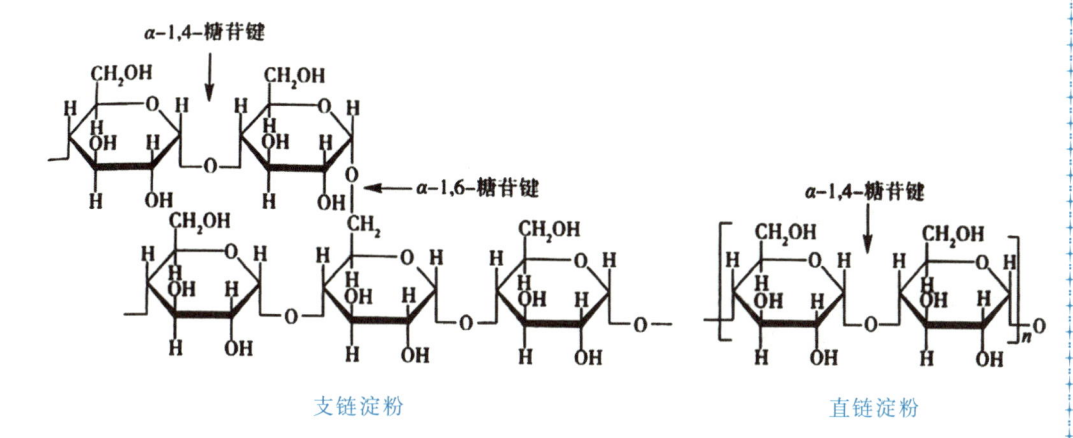

支链淀粉　　　　　　　　　　　直链淀粉

(二)糖原

糖原又称动物淀粉,是动物的贮备多糖,常贮存在动物肝脏与肌肉中,分别称为肝糖原和肌糖原。在糖原分子中,葡萄糖以 α-1,4-糖苷键结合形成直链结构,又以 α-1,6-糖苷键连接形成支链结构,整体糖原分子呈树枝状。纯净的糖原为白色、无定型颗粒,易溶于热水,遇碘产生红色。

(三)纤维素

纤维素由 β-葡萄糖以 β-1,4-糖苷键组成,是自然界中储量最丰富的有机化合物。棉花的纤维素含量 92%~98%,为天然的最纯纤维素来源,木材中纤维素平均含量约为 50%。纤维素是白色物质,不溶于水及一般有机溶剂。人类虽然不能消化食物纤维,但肠道细菌能分解部分纤维素,得到的部分产物和利用纤维素合成的维生素等物质可被人体吸收利用。

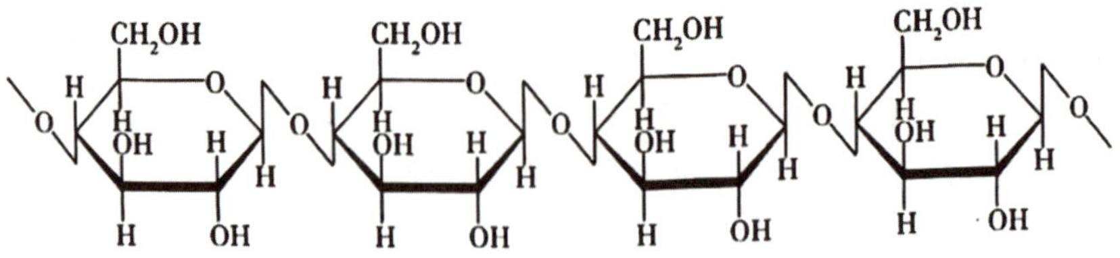

纤维素

(四)壳多糖

壳多糖又称几丁质、甲壳质,是由 N-乙酰葡糖胺通过 β-1,4-糖苷键连接而成的同聚多糖。自然界中,壳多糖的量仅次于纤维素,是虾、蟹和昆虫甲壳的主要成分。此外,低等植物、菌类和藻类的细胞膜,高等植物的细胞壁等也含有壳多糖。

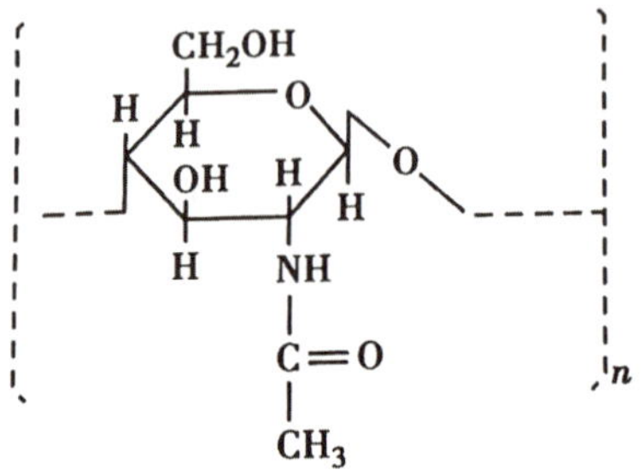

壳多糖

(五)透明质酸

透明质酸是一种酸性黏多糖,是由葡糖醛酸和 N-乙酰葡糖胺通过 β-1,3-糖苷键和 β-1,4-糖苷键反复交替连接而成的糖胺聚糖。透明质酸广泛存在于人和脊椎动物体内,是组成结缔组织的细胞外基质、眼球玻璃体、脐带和关节液的重要成分之一,在人的皮肤真皮层和关节滑液中含量最多,某些细菌细胞壁及恶性肿瘤中也含有。它与水易形成黏稠的凝胶,有润滑和保护细胞的作用,尤为重要的是,透明质酸具有特殊的保水作用,是目前发现的自然界中保湿性最好的物质,被称为理想的天然保湿因子。

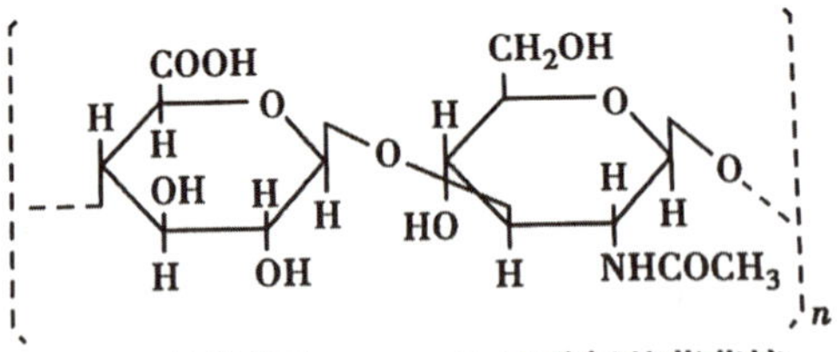

β-D-葡糖醛酸　　N-乙酰氨基葡萄糖

透明质酸

(六)肝素

肝素最初从肝脏发现而得名,是由 D-葡萄糖胺、L-艾杜糖醛酸、N-乙酰葡萄糖胺和 D-葡糖醛酸交替组成的黏多糖硫酸脂,广泛存在于动物的肝、肺、肾、脾、胸腺、肠、肌肉、血管等组织及肥大细胞中。肝素具有阻止血液凝固的特性,是动物体内的天然抗凝物质,对凝血的各个环节均有影响。临床上采血时以肝素为抗凝剂,肝素也常用于防止血栓形成。

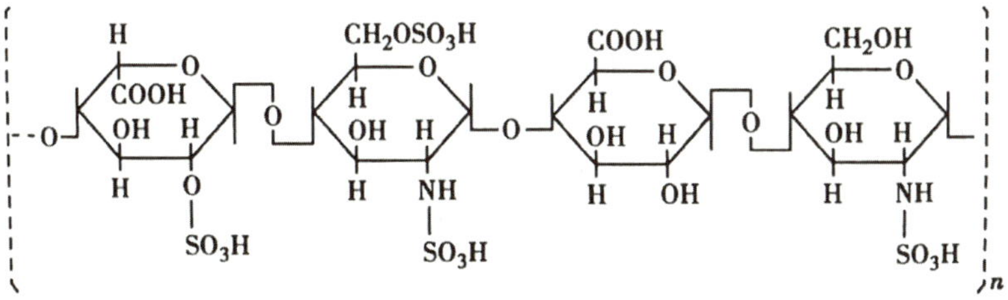

肝素

第二节 糖的消化、吸收与糖代谢概况

一、糖的消化

糖是人体能量的主要来源,每日摄入的糖一般比脂肪和蛋白质多,通常占摄入量的一半以上。人类食物中的糖主要有植物淀粉和动物糖原及麦芽糖、蔗糖、乳糖、葡萄糖等,食物中的糖一般以淀粉为主。人体摄取的淀粉是大分子物质,不能直接通过消化道黏膜吸收,故需要经过消化水解成小分子糖类后方可吸收入血。

食物淀粉的消化始于口腔,完成于小肠。唾液中含有唾液淀粉酶(α-淀粉酶),可催化水解淀粉分子内的α-1,4-糖苷键,该酶发挥作用的程度与食物在口腔中被咀嚼的程度和停留的时间有关。由于食物在口腔中停留时间较短,唾液淀粉酶仅对淀粉进行初步消化,而胃液pH较低,可使淀粉酶失活,故淀粉在胃内几乎不消化,因而小肠成为淀粉消化的主要部位。胰腺可分泌胰液进入小肠,内含大量的α-淀粉酶,可将淀粉水解成麦芽糖、麦芽三糖、异麦芽糖和α-糊精等,再经小肠黏膜细胞内的酶进一步水解生成葡萄糖、果糖等单糖。此外,肠黏膜细胞内还含有β-葡萄糖苷酶类(包括蔗糖酶和乳糖酶),可水解蔗糖和乳糖。

二、糖的吸收

糖消化水解后生成的小分子单糖主要是葡萄糖,这也是糖类吸收的主要形式。葡萄糖主要在小肠上段经肠黏膜细胞吸收入血,小肠黏膜细胞对葡萄糖的摄入是一个依赖特定载体转运的、主动耗能的过程,在吸收过程中同时伴有Na^+离子转运和ATP的消耗。这类葡萄糖转运体被称为Na^+依赖型葡萄糖转运体(Na^+-dependent glucose transporter,SGLT),它们主要存在于小肠黏膜细胞和肾小管上皮细胞。此外,部分单糖可通过被动扩散入血。

知识链接

乳糖不耐受

乳糖不耐受,是指人体由于乳糖酶先天缺乏或分泌减少,不能完全分解母乳或牛乳中的乳糖导致乳糖消化不良或乳糖吸收不良而产生的疾病症状,又称为乳糖酶缺乏症。在乳糖酶缺乏或不足的情况下，人体摄入的乳糖不能被消化吸收进入血液，而是滞留在肠道。肠道细菌可将乳糖发酵分解变成乳酸，从而破坏肠道的碱性环境，使肠道分泌出大量的碱性消化液来中和乳酸，又因为肠道内部的渗透压升高，阻止水分吸收进入体内，所以容易导致腹泻。同时，乳酸在发酵过程中会产生大量气体，造成腹胀。乳糖不耐受的人不宜空腹饮奶，且应选择低乳糖奶及奶制品，如酸奶、奶酪等。

三、糖在体内的代谢概况

糖代谢主要是指葡萄糖在体内的一系列复杂的化学反应，包括分解代谢和合成代谢。葡萄糖经小肠黏膜吸收入血后，经门静脉入肝，其中一部分转变为肝糖原储存，另一部分经人体血液循环运输至全身各组织细胞加以利用。葡萄糖在不同类型细胞中的代谢途径有所不同，其分解代谢方式还在很大程度上受到氧供应情况的影响。糖的分解代谢途径主要包括糖的无氧分解、有氧氧化和磷酸戊糖途径三条；糖的合成代谢途径主要包括糖原合成和糖异生。

第三节 糖的分解代谢

葡萄糖进入组织细胞后，根据机体生理需要在不同组织细胞内可进行不同形式的分解代谢，发挥不同的生理功能。根据反应条件和反应途径的不同，葡萄糖的分解代谢可分为三种：糖的无氧分解、糖的有氧氧化和磷酸戊糖途径。

一、糖的无氧分解

在缺氧条件下，葡萄糖或糖原分解为乳酸并产生少量 ATP 的过程称为糖的无氧分解。由于该过程与酵母菌使糖生醇的发酵过程类似，又名糖酵解（glycolysis）。催化此途径的所有酶均分布于细胞质中，因此糖酵解的全部反应都是在细胞质中进行的。

（一）糖酵解的反应过程

糖酵解途径由葡萄糖生成乳酸共包括 11 步反应。整个过程可分为两个阶段：第一阶段是葡萄糖分解为丙酮酸，第二阶段为丙酮酸还原生成乳酸。

1. 葡萄糖分解成丙酮酸

（1）葡萄糖磷酸化生成 6-磷酸葡萄糖：葡萄糖在细胞内发生酵解作用的第一步是葡萄糖分子在第 6 位的磷酸化，生成 6-磷酸葡萄糖（glucose-6-phosphate，G-6-P）。催化此反应的酶是己糖激酶（hexokinase，HK），这个反应必须有 Mg^{2+} 的参与，在己糖激酶的作用下，ATP 分子中的 γ-磷酸基团转移到葡萄糖分子上，因此消耗了 1 分子 ATP。激酶（kinase）是一种催化磷酸基团从高能磷酸盐供体分子（通常是 ATP）转移到特定底物分子上的酶，激酶催化的过程称为磷酸化，其目的是"激活"或"能化"底物分子。

这一步反应基本上是不可逆的，这是糖酵解过程中的第一个限速步骤。该反应的意义在于：葡萄糖磷酸化后生成相对较活泼的产物，容易参与后续的代谢反应；且生成的 6-磷酸葡萄糖因带有负电荷的磷酸基团而不能自由通过细胞膜而逸出细胞，是细胞的一种保糖机制。

(2)6-磷酸葡萄糖异构化变为6-磷酸果糖:这是由磷酸己糖异构酶(phosphohexose isomerase)催化的己醛糖和己酮糖之间的异构反应,使6-磷酸葡萄糖转变为6-磷酸果糖(fructose-6-phosphate,F-6-P),是需要 Mg^{2+} 参与的可逆反应。

(3)6-磷酸果糖再磷酸化生成1,6-二磷酸果糖:这是第二次磷酸化反应,在6-磷酸果糖的第1位再次磷酸化,生成1,6-二磷酸果糖(fructose-1,6-biphosphate,F-1,6-BP 或 FBP),是由磷酸果糖激酶-1(phosphofructokinase,PFK1)催化的,需要 Mg^{2+} 参与和 ATP 提供磷酸基团,消耗1分子ATP。该反应不可逆,是糖酵解的第二个限速步骤。

(4)1,6-二磷酸果糖裂解为两分子磷酸丙糖:在醛缩酶(aldolase)的作用下,1,6-二磷酸果糖裂解为两个磷酸丙糖分子,即磷酸二羟丙酮(dihydroxyacetone phosphate)和3-磷酸甘油醛(glyceraldehyde-3-phosphate)。该反应是可逆的,其逆反应是一个醛缩反应。

(5)磷酸二羟丙酮转变为3-磷酸甘油醛:磷酸二羟丙酮和3-磷酸甘油醛是同分异构体,在磷酸丙糖异构酶(triose phosphate isomerase)的催化下可以相互转变。当3-磷酸甘油醛在下一步反应中消耗后,磷酸二羟丙酮迅速转变为3-磷酸甘油醛,因此反应向右进行,其结果相当于1分子1,6-二磷酸果转变为2分子3-磷酸甘油醛。

前5步反应为糖酵解的耗能阶段,1分子葡萄糖经过两次磷酸化反应消耗了2分子ATP,并进一步裂解和异构化生成了2分子3-磷酸甘油醛。之后的5步反应是产生ATP的过程,为产能阶段。

(6)3-磷酸甘油醛氧化成1,3-二磷酸甘油酸:该反应中3-磷酸甘油醛的醛基氧化为羧基以及羧基的磷酸化均由3-磷酸甘油醛脱氢酶(glyceraldehyde-3-phosphate dehydrogenase,GAPDH)催化,生成含有1个高能磷酸键的1,3-二磷酸甘油酸,反应需要 NAD$^+$和无机磷酸(Pi)参与。3-磷酸甘油醛脱氢酶是一种巯基酶,烷化剂如碘乙酸能强烈抑制该酶活性,造成3-磷酸甘油醛的累积,阻断糖酵解过程。

$$\begin{array}{c} CHO \\ | \\ CHOH \\ | \\ CH_2OPO_3H_2 \end{array} \xrightleftharpoons[\text{3-磷酸甘油醛脱氢酶}]{\substack{NAD^++Pi \quad NADH+H^+ \\ Mg^{2+}}} \begin{array}{c} O \\ \| \\ CO \sim PO_3H_2 \\ | \\ CHOH \\ | \\ CH_2OPO_3H_2 \end{array}$$

(7) 1,3-二磷酸甘油酸转变成 3-磷酸甘油酸:1,3-二磷酸甘油酸含有酰基磷酸,是具有高能磷酸基团转移势能的化合物。在 Mg^{2+}存在下,磷酸甘油酸激酶(phosphoglycerate kinase,PGK)催化 1,3-二磷酸甘油酸将其分子内的高能磷酸基团转移到 ADP,生成 3-磷酸甘油酸和 ATP。该反应是糖酵解途径中第一次生成 ATP 的反应,这种由高能磷酸化合物水解其磷酸基团并转移至 ADP 生成 ATP 的作用,称为底物水平磷酸化(substrate-level phosphorylation)。

$$\begin{array}{c} O \\ \| \\ CO \sim PO_3H_2 \\ | \\ CHOH \\ | \\ CH_2OPO_3H_2 \end{array} \xrightleftharpoons[\text{磷酸甘油酸激酶}]{\substack{ADP \quad ATP \\ Mg^{2+}}} \begin{array}{c} COOH \\ | \\ CHOH \\ | \\ CH_2OPO_3H_2 \end{array}$$

(8) 3-磷酸甘油酸转变为 2-磷酸甘油酸:由磷酸甘油酸变位酶(phosphoglycerate mutase)催化磷酸基团从 3-磷酸甘油酸的 3 位碳上转移到 2 位碳上生成 2-磷酸甘油酸,也是需要 Mg^{2+}参与的可逆反应。

$$\begin{array}{c} COOH \\ | \\ CHOH \\ | \\ CH_2OPO_3H_2 \end{array} \xrightleftharpoons[]{\text{磷酸甘油酸变位酶}} \begin{array}{c} COOH \\ | \\ CHOPO_3H_2 \\ | \\ CH_2OH \end{array}$$

(9) 2-磷酸甘油酸脱水生成磷酸烯醇式丙酮酸:此反应由烯醇化酶(enolase)催化,2-磷酸甘油酸在脱水的同时,分子内部能量重新分布并集中于 2 位碳上的磷酸酯键上,生成具有高能磷酸键的磷酸烯醇式丙酮酸(phosphoenolpyruvate,PEP)。氟化物能强烈抑制烯醇化酶的活性而抑制糖酵解。

$$\begin{array}{c} COOH \\ | \\ CHOPO_3H_2 \\ | \\ CH_2OH \end{array} \xrightleftharpoons[\text{Mg}^{2+}]{\text{烯醇化酶}} \begin{array}{c} COOH \\ | \\ CO \sim PO_3H_2 \\ \| \\ CH_2 \end{array} + H_2O$$

(10) 磷酸烯醇式丙酮酸转变为丙酮酸:这是糖酵解途径中第二次底物水平磷酸化生成 ATP 的反应,由丙酮酸激酶(pyruvate kinase,PK)催化,需要 Mg^{2+}及 K$^+$激活。磷酸基团由磷酸烯醇式丙酮酸转移到 ADP 上生成 ATP 和烯醇式丙酮酸,后者经分子重排迅速转变为丙酮酸。此反应不可逆,是糖酵解途径中的第三个限速步骤。

$$\begin{array}{c} COOH \\ | \\ CO \sim PO_3H_2 \\ \| \\ CH_2 \end{array} \xrightarrow[\text{丙酮酸激酶}]{\substack{ADP \quad ATP \\ Mg^{2+}}} \begin{array}{c} COOH \\ | \\ C=O \\ | \\ CH_3 \end{array}$$

在糖酵解产能阶段的 5 步反应中,2 分子 3-磷酸甘油醛经历两次底物水平磷酸化转变为 2 分子丙酮酸,总共生成 4 分子 ATP。所以,1 分子葡萄糖分解为 2 分子丙酮酸的总反应式如下:

葡萄糖＋2Pi＋2ADP＋2NAD$^+$ ⟶ 2×丙酮酸＋2ATP＋2(NADH＋H$^+$)

2. 丙酮酸还原为乳酸　由乳酸脱氢酶催化,丙酮酸加氢还原成乳酸所需要的氢原子由 NADH＋H$^+$ 提供,后者来自上述第 6 步反应中的 3-磷酸甘油醛的脱氢反应。该反应是可逆的,在缺氧的情况下,这对氢用于还原丙酮酸生成乳酸,使 NADH＋H$^+$ 重新转变为 NAD$^+$,后者可继续接受 3-磷酸甘油醛脱下的氢,从而使糖酵解能持续进行。

糖酵解的最终产物是乳酸和少量能量,此过程的全部反应归纳如图 5-1 所示。1 分子葡萄糖通过糖酵解生成 2 分子乳酸,同时净产生 2 分子 ATP,其总反应式如下:

葡萄糖＋2Pi＋2ADP ⟶ 2×乳酸＋2ATP

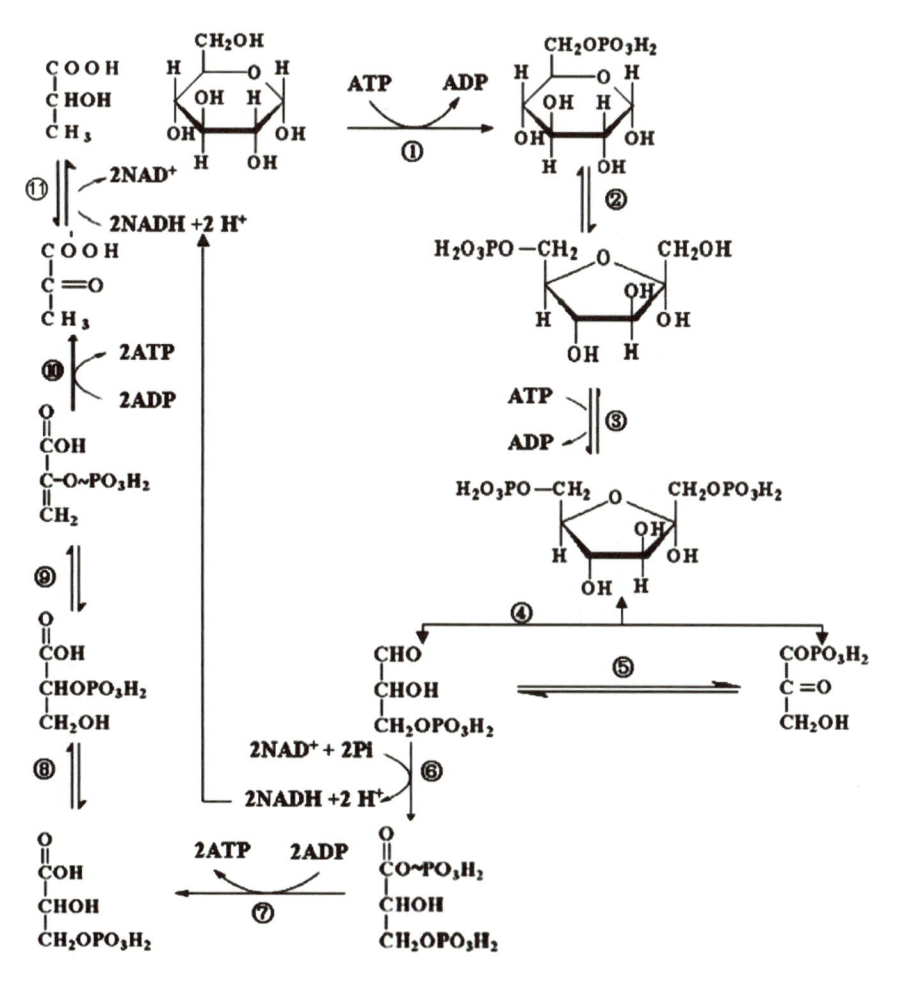

图 5-1　糖酵解过程示意图

①己糖激酶;②磷酸己糖异构酶;③磷酸果糖激酶-1;④醛缩酶;⑤磷酸丙糖异构酶;
⑥3-磷酸甘油醛脱氢酶;⑦磷酸甘油酸激酶;⑧磷酸甘油酸变位酶;⑨烯醇化酶;
⑩丙酮酸激酶;⑪乳酸脱氢酶

(二)糖酵解的生理意义

1. 糖酵解最主要的生理功能在于为机体迅速提供能量　这对肌收缩更为重要,因为肌肉 ATP 含量甚微,静息状态下约为 4 mmol/L,肌收缩几秒钟即可耗尽。此时,即使不缺氧,葡萄糖通过有氧氧化供能的反应过程和所需时间相对较长,不能及时满足生理需求,而通过糖酵解则可迅速获得 ATP。

2. 成熟红细胞没有线粒体,完全依赖糖酵解提供能量　少数组织如视网膜、肾髓质、皮肤、睾丸等,即便在有氧条件下,也主要依靠糖酵解供能。此外,神经、白细胞、骨髓等代谢极为活跃,即使不缺氧,也常由糖酵解提供部分能量。

3. 糖酵解是在特殊情况下机体应激供能的有效方式　当机体缺氧或剧烈运动造成肌肉局部血流不足时,能量主要通过糖酵解获得。某些病理情况下,例如严重贫血、失血、休克、呼吸障碍、心功能不全等,因供氧不足而使糖酵解加强,以获取能量。

(三)糖酵解作用的调节

糖酵解中的大多数反应是可逆的,这些可逆反应的方向和速率由产物和底物的浓度决定,催化这些反应的酶的活性变化并不能决定反应的方向。

但是在糖酵解途径中有 3 个反应是不可逆的,分别由己糖激酶、磷酸果糖激酶-1 和丙酮酸激酶催化,是控制糖酵解流量的 3 个关键酶,因此都具有调节糖酵解途径的作用,其活性受到变构效应和激素的调节。

1. 磷酸果糖激酶-1 的调节　磷酸果糖激酶-1 是一种变构酶(allosteric enzyme),它的催化效率很低,糖酵解的速率严格地依赖该酶的活力水平,因此该酶被认为是糖酵解途径中最重要的调节点。磷酸果糖激酶-1 是四聚体,受多种变构效应剂的影响。ATP 是该酶的底物,因此需要一定的能量才能使糖酵解进行,但 ATP 又是该酶的变构抑制剂,较高浓度的 ATP 可结合到该酶的变构结合部位上,从而使酶丧失活性,可见当细胞内 ATP 含量丰富和能量足够时可使糖酵解减弱。柠檬酸是该酶的另一种变构抑制剂,是通过加强 ATP 的抑制效应来抑制磷酸果糖激酶-1 的活性。而 AMP、ADP、1,6-二磷酸果糖和 2,6-二磷酸果糖是磷酸果糖激酶-1 的变构激活剂。AMP 可与 ATP 竞争结合酶的变构结合部位,抵消 ATP 的抑制作用。2,6-二磷酸果糖是磷酸果糖激酶-1 最强的变构激活剂,其作用是与 AMP 一起取消 ATP、柠檬酸对磷酸果糖激酶-1 的变构抑制作用。2,6-二磷酸果糖是由磷酸果糖激酶-2(phosphofructokinase 2,PFK2)催化 6-磷酸果糖,使其在 C_2 位磷酸化而生成的。

2. 丙酮酸激酶的调节　丙酮酸激酶是糖酵解途径中第二个重要的调节点。1,6-二磷酸果糖是丙酮酸激酶的变构激活剂,而 ATP 对其有抑制作用而使糖酵解过程减慢。此外,肝内丙氨酸对该酶也有变构抑制作用。丙酮酸激酶还受共价修饰方式调节。蛋白激酶 A 和依赖 Ca^{2+}、钙调蛋白的蛋白激酶均可使丙酮酸激酶磷酸化而导致其失活,胰高血糖素可通过激活蛋白激酶 A 而抑制该酶活性。

3. 己糖激酶的调节作用　该调节点不及前两者重要。己糖激酶受其反应产物 6-磷酸葡萄糖的反馈抑制,受 ADP 的变构抑制。葡萄糖激酶由于其分子内不存在 6-磷酸葡萄糖的变构部位,所以不受 6-磷酸葡萄糖的影响。长链酯酰 CoA 对其有变构抑制作用,这对饥饿时减少肝和其他组织分解葡萄糖有一定意义。胰岛素可诱导葡萄糖激酶基因的转录,促进该酶的合成。

二、糖的有氧分解

葡萄糖在有氧条件下彻底氧化分解生成 CO_2 和 H_2O 的过程称为糖的有氧氧化(aerobic oxidation)。有氧氧化是体内糖分解供能的主要方式,绝大多数细胞都通过这条途径来获取能量。肌肉组织中通过糖酵解生成的乳酸,也需要在有氧的条件下彻底氧化成 CO_2 和 H_2O 才能获得更多能量。

(一)糖有氧氧化的过程

糖的有氧氧化分三个阶段进行(图 5-2):第一阶段,葡萄糖经酵解途径分解为丙酮酸,在细胞质中进行;第二阶段,丙酮酸进入线粒体,并氧化脱羧生成乙酰辅酶A(简称乙酰CoA);第三阶段,乙酰CoA彻底氧化成 CO_2 和 H_2O,包括三羧酸循环及氧化磷酸化。

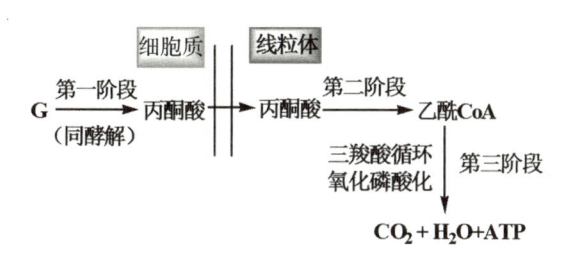

图 5-2 葡萄糖有氧氧化概况

1. **丙酮酸的生成** 此阶段由葡萄糖生成丙酮酸,反应过程与糖酵解的第一阶段相同。不同之处在于,在有氧条件下,糖酵解第 6 个反应中由 3-磷酸甘油醛脱下的氢($NADH+H^+$)并非用于还原丙酮酸,而是穿梭进入线粒体内相应的呼吸链中(穿梭方式详见第六章),并获得 ATP。

2. **丙酮酸的氧化脱羧** 胞质中生成的丙酮酸,经线粒体内膜上的丙酮酸载体转运到线粒体内,在丙酮酸脱氢酶复合体(pyruvate dehydrogenase complex)的催化下,氧化脱羧生成乙酰 CoA,该反应总体是不可逆的,其总反应如下:

丙酮酸脱氢酶复合体存在细胞的线粒体内,由 3 种酶和 6 种辅助因子组成:丙酮酸脱氢酶[辅酶为焦磷酸硫胺素(TPP),需 Mg^{2+} 参与反应]、二氢硫辛酰胺转乙酰酶(辅酶为硫辛酸和 HSCoA)和二氢硫辛酰胺脱氢酶(辅基为 FAD,需线粒体基质中的 NAD^+ 参与反应)。三种酶按一定比例组合成多酶复合体,形成一个有序的整体。在哺乳动物细胞中,该酶复合体由 60 个二氢硫辛酰胺转乙酰酶组成核心,周围排列着 12 个丙酮酸脱氢酶和 6 个二氢硫辛酰胺脱氢酶,形成一个紧密的连锁反应体系,具有极高的催化效率。

3. **三羧酸循环** 三羧酸循环(tricarboxylic acid cycle,TAC,TCA 循环)是指从乙酰 CoA 和草酰乙酸缩合成含有 3 个羧基的柠檬酸开始,经过 4 次脱氢和 2 次脱羧反应后,又重新生成草酰乙酸,由此形成的循环过程,又称为柠檬酸循环。该反应过程是由德国科学家 Hans Krebs 最早提出的,故又称为 Krebs 循环。三羧酸循环包括了 8 个反应步骤。

(1) 乙酰 CoA 与草酰乙酸缩合成柠檬酸：在柠檬酸合酶(citrate synthase)催化下，乙酰 CoA 分子内的硫酯键，具有足够能量使 2 碳化合物顺利地加合到草酰乙酸的羰基上，生成柠檬酰 CoA 中间体，然后高能硫酯键水解放出游离的柠檬酸，推动反应不可逆地向右进行，这是三羧酸循环的第一个限速步骤。乙酰 CoA 失去乙酰基变为 HSCoA 后，又可以参与丙酮酸的氧化脱羧反应。

$$\begin{array}{c}CH_3\\|\\C\sim SCoA\\\|\\O\end{array} + \begin{array}{c}COOH\\|\\C=O\\|\\CH_2COOH\end{array} + H_2O \xrightarrow{\text{柠檬酸合酶}} \begin{array}{c}CH_2-COOH\\|\\HO-C-COOH\\|\\CH_2-COOH\end{array} + HSCoA$$

(2) 柠檬酸异构化生成异柠檬酸：在顺乌头酸酶(aconitase)催化下，柠檬酸先脱水生成顺乌头酸，再加水变为异柠檬酸，反应中产生的中间产物顺乌头酸与酶结合在一起，以复合物的形式存在。

$$\begin{array}{c}CH_2-COOH\\|\\HO-C-COOH\\|\\CH_2-COOH\end{array} \underset{\text{顺乌头酸酶}}{\overset{-H_2O}{\rightleftharpoons}} \begin{array}{c}CH_2-COOH\\|\\C-COOH\\\|\\CH_2-COOH\end{array} \underset{\text{顺乌头酸酶}}{\overset{+H_2O}{\rightleftharpoons}} \begin{array}{c}CH_2COOH\\|\\HC-COOH\\|\\HO-CH-COOH\end{array}$$

(3) 异柠檬酸氧化脱羧生成 α-酮戊二酸：在异柠檬酸脱氢酶(isocitrate dehydrogenase)催化下，异柠檬酸氧化脱羧生成 α-酮戊二酸和 CO_2，脱下的氢由 NAD^+ 接受，生成 $NADH+H^+$。这是三羧酸循环中的第一次氧化脱羧反应，此反应是不可逆的，是三羧酸循环的第二个限速步骤。

$$\begin{array}{c}CH_2-COOH\\|\\HC-COOH\\|\\HO-CH-COOH\end{array} \xrightarrow[\text{异柠檬酸脱氢酶}]{NAD^+ \quad NADH+H^+ \quad CO_2} \begin{array}{c}CH_2-COOH\\|\\CH_2\\|\\C=O\\|\\COOH\end{array}$$

(4) α-酮戊二酸氧化脱羧生成琥珀酰 CoA：在 α-酮戊二酸脱氢酶复合体作用下，α-酮戊二酸再次氧化脱羧生成琥珀酰 CoA 和 CO_2，脱下的氢由 NAD^+ 接受，生成 $NADH+H^+$。α-酮戊二酸脱氢酶复合体与丙酮酸脱氢酶复合体的组成与作用机制相似，也是由 3 种酶（α-酮戊二酸脱氢酶、二氢硫辛酸琥珀酰转移酶和二氢硫辛酸脱氢酶）和 6 种辅酶因子（TPP、硫辛酸、HSCoA、NAD^+、FAD 及 Mg^{2+}）组成。此反应不可逆，是三羧酸循环中的第二次氧化脱羧反应和第三个限速步骤。

$$\begin{array}{c}CH_2-COOH\\|\\CH_2\\|\\C=O\\|\\COOH\end{array} + HSCoA \xrightarrow[\text{α-酮戊二酸脱氢酶复合体}]{NAD^+ \quad NADH+H^+ \quad CO_2} \begin{array}{c}CH_2-COOH\\|\\CH_2\\|\\CO\sim SCoA\end{array}$$

(5) 底物水平磷酸化生成琥珀酸：琥珀酰 CoA 分子中含有高能硫酯键，在 GDP、无机磷酸和 Mg^{2+} 参与下，由琥珀酰 CoA 合成酶(succinyl-CoA synthetase)催化其高能硫酯键水解并释放能量，驱动 GDP 磷酸化生成 GTP。这是三羧酸循环中唯一的一次底物水平磷酸化反应，生成的 GTP 可在二磷酸核苷激酶催化下，将磷酸基团转移给 ADP 而生成 ATP。

$$\text{CH}_2\text{—COOH} \atop \text{CH}_2 \atop \text{CO~SCoA} \quad \underset{\text{琥珀酰CoA合成酶}}{\overset{\text{GDP+Pi} \quad \text{GTP}}{\rightleftharpoons}} \quad \text{COOH} \atop \text{CH}_2 \atop \text{CH}_2 \atop \text{COOH} \quad + \text{HSCoA}$$

(6) 琥珀酸脱氢生成延胡索酸：琥珀酸脱氢酶(succinate dehydrogenase)催化琥珀酸脱氢氧化为延胡索酸，该酶结合在线粒体内膜上，是三羧酸循环中唯一存在于线粒体内膜上的酶，其他酶则都存在于线粒体基质中。反应脱下的氢转移给FAD，使之还原为$FADH_2$，然后经琥珀酸氧化呼吸链氧化生成H_2O。丙二酸是琥珀酸的类似物，是琥珀酸脱氢酶强有力的竞争性抑制剂，故可阻断三羧酸循环。

$$\text{COOH} \atop \text{CH}_2 \atop \text{CH}_2 \atop \text{COOH} \quad \underset{\text{琥珀酰脱氢酶}}{\overset{\text{FAD} \quad \text{FADH}_2}{\rightleftharpoons}} \quad \text{COOH} \atop \text{CH} \atop \| \atop \text{CH} \atop \text{COOH}$$

(7) 延胡索酸水化生成苹果酸：该反应由延胡索酸酶(fumarate hydratase)催化生成苹果酸。该酶具有高度的立体异构专一性，仅对延胡索酸(反丁烯二酸)起作用，而对马来酸(顺丁烯二酸)无催化作用，且生成的产物只能是L-苹果酸。

$$\text{COOH} \atop \text{CH} \atop \| \atop \text{CH} \atop \text{COOH} \quad + H_2O \quad \underset{\text{延胡索酸酶}}{\rightleftharpoons} \quad \text{COOH} \atop \text{HO—C—H} \atop \text{CH}_2 \atop \text{COOH}$$

(8) 苹果酸脱氢再生成草酰乙酸：三羧酸循环的最后一个反应是L-苹果酸脱氢酶(malate dehydrogenase)催化苹果酸脱氢生成草酰乙酸，脱下的氢由NAD^+接受，生成$NADH+H^+$。在细胞内，草酰乙酸不断地被用于柠檬酸的合成，因此有利于该可逆反应向生成草酰乙酸的方向进行。

$$\text{COOH} \atop \text{HO—C—H} \atop \text{CH}_2 \atop \text{COOH} \quad \underset{L\text{-苹果酸脱氢酶}}{\rightleftharpoons} \quad \text{COOH} \atop \text{C=O} \atop \text{CH}_2\text{COOH}$$

三羧酸循环的上述8步反应可归纳总结如图5-3所示。其主要特点是：①三羧酸循环从2个碳原子的乙酰CoA与4个碳原子的草酰乙酸缩合成6个碳原子的柠檬酸开始反复地脱氢氧化。脱氢反应共有4次，其中3次由NAD^+接受生成3分子$NADH+H^+$，1次由FAD接受生成1分子$FADH_2$。脱下的氢经相应的呼吸链将电子传递给氧并偶联生成ATP。②1分子乙酰CoA进入三羧酸循环后通过两次脱羧的方式共生成2分子CO_2，这是体内CO_2的主要来源。③三羧酸循环每进行一轮，底物水平磷酸化只发生1次，生成1分子ATP，故不是线粒体内生成ATP的主要方式。三羧酸循环的总反应为：

$$乙酰CoA + 3\ NAD^+ + FAD + GDP + Pi + H_2O \longrightarrow 2\ CO_2 + 3(NADH + H^+) + FADH_2 + SHCoA + GTP$$

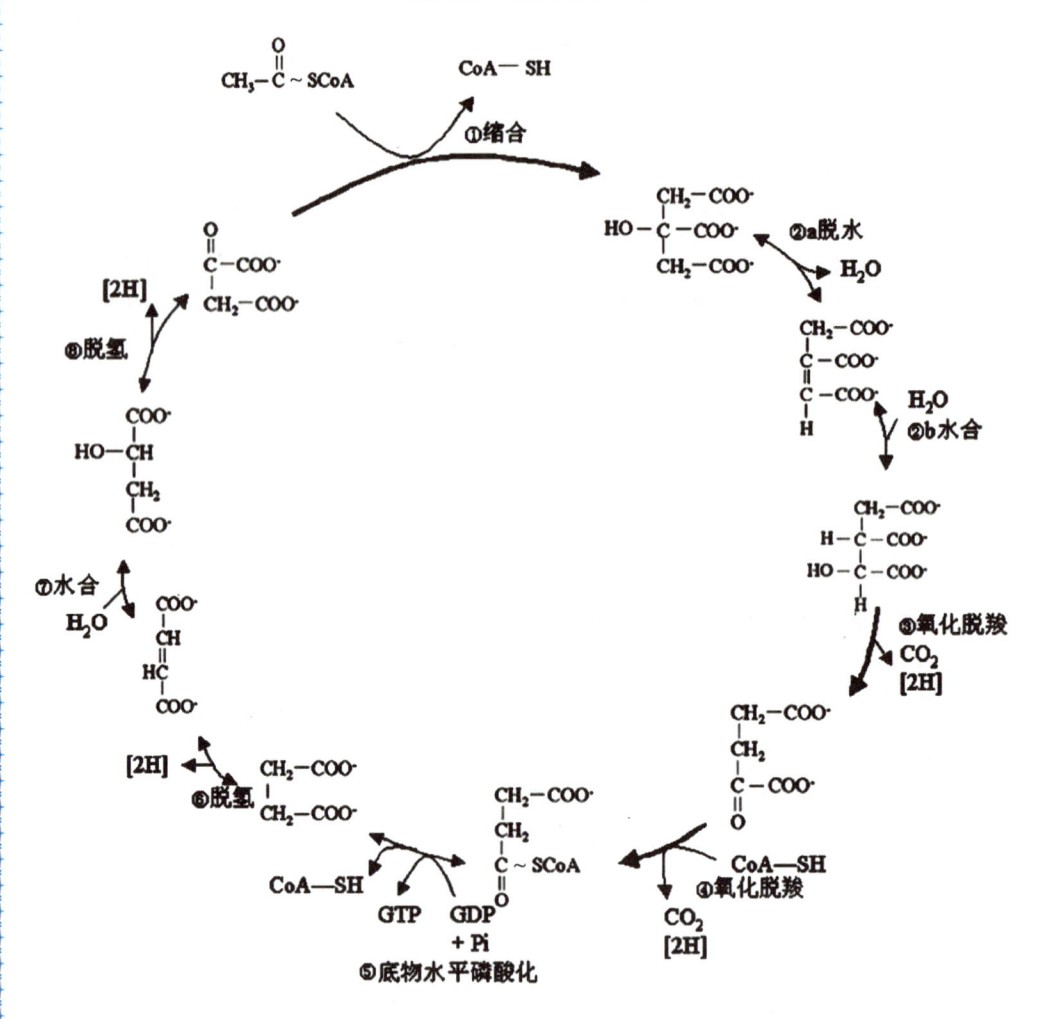

图 5-3　三羧酸循环示意图

①柠檬酸合酶；②顺乌头酸酶；③异柠檬酸脱氢酶；④α-酮戊二酸脱氢酶系；
⑤琥珀酰辅酶 A 合成酶；⑥琥珀酸脱氢酶；⑦延胡索酸酶；⑧L-苹果酸脱氢酶

4. 三羧酸循环的生理意义

(1) 三羧酸循环是三大营养物质氧化分解的共同途径：三大营养物质（糖、脂肪和蛋白质）在体内进行生物氧化均可产生乙酰 CoA 或三羧酸循环的中间产物（如草酰乙酸、α-酮戊二酸等），然后经三羧酸循环彻底分解成 CO_2 和 H_2O，并产生大量 ATP，故三羧酸循环是这些营养物质的共同代谢通路。

(2) 三羧酸循环是糖、脂肪和氨基酸代谢联系的枢纽：糖、脂肪和氨基酸均可生成三羧酸循环的中间产物，可通过三羧酸循环相互转变、相互联系。例如，糖和甘油可以通过代谢生成草酰乙酸等三羧酸循环的中间产物，合成非必需氨基酸；许多氨基酸的碳骨架是三羧酸循环的中间产物，通过草酰乙酸等可转变为葡萄糖。

(3) 三羧酸循环提供生物合成的前体：三羧酸循环的中间产物琥珀酰 CoA 可与甘氨酸合成血红素；草酰乙酸、α-酮戊二酸可分别用于合成天冬氨酸、谷氨酸；乙酰 CoA 又是合成脂肪的原料。因此，三羧酸循环在提供生物合成的前体中起着重要作用。

(二)糖有氧氧化的能量计算

糖有氧氧化是机体获取能量的主要途径。在第三阶段的三羧酸循环中有 4 次脱氢反应共产生 3 分子 NADH 和 1 分子 $FADH_2$。在线粒体内,每分子 NADH 经氧化呼吸链可生成 2.5 分子 ATP;每分子 $FADH_2$ 只能生成 1.5 分子 ATP;再加上底物水平磷酸化反应生成的 1 分子 ATP,因此,1 分子乙酰 CoA 经三羧酸循环彻底氧化,共产生 $2.5 \times 3 + 1.5 + 1 = 10$ 分子 ATP。在第二阶段中,1 分子丙酮酸氧化脱羧生成乙酰 CoA 的同时产生 1 分子 NADH,经氧化呼吸链可生成 2.5 分子 ATP。因此从丙酮酸开始经过一次三羧酸循环共产生 12.5 分子 ATP。1 分子葡萄糖可生成 2 分子丙酮酸,故从葡萄糖生成 2 分子丙酮酸开始,经三羧酸循环共产生 $12.5 \times 2 = 25$ 分子 ATP。在第一阶段中,糖酵解除了在反应中直接净生成 2 分子 ATP 外,其第 6 步反应中产生的 2 分子 NADH 在氧供应充足时也进入线粒体内,在不同的组织中可分别产生 2×2.5 或 2×1.5 分子 APT(见第六章)。综上所述,1 分子葡萄糖在不同组织中被彻底氧化时可生成 32 或 30 分子 ATP(见表 5-1)。

表 5-1 葡萄糖有氧氧化生成的 ATP

细胞定位	反应阶段	反应	辅酶	ATP
细胞质	第一阶段	葡萄糖→6-磷酸葡萄糖		−1
		6-磷酸果糖→1,6-二磷酸果糖		−1
		3-磷酸甘油醛→1,3-二磷酸甘油酸	NAD^+	2×2.5 或 2×1.5*
		1,3-二磷酸甘油酸→3-磷酸甘油酸		2×1
		磷酸烯醇式丙酮酸→丙酮酸		2×1
线粒体	第二阶段	丙酮酸→乙酰 CoA	NAD^+	2×2.5
	第三阶段	异柠檬酸→α-酮戊二酸	NAD^+	2×2.5
		α-酮戊二酸→琥珀酰-CoA	NAD^+	2×2.5
		琥珀酰 CoA→琥珀酸		2×1
		琥珀酸→延胡索酸	FAD	2×1.5
		苹果酸→草酰乙酸	NAD^+	2×2.5
合计(净生成数)				32 或 30

注:* 获得 ATP 的数量取决于细胞质中 $NADH+H^+$ 进入线粒体的穿梭机制。

(三)糖有氧氧化的调节

糖有氧氧化的调节是为了适应机体或不同器官对能量的需要,体现在有氧氧化的各个阶段。其中,第一阶段由葡萄糖生成丙酮酸的调节在糖酵解已经阐述,这里主要讨论第二、三阶段中由丙酮酸氧化脱羧生成乙酰 CoA 并进入三羧酸循环的一系列反应的调节。丙酮酸脱氢酶复合体、柠檬酸合酶、异柠檬酸脱氢酶和 α-酮戊二酸脱氢酶复合体是这两个阶段的限速酶。

1.丙酮酸脱氢酶复合体的调节 丙酮酸脱氢酶复合体可通过变构效应和共价修

饰两种方式影响其酶活性来进行快速调节。丙酮酸脱氢酶复合体的反应产物乙酰CoA 和 NADH＋H$^+$对酶有反馈抑制作用,当乙酰 CoA/HSCoA 比例升高时,酶活性被抑制,NADH/NAD$^+$比例升高也有同样的作用。当人体饥饿时,糖的有氧氧化被抑制,机体大量动员脂肪作为能量来源以确保大脑等组织对葡萄糖的需要。ATP 对丙酮酸脱氢酶复合体有抑制作用,AMP 则可激活该酶。丙酮酸脱氢酶复合体可被丙酮酸脱氢酶激酶磷酸化,当其丝氨酸被磷酸化后,酶蛋白变构而失去活性,丙酮酸脱氢酶磷酸酶则使其去磷酸化而恢复活性。胰岛素可促进丙酮酸脱氢酶的去磷酸化,增强酶的活性而促进糖的氧化分解。

2. 三羧酸循环的调节　三羧酸循环的速率和流量受到多种因素的调控。三羧酸循环中有三个不可逆反应,分别由柠檬酸合酶、异柠檬酸脱氢酶和 α-酮戊二酸脱氢酶复合体催化。其中后两者所催化的反应被认为是三羧酸循环的主要调节点(图 5-4)。

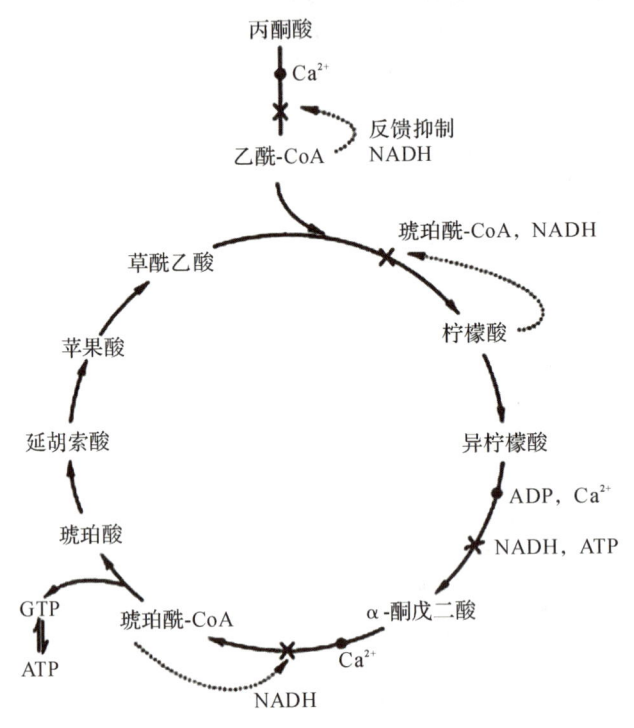

图 5-4　三羧酸循环中的调控部位
·代表激活部位;× 代表抑制部位;⋯→代表反馈抑制

当 ATP/ADP 和 NADH/NAD$^+$两者的比值升高时,异柠檬酸脱氢酶和 α-酮戊二酸脱氢酶复合体被反馈抑制,三羧酸循环的反应速率降低;反之,ATP/ADP 的比值下降时可激活两种酶的活性。此外,其他一些代谢产物对酶的活性也有影响,如柠檬酸能抑制柠檬酸合酶的活性,而琥珀酰 CoA 可抑制 α-酮戊二酸脱氢酶复合体的活性。

当线粒体内 Ca^{2+}浓度升高时,Ca^{2+}既可与异柠檬酸脱氢酶和 α-酮戊二酸脱氢酶复合体结合,降低其对底物的 K_m 值而使酶激活,又可激活丙酮酸脱氢酶复合体,从而促进三羧酸循环和有氧氧化的进行。

三、磷酸戊糖途径

糖酵解和糖的有氧氧化是体内糖分解代谢的主要途径,除此之外,在肝脏、脂肪组织、哺乳期乳腺、红细胞、肾上腺皮质、性腺和骨髓等组织尚存在一条磷酸戊糖途径(pentose phosphate pathway)。磷酸戊糖途径是指从 6-磷酸葡萄糖开始形成旁路,在

6-磷酸葡萄糖脱氢酶催化下生成6-磷酸葡萄糖酸,进而代谢生成磷酸戊糖为中间代谢物的过程,故又称为磷酸己糖旁路。它在细胞质中进行,是葡萄糖分解的另外一种机制,其特点在于能生成磷酸核糖和NADPH两种重要产物,但不能直接产生ATP。

(一)磷酸戊糖途径的反应过程

磷酸戊糖途径由6-磷酸葡萄糖开始,其过程可分为两个阶段:第一阶段是氧化阶段,经过氧化分解后产生磷酸戊糖、NADPH和CO_2;第二阶段是基团转移阶段,通过一系列的基团转移最终生成6-磷酸果糖和3-磷酸甘油醛。反应过程如图5-5所示。

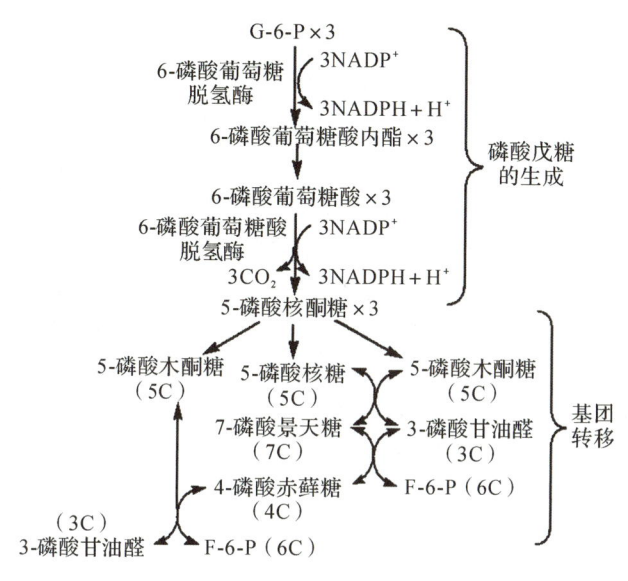

图5-5 磷酸戊糖途径示意图

1. **氧化阶段** 氧化阶段的反应过程包括:①6-磷酸葡萄糖在6-磷酸葡萄糖脱氢酶的作用下氧化生成6-磷酸葡萄糖酸内酯,脱下的氢由$NADP^+$接受而生成$NADPH+H^+$。②6-磷酸葡萄糖酸内酯在内酯酶(lactonase)作用下水解生成6-磷酸葡萄糖酸。③6-磷酸葡萄糖酸在6-磷酸葡萄糖酸脱氢酶作用下氧化脱羧生成5-磷酸核酮糖,同时生成$NADPH+H^+$和CO_2。④5-磷酸核酮糖经异构酶催化转变为5-磷酸核糖,或者在差向异构酶作用下转变为5-磷酸木酮糖。这些磷酸戊糖之间的相互转变均为可逆反应。

2. **基团转移阶段** 这一阶段通过一系列基团转移反应,磷酸戊糖转变成6-磷酸果糖和3-磷酸甘油醛,从而进入糖酵解途径。反应过程包括:①5-磷酸木酮糖经转酮酶的作用,将2碳单位转移到5-磷酸核糖上,自身转变为3-磷酸甘油醛,同时形成另外一个七碳产物,即7-磷酸景天糖。②7-磷酸景天糖与3-磷酸甘油醛之间发生转醛基反应,生成6-磷酸果糖和4-磷酸赤藓糖。③4-磷酸赤藓糖与5-磷酸木酮糖之间发生转酮反应,生成糖酵解的两个中间产物:6-磷酸果糖和3-磷酸甘油醛。

磷酸戊糖途径的总反应为:
$$3\times 6\text{-磷酸葡萄糖}+6\ NADP^+ \longrightarrow 2\times 6\text{-磷酸果糖}+3\text{-磷酸甘油醛}+6(NADPH+H^+)+3CO_2$$

(二)磷酸戊糖途径的生理意义

磷酸戊糖途径的主要生理意义是产生5-磷酸核糖和NADPH。

1. **提供5-磷酸核糖作为核酸合成的原料** 磷酸戊糖途径是机体利用葡萄糖生成5-磷酸核糖的唯一途径。5-磷酸核糖是核苷酸的组成成分,也是合成核苷酸类辅酶及核酸的主要原料。体内的5-磷酸核糖并不依赖从食物中摄入,而是通过磷酸戊糖途径产生。

2.提供NADPH作为供氢体参与多种代谢反应　NADPH与NADH不同,它携带的氢并不是通过电子传递链氧化提供ATP分子,而是作为供氢体参与许多代谢反应。

(1)NADPH是许多合成代谢的供氢体：脂肪酸、胆固醇和类固醇激素的生物合成,都需要大量的NADPH,因此磷酸戊糖途径在脂肪酸、固醇类合成活跃的组织如肝、肾上腺、性腺等中特别旺盛。

(2)NADPH参与体内羟化反应：体内需要NADPH的羟化反应主要体现在两个方面：①合成代谢,如从鲨烯合成胆固醇,再进一步合成胆汁酸、类固醇激素等；②生物转化,NADPH为肝脏单加氧酶体系的组成成分,参与激素、药物、毒物的生物转化过程。

(3)NADPH用于维持还原型谷胱甘肽(GSH)的还原状态：NADPH是谷胱甘肽还原酶的辅酶,这对维持细胞中GSH的正常含量起着重要作用。红细胞需要大量的GSH来保护其细胞膜上含巯基的蛋白质和酶,以维持膜的完整性和酶活性,GSH还可以清除细胞内的H_2O_2,这对维持红细胞膜的完整和防止溶血起着非常重要的作用。因遗传缺陷导致6-磷酸葡萄糖脱氢酶缺乏的患者,磷酸戊糖途径不能正常进行,致使体内NADPH浓度达不到需求,GSH含量不足,使红细胞膜容易破坏而发生溶血性贫血症、黄疸。新鲜蚕豆是很强的氧化剂,患者常因食用蚕豆而诱发此病,故称蚕豆病。

知识链接

蚕豆病

蚕豆病是6-磷酸葡萄糖脱氢酶(G-6-PD)缺乏者进食新鲜蚕豆或接触蚕豆花粉或服用抗疟疾或磺胺类药物等引起的急性溶血性贫血。它是一种性染色体隐性遗传,即女性的1对X性染色体都带有疾病基因才会发病,而男性只有1个X染色体,所以只要这个X染色体异常就会发病。只有1个异常X染色体的女性没有症状,但是他们所生的男孩如果得到这个异常的X染色体,就会发病。临床表现以贫血、黄疸、血红蛋白尿(浓茶色或酱油样)为主。本病常起病急,自然转归,一般呈良性经过。本病以3岁以下小儿多见,也有成年人发病者,男性显著多于女性。

(三)磷酸戊糖途径的调节

6-磷酸葡萄糖可进入体内多种代谢途径,而6-磷酸葡萄糖脱氢酶是磷酸戊糖途径的第一个酶,也是限速酶,因此,其活性决定了6-磷酸葡萄糖进入此途径的流量。NADPH对6-磷酸葡萄糖脱氢酶有强烈的抑制作用,因此该酶活性受NADPH/$NADP^+$比值的调节,比值升高,磷酸戊糖途径被抑制,反之则被激活。当机体摄取高糖饮食,尤其是在饥饿后进食时,肝内6-磷酸葡萄糖脱氢酶的含量明显增加,以提供脂肪酸合成时所必需的NADPH。总之,磷酸戊糖途径的流量取决于对NADPH的需求。

第四节 糖异生作用

糖异生作用(gluconeogenesis)指的是以非糖物质作为前体合成葡萄糖或糖原的作用,是饥饿等情况下维持血糖浓度相对恒定的重要因素。这些非糖物质主要包括乳酸、丙酮酸、甘油及生糖氨基酸等。乳酸主要来自肌糖原的酵解,甘油主要来自脂肪,氨基酸来自食物及体内蛋白质的分解代谢。体内进行糖异生的主要器官是肝,其次是肾。肾在正常情况下糖异生能力只有肝的 1/10,但在长期饥饿和酸中毒时肾脏中的糖异生作用可大为增强。

一、糖异生途径

糖异生作用的途径是指从丙酮酸生成葡萄糖的过程,基本上是糖酵解的逆过程。糖酵解通路中大多数反应是可逆的,但是由于己糖激酶、磷酸果糖激酶-1 和丙酮酸激酶三个限速酶所催化的这 3 个反应是不可逆的,称之为"能障"。因此,糖异生途径必须绕过这三个"能障"才能完成,所需要的酶就是糖异生途径中的关键酶。

1. 丙酮酸通过草酰乙酸生成磷酸烯醇式丙酮酸　这一过程分两个反应进行,分别由两个关键酶催化。第一个反应由丙酮酸羧化酶(pyruvate carboxylase)催化,该酶含有一个以共价键结合的生物素(biotin)作为辅基。CO_2 先与生物素结合,需消耗 1 分子 ATP,然后活化的 CO_2 再转移给丙酮酸生成草酰乙酸。第二个反应由磷酸烯醇式丙酮酸羧激酶(phosphoenolpyruvate carboxykinase,PEPCK)催化,草酰乙酸脱羧并消耗 1 分子 GTP 生成磷酸烯醇式丙酮酸。上述 2 个反应共消耗 2 分子 ATP。

丙酮酸羧化酶是一种线粒体酶,仅存在于线粒体内,故细胞质中的丙酮酸必须进入线粒体内,才能羧化成草酰乙酸。而磷酸烯醇式丙酮酸羧激酶在线粒体和细胞质中都存在,因此草酰乙酸转变为磷酸烯醇式丙酮酸的反应可在线粒体发生,也可以将草酰乙酸先转运至细胞质后再发生该反应,这就涉及草酰乙酸从线粒体内到细胞质的转运过程。细胞内不存在直接使草酰乙酸跨膜的转运蛋白,需借助两种方式进行转运:①经苹果酸转运:草酰乙酸在线粒体内由苹果酸脱氢酶还原为苹果酸,跨过线粒体膜后,再由细胞质中的苹果酸脱氢酶氧化重新生成草酰乙酸;②经天冬氨酸转运:草酰乙酸在线粒体内由谷草转氨酶催化转变为天冬氨酸并运出线粒体,再经细胞质中的谷草转氨酶催化而重新转变为草酰乙酸。

2. 1,6-二磷酸果糖水解为 6-磷酸果糖　由果糖二磷酸酶-1 催化,1,6-二磷酸果糖将其 C_1 位上的磷酸酯键水解生成 6-磷酸果糖。

3. 6-磷酸葡萄糖水解为葡萄糖 由葡萄糖-6-磷酸酶催化生成葡萄糖,也是将磷酸酯键水解。

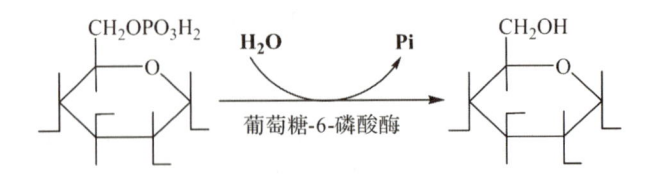

糖异生作用的途径可归纳为图5-6。

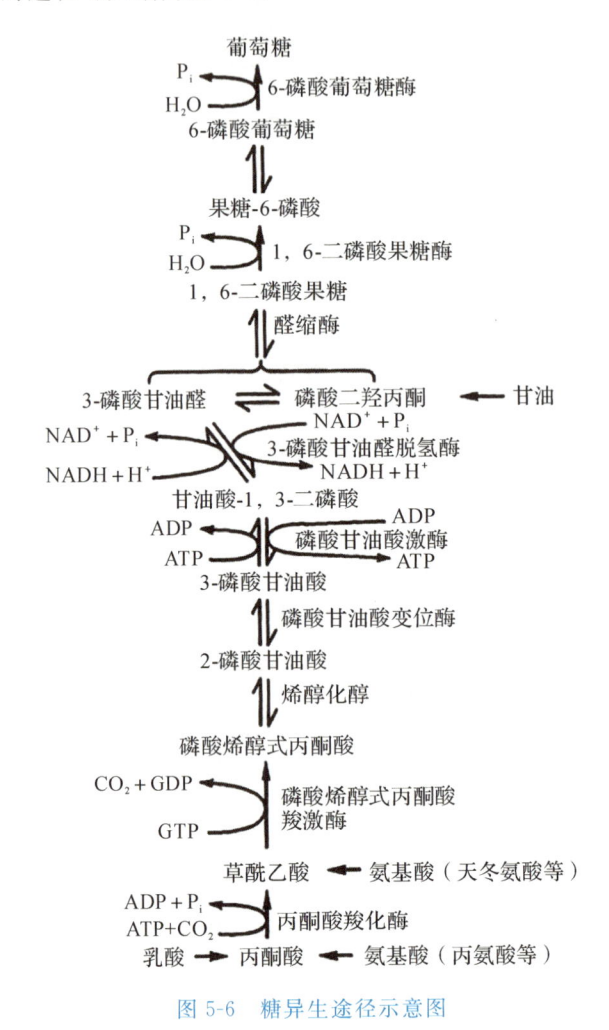

图 5-6 糖异生途径示意图

二、糖异生作用的生理意义

1. 维持血糖浓度恒定 脑组织主要依赖葡萄糖供应能量;成熟红细胞没有线粒体,完全通过糖酵解获得能量;骨髓、神经等组织由于代谢活跃,经常进行糖酵解。机体必须将血糖维持在一定的水平上,才能使这些组织器官及时得到葡萄糖的供应。在空腹或饥饿时,尤其在肝糖原消耗殆尽后,机体主要依赖糖异生来维持血糖浓度的恒定,这对主要利用葡萄糖供能的脑组织来说具有重要意义。

2. 乳酸再利用 在剧烈运动或缺氧时,肌肉组织通过糖酵解产生大量乳酸,通过细胞膜弥散进入血液再运输至肝,在肝中通过糖异生作用合成肝糖原或葡萄糖,后者再释入血液中补充血糖,又可被肌肉摄取利用,这就构成了一个循环,称为乳酸循环,也叫 Cori 循环,如图 5-7 所示。乳酸循环的形成是肝和肌组织中酶的特点所致。肝内含有葡萄糖-6-磷酸酶,因而可水解 6-磷酸葡萄糖释出葡萄糖而进行糖异生;而肌肉除了糖异生活性低外,又不存在葡萄糖-6-磷酸酶,因此,肌肉中产生的乳酸不能异生成糖,更不能释出葡萄糖。显然,乳酸循环有利于乳酸的再利用,也有助于防止乳酸堆积而导致的酸中毒。

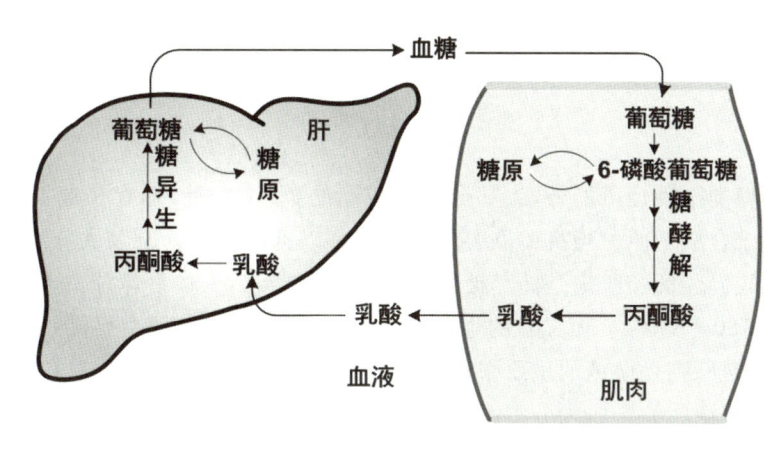

图 5-7 乳酸循环示意图

3. 补充肝糖原 糖异生的产物既包括葡萄糖又包括糖原,它是肝补充或恢复糖原的重要途径,这在饥饿后进食更为重要。实验证明:在肝脏中,摄入的相当一部分葡萄糖先分解成丙酮酸、乳酸等三碳化合物,然后再异生成糖原。合成糖原的这条途径称为三碳途径,也有学者称之为间接途径。相应的葡萄糖经 UDPG 途径合成糖原的过程称为直接途径。

4. 调节酸碱平衡 长期饥饿时,肾糖异生作用增强,有利于维持酸碱平衡。原因可能是长期饥饿造成代谢性酸中毒,使体液 pH 降低,促进肾小管中磷酸烯醇式丙酮酸羧激酶的合成,从而使糖异生作用增强。另外,由于肾脏中的 α-酮戊二酸因异生成糖而减少,可促进谷氨酰胺及谷氨酸的脱氨作用,肾小管细胞将 NH_3 分泌入管腔中,与原尿中 H^+ 结合,降低原尿 H^+ 的浓度,有利于排氢保钠作用的进行,对于防止酸中毒有重要作用。

三、糖异生作用的调节

糖异生作用与糖酵解途径是方向相反的两条代谢途径。如果要进行有效的糖异生作用,就必须抑制糖酵解途径,以防止葡萄糖再转变为丙酮酸;反之亦然。这种协调主要由两条途径中酶的活性和浓度进行调节。

1. 己糖激酶和葡萄糖-6-磷酸酶的调节 高浓度的 6-磷酸葡萄糖抑制己糖激酶,而活化葡萄糖-6-磷酸酶,从而抑制糖酵解,而促进糖异生。

2. 磷酸果糖激酶-1 和果糖二磷酸酶-1 的调节 磷酸果糖激酶-1 和果糖二磷酸酶-1 分别是糖酵解和糖异生的关键调控酶。AMP 和 2,6-二磷酸果糖对磷酸果糖激酶-1 有激活作用,同时抑制果糖二磷酸酶-1,使反应向糖酵解方向进行;ATP、柠檬酸和乙酰 CoA 的作用正好相反,激活果糖二磷酸酶-1 而抑制磷酸果糖激酶-1,促进糖异生作用。

3.丙酮酸激酶、丙酮酸羧化酶和磷酸烯醇式丙酮酸羧激酶的调节　丙酮酸到磷酸烯醇式丙酮酸的转化在糖异生中是由丙酮酸羧化酶调节,而在糖酵解中则是被丙酮酸激酶调节。在肝脏中丙酮酸激酶受 ATP 和丙氨酸的抑制,从而抑制糖酵解作用;乙酰 CoA 可激活丙酮酸羧化酶从而促进糖异生作用;而 ADP 则可同时抑制丙酮酸羧化酶和磷酸烯醇式丙酮酸羧激酶从而抑制糖异生作用。

第五节　糖原的合成与分解

摄入的糖类除满足供能外,大部分转变成脂肪(甘油三酯)储存于脂肪组织,还有一小部分用于合成糖原。当机体需要葡萄糖时可以迅速动用糖原以供急需,而动用脂肪的速度则较慢。肝和肌肉是储存糖原的主要组织器官,人体肝糖原总量为 70～100 g,肌糖原为 180～300 g。但二者的生理功能有很大不同,肌糖原主要供肌肉收缩时能量的需要,肝糖原则是血糖的重要来源。糖原分子具有一个还原性末端和多个非还原性末端(分支),糖原的合成和分解都是从非还原末端开始的,故糖原分支越多,其合成与分解的速度就越快。

一、糖原的合成

由单糖(主要是葡萄糖)合成糖原的过程称为糖原合成(glycogenesis),主要发生在肝和骨骼肌。糖原合成的过程是在细胞质中进行的,包括下列几个反应。

1.葡萄糖磷酸化生成 6-磷酸葡萄糖　催化这步反应的酶是己糖激酶或葡萄糖激酶。此反应与糖酵解第一步反应相同,是不可逆反应。

$$葡萄糖 + ATP \longrightarrow 6\text{-磷酸葡萄糖} + ADP$$

2.6-磷酸葡萄糖转变为 1-磷酸葡萄糖　在磷酸葡萄糖变位酶催化下,6-磷酸葡萄糖转移其磷酸基团至 C_1 位生成 1-磷酸葡萄糖。该反应是为葡萄糖与糖原分子连接时形成 α-1,4-糖苷键做准备。

$$6\text{-磷酸葡萄糖} \longrightarrow 1\text{-磷酸葡萄糖}$$

3.尿苷二磷酸葡萄糖(UDPG)的生成　在尿苷二磷酸葡萄糖焦磷酸化酶(UDPG pyrophosphorylase)催化下,1-磷酸葡萄糖与尿苷三磷酸(UTP)反应生成尿苷二磷酸葡萄糖(UDPG)和焦磷酸。由于焦磷酸被焦磷酸酶迅速水解为 2 分子的无机磷酸(Pi),推动可逆反应向糖原合成的方向进行。UDPG 是活化形式的葡萄糖,作为糖原合成过程中的葡萄糖供体。

$$1\text{-磷酸葡萄糖} + UTP \rightleftharpoons UDPG + PPi$$

4.以 α-1,4-糖苷键连接形成葡萄糖聚合物　糖原合成反应不能以游离葡萄糖作为起始分子来接受 UDPG 的葡萄糖基,而是需要含一定数量葡萄糖残基的小片段糖原分子作为引物(primer)与 UDPG 反应。在糖原合酶(glycogen synthase)催化下,UDPG 上的葡萄糖基 C_1 与糖原引物非还原末端 C_4 形成 α-1,4-糖苷链,从而使糖原增加一个葡萄糖单位。该反应反复进行,可使糖原的糖链不断延长,且该反应是糖原合成过程中的限速步骤。

$$UDPG + (葡萄糖)_n \longrightarrow (葡萄糖)_{n+1} + UDP$$

糖原合成与分解

5. 糖原分支链的合成　糖原合酶的催化只能使糖链延长,但是不能催化形成糖原支链。当糖原合酶以 α-1,4-糖苷键延伸糖链长度至少 11 个葡萄糖基时,分支酶(branching enzyme)可从该糖链的非还原末端将 6～7 个葡萄糖基转移至邻近的糖链上,以 α-1,6-糖苷键连接,形成分支,如图 5-8 所示。糖原分支的形成不仅可增加其水溶性,更重要的是可增加非还原末端的数量,以便磷酸化酶迅速分解糖原。

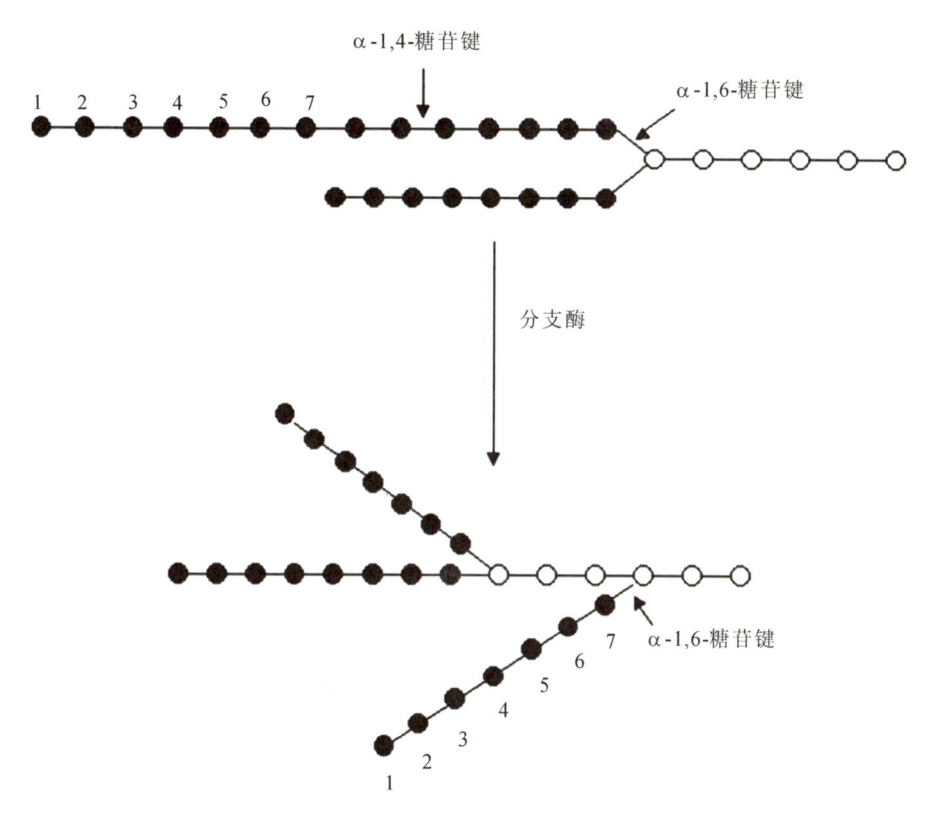

图 5-8　糖原形成分支示意图

二、糖原的分解

糖原分解(glycogenolysis)是指糖原分解成葡萄糖的过程,一般是指肝糖原的分解。糖原分解不是糖原合成的逆反应,包括以下步骤。

1. 糖原磷酸解为 1-磷酸葡萄糖　在磷酸化酶催化下,糖原分子非还原末端的 α-1,4-糖苷键被磷酸解生成 1-磷酸葡萄糖和比原先少了 1 分子葡萄糖的糖原。磷酸化酶是糖原分解过程中的限速酶,其辅酶是磷酸吡哆醛,该酶只能水解糖原分子中的 α-1,4-糖苷键,而不能催化 α-1,6-糖苷键断裂。

2. 1-磷酸葡萄糖转变为 6-磷酸葡萄糖　催化该反应的酶是磷酸葡萄糖变位酶。

$$1\text{-磷酸葡萄糖} \longrightarrow 6\text{-磷酸葡萄糖}$$

3. 6-磷酸葡萄糖水解为葡萄糖　该反应由葡萄糖-6-磷酸酶催化,该酶只存在于肝和肾中,而不存在于肌肉中。因此,肝糖原可直接分解为葡萄糖而补充血糖,肌糖原却不能分解为葡萄糖。

$$6\text{-磷酸葡萄糖} + H_2O \longrightarrow \text{葡萄糖} + Pi$$

4. 糖原脱支反应　当糖原分支上的糖链被磷酸化分解到距离分支点约 4 个葡萄糖残基时,磷酸化酶由于位阻效应不能继续发挥作用。这时就需要有脱支酶

(debranching enzyme)的参与才可将糖原进一步完全分解。脱支酶是一种双功能酶，它能催化糖原脱支的两个反应。第一种功能是 4-α-葡聚糖基转移酶（4-α-D-glucanotrnsferase）活性，可以将糖原上四葡聚糖分支链上的三葡聚糖基转移到同一糖原分子或相邻糖原分子末端并以 α-1,4-糖苷键连接，其结果是使糖原直链延长了 3 个葡萄糖残基，而分支点处只留下 1 个葡萄糖残基从而暴露出 α-1,6-糖苷键。脱支酶的另一种功能是 α-1,6-葡萄糖苷酶活性，可将分支点处暴露出的 α-1,6-糖苷键水解，释放出游离的葡萄糖。在磷酸化酶与脱支酶的协同和反复作用下，糖原可以完全磷酸解和水解，如图 5-9 所示。

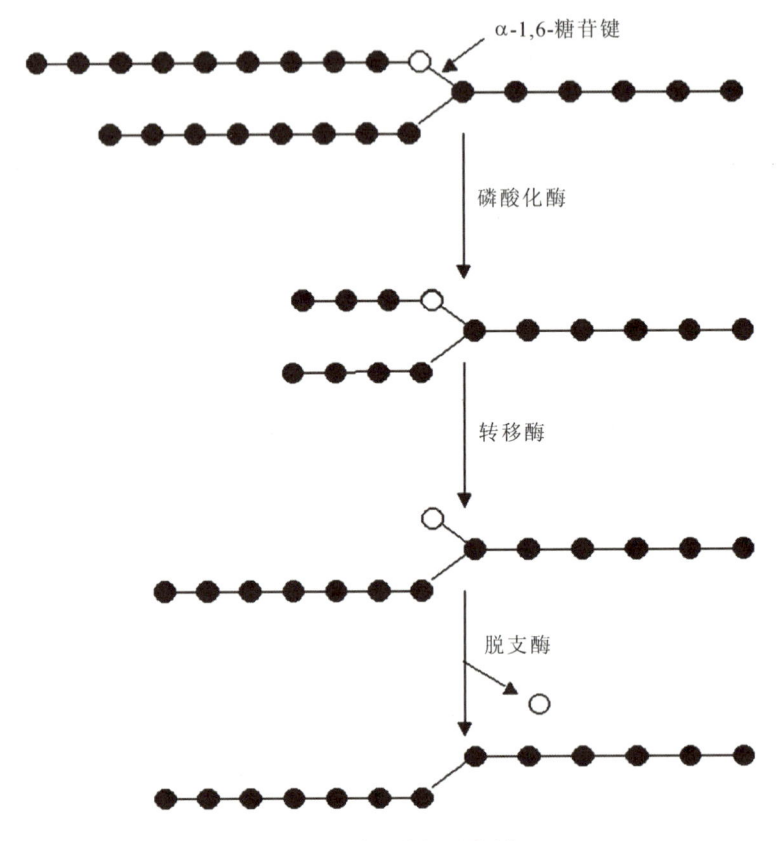

图 5-9 糖原分解示意图

三、糖原合成与分解的生理意义

糖原合成与分解的生理意义在于储存葡萄糖和调节血糖浓度。在正常生理情况下机体需要维持血糖浓度相对恒定，以保证依赖葡萄糖供能的组织（如脑、红细胞等）的能量供给，而糖原是葡萄糖在体内的高效储能形式。当机体内糖供应丰富（如饱食状态）和能量充足时，充足的葡萄糖会在肝和肌肉中合成糖原并储存起来，以免血糖浓度过高；当糖供应不足（如空腹）或能量缺乏时，肝糖原直接分解为葡萄糖以维持血糖浓度。所以糖原的合成与分解代谢对于维持血糖浓度的恒定有重要意义。

四、糖原代谢的调节

糖原的合成与分解是两条代谢途径，分别进行调控并相互制约。当糖原合成途径活跃时，糖原分解被抑制，反之亦然。这种合成与分解代谢通过两条途径进行独立的、反向的精细调节,是生物体内普遍存在的规律。糖原合酶与磷酸化酶分别是糖原合成与分解代谢中的限速酶,它们受到共价修饰调节和变构调节。

(一)共价修饰调节

磷酸化酶和糖原合酶的活性均受磷酸化和去磷酸化的共价修饰调节,这种调节方式是可逆的,两种酶磷酸化及去磷酸化的方式相似,但其效果相反(图5-10)。

1.磷酸化酶 糖原磷酸化酶有磷酸化(a型,活性型)和去磷酸化(b型,无活性型)两种形式。当该酶分子中第14位丝氨酸残基在磷酸化酶b激酶作用下磷酸化时,原来活性很低的磷酸化酶b转变为活性强的磷酸化酶a,而磷酸化酶a的去磷酸化则由磷蛋白磷酸酶-1催化,再重新转变为磷酸化酶b。

2.糖原合酶 糖原合酶也有两种形式:磷酸化(b型,无活性型)和去磷酸化(a型,活性型)。糖原合酶a有活性,磷酸化后转变为无活性的糖原合酶b,该磷酸化过程由多种激酶催化。糖原合酶b的去磷酸化过程也是由磷蛋白磷酸酶-1催化,再重新转变为糖原合酶a。

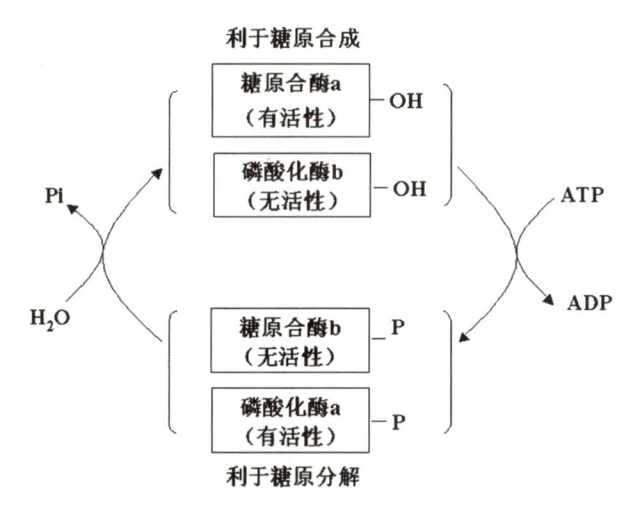

图5-10 糖原合酶与磷酸化酶的协调控制

(二)变构调节

磷酸化酶和糖原合酶的活性还受变构效应剂的变构调节。6-磷酸葡萄糖可变构激活糖原合酶,促进肝糖原和肌糖原的合成,但肝和肌内的磷酸化酶则分别由不同的变构剂调节,这与肝糖原和肌糖原的不同功能是相适应的。

葡萄糖是肝糖原磷酸化酶最主要的变构抑制剂,可避免在血糖充足时分解肝糖原。葡萄糖与磷酸化酶a的变构部位结合,引起构象改变而暴露出磷酸化的第14位丝氨酸,在磷蛋白磷酸酶-1的催化下使之去磷酸化而失活。1,6-二磷酸果糖与1-磷酸果糖也可变构抑制肝糖原磷酸化酶。

肌糖原磷酸化酶的变构调节主要有两种机制:一种调节机制取决于细胞内的能量状态,AMP使磷酸化酶激活,ATP和6-磷酸葡萄糖则抑制其活性;另一种调节机制与肌收缩引起的Ca^{2+}浓度升高有关,当Ca^{2+}与磷酸化酶b激酶的变构部位(δ亚基)结合,即可激活磷酸化酶b激酶,促进磷酸化酶b转变为有活性的磷酸化酶a,加速糖原分解,为肌收缩供能。

第六节 血糖的调节与糖代谢紊乱

血糖(blood glucose)主要是指血液中的葡萄糖。正常成人空腹血糖含量相当恒定,始终维持在 3.89～6.11 mmol/L,这是机体对血糖的来源和去路进行精细调节,使二者维持动态平衡的结果。

一、血糖的来源和去路

(一)血糖的来源

1.食物中糖的消化吸收　食物中的糖经消化吸收,进入血液,这是血糖的主要来源。

2.肝糖原分解　空腹时机体血糖浓度下降,肝糖原可大量分解成葡萄糖进入血液,这是空腹时血糖的直接来源。

3.糖异生作用　长期饥饿时,储备的肝糖原已不足以维持血糖的恒定,此时糖异生作用增强,将大量的非糖物质转变成葡萄糖以维持血糖浓度。因此,糖异生作用是空腹和饥饿时血糖的重要来源。

(二)血糖的去路

1.氧化供能　糖在各组织细胞中发生氧化分解并提供能量,这是血糖的最主要去路。

2.合成糖原　当机体糖供应充足时,葡萄糖可在肝和肌肉中合成糖原并储存。

3.转变成其他物质　血糖可转变成脂肪、多种有机酸和某些非必需氨基酸等非糖物质,也可以转变成其他糖类或其衍生物,如核糖、脱氧核糖、葡糖醛酸、氨基糖、唾液酸等。

4.随尿排出　当血糖浓度高于 8.9～10.0 mmol/L(此血糖值称为肾糖阈)时,超过肾小管的最大重吸收能力,糖就会从尿液中排出,出现糖尿现象。尿排糖是血糖的非正常去路,常在病理情况下出现,如糖尿病患者。

血糖的来源和去路见图 5-11。

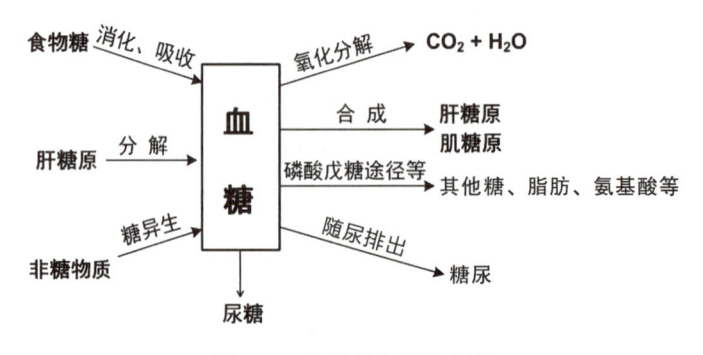

图 5-11　血糖的来源和去路

二、血糖浓度的调节

(一)肝脏对血糖的调节

肝脏对血糖浓度的变化极为敏感,是调节血糖浓度的主要器官,可通过糖原的合成、分解和糖异生等多种糖代谢途径来实现调节作用。比如,当餐后血糖浓度升高时,肝糖原合成增加,使血糖浓度下降;当空腹血糖浓度降低时,肝糖原分解为葡萄糖用于维持血糖水平;当禁食或长期饥饿时,肝中糖异生作用增强,以维持血糖的恒定。除肝脏外,肾脏、肌肉和肠道等也可调节血糖浓度。

(二)激素对血糖的调节

调节血糖的激素可分为两类:一类是降低血糖的激素,即胰岛素;另一类是升高血糖的激素,包括胰高血糖素、糖皮质激素、肾上腺素等。这两类激素相互协调、相互制约,共同维持血糖的正常水平。

1. 胰岛素　胰岛素是体内唯一的能降低血糖的激素,同时促进糖原、脂肪、蛋白质的合成。胰岛素的分泌受血糖浓度的控制,进食后血糖浓度升高立即引起胰岛素分泌增加,血糖浓度降低,胰岛素分泌即减少。胰岛素降血糖的机制是多方面的,主要包括:①促进肌肉、脂肪组织等的细胞膜葡萄糖载体将葡萄糖转运入细胞内;②激活磷酸二酯酶使细胞内 cAMP 降低,使糖原合酶被活化,磷酸化酶被抑制,结果是加速糖原合成而抑制糖原分解;③激活丙酮酸脱氢酶,加速丙酮酸氧化为乙酰 CoA,促进糖的有氧氧化;④抑制肝内糖异生;⑤抑制脂肪组织内的激素敏感性脂肪酶,可减缓脂肪动员的速率,从而促使肌肉、心肌等组织利用葡萄糖。

2. 胰高血糖素　胰高血糖素是体内升高血糖的主要激素。血糖浓度降低或血中氨基酸升高可刺激胰高血糖素的分泌。其升高血糖的机制包括:①激活依赖cAMP 的蛋白激酶,从而抑制糖原合酶和激活磷酸化酶,使肝糖原迅速分解,血糖升高;②抑制磷酸果糖激酶-2 和激活果糖二磷酸酶-2,使 2,6-二磷酸果糖的量减少,故糖酵解被抑制而糖异生则加速;③诱导肝内磷酸烯醇式丙酮酸激酶的合成,同时抑制肝内丙酮酸激酶,使糖异生加强;④与胰岛素作用相反,加速脂肪动员,间接升高血糖水平。

3. 糖皮质激素　糖皮质激素可引起血糖升高,肝糖原增加。其作用机制有两方面:①促进肌肉中蛋白质分解生成氨基酸并转移到肝进行糖异生;②抑制丙酮酸脱氢酶复合体的活性,使肝外组织摄取和利用葡萄糖减少,升高血糖浓度。此外,糖皮质激素还可协同增强其他激素促进脂肪动员的效应,促进机体利用脂肪酸供能。

4. 肾上腺素　肾上腺素是强有力的升高血糖的激素。其作用机制主要是引发肝和肌细胞内依赖 cAMP 的磷酸化级联反应,加速糖原分解,直接或间接升高血糖。肾上腺素主要在应急状态下发挥调节作用。

(三)神经系统对血糖的调节

糖代谢还受到神经系统的整体调节,通过调节激素的分泌量来完成调节作用。血糖浓度较低时,会促使机体交感神经兴奋,肾上腺素分泌增加,血糖升高,而迷走神经兴奋时,胰岛素分泌增加,则血糖浓度降低。

三、糖代谢紊乱

许多因素都可影响糖代谢,如神经系统功能紊乱、内分泌失调、某些酶的先天性缺陷、肝或肾功能障碍等均可引起糖代谢紊乱。

(一)低血糖

血糖浓度低于 2.8 mmol/L 时称为低血糖(hypoglycemia)。脑组织主要依赖葡萄糖氧化供能,因而对低血糖比较敏感。当血糖浓度过低时,脑组织因缺乏能量而影响其正常功能,出现头昏、倦怠无力、心悸、饥饿感及出冷汗等,严重时发生昏迷,一般称为"低血糖休克"。临床上遇到这种情况时,只需及时给病人静脉注入葡萄糖溶液,症状就会得到缓解,否则可能会导致死亡。长期饥饿、空腹饮酒或持续剧烈体力活动时,外源性糖来源受阻而内源性肝糖原已经耗竭,因而容易造成生理性低血糖。出现病理性低血糖的病因则包括:①胰腺疾病(胰岛 β 细胞功能亢进、胰腺 α 细胞功能低下等);②严重肝脏疾病(如肝癌、糖原贮积病等);③内分泌异常(如垂体功能低下、肾上腺皮质功能低下等);④胃癌等肿瘤。

(二)高血糖和糖尿

空腹血糖浓度高于 7.0 mmol/L 时称为高血糖(hyperglycemia)。如果血糖浓度高于肾糖阈值,就会形成糖尿。在生理情况下也会出现高血糖和糖尿,如情绪激动时交感神经兴奋,使肾上腺素分泌增加,肝糖原大量分解,导致高血糖和糖尿;又如临床上静脉输入大量葡萄糖或滴注速度过快,使血糖浓度迅速升高而引起高血糖甚至糖尿。病理性高血糖常见于:①遗传性胰岛素受体缺陷,胰岛素分泌障碍或升高血糖的激素分泌亢进;②某些慢性肾炎、肾病综合征等引起肾对糖的重吸收障碍而出现糖尿,称为肾性糖尿。肾性糖尿是肾糖阈下降引起的,患者的糖代谢并未发生紊乱,因此临床上遇到高血糖或糖尿现象时,须全面检查和综合分析,才能得出正确的诊断结论。

(三)糖尿病

糖尿病是一组以高血糖为特征的慢性、复杂的代谢性疾病。其特征是因糖代谢紊乱出现的持续性高血糖和糖尿,特别是空腹血糖和糖耐量曲线高于正常范围。其主要病因是部分或完全胰岛素缺失、胰岛素抵抗(细胞胰岛素受体减少或受体敏感性降低,导致对胰岛素的调节作用不敏感)。临床上将糖尿病主要分为四型:胰岛素依赖型(1型)、非胰岛素依赖型(2型)、妊娠糖尿病(3型)和特殊类型糖尿病(4型)。1型糖尿病多发生于青少年,因自身免疫使胰腺 β 细胞功能缺陷,导致胰岛素分泌不足。2型糖尿病与肥胖关系密切,可能是细胞膜上胰岛素受体功能缺陷所致。

患糖尿病时,机体糖代谢紊乱,组织细胞利用血糖的能力下降,糖原合成减弱而分解加强,糖异生增强。这些代谢变化导致持续性高血糖和糖尿,患者表现出多食、多饮、多尿、体重减少的"三多一少"症状。糖尿病时长期的高血糖,可导致各种组织,特别是眼、肾、心脏、血管、神经的慢性损害、功能障碍,因此严重的糖尿病患者常伴有多种并发症,如糖尿病视网膜病变、糖尿病周围血管病变、糖尿病肾病等。这些并发症的严重程度、血糖水平升高的程度和病史的长短有关,可见治疗糖尿病的关键在于控制血糖浓度。当糖尿病患者经过饮食和运动治疗以及糖尿病保健教育后,血糖的控制仍不能达到治疗目标时,就需用降血糖药物治疗来降低和控制患者血糖浓度。

案例分析

某患者,男性,55岁。平时好饮酒、吸烟,喜欢食用肉、动物内脏等高热量饮食,体重一度增至100 kg。近年来,该患者感觉自己越来越不耐饥饿,常有乏力、疲惫之感,体重下降明显,出现小便量及次数增加、口渴、多饮、多食等症状。经查空腹血糖浓度8.9 mmol/L,餐后两小时血糖达到18 mmol/L。血胰岛素水平低于正常值下限。

1. 该患者患有何种疾病?诊断依据是什么?
2. 为什么患者出现了多食症状,体重反而会下降?
3. 临床上可以用什么药物进行治疗?

第七节 糖类药物

目前已发现许多糖类及其衍生物具有很高的药用价值,特别是多糖类,在抗凝、降血脂、提高机体免疫力和抗肿瘤、抗辐射等方面具有显著的药理作用与疗效。

一、糖类药物的分类及作用

(一)糖类药物的分类

1. 单糖类药物及其衍生物　单糖类药物包括葡萄糖、果糖、氨基葡萄糖等;6-磷酸葡萄糖、1,6-二磷酸果糖等单糖衍生物也作为药物应用于临床。

2. 寡糖类药物　寡糖类药物包括麦芽糖、乳糖、乳果糖等。

3. 多糖类药物　多糖类药物是目前研究最多的糖类药物,按其来源又可以分为:

(1)植物来源的多糖:指从植物,尤其是从中药材中提取的水溶性多糖,如当归多糖、枸杞多糖、艾叶多糖、大黄多糖等。这类多糖大多数都没有细胞毒性,而且质量通过化学手段容易控制,目前已成为新药研究的发展方向之一。

(2)动物来源的多糖:指从动物的组织、器官及体液中分离、纯化得到的多糖,这类多糖大多数是水溶性的黏多糖,也是最早用作药物的多糖,如肝素、硫酸软骨素、透明质酸等。

(3)微生物来源的多糖:指来源于微生物的多糖,如右旋糖酐是以细菌发酵法制得的一种葡聚糖。近年来发现真菌能产生多种有生物活性的多糖,如香菇多糖、茯苓多糖、猪苓多糖、芸芝多糖、银耳多糖等,这类多糖主要用于肿瘤的治疗及机体免疫功能的增强。

(4)海洋生物来源的多糖:指从海洋、湖泊生物体内分离、纯化得到的多糖,如几丁质(壳多糖、甲壳素)、螺旋藻多糖、刺参多糖等,这类多糖具有广泛的生物学效应。

(二)糖类药物的作用

1. **调节免疫功能** 主要表现为影响补体活性,促进淋巴细胞增生,激活或提高吞噬细胞的功能,增强机体的抗炎、抗氧化和抗衰老能力。如香菇多糖是一种具有免疫调节作用的抗肿瘤辅助药物,可提高病人免疫功能。

2. **抗感染作用** 可提高机体组织细胞对细菌、病毒、真菌及原虫感染的抵抗能力。如甲壳素等对皮下肿胀有治疗作用,对皮肤伤口有愈合作用。

3. **抗辐射损伤作用** 紫菜多糖、茯苓多糖、透明质酸等可以对抗 ^{60}Co、γ 射线的损伤,有抗氧化、抗辐射的作用。

4. **抗凝血作用** 肝素为天然抗凝剂,可用于防治血栓栓塞性疾病、心绞痛、充血性心力衰竭等,也可用于肿瘤的辅助治疗。甲壳素、黑木耳多糖、芦荟多糖等也具有类似的抗凝作用。

5. **降血脂、抗动脉粥样硬化作用** 硫酸软骨素、小分子肝素等具有降血脂、降胆固醇和抗动脉粥样硬化的作用,可用于动脉硬化和冠心病的防治。

6. **其他作用** 糖类药物除上述作用外,还具有其他多方面的活性作用,如右旋糖酐可以代替血浆蛋白以维持血液渗透压,起到抗休克、改善微循环等作用;海藻酸钠等能增加血容量,使血压恢复正常;有些多糖还能促进细胞 DNA、蛋白质的合成,从而促进细胞的增殖和生长。

二、常见多糖类药物

1. **肝素** 肝素为抗凝血药,在体内、体外均有强大的抗凝作用,可使多种凝血因子灭活。此外,肝素还可以抑制血小板聚集,抑制血管平滑肌细胞增生和抗血管内膜增生,还具有调血脂、抗炎、抗过敏等作用。临床上肝素广泛用于血栓栓塞性疾病的治疗,如深静脉血栓、肺栓塞等;也可用作各种外科手术前后防治血栓形成和栓塞,输血时预防血液凝固和作为保存新鲜血液的抗凝剂;还可用于各种原因引起的弥散性血管内凝血(DIC)的早期治疗及心导管检查、体外循环、血液透析等;对于急性心肌梗死患者,可用肝素预防病人发生静脉血栓栓塞性疾病,并可预防大块的前壁透壁性心肌梗死病人发生动脉栓塞等;小剂量肝素用于防治高脂血症与动脉粥样硬化。另外,肝素软膏在皮肤病及化妆品中也已广泛应用。

2. **右旋糖酐** 右旋糖酐为葡萄糖的聚合物,按聚合的葡萄糖分子数目不同,可分为中相对分子质量(相对分子质量约为 75000)、低相对分子质量(平均相对分子质量 20000~40000)和小相对分子质量(平均相对分子质量 10000)。右旋糖酐为血浆代用品,其相对分子质量较大,静滴后不易渗出血管,能提高血浆胶体渗透压,从而扩充血容量,维持血压,其作用强度随相对分子质量减小而降低。低、小分子右旋糖酐能阻止红细胞及血小板聚集,降低血液黏滞性,从而有改善微循环的作用,可预防或消除血管内红细胞聚集和血栓形成等,亦可扩充血容量,但作用较中分子右旋糖酐短暂。低、小分子右旋糖酐流经肾小管时,能形成管腔高渗,水重吸收减少而产生利尿作用。临床上中分子右旋糖酐主要用作血浆代用品,用于防治低血容量休克,如出血性休克、手术中休克、创伤性休克及烧伤性休克等。低、小分子右旋糖酐主要用于各种休克所致的微循环障碍、弥漫性血管内凝血、心绞痛、急性心肌梗死及其他周围血管疾病等,也可用于防治急性肾功能衰竭。

3. 硫酸软骨素　硫酸软骨素是从动物组织中提取制得的酸性黏多糖,对维持细胞环境的相对稳定性和正常功能具有重要作用。

硫酸软骨素具有广泛的药理作用,能加速伤口愈合,减少瘢痕组织的产生,可作为外伤口的愈合剂;可通过促进基质的生成,为细胞的迁移提供架构,有利于角膜上皮细胞的迁移,从而促进角膜创伤愈合,制备成滴眼液可用于治疗角膜炎、角膜溃疡、角膜损伤等,也可用于治疗眼疲劳、眼干燥症等;具有促进软骨再生、改善关节功能、减少关节肿胀和积液等功效,能够减少骨关节炎患者疼痛,故常用于治疗关节疾病;此外,还可用于抗炎、抗凝血、防治冠心病和防治动脉粥样硬化。

4. 透明质酸　透明质酸具有润滑关节,调节血管壁的通透性,调节蛋白质,水、电解质扩散及运转,促进创伤愈合等功能。透明质酸具有较高临床价值,广泛应用于各类眼科手术,如晶状体植入、角膜移植和抗青光眼手术等,还可用于治疗关节炎和加速伤口愈合。透明质酸在化妆品中的应用更加广泛,能起到独特的皮肤保护作用,可保持皮肤滋润光滑、细腻柔嫩、富有弹性,具有防皱、抗皱、美容保健和恢复皮肤生理功能的作用。同时还是良好的透皮吸收促进剂,与其他营养成分配合使用,可以起到促进营养吸收的理想效果。

思考题

1. 说明糖酵解途径的主要过程及其生理意义。
2. 写出三羧酸循环的反应历程及催化各反应的酶。
3. 简述三羧酸循环的生理意义。
4. 简述磷酸戊糖途径的生理意义。
5. 什么叫糖异生作用?哪些代谢物可以在体内转变为糖?
6. 糖原合成与分解是如何协调控制的?
7. 简述血糖水平异常的两种常见类型。

在线测试

本章小结

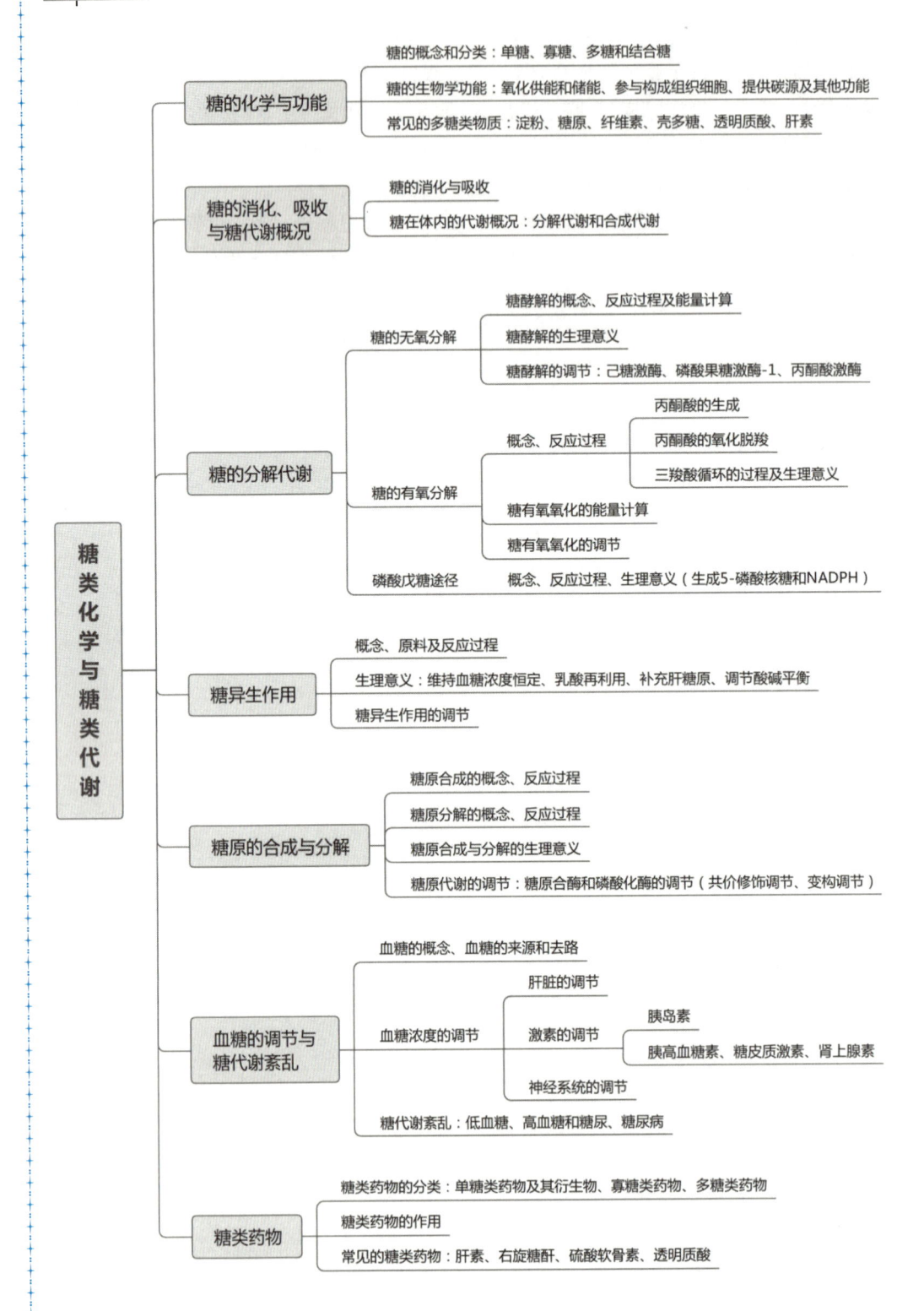

- **糖类化学与糖类代谢**
  - **糖的化学与功能**
    - 糖的概念和分类：单糖、寡糖、多糖和结合糖
    - 糖的生物学功能：氧化供能和储能、参与构成组织细胞、提供碳源及其他功能
    - 常见的多糖类物质：淀粉、糖原、纤维素、壳多糖、透明质酸、肝素
  - **糖的消化、吸收与糖代谢概况**
    - 糖的消化与吸收
    - 糖在体内的代谢概况：分解代谢和合成代谢
  - **糖的分解代谢**
    - 糖的无氧分解
      - 糖酵解的概念、反应过程及能量计算
      - 糖酵解的生理意义
      - 糖酵解的调节：己糖激酶、磷酸果糖激酶-1、丙酮酸激酶
    - 糖的有氧分解
      - 概念、反应过程
        - 丙酮酸的生成
        - 丙酮酸的氧化脱羧
        - 三羧酸循环的过程及生理意义
      - 糖有氧氧化的能量计算
      - 糖有氧氧化的调节
    - 磷酸戊糖途径：概念、反应过程、生理意义（生成5-磷酸核糖和NADPH）
  - **糖异生作用**
    - 概念、原料及反应过程
    - 生理意义：维持血糖浓度恒定、乳酸再利用、补充肝糖原、调节酸碱平衡
    - 糖异生作用的调节
  - **糖原的合成与分解**
    - 糖原合成的概念、反应过程
    - 糖原分解的概念、反应过程
    - 糖原合成与分解的生理意义
    - 糖原代谢的调节：糖原合酶和磷酸化酶的调节（共价修饰调节、变构调节）
  - **血糖的调节与糖代谢紊乱**
    - 血糖的概念、血糖的来源和去路
    - 血糖浓度的调节
      - 肝脏的调节
      - 激素的调节
        - 胰岛素
        - 胰高血糖素、糖皮质激素、肾上腺素
      - 神经系统的调节
    - 糖代谢紊乱：低血糖、高血糖和糖尿、糖尿病
  - **糖类药物**
    - 糖类药物的分类：单糖类药物及其衍生物、寡糖类药物、多糖类药物
    - 糖类药物的作用
    - 常见的糖类药物：肝素、右旋糖酐、硫酸软骨素、透明质酸

实验项目七　糖酵解中间产物的鉴定

【实验目的】

1. 掌握糖酵解过程的中间步骤及利用抑制剂来研究中间代谢的方法。
2. 加深对糖酵解过程的感性认识。

【实验原理】

利用碘乙酸对糖酵解过程中 3-磷酸甘油醛脱氢酶的抑制作用,使 3-磷酸甘油醛不再进一步反应而积累。硫酸肼作为稳定剂,用来保护 3-磷酸甘油醛使其不自发分解。然后用 2,4-二硝基苯肼与 3-磷酸甘油醛在碱性条件下形成 2,4-二硝基苯肼-丙糖的棕色复合物,其棕色程度与 3-磷酸甘油醛含量成正比。

【试剂、材料和器材】

1. 试剂

(1) 2,4-二硝基苯肼溶液:0.1 g 2,4-二硝基苯肼溶于 100 ml 2 mol/L 盐酸溶液中,储于棕色瓶备用。

(2) 0.56mol/L 硫酸肼溶液:称取 7.28 g 硫酸肼溶于 50 ml 水中,这时不易全部溶解,当加入 NaOH 使 pH 达 7.4 时则完全溶解。此液也可用水合肼溶液配制,可按其分子浓度稀释至 0.56 mol/L,此时溶液呈碱性,可用浓硫酸调 pH 至 7.4 即可。

(3) 5%葡萄糖溶液;10%三氯乙酸;0.75 mol/L NaOH 溶液;0.002 mol/L 碘乙酸。

2. 材料　酵母。

3. 器材　试管、吸量管、烧杯、玻璃漏斗、恒温水浴锅。

【实验方法及步骤】

1. 取小烧杯 3 只,分别加入新鲜酵母 0.3 g,并按表 5-2 分别加入各试剂,混匀。

表 5-2　试剂添加(一)

杯号	5%葡萄糖/ml	10%三氯乙酸/ml	碘乙酸/ml	硫酸肼/ml	发酵时气泡多少
1	10	2	1	1	
2	10	0	1	1	
3	10	0	0	0	

将各杯混合物分别倒入编号相同的发酵管内,放入 37 ℃保温 1.5 h,观察发酵管产生气泡的量有何不同。

137

2.把发酵管中的发酵液倾倒入同号小烧杯中,并在 2 号和 3 号杯中按下表补加各试剂,摇匀并放置 10 min 后和 1 号烧杯中的内容物一起分别过滤,取滤液进行测定(表 5-3)。

表 5-3　试剂添加(二)

杯号	10％三氯乙酸/ml	碘乙酸/ml	硫酸肼/ml
2	2	0	0
3	2	1	1

3.取 3 支试管,分别加入上述滤液 0.5 ml,并按表 5-4 加入试剂和处理,观察各管颜色的变化。

表 5-4　试剂添加(三)

管号	1	2	3
滤液/ml	0.5	0.5	0.5
0.75 mol/L NaOH/ml	0.5	0.5	0.5
室温放置 10 min			
2,4-二硝基苯肼/ml	0.5	0.5	0.5
37 ℃水浴保温 10 min			
0.75 mol/L NaOH/ml	3.5	3.5	3.5
观察并记录结果			

【思考题】

1 实验中三氯乙酸、碘乙酸、硫酸肼这三种试剂分别起什么作用?

2.实验中哪一发酵管生成的气泡最多?哪一管最后生成的颜色反应最深?为什么?

实验项目八　胰岛素和肾上腺素对血糖浓度的影响

【实验目的】

1.掌握葡萄糖氧化酶法测定血糖浓度的原理和方法。
2.观察胰岛素和肾上腺素对血糖浓度的影响。

【实验原理】

激素是调节血糖浓度的重要因素,其中胰岛素能降低血糖,肾上腺素等激素能升高血糖。本实验将胰岛素或肾上腺素分别注射入两只健康的家兔体内,通过测定注射前后家兔体内的血糖含量变化,观察胰岛素和肾上腺素对血糖浓度的影响。

本实验采用葡萄糖氧化酶法测定血清葡萄糖含量。其原理是葡萄糖氧化酶(GOD)利用氧和水将葡萄糖氧化为葡萄糖酸,并释放出过氧化氢。然后过氧化物酶(POD)在色素原性氧受体存在下将释放出的过氧化氢分解为水和氧,同时使色素原性氧受体 4-氨基安替比林和酚去氢缩合为红色醌类化合物(苯醌亚胺非那腙),其颜色深浅在一定范围内与葡萄糖浓度成正比。其反应方程式如下:

$$\beta\text{-}D\text{-}葡萄糖 + O_2 + H_2O \xrightarrow{葡萄糖氧化酶} D\text{-}葡萄糖酸 + H_2O_2$$

$$H_2O_2 + 4\text{-}氨基安替比林 + 苯酚 \xrightarrow{过氧化物酶} H_2O + 红色醌式物质$$

【试剂、动物与器材】

1. 试剂

(1) 0.1 mol/L 磷酸盐缓冲液(pH 7.0):称取无水磷酸氢二钠 8.67 g 及无水磷酸二氢钾 5.3 g,溶于蒸馏水 800 ml 中,用 1 mol/L NaOH(或 1 mol/L HCl)调 pH 至 7.0,用蒸馏水定容至 1 L。

(2) 酶试剂:称取过氧化物酶 1200 U,葡萄糖氧化酶 1200 U,4-氨基安替比林 10 mg,叠氮化钠 100 mg,溶于磷酸盐缓冲液 80 ml 中,用 1 mol/L NaOH 调 pH 至 7.0,用磷酸盐缓冲液定容至 100 ml,置于 4 ℃保存,可稳定存放 3 个月。

(3) 酚溶液:称取重蒸馏酚 100 mg,溶于蒸馏水 100 ml 中,用棕色瓶储存。

(4) 酶酚混合试剂:酶试剂与酚溶液等量混合,置于 4 ℃保存,可存放 1 个月。

(5) 12 mmol/L 苯甲酸溶液:称取苯甲酸 1.4 g,溶于蒸馏水约 800 ml 中,加热助溶,冷却后用蒸馏水定容至 1 L。

(6) 100 mmol/L 葡萄糖标准储存液:称取已干燥至恒重的无水葡萄糖 1.802 g,溶于 12 mmol/L 苯甲酸溶液约 70 ml 中,再用 12 mmol/L 苯甲酸溶液定容至 100 ml。2 h 后方可使用。

(7) 5 mmol/L 葡萄糖标准应用液:吸取葡萄糖标准储存液 5.0 ml 至 100 ml 容量瓶中,用 12 mmol/L 苯甲酸溶液定容至 100 ml。

2. 动物　健康家兔两只,体重 2~3 kg。

3. 器材　手术刀片、二甲苯、剪刀、干棉球、注射器、试管及试管架、微量加样器、数显恒温水浴锅、紫外可见分光光度计、离心机。

【实验方法及步骤】

1. 动物准备　取健康家兔两只,实验前预先饥饿 16 h,称体重。

2. 注射激素前取血　一般多从耳缘静脉取血。先剪去外耳静脉周围的兔毛,用二甲苯擦拭兔耳,使其血管充血,再用干棉球擦干,于放血部位涂一薄层凡士林,然后用手术刀片或粗针头刺破静脉放血。将静脉血收集于干净试管中,静置至血清析出。取血完毕后,用干棉球压迫血管止血。

3. 注射激素　一只家兔注射胰岛素:皮下注射,剂量为 1.0 U/kg。另一只家兔注射肾上腺素:皮下注射,剂量为 0.4 mg/kg。分别记录注射时间,30 min 后取第二次血,取血方法同前。

4. 血糖测定　分别测定各血样中的葡萄糖含量:取试管 7 支,其中空白管 1 支,标准管 1 支,测定管 4 支,按表 5-5 操作。

表 5-5 试剂添加(四)

加入物/ml	空白管	标准管	测定管
血清	—	—	0.02
葡萄糖标准应用液	—	0.02	—
蒸馏水	0.02	—	—
酶酚混合试剂	3.0	3.0	3.0

混匀,置 37 ℃水浴中,保温 15 min,在波长 505 nm 处比色,以空白管调零,读取标准管及各测定管的吸光度值。

5.计算及分析 读取标准管及测定管的吸光度值,代入下列公式计算出各血样中的葡萄糖含量。

$$血清葡萄糖(mmol/L) = \frac{测定管吸光度}{标准管吸光度} \times 5$$

然后,将计算出来的血糖浓度与正常血糖浓度进行比较,计算注射胰岛素后血糖浓度降低和注射肾上腺素后血糖浓度增高的百分率。

$$血糖改变百分率(\%) = \frac{\Delta BS}{注射前 BS} \times 100\%$$

式中,BS 为血糖,ΔBS＝注射后 BS－注射前 BS。计算所得结果,正值表示 BS 升高;负值表示 BS 降低。

【注意事项】

1.剪家兔耳毛时,先用水润湿后再剪,要求耳缘静脉四周要剪干净,否则取血时容易引起溶血。

2.选用腹部皮肤做胰岛素和肾上腺素皮下注射,一只手轻轻提起腹部皮肤,另一只手持注射器以 45°进针,针头不要刺入腹腔,更不要穿破皮肤注射到体外。

3.考虑到饥饿后再注射胰岛素,可能使家兔血糖过低引起痉挛,发生胰岛素性休克(低血糖休克),因此,从注射胰岛素的家兔取血后,宜立即向家兔皮下注射 40％的葡萄糖溶液 10 ml。

4.采血后应及时将血清与血细胞分离,以免血清中葡萄糖被细胞利用而降低。

5.血糖测定应在 2 h 内完成,血液放置过久,糖容易氧化分解,致使含量降低。

6.因用血量甚微,操作中应直接加样本至试剂中,再吸试剂反复冲洗吸管,以保证结果可靠。

【思考题】

1.通过实验结果分析,胰岛素和肾上腺素对血糖浓度有何影响?
2.还可以利用哪些酶来测定血糖浓度?

第六章 生物氧化

学习目标

知识目标
1. 掌握：线粒体氧化体系中呼吸链的主要组成、功能、氧化磷酸化机制。
2. 熟悉：生物氧化的概念及特点，氧化磷酸化的抑制剂和解偶联作用。
3. 了解：非线粒体氧化体系的生理意义及主要酶的功能。

能力目标
1. 能根据氧化磷酸化机制计算糖类及脂类代谢过程中ATP的生成量。
2. 学会分析一氧化碳、氰化物中毒的生化机制。

第一节 生物氧化概述

一、生物氧化的概念

新陈代谢是机体生命活动的基本特征之一，表现为机体与环境之间不断进行的物质交换及自我更新过程。物质代谢包括合成代谢和分解代谢，体内所有的代谢反应，不论是合成反应还是分解反应，均需要酶来催化，物质代谢过程中伴有能量的释放、贮存和利用。物质在生物体内的氧化分解称为生物氧化（biological oxidation），依细胞定位和功能又分为线粒体氧化体系和非线粒体氧化体系。

人体的各种生理活动都需要利用能量，食物中的糖、脂肪和蛋白质是能量的主要来源，这些物质分子中贮存着大量的化学能，在氧化过程中碳氢键断裂，生成CO_2和H_2O，同时释放出能量，这类氧化分解反应过程主要发生在线粒体内，表现为细胞内O_2的消耗和CO_2的释放，并伴有ATP的生成，也称为细胞呼吸。发生在线粒体外，如内质网、过氧化酶体（微粒体）等的非线粒体氧化体系，则主要和代谢物或药物、毒物的生物转化有关。

二、生物氧化的特点

有机物在生物体内完全氧化与在体外燃烧而被彻底氧化，在化学本质上是相同的,即都是消耗氧,使有机物氧化,最终生成二氧化碳和水,释放出的总能量也相等。例如 1 mmol 葡萄糖在体内氧化和在体外燃烧最终都产生 CO_2 和 H_2O,释放的总能量均为 2867.5 kJ。与体外直接氧化相比,生物氧化具有以下特殊性。

(1)反应在体内温和、多水、pH 近中性的活细胞内进行,反应环境温和。

(2)生物氧化需要一系列酶、辅酶和传递体的参与,能量分阶段释放并受到调控,而且释放出来的能量得到最有效的利用。例如人体可利用的热量,大于50%的能量以热能形式释放,维持体温,余下的能量以高能磷酸键的形式贮存。最主要的高能化合物是 ATP,它可以转换成各种形式的能量,以供机体生命活动的需要,因此 ATP 相当于生物体内能量的"贮存库"和"转运站"。

(3)有机物在体内氧化时,糖、脂肪、蛋白质氧化分解的中间产物是有机酸,有机酸经脱羧反应而生成 CO_2,有机物分子中的氢,则是在多种酶的作用下,经一系列氢或电子体传递,最终与分子氧结合生成 H_2O。

第二节 线粒体氧化体系

食物中糖、脂肪、蛋白质的生物氧化过程可分为三个阶段:第一阶段是糖、脂肪及蛋白质在不同酶的催化下分解为葡萄糖、甘油和脂肪酸、氨基酸等基本组成单位,此阶段放能较少,仅相当于该物质所能释放总能量的1%以下;第二阶段是葡萄糖、脂肪酸和甘油、氨基酸经一系列反应生成乙酰 CoA,这阶段释出总能量的1/3;第三阶段是三羧酸循环,乙酰 CoA 在循环中有多次脱羧、脱氢反应,脱羧反应直接释放 CO_2,脱氢中的电子经线粒体中的呼吸链传递给氧,最后 H^+ 与氧结合生成 H_2O,同时释放出大量能量,其中相当一部分能量以高能磷酸键贮存于 ATP 分子中(图 6-1)。

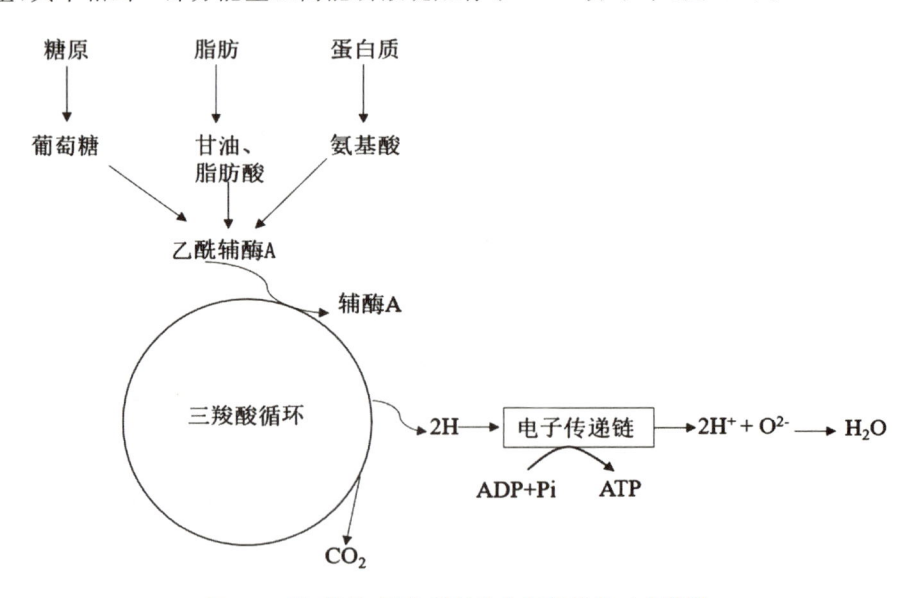

图 6-1 糖、脂肪、蛋白质氧化分解放能的三个阶段

一、呼吸链的组成成分

线粒体内膜上起传递氢或电子作用的酶或辅酶称为电子传递体,它们按一定的顺

序排列在线粒体内膜上,组成递氢和递电子体系,称为电子传递链。该体系进行的一系列反应是与细胞摄取氧的呼吸作用相关,故又称为呼吸链(respiratory chain)。只传递电子的酶和辅酶称为递电子体,既传递电子又传递质子的酶和辅酶称为递氢体。现已发现组成呼吸链的成分有二十多种,依具体功能不同又可分为递氢体和递电子体。

(一)递氢体

在呼吸链中既可接受氢又可把所接受的氢传递给另一种物质的成分叫作递氢体。它们包括:

1. NAD$^+$或NADP$^+$为辅酶的脱氢酶类 重要的脱氢辅酶有两种,一种是烟酰胺腺嘌呤二核苷酸(nicotinamide adenine dinucleotide,NAD$^+$),又称为辅酶Ⅰ(CoⅠ);另一种是烟酰胺腺嘌呤二核苷酸磷酸(nicotinamide adenine dinucleotide phosphate,NADP$^+$),也称为辅酶Ⅱ(CoⅡ)。NADP$^+$与NAD$^+$的不同之处在于,它是腺苷酸部分中核糖的2′位碳上羟基的氢被磷酸基取代而成。NAD$^+$和NADP$^+$是多种脱氢酶的辅酶。当脱氢酶催化代谢物脱氢时,NAD$^+$或NADP$^+$与代谢物脱下的氢结合而还原成NADH或NADPH。上述反应可简化表示如下:

$$NAD^+ + 2H \rightleftharpoons NADH + H^+$$
$$NADP^+ + 2H \rightleftharpoons NADPH + H^+$$

2. 黄素蛋白(flavoproteins,FP) 黄素蛋白种类很多,其辅基有两种:黄素单核苷酸(FMN)和黄素腺嘌呤二核苷酸(FAD)。黄素蛋白的作用是催化代谢物脱氢或传递氢,FMN或FAD可以接受一对氢原子而变为还原型FMNH$_2$或FADH$_2$,后者又可脱氢再转变为氧化型,其氧化还原过程的反应式如下:

$$FMN(FAD) + 2H \rightleftharpoons FMNH_2(FADH_2)$$

参与呼吸链电子传递的黄素蛋白有多种,例如,以FMN为辅基的黄素蛋白与铁硫蛋白结合的复合物称为内NADH脱氢酶,催化线粒体内的NADH脱氢,并将氢传递给泛醌。以FAD为辅基的黄素蛋白有琥珀酸脱氢酶、外NADH脱氢酶和磷酸甘油脱氢酶。

3. 泛醌(ubiquinone,UQ或Q) 亦称辅酶Q(coenzyme Q,CoQ),因广布于生物界并具有醌的结构而得名。UQ分子中含有一条由多个异戊二烯单位构成的侧链,不同生物体的泛醌其异戊二烯单位的数目不同,在哺乳类动物组织中最多见的泛醌其侧链由10个异戊二烯单位组成。

泛醌(氧化型)接受一个电子和一个质子还原成半醌(半还原型),再接受一个电子和质子则还原成二氢泛醌(还原型),后者又可脱去电子和质子而被氧化恢复为泛醌。三者之间的相互转变过程如下(下列结构式中的R为聚异戊烯侧链):

泛醌与蛋白质相比分子小,呈脂溶性,它可以在线粒体内膜的磷脂双分子层的疏水区自由扩散,往返于比较固定的蛋白质类的电子传递体之间进行电子传递。泛醌处于呼吸链电子传递途径的中心位置,它可接受来自 NADH 脱氢酶、琥珀酸脱氢酶和磷酸甘油脱氢酶等提供的 2H(2H$^+$ + 2e),其中有的来自膜内侧,有的来自膜外侧。

(二)递电子体

既能接受电子又能将电子传递出去的物质叫作递电子体。呼吸链中的递电子体包括两类。

1.铁硫蛋白(iron sulfur proteins,Fe-S)　它含有非血红素铁和对酸不稳定的硫,分子中所含的铁和硫构成活性中心,称为铁硫中心,各种铁硫蛋白含 Fe-S 的数目不同。目前发现的铁硫蛋白有 9 种,有些铁硫蛋白含有 2 个铁原子和 2 个硫原子(Fe_2S_2),有些铁硫蛋白含有 4 个铁原子和 4 个硫原子(Fe_4S_4),还有 FeS、Fe_3S_3、Fe_5S_5、Fe_6S_6、Fe_7S_7、Fe_8S_8 等。铁硫蛋白中的铁可以呈两价(还原型),也可呈三价(氧化型),由于铁的氧化、还原而达到传递电子作用。其氧化型和还原型之间的相互转变示意如下:

$$Fe^{3+} + e^- \rightleftharpoons Fe^{2+}$$

2.细胞色素类(cytchrome,Cyt)　细胞色素是一类含有铁卟啉(血红素铁)辅基的色蛋白。其血红素铁呈 Fe^{3+} 时为氧化型,接受一个电子呈 Fe^{2+} 时为还原型,因此,细胞色素在呼吸链中作为单电子传递体。

各种细胞色素的氧化型和还原型有不同的吸收光谱。还原型细胞色素一般呈现 α、β、γ 三个吸收峰,根据这三个吸收峰位置的不同,将细胞色素分为 a、b、c 三类。三类细胞色素的辅基结构以及辅基部分与蛋白质部分的结合方式有所不同。每一类有新发现的细胞色素则注明数字下标(如 a_3)或注明 α-峰的波长(nm)(如 b_{560})。

现在已经知道的细胞色素有三十多种。从高等动物细胞的线粒体内膜上至少分离出 5 种细胞色素,包括细胞色素 a、a_3、b、c、c_1 等。在典型的线粒体呼吸链中,其传递顺序是 b→c_1→c→aa_3→O_2。其中 Cyt c 为可溶性蛋白质,它以静电作用结合在线粒体内膜的外表面,其他 4 种细胞色素都结合在内膜中。在呼吸链的电子传递过程中,Cyt b 接受来自辅酶 Q 的电子,还原型的 Cyt b 将电子经铁硫蛋白传递给 Cyt c_1,Cyt c_1 又将电子传递给 Cyt c,Cyt c 再将接受的电子传递给 Cyt aa_3。Cyt a 和 a_3 现在还不能分开,可能两者结合在一起形成寡聚体,但各具有特征的吸收光谱,把 a 和 a_3 合称为细胞色素氧化酶,由于细胞色素氧化酶是呼吸链中最后一个电子传递体,处于呼吸链的最末端,故又称为末端氧化酶。细胞色素氧化酶含有 2 个血红素 A、2 个铜原子和 6~13 个蛋白质亚基。Cyt a 接受来自还原型 Cyt c 的电子,依靠铜原子化合价的变化把电子传递给 Cyt a_3,最后 Cyt a_3 将接受的电子传递给分子氧,使分子氧还原成水。

二、呼吸链中传递体的排列顺序

通过实验测定呼吸链各组分的氧化还原电位、有氧条件下氧化反应达到平衡时各种传递体的还原程度及使用特异的抑制剂阻断不同部位的电子传递等方法,可以推断出代谢物氧化后脱下的质子及电子通过以上呼吸链四个复合体的传递顺序为:从复合体Ⅰ或复合体Ⅱ开始,经辅酶 Q 到复合体Ⅲ,然后复合体Ⅳ从还原型细胞色素 c 转移电子到氧(图 6-2)。

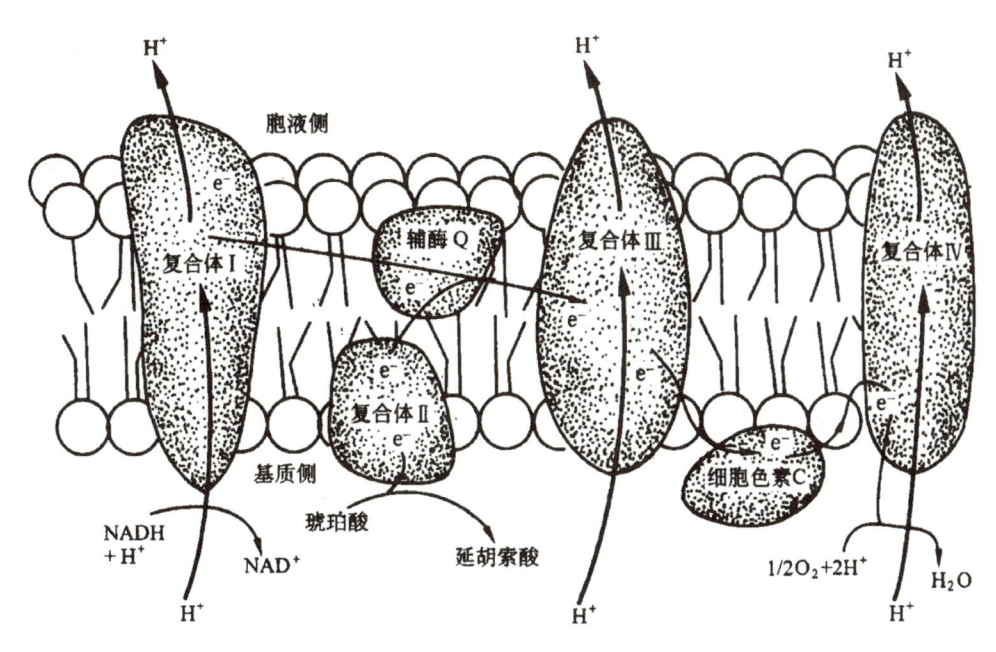

图 6-2 呼吸链各复合体在线粒体内膜中的位置及电子传递顺序

(一)复合体 I

复合体 I 包括呼吸链中从 NADH 到辅酶 Q(泛醌)间的组分又称 NADH-CoQ 还原酶,为一巨大的黄素蛋白复合物。它主要含辅基 FMN 和 6 个铁硫中心,整个复合体横跨线粒体内膜,含有 NADH 和 CoQ 结合位点,其 NADH 结合面朝向线粒体基质,这样就能与基质内经脱氢酶催化产生的 NADH+H^+ 结合使氧化脱氢,NADH 脱下的氢经复合体 I 中 FMN、铁硫蛋白等传递给 CoQ,使 CoQ 还原,与此同时伴有质子从线粒体基质转移到线粒体膜间隙,所以复合体 I 还有质子泵功能。

(二)复合体 II

复合体 II 又称琥珀酸-CoQ 还原酶,主要含辅基 FAD 和 3 个铁硫中心。它是三羧酸循环中唯一的膜结合蛋白质,含有琥珀酸和 CoQ 结合位点,能催化琥珀酸氧化和 CoQ 还原,以 FAD 为辅基的黄素蛋白有琥珀酸脱氢酶、NADH 脱氢酶和磷酸甘油脱氢酶。

(三)复合体 III

复合体 III 主要包括辅酶 Q 到细胞色素 c 间的呼吸链组分,亦称 CoQ-细胞色素 c 还原酶,含有细胞色素 b、细胞色素 c_1、铁硫蛋白以及其他多种蛋白质。复合体含有细胞色素 c 结合位点,复合体 III 在 CoQ 和细胞色素 c 之间传递电子,催化 CoQ 氧化和细胞色素 c 还原,与此同时伴有质子从线粒体基质转移到线粒体膜间隙,所以复合体 III 也具有质子泵功能。

(四)复合体 IV

复合体 IV 包括细胞色素 aa_3 和铜原子,又称细胞色素 c 氧化酶。电子从细胞色素 c 通过复合体 IV 传递给 O_2,使其接受电子而被还原为 O^{2-},形式分子氧,复合体 IV 在传递电子的同时将 H^+ 从线粒体基质转移到线粒体膜间隙。

三、主要的呼吸链

根据呼吸链各组分的排列顺序和氢的最初受体不同,发现线粒体内膜上主要有两条呼吸链。

(一) NADH 呼吸链

这是细胞内的主要呼吸链,因为生物氧化过程中大多数脱氢酶都是以 NAD^+ 为辅酶,如丙酮酸脱氢酶、异柠檬酸脱氢酶、α-酮戊二酸脱氢酶和苹果酸脱氢酶等,这些酶催化底物脱氢,氧化型辅酶 NAD^+ 转变为还原型辅酶 $NADH+H^+$。NADH 经 FMN-黄素蛋白、铁硫蛋白、辅酶 Q 和各种细胞色素将电子传递给氧,NADH 呼吸链各组分的排列顺序见图 6-3。

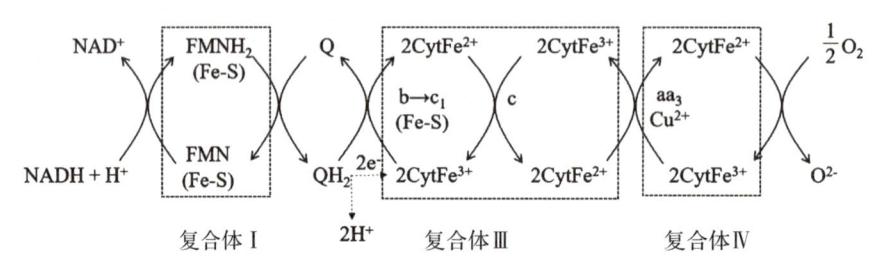

图 6-3 NADH 呼吸链

如图 6-3 所示,底物在相应酶的催化下脱氢,脱下来的氢由 NAD^+ 接受,NAD^+ 接受氢还原成 $NADH+H^+$;FMN 是 NADH 脱氢酶的辅基,FMN 接受 $NADH+H^+$ 的氢,还原为 $FMNH_2$;$FMNH_2$ 将 $2H^+$ 传递给辅酶 Q 而生成还原型辅酶 Q(QH_2);QH_2 将电子传递给细胞色素体系,而质子游离在线粒体基质中。电子传递的顺序由氧化还原电位较低的细胞色素 b,经过 Cyt c_1、Cyt c、Cyt aa_3 的传递,最后 Cyt aa_3 将电子传给氧,使氧活化,活化的氧(O^{2-})和基质中的 $2H^+$ 结合生成水。

(二) $FADH_2$ 呼吸链

由于 FAD-黄素蛋白固定在内膜上,其还原型 $FADH_2$-黄素蛋白的电子来自琥珀酸,因此琥珀酸才是这条呼吸链的电子最初供体,故又称为琥珀酸呼吸链。$FADH_2$ 的电子经铁硫蛋白、泛醌和各种细胞色素最后传递给分子氧。$FADH_2$ 呼吸链各组分的排列顺序见图 6-4。

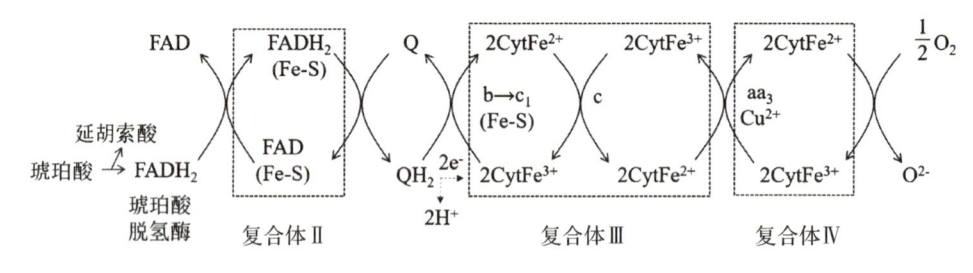

图 6-4 $FADH_2$ 呼吸链

四、ATP 的生成、储存与利用

在标准条件下(pH 7.0,温度 25 ℃,浓度 1 mol/L)发生水解时,可释放出大量自由能的化合物,称为高能化合物(high-energy compound)。生物体内的高能化合物有焦磷酸化合物、酰基磷酸化合物、烯醇磷酸化合物、硫酯化合物等。含有高能磷酸键的化合物又称高能磷酸化合物（high-energy phosphate compound），ATP 是高能磷酸化合物的代表，ATP 水解一个高能磷酸键变成 ADP 的同时，释放出能量；而 ADP 又能接受某些高能化合物的磷酸基因和能量，重新转变为 ATP。有机体的肌肉收缩、物质的运输、腺体的分泌及生物大分子的合成等都是耗能过程，它们的能量主要来源于 ATP。人体生物氧化过程中释放的能量大约 50% 以化学能的形式储存于 ATP 的高能磷酸键中。

（一）ATP 的生成

体内生成 ATP 的方式主要有底物水平磷酸化和氧化磷酸化。

1. 底物水平磷酸化（substrate-level phosphorylation） 有些物质在代谢过程中，因脱氢、脱水等作用使能量在分子内部重新分布而形成高能磷酸化合物，能将高能磷酸基团转移给 ADP 生成 ATP，这种合成 ATP 的方式称为底物水平磷酸化。通过底物水平磷酸化生成的 ATP 在体内所占比例很小，其余 ATP 均是通过氧化磷酸化产生的，如 1 mol 葡萄糖彻底氧化产生 30（或 32）mol ATP 中只有 4 或 6 mol 由底物水平磷酸化产生。

以下三个反应就是通过底物水平磷酸化产生 ATP。

$$1,3\text{-二磷酸甘油酸} + ADP \xrightleftharpoons{\text{3-磷酸甘油酸激酶}} \text{3-磷酸甘油酸} + ATP$$

$$\text{磷酸烯醇式丙酮酸} + ADP \xrightarrow{\text{丙酮酸激酶}} \text{丙酮酸} + ATP$$

$$\text{琥珀酸单酰CoA} + H_3PO_4 + GDP \xrightleftharpoons{\text{琥珀酸单酰CoA 合成酶}} \text{丙酮酸} + GTP$$

2. 氧化磷酸化（oxidative phosphorylation） 代谢物脱下的氢经呼吸链传递给氧生成水的同时，释放的能量使 ADP 磷酸化生成 ATP，这种代谢物的氧化和 ADP 磷酸化的偶联作用称为氧化磷酸化。氧化磷酸化是体内生成 ATP 的主要方式，在糖、脂等物质的氧化分解代谢中除少数外，几乎全部都通过氧化磷酸化生成 ATP。

（二）氧化磷酸化的偶联机制

1. 氧化磷酸化的偶联部位 电子在呼吸链中按顺序逐步传递的同时释放自由能，其中释放自由能较多足以用来生成 ATP 的电子传递部位称为偶联部位。利用电子传递抑制剂阻断呼吸链中的特定环节后，测定 NADH 和 FADH$_2$ 经呼吸链氧化产生 ATP 的数目，通过化学计算能量释放等方法证明，呼吸链的四个复合物中，复合物 Ⅰ、Ⅲ、Ⅳ 是偶联部位，复合物 Ⅱ 不是偶联部位。每 2 个电子经呼吸链传递给分子氧的过程中，伴随 ADP 磷酸化所消耗的无机磷酸的磷原子数与消耗的氧原子数之比，称为磷氧比（P/O 比）。P/O 比也就是 ATP/2e$^-$ 比，指每 2 个电子经呼吸链传递给分子氧时所生成的 ATP 分子数。线粒体内的 NADH+H$^+$ 经呼吸链氧化，其 P/O 比为 2.5；FADH$_2$ 经呼吸链氧化，其 P/O 比为 1.5。

2. ATP 合酶复合体的结构与组成 在氧化磷酸化过程中与 ATP 的合成起偶联作用的是线粒体内膜上的 ATP 合酶（ATP synthase）。它是由 F$_0$F$_1$ 偶联因子（F$_0$F$_1$ coupling factor）组成的，且 F$_0$ 和 F$_1$ 组合在一起才能催化 ATP 合成，所以又被称为 ATP 合酶复合体（ATP synthase complex）（图 6-5）。

F$_1$ 是复合体的头部，呈球状，由五种亚基组成的九聚体（α$_3$β$_3$γδε），3 个 α 亚基和 3 个 β 亚基交替排列构成 ATP 合酶的头部，每个 F$_1$ 含有 3 个 ATP 合成催化位点，分别位于 β 亚基上。γ 亚基从 F$_1$ 顶端到 F$_0$ 穿过 ATP 合酶的中心形成中央柄，ε 亚基协助 γ 亚基附着到 F$_0$ 基部形成"转子"，δ 亚基是 F$_0$F$_1$ 相连接所必需的。F$_0$ 由 a、b、c 三种

氧化磷酸化

亚基以 ab_2c_{12} 的方式组成,还有几个功能不明的多肽,12 个 c 亚基构成一个可动的环状结构,a、b 亚基二聚体排列在 c 亚基环状结构的外侧,并且 b 亚基二聚体和 F_1 头部的 δ 亚基组成外周柄,就像一个"定子"将 α/β 亚基位置固定。F_1 是催化 ADP 与 Pi 合成 ATP 的部位,F_0 镶嵌在线粒体内膜中,不仅将 F_1 和内膜连接在一起,而且还是质子由膜间隙流向 F_1 的通道。F_0 和 F_1 通过"转子"和"定子"联系在一起,在合成 ATP 的过程中,"转子"在通过 F_0 的质子流驱动下,在 $α_3β_3$ 的中央旋转,依次与 3 个 β 亚基相互作用,使 ATP 合酶催化部位的构象发生变化,催化 ATP 的合成。

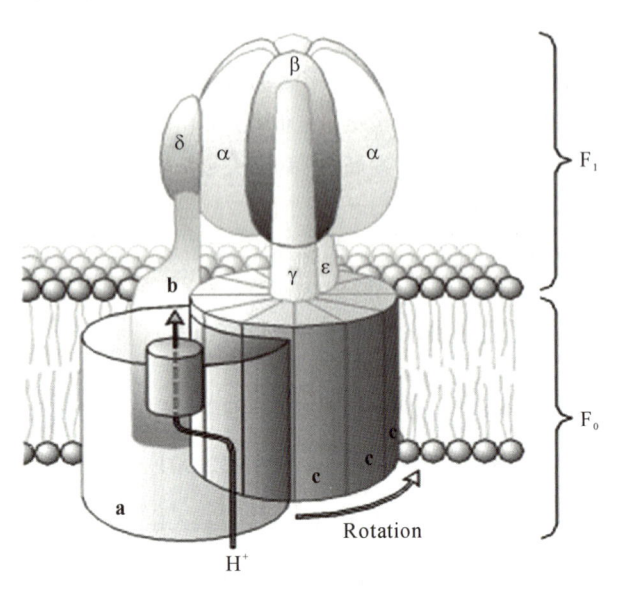

图 6-5　ATP 合酶复合体

3. 化学渗透偶联假说　关于氧化磷酸化的机制,英国化学家 PD Mitchell 于 1961 年创立的化学渗透偶联假说(chemiosmotic coupling theory)目前已被普遍接受,其机制如图 6-6 所示。这一过程可综合表述如下:NADH 或 $FADH_2$ 提供一对电子,经电子传递链被 O_2 接受;电子传递链同时起 H^+ 泵的作用,在传递电子的同时,伴随着 H^+ 从线粒体基质到膜间隙的转移;线粒体内膜是脂双层膜,对 H^+ 和 OH^- 具有不透性,因此 H^+ 在膜间隙中积累,造成线粒体内膜两侧的质子浓度差,形成跨膜电位差,这种电化学梯度可看作能量的贮存;线粒体膜间隙中的 H^+ 有顺浓度梯度返回基质的趋势,借助膜电位差的势能,所释放的自由能驱动 ATP 合酶复合体合成 ATP。

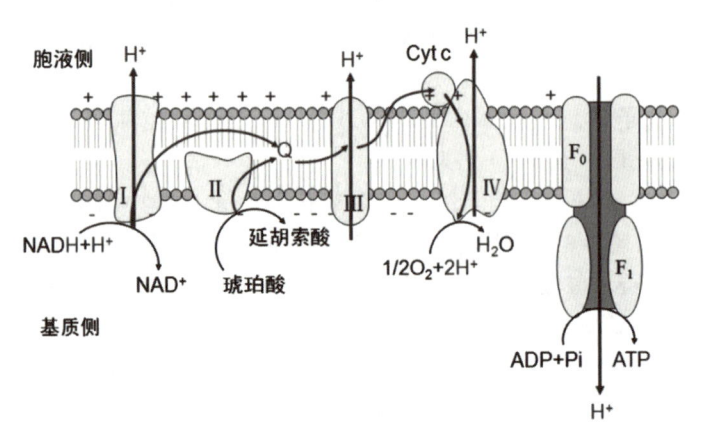

图 6-6　氧化磷酸化机制——化学渗透偶联假说

(三)氧化磷酸化抑制剂

1. 电子传递抑制剂　使氧化受阻则偶联的磷酸化也无法进行,电子传递抑制剂作用于呼吸链的不同部位。

(1)鱼藤酮(rotenone)、安密妥(amytal)和杀蝶素 A(piericidin):鱼藤酮是一种极毒的植物物质,可用作杀虫剂;安密妥可作为麻醉药;杀蝶素 A 的结构类似辅酶Q,可与辅酶Q竞争。这几种化合物都是抑制 NADH 脱氢酶,阻断电子由 NADH 脱氢酶的铁-硫中心向辅酶Q的传递。

(2)抗霉素 A(antimycin):它是从链霉素分离出来的抗生素,能阻断电子由细胞色素 b 向细胞色素 c_1 传递。

(3)氰化物、一氧化碳、硫化氢和叠氮化合物:这类化合物能与细胞色素 aa_3 铁卟啉保留的一个配位键结合形成复合物,抑制细胞色素氧化酶的活力,阻断电子由细胞色素 aa_3 向分子氧的传递。

图 6-7 表示呼吸链的电子传递被上述抑制剂所阻断的部位。

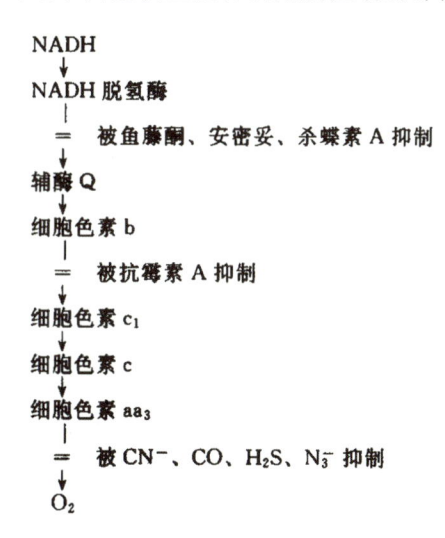

```
NADH
 ↓
NADH 脱氢酶
 |
 = 被鱼藤酮、安密妥、杀蝶素 A 抑制
 ↓
辅酶 Q
 ↓
细胞色素 b
 |
 = 被抗霉素 A 抑制
 ↓
细胞色素 c₁
 ↓
细胞色素 c
 ↓
细胞色素 aa₃
 |
 = 被 CN⁻、CO、H₂S、N₃⁻ 抑制
 ↓
O₂
```

图 6-7　电子传递抑制剂的作用部位

案例分析

无机和有机氰化物在工农业生产中应用广泛,尤其是电镀工业常用氰化物,故易获得。民间常有食用大量处理不当或未经处理的苦杏仁、木薯而致意外中毒者。

1. 为什么食用苦杏仁、木薯可能会出现中毒?
2. 氰化物进入机体后抑制的是什么?
3. 为什么吸入大量的氰化物会快速停止心跳?

2. 解偶联剂　使氧化与磷酸化脱离,虽然氧化照常进行,但不能生成 ATP。解偶联剂中最常见的有 2,4-二硝基苯酚(2,4-dinitrophenol,DNP),其作用在于裂解氧化与磷酸化过程。因 DNP 为脂溶性,能透过膜的磷脂双分子层,在不同 pH 环境中可结合 H^+ 和释放 H^+,把膜外质子转移到膜内,起着消除质子浓度梯度的作用,故不能生成 ATP。解偶联剂常用于呼吸代谢和氧化磷酸化的研究。在某些环境条件下或生长发育阶段,生物体内的解偶联蛋白也发生解偶联作用,如冬眠动物、耐寒的哺乳动物和新出生的温血动物通过解偶联产生热以维持体温。

(四) ATP 的转移、储存和利用

氧化磷酸化所需的 ADP 和 Pi 是从细胞质输入到线粒体基质中,合成的 ATP 要输往线粒体外为生命活动供能。线粒体内膜具有高度不透过性,ATP 转移到线粒体外需要依靠专门的载体。线粒体内膜上有一些转运蛋白参与 ATP 转移到线粒体外。腺苷酸转移酶能利用内膜外膜两侧质子浓度差把 ADP 和 Pi 运到线粒体基质,而把 ATP 运往线粒体外。腺苷酸转移酶 1 作为哺乳动物心脏内能量利用和线粒体产能的重要纽带,可通过转运 ATP 为细胞提供能量。

当 ATP 生成较多时,ATP 能将高能磷酸基转移给肌酸生成磷酸肌酸,这是体内的贮能物质。肌酸激酶通常存在于动物的心脏、肌肉以及脑等组织的细胞质和线粒体中,它可逆地催化肌酸与 ATP 之间的转磷酰基反应。心肌梗死时,肌酸激酶在起病 6 h 内升高,24 h 达高峰,3~4 日恢复正常。肌酸激酶的同工酶在临床诊断中有十分重要的意义。

人的一切生命活动都需要消耗能量。食物中的糖、脂肪及蛋白质是满足人体能量需要的能源物质,但必须在体内转化成 ATP 才能被机体利用。ATP 是人体及各种生物所有生命活动的直接供能物质。

$$ATP + H_2O \xrightarrow{ATP水解酶} ADP + Pi + 能量$$

ATP 也可将高能磷酸基转移给其他相应的二磷酸核苷形成三磷酸核苷,如 UTP、CTP、GTP 等分别用于糖原、磷脂、蛋白质等的合成。

五、细胞质中 NADH 的转运与氧化

线粒体内生成的 NADH 和 $FADH_2$ 可直接参与氧化磷酸化过程,但在细胞质中生成的 NADH 不能自由透过线粒体内膜,故线粒体外的代谢物脱下的氢必须通过某种转运机制才能进入线粒体,然后再经过呼吸链进行氧化磷酸化生成 ATP。这种转运机制主要有苹果酸-天冬氨酸穿梭机制和甘油-3-磷酸穿梭机制。

1. 苹果酸-天冬氨酸穿梭(malate-aspartate shuttle) 在苹果酸脱氢酶的作用下,胞液中的 NADH 使草酰乙酸还原为苹果酸,后者可通过线粒体内膜上的载体进入线粒体,又在线粒体内苹果酸脱氢酶的作用下重新生成草酰乙酸和 NADH(图 6-8)。

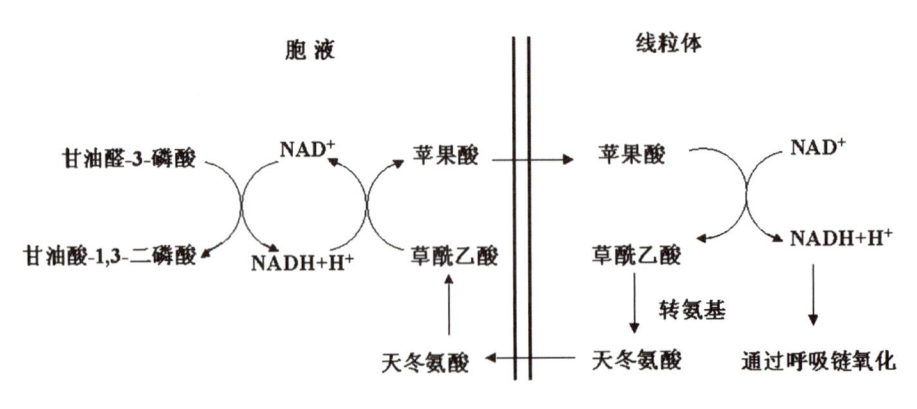

图 6-8 苹果酸-天冬氨酸穿梭

NADH 进入电子传递链,生成 2.5 个 ATP 分子。线粒体内生成的草酰乙酸经谷草转氨酶作用生成天冬氨酸,后者可通过线粒体内膜上的载体运出线粒体,再转变为草酰乙酸,以继续穿梭作用。此穿梭机制主要存在于肝和心肌等组织,故这些组织的

糖酵解过程产生的NADH+H⁺可通过苹果酸-天冬氨酸穿梭进入线粒体,因此1分子葡萄糖彻底氧化可生成32分子ATP。

2. 甘油-3-磷酸穿梭(glycerol-α-phosphate shuttle)　线粒体外的NADH在胞液中的磷酸甘油脱氢酶催化下,使磷酸二羟丙酮还原成甘油-3-磷酸,后者进入线粒体,再经位于线粒体内膜近外侧的磷酸甘油脱氢酶催化生成磷酸二羟丙酮和FADH₂。磷酸二羟丙酮磷酸可穿出线粒体到细胞液,继续穿梭作用(图6-9)。FADH₂进入电子传递链,生成1.5分子ATP。这种穿梭机制主要存在于脑及骨骼肌中,这些组织的糖酵解产生的NADH+H⁺可通过甘油-3-磷酸穿梭进入线粒体,故1分子葡萄糖彻底氧化可生成30分子ATP。

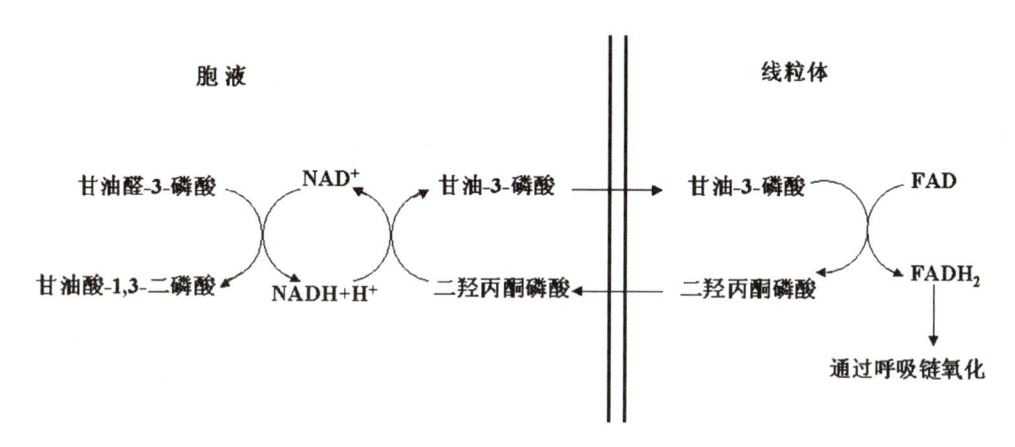

图6-9　甘油-3-磷酸穿梭

第三节　非线粒体氧化体系

线粒体氧化体系是一切动物、植物的主要氧化途径。此外,还有一类与ATP的生成无关,但具有其他重要生理功能的非线粒体氧化体系,如微粒体氧化体系、过氧化物酶体氧化体系等。

一、微粒体氧化体系

微粒体不是细胞内固有的细胞器,是在对细胞进行匀浆分离过程中,由破损的内质网碎片所形成的小型密闭囊泡,有颗粒型和光滑型两种微粒体。微粒体氧化体系存在于细胞的光滑内质网上,与内质网解毒功能密切相关的氧化反应电子传递体系主要由细胞色素P450、NADPH-细胞色素P450还原酶、细胞色素b₅、NADH-细胞色素b₅还原酶、NADPH-细胞色素c还原酶等构成。在微粒体中存在一类加氧酶(oxygenase),它催化的氧化反应是将氧直接加到底物的分子上,根据其催化底物加氧反应情况不同,可分为单加氧酶和双加氧酶两种。

1. 单加氧酶　单加氧酶(monooxygenase)催化在底物分子中加1个氧原子的反应。单加氧酶的特点是它催化氧中2个氧原子分别进行不同的反应,一个氧原子加到底物分子上,而另一个氧原子则与还原型辅酶Ⅱ上的两个质子作用生成水,单加氧酶又称为羟化酶(hydroxylase),或称混合功能氧化酶(mixed function oxidase),其催化反应可表示如下：
$$RH + NADPH + H^+ + O_2 \longrightarrow ROH + NADP^+ + H_2O$$

单加氧酶系由 $NADPH+H^+$、NADPH-细胞色素 P_{450} 还原酶、细胞色素 P_{450} 及铁氧还蛋白组成。细胞色素 P_{450} 是一种含铁卟啉辅基的 b 族细胞色素，因其还原态与一氧化碳结合后，在 450 nm 波长处有最大吸收峰而命名为细胞色素 P_{450}。NADPH-细胞色素 P_{450} 还原酶，其辅基是 FAD，催化 NADPH 和细胞色素 P_{450} 之间的电子传递。细胞色素 P_{450} 羟化酶能够通过活化氧分子，进而把氧分子中的一个氧原子转移到底物分子上，是生物体内一种重要的单加氧酶。

单加氧酶系与 ATP 的生成无关，但也具有多种功能。诸如肾上腺皮质类固醇的羟化、类固醇激素的合成、维生素 D_3 的羟化以及胆酸合成中环核的羧化等反应都与其有关；不饱和脂肪酸合成中双键的引入；药物、致癌物和毒物的氧化解毒等也都需要有单加氧酶催化的羟化反应。应当指出，生物体内某些羟化酶虽能催化单加氧反应，但与含 P_{450} 的单加氧酶有本质的差别，例如苯丙氨酸羟化酶的辅因子是四氢生物蝶呤，多巴胺 β-羟化酶的供氢体是还原型抗坏血酸。

2. 双加氧酶 双加氧酶（dioxygenase）又叫转氧酶。催化 2 个氧原子直接加到底物分子特定的双键上，使该底物分子分解成两部分。其催化反应的通式可表示为：
$$R=R' + O_2 \longrightarrow R=O + R'=O$$

例如，色氨酸双加氧酶、β-胡萝卜素双加氧酶等催化 2 个氧原子分别加到构成双键的两个碳原子上。

色氨酸 $\xrightarrow{(O_2)}$ 甲酰犬尿酸原

知识链接

细胞解毒作用

肝脏是机体中内、外源性毒物及药物分解的主要器官，在肝脏细胞中经过氧化、还原、水解、甲基化和结合等方式，一方面使毒物和药物的毒性被钝化或破坏，另一方面羟化作用能增强化合物的极性，使之更易于排泄。这个过程主要由肝脏的滑面内质网来完成。

二、过氧化物酶体氧化体系

过氧化物酶体存在于动物组织的肝、肾、中性粒细胞和小肠黏膜细胞中，过氧化物酶体膜具有较高的通透性，不仅可允许氨基酸、蔗糖、乳酸等小分子物质的自由通过，在一定条件下甚至允许一些大分子物质的非吞噬性穿膜转运。过氧化物酶体中含有多种催化生成过氧化氢的酶，同时含有分解过氧化氢的酶，能氧化氨基酸、脂肪酸等多种底物。迄今为止,已经鉴定的过氧化物酶多达数十种。根据不同酶的作用性质,过氧化物酶大致分为过氧化氢酶类和过氧化物酶类。

1. **过氧化氢酶**　动物组织中过氧化氢酶主要存在于过氧化物酶体中,有4个亚基各含1个血红素辅基,是催化H_2O_2分解的重要酶。反应如下:

$$H_2O_2 + H_2O_2 \xrightarrow{\text{过氧化氢酶}} 2H_2O + O_2$$

2. **过氧化物酶**　过氧化物酶存在于红细胞、白细胞和乳汁中,辅基为血红素,此酶可催化H_2O_2分解生成H_2O,并释放出氧原子直接氧化酚类和胺类物质。

$$RH_2 + H_2O_2 \xrightarrow{\text{过氧化物酶}} R + 2H_2O$$

$$R + H_2O_2 \xrightarrow{\text{过氧化物酶}} RO + H_2O$$

红细胞等组织中还有一种含硒的谷胱甘肽过氧化物酶,具有保护生物膜及血红蛋白免受损伤的作用。谷胱甘肽过氧化物酶催化的反应如下:

$$H_2O_2 + 2GSH \longrightarrow 2H_2O + GS\text{—}SG$$

或

$$2GSH + R\text{—}O\text{—}OH \longrightarrow GS\text{—}SG + H_2O + R\text{—}OH$$

反应生成的氧化型谷胱甘肽(GS—SG),可被谷胱甘肽还原酶再转变成还原型谷胱甘肽(GSH)。

H_2O_2在体内有一定的生理作用,如中性粒细胞产生的H_2O_2可用于杀死吞噬的细菌;甲状腺产生的H_2O_2为合成甲状腺素所必需。但对大多数组织来说,H_2O_2若堆积过多,则会对细胞有毒性作用。

三、超氧化物歧化酶

反应活性氧类(ROS)主要指O_2的单电子还原产物,是一类强氧化剂。机体内生成的超氧阴离子($O_2^- \cdot$)、羟基自由基($\cdot OH$)和过氧化氢(H_2O_2)统称为反应活性氧(ROS)。线粒体呼吸链是ROS产生的主要部位,细胞内95%以上活性氧来自线粒体。

$$O_2 + e^- \longrightarrow O_2^- \cdot$$
$$O_2^- \cdot + 2H^+ + e^- \longrightarrow H_2O_2$$
$$H_2O_2 + H^+ + e^- \longrightarrow \cdot OH + H_2O$$
$$\cdot OH + H^+ + e^- \longrightarrow H_2O$$

ROS的强氧化性极易引起蛋白质、酶、脂质、DNA等细胞成分的损伤,甚至破坏细胞的正常结构和功能。正常细胞线粒体内外都存在清除ROS的各种氧化还原酶体系,共同参与氧化还原调控ROS的产生和代谢清除,维持动态平衡。正常细胞内超氧阴离子($O_2^- \cdot$)水平维持在$10^{-11} \sim 10^{-10}$ mol/L,过氧化氢(H_2O_2)水平为10^{-9} mol/L的生理安全浓度。

超氧化物歧化酶(super oxide dismutase, SOD)是一类含金属的酶,哺乳动物细胞有3种SOD同工酶,按所含金属不同分为:Cu/Zn-SOD、Mn-SOD,胞外、细胞质中的SOD为活性中心含有Cu^{2+}/Zn^{2+}的Cu/Zn-SOD;线粒体的SOD为活性中心含Mn^{2+}的Mn-SOD。SOD是人体防御内、外环境中超氧离子损伤的重要酶。Fe-SOD存在于原核生物中。超氧化物歧化酶催化的反应如下:

$$2O_2^- + 2H^+ \xrightarrow{\text{SOD}} H_2O_2 + O_2$$

体内SOD活性下降或含量减少,会引起超氧离子的堆积从而引起许多疾病,但若及时补充SOD,则可避免或缓解疾病。

思考题

1. 与体外氧化相比，体内生物氧化的特点有哪些？
2. 简述 NADH 和 FADH$_2$ 呼吸链的组成以及氧化磷酸化的偶联部位。
3. 简述线粒体氧化磷酸化的机制。
4. 底物水平磷酸化与氧化磷酸化有何区别？
5. 电子传递链的抑制剂有哪些？
6. 简述过氧化物酶存在的生理意义。

本章小结

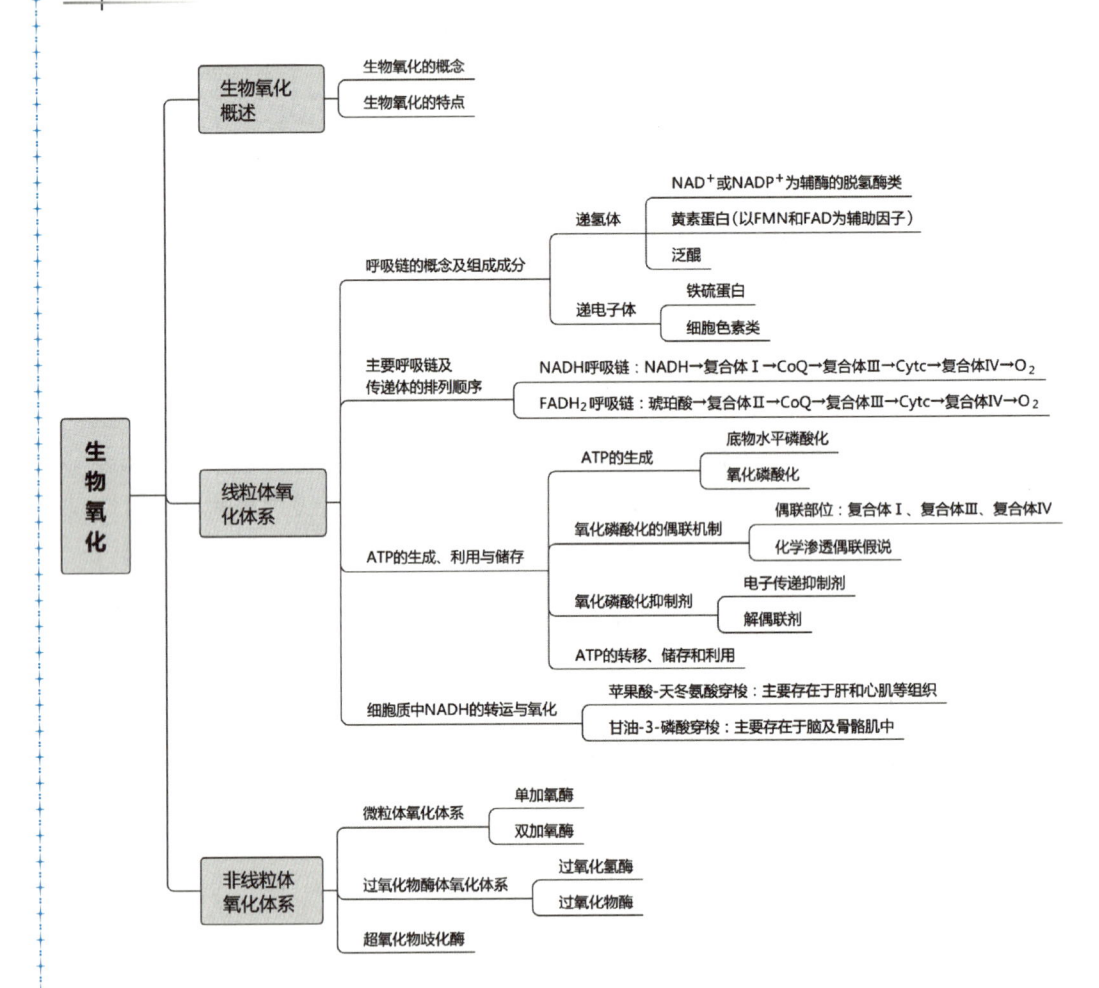

生物氧化
- 生物氧化概述
  - 生物氧化的概念
  - 生物氧化的特点
- 线粒体氧化体系
  - 呼吸链的概念及组成成分
    - 递氢体
      - NAD$^+$或NADP$^+$为辅酶的脱氢酶类
      - 黄素蛋白（以FMN和FAD为辅助因子）
      - 泛醌
    - 递电子体
      - 铁硫蛋白
      - 细胞色素类
  - 主要呼吸链及传递体的排列顺序
    - NADH呼吸链：NADH→复合体Ⅰ→CoQ→复合体Ⅲ→Cytc→复合体Ⅳ→O$_2$
    - FADH$_2$呼吸链：琥珀酸→复合体Ⅱ→CoQ→复合体Ⅲ→Cytc→复合体Ⅳ→O$_2$
  - ATP的生成、利用与储存
    - ATP的生成
      - 底物水平磷酸化
      - 氧化磷酸化
    - 氧化磷酸化的偶联机制
      - 偶联部位：复合体Ⅰ、复合体Ⅲ、复合体Ⅳ
      - 化学渗透偶联假说
    - 氧化磷酸化抑制剂
      - 电子传递抑制剂
      - 解偶联剂
    - ATP的转移、储存和利用
  - 细胞质中NADH的转运与氧化
    - 苹果酸-天冬氨酸穿梭：主要存在于肝和心肌等组织
    - 甘油-3-磷酸穿梭：主要存在于脑及骨骼肌中
- 非线粒体氧化体系
  - 微粒体氧化体系
    - 单加氧酶
    - 双加氧酶
  - 过氧化物酶体氧化体系
    - 过氧化氢酶
    - 过氧化物酶
  - 超氧化物歧化酶

第七章 脂类化学与脂类代谢

学习目标

知识目标
1. 掌握:脂类代谢各种途径的概念、过程及生理意义;血浆脂蛋白的分类、组成与生理功能。
2. 熟悉:脂类的结构与生理功能;血脂的来源和去路;脂类代谢调节与紊乱。
3. 了解:脂类的概念、分类、消化吸收与转运;脂类药物。

能力目标
1. 学会计算脂肪酸的β氧化过程中所产生的能量。
2. 认识脂类代谢在生命过程中的重要性及体内代谢的相互联系。
3. 能运用所学知识,联系临床实际,说明常见脂类代谢紊乱的原因、机制。

第一节 脂类的化学与功能

脂类(lipids)又称脂质,包括脂肪和类脂,是生物体内一大类重要的有机化合物,如动物的猪油、牛油、鱼油等,植物的豆油、花生油、菜籽油等。脂类分子在生物体中其化学组成、化学结构和生理功能有着较大的差异,且不由基因编码,但脂类在生命活动以及疾病的发生发展中具有特殊的重要性。

一、脂类的概念和分类

脂类是一类难溶于水而易溶于有机溶剂(如乙醚、氯仿、丙酮等)并能为机体所利用的生物有机分子,其化学本质是脂肪酸和醇所形成的酯类及其衍生物,其中脂肪酸多为4碳以上的长链一元羧酸,醇包括甘油、鞘氨醇、高级一元醇和固醇。对于大多数脂类而言,均含有碳、氢、氧元素,有些还含有氮、磷及硫。

脂类是根据溶解性定义的一类生物分子,在化学组成上变化较大,因此给其分类造成了一定困难,大体上可分为三大类:

1. **单纯脂类(simple lipid)** 单纯脂类是由脂肪酸和醇(甘油醇、高级一元醇)所形成的酯,包括脂肪和蜡。

2. **复合脂类(compound lipid)** 除含脂肪酸和醇外,还有其他非脂分子的成分。

非脂成分是磷酸和含氮碱的称为磷脂；非脂成分是糖分子的称为糖脂。

3. 衍生脂类（derived lipid） 指由单纯脂类和复合脂类衍生而来或与之关系密切，但也具有脂类一般性质的物质，如固醇类（性激素、肾上腺皮质激素）、萜（胡萝卜素、香精油）、维生素、类二十碳烷（前列腺素）等。

此外，根据脂类能否被碱水解而产生皂（脂肪酸盐），可将其分成可皂化脂类和不可皂化脂类，类固醇和萜是两类主要的不可皂化脂类。也可根据脂类在水中和水界面上的行为不同，把它们分为极性（polar）和非极性（nonpolar）两大类。

二、脂类的生物学功能

脂类广泛存在于动植物体内，其生物学功能主要有以下几个方面。

1. 氧化供能和贮存能量 脂肪是机体重要供能和储能物质。1 g 脂肪完全氧化可产生 38 kJ 能量，而 1 g 糖或蛋白质只能产生 17 kJ 能量。而且脂肪不溶于水，在细胞内易于聚集、贮存。生物体有专门储存脂肪的组织——脂肪组织，肥胖者的脂肪组织中积储的脂肪可达 15~20 kg，足够机体一个月所需的能量；而人体以糖原形式贮存的能量不够一天的需要，所以脂肪是细胞内的能量贮备物质。此外，蜡是海洋浮游生物代谢燃料的主要贮存形式。

2. 细胞膜的主要构成成分 细胞的质膜、核膜和各种细胞器的膜总称为生物膜。磷脂、糖脂和固醇是构成生物膜脂质双层结构的基本物质，保证了细胞膜系统的完整性，对维持细胞正常的结构和功能起到了重要的作用。

3. 保护作用和御寒作用 有些动物贮存在皮下的三酰甘油不仅可作为能量储备，而且可作为抗低温的绝缘层，如冬眠动物。人和动物的皮下和肠系膜脂肪组织还起到防震的填充物作用。某些动物的皮肤腺分泌蜡来保护毛发和皮肤使之达到柔韧、润滑并防水的特性，如水禽从它们的尾羽腺分泌蜡使羽毛能防水。冬青等许多热带植物的叶覆盖着一层蜡以防寄生物侵袭和水分过度蒸发。

4. 提供生物活性物质 脂质可为动物机体提供溶解于其中的必需脂肪酸和脂溶性维生素；糖脂作为细胞膜的表面物质，与细胞识别、组织免疫等有密切关系；单脂是构成某些维生素与激素（维生素 A、维生素 D、前列腺素等）的成分，具有营养、代谢及调节功能。

5. 协助脂溶性维生素的吸收 脂溶性维生素 A、维生素 D、维生素 E、维生素 K 和胡萝卜素可溶于食物的脂肪中，并随同脂肪一起被吸收。

三、脂类的化学

（一）脂肪酸

脂肪酸（fatty acid，FA）是脂类的基本组成成分，在生物体内大部分脂肪酸都以结合形式如脂肪、磷脂、糖脂等存在，但也有少量以游离状态存在于组织和细胞中。

脂肪酸是由一条长的烃链和一个末端羧基组成的羧酸。烃链多数是线形的，分支或含环的很少。烃链不含双键和三键的为饱和脂肪酸，含一个或多个双键的为不饱和脂肪酸。不同脂肪酸之间的主要区别在于烃链的长度、不饱和键的数目和位置。自然界存在的脂肪酸绝大多数含偶数碳原子，天然不饱和脂肪酸的碳-碳双键都是顺式构型。

人体内脂肪酸主要是软脂酸、硬脂酸、油酸、亚油酸、亚麻酸和花生四烯酸。因人

体缺乏 Δ^9 以上的去饱和酶,因此无法合成亚油酸、亚麻酸和花生四烯酸等多不饱和脂肪酸。这类脂肪酸对于维持人类正常生理功能是必不可少的,但人体自身又不能合成,必须从膳食(主要是植物源性食物)中获取,因此称为必需脂肪酸(essential fatty acid)。

知识链接

反式脂肪酸

反式脂肪酸,属于不饱和脂肪酸,主要在植物油的氢化过程中形成。植物油中的脂肪酸分子结构在氢化过程中会改变,使氢化的油可延长保质期,并提升以这种油生产的食品的口感。天然的不饱和脂肪酸几乎都是顺式,所以动物所能代谢的大多为顺式的脂肪。反式脂肪酸是自然界中几乎不存有的,人体也难以处理此类不饱和脂肪,若进入人体中,就大都滞留于人体。反式脂肪对健康并无益处,也不是人体所需要的营养素。食用反式脂肪可令"坏"的低密度脂蛋白胆固醇上升,提高罹患冠状动脉心脏病的概率,可能还会面临不孕的风险。一般食物包装上列出的成分中如有"代可可脂""氢化植物油""氢化脂肪""氢化菜油""固体菜油""酥油""雪白奶油"或"起酥油",即含有反式脂肪。世界各地的健康管理机构建议将反式脂肪的摄取量降至最低。

(二)脂肪

1. 脂肪的结构 脂肪(fat)是由 1 分子甘油与 3 分子脂肪酸组成的甘油三酯(triglyceride,TG),又称三酰甘油。所含脂肪酸可以相同也可以不同,相同者为单纯甘油酯,不同的为混合甘油酯。通常将熔点较低、在室温下呈液态的脂肪称为油,其脂肪酸的烃基多数是不饱和的;将熔点较高、在室温下呈固态的脂肪称为脂,其脂肪酸的烃基多数是饱和的。

2. 脂肪的化学性质

(1)水解与皂化:脂肪可以由酸、碱或酶催化水解为脂肪酸和甘油。若由碱催化水解,生成脂肪酸盐(即肥皂)和甘油,这一反应称为皂化反应。皂化 1 g 脂肪所需的 KOH 毫克数称为皂化值(saponification number)。皂化值越大表示脂肪中脂肪酸的平均相对分子质量越小。

(2)氢化与碘化:脂肪中不饱和脂肪酸的碳-碳双键在催化剂存在下可以与氢发生加成反应称为氢化。不饱和脂肪与卤素中的溴或碘发生加成反应称为卤化,通常将 100 g 脂肪通过加成反应所消耗碘的克数称为碘值(iodine number)。脂肪所含的不饱和脂肪酸越多,不饱和程度越高,其碘值越大。氢化反应可以将液态植物油转变成固态的脂,在食品工业中被用于制造人造奶油。

(3)酸败作用:脂肪长期暴露在空气中会产生难闻的气味,这种现象称为酸败。其原因主要是脂肪的不饱和成分发生自动氧化,产生过氧化物进而降解成挥发性醛、酮、酸等物质。其次是微生物的作用,把脂肪分解为游离的脂肪酸和甘油,一些低级脂肪酸本身就有臭味,而且脂肪酸经系列酶促反应也产生挥发性的低级酮,甘油可被氧化成具有异臭的1,2-环氧丙醛。中和1 g脂肪中游离脂肪酸所需KOH的毫克数称为酸值(acid number),可用来表示酸败程度。

(三)类脂

1. 磷脂(phospholipid) 磷脂是含有磷酸基的复合脂类,可分为甘油磷脂和鞘磷脂两大类,主要参与细胞膜系统的组成。

(1)甘油磷脂:又称磷酸甘油酯,其结构特点是甘油的2个羟基被脂肪酸酯化,3位羟基被磷酸酯化形成磷脂酸,其中1位羟基常被饱和脂肪酸酯化,2位羟基常被不饱和脂肪酸酯化。磷脂酸的磷酸羟基再被氨基醇(如胆碱、丝氨酸或乙醇胺)或肌醇取代,形成不同的磷脂。体内以磷脂酰胆碱(卵磷脂)、磷脂酰乙醇胺(脑磷脂)含量最多,约占总磷脂的75%。卵磷脂是各种生物膜的主要成分,参与各种生命活动,包括协助脂类运输。肝脏合成磷脂酰胆碱不足是造成脂肪肝的原因之一,所以磷脂酰胆碱具有抗脂肪肝的作用。脑磷脂在脑和神经组织中含量较多,它与血液凝固有关,血小板中的脑磷脂可能是凝血酶原激活剂的辅基。

L-磷脂酸　　　　　　　　　L-甘油磷脂

(2)鞘磷脂:又称神经鞘磷脂,由鞘氨醇、脂肪酸和磷酰胆碱组成。在脑和神经组织中的含量较多,是某些神经细胞髓鞘的主要成分。鞘氨醇为不饱和的十八碳氨基二元醇,它以酰胺键与脂肪酸结合生成N-脂酰鞘氨醇,即神经酰胺,后者再进一步通过磷酸酯键与磷酸胆碱或磷酸乙醇胺结合,形成鞘磷脂。

2. 糖脂(glycolipid) 糖脂是指糖通过其半缩醛羟基以糖苷键与脂质连接的化合物。糖脂是细胞的结构成分,也是构成血型物质及细胞膜抗原的重要成分,在脑和神经髓鞘含量最多。

(1)鞘糖脂:鞘糖脂是神经酰胺的1-位羟基被糖基化形成的糖苷化合物,包括脑苷脂和神经节苷脂。鞘糖脂的疏水尾部伸入膜的脂双层,极性糖基露在细胞表面,它们不仅参与细胞间的通信,而且是血型的抗原决定簇。

糖基部分含有唾液酸的鞘糖脂,常称神经节苷脂。它是一类最重要且最复杂的鞘糖脂,在神经系统特别是神经末梢中含量丰富,是突触的重要组成成分,参与神经传导过程。神经节苷脂参与细胞免疫和细胞间识别,在组织生长、分化甚至癌变中扮演重要角色。

(2)甘油糖脂:甘油糖脂由二酰甘油与糖基以糖苷键连接而成,主要存在于植物界和微生物中,植物的叶绿体和微生物的质膜含有大量的甘油糖脂。

3. 类固醇　类固醇也称甾类(steroid)，包括固醇和固醇衍生物，是广泛存在于动植物体且具有重要生理活性的天然产物。这类化合物的结构以环戊烷多氢菲为基本骨架。其中胆固醇(cholesterol)为最主要的成分，胆固醇酯、维生素 D_3 原、胆汁酸和类固醇激素等固醇衍生物几乎都是它在体内的转化产物。

(1)胆固醇：胆固醇是脊椎动物细胞膜的重要组成成分，在脑和神经组织中含量较多，除人体自身合成外，也可从膳食中获取。胆固醇是生理必需物质，但过多又会引起某些疾病，例如胆结石症的胆石几乎都是胆固醇的晶体，冠心病和动脉粥样硬化症的粥样斑块是胆固醇等脂质沉积而成的。胆固醇结构中 C_3 上有一个—OH，$C_5 \sim C_6$ 之间有双键，C_{17} 上有一个含 8 个碳原子的烃链。胆固醇为无色或略带黄色结晶，难溶于水，易溶于热乙醇、乙醚和三氯甲烷等有机溶剂。胆固醇的三氯甲烷溶液与乙酸酐及浓硫酸作用，呈现红色→紫色→褐色→绿色的系列颜色变化，可用来测定胆固醇的含量。

(2)胆汁酸：胆汁酸(bile acid)是由肝内胆固醇直接转化而来的，是胆固醇的主要代谢产物。胆汁酸是水溶性物质，胆囊分泌的胆汁是胆汁酸的水溶液。在胆汁中，大部分胆汁酸形成钾盐或钠盐，称为胆盐，是很强的去污剂，能溶于油-水界面处，以其疏水面与脂相接近，亲水面与水相接触，使油脂乳化，形成微团，便于水溶性脂酶发挥作用，从而促进肠道中油脂及脂溶性维生素的消化吸收。

第二节　脂类的消化、吸收与转运

一、脂肪的消化和吸收

膳食中的脂类主要为脂肪，此外还有少量磷脂及胆固醇等。脂肪的消化开始于胃中的胃脂肪酶，彻底消化是在小肠内由胰分泌的胰脂肪酶催化完成的，水解生成 2-单酰甘油和脂肪酸。由于脂肪不溶于水，所以脂肪必须先乳化才能进行消化。胆汁中的胆盐在脂类消化中起到了重要作用，可使脂肪乳化形成分散的细小微滴，增加脂肪酶与脂肪的接触面，有助于消化。此外，胆盐也能激活胰脂肪酶，以促进脂肪的水解。

脂肪消化产物主要在十二指肠下段及空肠上段被吸收，并通过门静脉进入血液循环。低于 12 个碳原子的短链脂肪酸可直接被小肠黏膜内壁吸收；长链脂肪酸及单酰甘油吸收入肠黏膜细胞后，在细胞内再合成脂肪，与载脂蛋白结合以乳糜微粒形式进入血液循环，被其他细胞所利用。

二、类脂的消化和吸收

食物中的甘油磷脂由多种磷脂酶(phospholipase)分别作用于不同酯键而被水解，生成脂肪酸、甘油、磷酸及胆碱、胆胺等，然后被吸收进入体内，小部分磷脂可不经过水解而包含在乳糜微粒中完整地被吸收。如卵磷脂的水解见图 7-1。其中胰腺分泌磷脂酶 A_2 原，受胰蛋白酶激活成磷脂酶 A_2，在胆盐和 Ca^{2+} 存在下，磷脂酶 A_2 作用于 2 位，水解出一分子脂肪酸(R_2COOH)，生成溶血卵磷脂，具有溶血作用。毒蛇的毒液中也含有此酶，故被毒蛇咬伤后，毒液进入人体血液内可引起严重的溶血症状。

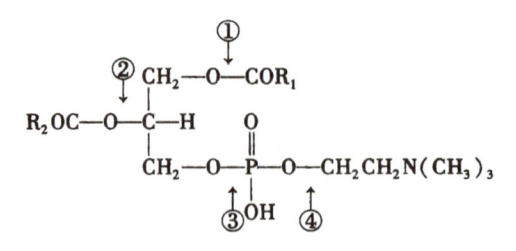

图 7-1　卵磷脂的消化

①磷脂酶 A_1；②磷脂酶 A_2；③磷脂酶 C；④磷脂酶 D

案例分析

2013 年秋，陕西多地出现胡蜂蜇人夺命事件，累计蜇伤 1600 多人，死亡 40 多人。

1. 胡蜂为何能蜇伤、蜇死人？
2. 被胡蜂蜇咬后要怎么办？

食物所含的胆固醇，一部分与脂肪酸结合形成胆固醇酯，另一部分以游离状态存在，是主要的存在形式。胆固醇作为脂溶性物质，必须借助胆盐的乳化作用才能在肠内被吸收。吸收后的胆固醇约有 1/3 在肠黏膜细胞内，经酶的催化而又重新酯化合成胆固醇酯。然后，胆固醇酯、磷脂、脂肪和载脂蛋白结合形成乳糜微粒，经淋巴进入血液循环，这是血脂的来源之一。胆固醇在肠道的吸收率不高，一般仅占食物中含量的 20%～30%，未被吸收的食物胆固醇在肠腔内被细菌还原为粪固醇排出体外。

三、脂类的储存和动员

脂肪的主要贮存场所是脂肪组织，以皮下、肾周围、肠系膜等处最多，称为脂库。脂肪从脂库中释放出来，被分解为甘油和脂肪酸并释放进入血液，以供给全身各组织氧化利用的过程称为脂肪的动员。正常情况下，脂肪的贮存和动员处于动态平衡状态并受营养状况、运动、神经和激素等多种因素的调节控制。脂肪酸不溶于水，需与血浆清蛋白结合成为脂肪酸-清蛋白复合物而运输，主要被心脏、肝脏和骨骼肌等组织摄取利用。甘油溶于水，可直接由血液运输到肝、肾、肠等组织。脂肪的贮存、动员和运输见图 7-2。

脂类的储存与运输

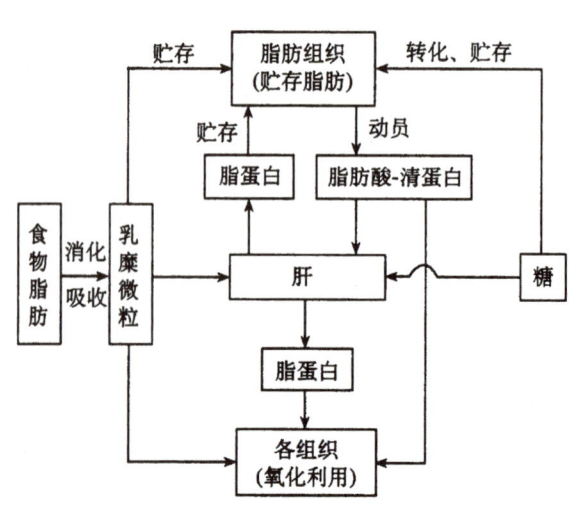

图 7-2　脂肪的储存、动员和运输

四、血脂与血浆脂蛋白

(一)血脂

血浆中所含的脂类统称为血脂,主要包括甘油三酯、磷脂、胆固醇和胆固醇酯以及游离脂肪酸等。血脂的含量受膳食、种族、年龄、性别、生理状态及激素水平等多种因素影响,波动范围较大。血脂含量测定是临床生化检验的常规项目,广泛应用于高脂血症、动脉粥样硬化和冠心病等疾病的诊断。我国正常人空腹时血脂含量(参考值)见表 7-1。

表 7-1 正常成人空腹血脂含量参考值

脂类名称	正常参考值/ [mmol/L (mg/dl)]	脂类名称	正常参考值/ [mmol/L (mg/dl)]
三酰甘油	1.1~1.7(100~150)	游离胆固醇	1.0~1.8(40~70)
总胆固醇	2.6~6.5(100~250)	磷脂	48.4~80.7(150~250)
胆固醇酯	1.8~5.2(70~200)	游离脂肪酸	0.195~0.805(5~20)

血浆中脂类的含量虽然受到多种因素的影响,但健康成人血脂的含量在 4.0~7.0 g/L 波动。这是因为血脂的来源和去路维持着动态平衡。血脂的主要来源有:①外源性,即食物中消化吸收的脂类;②内源性,包括脂库动员释放的脂类,由肝脏等组织合成的脂类,由糖或某些氨基酸转变来的脂类。血脂的去路主要有:氧化分解提供能量、进入脂库贮存、构成生物膜、转变为其他物质等。

(二)血浆脂蛋白

脂类物质的分子极性小,故血脂难溶于水,常以蛋白质作为运输载体。血浆中的脂类与蛋白质结合形成水溶性的脂蛋白复合物,称为血浆脂蛋白(lipoprotein),是脂类在血浆中的存在与运输形式。

血浆脂蛋白呈球状,由脂和蛋白质两类成分组成。血浆脂蛋白中的蛋白质部分称为载脂蛋白(apolipoprotein,Apo)。不同的血浆脂蛋白中载脂蛋白的种类和含量均有较大的差异,载脂蛋白的主要功能是结合和转运脂质,还具有某些特殊功能,如激活某些与脂蛋白代谢相关的酶、参与脂蛋白受体的识别等。

(三)血浆脂蛋白的分类

因血浆脂蛋白所含脂类和蛋白质的量不同,血浆脂蛋白种类很多,通常用电泳法和超速离心法可分成 4 种。

1. 电泳法 由于血浆脂蛋白所含蛋白质的组成不同,颗粒大小和表面电荷存在差异,故在电场中的迁移率也不同。经电泳后用脂类染色剂染色,可分为 4 个区带(图 7-3),依次分别为:乳糜微粒(CM)、β-脂蛋白、前 β-脂蛋白和 α-脂蛋白。其中,CM 停留在原点,空腹时难以检出,仅在进食后出现;β-脂蛋白含量最多,占血浆脂蛋白的 48%~68%。

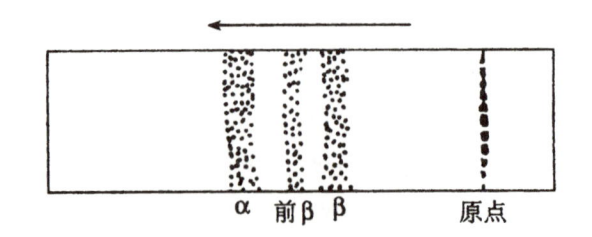

图 7-3　血浆脂蛋白电泳图谱

2.超速离心法(密度梯度分离法)　各类血浆脂蛋白中蛋白质与脂类的比例不同，因而密度各不相同。若脂蛋白组成中脂类含量高，蛋白含量少，则密度相对低；反之，密度高。血浆在一定密度的蔗糖溶液中进行超速离心(50000 rpm)时，各种脂蛋白沉降速度不同，可得到 4 个密度范围不同的组成部分，即乳糜微粒(CM)、极低密度脂蛋白(VLDL)、低密度脂蛋白(LDL)及高密度脂蛋白(HDL)。

(四)血浆脂蛋白的组成及功能

1.乳糜微粒(CM)　CM 是由小肠黏膜细胞吸收食物中脂质后形成的脂蛋白，经淋巴入血，是运输外源性三酰甘油的主要形式。其特点是含有大量三酰甘油(占 80%～95%)而蛋白质含量很少。CM 的颗粒半径较大，能使光散射而呈乳浊，这就是在饱餐后血清浑浊的原因。正常人 CM 在血浆中半衰期为 5～15 min，因此，空腹血浆中测不到 CM。新生 CM 经淋巴管进入血液，形成成熟 CM。然后在肌肉、脂肪组织等处毛细血管内皮细胞表面的脂蛋白脂肪酶(LPL)作用下，三酰甘油水解成甘油和脂肪酸，被组织吸收利用。CM 颗粒逐渐变小，CM 残余颗粒进入肝细胞降解。

2.极低密度脂蛋白(VLDL)　VLDL 在肝内合成，含有 50%～70% 三酰甘油，是运输内源性三酰甘油的主要形式。肝细胞可利用葡萄糖为原料合成三酰甘油，也可利用食物来源以及脂肪动员的脂肪酸作为原料合成三酰甘油，再与磷脂、胆固醇及载脂蛋白等形成新生 VLDL。新生 VLDL 进入血中形成成熟 VLDL，然后被 LPL 水解释放出甘油和脂肪酸，为组织吸收利用。VLDL 颗粒逐渐变小，同时胆固醇含量及载脂蛋白含量相对增加，密度逐渐增大，形成中间密度脂蛋白(IDL)。部分 IDL 被肝细胞摄取代谢，剩下的 IDL 中的三酰甘油继续被 LPL 水解变成 LDL。

3.低密度脂蛋白(LDL)　LDL 由 VLDL 在血浆中转变而来，是正常成人空腹血浆中的主要脂蛋白，约占血浆脂蛋白总量的 2/3。其特点是胆固醇的含量约占 50%，其中 2/3 左右为胆固醇酯，其功能是将胆固醇从肝细胞转运至肝外组织。LDL 结构不稳定时，其中的胆固醇很容易在血管壁沉着而形成斑块，这就是动脉粥样硬化的病理基础，由此而诱发一系列心血管系统疾病。血浆中的 LDL 与特异性受体结合后进入细胞内，并在溶酶体内被水解，释放出游离胆固醇被利用。

4.高密度脂蛋白(HDL)　HDL 主要是在肝脏合成，在小肠亦可合成。正常人空腹血浆中 HDL 含量约占脂蛋白总量的 1/3，其组成中除蛋白质含量最多外，胆固醇(约 20%)和磷脂(25%)的含量也较高，其功能是将胆固醇从肝外组织逆向转运至肝脏代谢。HDL 如果减少，可能会影响血浆脂蛋白的清除，因此在某些疾病中，它是临床上颇受重视的指标。

在血浆中的卵磷脂胆固醇脂酰转移酶(LCAT)的催化下，新生 HDL 表面的卵磷脂第 2 位脂酰基转移至游离胆固醇的羟基上，生成溶血卵磷脂和胆固醇酯。疏水的胆固醇酯进入 HDL 的核心部位，使其体积逐渐增大，转变为成熟 HDL。成熟 HDL 主要被肝细胞摄取,其中的胆固醇可合成胆汁酸盐或通过胆汁直接排出体外。

各种脂蛋白的组成和功能如表 7-2 所示。

表 7-2 各种脂蛋白的组成和功能

密度分类法	电泳相当的位置	密度	颗粒大小/nm	化学组成/%				主要生理功能
				蛋白质	三酰甘油	胆固醇	磷脂	
CM	原点	<0.96	80~500	0.8~2.5	80~95	2~7	6~9	转运外源性脂肪
VLDL	前β	0.96~1.006	25~80	5~10	50~70	10~15	10~15	转运内源性脂肪
LDL	β	1.006~1.063	20~25	25	10	45	20	转运胆固醇
HDL	α	1.063~1.210	6.5~25	45~50	5	20	25	转运胆固醇和磷脂

第三节 脂肪的代谢

体内的脂肪不断地进行分解,除从食物补充外,亦可由糖类等化合物合成。各组织中的脂肪也不断地进行代谢,脂肪的合成与分解在正常情况下处于动态平衡。

一、脂肪的分解代谢

脂肪的分解代谢是机体能量的重要来源,同样重量的脂肪和糖,在完全氧化生成 CO_2 和 H_2O 时,脂肪所释放的能量比糖多。脂肪的氧化必须有充分的氧供应才能进行。

体内各组织细胞除了成熟的红细胞外,几乎都有氧化脂肪及其分解产物的能力。一般情况下,脂肪在体内氧化时,先在脂肪酶的催化下生成脂肪酸和甘油,然后再分别进行氧化分解。其中甘油三酯脂肪酶是脂肪分解的限速酶。

(一)甘油的氧化分解

甘油溶于水,可直接由血液运输到肝、肾和小肠黏膜等组织细胞。肌肉和脂肪组织因甘油激酶活性很低,故不能很好地利用甘油,只有通过血液循环运至肝脏才能在甘油激酶催化下生成甘油-3-磷酸,再脱氢生成磷酸二羟丙酮后,进入糖代谢途径,继续氧化分解生成 CO_2 和 H_2O,并能释放能量。当血糖浓度低时,也可异生为葡萄糖和糖原。甘油的分解过程如下:

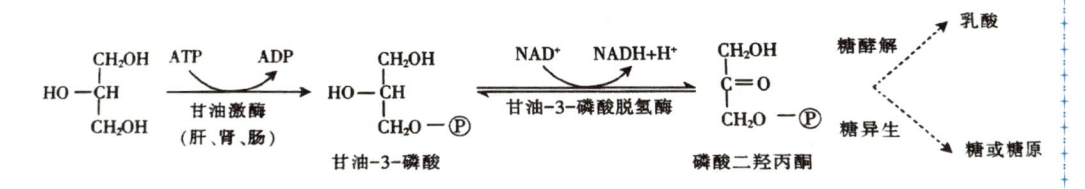

甘油-3-磷酸脱氢酶催化的反应是可逆的,故糖代谢的中间产物磷酸二羟丙酮也能还原成甘油-3-磷酸,但细胞质中的甘油-3-磷酸脱氢酶与线粒体中的不同,其辅酶是NAD^+。由于甘油只占整个脂肪分子中很小部分,所以脂肪氧化提供的能量主要来自脂肪酸部分。

(二)脂肪酸的氧化分解

游离脂肪酸可与清蛋白结合由血液运输到全身各组织。在供氧充足的条件下,脂肪酸在体内可分解成CO_2和H_2O,并释放出大量能量。除脑组织和成熟红细胞外,大多数组织都能氧化利用脂肪酸,但以肝脏和肌肉组织最活跃。

1.脂肪酸的β氧化 脂肪酸氧化的途径是Knoop在1904年首先提出来的,即脂肪酸的氧化分解始发于羧基端的第二位(β位)碳原子,在这一处断裂切掉两个碳原子单元,也因此被命名为β氧化。β氧化作用是在线粒体基质中进行的。

(1)脂肪酸的活化——脂酰CoA:脂肪酸氧化前必须先转变为脂酰CoA,这一过程称为脂肪酸的活化。活化是在线粒体外进行的,位于内质网及线粒体外膜上的脂酰CoA合成酶(acyl-CoA-synthetase)在ATP、HSCoA、Mg^{2+}存在的条件下,催化脂肪酸活化生成脂酰CoA。生成的脂酰CoA不仅含有高能硫酯键,而且增加了水溶性,从而使脂肪酸的代谢活性明显提高。反应过程中生成的焦磷酸(PPi)立即被细胞内的焦磷酸酶水解为两分子的Pi,阻止了逆向反应的进行。故1分子脂肪酸活化,虽然仅消耗了1分子ATP,但实际上消耗了2个高能磷酸键。

$$RCH_2CH_2COOH + HSCoA + ATP \xrightarrow[Mg^{2+}]{\text{脂酰CoA合成酶}} RCH_2CH_2CO—SCoA + AMP + PPi$$

(2)脂酰CoA进入线粒体:脂肪酸的活化是在细胞质中进行的,而催化脂肪酸氧化的酶系则存在于线粒体基质内,故活化的脂酰CoA必须进入线粒体内才能进行氧化分解。脂酰CoA是通过一种特殊的转运载体肉碱(carnitine)转运至线粒体内膜。

肉碱可通过其羟基与脂肪酸连接成酯,生成的脂酰肉碱很容易通过线粒体内膜。首先在线粒体内膜外侧肉碱和脂酰CoA在肉碱脂酰移位酶Ⅰ的催化下生成脂酰肉碱,后者借助线粒体内膜的肉碱/脂酰肉碱移位酶的作用,通过线粒体内膜进入线粒体基质。再在肉碱脂酰移位酶Ⅱ催化下脱去肉碱,又生成脂酰CoA。脂酰CoA进入线粒体的过程如图7-4所示。

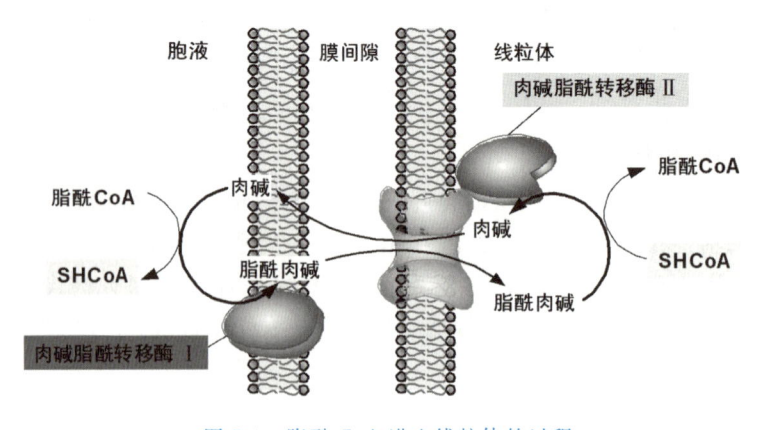

图7-4 脂酰CoA进入线粒体的过程

(3)脂肪酸的β氧化:脂酰CoA在线粒体脂肪酸氧化酶系作用下进行β氧化,从脂酰基的β碳原子开始,经过脱氢、加水、再脱氢、硫解4步连续反应,生成1分子乙酰CoA以及1分子比原来少2个碳原子的脂酰CoA。乙酰CoA经TCA循环完全氧化成CO_2

和 H_2O，并释放出大量的能量。偶数碳原子的脂肪酸 β 氧化，最终全部生成乙酰 CoA。

脂酰 CoA 氧化的反应过程如下：

1）脱氢。脂酰 CoA 经脂酰 CoA 脱氢酶催化，在其 α 和 β 碳原子上各脱去 1 个氢原子，生成 Δ^2-反烯脂酰 CoA，此酶的辅基为 FAD。

$$RCH_2CH_2COSCoA + FAD \longrightarrow RC=C-COSCoA + FADH_2$$

2）水合。Δ^2-反烯脂酰 CoA 在烯脂酰 CoA 水化酶的催化下，在双键上加水生成 L-β-羟脂酰 CoA，此酶具有立体专一性。

$$RC=CCOSCoA + H_2O \longrightarrow R-C-CH_2COSCoA$$

3）再脱氢。L-β-羟脂酰 CoA 在 L-β-羟脂酰 CoA 脱氢酶的催化下，脱去 β 碳原子与羟基上的氢原子生成 β-酮脂酰 CoA，此酶的辅酶为 NAD^+。

$$R-CH(OH)-CH_2-COSCoA \longrightarrow R-COSCoA + NADH + H^+$$

4）硫解。在 β-酮脂酰 CoA 硫解酶的催化下，β-酮脂酰 CoA 与 1 分子 HSCoA 作用，硫解断链产生 1 分子乙酰 CoA 和 1 分子比原来减少了 2 个碳原子的脂酰 CoA。

$$R-\underset{O}{C}-CH_2COSCoA + HSCoA \longrightarrow CH_3COSCoA + RCOSCoA$$

综上所述，1 分子脂酰 CoA 通过脱氢、水合、再脱氢和硫解等 4 步反应（为一次 β 氧化）后生成 1 分子乙酰 CoA 和 1 分子减少了 2 个碳原子的脂酰 CoA。新生成的脂酰 CoA 可继续重复上述 4 步反应直至完全分解为乙酰 CoA 为止。脂肪酸 β 氧化过程见图 7-5。

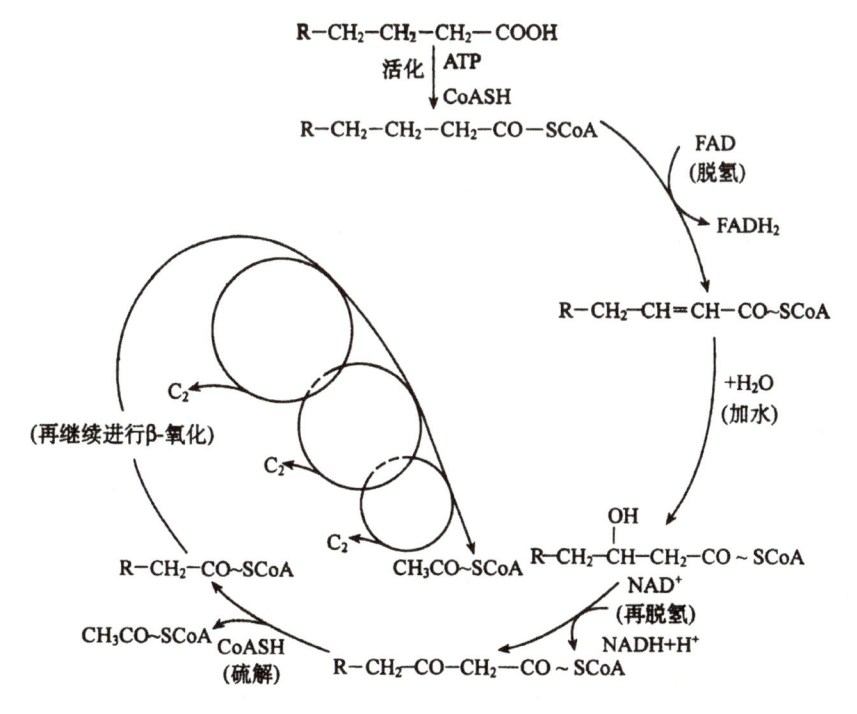

图 7-5 脂肪酸 β 氧化过程

脂肪酸β氧化产生的乙酰CoA通过TCA循环彻底氧化成CO_2和H_2O并释放能量。现以16个碳原子的软脂酸为例计算其完全氧化所生成的ATP分子数。软脂酸为十六碳酸，需经7次β氧化循环，共生成8分子乙酰CoA。一次β氧化有2步脱氢反应，分别生成$FADH_2$和NADH，$FADH_2$可通过呼吸链产生1.5分子ATP，NADH可通过呼吸链产生2.5分子ATP，所以一次β氧化可生成4分子ATP。每分子乙酰CoA经TCA循环还可产生10分子ATP。脂肪酸在活化为脂酰CoA时，消耗ATP分子中2个高能磷酸基团可视为消耗2分子ATP，所以1分子软脂酸完全氧化成二氧化碳和水生成的ATP分子数是：

共经7次β氧化，产生7×4＝28分子ATP；

共产生8分子乙酰CoA，产生8×10＝80分子ATP；

再减去开始活化时消耗的2分子ATP，一共生成28＋80－2＝106分子ATP。由此可见，脂肪酸可为机体提供大量的能量。

脂肪酸除了进行β氧化作用外，还有少量可进行其他方式的氧化，如α氧化和ω氧化作用。

2. 奇数碳原子脂肪酸的氧化　人体内含有极少量奇数碳原子的脂肪酸，经β氧化后除生成乙酰CoA外，最后还生成1分子丙酰CoA。丙酰CoA经丙酰CoA羧化酶、异构酶及甲基丙二酸单酰CoA变位酶催化生成琥珀酰CoA，然后进入TCA循环彻底氧化分解或经糖异生途径转变成糖。

3. 不饱和脂肪酸的氧化　不饱和脂肪酸的氧化途径和饱和脂肪酸的氧化途径基本相似，也是发生在线粒体中。不饱和脂肪酸的活化和跨越线粒体内膜都与饱和脂肪酸相同，也是经β氧化而降解，但还需要另外两个酶，即异构酶和差向异构酶。其不同之处在于，饱和脂肪酸β氧化中生成的烯脂酰CoA为Δ^2-反式烯脂酰CoA，而天然不饱和脂肪酸分子中的双键均为顺式，在β氧化过程中生成Δ^3-顺式烯脂酰CoA，若要继续进行β氧化，必须转化为Δ^2-反式构型。线粒体内存在有特异的Δ^3-顺式→Δ^2-反式烯脂酰CoA异构酶，能够催化单不饱和脂肪酸Δ^3-顺式转化为Δ^2-反式构型，继而再进行β氧化。多不饱和脂肪酸如亚油酸、亚麻酸等，除上述异构酶外还需要另一个差向异构酶使β-羟脂酰CoA从D型转变成L型结构。

(三) 酮体的生成和利用

酮体(ketone body)是脂肪酸在肝中氧化分解时形成的特有中间代谢产物，包括乙酰乙酸、β-羟丁酸、丙酮三种有机分子。其中以β-羟丁酸最多，约占酮体总量的70％，乙酰乙酸占30％，而丙酮含量极微。

1. 酮体的生成　肝是分解脂肪酸最活跃的器官之一。脂肪酸在肝内经β氧化生成大量的乙酰CoA，大大超出了自身需要。由于肝内有非常活跃的生成酮体的酶，过剩的乙酰CoA主要去合成酮体。酮体在肝细胞线粒体内合成，其过程分三步进行(图7-6)。

(1) 乙酰乙酰CoA的生成：2分子乙酰CoA在硫解酶的作用下缩合成乙酰乙酰CoA，并释放出1分子HSCoA。

(2) HMG-CoA的生成：乙酰乙酰CoA在β-羟-β-甲基戊二酸单酰辅酶A (HMG-CoA)合成酶的催化下，再与1分子乙酰CoA缩合生成HMG-CoA，并释放出1分子HSCoA。

(3) 酮体的生成：HMG-CoA在HMG-CoA裂解酶的作用下，裂解生成乙酰乙酸和乙酰CoA；乙酰乙酸在β-羟丁酸脱氢酶催化下还原生成β-羟丁酸；乙酰乙酸也可脱羧生成丙酮。

肝细胞线粒体内含有丰富的 HMG-CoA 合成酶和 HMG-CoA 裂解酶等,因此酮体合成是肝特有的功能。但肝又缺乏氧化酮体的酶,所以不能利用酮体。HMG-CoA 也是合成胆固醇的中间产物,由于上述反应都是可逆的,所以,HMG-CoA 是脂肪酸、酮体及胆固醇代谢的共同中间产物,故在脂类代谢中具有重要意义。

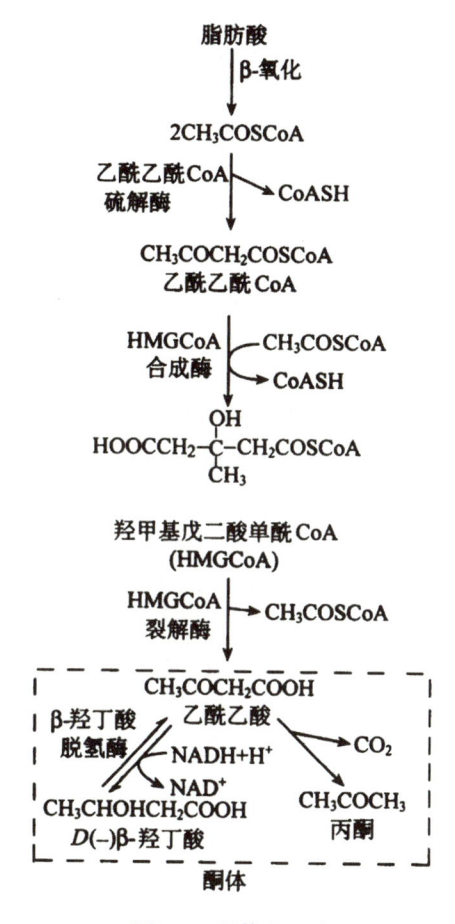

图 7-6 酮体的生成

2.酮体的利用 由于肝内缺乏氧化利用酮体的酶,不能氧化酮体,肝产生的酮体必须透过细胞膜进入血液循环,运输到肝外组织进一步氧化分解利用(图 7-7)。肝外许多组织,特别是心肌、骨骼肌及脑和肾等组织具有活性很强的利用酮体的酶系,如琥珀酰 CoA 转硫酶、乙酰乙酸硫激酶及乙酰乙酰 CoA 硫解酶。在这些酶的作用下,乙酰乙酸被活化为乙酰乙酰 CoA,然后在硫解酶作用下分解成 2 分子乙酰 CoA,后者进入三羧酸循环彻底氧化。β-羟丁酸在 β-羟丁酸脱氢酶的作用下,脱氢生成乙酰乙酸再进一步氧化分解。丙酮含量很少,易挥发,可随尿或经肺排出。此外,部分丙酮可在一系列酶作用下转变成丙酮酸或乳酸,进而异生成糖,这是脂肪酸的碳原子转变为糖的一个途径。

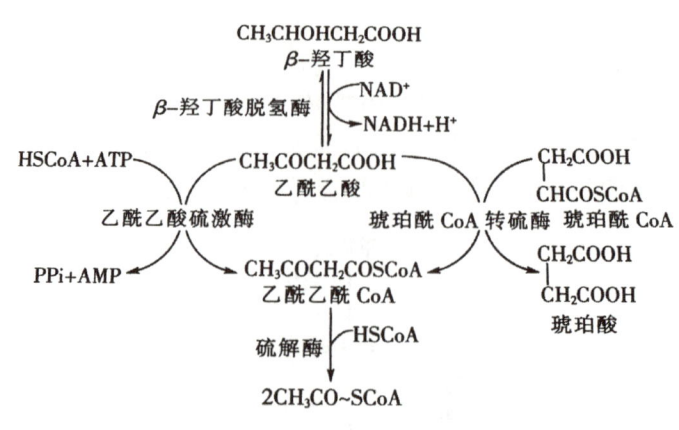

图 7-7 酮体的氧化利用

3.酮体生成的生理意义 肝是生成酮体的器官,但不能利用酮体;肝外组织不能生成酮体,却可以利用酮体。因此,体内脂肪氧化供能的过程中酮体是联系肝与肝外组织之间的一种特殊运输形式。酮体生成的意义在于:

(1)酮体是脂肪在肝内正常的中间代谢产物,是肝脏输出能源的一种形式。

(2)酮体溶于水,分子小,能通过血脑屏障及肌肉毛细血管壁,是肌肉尤其是脑组织的重要能源。体内糖供应不足(如血糖降低)时,大脑不能氧化脂肪酸,这时酮体是脑的主要能源物质。

(3)酮体利用的增加可减少糖的利用,有利于维持血糖水平恒定,节省蛋白质的消耗。

酮体生成增多常见于饥饿、妊娠中毒症、糖尿病等情况,低糖高脂饮食也可使酮体生成增多。当肝内酮体的生成量超过肝外组织的利用能力时,可使血中酮体升高,引起酮血症、酮尿症和酮症酸中毒。

知识链接

酮体症

人体中酮体的产生和酮体利用失去相对平衡时,肝产生过多的酮体,超过肝外组织氧化利用酮体的能力。即生成量大于利用量时,血液中酮体浓度增高,并由尿中排出,这种情况称为酮体症,包括酮血症和酮尿症。乙酰乙酸和 β-羟丁酸都是较强的有机酸,当血中酮体过高时,易使血液 pH 下降,导致酸中毒。其处理方法是除了给予纠正酸碱平衡的药物外,还应针对病因采取减少脂肪酸过多分解的措施。

二、脂肪的合成代谢

脂肪的合成有两种途径:一种是将食物中的脂肪转化成为人体的脂肪,但这种脂肪的来源较少;另一种是将糖类物质转化成脂肪,这是体内脂肪的主要来源。肝、脂肪组织和小肠是体内合成脂肪的主要部位,以肝的合成能力最强。脂肪的合成代谢是在细胞质中进行的,合成脂肪的原料是甘油-3-磷酸和脂肪酸。

脂肪的合成代谢

(一) 甘油-3-磷酸的合成

甘油-3-磷酸的合成途径有两条：一条是由糖代谢提供，糖代谢中的磷酸二羟丙酮可通过甘油-3-磷酸脱氢酶催化生成甘油-3-磷酸，这是合成甘油-3-磷酸的主要途径。

另一条途径是甘油再利用。在肝、肾、肠黏膜等组织中含有丰富的甘油激酶，能利用游离甘油磷酸化生成甘油-3-磷酸。但脂肪细胞中缺乏甘油激酶，故不能利用甘油合成脂肪。

$$C_6H_{12}O_6 \rightarrow \cdots \rightarrow \underset{\text{磷酸二羟丙酮}}{\begin{array}{c}CH_2O\text{-}PO_3H_2\\|\\C=O\\|\\CH_2OH\end{array}} \xrightarrow[\alpha\text{-磷酸甘油脱氢酶}]{NADH+H^+ \quad NAD^+} \underset{\alpha\text{-磷酸甘油}}{\begin{array}{c}CH_2O\text{-}PO_3H_2\\|\\HO\text{-}C\text{-}H\\|\\CH_2OH\end{array}} \xrightarrow[\text{甘油激酶}]{ADP \quad ATP} \underset{\text{甘油}}{\begin{array}{c}CH_2OH\\|\\HO\text{-}C\text{-}H\\|\\CH_2OH\end{array}}$$

(二) 脂肪酸的合成

1. 脂肪酸生物合成的部位和原料 脂肪酸主要在肝、肾、脑、肺、分泌期的乳腺、脂肪组织的细胞质中合成，而饱和脂肪酸碳链的延长（十六碳酸以上）则在线粒体和微粒体中进行。肝脏是人体合成脂肪酸最活跃的部位。脂肪组织是储存脂肪的场所。脂肪组织虽能以葡萄糖作为原料合成脂肪酸和脂肪。但脂肪酸主要来自食物以及肝脏的合成。

生物合成脂肪酸的直接原料是乙酰 CoA，凡是在体内能分解生成乙酰 CoA 的物质都能用于合成脂肪酸，其中糖的分解是最主要来源。乙酰 CoA 在线粒体内生成，而合成脂肪酸的酶系存在于细胞质中，乙酰 CoA 又不能自由透过线粒体内膜，因此需要其他物质转运才能通过线粒体膜进入细胞质成为合成脂肪酸的原料。乙酰 CoA 由线粒体转入到细胞质主要通过柠檬酸-丙酮酸循环完成，如图 7-8 所示。脂肪酸的合成除需要乙酰 CoA 外，还需 ATP 供能、NADPH+H$^+$ 供氢，前者可来自葡萄糖的氧化分解供能，后者主要来自磷酸戊糖途径。

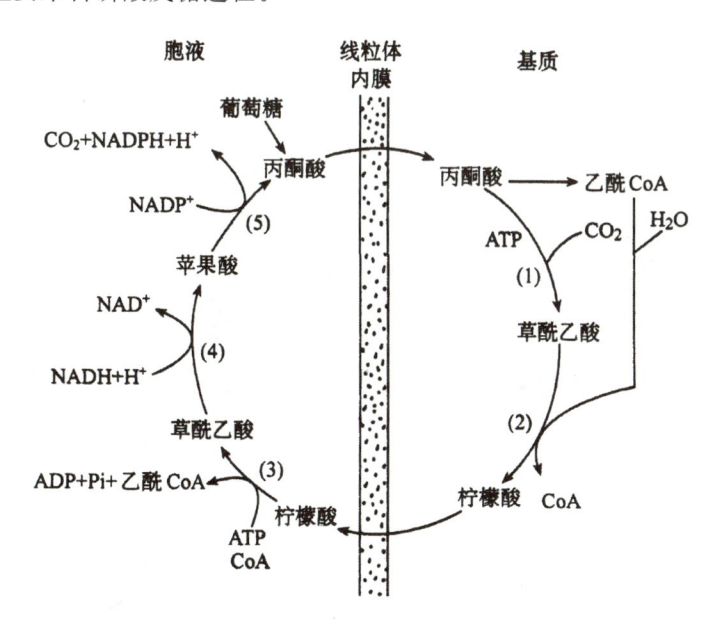

图 7-8 柠檬酸-丙酮酸循环

(1) 丙酮酸羧化酶；(2) 柠檬酸合成酶；(3) ATP-柠檬酸裂解酶；(4) 苹果酸脱氢酶；(5) 苹果酸酶

2.脂肪酸的合成过程

(1)丙二酸单酰CoA的合成:乙酰CoA羧化成丙二酸单酰CoA是脂肪酸合成的第一步反应,此反应不可逆,由乙酰CoA羧化酶(acetyl-CoA carboxylase)催化。这步反应为脂肪酸合成的关键步骤,故乙酰CoA羧化酶是脂肪酸合成过程中的限速酶,辅酶为生物素,Mn^{2+}为激活剂。

$$CH_3COCoA + CO_2 + ATP \xrightarrow[\text{生物素、}Mn^{2+}]{\text{乙酰CoA羧化酶}} \begin{matrix} COOH \\ CH_2 \\ CO\,CoA \end{matrix} + ADP + Pi$$

(2)软脂酸的合成:催化脂肪酸合成的酶是脂肪酸合成酶复合体,具有脂肪酸合成所需的6种酶的活性和脂酰基载体蛋白(acyl carrier protein,ACP)。从乙酰CoA及丙二酸单酰CoA合成长链脂肪酸,实际上是一个重复加成的过程,每次延长2个碳原子(图7-9)。这两种物质的乙酰基和丙二酸单酰基可分别从CoA转移到ACP,生成乙酰ACP和丙二酸单酰ACP,反应分别由脂肪酸合成复合体的乙酰CoA-ACP转酰基酶和丙二酸单酰CoA-ACP转酰基酶催化。乙酰ACP的酰基首先转移到β-酮脂酰合成酶的半胱氨酸残基上,然后通过4步反应延长碳链。

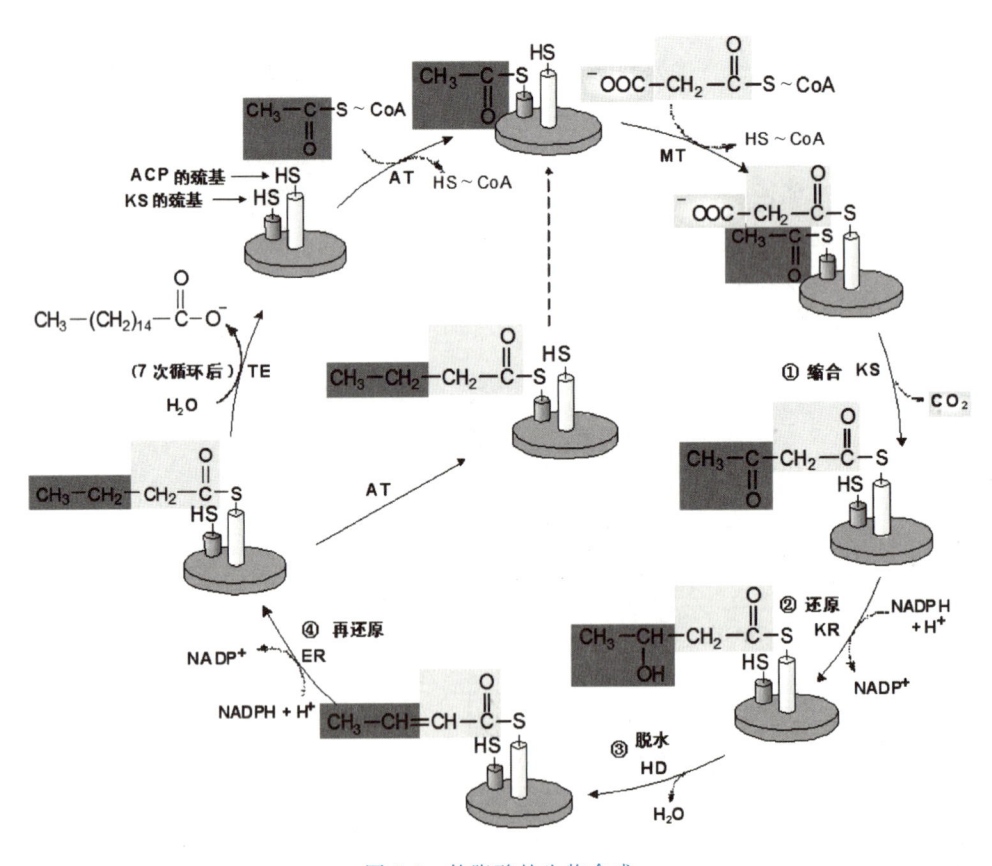

图7-9 软脂酸的生物合成

1)缩合反应。β-酮脂酰合成酶所结合的乙酰基转移到ACP上的丙二酸单酰ACP的第二个碳原子上,由β-酮脂酰合成酶催化缩合,脱去CO_2,生成乙酰乙酰ACP。

2)第一次还原反应。乙酰乙酰ACP在β-酮脂酰ACP还原酶的催化下,由NADPH提供氢还原成β-羟丁酰ACP。

3)脱水反应。β-羟丁酰 ACP 由 β-羟脂酰 ACP 脱水酶催化脱水,生成 α,β-反式丁烯酰 ACP。

4)第二次还原反应。α,β-反式丁烯酰 ACP 由烯脂酰 ACP 还原酶催化,同样由 NADPH 提供氢,还原成丁酰 ACP。

生成的丁酰 ACP 比开始的乙酰 ACP 增加了 2 个碳原子,然后丁酰基再从 ACP 转移到 β-酮脂酰合成酶的巯基上,此时再重复缩合、还原、脱水、再还原的 4 步反应,丁酰基又转移到丙二酸单酰 ACP 的第二个碳上,同时脱去 CO_2,这样每重复一次增加 2 个碳原子,经过 7 次重复合成软脂酰 ACP,再经硫酯酶作用脱去 ACP 生成软脂酸。

合成软脂酸的总反应可表示如下:

乙酰 CoA + 7 丙二酸单酰 CoA + 14NADPH + 14H$^+$ ⟶ 软脂酸 + 7CO_2 + 8HSCoA + 14NADP$^+$ + 6H_2O

(3)脂肪酸碳链的延长:脂肪酸合成酶复合体只能合成到 16 碳的软脂酸,但人体内需要长短不一的脂肪酸,对软脂酸加工或延长需在肝细胞的内质网或线粒体中进行。可由两个酶系经两条途径完成:一条是由线粒体中的酶系将脂肪酸延长,一般可延长脂肪酸碳链至 24 或 26 个碳原子。另一条是由粗糙内质网中的酶系将脂肪酸延长,这是主要的方式,一般可将脂肪酸碳链延长至 24 碳,但以 18 碳的硬脂酸为最多。

(4)不饱和脂肪酸的合成:人体内含有的单不饱和脂肪酸(棕榈油酸和油酸)可在去饱和酶(desaturase)的催化下自身合成,而多不饱和脂肪酸,如亚油酸、亚麻酸和花生四烯酸等,必须从食物摄取。不过脊椎动物可以亚油酸为原料合成其他的多不饱和脂肪酸,如 γ-亚油酸和花生四烯酸等。

(三)脂肪的生物合成

脂肪在体内的合成并非其水解的逆过程,而是 2 分子脂酰 CoA 与 1 分子甘油-3-磷酸在酰基转移酶的催化下,将 2 个脂酰基转移到甘油-3-磷酸分子上,生成磷脂酸,然后经水解脱去磷酸,再与另一分子脂酰 CoA 缩合生成三酰甘油(图 7-10)。

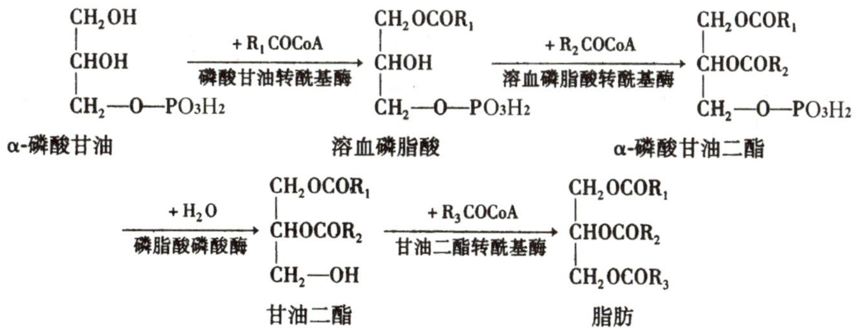

图 7-10 脂肪的生物合成

脂肪的生物合成主要在肝和脂肪组织中进行,其中脂肪酸主要是软脂酸、硬脂酸、棕榈油酸和油酸,均可由糖为原料转变而来,而所需的甘油-3-磷酸也同样主要来自糖的分解。在能源供应充裕的条件下,机体主要以糖为原料合成脂肪并将其储存起来,以备需要时动用,具有重要生理意义。

第四节 类脂的代谢

存在于动物及人体内的类脂种类很多,本节简要叙述重要的磷脂与胆固醇的代谢。

一、磷脂的代谢

磷脂是构成生物膜等的重要成分,对调节细胞膜的透过性起着重要作用,在三酰甘油和胆固醇的消化吸收中也有促进乳化作用,增加其在水中的溶解度,因而有利于这些脂类的消化吸收。

(一)磷脂的分解代谢

参与磷脂水解的酶主要有磷脂酶 A、B、C 和 D 等,它们能分别特异性作用于磷脂分子内部的特定酯键,产生不同的产物。一般认为卵磷脂在体内经磷脂酶 A 和 B 的作用生成脂肪酸和磷酸、甘油、胆碱,胆碱可转变成胆胺,胆胺可在体内完全氧化。胆碱可经氧化和脱甲基生成甘氨酸,脱下的甲基可用于其他化合物的合成。磷脂的分解代谢不一定进行到底,中间产物常可再酯化又形成新的磷脂分子。

(二)磷脂的生物合成

1. 合成的部位 全身各组织细胞内质网中均有合成磷脂的酶系,因此均能合成甘油磷脂,但以肝、肾及肠等组织最为活跃。

2. 合成的原料 合成甘油磷脂的原料脂肪酸和甘油主要由糖转变而来。胆碱、胆胺可从食物中获得,也可由丝氨酸脱羧生成胆胺,再从 S-腺苷甲硫氨酸获得甲基转变为胆碱,另外还需要 ATP 和 CTP。

3. 合成的基本过程 甘油磷脂生物合成的两条途径中,有一个共同的关键化合物,就是 CTP,它既是合成中间产物的必要组成,又为合成反应提供所需的能量。

(1)二酰甘油合成途径:卵磷脂和脑磷脂主要通过此途径合成(图 7-11)。胆碱或胆胺首先受相应的激酶作用消耗 ATP,生成磷酸胆碱或磷酸胆胺,然后与 CTP 作用,生成 CDP-胆碱或 CDP-胆胺,再与二酰甘油缩合生成卵磷脂或脑磷脂。

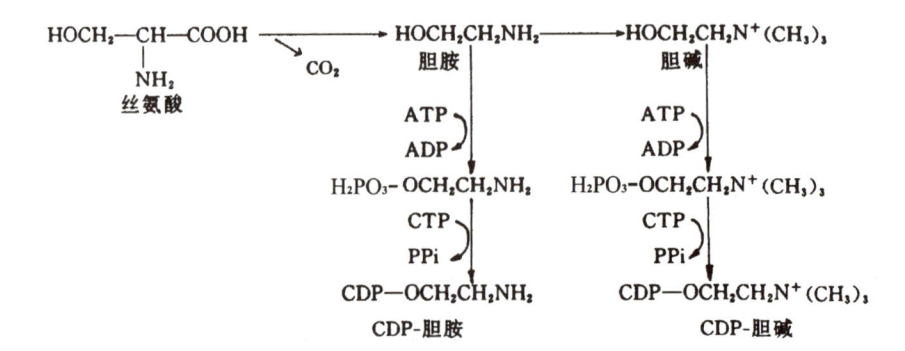

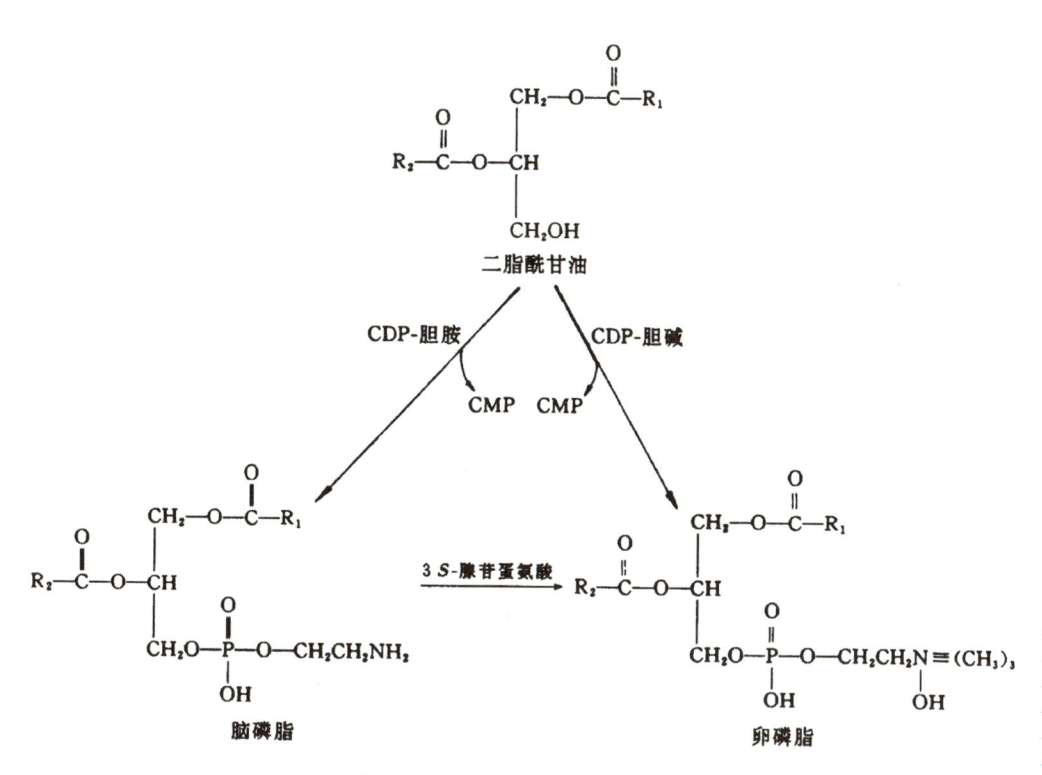

图 7-11　脑磷脂和卵磷脂的合成

（2）CDP-二酰甘油合成途径：磷脂酰丝氨酸、磷脂酰肌醇及心磷脂由此途径合成（图 7-12）。由葡萄糖生成磷脂酸，再由 CTP 提供能量，在磷脂酰胞苷转移酶的催化下，生成活化的 CDP-二酰甘油。CDP-二酰甘油是合成这类磷脂的直接前体和重要中间物。在相应合成酶的催化下与丝氨酸、肌醇或磷脂酰甘油缩合，分别生成磷脂酰丝氨酸、磷脂酰肌醇及心磷脂（二磷脂酰甘油）。

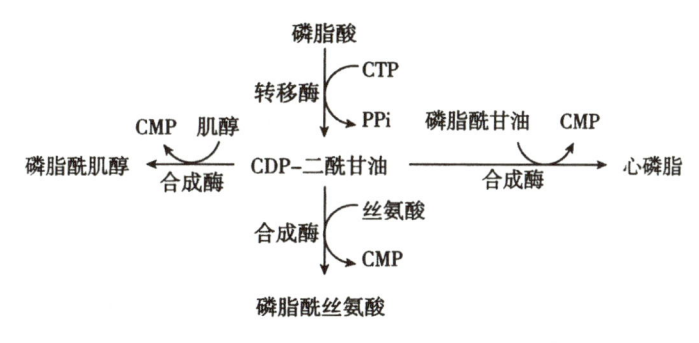

图 7-12　CDP-二酰甘油合成途径

二、胆固醇的代谢

（一）胆固醇的生物合成

人体内的胆固醇一部分来自动物性食物，称为外源性胆固醇；另一部分由体内各组织细胞合成，称为内源性胆固醇，这是体内胆固醇的主要来源。

1. 合成的部位　除脑组织及成熟红细胞外，几乎全身各组织均可合成胆固醇，主要在细胞质和内质网中进行。肝是合成胆固醇的主要场所，其次是小肠。

2. 合成的原料　乙酰CoA是合成胆固醇的原料,同时还需要NADPH＋H$^+$供氢,ATP供能。乙酰CoA及ATP主要来自糖的有氧氧化及脂肪酸的β氧化,而NADPH＋H$^+$主要来自戊糖磷酸途径。

3. 合成的基本过程　胆固醇的合成过程较复杂,主要分为三个阶段(图7-13)。

(1)甲羟戊酸(MVA)的合成:乙酰乙酰CoA与乙酰CoA在HMG-CoA合成酶催化下缩合成HMG-CoA,此过程与酮体生成相同。HMG-CoA是合成胆固醇和酮体的共同中间产物。合成酮体的HMG-CoA在肝线粒体内转化为乙酰乙酸,而此过程的HMG-CoA是在内质网中经HMG-CoA还原酶催化,由NADPH＋H$^+$提供氢,还原生成甲羟戊酸。此步反应是合成胆固醇的限速反应,HMG-CoA还原酶是胆固醇合成的限速酶。

(2)鲨烯的合成:甲羟戊酸在细胞质一系列酶的催化下,由ATP提供能量,经磷酸化、脱羧、脱羟基等作用生成活泼的5碳化合物异戊烯焦磷酸及其异构物二甲基丙烯焦磷酸,然后3分子活泼的5碳化合物进一步缩合成15碳的焦磷酸法尼酯。2分子的焦磷酸法尼酯在内质网鲨烯合成酶的催化下,经缩合还原生成30碳的鲨烯。

(3)胆固醇的合成:鲨烯结合在细胞质中固醇载体蛋白上,经内质网单加氧酶和环化酶等作用,使固醇核环化闭合形成羊毛脂固醇,后者再经一系列的氧化、脱羧和还原等反应,脱去3分子CO_2,最后生成27个碳的胆固醇。

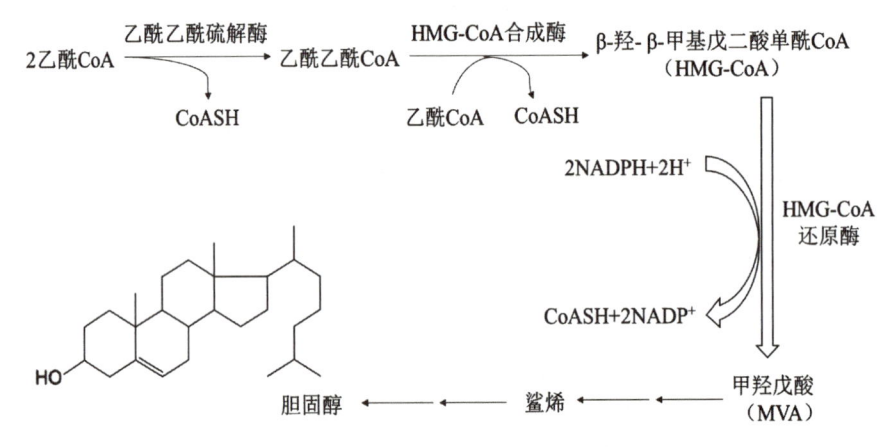

图7-13　胆固醇的生物合成

(二)胆固醇的转化

胆固醇在人体内不能分解成CO_2和H_2O,也不能作为能源物质,除了构成生物膜和血浆脂蛋白的成分外,主要的代谢去路是转化成为一系列具有重要生理活性的物质,调节代谢反应或随胆汁排出体外。

1. 转变成胆汁酸　胆固醇的主要去路是在肝中转变成胆汁酸(bile acid)。胆汁酸与甘氨酸或牛磺酸结合成结合胆汁酸,胆汁酸以钠盐或钾盐的形式存在,称为胆盐,不仅在脂类和脂溶性维生素的消化吸收中发挥着重要作用,同时也是机体胆固醇最主要的排泄途径,促进胆固醇向胆汁酸的转化和排泄,是降低血浆胆固醇水平的重要途径之一。

> **知识链接**
>
> **胆汁酸的乳化作用**
>
> 胆汁酸有乳化作用是因为其分子空间结构中具有亲水侧面与疏水侧面,因此具有较强的界面活性,能降低水相与油相之间的界面张力,使食物中脂类在水溶液中乳化成 3~10 μm 直径的微团,便于消化吸收。一般 1 g 胆汁酸盐可协助约 30 g 脂类的乳化。

2.转变为类固醇激素　胆固醇在肾上腺皮质细胞内可转变成肾上腺皮质激素,在卵巢可转变成孕酮、雌二醇等雌性激素,在睾丸可转变成睾酮等雄性激素。

3.转变为维生素 D_3　在肝及肠黏膜细胞内,胆固醇可转变成 7-脱氢胆固醇,后者经血液循环运送到皮肤,储存于皮下,经紫外线照射后,可转变成维生素 D_3。

(三)胆固醇的排泄

胆固醇在人体内不能彻底氧化,部分胆固醇在肝脏转变为胆汁酸,随胆汁分泌经胆道系统进入小肠,其中大部分又被肠黏膜重吸收,经门静脉返回肝脏,再排泄至肠道,即构成所谓胆汁酸的"肠肝循环"。最终只有少部分随粪便排出体外。此外,也有一部分胆固醇直接随胆汁或通过肠黏膜进入肠道,其中大部分被重吸收,少部分胆固醇被肠道细菌还原变成粪固醇,随粪便排出体外。胆固醇在体内的代谢概况见图 7-14。

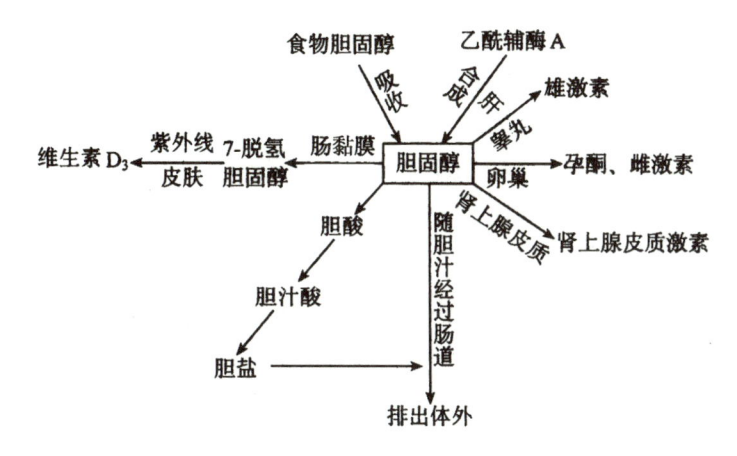

图 7-14　胆固醇在体内代谢概况

第五节 脂类代谢的调节与代谢紊乱

一、脂类代谢的调节

(一)激素对脂类代谢的调节

1.脂肪代谢的调节　对脂肪代谢影响较大的激素有胰岛素,它能促进脂肪的合成,胰岛素、前列腺素等可抑制腺苷酸环化酶,降低 cAMP 的合成水平,产生抗脂肪分解的效应。胰高血糖素、肾上腺素、去甲肾上腺素可激活脂肪组织的腺苷酸环化酶,使 cAMP 含量增加,激活蛋白激酶,使对激素敏感的脂肪酶磷酸化,转变成活化型脂肪酶,从而加速脂肪的分解。因此,胰高血糖素和胰岛素的比例在决定脂肪代谢的速度和方向上是至关重要的。

2.胆固醇代谢的调节　胰岛素和甲状腺素能诱导肝细胞内 HMG-CoA 还原酶的合成,从而增加胆固醇的合成;胰高血糖素和皮质醇能抑制 HMG-CoA 还原酶的活性,减少胆固醇的合成。

(二)代谢物对脂肪酸合成的调节

代谢物调节脂肪酸的合成,进而影响脂肪的合成。当摄取高脂肪食物或饥饿使脂肪动员加强时,细胞内脂酰 CoA 增多,可别构抑制乙酰 CoA 羧化酶,从而抑制体内脂肪酸的合成。当体内的糖分充足而脂肪酸水平低时,则对脂肪酸合成最有利。进食糖类物质,糖代谢加强,脂肪酸合成的原料乙酰 CoA 及 NADPH 供应增多,有利于脂肪酸的合成;同时糖代谢加强,使细胞内 ATP 增多,可抑制异柠檬酸脱氢酶,造成异柠檬酸和柠檬酸堆积,透出线粒体,可别构激活乙酰 CoA 羧化酶,使脂肪酸合成增加。此外,大量进食糖类也能增强各种合成脂肪相关酶的活性而使脂肪合成增强。

二、脂类代谢紊乱

脂类代谢紊乱除发生于脂类代谢的各个环节外,脂类的消化吸收、血液中的运输、脂类的合成与分解、遗传缺陷、激素和神经调节失常、器官疾患、饮食习惯及体力活动不适当等也都能引起脂类代谢紊乱。

(一)肥胖症

当前,超重和肥胖在我国以及全球都是一个挑战健康的严重问题。当人体摄入热量多于消耗热量时,多余热量以脂肪形式储存于体内,其量超过正常生理需求量,且达一定值时遂演变为肥胖症。常用体重指数(body mass index,BMI)作为肥胖度的衡量标准。BMI=体重(kg)/身高^2(m^2)。正常人群 BMI 应为 18.5~25 kg/m^2,BMI 在 25~30 kg/m^2 为超重,BMI>30 kg/m^2 即为肥胖。肥胖症的病因很复杂,是一种体内物质与能量代谢调节失衡引起的代谢紊乱而导致的多因性疾病。肥胖还与心血管疾病、痴呆、脂肪肝、呼吸道疾病及某些肿瘤的发生相关。

人体通过复杂的神经内分泌系统调节正常食欲和进食行为,进而调节体重,这涉及胃、肝、胰腺、脂肪组织及消化道分泌的多种激素。这些激素可以参与摄食、能量/物质代谢调节。当激素分泌失常时,常常导致脂类代谢紊乱。例如性腺萎缩或摘除即能引起肥胖,有些人在中年以后开始发胖,也是性激素或垂体激素分泌量减少造成的。

(二)高脂血症与动脉粥样硬化

临床上将空腹时血脂持续超出正常值上限称为高脂血症,如高胆固醇、高三酰甘油或两者兼高。引起高脂血症的原因很多,饮食习惯如多吃糖类、动物油、含胆固醇多的食物等都可引起高脂血症。脂类的代谢受激素的调节,故激素失调也可引起脂类代谢的紊乱,从而产生高脂血症。

虽然造成动脉粥样硬化(atherosclerosis)的病因是多方面的,但是许多临床实践证明高脂血症与动脉粥样硬化有密切关系,一般来说高脂血症常伴有动脉粥样硬化。其中 LDL 增加对动脉粥样硬化的形成关系最为密切,因为血浆中大多数的胆固醇是由 LDL 转运。血浆中的胆固醇增加时,LDL 含量也会增加,此时如果体内磷脂含量相对不足,就会影响 LDL 的稳定性而释放出胆固醇,胆固醇易沉积于动脉壁内膜,就可能发展为动脉粥样硬化。冠状动脉如有上述变化,会引起一时性或持续性心肌缺血、供氧不足,产生心绞痛以及心肌梗死等一系列的严重症状,称为冠状动脉硬化性心脏病,简称冠心病。而 HDL 正好相反,能从外周组织运走过多的胆固醇至肝中代谢,从而可抑制动脉粥样硬化的发生和发展。

(三)脂肪肝

肝在脂类代谢中起着特别重要的作用,它能合成脂蛋白有利于脂类的运输,脂类的合成、改造和分解、酮体的生成和脂蛋白代谢等都在肝中进行。肝中合成的脂类是以脂蛋白的形式转运出肝外的,其中所含的磷脂是合成脂蛋白不可缺少的材料,因此,当磷脂在肝中合成减少时,肝中脂肪不能顺利地运出,引起脂肪在肝中堆积,称为脂肪肝。

脂肪肝患者肝细胞中堆积的大量脂肪,占据肝细胞很大空间,极大地影响了肝细胞的功能,甚至使许多肝细胞坏死,结缔组织增生,造成肝硬化。形成脂肪肝的主要原因有:①肝中脂肪来源太多,如高脂肪及高糖膳食;②肝功能不好,影响 VLDL 合成和释放;③合成磷脂的原料不足,特别是胆碱或合成胆碱的原料(如甲硫氨酸)缺乏以及缺少必需脂肪酸。

第六节 脂类药物

脂类药物(lipid drug)是一类具有重要生理、药理效应的脂类化合物,有较好的预防、治疗和诊断疾病的效果。根据脂类药物的化学结构和组成,常见脂类药物可分为以下几类。

1.脂肪酸类药物　主要为不饱和脂肪酸类药物,包括前列腺素、亚麻酸、二十碳五烯酸(EPA)、二十二碳六烯酸(DHA)等。前列腺素具有收缩子宫平滑肌、扩张小血管、抑制胃酸分泌、保护胃黏膜等生理作用；亚油酸、亚麻酸、EPA、DHA 都有调节血脂、抑制血小板聚集、扩张血管等作用；DHA 还可促进大脑神经元发育。

2. 磷脂类药物 主要有卵磷脂及脑磷脂，二者都有增强神经组织及调节高级神经活动的作用，又是血浆良好的乳化剂，有促进胆固醇及脂肪运输的作用。临床上用于治疗神经衰弱及防治动脉粥样硬化等。

3. 糖脂类药物 神经节苷脂是一种复合糖脂，存在于哺乳动物细胞，特别是神经元细胞的胞膜中，是神经细胞膜的天然组成成分。神经节苷脂参与神经元的生长、分化和表型的表达以及细胞迁移和神经生长锥的定向延伸，具有神经保护和神经修复的双重作用，能从多个病理生理环节发挥神经保护作用，对多种临床上的神经损伤有很好的修复作用。

4. 固醇类药物 这类药物包括胆固醇、麦角固醇及 β-谷固醇。胆固醇是人工牛黄、多种甾体激素及胆酸原料，是机体细胞膜不可缺少的成分；麦角固醇是机体维生素 D_2 的原料；β-谷固醇具有调节血脂、抗炎、解热、抗肿瘤及免疫调节功能。

5. 胆酸及色素类药物 胆酸类药物是来源于人及动物肝脏产生的甾体类化合物，可乳化肠道脂肪，促进脂肪消化吸收，同时维持肠道正常菌群的平衡，保持肠道正常功能；如胆酸钠用于治疗胆囊炎、胆汁缺乏症及消化不良等，鹅去氧胆酸及熊去氧胆酸均有溶胆石作用，用于治疗胆石症。色素类药物有胆红素、胆绿素、血红素、原卟啉、血卟啉及其衍生物，如胆红素为抗氧剂，有清除自由基功能，可用于消炎，也是人工牛黄的重要成分。此外，胆酸作为药物投送载体最大的优势是肝肠循环效率高。药物与胆酸偶联后，由于可被转运蛋白识别，参与胆酸的肝肠循环，从而提高药物的吸收及其在肝中的浓度。

6. 人工牛黄 人工牛黄是根据天然牛黄的化学组成来人工合成的脂类药物，其主要成分为胆红素、胆酸、胆固醇及无机盐等，是多种中药的重要原料药，具有清热、解毒、祛痰等作用。临床上用于治疗热病、神昏不语等，外用治疗疖疮及口疮。

思考题

1. 简述脂类的结构特点和生物学作用。
2. 简述血浆脂蛋白的分类、特点及功能。
3. 以软脂酸为例，简述脂肪酸氧化分解的基本过程及能量计算。
4. 酮体是如何产生和氧化的？为什么肝中产生的酮体要在肝外组织才能被利用？
5. 酮体生成有何意义？举例说明酮体产生过多时可导致的危害。
6. 试比较脂肪酸合成与脂肪酸 β 氧化的异同。
7. 举例说明血脂水平异常的常见疾病。

本章小结

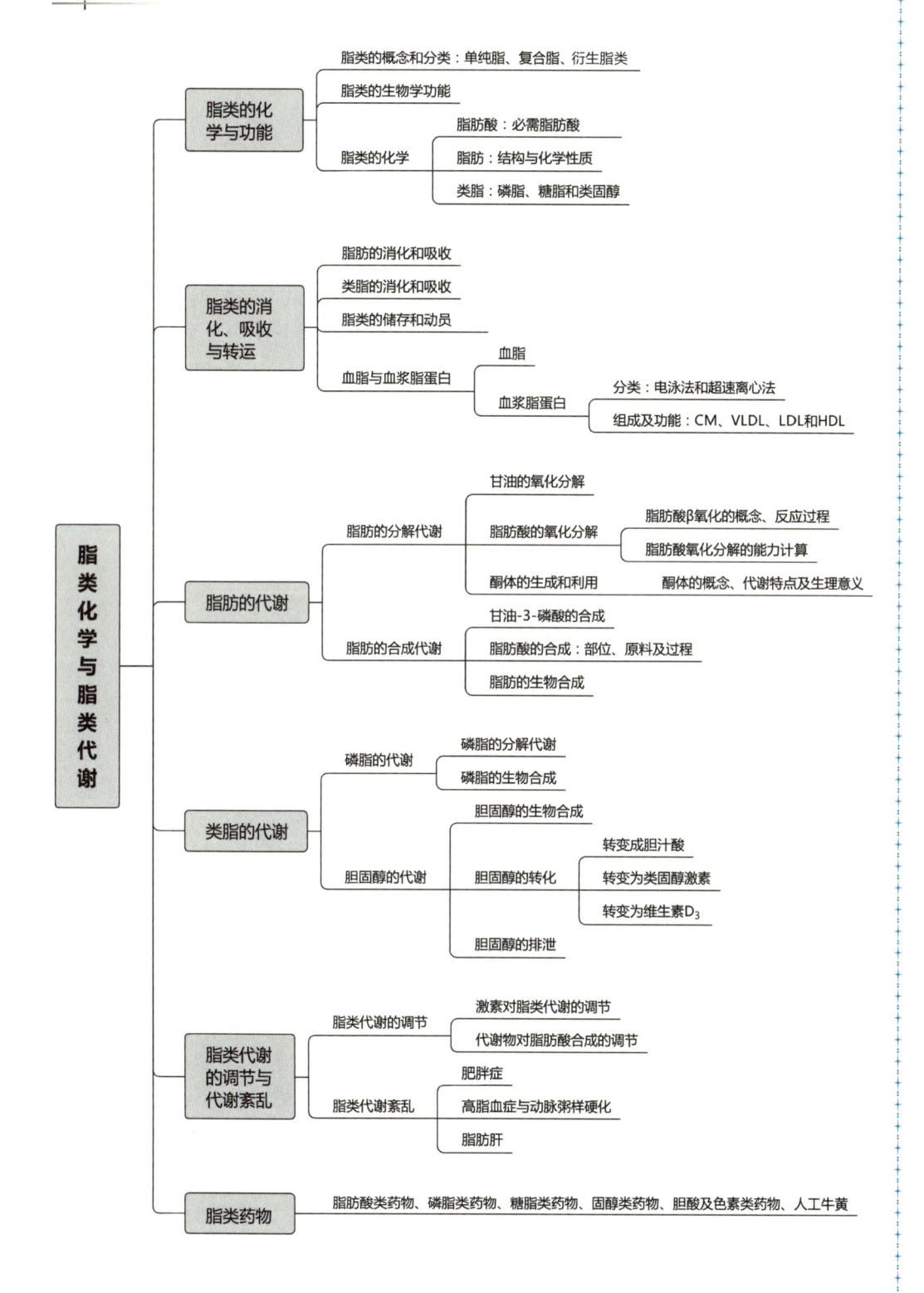

- 脂类化学与脂类代谢
  - 脂类的化学与功能
    - 脂类的概念和分类：单纯脂、复合脂、衍生脂类
    - 脂类的生物学功能
    - 脂类的化学
      - 脂肪酸：必需脂肪酸
      - 脂肪：结构与化学性质
      - 类脂：磷脂、糖脂和类固醇
  - 脂类的消化、吸收与转运
    - 脂肪的消化和吸收
    - 类脂的消化和吸收
    - 脂类的储存和动员
    - 血脂与血浆脂蛋白
      - 血脂
      - 血浆脂蛋白
        - 分类：电泳法和超速离心法
        - 组成及功能：CM、VLDL、LDL和HDL
  - 脂肪的代谢
    - 脂肪的分解代谢
      - 甘油的氧化分解
      - 脂肪酸的氧化分解
        - 脂肪酸β氧化的概念、反应过程
        - 脂肪酸氧化分解的能力计算
      - 酮体的生成和利用：酮体的概念、代谢特点及生理意义
    - 脂肪的合成代谢
      - 甘油-3-磷酸的合成
      - 脂肪酸的合成：部位、原料及过程
      - 脂肪的生物合成
  - 类脂的代谢
    - 磷脂的代谢
      - 磷脂的分解代谢
      - 磷脂的生物合成
    - 胆固醇的代谢
      - 胆固醇的生物合成
      - 胆固醇的转化
        - 转变成胆汁酸
        - 转变为类固醇激素
        - 转变为维生素D_3
      - 胆固醇的排泄
  - 脂类代谢的调节与代谢紊乱
    - 脂类代谢的调节
      - 激素对脂类代谢的调节
      - 代谢物对脂肪酸合成的调节
    - 脂类代谢紊乱
      - 肥胖症
      - 高脂血症与动脉粥样硬化
      - 脂肪肝
  - 脂类药物：脂肪酸类药物、磷脂类药物、糖脂类药物、固醇类药物、胆酸及色素类药物、人工牛黄

实验项目九　肝中酮体的生成作用

【实验目的】

1. 验证酮体生成是肝特有的功能。
2. 了解肝中酮体生成实验的原理和方法。

【实验原理】

用丁酸作为底物，将丁酸溶液分别与新鲜的肝匀浆或肌匀浆混合后一起保温。肝细胞中含有酮体生成酶系，故能生成酮体。酮体中的乙酰乙酸与丙酮可与显色粉中的亚硝基铁氰化钠作用，生成紫红色化合物。肌肉中没有生成酮体的酶系，同样处理的肌匀浆则不产生酮体，因此不能与显色粉产生颜色反应。

丁酸+肝匀浆 $\xrightarrow{\text{保温}}$ 酮体 $\begin{cases} \beta\text{-羟丁基} \\ \text{乙酰乙酸} \\ \text{丙酮} \end{cases}$ $\xrightarrow{\text{显粉色}}$ 紫红色化合物

【试剂与器材】

1. 试剂

(1) 0.9% NaCl 溶液。

(2) 洛克溶液：取氯化钠 0.9 g、氯化钾 0.042 g、氯化钙 0.024 g、碳酸氢钠 0.02 g、葡萄糖 0.1 g 放入烧杯中，加入蒸馏水溶解后，定容至 100 ml，置冰箱中保存备用。

(3) 0.5 mol/L 丁酸溶液：取 4.0 g 丁酸溶于 0.1 mol/L NaOH 溶液中，加 0.1 mol/L NaOH 溶液至 1000 ml。

(4) 0.1 mol/L 磷酸盐缓冲液（pH 7.6）：准确称取 7.74 g $Na_2HPO_4 \cdot 2H_2O$ 和 0.897 g $NaH_2PO_4 \cdot H_2O$，用蒸馏水稀释至 500 ml，精确测定 pH。

(5) 15% 三氯醋酸溶液。

(6) 显色粉：亚硝基铁氰化钠 1 g、无水碳酸钠 30 g、硫酸铵 50 g，混合后研碎。

2. 器材　试管、试管架、匀浆器或研钵、恒温水浴锅、离心机或小漏斗、白瓷板。

【实验方法及步骤】

1. 肝匀浆和肌匀浆的制备　准备猪的新鲜肝和肌组织，剪碎，分别放入匀浆机或研钵中，加入生理盐水（质量：体积＝1：3），研磨成匀浆。

2. 取试管 4 支，标号，按表 7-3 操作。

表 7-3　试剂添加

加入物/滴	1号管	2号管	3号管	4号管
洛克溶液	15	15	15	15
0.5 mol/L 丁酸溶液	30	—	30	30
磷酸盐缓冲（pH7.6）	15	15	15	15

续表

加入物/滴	1号管	2号管	3号管	4号管
肝匀浆	20	20	—	—
肌匀浆	—	—	—	20
蒸馏水	—	30	20	—

3. 将上述 4 支试管摇匀后放于 37 ℃ 恒温水浴中保温 30 min。
4. 取出各管，每管加入 15% 三氯醋酸 20 滴，摇匀，以 3000 r/min 离心 5 min。
5. 分别于各管取离心液滴于白瓷板 4 个凹孔中，每个凹孔放入显色粉一小匙(约 0.1 g)，观察并记录每个凹孔所产生的颜色反应。

【思考题】

1. 观察各管颜色变化有何不同，并分析实验结果。
2. 还有没有其他方法来验证肝生成酮体的特有功能？

第八章 蛋白质的分解代谢

蛋白质的分解代谢

学习目标

知识目标

1. 掌握：氮平衡的概念；必需氨基酸的概念及种类；氨基酸的脱氨基方式；氨的来源、转运和去路；尿素合成部位、原料和主要过程；一碳单位的概念和生物学意义。
2. 熟悉：蛋白质的营养价值；肝性昏迷的发病机制；α-酮酸的代谢去路；氨基酸的脱羧基作用。
3. 了解：蛋白质的消化吸收和腐败作用；蛋白质的生理功能；芳香族氨基酸和含硫氨基酸的代谢。

能力目标

1. 认识蛋白质代谢在生命过程中的重要性及体内代谢的相互联系。
2. 能运用所学知识，分析常见蛋白质代谢异常导致疾病的原因、治疗机制。

第一节 蛋白质的营养作用

一、蛋白质的生理功能

1. **维持组织器官的生长、更新和修补** 蛋白质参与构成各种组织细胞。人体内蛋白质处于不断降解和合成的动态平衡中，膳食中必须提供足够质和量的蛋白质，才能维持机体生长发育、更新修补和增殖的需要。儿童必须摄取足量的蛋白质，才能保持其正常的生长发育，成人也必须摄入足量的蛋白质才能维持其组织蛋白的更新和修补，特别是组织损伤时，更需要从食物蛋白中获得修补的原料。

2. **参与合成重要的含氮化合物** 体内一些重要生理活性物质的合成需要蛋白质的参与，如酶、核酸、抗体、血红蛋白、神经递质、多肽、激素等。

3. **氧化供能** 1 g 蛋白质完全氧化可产生 17 kJ 能量。一般来说，成人每日约有 18% 的能量来自蛋白质的分解代谢，但蛋白质的这种功能可由糖或脂肪代替，因此氧化供能仅是蛋白质的一种次要功能。

二、氮平衡

食物和排泄物中含氮物质大部分来源于蛋白质,且蛋白质的含氮量较恒定(约16%),因此可通过氮的平衡反映体内蛋白质合成与分解代谢的总体情况。氮平衡是指摄入蛋白质的含氮量和排泄物(主要为粪便和尿)中含氮量的对比关系。依据机体的不同状况氮平衡可出现三种情况。

1. 氮总平衡　摄入氮量等于排出氮量,表示体内蛋白质的合成与分解相当,如营养正常的成年人。

2. 正氮平衡　摄入氮量大于排出氮量,表示体内蛋白质合成量大于分解量,多见于儿童、妊娠期妇女及恢复期病人。

3. 负氮平衡　摄入氮量小于排出氮量,表示体内蛋白质合成量小于分解量,多见于长期饥饿、消耗性疾病患者。

氮平衡对于评价食物蛋白质营养价值,补充儿童、孕妇及恢复期病人所需的蛋白质营养物质以及指导临床上有关疾病的治疗都具有重要的实用价值。显然,摄取足够量的蛋白质对维系正常的生命活动非常必要,但同时还应重视蛋白质的质量。在一定程度上,蛋白质的质量比数量更为重要。

三、蛋白质的营养价值

1. 必需氨基酸与非必需氨基酸　组成人体蛋白质的氨基酸有20种,其中有8种氨基酸是人体不能合成或合成量少,不能满足机体需求,必须由食物供给,称为必需氨基酸,包括赖氨酸、色氨酸、缬氨酸、苯丙氨酸、苏氨酸、亮氨酸、异亮氨酸、蛋氨酸。其余12种氨基酸也为机体所需,但可以在体内合成,不一定需要食物供给,称为非必需氨基酸。组氨酸和精氨酸在体内合成量较小,不能长期缺乏,特别在婴儿期可造成氮负平衡,因此也可归为营养必需氨基酸。

2. 蛋白质的营养价值　蛋白质的营养价值是指食物蛋白质在体内的利用率,其价值高低主要取决于必需氨基酸的种类、数量、比例与人体蛋白质氨基酸组成的接近程度。如动物性蛋白质(牛奶、鸡蛋等)所含必需氨基酸的种类、数量、比例与人体需求更接近,故营养价值高。此外,食物蛋白质的含量越高、越容易被消化吸收,则其营养价值也越高。

3. 蛋白质的互补作用　几种营养价值较低的蛋白质混合食用,可以互相补充必需氨基酸的种类和数量,从而提高蛋白质在体内的营养价值,称为蛋白质的互补作用。例如,小米中赖氨酸含量低,而色氨酸较多,大豆则相反,二者单独食用的营养价值都不太高,若混合食用可互相补充所需氨基酸之不足,从而提高营养价值。

第二节　蛋白质的消化、吸收与腐败

一、蛋白质的消化

蛋白质的消化是指在各种蛋白酶的作用下,蛋白质分子中的肽键断裂而逐步水解,最后生成寡肽或氨基酸的过程。人和动物不能直接利用食物中的蛋白质,必须先经过消化使大分子蛋白质变为小分子肽和氨基酸才能被机体吸收和利用,同时还可消除食物蛋白质的种属特异性或抗原性。

唾液中无蛋白酶,故食物蛋白质的消化吸收开始于胃。蛋白质进入胃后经胃蛋白酶作用水解生成胨及多肽;在小肠中,蛋白质的消化产物和未消化的蛋白质再受胰液及肠黏膜细胞分泌的多种蛋白酶及肽酶的共同作用,进一步水解为寡肽和氨基酸,因此,小肠是蛋白质消化的主要场所。

二、蛋白质的吸收

氨基酸和寡肽的吸收主要在小肠中进行,其吸收过程是一个耗能的主动吸收过程。小肠上皮细胞的绒毛膜上,存在着多种 Na^+-氨基酸和 Na^+-肽的同向转运体,可转运氨基酸、二肽和三肽进入小肠上皮细胞。进入小肠上皮细胞的氨基酸以及少量未水解的二肽、三肽,经基底侧细胞膜上的氨基酸或肽的转运体以易化扩散的方式进入细胞间液,然后再进入血液。少数氨基酸的吸收不依赖于 Na^+,可以通过易化扩散的方式进入小肠上皮细胞。

三、蛋白质的腐败作用

在消化过程中,有一小部分蛋白质不被消化,也有一小部分消化产物不被吸收,肠道细菌对这部分蛋白质及其消化产物进行分解,称为蛋白质腐败作用(protein putrefaction)。腐败作用的产物除少数(如维生素 K、B_{12}、B_6、叶酸、生物素及某些少量脂肪酸等)具有一定营养作用外,大多数是对人体有害的物质。

1. 胺类的生成 未消化的蛋白质可经肠道细菌蛋白酶的作用水解生成氨基酸,再经氨基酸脱羧作用产生胺类物质,如酪氨酸脱羧生成酪胺,苯丙氨酸脱羧生成苯乙胺等。酪胺、苯乙胺可分别经 β-羟化而形成 β-羟酪胺和苯乙醇胺,这两者的化学结构与儿茶酚胺类神经递质类似,称为假神经递质。假神经递质增多,可取代神经递质儿茶酚胺,但假神经递质不能传导神经冲动,可使大脑发生异常抑制,严重干扰大脑功能。

2. 氨的生成 肠道中的氨有两个来源:一是未被吸收的氨基酸在肠道细菌作用下脱氨基生成;二是血中尿素渗入肠道,在肠道细菌尿素酶作用下水解生成。这些氨可吸收入血,在肝脏合成尿素,降低肠道 pH,可减少肠道对氨的吸收。

3. 其他有害物质的生成 除了胺类和氨以外,通过腐败作用还可产生其他有害物质,如苯酚、吲哚、甲基吲哚及硫化氢等。

第三节 氨基酸的一般代谢

一、氨基酸在体内的代谢概况

食物蛋白质经消化吸收产生的氨基酸、体内组织蛋白质降解生成的氨基酸及体内合成的非必需氨基酸,在细胞内和体液中混为一体,构成氨基酸代谢库。这些氨基酸主要用于合成组织蛋白质、多肽和其他含氮化合物。机体各组织蛋白质在体内不断更新,且不同组织细胞,因生理活动的需要不同,其蛋白质的更新率亦各异。正常情况下,体内氨基酸的来源和去路处于动态平衡。

氨基酸的主要来源包括:①食物蛋白经消化吸收进入体内的氨基酸;②组织蛋白分解产生的氨基酸;③体内代谢合成的部分非必需氨基酸。

氨基酸的去路包括:①合成组织蛋白;②转变为重要的含氮化合物(如嘌呤、嘧啶、肾上腺素、甲状腺素及其他蛋白质或多肽激素等);③氧化分解产生能量或转化为糖、脂肪等;④少量氨基酸通过脱羧基作用生成胺类和二氧化碳。

组成蛋白质的 20 种氨基酸,它们化学结构上的共性是都具有 α-氨基和 α-羧基,而它们之间的差异仅 R 基团不同。因此,它们在体内的分解代谢过程虽各有其特点,但也有共同的代谢途径。本章氨基酸分解代谢的重点是介绍其 α-氨基的共同分解代谢途径,也适当介绍一些个别氨基酸的特殊代谢途径。氨基酸在体内的代谢概况见图 8-1。

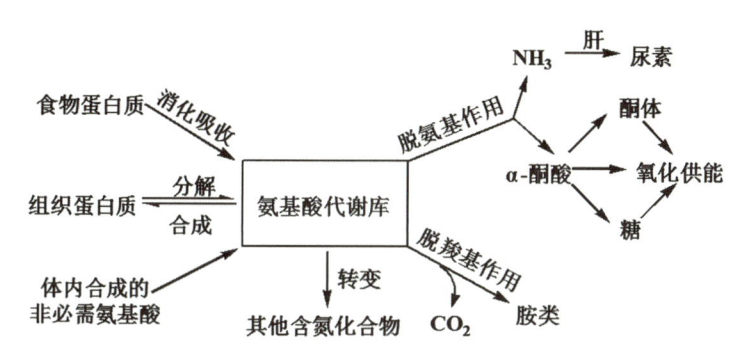

图 8-1 氨基酸的体内代谢概况

二、氨基酸的脱氨基作用

氨基酸在酶的催化下脱去氨基生成 α-酮酸的过程称为脱氨基作用。它是体内氨基酸分解代谢的重要途径,体内多数组织中均可进行。脱氨基作用方式包括氧化脱氨基、转氨基、联合脱氨基和非氧化脱氨基作用。其中联合脱氨基作用是最主要的脱氨基方式。

(一)氧化脱氨基作用

在酶的催化下,氨基酸脱去氨基的同时伴随脱氢氧化的过程称为氧化脱氨基作用。催化体内氨基酸氧化脱氨基的酶有多种,其中以 L-谷氨酸脱氢酶最为重要,其主要分布在肝、肾和脑等组织中,在骨骼肌中活性很低。此酶以 NAD^+(或 $NADP^+$)为辅酶,活性较强,催化 L-谷氨酸氧化脱氨生成 α-酮戊二酸,其反应如下:

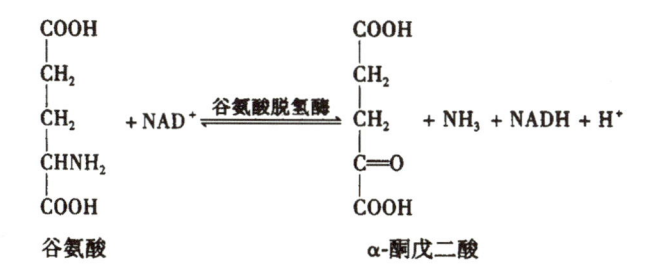

谷氨酸 + NAD^+ ⇌(谷氨酸脱氢酶) α-酮戊二酸 + NH_3 + NADH + H^+

此反应是可逆的,α-酮戊二酸可还原加氨生成谷氨酸。L-谷氨酸脱氢酶的特异性强,只能催化 L-谷氨酸氧化脱氨。但是它可与转氨酶联合作用,最终使其他氨基酸脱氨,故它在氨基酸的分解和合成中起着重要作用。

(二)转氨基作用

1. **转氨基作用的概念** 在转氨酶催化下,α-氨基酸的氨基转移给 α-酮酸,氨基酸脱去氨基生成相应的 α-酮酸,而 α-酮酸获得氨基生成相应的氨基酸的过程称为转氨基作用。一般反应如下:

$$\begin{matrix} R_1 \\ CH-NH_2 \\ COOH \end{matrix} + \begin{matrix} R_2 \\ C=O \\ COOH \end{matrix} \xrightleftharpoons{\text{转氨酶}} \begin{matrix} R_1 \\ C=O \\ COOH \end{matrix} + \begin{matrix} R_2 \\ CH-NH_2 \\ COOH \end{matrix}$$

上述反应的结果并未真正脱去氨基,只是发生氨基转移。α-酮酸可通过此酶的作用接受氨基酸转来的氨基生成相应的氨基酸,这是体内合成非必需氨基酸的重要途径。

2. **转氨酶** 催化转氨基作用的酶统称为转氨酶或氨基转移酶。体内转氨酶种类多、分布广、活性高、特异性强,体内大部分氨基酸(除甘、苏、赖、脯氨酸外)均可在相应的转氨酶作用下与 α-酮酸(多为 α-酮戊二酸)发生转氨基反应。各种转氨酶中,以丙氨酸氨基转移酶(ALT,又称谷丙转氨酶,GPT)和天冬氨酸氨基转移酶(AST,又称谷草转氨酶,GOT)最为重要。它们分别催化下列反应:

谷氨酸 + 丙酮酸 $\xrightleftharpoons{\text{GPT}}$ α-酮戊二酸 + 丙氨酸

谷氨酸 + 草酰乙酸 $\xrightleftharpoons{\text{GOT}}$ α-酮戊二酸 + 天冬氨酸

转氨酶主要存在于组织细胞内,尤其以肝和心肌含量最为丰富,而血清中含量较低。由表 8-1 可知,正常情况下,ALT 在肝细胞活性最高,AST 在心肌细胞活性最高。病理状态下细胞膜通透性增高或细胞破坏,大量转氨酶释放入血,则血中转氨酶活性明显升高。如急性肝炎患者血清 ALT 活性明显增加,心肌梗死患者血清 AST 活性显著上升。因此,临床上测定血清 ALT 和 AST 活性可作为肝病或心肌梗死协助诊断和预后判断的指标之一。

表 8-1 正常人组织器官中 GPT 和 GOT 的活性(单位/每克湿组织)

组织器官	AST	ALT	组织器官	AST	ALT
心脏	156000	7000	胰腺	28000	2000
肝	142000	44000	脾	14000	1200
骨骼肌	99000	4800	肺	10000	700

续表

组织器官	AST	ALT	组织器官	AST	ALT
肾脏	91000	19000	血清	20	16

3. 转氨基作用的机制 转氨酶是结合酶，其辅酶是维生素 B_6 的两种活化形式磷酸吡哆醛和磷酸吡哆胺，起着氨基传递体的作用。在转氨反应中，磷酸吡哆醛首先接受氨基酸的氨基生成磷酸吡哆胺，原来的氨基酸转化为 α-酮酸；而磷酸吡哆胺又可将氨基转移到另外一个 α-酮酸上，生成磷酸吡哆醛和相应的 α-氨基酸。通过磷酸吡哆醛和磷酸吡哆胺两者之间的相互转化，起着传递氨基的作用，如图 8-2 所示。

图 8-2 转氨基作用的机制

(三) 联合脱氨基作用

转氨基作用只能转移氨基但不能最终脱掉氨基，而单靠氧化脱氨基作用也不能满足机体脱氨基的需要，因此，机体主要是通过联合脱氨基作用脱去氨基，即将转氨基作用和脱氨基作用偶联在一起的脱氨方式，它有以下两种方式。

1. 转氨基作用联合氧化脱氨基作用 氨基酸的 α-氨基先通过转氨基作用转移到 α-酮戊二酸上，生成相应的 α-酮酸和谷氨酸，后者在 L-谷氨酸脱氢酶的催化下，经氧化脱氨作用而释出游离氨（图 8-3）。虽然多种 α-酮酸均可参与转氨基作用，但转氨基作用的氨基受体主要是 α-酮戊二酸，因为氧化脱氨时，只有 L-谷氨酸脱氢酶的活性高且特异性强。由于 L-谷氨酸脱氢酶在肝、肾、脑中活性最强，这些组织中氨基酸可主要通过这种方式脱氨，且反应可逆，所以这一偶联反应的逆过程也是生成非必需氨基酸的有效途径。

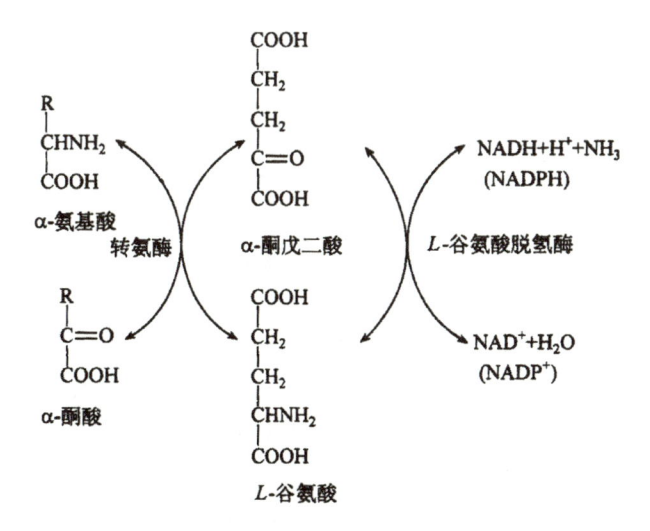

图 8-3 转氨基作用联合氧化脱氨基作用

但骨骼肌、心脏等组织 L-谷氨酸脱氢酶含量较低，因此在这些组织中氨基酸需经另外的方式脱氨。

2. 转氨基作用联合 AMP 循环脱氨基作用　L-谷氨酸脱氢酶在骨骼肌、心脏等组织含量较低,转氨基作用联合氧化脱氨基作用难以进行,常通过转氨基作用联合 AMP 循环脱氨基作用来脱氨基(图 8-4)。氨基酸通过两次转氨基作用将氨基传递给草酰乙酸生成天冬氨酸,天冬氨酸将氨基转移给次黄嘌呤核苷酸(IMP)生成腺苷酸代琥珀酸,后者在裂解酶的作用下生成腺嘌呤核苷酸(AMP)和延胡索酸,AMP 水解后产生游离的 NH_3 并生成 IMP,IMP 重新接受天冬氨酸分子上的氨基形成循环。

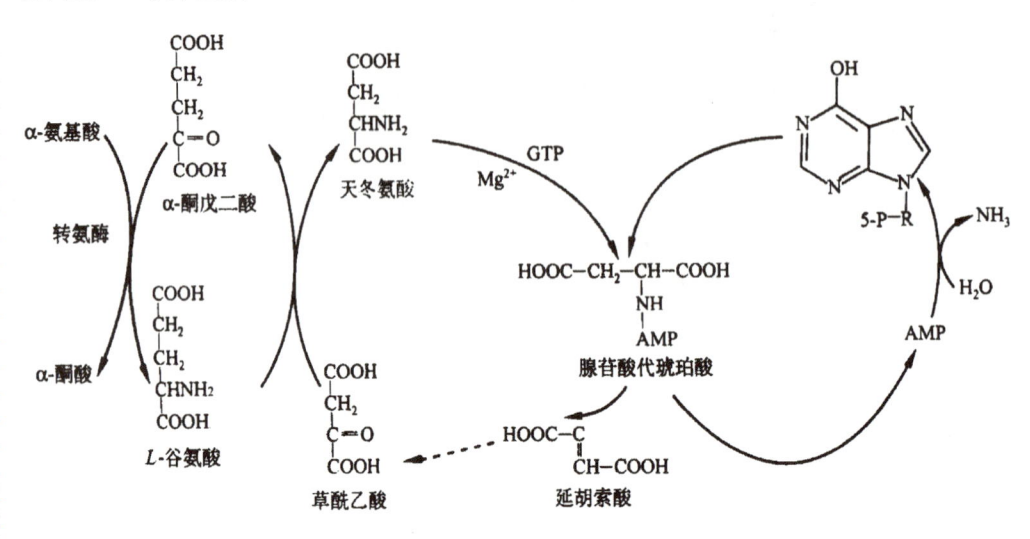

图 8-4　转氨基作用偶联 AMP 循环脱氨基作用

(四)非氧化脱氨作用

一些氨基酸可进行非氧化脱氨作用,如丝氨酸可在丝氨酸脱水酶的催化下脱去氨基,生成丙酮酸。这种方式主要存在于微生物体内,动物体亦有但不多见。

三、氨的代谢

氨具有强烈的神经毒性,正常人血氨含量甚微,浓度一般不超过 60 μmol/L。血氨能透过细胞膜和血脑屏障,脑组织对其特别敏感。正常情况下,机体不会发生氨的堆积而导致氨中毒,这是因为机体能够通过各种途径使氨的来源和去路处于相对平衡,将血氨浓度保持在正常范围。某些原因引起血氨浓度升高,可导致神经组织,特别是脑组织功能障碍,称为氨中毒。

(一)氨的来源

1.氨基酸脱氨基作用　这是体内氨的主要来源。

2.肠道吸收　肠道中产生氨的途径有两条:一是食物蛋白腐败作用产生的氨;二是血中尿素渗入肠道,在肠道细菌尿素酶的作用下水解产生氨。NH_3 比 NH_4^+ 更易透过肠黏膜细胞被吸收入血,当 pH 偏碱性时,NH_4^+ 偏向转变为 NH_3,因此在碱性环境中氨的吸收增加。临床上对高血氨的患者通常采用弱酸性透析液做结肠透析,禁止用碱性肥皂水灌肠,其目的是减少肠道对氨的吸收。

3.肾小管上皮细胞分泌　在肾远曲小管上皮细胞中的谷氨酰胺酶催化下,谷氨酰胺可水解产生氨,然后分泌到肾小管中与原尿中的 H^+ 结合成 NH_4^+,以铵盐的形式排出体外,这对调节机体的酸碱平衡起着重要作用。酸性尿有利于肾小管细胞中的氨扩散入尿而排出,碱性尿则使氨易被重吸收入血,成为血氨的另一个来源。

4. 其他来源　其他含氮化合物如胺、嘌呤、嘧啶等分解时也可以产生少量氨。

(二)氨的转运

为避免氨对机体的毒性作用，各组织产生的氨以无毒的形式运输至肝合成尿素，或运输至肾以铵盐形式排出。氨在血液中的运输形式主要是丙氨酸和谷氨酰胺两种。

1. 丙氨酸-葡萄糖循环　肌肉组织中的氨基酸经转氨作用将氨基转给丙酮酸生成丙氨酸，丙氨酸进入血液，经血液运输到肝，通过联合脱氨作用，释出氨用于合成尿素。丙氨酸脱氨后生成的丙酮酸经糖异生作用生成葡萄糖。葡萄糖由血液运到肌肉组织，沿糖酵解途径转变为丙酮酸，可再接受氨基生成丙氨酸。这样丙氨酸和葡萄糖反复地在肌肉组织和肝之间进行氨的转运，故将此途径称为丙氨酸-葡萄糖循环(图8-5)。此循环的意义在于使肌肉组织中的氨以无毒的丙氨酸形式运输到肝，同时，肝又为肌肉组织提供了葡萄糖，为肌肉活动提供能量。

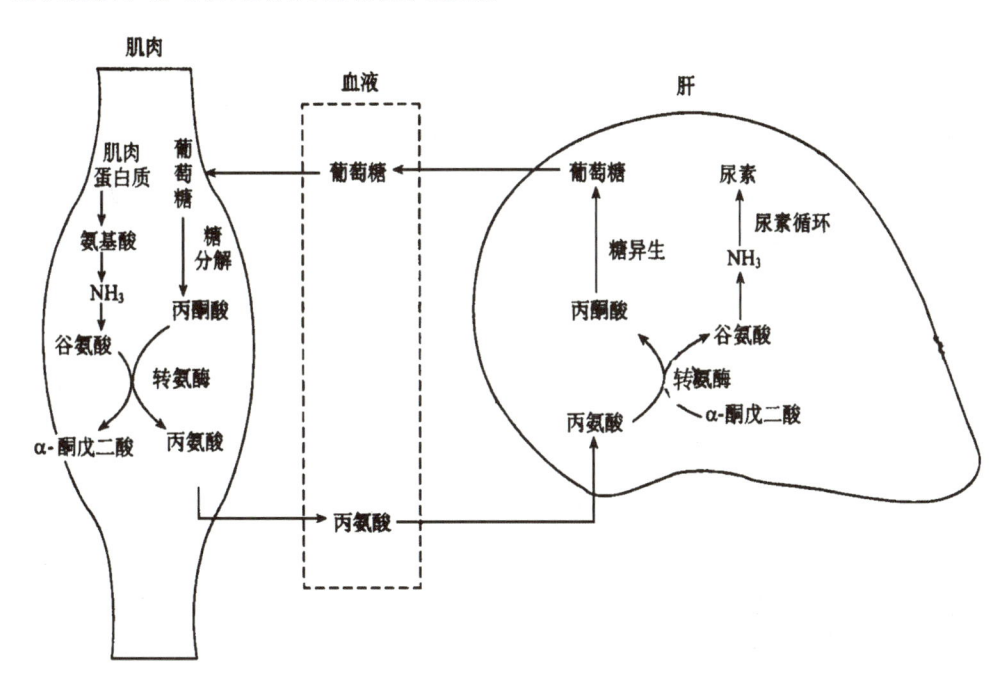

图 8-5　丙氨酸-葡萄糖循环

2. 以谷氨酰胺形式转运　谷氨酰胺是脑、肌肉等组织向肝或肾运输氨的主要形式。氨与谷氨酸在谷氨酰胺合成酶催化下，利用 ATP 供量，生成谷氨酰胺。并通过血液循环运送到肝或肾，经谷氨酰胺酶水解成谷氨酸和氨，氨在肝中合成尿素，或在肾中生成铵盐随尿排出。谷氨酰胺的合成与分解由不同酶催化，均为不可逆反应。谷氨酰胺既是氨的解毒形式，又是氨的储存和运输形式。

(三)氨的去路

体内氨的去路有:尿素的合成、谷氨酰胺的生成、参与合成一些重要的含氮化合物(如嘌呤、嘧啶、非必需氨基酸等)及以铵盐形式由尿排出。正常情况下成人尿素的排氮量占体内总排出氮量的80%以上;将犬的肝脏切除,则血氨明显上升,尿素明显下降;肝功能衰竭患者血氨水平明显上升,尿素水平明显下降。这些均说明在肝中合成尿素是体内氨的最主要去路。

1.合成尿素　肝脏合成尿素的途径是鸟氨酸循环(ornithine cycle)或尿素循环(urea cycle),其过程分为以下4步。

(1)氨甲酰磷酸的生成:NH_3和CO_2在肝线粒体中氨甲酰磷酸合成酶Ⅰ催化下,合成氨甲酰磷酸。此反应不可逆,其辅助因子有ATP、Mg^{2+}及N-乙酰谷氨酸,并消耗2分子ATP。

$$NH_3 + CO_2 + 2ATP \xrightarrow[Mg^{2+}]{氨甲酰磷酸合成酶Ⅰ} H_2N-\overset{O}{\overset{\|}{C}}-O \sim PO_3H_2 + 2ADP + Pi$$
氨甲酰磷酸

(2)瓜氨酸的合成:在鸟氨酸氨甲酰转移酶的催化下,氨甲酰磷酸将氨甲酰基转移到鸟氨酸上生成瓜氨酸,此反应不可逆。

(3)精氨酸的合成:肝细胞线粒体合成的瓜氨酸经膜载体转运到胞质,与天冬氨酸在精氨酸代琥珀酸合成酶的催化下,生成精氨酸代琥珀酸,然后在精氨酸代琥珀酸裂解酶的催化下,裂解为精氨酸和延胡索酸。上述反应中,天冬氨酸起着提供氨基的作用,可由草酰乙酸与谷氨酸经转氨基作用生成,而谷氨酸的氨基又可以来自其他氨基酸。因此,体内多种氨基酸的氨基也可以通过天冬氨酸的形式参与尿素的合成。

(4)尿素的生成：精氨酸在精氨酸酶的作用下，水解生成尿素和鸟氨酸，后者经膜载体转运到线粒体并继续参与瓜氨酸的合成，如此反复不断合成尿素。

$$\underset{\text{精氨酸}}{\begin{matrix}NH_2\\|\\C=NH\\|\\NH\\|\\(CH_2)_3\\|\\CH-NH_2\\|\\COOH\end{matrix}} + H_2O \xrightarrow{\text{精氨酸酶}} \underset{\text{尿素}}{\begin{matrix}NH_2\\|\\C=O\\|\\NH_2\end{matrix}} + \underset{\text{鸟氨酸}}{\begin{matrix}NH_2\\|\\(CH_2)_3\\|\\CH-NH_2\\|\\COOH\end{matrix}}$$

从以上四步反应中可知，由鸟氨酸开始至鸟氨酸结束进行的循环反应，使两分子 NH_3 和一分子 CO_2 缩合成一分子尿素，故将尿素生成的全过程叫作鸟氨酸循环。合成尿素的 2 分子 NH_3，一分子来源于氨基酸脱氨，另一分子来源于天冬氨酸，而天冬氨酸又可由多种氨基酸通过转氨基反应生成。参与尿素合成的各种酶中，以精氨酸代琥珀酸合成酶的活性最低，是该循环的限速酶，可调节尿素合成速度。由于参与鸟氨酸循环的酶分布在不同的亚细胞结构部分，尿素合成在肝细胞的线粒体和细胞液两部分进行。该循环的全过程见图 8-6。

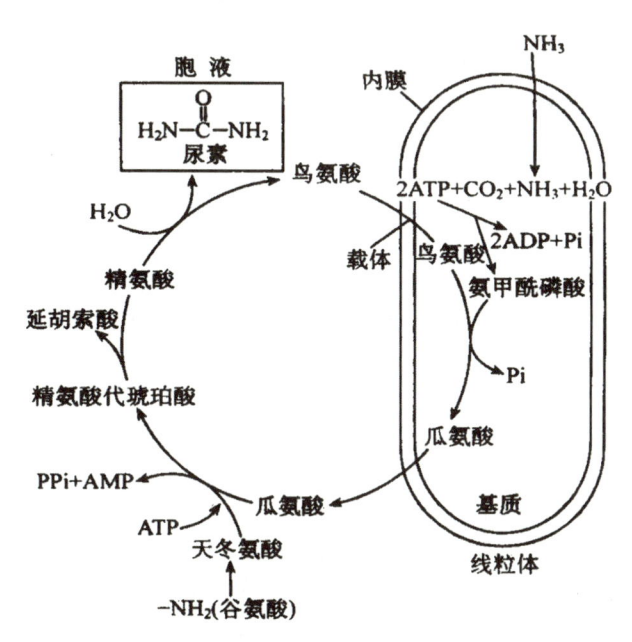

图 8-6 尿素循环的过程

2.高血氨症和氨中毒 正常生理情况下，血氨的浓度处于较低水平，肝脏是合成尿素、消除氨毒的主要器官。当肝功能严重损伤时，尿素合成受阻，使血氨浓度升高，称为高氨血症。一般认为，高血氨时，氨通过血脑屏障进入脑组织，与脑中的 α-酮戊二酸反应生成谷氨酸，进而与氨生成谷氨酰胺。脑中的 α-酮戊二酸大量消耗导致三羧酸循环减弱，脑组织 ATP 供给不足，最终导致大脑功能障碍，严重时发生昏迷，称为肝性脑病或肝性昏迷。

案例分析

某患者,男性,46岁,有严重的肝硬化病史。临床表现:恶心、呕吐、食欲缺乏,定时、定向力障碍,烦躁、嗜睡。肝功能检查显示:血氨浓度 192 μmol/L,谷丙转氨酶 160 U/L。

1. 该患者可能患何种疾病?该患者血氨升高的原因是什么?
2. 临床上对高氨血症患者采用弱酸性透析液做结肠透析的原因是什么?
3. 临床上高氨血症患者为什么要限制饮食中的蛋白质摄入量?

四、α-酮酸的代谢

氨基酸经脱氨基作用产生氨的同时,还生成 α-酮酸。不同的氨基酸生成的 α-酮酸各异,它们在体内的代谢途径如下。

1. **生成非必需氨基酸** 氨基酸脱氨基反应是可逆的,α-酮酸经转氨作用或还原氨基化反应,可生成相应的氨基酸,这是机体合成非必需氨基酸的重要途径。

2. **转变为糖及脂类** 大多数氨基酸脱去氨基后生成的 α-酮酸,可通过糖异生途径转变为糖,把这些氨基酸称为生糖氨基酸。有的则可以转变为酮体和脂肪,这类氨基酸称为生酮氨基酸。还有些氨基酸既能转变为糖又能转变为酮体,称为生糖兼生酮氨基酸(表8-2)。

表8-2 氨基酸生糖及生酮性质分类

类别	氨基酸
生糖氨基酸	甘氨酸、丝氨酸、缬氨酸、组氨酸、精氨酸、半胱氨酸、脯氨酸、丙氨酸、谷氨酸、谷氨酰胺、天冬氨酸、天冬酰胺、蛋氨酸
生酮氨基酸	亮氨酸、赖氨酸
生糖兼生酮氨基酸	异亮氨酸、苯丙氨酸、酪氨酸、苏氨酸、色氨酸

3. **氧化供能** α-酮酸可转变为乙酰辅酶A、丙酮酸以及草酰乙酸、琥珀酰辅酶A、α-酮戊二酸等三羧酸循环的中间产物,这些物质经三羧酸循环和生物氧化体系被彻底氧化成 CO_2 和 H_2O,并释放出能量供生理活动需要。必须指出的是,蛋白质是生命活动中的重要物质基础,正常生理情况下,蛋白质供能很少,只在某些特殊情况下(如长期饥饿),蛋白质分解为氨基酸后氧化供能才有可能增加。

第四节 个别氨基酸的代谢

组成蛋白质的氨基酸,由于化学结构上的共性表现出共同的代谢规律;但是氨基酸的侧链各异,几乎每种氨基酸又各有其代谢特点和途径,生成某些具有重要生理意义的代谢产物。

一、氨基酸的脱羧基作用

体内有一部分氨基酸也可进行脱羧基作用生成相应的胺。这些胺类具有特殊的生理作用，对生命活动有重要影响。催化氨基酸脱羧基反应的酶称为脱羧酶，其辅酶是含维生素 B_6 的磷酸吡哆醛。一般反应如下：

$$R-\underset{NH_2}{\underset{|}{CH}}-COOH \xrightarrow[(B_6-P)]{\text{氨基酸脱羧酶}} RCH_2NH_2 + CO_2$$

氨基酸　　　　　　　　　胺

下面举例介绍几种氨基酸脱羧基产生的重要胺类物质。

1. γ-氨基丁酸　在谷氨酸脱羧酶催化下，谷氨酸脱羧生成 γ-氨基丁酸（γ-aminobutyric acid,GABA）。谷氨酸脱羧酶在脑组织活性特别高，因此，γ-氨基丁酸在脑组织的含量较高。GABA 是一种抑制性神经递质，对中枢神经系统具有抑制作用。

$$\underset{L\text{-谷氨酸}}{\begin{matrix}COOH\\|\\(CH_2)_2\\|\\CH-NH_2\\|\\COOH\end{matrix}} \xrightarrow[\text{Ⓟ}-B_6-CHO]{L\text{-谷氨酸脱羧酶}} \underset{\gamma\text{-氨基丁酸}}{\begin{matrix}COOH\\|\\(CH_2)_2\\|\\CH_2-NH_2\end{matrix}} + CO_2$$

临床上用维生素 B_6 防治神经过度兴奋所产生的妊娠呕吐及小儿抽搐，这是因为维生素 B_6 作为氨基酸脱羧酶的辅酶，能促进 GABA 的生成而抑制神经系统的兴奋。因异烟肼能与维生素 B_6 结合，影响脑内 GABA 的合成，以致易引起中枢过度兴奋的中毒症状，故结核病患者长期服用异烟肼时常合并使用维生素 B_6。

2. 组胺　在组氨酸脱羧酶催化下，组氨酸脱羧生成组胺（histamine）。组胺在体内分布广泛，主要由肥大细胞产生，具有扩张血管、降低血压、促进平滑肌收缩及胃液分泌等功能。过敏反应、创伤或烧伤均可释放过量的组胺。

$$\underset{L\text{-组氨酸}}{\begin{matrix}HC=C-CH_2CHCOOH\\|\quad\quad\quad\quad\quad|\\HN\quad\quad\quad\quad NH_2\\\diagdown\;\diagup\\C\\|\\H\end{matrix}} \xrightarrow[\text{Ⓟ}-B_6-CHO]{\text{组氨酸脱羧酶}} \underset{\text{组胺}}{\begin{matrix}HC=C-CH_2CH_2NH_2\\|\quad\quad\quad\\HN\quad\quad\quad\\\diagdown\;\diagup\\C\\|\\H\end{matrix}} + CO_2$$

3. 多胺　鸟氨酸在其脱羧酶的作用下，脱羧生成腐胺，再与 S-腺苷蛋氨酸（SAM）反应生成亚精胺（精脒）和精胺，它们是多胺化合物（polyamine）。

多胺化合物是调节细胞生长的重要物质,它们具有促进核酸和蛋白质合成的作用,故可促进细胞分裂增殖。在生长旺盛的组织,如肿瘤细胞、胚胎组织、生长激素作用的细胞等,鸟氨酸脱羧酶(多胺合成限速酶)活性高,多胺的含量也较高。目前临床上可测定肿瘤病人血、尿中多胺的含量作为病情诊断和预后判断的指标之一。

4. 5-羟色胺　在色氨酸羟化酶的作用下,色氨酸生成 5-羟色胺酸,后者再脱羧生成 5-羟色胺(5-HT)。在脑组织内,5-HT 是一种抑制性神经递质,与睡眠、疼痛和体温调节等有密切关系;5-HT 可进一步转化为褪黑激素,后者具有促进、诱导自然睡眠,提高睡眠质量的作用;在外周组织,5-HT 具有收缩血管、升高血压的作用。

二、一碳单位的代谢

(一) 一碳单位的概念

某些氨基酸在分解代谢过程中产生的含有一个碳原子的活性基因,称为一碳单位(one carbon unit)或一碳基因。一碳单位参与体内许多重要化合物的合成,具有重要的生理意义。一碳单位的生成、转变、运输和参与物质合成的反应过程,统称为一碳单位的代谢。体内重要的一碳单位有:

甲　基:—CH_3　　　　亚甲基:—CH_2—
次甲基:—CH=　　　　甲酰基:—CHO
羟甲基:—CH_2OH　　　亚氨甲基:—CH=NH

(二) 一碳单位的载体

一碳单位性质活泼,不能自由存在,需与特定的载体结合后才能被转运或参与物质代谢。常见的载体主要有两种:四氢叶酸(tetrahydrofolic acid,FH_4)和 S-腺苷蛋氨酸(S-adenosylmethionine,SAM)。FH_4 是一碳单位的主要载体,SAM 则是甲基的主要载体。哺乳类动物体内的 FH_4 由叶酸经二氢叶酸还原酶催化,通过两步还原反应生成(图 8-7)。一碳单位通常结合在 FH_4 分子的 N^5 和 N^{10} 位上。

图 8-7　四氢叶酸的结构及由叶酸生成四氢叶酸的过程

(三) 一碳单位的来源与互变

一碳单位主要由丝氨酸、甘氨酸、组氨酸和色氨酸的代谢产生,其来源及相互转变情况如图 8-8 所示。例如,丝氨酸在丝氨酸羟甲基转移酶的作用下生成 N^5,N^{10}-亚甲基四氢叶酸和甘氨酸,后者又可裂解生成 N^5,N^{10}-亚甲基四氢叶酸;组氨酸可在体内分解生成亚胺甲基谷氨酸,然后在亚胺甲基转移酶的作用下将亚胺甲基转移给四氢叶酸生成 N^5-亚胺甲基四氢叶酸,后者再脱氨生成 N^5,N^{10}-亚甲基四氢叶酸;甘氨酸、色氨酸在分解代谢中产生的甲酸与四氢叶酸结合,生成 N^{10}-甲酰四氢叶酸。另外,蛋氨酸活化为 S-腺苷蛋氨酸即可提供甲基,S-腺苷蛋氨酸获得甲基的主要途径是将 N^5-甲基-四氢叶酸的甲基转移到高半胱氨酸上。

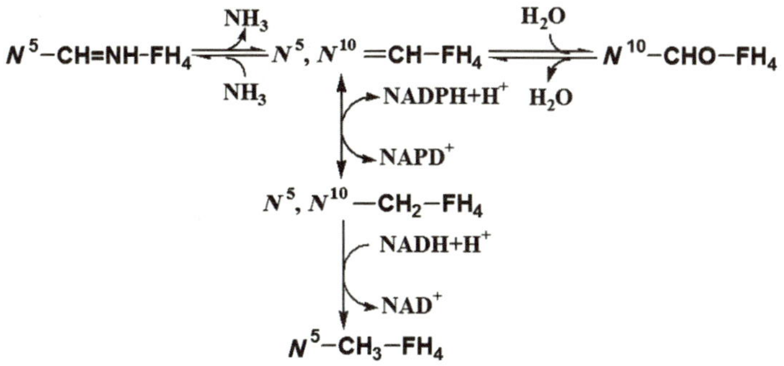

$$N^5\text{-CH=NH-FH}_4 \rightleftharpoons N^5, N^{10}\text{=CH-FH}_4 \rightleftharpoons N^{10}\text{-CHO-FH}_4$$
$$\downarrow \text{NADPH+H}^+$$
$$\uparrow \text{NAPD}^+$$
$$N^5, N^{10}\text{—CH}_2\text{-FH}_4$$
$$\downarrow \text{NADH+H}^+$$
$$\uparrow \text{NAD}^+$$
$$N^5\text{-CH}_3\text{-FH}_4$$

图 8-8　一碳单位的相互转变

(四)一碳单位的生理功能

1. 一碳单位参与嘌呤和嘧啶的合成　一碳单位主要参与体内嘌呤碱和嘧啶碱的生物合成,是蛋白质和核酸代谢相互联系的重要途径。因为一碳单位直接参与核酸代谢,进而影响蛋白质生物合成,所以一碳单位代谢与机体的生长、发育、繁殖和遗传等重要生命活动密切相关。

2. 一碳单位直接参与 S-腺苷蛋氨酸的合成　S-腺苷蛋氨酸(SAM)为体内许多重要生理活性物质的合成提供甲基。据统计,体内有五十多种化合物的合成需要 SAM 提供甲基,其中许多化合物具有重要的生化功能,如肾上腺素、肌酸、胆碱、稀有碱基等。

一碳单位代谢异常可造成某些病理情况,在叶酸、维生素 B_{12} 缺乏的情况下,会造成一碳单位运输障碍,进而妨碍 DNA、RNA 及蛋白质生物合成,导致细胞增殖、分化受阻,引起巨幼红细胞性贫血等疾病。此外,磺胺类药物及某些抗肿瘤药物(如氨甲蝶呤等)也正是通过干扰细菌及肿瘤细胞的叶酸、四氢叶酸的合成,进而影响一碳单位代谢与核酸合成而发挥其药理作用。

三、含硫氨基酸的代谢

体内的含硫氨基酸有三种:蛋氨酸(甲硫氨酸)、半胱氨酸和胱氨酸。这三种氨基酸的代谢是相互联系的,蛋氨酸可以转变为半胱氨酸和胱氨酸,半胱氨酸和胱氨酸也可以相互转变,但后两者均不能转变为蛋氨酸。

(一)蛋氨酸的代谢

1. 蛋氨酸与转甲基作用　蛋氨酸分子中含有 S-甲基,与 ATP 作用,生成 S-腺苷蛋氨酸(SAM),此反应由蛋氨酸腺苷转移酶催化,SAM 称为活性蛋氨酸。SAM 中的甲基称为活性甲基,通过转甲基作用可生成多种含有甲基的重要生理活性物质,如肾上腺素、肌酸等。

2. 蛋氨酸循环　SAM 在甲基转移酶作用下,可将甲基转移至另一种物质,生成甲基化合物,而 SAM 变为 S-腺苷同型半胱氨酸,后者进一步脱去腺苷,生成同型半胱氨酸,同型半胱氨酸再接收 N^5-甲基四氢叶酸提供的甲基,重新生成蛋氨酸,这样的循环过程称为蛋氨酸循环(图 8-9)。

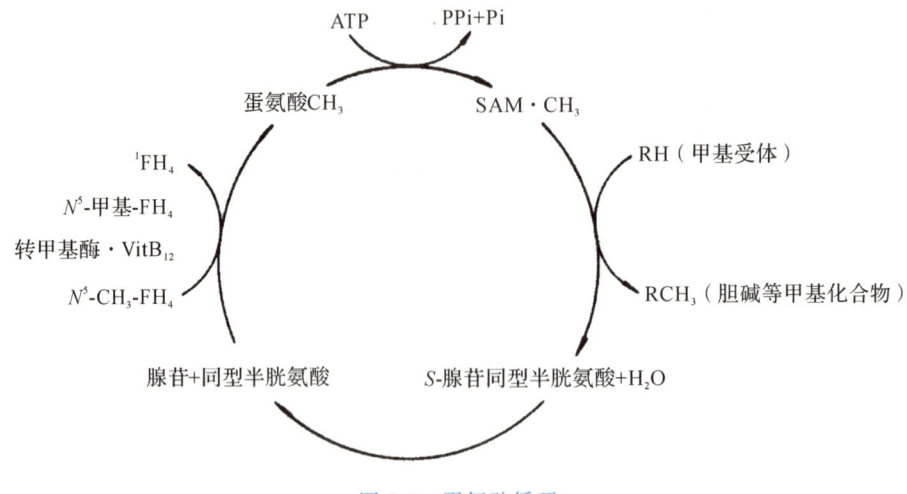

图 8-9 蛋氨酸循环

该循环不仅为合成胆碱、肌酸和肾上腺素等重要物质提供了甲基,而且对于重新利用 N^5-甲基四氢叶酸分子中的四氢叶酸具有重要意义,因此 N^5-甲基四氢叶酸可看成是体内甲基的间接供体。N^5-甲基四氢叶酸转甲基酶的辅酶是维生素 B_{12},当维生素 B_{12} 缺乏时影响该酶的活性使四氢叶酸得不到充分利用而影响有关代谢。因此维生素 B_{12} 缺乏往往伴有叶酸的缺乏,从而进一步引起相关的缺乏症。

(二)半胱氨酸和胱氨酸的代谢

1. 半胱氨酸和胱氨酸的互变　半胱氨酸含有巯基(—SH),胱氨酸含有二硫键(—S—S—),2 分子半胱氨酸可以脱氢以二硫键相连形成胱氨酸,该反应可逆,两者可以相互转变。

蛋白质中两个半胱氨酸残基之间形成的二硫键对维持蛋白质的空间结构具有重要作用,如胰岛素、免疫球蛋白等。体内许多重要的酶,如琥珀酸脱氢酶、乳酸脱氢酶等,其活性与半胱氨酸的巯基有关,故称为巯基酶。一些毒物如碘乙酸、重金属盐、芥子气等,能与酶分子中的巯基结合而抑制酶的活性。

2. 谷胱甘肽(GSH)的生成　GSH 是由谷氨酸、半胱氨酸、甘氨酸组成的三肽,其功能基团是半胱氨酸的巯基。GSH 的重要功能是保护某些蛋白和酶分子中的巯基不被氧化,从而维持其生物活性。红细胞内 GSH 含量较多,它对保护红细胞膜的完整性及促使高铁血红蛋白转变为血红蛋白均有重要作用。

3. 硫酸根的代谢　含硫氨基酸经氧化分解可以产生硫酸根,半胱氨酸是体内硫酸根的主要来源。半胱氨酸脱去巯基和氨基,生成丙酮酸、NH_3 和 H_2S,后者再经氧化而生成 H_2SO_4。体内的硫酸根一部分以无机盐形式随尿排出,另一部分经 ATP 活化生成活性硫酸根,即 3′-磷酸腺苷-5′-磷酰硫酸(PAPS)。

$$ATP + SO_4^{2-} \xrightarrow{-PPi} AMP—SO_3^- \xrightarrow{+ATP} 3—PO_3H_2—AMP—SO_3^- + ADP$$

腺苷-5′-磷酸硫酸　PAPS

PAPS的结构

四、芳香族氨基酸的代谢

芳香族氨基酸包括苯丙氨酸、酪氨酸和色氨酸三种。苯丙氨酸羟化生成酪氨酸是其主要的代谢去路，后者进一步代谢生成甲状腺素、儿茶酚胺、黑色素等重要物质。

(一)苯丙氨酸的代谢

1. 羟化为酪氨酸　正常情况下，苯丙氨酸经羟化作用生成酪氨酸。催化此反应的酶是苯丙氨酸羟化酶(phenylalanine hydroxylase)，是一种单加氧酶，辅基是四氢生物蝶呤，此反应不可逆。

2. 转变为苯丙酮酸　先天性苯丙氨酸羟化酶缺陷患者不能将苯丙氨酸羟化为酪氨酸，而是经转氨基作用生成苯丙酮酸，导致尿中出现大量苯丙酮酸，称为苯丙酮酸尿症(PKU)。苯丙酮酸的积蓄对中枢神经系统具有毒性作用，常导致患者智力发育障碍。

知识链接

苯丙酮尿症

苯丙酮尿症(PKU)是一种常见的氨基酸代谢病。苯丙氨酸(PA)代谢途径中的酶缺陷，使得苯丙氨酸不能转变成为酪氨酸，导致苯丙氨酸及其酮酸蓄积，并从尿中大量排出。本病在遗传性氨基酸代谢缺陷疾病中比较常见，其遗传方式为常染色体隐性遗传。临床表现不均一，主要临床特征为智力低下、精神神经症状、湿疹、皮肤抓痕征、色素脱失、尿液有鼠尿气味等和脑电图异常。诊断一旦明确，应尽早给予积极治疗，主要是低苯丙氨酸饮食和给予四氢生物蝶呤(BH4)、5-羟色胺(5-HT)和 L-多巴胺(L-DOPA)等药物治疗。

(二)酪氨酸的代谢

1. 转化为神经递质和激素　儿茶酚胺(catecholamine)是酪氨酸经羟化、脱羧后形成的一系列邻苯二酚胺类化合物的总称，包括多巴胺、去甲肾上腺素和肾上腺素。这些物质属于神经递质或激素，是维持神经系统正常功能和正常代谢不可缺少的物质。此外，酪氨酸可在甲状腺内经碘化生成甲状腺素。

2. 合成黑色素　酪氨酸在酪氨酸酶催化下，经羟化生成多巴，后者经氧化、脱羧、聚合等反应生成黑色素。先天性酪氨酸酶缺乏时，黑色素合成受阻，皮肤、毛发等皆为白色,称为白化病。

3. 生成酪胺　在脱羧酶的催化下,酪氨酸可脱羧生成酪胺,后者具有升高血压的作用,由于可被单胺氧化酶分解失活,一般不会给机体造成不良影响。

4. 酪氨酸的分解　在酪氨酸转氨酶的作用下,酪氨酸生成羟基苯丙酮酸,后者经尿黑酸等中间产物进一步转变为延胡索酸和乙酰乙酸,此二者可分别参与糖和脂肪酸代谢。若先天缺乏尿黑酸氧化酶,则尿黑酸不能氧化而由尿排出,尿液与空气接触后呈黑色,称为尿黑酸症。

酪氨酸的代谢途径如图 8-10 所示。

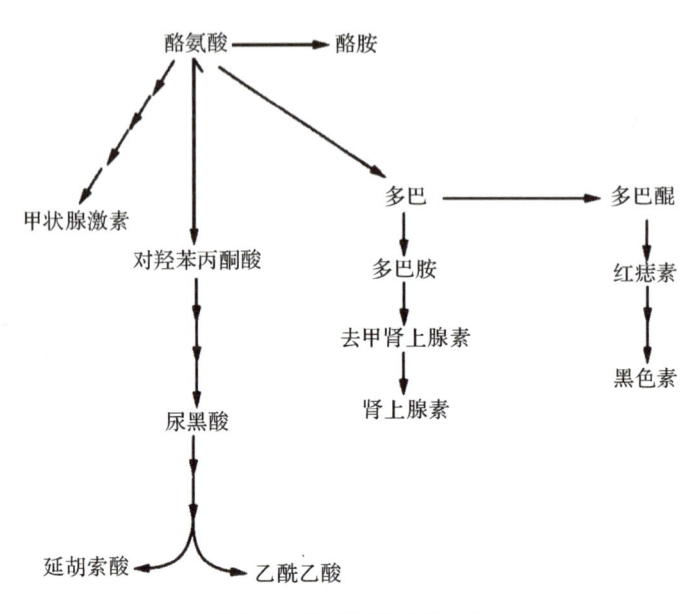

图 8-10　酪氨酸的代谢途径

(三) 色氨酸代谢

色氨酸除生成 5-羟色胺外,还可分解产生丙酮酸和乙酰乙酰辅酶 A,是生糖兼生酮氨基酸。还可分解产生少量烟酸(尼克酸),即维生素 PP,这是体内合成维生素的特例,但产量很少,难以满足机体需要。

思考题

1. 氮平衡有哪三种类型?如何根据氮平衡来反映体内蛋白质代谢状况?
2. 氨基酸脱氨基作用有哪几种方式?
3. 简述血氨代谢的来源和去路。
4. 简述一碳单位的概念、来源和生理意义。
5. 解释肝性脑病发生及其治疗机制。

本章小结

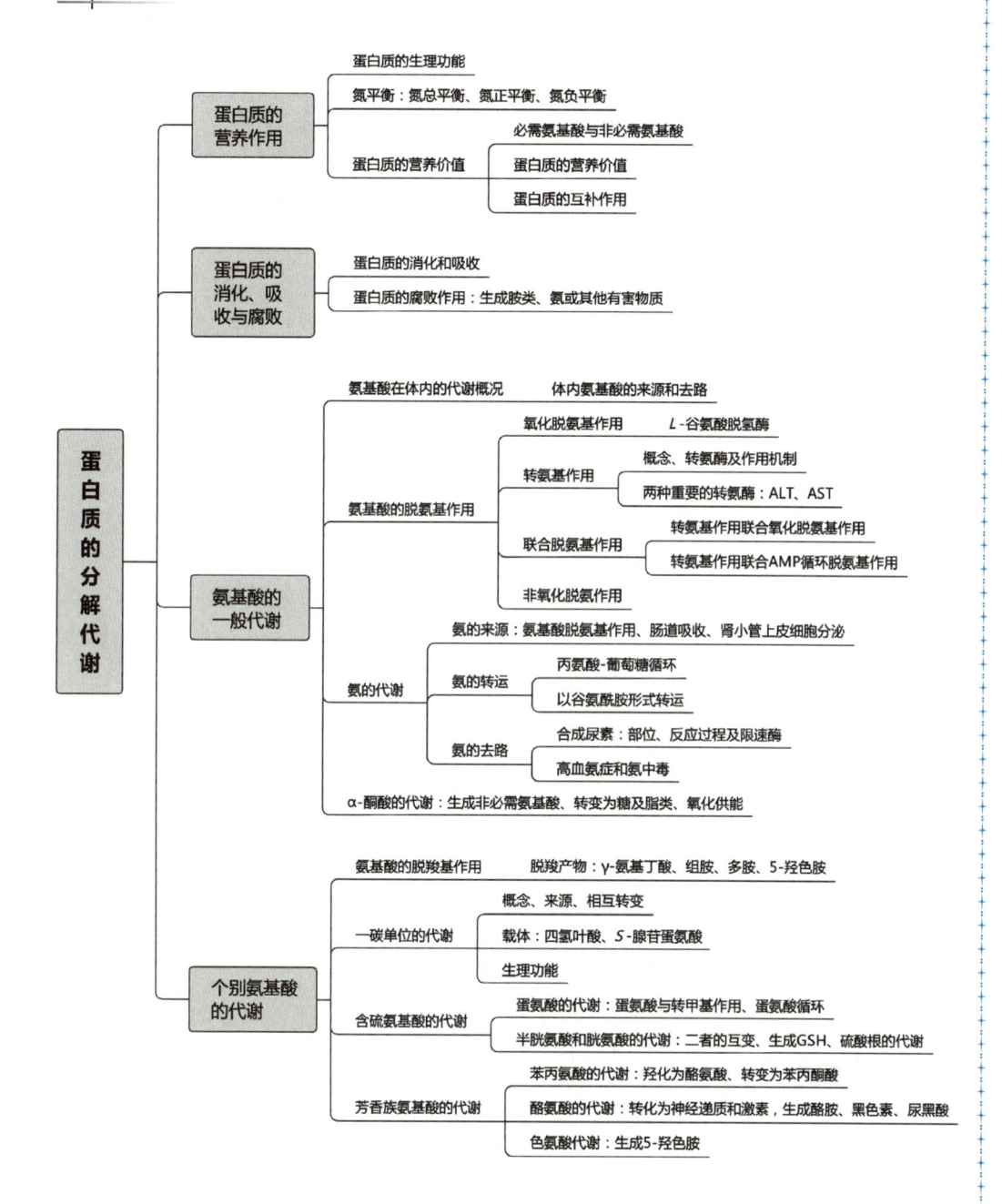

蛋白质的分解代谢
- 蛋白质的营养作用
  - 蛋白质的生理功能
  - 氮平衡：氮总平衡、氮正平衡、氮负平衡
  - 蛋白质的营养价值
    - 必需氨基酸与非必需氨基酸
    - 蛋白质的营养价值
    - 蛋白质的互补作用
- 蛋白质的消化、吸收与腐败
  - 蛋白质的消化和吸收
  - 蛋白质的腐败作用：生成胺类、氨或其他有害物质
- 氨基酸的一般代谢
  - 氨基酸在体内的代谢概况——体内氨基酸的来源和去路
  - 氨基酸的脱氨基作用
    - 氧化脱氨基作用——L-谷氨酸脱氢酶
    - 转氨基作用
      - 概念、转氨酶及作用机制
      - 两种重要的转氨酶：ALT、AST
    - 联合脱氨基作用
      - 转氨基作用联合氧化脱氨基作用
      - 转氨基作用联合AMP循环脱氨基作用
    - 非氧化脱氨基作用
  - 氨的代谢
    - 氨的来源：氨基酸脱氨基作用、肠道吸收、肾小管上皮细胞分泌
    - 氨的转运
      - 丙氨酸-葡萄糖循环
      - 以谷氨酰胺形式转运
    - 氨的去路
      - 合成尿素：部位、反应过程及限速酶
      - 高血氨症和氨中毒
  - α-酮酸的代谢：生成非必需氨基酸、转变为糖及脂类、氧化供能
- 个别氨基酸的代谢
  - 氨基酸的脱羧基作用——脱羧产物：γ-氨基丁酸、组胺、多胺、5-羟色胺
  - 一碳单位的代谢
    - 概念、来源、相互转变
    - 载体：四氢叶酸、S-腺苷蛋氨酸
    - 生理功能
  - 含硫氨基酸的代谢
    - 蛋氨酸的代谢：蛋氨酸与转甲基作用、蛋氨酸循环
    - 半胱氨酸和胱氨酸的代谢：二者的互变、生成GSH、硫酸根的代谢
  - 芳香族氨基酸的代谢
    - 苯丙氨酸的代谢：羟化为酪氨酸、转变为苯丙酮酸
    - 酪氨酸的代谢：转化为神经递质和激素，生成酪胺、黑色素、尿黑酸
    - 色氨酸代谢：生成5-羟色胺

实验项目十　血清丙氨酸氨基转移酶的活力测定

【实验目的】

1. 掌握血清丙氨酸氨基转移酶活力测定的基本原理及测定方法。
2. 了解血清丙氨酸氨基转移酶测定的临床意义。

【实验原理】

谷丙转氨酶(GPT)，又称为丙氨酸氨基转移酶(ALT)，在37 ℃、pH 7.4的条件下，可催化丙氨酸与α-酮戊二酸生成丙酮酸和谷氨酸。丙酮酸可与2,4-二硝基苯肼反应，在碱性条件下生成棕红色的丙酮酸-2,4-二硝基苯腙，其颜色深浅与ALT活性的高低成正比。可利用比色分析原理，通过测定显色物质在505 nm波长处的吸光度值测定丙酮酸的生成量，求出样品中ALT的活力。

【试剂与器材】

1. 试剂

(1) 0.1 mol/L磷酸盐缓冲液(pH 7.4)：称取无水磷酸二氢钾(KH_2PO_4)2.69 g和磷酸氢二钾($K_2HPO_4 \cdot 3H_2O$)13.97 g，加蒸馏水溶解后移至1000 ml容量瓶中，校正pH到7.4，然后加蒸馏水至刻度。贮存于冰箱中备用。

(2) 基质缓冲液(pH 7.4)：称取DL-丙氨酸1.79 g、α-酮戊二酸29.2 mg于烧杯中，加0.1 mol/L pH 7.4磷酸盐缓冲液约80 ml，煮沸溶解后冷却。然后用1 mol/L NaOH调pH至7.4，再用0.1 mol/L磷酸盐缓冲液稀释到100 ml，混匀后加三氯甲烷数滴，4 ℃保存。

(3) 2,4-二硝基苯肼溶液：称取2,4-二硝基苯肼20 mg溶于1.0 mol/L盐酸100 ml中，置于棕色瓶中，室温保存。

(4) 0.4 mol/L NaOH溶液：称取NaOH 16 g溶解于蒸馏水中，并加蒸馏水至1000 ml。

(5) 2.0 mmol/L丙酮酸标准液：称取丙酮酸钠22 mg于100 ml容量瓶中，用0.1 mol/L pH 7.4磷酸盐缓冲液稀释至刻度，此试剂需现用现配。

2. 器材　恒温水浴箱、紫外-可见分光光度计、试管、试管架、滴管等。

【操作方法及步骤】

1. 标准曲线的制作

(1) 取干燥洁净的试管5支，编号，按表8-3加入试剂，混匀。

表8-3　试剂添加(一)

加入物/ml	试管编号				
	0	1	2	3	4
0.1 mol/L磷酸盐缓冲液	0.1	0.1	0.1	0.1	0.1
2.0 mmol/L丙酮酸标准液	0	0.05	0.1	0.15	0.2

续表

加入物/ml	试管编号				
	0	1	2	3	4
基质缓冲液	0.5	0.45	0.4	0.35	0.3
2,4-二硝基苯肼溶液	0.5	0.5	0.5	0.5	0.5
混匀,37 ℃水浴 20 min					
相当于酶活性浓度/卡门氏酶活力单位	0	28	57	97	150

(2)分别向各管加入 0.4 mol/L NaOH 溶液 5.0 ml,混匀,放置 10 min。

(3)在 505 nm 波长处比色,以蒸馏水调零,读取各管吸光度值。以测定管吸光度值减去对照管吸光度值(A_n-A_0)之差为纵坐标,以相应的卡门氏酶活力单位数为横坐标作图,即得 ALT 的标准曲线。

2.血清 ALT 酶活性的测定

(1)取适量基质缓冲液和待测血清,在 37 ℃水浴中预温 5 min。

(2)取干净试管 2 支,标明管号,按表 8-4 操作。

表 8-4　试剂添加(二)

加入物	测定管/ml	对照管/ml
血清	0.1	0.1
基质溶液	0.5	—
混匀,37 ℃水浴 30 min		
2,4-二硝基苯肼溶液	0.5	0.5
基质溶液	—	0.5
混匀,37 ℃水浴 20 min		
0.4 mol/L NaOH 溶液	5.0	5.0

混匀,室温放置 10 min,在 505 nm 处以蒸馏水调零,读取各管吸光度值。

3.结果分析　以测定管与对照管吸光度值之差($A_{测}-A_{对}$)作为样品的吸光度值,在标准曲线查得相应的酶活性浓度(卡门氏单位)。

【注意事项】

1.酶的测定结果与酶作用时间、温度、pH 及试剂加入量等有关,在操作时均应准确掌握。

2.测定试剂更换时,要重新制作标准曲线。

【思考题】

测定血清丙氨酸氨基转移酶的活性有何意义?

第九章 核苷酸代谢

学习目标

知识目标
1. 掌握:核苷酸分解代谢途径及其终产物;核苷酸从头合成的原料;核苷酸补救合成途径的生理意义。
2. 熟悉:核苷酸消化吸收的基本过程及降解产物的去路。
3. 了解:核苷酸代谢障碍及抗核苷酸代谢物的作用机制。

能力目标
1. 能总结分析体内核苷酸的来源及分解代谢产物去路,以及蛋白质代谢与核苷酸合成的关系。
2. 学会分析抗代谢药物在治疗肿瘤、病毒感染中的作用机制并加以运用。

动物、植物、微生物细胞都含有核酸。核酸资源丰富,取材方便,提取生产技术成熟,因此在食品加工中已得到广泛应用。将核苷酸类物质添加入食品中,具有促进儿童的生长发育、增强智力、提高成年人免疫力,促进手术患者康复等作用。食物中的核酸主要以核蛋白的形式存在,核蛋白被摄入体内,在胃酸及小肠蛋白酶的作用下降解为核酸和蛋白质。核酸在小肠中被核酸水解酶降解为核苷酸,核苷酸可进一步降解为核苷和磷酸,最后核苷分解为碱基和戊糖。核苷、碱基、戊糖均可被肠黏膜细胞吸收利用,但核苷酶并非人体必需营养物质。

第一节 核苷酸的分解代谢

一、核酸及核苷酸的分解

核酸是由许多核苷酸以 $3',5'$-磷酸二酯键连接而成的大分子化合物。核酸分解首先要水解 $3',5'$-磷酸二酯键,生成单核苷酸或寡核苷酸。这一反应可由核酸酶来催化,催化 DNA 水解的酶称为脱氧核糖核酸酶,催化 RNA 水解的酶称核糖核酸酶。根据核酸酶水解的部位不同,核酸酶分为核酸内切酶和核酸外切酶,从核酸分子内部水解的称核酸内切酶,从核酸分子一端逐个水解的称为核酸外切酶,包括 3′-和 5′-外切酶,即分别从 3′端或 5′端逐个水解 3′,5′-磷酸二酯键。核酸水解的产物可以是核酸小片段、寡核苷酸或者单核苷酸。体内核酸的降解是逐步进行的,核酸经核酸酶催化水解为核苷酸,核苷酸经核苷酸酶催化水解为核苷和磷酸,核苷再经核苷磷酸化酶催化生成碱基和磷酸戊糖,也可经核苷酶催化水解为碱基和戊糖。核酸及核苷酸的分解过程如图 9-1 所示。

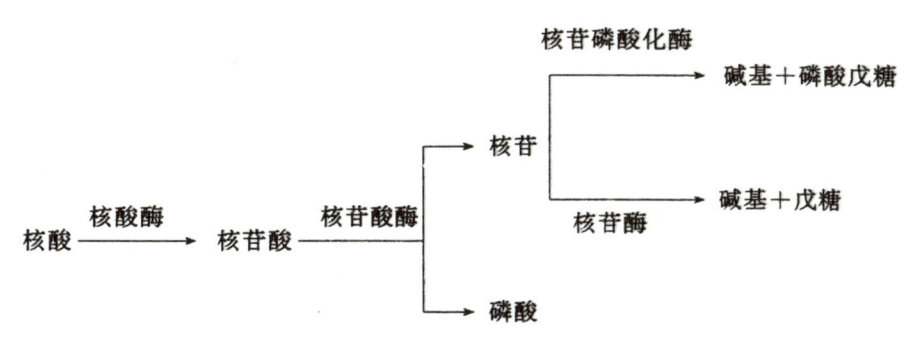

图 9-1 核酸的分解过程

二、嘌呤碱的降解

不同的生物分解嘌呤碱的能力有差异,人和其他相对高等的动物以尿酸作为嘌呤碱代谢的最终产物。但有些生物则能进一步分解尿酸,生成尿素,如鱼类和两栖类;某些低等动物还能将尿素分解成二氧化碳和氨。

嘌呤碱的分解首先是在各种脱氨酶的作用下脱去氨基,脱氨反应可分别在核苷和核苷酸水平上进行。鸟嘌呤在鸟嘌呤脱氨酶催化下生成黄嘌呤(xanthine,X),腺嘌呤亦可在腺嘌呤脱氨酶催化下生成次黄嘌呤(hypoxanthine,I),经黄嘌呤氧化酶氧化成黄嘌呤,最后生成尿酸,具体过程见图 9-2。人和动物组织中腺嘌呤脱氨酶活性很低,而腺苷脱氨酶和腺苷酸脱氨酶活性较高,因此实际上腺嘌呤的分解是在腺苷或腺苷酸水平上进行的,故腺嘌呤的脱氨可在核苷或核苷酸的水平上进行。由此可见,尿酸是人体内嘌呤分解代谢的最终产物。尿酸以钠盐或钾盐的形式经肾脏排泄。

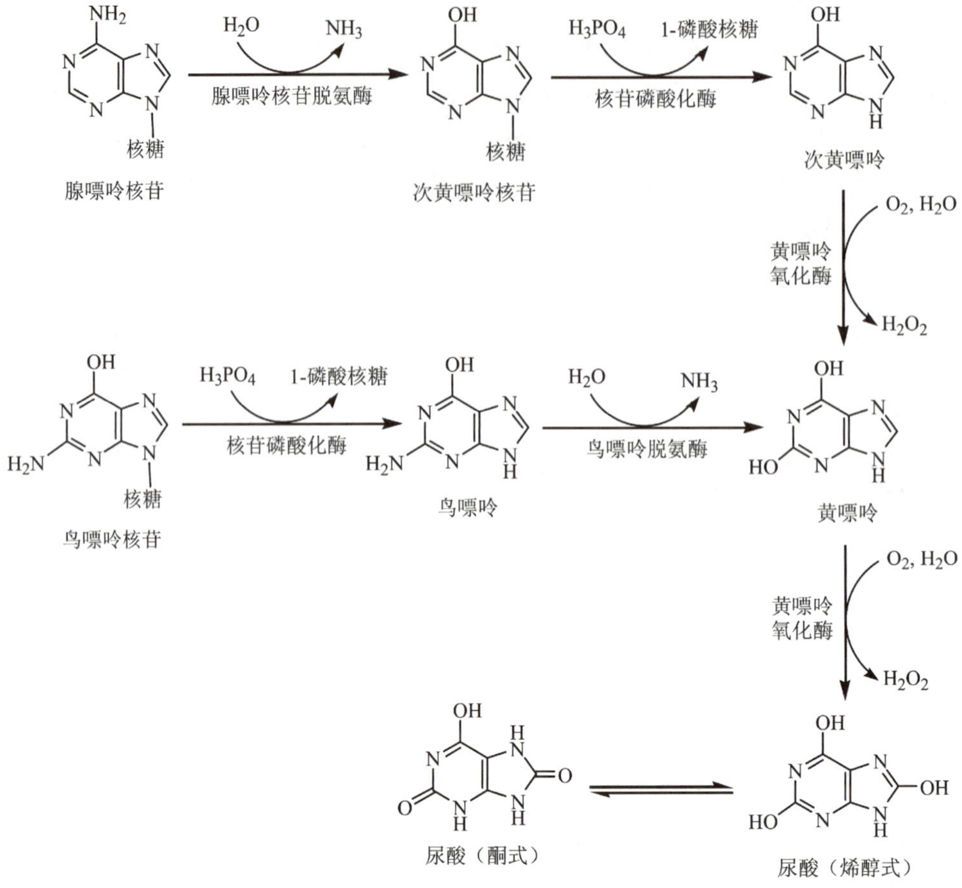

图 9-2 嘌呤碱的分解

案例分析

痛风是一组嘌呤代谢紊乱所致的疾病,其临床特点为高尿酸血症及由此而引起的痛风性急性关节炎反复发作、痛风石沉积、痛风石性慢性关节炎和关节畸形,常累及肾脏,引起慢性间质性肾炎和尿酸肾结石形成。本病可分原发性和继发性两大类。原发性者少数由于酶缺陷引起,常伴高脂血症、肥胖、糖尿病、高血压病、动脉硬化和冠心病等。继发性者可由肾脏病、血液病及药物等多种原因引起。

1. 痛风的病因是什么？该病患者在饮食上有哪些需要注意的地方？
2. 临床上常用别嘌呤醇治疗痛风症,其作用机制是什么？

三、嘧啶碱的降解

嘧啶碱在体内的降解反应主要在肝脏进行。一般具有氨基的嘧啶需要先水解脱去氨基,如胞嘧啶脱氨基转变成尿嘧啶。在人和某些动物体内,胞嘧啶的脱氨过程也可能在核苷和核苷酸水平上进行,再由尿嘧啶加氢还原为二氢尿嘧啶,并水解使环开裂,最终生成氨、二氧化碳和 β-丙氨酸。胸腺嘧啶的降解与尿嘧啶相似,通过类似过程开环分解成氨、二氧化碳和 β-氨基异丁酸。嘧啶碱的分解途径如图 9-3 所示。

在人体内，嘧啶碱分解产生的二氧化碳经呼吸道排出，产生的氨在肝脏合成尿素经肾脏排泄，产生的 β-丙氨酸经转氨、氧化及脱羧等反应生成乙酰辅酶 A，产生的 β-氨基异丁酸经转氨、氧化等反应转化为琥珀酰辅酶 A。乙酰辅酶 A 和琥珀酰辅酶 A 经三羧酸循环继续代谢，一部分 β-氨基异丁酸可经肾脏排泄。

图 9-3 嘧啶碱的降解

第二节 核苷酸的合成代谢

一、嘌呤核苷酸的合成

(一)嘌呤核苷酸的从头合成

合成嘌呤核苷酸的原料都是比较简单的化合物，实验证明生物体内能利用包括天冬氨酸、甘氨酸、谷氨酰胺、一碳单位和二氧化碳合成嘌呤环的前体，形成核苷酸的 5-磷酸核糖来自磷酸戊糖途径。生物体利用某些氨基酸、一碳单位、二氧化碳和 5-磷酸核糖合成嘌呤核苷酸的过程称为从头合成途径。催化这一过程的全部酶系主要存在于肝脏、小肠黏膜和胸腺等组织。

嘌呤核苷酸的合成是由 5-磷酸核糖首先与 ATP 反应生成 5-磷酸核糖焦磷酸 (PRPP)，再以 PRPP 为基础，经过一系列酶促反应，逐步由谷氨酰胺、甘氨酸、一碳单位、二氧化碳和天冬氨酸提供碳原子或氮原子，形成嘌呤环的结构。首先合成次黄嘌呤核苷酸(IMP)，再由 IMP 沿两条途径转变为腺嘌呤核苷酸(AMP)和鸟嘌呤核苷酸(GMP)。一条途径是 IMP 在 GTP 供能的条件下转变为腺苷酸琥珀酸，再由它转变为 AMP，这个过程依次由腺苷酸琥珀酸合成酶和裂解酶催化。另一条途径是 IMP 转变为黄嘌呤核苷酸(XMP)，再由它转变成 GMP，在此过程中，细菌直接以氨作为氨基供体，动物细胞则以谷氨酰胺的酰胺基作为氨基供体。AMP、GMP 的合成过程如图 9-4 所示。

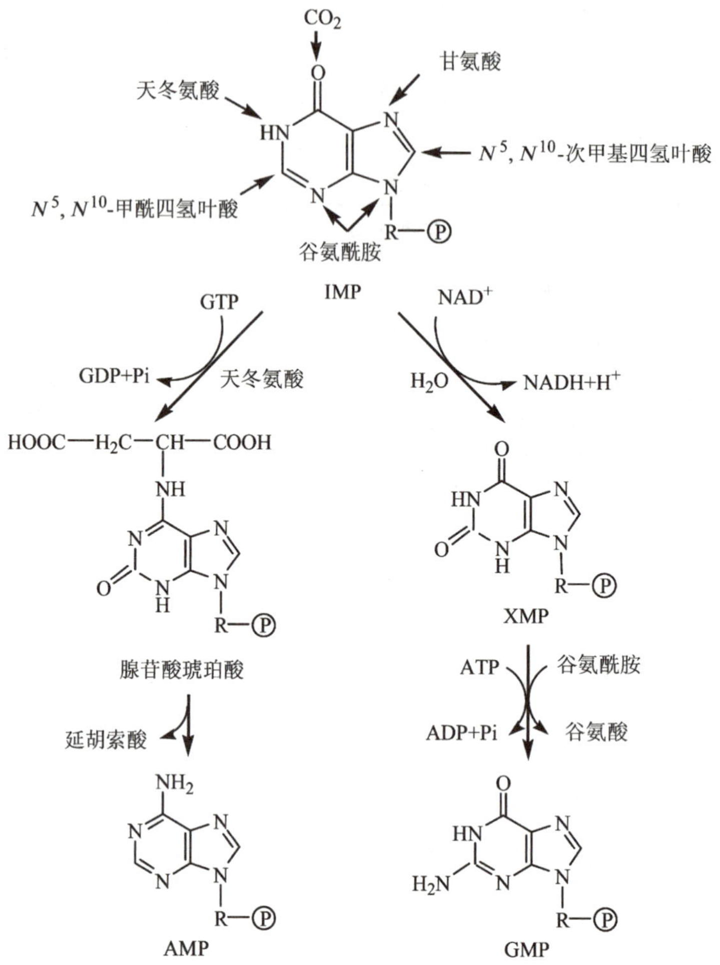

图 9-4　IMP 各原子的来源及 AMP、GMP 的合成过程

生成的一磷酸核苷可在核苷酸激酶的催化下转变为二磷酸核苷，二磷酸核苷可在二磷酸核苷激酶的催化下生成三磷酸核苷。

$$AMP + ATP \xrightarrow{\text{腺苷酸激酶}} 2ADP$$

$$GMP + ATP \xrightarrow{\text{鸟苷酸激酶}} GDP + ADP$$

$$GDP + ATP \xrightarrow{\text{二磷酸核苷激酶}} GTP + ADP$$

(二)嘌呤核苷酸补救合成途径

组织细胞利用游离碱基或核苷合成核苷酸的过程称为补救合成途径。与从头合成途径相比，补救合成途径反应过程简单，消耗的 ATP 也少，碱基和核苷可以来自消化吸收，也可以来自细胞内核酸的降解，是机体利用内源性碱基和核苷的重要途径。

嘌呤核苷酸补救合成途径利用现成的嘌呤碱或核苷合成嘌呤核苷酸。补救合成途径有两种。

1. 利用嘌呤碱合成嘌呤核苷酸　在磷酸核糖转移酶催化下,嘌呤碱基与5-磷酸核糖焦磷酸反应生成嘌呤核苷酸和焦磷酸(PPi)。

$$A + PRPP \xrightarrow{\text{腺嘌呤磷酸核糖转移酶}} AMP + PPi$$

$$\begin{matrix}I\\ \text{或}\\ G\end{matrix} + PRPP \xrightarrow{\text{次黄嘌呤-鸟嘌呤磷酸核糖转移酶}} \begin{matrix}IMP\\ \text{或}\\ GMP\end{matrix} + PPi$$

2. 利用嘌呤核苷合成嘌呤核苷酸　在核苷磷酸化酶催化下,嘌呤碱基与1-磷酸核糖反应生成嘌呤核苷和磷酸(Pi),嘌呤核苷再在核苷磷酸激酶催化下,与ATP反应生成嘌呤核苷酸。

$$\text{碱基} + \text{1-磷酸核糖} \xrightarrow{\text{核苷磷酸化酶}} \text{核苷} + Pi$$

$$\text{核苷} + ATP \xrightarrow{\text{核苷磷酸激酶}} \text{核苷酸} + ADP$$

在生物体内,除腺苷磷酸激酶外,缺乏其他嘌呤核苷的激酶,所以上述两种途径以第一种为主,即由嘌呤碱合成嘌呤核苷酸。

(三)嘌呤脱氧核苷酸的合成

机体并非首先合成5-磷酸脱氧核糖,再与其他原料合成嘌呤脱氧核苷酸,而是在二磷酸核苷水平上,经二磷酸核苷还原酶(NDP还原酶)催化,以硫氧还原蛋白作还原剂,脱氧还原生成二磷酸脱氧核苷,生成的氧化型硫氧还原蛋白在硫氧还原蛋白还原酶的催化下,再变为还原型。生成的二磷酸脱氧核苷可在激酶催化下转变为三磷酸脱氧核苷,如图9-5所示。

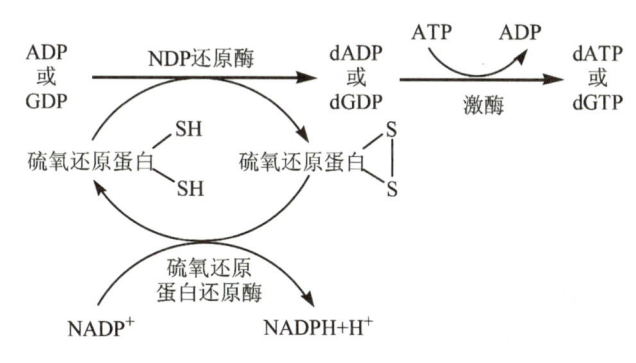

图9-5　嘌呤脱氧核苷酸的合成(NDP中N=A、G、C、U)

二、嘧啶核苷酸的合成

(一)嘧啶核苷酸的从头合成

嘧啶核苷酸的从头合成途径利用氨基甲酰磷酸、天冬氨酸和5-磷酸核糖为原料合成嘧啶核苷酸。

1. UMP的合成　氨基甲酰磷酸由谷氨酰酸提供的氨、二氧化碳和ATP在胞质中的氨基甲酰磷酸合成酶Ⅱ催化下合成。氨基甲酰磷酸在天冬氨酸转氨甲酰酶的催化下，与天冬氨酸结合生成氨甲酰天冬氨酸，然后在二氢乳清酸酶催化下脱水环化生成二氢乳清酸。二氢乳清酸脱氢酶的辅酶是NAD^+，催化二氢乳清酸生成乳清酸，乳清酸在乳清酸磷酸核糖转移酶催化下转变为乳清酸核苷酸，最后乳清酸核苷酸在乳清酸核苷酸脱羧酶的催化下转变成尿嘧啶核苷酸（UMP）（图9-6）。

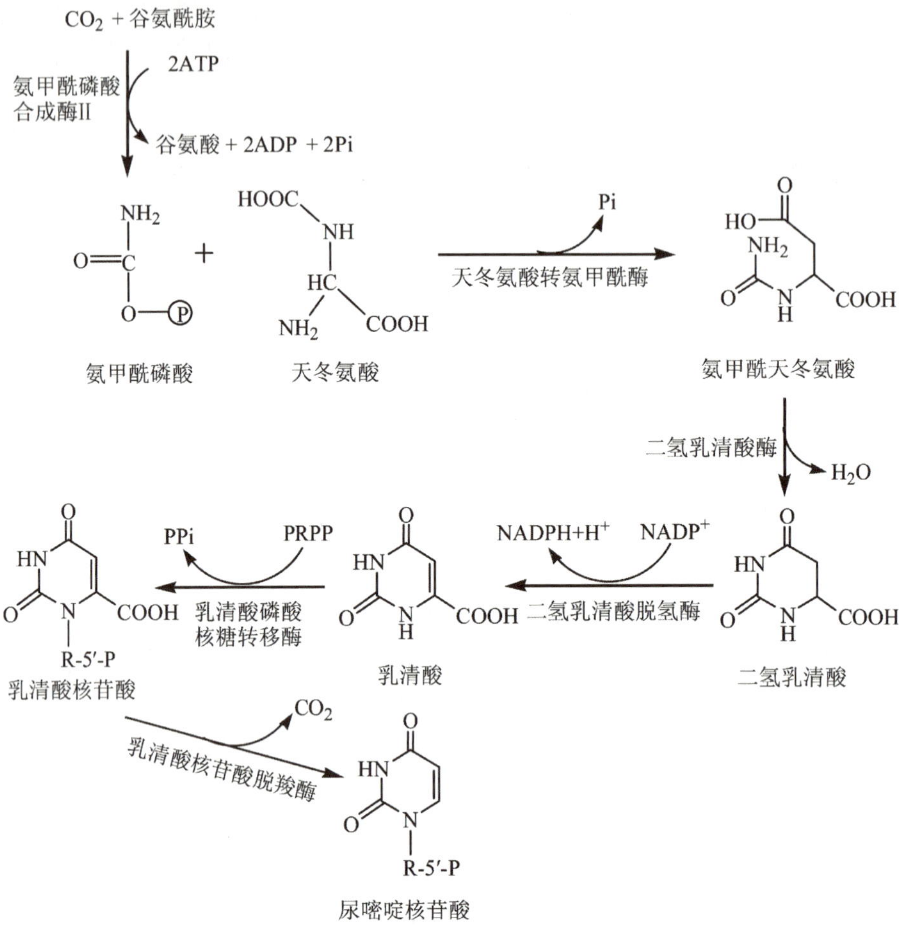

图9-6　嘧啶核苷酸的从头合成

2. CTP的合成　尿嘧啶、尿嘧啶核苷和尿嘧啶核苷酸均不能氨基化形成胞嘧啶及其衍生物。CTP的合成是在核苷三磷酸水平进行的，经三步反应完成，尿苷单磷酸激酶催化UMP磷酸化生成UDP，核苷二磷酸激酶催化UDP磷酸化生成UTP，CTP合成酶进一步催化将谷氨酰胺的δ-氨基转移到UTP上合成CTP（图9-7）。

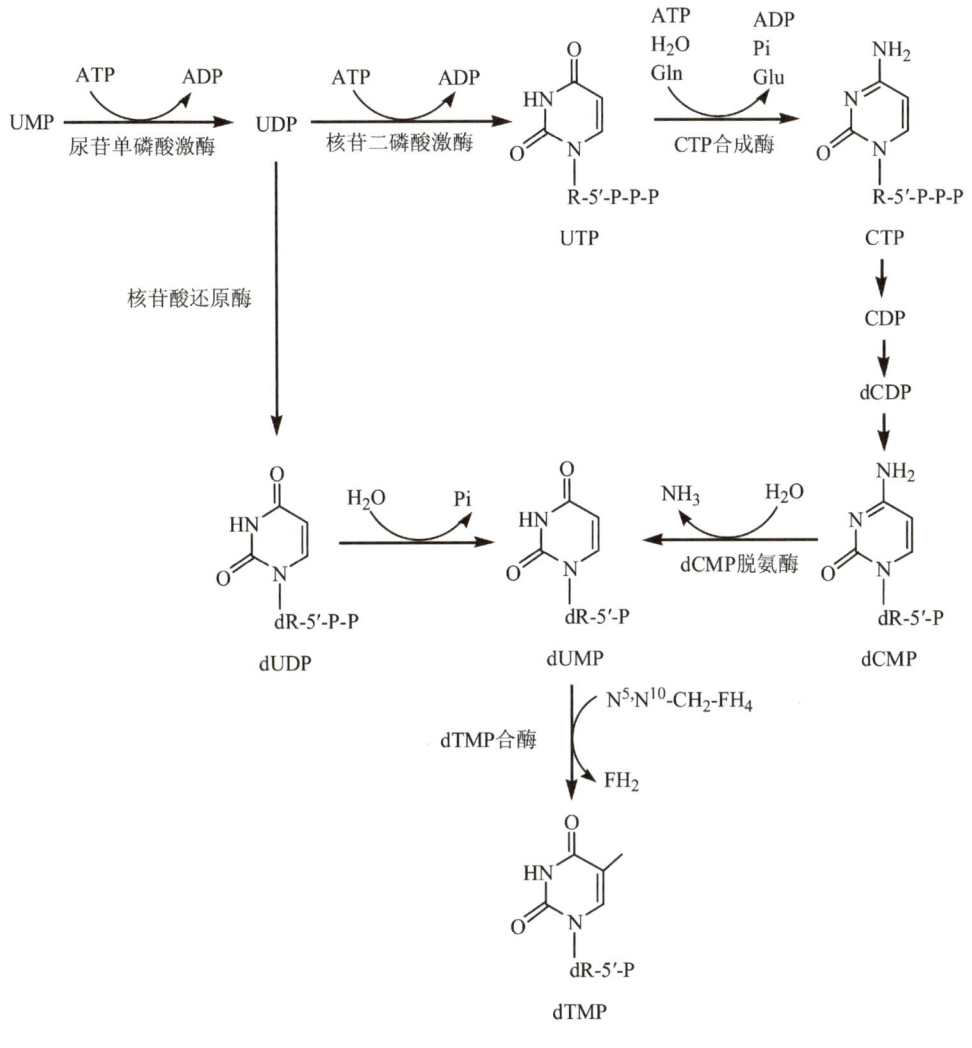

图 9-7　嘧啶核苷酸的合成

(二) 嘧啶核苷酸补救合成途径

嘧啶核苷酸的补救合成途径与嘌呤核苷酸类似,对外源或体内核苷酸代谢产生的嘧啶碱和核苷也可以重新利用。如尿嘧啶转变成尿嘧啶核苷酸有两种途径,主要是嘧啶核苷经嘧啶核苷激酶催化合成嘧啶核苷酸,嘧啶磷酸核糖转移酶能催化部分嘧啶碱与 PRPP 合成嘧啶核苷酸。

$$尿苷 + ATP \xrightarrow{尿苷激酶} UMP + ADP$$

$$嘧啶 + PRPP \xrightarrow{嘧啶磷酸核糖转移酶} 嘧啶核苷酸 + PPi$$

核糖磷酸转移酶还可以胸腺嘧啶及乳清酸为原料,与 PRPP 反应生成相应的嘧啶。但是该酶对生成胞嘧啶不起作用,而核苷激酶可催化胞苷磷酸化生成胞嘧啶核苷酸。

(三) 嘧啶脱氧核苷酸的合成

经核糖核苷酸还原酶催化,UDP 和 CDP 可分别转变为 dUDP 和 dCDP。dTMP

是在一磷酸脱氧核苷水平上从 dUMP 转化而成的,该反应在 dTMP 合成酶催化下,由 N^5,N^{10}-甲烯基四氢叶酸提供一碳单位使 dUMP 甲基化转化成 dTMP(图 9-7)。在激酶催化下,dTMP 可进一步生成 dTDP 和 dTTP。

第三节　核苷酸的代谢障碍

一、核苷酸代谢异常

体内可以进行核苷酸从头合成的器官包括肝脏、小肠和胸腺等,其中最主要的是肝脏。现已证明,并不是所有器官均有从头合成核苷酸的能力。如脑和骨髓等缺乏嘌呤核苷酸从头合成的酶系,因此核苷酸补救合成途径对这些组织/器官至关重要,一旦补救合成途径受阻,就会导致严重的代谢疾病。几种核苷酸代谢相关酶异常引起的遗传性疾病列于表 9-1。

表 9-1　核苷酸代谢相关酶异常有关的遗传性缺陷

代谢途径	缺陷酶	临床疾病	临床症状
嘌呤核苷酸代谢	PRPP 合成酶	痛风	尿酸产生过多,高尿酸血症
	次黄嘌呤-鸟嘌呤磷酸核糖转移酶(HGPRT)部分缺陷	痛风	尿酸产生过多,高尿酸血症
	HGPRT 完全缺陷	Lesch-Nyhan 综合征	高尿酸血症、尿酸产生与排出过多、脑性瘫痪、自毁容貌症
	腺苷脱氨酶严重缺陷	严重缺陷	T-细胞及 B-细胞免疫缺陷,脱氧腺苷尿症、骨骼发育异常
	嘌呤核苷磷酸化酶严重缺陷	严重缺陷	T-细胞免疫缺陷,肌苷尿,低尿酸血症
	腺嘌呤磷酸核苷转移酶完全缺陷	肾结石	2,8-二羟基腺嘌呤肾结石、尿痛、血尿、肾功能不全
	黄嘌呤氧化酶完全缺陷	黄嘌呤尿	黄嘌呤肾结石、低尿酸血症
嘧啶核苷酸代谢	转氨酶缺陷	3-氨基异丁酸尿	无症状
	乳清酸磷酸核糖转移酶和 OMP 脱羧酶严重缺陷	乳清酸尿类型Ⅰ	乳清酸结晶尿、生长发育不良、恶性贫血、免疫缺陷
	OMP 脱羧酶缺陷	乳清酸尿类型Ⅱ	乳清酸结晶尿、生长发育不良、恶性贫血
	鸟氨酸转氨甲酰基酶缺陷	乳清酸尿	蛋白质不耐受性、肝性脑病、中度乳清酸尿

二、核苷酸的抗代谢物

抗代谢物是指在化学结构上与正常代谢物结构相似,具有竞争性拮抗正常代谢的物质。抗代谢物大部分属于竞争性抑制剂,它们与正常底物竞争酶的活性中心,使酶失活而导致正常代谢不能进行。抗核苷酸代谢药物是一些嘌呤、嘧啶、叶酸或氨基酸等的类似物,其作用机制主要在于阻断核苷酸合成途径。

1. 嘌呤类抗代谢物　嘌呤类似物有6-巯基嘌呤、6-巯基鸟嘌呤、8-氮杂鸟嘌呤等。6-巯基嘌呤是次黄嘌呤的类似物,在体内经磷酸核糖化而转变成6-巯基嘌呤核苷酸,可竞争性抑制次黄嘌呤核苷酸向腺嘌呤核苷酸和鸟嘌呤核苷酸的转化;6-巯基嘌呤还可抑制次黄嘌呤-鸟嘌呤磷酸核糖转移酶,阻止嘌呤核苷酸的补救合成途径。

2. 嘧啶类抗代谢物　5-氟尿嘧啶(5-FU)是最常用的嘧啶类似物,其结构与胸腺嘧啶类似(以氟代替甲基)。5-FU在体内可转变成脱氧氟尿嘧啶核苷一磷酸(FdUMP)和氟尿嘧啶核苷三磷酸(FUTP),前者是胸苷酸合酶的抑制剂,干扰dTMP合成,后者"以假乱真"混入RNA分子中,破坏RNA功能,从而干扰蛋白质的生物合成。阿糖胞苷也是嘧啶类抗代谢物,其进入人体后经激酶磷酸化后转为阿糖胞苷三磷酸及阿糖胞苷二磷酸,前者能强有力地抑制DNA聚合酶的活性,后者能抑制二磷酸胞苷转变为二磷酸脱氧胞苷,从而抑制细胞DNA合成。

3. 叶酸类抗代谢物　氨基蝶呤和氨甲蝶呤都是叶酸的类似物,主要抑制二氢叶酸还原酶,使二氢叶酸不能被还原成具有生理活性的四氢叶酸,从而使核苷酸的生物合成过程中一碳基团的转移作用受阻,导致DNA的生物合成明显受到抑制。

4. 氨基酸类抗代谢物　如氮杂丝氨酸的化学结构与谷氨酰胺类似,可干扰谷氨酰胺在核苷酸合成中的作用,从而抑制核苷酸的合成。

思考题

1. 在肠道酶的作用下,核苷酸分解的产物有哪些?
2. 简述在细胞中催化核苷酸分解代谢的酶类、核苷酸最终代谢产物。
3. 举例说明抗核苷酸代谢物的作用机制。
4. 简述痛风属于何种代谢障碍性疾病及如何治疗。
5. 与5-氟尿嘧啶作用机制类似的抗代谢物有哪些?举一例说明。

在线测试

本章小结

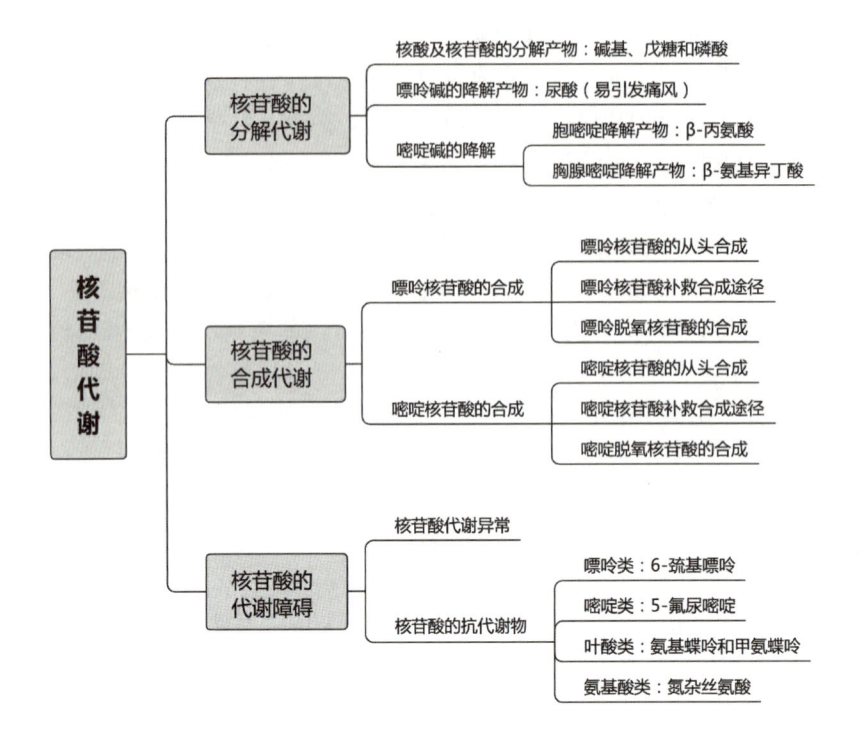

- 核苷酸代谢
  - 核苷酸的分解代谢
    - 核酸及核苷酸的分解产物：碱基、戊糖和磷酸
    - 嘌呤碱的降解产物：尿酸（易引发痛风）
    - 嘧啶碱的降解
      - 胞嘧啶降解产物：β-丙氨酸
      - 胸腺嘧啶降解产物：β-氨基异丁酸
  - 核苷酸的合成代谢
    - 嘌呤核苷酸的合成
      - 嘌呤核苷酸的从头合成
      - 嘌呤核苷酸补救合成途径
      - 嘌呤脱氧核苷酸的合成
    - 嘧啶核苷酸的合成
      - 嘧啶核苷酸的从头合成
      - 嘧啶核苷酸补救合成途径
      - 嘧啶脱氧核苷酸的合成
  - 核苷酸的代谢障碍
    - 核苷酸代谢异常
    - 核苷酸的抗代谢物
      - 嘌呤类：6-巯基嘌呤
      - 嘧啶类：5-氟尿嘧啶
      - 叶酸类：氨基蝶呤和甲氨蝶呤
      - 氨基酸类：氮杂丝氨酸

第十章 物质代谢调控

学习目标

知识目标
1. 掌握:物质代谢的概念与特点,糖、脂肪、蛋白质、核酸代谢的相互联系。
2. 熟悉:细胞水平和酶水平对代谢的调节。
3. 了解:激素水平和整体水平对代谢的调节,抗代谢物及其作用机制。

能力目标
1. 能通过中间代谢产物分析物质代谢的相互联系、相互影响。
2. 依据物质代谢联系及其调控机制,理解机体是如何适应内、外环境变化的。

第一节 物质代谢的特点

一、物质代谢的概念与特点

(一)物质代谢的概念

物质代谢又称新陈代谢(metabolism),泛指生物与周围环境进行物质交换和能量交换的过程。生物体一方面不断地从周围环境中摄取物质,通过一系列化学反应,转变为自身的组成成分;另一方面,机体原有的组成成分经一系列化学反应分解为不能再利用的物质排出体外。新陈代谢是生命的基本特征,生物体通过合成代谢和分解代谢不断地进行自我更新。

(二)合成代谢与分解代谢

合成代谢也叫同化作用,机体从外界环境摄取营养物质,通过消化、吸收,营养物质进入血液,在体内进行一系列复杂而有规律的化学变化,转化为机体自身物质。合成代谢是一个将简单物质转变为复杂物质、吸收能量和储存能量的过程,如将氨基酸合成蛋白质,由单糖合成多糖。

分解代谢也叫异化作用,是机体将自身原有的物质不断地转化为废物而排出体外,将复杂物质转变为简单物质、常常伴随能量释放的过程,如蛋白质分解为氨基酸,氨基酸可再进一步分解为二氧化碳、水和氨。

(三)物质代谢的特点

1. **整体性** 通常既与合成有关又与分解有关的代谢途径称为两用代谢途径。中间产物和两用代谢途径是整合各种代谢途径的必经之路。生物体的物质代谢由许多连续和相关的代谢途径组成,每一条代谢途径又包含一系列酶促反应,各条途径相互联系、相互作用、相互制约又相互协调,是一个完整统一的过程。例如糖、脂、蛋白质分解代谢均通过三羧酸循环,其中任一种供能物质的分解代谢占优势,都可抑制其他供能物质的分解。因此,当葡萄糖氧化分解增强,ATP 增多时,可抑制异柠檬酸脱氢酶活性,导致柠檬酸堆积,柠檬酸透出线粒体,激活乙酰辅酶 A 羧化酶,促进脂肪酸的合成、抑制脂肪酸分解;当脂肪酸分解增强,生成 ATP 增多时,可变构抑制葡萄糖分解代谢。

2. **途径多样性** 无论是体外摄入的营养物质还是体内各种代谢物,在进行中间代谢时,不分彼此,形成共同的代谢池。细胞内各种物质代谢池是联系、协调、整合各种代谢途径的基础。例如血糖,无论是消化吸收的外源性葡萄糖,还是体内糖原分解或是经糖异生途径转变而来的内源性葡萄糖,都在同一血糖代谢池中,无法区分,在参与各组织细胞的代谢时机会均等。合成代谢和分解代谢都是多酶催化的代谢途径,具有共同的中间代谢物,这些中间产物是联系各种分解代谢和合成代谢途径的"枢纽"物质。有的代谢途径的酶促化学反应是直线型的,即从代谢起始物到终产物的整个反应过程中没有代谢支路,例如核酸的生物合成反应;有的代谢途径是分支的,通过某个共同中间产物开始代谢分途径,进而产生多种代谢产物,例如糖原的合成及分解反应等;有的代谢途径的是循环的,中间产物反复生成、反复利用,例如三羧酸循环、乳酸循环、鸟氨酸循环等。

3. **组织特异性** 多细胞生物的不同细胞群构成各个器官和系统,行使不同的功能。由于各组织、器官的分化不同,所含酶的种类、含量也各有差异,形成各组织、器官不同的代谢特点。而某些组织器官中的某些代谢途径是其他组织/器官所不能替代的,即代谢具有组织特异性。例如,肝的组织结构和化学组成决定了其在物质代谢中的多功能和枢纽作用;肝是体内合成尿素、酮体的主要器官,也是合成内源性甘油三酯、胆固醇、蛋白质等最多的器官。此外、肝在胆汁酸、胆色素和非营养物质转化中发挥重要的作用。

4. **可调节性** 机体存在着一套精细、完善而又复杂的调节机制,从而保证体内各种物质代谢有条不紊地进行,使物质代谢处于动态平衡。例如三羧酸循环是糖、脂肪和氨基酸分解代谢的最终共同途径,是协调、联系三大物质分解、相互转化的关键机制。一些物质的分解途径与合成途径,其起始代谢物和最终代谢产物往往是相同的,而方向正好相反。但它们之间并非都是逆反应的关系,其中间步骤和所催化的酶不尽相同。如糖酵解由糖分解为丙酮酸和乳酸,而糖异生由乳酸、丙酮酸生成糖;蛋白质分解为氨基酸与氨基酸合成蛋白质;脂肪酸 β 氧化分解为乙酰辅酶 A 与乙酰辅酶 A 合成脂肪酸等。且许多分解途径与合成途径是在细胞不同部位进行的。

二、物质代谢与能量代谢的联系

通常把生物体与周围环境间的能量交换和体内能量转移的过程称为能量代谢(energy metabolism)。物质代谢和能量代谢是新陈代谢不可分割的两个方面,在新陈代谢过程中,随着物质的交换,必然伴随能量的交换,它们遵守物质不灭和能量守恒定律。

糖、脂肪和蛋白质是生物体内提供能量的三大营养物质,在分解代谢过程中,这些有机分子中的碳和氢分别被氧化为 CO_2 和 H_2O,同时释放能量。

1. 糖是机体重要的能源物质　在一般情况下,人体所需要能量的约 70% 来自糖的氧化分解。葡萄糖经糖酵解途径、三羧酸循环和呼吸链彻底氧化分解为二氧化碳和水,同时释放大量能量。1 g 葡萄糖分子完全氧化分解可释放 2872.3 kJ 的能量。在机体内葡萄糖彻底氧化分解释放的能量,约有 50% 以高能磷酸键形式储存于 ATP 分子中,1 mol 葡萄糖分子可净生成 30 或 32 mol ATP。

2. 脂肪是储能和供能的重要物质　脂肪以甘油三酯的形式存在,脂肪酶催化甘油三酯水解生成甘油和脂肪酸。甘油在肝脏被磷酸化生成磷酸甘油,可进入三羧酸循环;机体利用脂肪酸供能的基本方式是 β 氧化,在细胞质中经一系列酶作用,逐步分解转变成乙酰 CoA。脂肪酸 β 氧化生成的乙酰 CoA 只有进入三羧酸循环才能彻底氧化成二氧化碳和水,1mol 软脂酸彻底氧化分解能产生 106 mol ATP。

3. 蛋白质也是能源物质　蛋白质分解得到的氨基酸在体内经过脱氨基作用和转氨基作用而转变成不含氮成分。不含氮成分可进入三羧酸循环而彻底氧化分解释放能量,脱下的氨基经鸟氨酸循环最终转变为尿素成分从尿中排出。因蛋白质在体内不能完全氧化分解,其供能意义不大,因此不是主要的能量物质。

4. ATP 与能量代谢关系密切　机体活动所需的能量大都直接来源于 ATP,如消化道和肾小管上皮细胞对各种物质的主动转运、肌肉的收缩、神经兴奋传导等。ATP 水解生成 ADP 释放的能量,供给这些需能生理活动。ATP 的合成和分解是机体能量的转移和利用中的关键环节。机体另一个重要贮能物质是磷酸肌酸,具有一个高能磷酸键。当细胞中 ATP 浓度很高时,ATP 的高能磷酸键被转移给肌酸以生成磷酸肌酸,使能量暂时贮存于磷酸肌酸分子中;当细胞中 ATP 有所消耗时,磷酸肌酸可以与 ADP 发生反应,将其磷酸基连同能量一起转移给 ADP,生成肌酸和 ATP。正是借助于磷酸肌酸的这种缓冲作用,细胞内 ATP 的浓度才得以相对稳定。

综上所述,能量代谢与物质代谢的联系如图 10-1 所示。

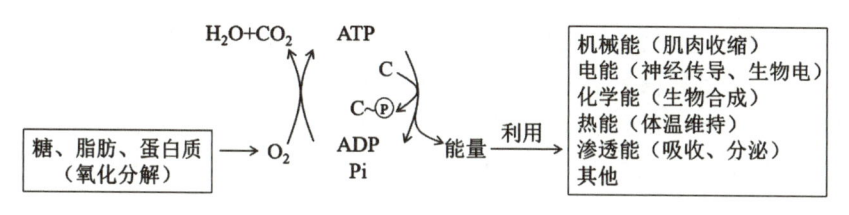

图 10-1　能量代谢与物质代谢的联系

第二节　物质代谢的相互联系

人类普通膳食提供的物质主要是糖类和脂肪,蛋白质是组成细胞的基本成分,通常并无多余储存。因此,机体氧化分解供能以消耗糖类和脂肪为主,并应尽量避免消耗蛋白质。生物体内的新陈代谢是一个完整而又统一的过程,这些代谢过程是相互促进和制约的。在能量代谢方面,糖类、脂类和蛋白质(氨基酸)均可通过生物氧化分解供能,其共同分解代谢途径是三羧酸循环,三大营养物质通过中间代谢产物可相互代替、相互补充、相互制约。核酸作为遗传物质的载体,其合成原料可由糖类、氨基酸提供,而核苷酸及其衍生物不仅参与细胞的能量代谢,而且还是体内重要的神经活性物质。ATP即细胞的能量"通货",也参与周围和中枢神经的信息传递过程。

一、糖与脂类代谢的相互联系

乙酰辅酶A是糖分解代谢的重要中间产物,这个中间产物正是合成脂肪酸与胆固醇的主要原料。另外,糖分解的另一中间产物磷酸二羟丙酮又是生成甘油的原料,所以糖在人及动物体内可以转化合成脂肪及胆固醇。要使脂肪转变为糖是比较困难的,这是因为脂肪中的大部分成分是脂肪酸,当脂肪酸经β氧化分解产生的乙酰辅酶A,进入三羧酸循环后就被完全分解了,而乙酰辅酶A不能逆向转变为丙酮酸,也就不能生成糖。脂肪组分中只有甘油可转化为磷酸二羟丙酮,再进一步沿糖异生途径转变为糖,但甘油仅占脂肪分子中的很少一部分。总之,在一般生理情况下依靠脂肪大量合成糖是困难的;但是糖转变成脂肪则可大量进行。

从能量角度看,糖与脂为主要能源物质,它们的氧化供能都依赖于三羧酸循环,而且可以互相替代,互相制约。脂肪酸分解代谢旺盛,可抑制葡萄糖氧化分解;葡萄糖利用增高,又可抑制脂肪动员。若脂肪酸氧化消耗不足,可加速糖的分解;葡萄糖的缺乏,可加速脂肪动员。

二、蛋白质与糖代谢的相互联系

组成蛋白质的20种氨基酸,大多数是非必需氨基酸,这些氨基酸的碳骨架部分还可以依靠糖来合成。例如糖代谢过程中,产生许多α-酮酸、α-酮戊二酸、草酰乙酸等,它们通过氨基化或转氨作用就可以生成相对应的氨基酸。例如脑内的谷氨酸是脑自行合成的,其合成途径之一就是由三羧酸循环产生的α-酮戊二酸在转氨酶的作用下生成谷氨酸。但是必需氨基酸在体内无法合成,这是因为机体不能合成与它们相对应的α-酮酸。因此,依靠糖来合成整个蛋白质分子中各种氨基酸的碳链是不可能的,所以不能用糖完全来代替食物中蛋白质。相反,蛋白质在一定程度上可以代替糖。组成人体蛋白质的氨基酸中,除亮氨酸和赖氨酸外,其余均可通过脱氨基作用生成相应的α-酮酸,这些α-酮酸可经糖异生途径转变为葡萄糖。例如,丙氨酸在体内转氨酶作用下生成丙酮酸,再异生为葡萄糖;精氨酸、组氨酸、脯氨酸先转变为谷氨酸,后者脱氨生成α-酮戊二酸,然后经三羧酸循环转变为草酰乙酸,进一步异生为葡萄糖。

三、蛋白质与脂类代谢的相互联系

无论是生糖氨基酸还是生酮氨基酸,其对应的α-酮酸,在进一步代谢过程中都会产生乙酰辅酶A,然后转变为脂肪或胆固醇。此外,甘氨酸或丝氨酸等还可以合成胆胺与胆碱,所以氨基酸也是合成磷脂的原料。

脂肪酸β氧化所产生的乙酰辅酶A虽然可进入三羧酸循环而生成α-酮戊二酸,后者又可通过氨基化而成为谷氨酸,但该反应需要糖提供草酰乙酸,因此脂肪酸分解生成的乙酰辅酶A不能合成任何氨基酸。脂肪的甘油部分,可以经糖异生途径转变成葡萄糖,再经由糖酵解、三羧酸循环途径的中间产物生成一些与非必需氨基酸相对应的α-酮酸,但是必需氨基酸不能从脂类合成。总之,机体几乎不利用脂肪来合成蛋白质,脂肪不能代替食物蛋白质。

四、核酸与糖、脂类和蛋白质代谢的相互联系

生物体内的一切物质代谢都离不开酶的催化作用,而蛋白质的生物合成又离不开核酸的指导作用。可以说,核酸间接参与了生物体的一切代谢过程,此外,体内许多游离核苷酸在代谢中起着重要的作用。例如 ATP 是能量和磷酸基团转移的重要物质,GTP 参与蛋白质的生物合成,UTP 参与多糖的生物合成,CTP 参与磷脂的生物合成,cAMP、cGMP 是生物体代谢过程中的调节物质。体内许多辅酶或辅基含有核苷酸组分,如辅酶 A、辅酶Ⅰ、辅酶Ⅱ、FAD、FMN 等。嘌呤碱从头合成途径需要甘氨酸、天冬氨酸、谷氨酰胺及一碳单位为原料;嘧啶碱从头合成途径需要天冬氨酸、谷氨酰胺及一碳单位为原料。在核酸的生物合成过程中,其磷酸核糖部分来源于磷酸戊糖途径,各种酶和许多蛋白因子参与核酸合成代谢过程;在核酸的分解过程中,其中间产物也参与三羧酸循环。

总之糖、脂类、蛋白质和核酸等代谢彼此相互影响、相互联系和相互转化,而这些代谢又以三羧酸循环为枢纽,其中间代谢产物往往又是各种代谢的重要共同中间产物。糖类、脂类、蛋白质和核酸代谢的相互联系如图 10-2 所示。

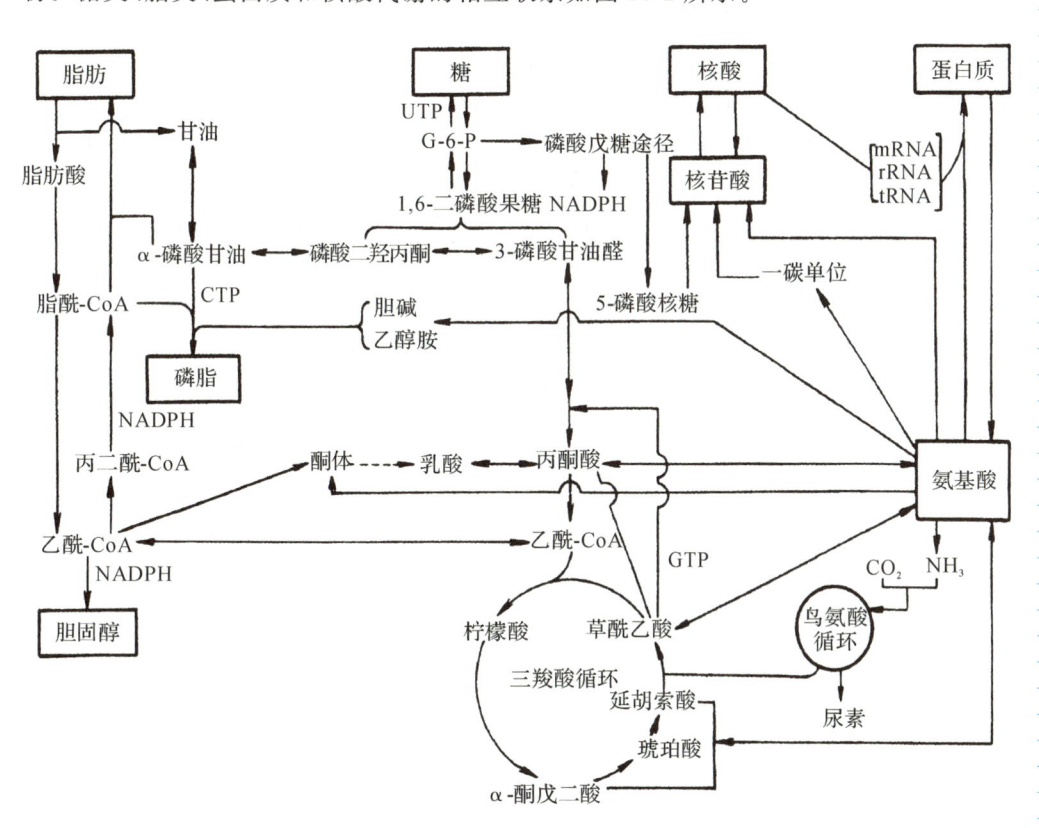

图 10-2 糖类、脂类、蛋白质及核酸代谢的相互关系

第三节 物质代谢的调节

生物体的物质代谢由许多连续和相关的代谢途径所组成,每一条代谢途径又包含

一系列酶促化学反应,各条途径相互联系、相互作用、相互制约又相互协调,是一个完整统一的过程。在正常情况下,为适应不断变化的内外环境,使物质代谢有条不紊地进行,生物体对其代谢具有精细的调节机制,不断调节各种物质代谢的强度、方向和速率,即为代谢调节。代谢调节普遍存在于生物界,是生命的重要特征。生物体内的代谢调节机制十分复杂,是生物在长期进化过程中逐步形成的一种适应能力。随着生物神经系统不断发展,神经调节也不断发展。比神经调节原始的代谢调节是激素调节;而最原始也是最基础的代谢调节则是细胞内的调节。进化程度愈高的生物,其代谢调节机制就愈复杂。生物体内的代谢调节在3个不同水平上进行,按复杂程度分为细胞或酶水平调节、激素水平调节和整体水平调节。

一、细胞或酶水平的调节

(一)代谢酶与代谢途径的整合与细胞内分布

生命活动过程中各种代谢反应绝大部分是在细胞内进行的。真核细胞具有多种内膜系统,将细胞划分成相对独立又相互联系的胞内区域,从而导致真核细胞中酶分布的区域化,不同代谢途径的酶则集中并分布于具有一定结构的细胞器或存在于胞质中。同工酶由于分子结构的差异,虽然催化同一化学反应,但其底物专一性与亲和力以及动力学都有所不同,因而在代谢过程中所催化的反应方向有所不同。同工酶在不同的组织,或不同的细胞类型,或同一细胞的不同细胞器中具有不同的质和量、不同的活性,在代谢途径中发挥不同的作用,调节代谢进行的不同方向。

不同代谢途径存在于细胞的不同部位,对于代谢途径的调控具有重要的作用。例如糖酵解、磷酸戊糖途径和脂肪酸合成的酶系存在于细胞质中;三羧酸循环、脂肪酸β-氧化和氧化磷酸化的酶系存在于线粒体中;核酸生物合成的酶系大多存在于细胞核中;蛋白质生物合成酶系存在于颗粒型内质网膜上;水解酶类存在于溶酶体中。这样的隔离分布为细胞水平代谢调节创造了有利条件。脂肪酸β氧化酶系和合成酶系分别分布于线粒体和细胞液,可避免乙酰辅酶A的生成与利用进入无意义循环。而脂肪酸合成所需的乙酰辅酶A则主要来源于在线粒体中进行的糖的分解代谢,因此脂肪酸合成速率取决于乙酰辅酶A通过线粒体膜进入细胞液的速率。所以,酶在细胞内隔离和集中分布是代谢调节的一种重要方式。

(二)酶活性的调节

细胞水平的调节是最原始的一种调节。它主要通过代谢物浓度的改变来调节一些酶促反应的速度,因此这种调节又称酶水平的调节。细胞或酶水平的调节可有两种方式:一种是酶活力的调节,是快速调节,它是通过酶分子结构的改变来实现对酶促反应速度的调节;另一种是酶合成量的调节,是缓慢调节,它是通过改变分子合成或降解的速度来改变细胞内酶的含量,从而实现其对酶促反应速度的调节。

1. 反馈调节　指代谢反应的最终产物对其前面某步反应速度的影响,特别是对酶活力的影响。凡能使反应速度加快者称正反馈,也称反馈激活;使反应速度减慢者称负反馈,又名反馈抑制,一般以反馈抑制较为常见。个别关键酶的活性改变起着调节代谢速度的作用,这个关键酶常是该代谢途径中的限速酶。所谓限速酶是整条代谢通路中催化反应速度最慢的酶,通常它的活性可受变构剂的调节。限速酶的活性常常受其代谢体系终产物的抑制,这种抑制就是反馈抑制。反馈抑制可在最终产物积累时使反应速度减慢或完全停止,当最终产物被消耗或转移而降低时,又逐渐形成有利于反应进行的环境,如此不断地调节,维持动态平衡。例如细胞内胆固醇生物合成需要数十种酶,其中 HMG-CoA 还原酶是限速酶,当肝中胆固醇含量升高时,即反馈抑制 HMG-CoA 还原酶,使肝中胆固醇的合成降低。

2.别构调节　某些小分子物质可与酶活性中心外的部位特异性结合使酶的构象发生变化,从而改变酶的活性,称为酶的别构调节或变构调节。别构调节具有不需要能量、调节速度快的特点。能被别构调节的酶称为别构酶或变构酶。能别构调节酶活性的抑制剂和激活剂分别称为别构抑制剂和别构激活剂,统称别构效应剂。别构调节是常见的反馈调节方式,许多代谢中间产物可别构抑制某些代谢途径相关的调节酶,同时激活另一代谢途径的调节酶。例如,细胞内能量供给充足时,6-磷酸葡萄糖可别构抑制糖原磷酸化酶,使糖原分解反应大大变慢,从而抑制糖酵解及三羧酸循环;6-磷酸葡萄糖又可别构激活糖原合酶,使过剩的葡萄糖转化成糖原。ATP 是能量货币,AMP、ADP、ATP 间浓度的互变,反映了生物体内能量的产生与消耗的动态变化,所以,三者浓度比值的高低,能够通过对酶的变构调节来调控供能物质的代谢平衡。如过剩的 ATP 可通过结合 PFK-1 的别构部位,降低酶与 6-磷酸-果糖的亲和力,从而别构抑制 PFK-1 的活性,还可别构抑制丙酮酸激酶、柠檬酸合酶等酶的活性。

3.酶的共价修饰调节　共价修饰亦称化学修饰,就是调节酶分子上某些氨基酸残基的化学基因,在另一种酶的催化下发生共价修饰,从而引起酶分子活性的改变。具有这种调节方式的酶称为共价修饰酶。常见的化学修饰有磷酸化/去磷酸化、甲基化/去甲基化、乙酰化/脱乙酰化及腺苷化/脱腺苷化等。共价修饰酶往往有无活性和有活性两种形式,它们的互变反应由不同的酶催化完成。人体内最常见的酶共价修饰是磷酸化/去磷酸化,酶蛋白的磷酸化修饰是在一类蛋白激酶的催化下,由 ATP 提供磷酸基团;去磷酸化则是由磷蛋白磷酸酶催化、发生水解反应而脱去磷酸基团。这种调节往往不是一步完成的,而是通过多级放大后,才最终作用于代谢途径,因而只需很少的调节物(如激素),就可达到很强的调节效果。如图 10-3 为糖原磷酸化酶 b 的修饰过程。磷酸化酶 b 激酶经蛋白激酶催化后磷酸化,从无活性状态转变为有活性,它不是直接作用于代谢过程,而是作用于无活性的糖原磷酸化酶 b,使其成为具有活性的糖原磷酸化酶 a,再由糖原磷酸化酶 a 作用于糖原,使其分解为磷酸葡萄糖。

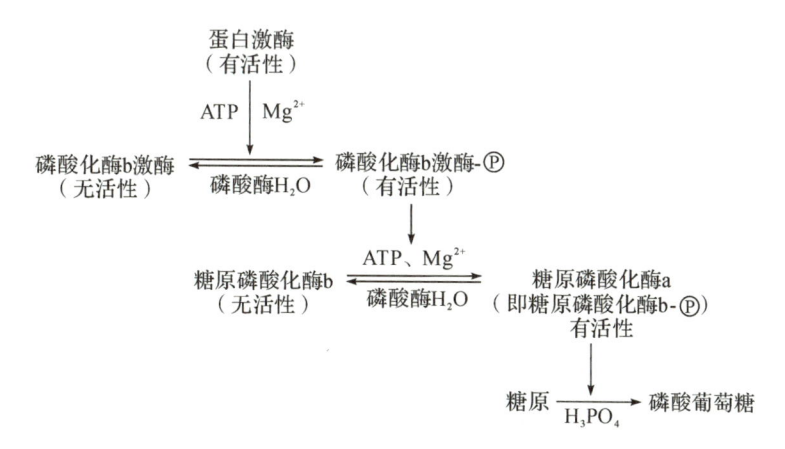

图 10-3　糖原磷酸化酶 b 的共价修饰

(三)酶含量的调节

酶作为蛋白质也处于不断更新之中,生物体通过调节细胞内酶的合成或降解速率,改变酶的含量,调节酶的活性,从而调节代谢。不同的酶有不同的更新速率,酶合成与酶降解的相对速率控制着细胞内的酶含量。酶是蛋白质,其基因表达及生物合成过程耗时、耗能,属于缓慢调节,而对酶活性的变构效应或化学修饰为快速调节。酶的合成与降解受细胞内外环境的影响,有些酶在细胞内的浓度在任何时间、条件下基本维持不变,这类酶是组成型酶。有些酶的受底物、类似物或药物的诱导而表达,这种酶是可诱导酶。还有一些酶的表达受底物或类似物的阻遏而减少,这类酶是可阻遏酶。细胞内有的蛋白酶可选择性地使某些酶降解,从而使该酶的含量降低甚至消失。在高等动物和人细胞中,激素调节与信号转导途径交叉形成复杂的网络调控,将基因表达与信号通路相偶联,使代谢调节更精细。

二、激素水平的调节

激素是由内分泌细胞分泌的一类化学物质。激素由内分泌腺或内分泌细胞合成并分泌出来,通过血液循环系统远距离送到靶细胞后,与受体结合才能发挥作用。受体能识别特异性的信号物质,并把识别和接收的信号准确无误地放大并传递到细胞内部,启动一系列胞内生化反应。激素受体分为膜受体和胞内受体两类,胞内受体位于细胞质或细胞核内,膜受体位于细胞膜上。参与细胞通信的激素有三种类型:蛋白与肽类激素、类固醇激素、氨基酸衍生物类激素。激素在血液中的浓度非常低,低浓度是安全发挥作用所必需的,只有受体细胞才能接收信号发挥作用,而且只需微量激素就足以维持长久的作用。

亲水性激素不能穿过靶细胞膜,必须首先与细胞膜受体结合,在细胞内产生"第二信使"或激活膜受体的激酶活性,跨膜传递信息,从而启动细胞内的级联反应,引起一系列生化反应。例如胰岛素、胰高血糖素、生长激素等与靶细胞膜受体结合,通过跨膜信号转导与代谢途径调节酶偶联。亲脂性激素可穿过细胞膜进入细胞内,与胞质受体或核内受体结合,对基因表达进行调控,改变靶基因的转录活性。类固醇激素与胞内受体形成复合物,通过基因转录调节细胞内酶含量,调节细胞代谢。

案例分析

近年来,我国肥胖人群愈发增多,已经成为影响人类健康和生活质量的严重问题。肥胖是一种食欲和能量代谢紊乱而引起的疾病,与遗传、环境、膳食和体力活动情况等多种因素有关,可以继发多种疾病。

1. 肥胖者通常表现出哪些代谢紊乱和激素分泌异常?
2. 高糖饮食为什么容易引起发胖?
3. 从生物化学的角度分析如何才能控制好体重。

三、整体水平的调节

机体内各细胞、各组织、各器官之间的物质代谢,不是孤立、各自为政的,而是相互协调、相互联系、相互制约的,构成一个统一的整体,以维持整体的生命活动。物质代谢的整体水平调节就是在神经主导下,调节激素的分泌、释放,并通过激素整合不同组织、器官的细胞内代谢途径。整体水平的调节主要是机体通过神经、体液途径,对各组织的物质代谢进行调节,以适应不断变化的内外环境,力求在动态变化中维持相对的稳态。

(一)应激状态下的代谢调节

应激是机体在一些特殊情况下,如严重创伤、感染、寒冷、中毒、剧烈的情绪变化等所作出的应答性反应。在应激状态下,交感神经兴奋,肾上腺皮质及髓质激素分泌增多,血浆胰高血糖素及生长激素水平也增高,而胰岛素水平降低,引起糖代谢、脂代谢及蛋白质代谢发生相应的改变。

1. 血糖浓度升高 应激时,糖代谢的变化主要表现为血糖浓度升高。交感神经兴奋可引起许多激素分泌增加。肾上腺素及胰高血糖素均可激活磷酸化酶而促进肝糖原分解;应激时血糖浓度明显升高,甚至可超过肾糖阈(8.96 mmol/L),从而出现糖尿,导致应激高血糖或应激性糖尿。血糖浓度升高对保证红细胞及脑组织的供能有重要意义。在应激的开始阶段,肝糖原和肌糖原有短暂的减少,随后由于糖异生作用加强而得到补充。糖皮质激素和胰高血糖素促进糖异生,肾上腺皮质激素、生长激素可抑制周围组织对血糖的利用。

2. 脂肪动员增强 应激时,脂类代谢的主要表现为脂肪动员增加。肾上腺素、胰高血糖素、去甲肾上腺素等脂解激素分泌增多,通过提高甘油三酯脂肪酶的活性来促进脂肪分解。血中游离脂肪酸增多,为心肌、骨骼肌和肾等组织提供能量,从而减少对血液中葡萄糖的消耗,进一步保证脑组织及红细胞的葡萄糖的供应。

3. 蛋白质分解加强 应激时,蛋白质代谢主要表现为蛋白质分解加强。肌肉组织蛋白质分解增加,生糖氨基酸及生糖兼生酮氨基酸增多,为肝细胞糖的异生作用提供原料。同时蛋白质分解增加,尿素的合成增多,出现负氮平衡。

总之,应激时,体内三大营养物质代谢的变化均趋向于分解代谢增强,合成代谢受抑制,最终使血中葡萄糖、脂肪酸、酮体、氨基酸等浓度相应升高,为机体提供足够的能量物质,以帮助机体应付"紧急状态"。若应激状态持续时间较长,可导致机体因消耗过多而出现衰竭甚至危及生命。

(二)饥饿时的代谢调节

1. 短期饥饿 在不能进食 1~3 天后,肝糖原显著减少,血糖浓度降低。这引起胰岛素分泌减少和胰高血糖素分泌增加,同时也引起糖皮质激素分泌增加。这些激素的改变可引起一系列的代谢变化,主要表现为:

(1)肌蛋白分解增加:肌肉蛋白质分解释放出的氨基酸大部分可转变为丙氨酸和谷氨酰胺,经血液转运到肝脏成为糖异生的原料,蛋白质的降解增多可导致氮的负平衡。

(2)糖异生作用增强:饥饿 2 天后,肝糖异生作用明显增强(占 80%)。此外肾脏也有糖异生作用(约占 20%)。氨基酸为糖异生的主要原料,通过糖异生作用维持血糖浓度的相对恒定,从而维持某些依赖葡萄糖供能组织的正常功能。

(3)脂肪动员加强:由于脂解激素分泌增加,脂肪动员增强,血液中甘油和游离脂肪酸含量增高。许多组织以摄取利用脂肪酸为主,脂肪酸 β 氧化也为肝酮体生成提供了大量的原料。而肝脏合成的酮体既为肝外组织提供了能量,更是脑组织的重要能源物质,这使许多组织减少了对葡萄糖摄取和利用。饥饿时脑组织对葡萄糖的利用也有所减少,但饥饿初期的大脑仍主要由葡萄糖供能。

2. 长期饥饿 较长时间不能进食（一周以上）后，体内的能量代谢将发生进一步变化：

(1) 脂肪动员进一步加速，酮体在肝及肾细胞中大量生成，其中肾糖异生的作用明显增强，每天约生成 40 g 葡萄糖。脑组织利用酮体增加，甚至超过葡萄糖，可占总耗氧的 60%，这对减少糖的利用、维持血糖浓度以及减少组织蛋白质的消耗有一定意义。

(2) 肌肉优先以脂肪酸作为能源，保证脑组织的酮体供应。血中酮体增高直接作用于肌肉，减少肌肉蛋白质的分解，此时肌肉释放氨基酸减少。而乳酸和丙酮酸成为肝中糖异生的主要物质。

(3) 肌肉蛋白质分解减少，负氮平衡有所改善，此时尿液中排出尿素减少而氨增加。其原因在于肾小管上皮细胞中谷氨酰胺脱下酰胺氮，酰胺氮可以氨的形式排入管腔，有利于促进体内 H^+ 的排出，从而改善酮症引起的酸中毒。胰岛素受体属于受体酪氨酸激酶，其异常会造成细胞对胰岛素的耐受性大大增加，引起非胰岛素依赖型糖尿病（2 型糖尿病）。

第四节　抗代谢物和代谢抑制剂

一、抗代谢物

抗代谢物 (antimetabolite) 又称拮抗物 (antagonist)，是指在化学结构上与天然代谢物类似，在体内可特异地拮抗正常代谢物，从而影响正常代谢进行的物质。由于抗代谢物在结构上与正常代谢物相似，在生物体内当二者同时与酶系统发生结合时，抗代谢物竞争性结合酶蛋白，使酶失去催化活性，致正常代谢不能进行。例如，磺胺类抗菌药物为对氨基苯甲酸的拮抗物，抗凝血药双香豆素为维生素 K 的拮抗物等。

抗代谢药物是干扰细胞正常功能特别是 DNA 复制合成的一类药物，其化学结构大多与机体内细胞增殖所必需的一些代谢物质如叶酸、嘌呤碱、嘧啶碱等相似。它们能竞争与酶的结合，从而以伪代谢物的形式干扰或阻断核酸的生物合成和利用，起到抗菌、抗病毒或抗肿瘤等作用。抗核酸代谢药物见第九章。

二、代谢抑制剂

(一) 代谢抑制剂的概念

代谢抑制剂 (metabolic inhibitor) 是指能抑制机体代谢某一反应或某一过程的物质。代谢抑制剂的基础理论已广泛应用于研究酶的结构、酶的活性中心、酶催化反应的机制及药物作用的机制。在实际应用方面，代谢抑制剂可作为疾病的诊断和治疗药物。

(二) 代谢抑制剂的种类

已发现的代谢（或酶）抑制剂有化学合成药，也有来自生物体（动物、植物和微生物）的。

1. 作用于细胞壁或细胞膜的抑制剂　β-内酰胺类药物是治疗细菌感染最常用的药物,如青霉素、头孢霉素等。β-内酰胺类药物的作用主要是干扰细菌细胞壁黏肽的生物合成,从而破坏细菌细胞壁的结构。但是在抗生素的选择压力下,细菌对β-内酰胺类药物产生了耐药性。耐药机制主要与细菌的质粒或染色体编码产生的β-内酰胺酶有关,该酶具有水解头孢菌素等β-内酰胺类抗生素的活性。

血管紧张素转换酶抑制药物,如地高辛、毒毛花苷等洋地黄类强心药物,可抑制细胞膜上的 Na^+、K^+-ATP 酶,减少钠钾交换,使细胞内钠离子增加,从而使肌膜上钠钙离子交换反向转动激活,外排 Na^+ 而转入 Ca^{2+}。细胞内钙离子增多,作用于心肌收缩蛋白,增加心肌收缩力和速度。

2. 核酸代谢抑制剂　可抑制或干扰核酸的生物合成,如抗肿瘤药物拓扑替康为喜树碱的人工半合成衍生物,其进入体内后与拓扑异构酶Ⅰ形成复合物,导致 DNA 不能正常复制,引起 DNA 双链损伤,因此抑制细胞增殖,而哺乳类动物细胞不能有效修复这种 DNA 损伤。又如抗病毒药物阿昔洛韦(无环鸟苷)是 2′-脱氧鸟苷的无环类似物,可与病毒编码的特异性胸苷激酶结合,迅速转化为无环鸟苷单磷酸,由细胞鸟苷激酶使之转化为无环鸟苷二磷酸,再经其他细胞酶转化为无环鸟苷三磷酸而抑制病毒 DNA 多聚酶,从而抑制病毒复制。

3. 蛋白质水解和氨基酸代谢的抑制剂　如羰基试剂如羟胺和酰肼类化合物可与氨基酸脱羧酶的辅酶的羰基发生反应而干扰脱羧反应。又如抑肽酶是胰蛋白酶抑制剂等。

4. 糖代谢的抑制剂　有机汞、有机砷化合物及碘乙酸等巯基抑制剂可抑制含巯基的酶,如磷酸甘油醛脱氢酶、琥珀酸脱氢酶等,氟化物可抑制烯醇化酶。

5. 脂类代谢的抑制剂　如巴豆酰 CoA、苯甲酰 CoA 和丙酰 CoA 都能抑制脂肪酸的氧化,羟基柠檬酸能抑制柠檬酸裂合酶,减少胞质中乙酰 CoA 浓度,影响脂肪酸合成。美降脂(mevinolin)能抑制 HMG-CoA 还原酶,减少胆固醇生物合成,使血浆胆固醇下降 20%～40%。

6. 电子传递体和氧化磷酸化抑制剂　见相关内容。

思考题

1. 简述物质代谢与能量代谢的关系。
2. 试述糖、脂类、蛋白质和核酸通过哪些共同代谢产物而相互联系、相互制约、相互转变以及如何转变。
3. 举例说明物质代谢的调节分哪几个层次。
4. 比较酶的变构调节和化学修饰调节的异同点。

本章小结

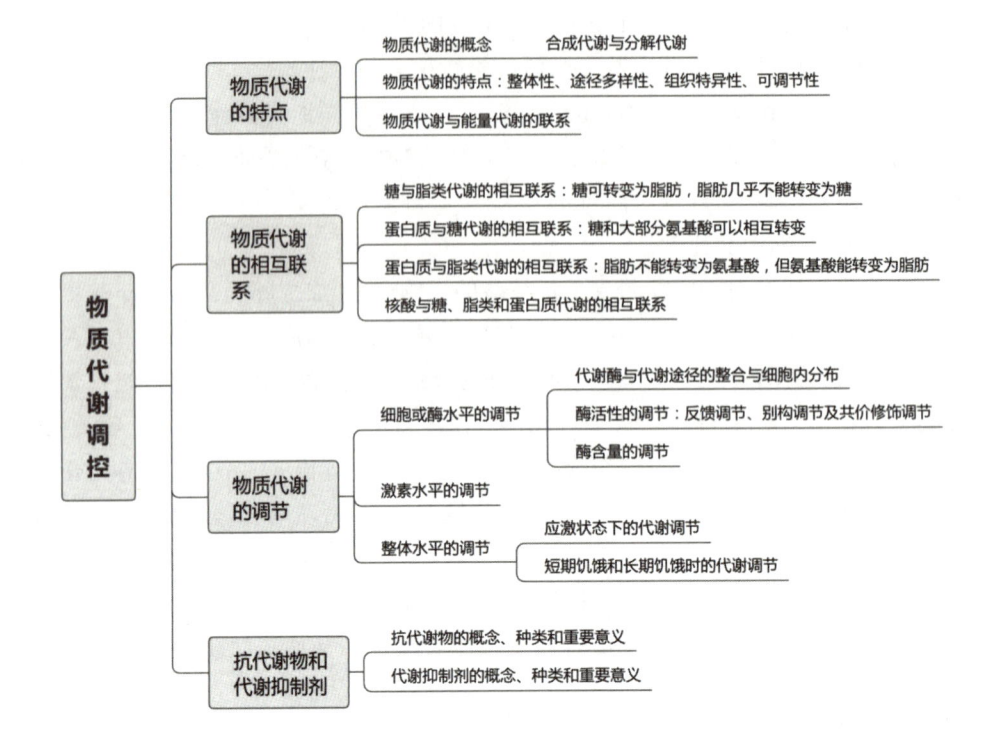

- **物质代谢调控**
  - **物质代谢的特点**
    - 物质代谢的概念 —— 合成代谢与分解代谢
    - 物质代谢的特点：整体性、途径多样性、组织特异性、可调节性
    - 物质代谢与能量代谢的联系
  - **物质代谢的相互联系**
    - 糖与脂类代谢的相互联系：糖可转变为脂肪，脂肪几乎不能转变为糖
    - 蛋白质与糖代谢的相互联系：糖和大部分氨基酸可以相互转变
    - 蛋白质与脂类代谢的相互联系：脂肪不能转变为氨基酸，但氨基酸能转变为脂肪
    - 核酸与糖、脂类和蛋白质代谢的相互联系
  - **物质代谢的调节**
    - 细胞或酶水平的调节
      - 代谢酶与代谢途径的整合与细胞内分布
      - 酶活性的调节：反馈调节、别构调节及共价修饰调节
      - 酶含量的调节
    - 激素水平的调节
    - 整体水平的调节
      - 应激状态下的代谢调节
      - 短期饥饿和长期饥饿时的代谢调节
  - **抗代谢物和代谢抑制剂**
    - 抗代谢物的概念、种类和重要意义
    - 代谢抑制剂的概念、种类和重要意义

第十一章 细胞信息转导

学习目标

知识目标

1. 掌握：细胞外信号分子与细胞内信使物质（第二信使）；受体的概念、分类及作用特点。
2. 熟悉：信号分子种类、本质及传递方式；受体的结构与功能；膜受体介导的信号转导途径。
3. 了解：胞内受体介导的信号转导途径；细胞信号转导的基本规律，细胞信号转导异常与疾病的关系。

能力目标

1. 认识细胞信号转导在生命过程中的重要性及各种信号转导途径的相互联系。
2. 能运用所学知识，分析细胞信号转导异常导致疾病发生的原因和药物治疗的作用机制。

第一节 细胞信号转导概述

生物体内各种细胞功能上的协调统一是通过细胞通信（cell communication）来实现的。多细胞生物可以对外界的刺激或信号产生反应，在细胞内产生一系列有序反应，以调节细胞的代谢、增殖、分化、凋亡及各种功能活动，这个过程称为信号转导（signal transduction）。生物体通过细胞信号转导，将细胞外的信息传递到细胞内各种效应分子，从而完成细胞的生物学行为。人体的信号转导主要包括以下几个步骤：特定细胞释放信号分子→信号分子到达靶细胞→与特异受体结合→信号转换→靶细胞产生效应。在完成信号转导后，受体和信号转导分子恢复到初始状态，从而终止信号传递。

一、细胞外信号分子

虽然细胞可以感受物理信号，但体内细胞所感受的外源信号主要是化学信号。在细胞信号转导过程中进行信号传递的各种化学分子被称为信号分子，其中由分泌细胞分泌的对细胞活动进行调节的信号分子统称为细胞外信号分子,又称为第一信使。信号分子可以是可溶性的,也可以是膜结合性的。

1.可溶性信号分子 多细胞生物中,细胞可通过分泌化学物质(如蛋白质或小分子有机化合物)而发出信号。这些信号分子作用于靶细胞表面或细胞内的受体,将信号识别、放大并转换,从而调节靶细胞的功能,实现细胞之间的信息交流。可溶性信号分子可根据其溶解特性分为脂溶性信号分子和水溶性信号分子两大类;而根据其在体内的作用距离,则可分为旁分泌信号、内分泌信号和神经递质三大类(表11-1)。有些旁分泌信号还作用于发出信号的细胞自身,称为自分泌。

(1)旁分泌信号(paracrine signal):即细胞因子,是大多数细胞都能分泌的一种或数种局部的信息物质,不需要血液转运,在组织液中通过扩散作用于周围的靶细胞,如神经生长因子(nerve growth factor,NGF)、白细胞介素(interleukin,IL)、表皮生长因子(epidermal growth factor,EGF)、生长抑素、花生四烯酸及前列腺素等。

(2)内分泌信号(endocrine signal):又称激素,一般是由特殊分化的内分泌细胞分泌的化学物质,需要经过血液循环转运达到靶细胞,从而调节靶细胞的代谢活动。内分泌信号包括含氮化合物激素和类固醇激素,前者如氨基酸的衍生物(肾上腺素、甲状腺素等)、肽类和蛋白质类物质(胰岛素、胰高血糖素、甲状旁腺激素等);后者如肾上腺皮质激素、性激素等。

(3)神经递质:来源于神经细胞,是神经细胞与靶细胞之间的信息传递分子,由突触前膜释放,又称为突触分泌信号(synaptic signal),包括神经递质(乙酰胆碱、多巴胺、谷氨酸等)和神经肽(内源性吗啡、P物质等)。

表11-1 可溶性信号分子的分类

分泌类型	化学信号	作用距离	受体位置	信号分子举例
旁分泌及自分泌	细胞因子	mm	膜受体	表皮生长因子、白细胞介素、神经生长因子
内分泌	激素	m	膜受体或胞内受体	胰岛素、生长激素、甲状腺素
神经分泌	神经递质	nm	膜受体	乙酰胆碱、谷氨酸

2.膜结合性信号分子 每个细胞的质膜外表面都有众多的蛋白质、糖蛋白和蛋白聚糖分子。相邻细胞可以通过膜表面分子的特异性识别和相互作用来传递信号。细胞通过膜表面分子发出信号,即为膜结合性信号分子,在靶细胞表面存在与之特异性结合的分子。细胞通过两种分子间的相互作用接收信号,并将信号传入靶细胞内。这种细胞通信方式称为膜表面分子接触通信。属于这一类通信的有相邻细胞间黏附分子的相互作用、T淋巴细胞与B淋巴细胞表面分子的相互作用等。

二、受体

受体(receptor)是细胞膜上或细胞内能识别信号分子并与之结合的蛋白质分子或糖脂。受体结合信号分子后,通过一定的途径可将信号准确地传递到细胞内部,引起细胞产生特异的应答。能够与受体特异性结合的信号分子称为配体(ligand)。可溶性信号分子和膜结合性信号分子都是常见的配体。

(一)受体的类型

受体按照其在细胞中的位置,可分为细胞内受体和细胞表面受体。细胞内受体包括位于细胞质或细胞核内的受体,其配体大多数是脂溶性信号分子,如类固醇激素、甲状腺素、维 A 酸等。这些配体可以直接进入细胞,因此这类受体无须在细胞膜上等待配体。而水溶性信号分子和膜结合性信号分子(如生长因子、细胞因子、水溶性激素分子、黏附因子等)不能进入靶细胞,其受体位于靶细胞的细胞膜表面,也可称为细胞膜受体。

(二)受体结合配体并转换信号

受体识别配体并与之结合,是细胞接收细胞外信号的首要步骤。在信号转导过程中,受体的作用有两个方面:①识别细胞外信号分子并与之结合;②转换配体信号,使之成为细胞内分子可识别的信号,并传递至其他信号转导分子引起细胞应答。

1. 细胞内受体能够直接传递信号 许多细胞内受体本身就是潜在的转录因子,除具有配体结合结构域之外,还具有 DNA 结合结构域和转录激活结构域。与进入细胞的配体分子结合后,其构象改变并发生二聚化后进入细胞核,结合 DNA 上特定的增强子序列(激素反应元件),直接激活某些基因的转录表达。由于这些受体在细胞核发挥基因表达调控的作用,又被称为核受体。

也有一些细胞内受体可以结合从细胞外进入的信号分子,然后通过特定的转导通路传递信号。如细胞内的 NO 受体,也是一种可溶性的鸟苷酸环化酶(guanylate cyclase,GC)。当与 NO 结合后,NO 受体可以催化 GTP 生成环鸟苷酸(cyclic GMP,cGMP),后者作为信号分子向下游传递信号。

2. 细胞表面受体识别细胞外信号分子并转换信号 细胞表面受体定位在细胞膜上,可识别并结合细胞外信号分子,将细胞外信号转换成能够被细胞内分子识别的信号,通过信号转导通路将信号传递至效应分子,引起细胞应答。常见的细胞表面受体包括离子通道型受体、G 蛋白偶联受体、酶偶联受体等。

(三)受体与配体相互作用的特点

受体与配体的相互作用类似于酶和底物的结合。不同的是,酶和底物结合是为了催化底物变成产物,而受体与配体的结合是为了向下游传递信号。受体与配体的相互作用有如下特点。

1. 高特异性 一种受体只能和特定类型的配体分子结合,这种结合的特异性取决于受体和配体的空间构象。受体和配体的特异性识别和结合保证了细胞信号转导的准确性。

2. 高亲和力 受体与配体的亲和力很高。体内配体的浓度非常低时,就能有效与受体结合产生显著的生物学效应。这种高亲和力使细胞信号转导具有很高的灵敏度。在某些情况下,受体与配体的亲和力会受到调控。例如,在细胞外信号持续存在时,受体与配体的亲和力可能会下降,受体表现出脱敏现象。

3. 可饱和性 配体生物学效应的强弱通常与受体结合配体的量成正比。但受体的数目是有限的,当所有受体被配体占据以后,受体与配体的结合能力达到饱和状态,此时再增加配体的浓度,受体与配体的结合也不会增加,生物学效应也不会进一步增强。

4. 可逆性 受体与配体通过非共价键结合,当生物效应发生后,配体与受体的复合物解离,受体恢复到原有状态,从而导致信号转导终止。受体与配体结合的可逆性使细胞信号转导能按机体需要来开始和终止。

5. 特定的作用模式 受体的分布、含量具有细胞和组织特异性,受体与配体结合后引发的特定生物学效应也表现出细胞和组织特异性。此外,某些受体可以结合几种不同的配体,但不同配体所引发的效应不同,表现出配体特定的作用模式。

三、细胞内信号转导分子

细胞外的信号经受体转换进入细胞内,需要通过细胞内一些蛋白质和小分子活性物质进行传递,这些能够传递信号的分子称为信号转导分子(signal transducer)。依据信号转导分子的性质和作用特点,将其分为三大类:小分子第二信使、酶和调节蛋白。一些特殊的细胞内受体,如内质网膜上的三磷酸肌醇(inositol triphosphate,IP$_3$)受体,也可参与信号转导。

(一)小分子第二信使

在细胞内起到信号转导作用的小分子可称为第二信使(second messenger)。常见的第二信使分子有核苷酸类衍生物(如环腺苷酸(cyclic AMP,cAMP)、环鸟苷酸(cGMP)),脂类衍生物,如甘油二酯(diacylglycerol,DAG)、IP$_3$,以及离子(如 Ca^{2+})。

在信号转导之前,第二信使在细胞内的浓度很低,或者局限于某个特定部位(如内质网)。在细胞接收细胞外信号后,上游信号转导分子可使第二信使的浓度迅速升高或分布发生变化。大部分第二信使是蛋白质的别构效应物,可作用于下游蛋白质信号分子,使蛋白质构象改变,进而向下游传递信号。当细胞外信号消失后,细胞内一些降解第二信使的酶、特殊的离子泵可将细胞内第二信使的浓度和分布迅速恢复到接收信号前的水平,从而结束信号转导。

(二)酶

细胞内很多参与信号转导的蛋白质都属于酶类。作为信号转导分子的酶主要有两大类:一类是催化第二信使的生成、转化或分解的酶,例如分别催化 cAMP 和 cGMP 生成腺苷酸环化酶(AC)和鸟苷酸环化酶(GC)、催化磷脂酰肌醇-4,5-二磷酸(phosphatidylinositol-4,5-bisphosphate,PIP$_2$)分解为 DAG 和 IP$_3$ 的磷脂酶 C(PLC)以及催化特定环核苷酸水解为磷酸二酯酶(PDE);另一类是蛋白激酶(protein kinase,PK),主要是蛋白质丝氨酸/苏氨酸激酶和蛋白质酪氨酸激酶,分别催化底物蛋白上特定的丝氨酸/苏氨酸残基位点和特定的酪氨酸残基位点的磷酸化。

蛋白激酶可通过依赖 ATP 的方式,催化底物蛋白发生位点特异的磷酸化修饰。蛋白激酶具有多种激活方式:①蛋白激酶本身也是受体,如受体型蛋白丝氨酸/苏氨酸激酶、受体型蛋白酪氨酸激酶等。②蛋白激酶与受体紧密偶联,如非受体型蛋白酪氨酸激酶。这两类蛋白激酶在受体结合配体后即被激活。③蛋白激酶被第二信使激活,如蛋白激酶 A(PKA)被 cAMP 激活,蛋白激酶 G(PKG)被 cGMP 激活,蛋白激酶 C(PKC)被 DAG 和 Ca^{2+} 激活。④蛋白激酶被调节蛋白激活,如蛋白激酶 RAF 被调节蛋白 RAS 的激活。⑤蛋白激酶被上游蛋白激酶的激活,如蛋白激酶 MEK 被 RAF 激活,而蛋白激酶 ERK 又被 MEK 激活。

蛋白激酶的底物蛋白有多种类型,如代谢途径中的关键酶、调控基因表达的转录因子、离子通道、下游的蛋白激酶,甚至是其本身二聚体或多聚体中的某个亚基。蛋白激酶可作用于这些底物蛋白,使其发生磷酸化修饰并引起构象改变,激活或抑制底物蛋白的功能,从而使细胞发生应答或者继续向下游传递信号。蛋白激酶在信号转导过程中承上启下,作用至关重要,其对底物蛋白的特异性保证了信号转导的精确性。底物蛋白的磷酸化是可逆的,在细胞信号转导结束后,蛋白磷酸酶(protein phosphatase)可使磷酸化的蛋白质去磷酸化,恢复到信号转导前的状态,这样蛋白激酶和蛋白磷酸酶就共同构成了双向的蛋白质活性调控系统(图11-1)。

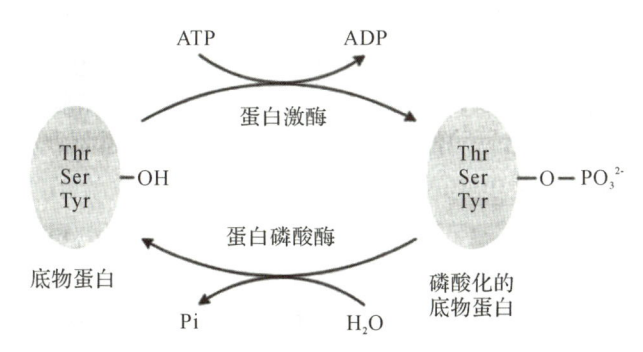

图 11-1 蛋白激酶和蛋白磷酸酶的作用

(三)调节蛋白

细胞信号转导通路中有一些参与信号转导的蛋白质没有酶活性,或者酶活性不直接作用于上下游的信号转导分子,这些信号转导蛋白可称为调节蛋白。调节蛋白传递信号的方式是通过分子间的相互作用,自身被激活或者激活下游的信号转导分子。调节蛋白主要包括 G 蛋白、钙调蛋白(calmodulin,CaM)、衔接蛋白和支架蛋白等。

1. G 蛋白　鸟苷酸结合蛋白(guanine nucleotide binding protein,G protein)亦称 GTP 结合蛋白,简称 G 蛋白。G 蛋白可以结合 GTP 或 GDP,在未激活状态,G 蛋白结合的是 GDP,通过上游信号分子的作用,G 蛋白结合的 GDP 可被替换为 GTP,此时 G 蛋白被激活,可结合并通过别构效应激活下游信号蛋白;G 蛋白本身的 GTP 酶活性可将结合的 GTP 水解为 GDP,使其回到非活化状态,终止信号的传递。G 蛋白可分为两大类:三聚体 G 蛋白和低分子量 G 蛋白。

(1)三聚体 G 蛋白:以 α、β、γ 三聚体的形式存在(图11-2)。三个亚基中,只有 α 亚基能够结合鸟苷酸。在未激活时,α 亚基结合的是 GDP,与 β、γ 亚基组成完整的三聚体。三聚体 G 蛋白由 G 蛋白偶联受体激活,后者结合配体后构象发生变化,发挥鸟苷酸交换因子的作用,将与之偶联的三聚体 G 蛋白 α 亚基中结合的 GDP 替换为 GTP。此时 α 亚基被激活,与 β、γ 亚基脱离,作用于下游信号转导蛋白。信号传递结束后,α 亚基将 GTP 水解为 GDP,重新与 β、γ 亚基结合,恢复为三聚体,回到静止状态。

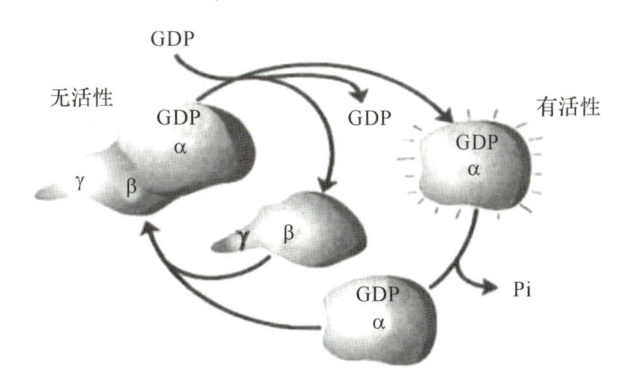

图 11-2 三聚体 G 蛋白

(2)低分子量 G 蛋白:又称小 G 蛋白,分子量约为 21 kD,是多种信号转导通路中的调节蛋白。RAS 是第一个被发现的低分子量 G 蛋白,因此这类蛋白质也被称为 RAS 家族,在细胞内分别参与不同的信号转导途径。在细胞中存在一些专门控制低分子量 G 蛋白的调节因子,如鸟苷酸交换因子 SOS 可以促进 RAS 结合 GTP,使 RAS

蛋白构象改变并激活 RAF 蛋白激酶,从而传递信号。而鸟苷酸解离抑制因子和 GTP 酶活化蛋白则抑制低分子量 G 蛋白结合 GTP,或者促进 GTP 水解,从而抑制其激活。

2. 钙调蛋白　钙调蛋白(CaM)是一种普遍存在于各种真核生物的单体蛋白,分子量约为 17 kD,在细胞中可充当 Ca^{2+} 感受器的作用。当细胞中 Ca^{2+} 浓度超过 500 nmol/L 时,CaM 即可通过结合 Ca^{2+} 而被激活。当 CaM 与 Ca^{2+} 结合后,构象发生改变,暴露出疏水性的残基,可以作为结合位点与其他蛋白相互作用。很多信号转导蛋白可被 CaM 激活,包括多种酶、离子泵等。一种重要的 CaM 下游信号转导蛋白是钙调蛋白依赖的蛋白激酶(calmodulin-dependent protein kinase,CaMK)。

3. 衔接蛋白和支架蛋白　细胞内的信号转导分子种类繁多,为了确保信号转导的精确性,并利于对信号转导通路进行调节,很多信号转导蛋白具有特异性的蛋白质相互作用结构域(protein interaction domain),可以通过蛋白质相互作用,互相聚集形成信号转导复合物(signaling complex)。目前已经发现几十种蛋白质相互作用结构域,广泛分布于各种信号转导蛋白中,这些结构域的长度多为 50~100 个氨基酸残基,可以与其他信号转导蛋白中特定的模体结合(表 11-2)。蛋白质相互作用结构域通过相应的结合位点而介导蛋白质分子间的相互作用,其特点是:①一个信号分子中可含有两种以上的蛋白质相互作用结构域,故可同时结合两种以上的其他信号分子;②同一类蛋白质相互作用结构域可存在于不同的分子中,因一级结构不同,可选择性结合不同信号分子。

表 11-2　蛋白质相互作用结构域及其识别模体举例

蛋白相互作用结构域	缩写	存在分子种类	识别模体
Src homology 2	SH2	蛋白激酶、磷酸酶、衔接蛋白等	含磷酸化酪氨酸模体
Src homology 3	SH3	衔接蛋白、磷脂酶、蛋白激酶等	富含脯氨酸模体
protein tyrosine binding	PTB	蛋白激酶、细胞骨架调解分子等	含磷酸化酪氨酸模体
WW	WW	衔接蛋白、磷酸酶	富含脯氨酸模体

(1)衔接蛋白:又称接头蛋白,一般含有 2 个或 2 个以上的蛋白质相互作用结构域,可通过连接上游与下游的信号转导蛋白而形成信号转导复合物。例如 Grb2 蛋白,含有 1 个 SH2 结构域和 2 个 SH3 结构域,可连接磷酸化的受体型酪氨酸激酶,以及富含脯氨酸模体的鸟苷酸交换因子 SOS,起到承上启下的信号转导作用。

(2)支架蛋白:一般是分子量较大的蛋白质,含有多个蛋白质相互作用结构域,可同时结合同一信号转导通路中的多个信号转导蛋白,并辅助调控它们的相互作用,确保信号转导的准确性。

第二节　细胞信号转导途径

不同信号转导分子的特定组合及有序的相互作用,构成不同的信号转导途径。因此,关键要了解各种信号转导途径中信号转导分子的基本组成、相互作用及引起的细胞应答。细胞信号转导途径包括细胞内受体介导的信号转导途径和细胞膜受体介导的信号转导途径。依据结构、接收信号的种类和转换信号方式等差异,膜受体包括离子通道型受体、G 蛋白偶联受体和酶偶联受体三种类型(表 11-3)。

表 11-3　三种膜受体的结构和功能特点

特性	离子通道型受体	G 蛋白偶联受体	酶偶联受体
配体	神经递质	神经递质、激素、趋化因子、外源刺激（味、光）	生长因子、细胞因子
结构	寡聚体形成的孔道	单体	具有或不具有催化活性的单体
跨膜区段数	4 个	7 个	1 个
功能	离子通道	激活 G 蛋白	激活蛋白激酶
细胞应答	去极化与超极化	去极化与超极化，调节蛋白质功能	调节蛋白质的功能和表达水平，调节细胞分化和增殖

一、细胞内受体介导的信号转导途径

位于细胞内的受体多为转录因子，当与相应配体结合后，能与 DNA 的顺式作用元件结合，在转录水平来调节基因表达。在没有信号分子存在时，受体往往与具有抑制作用的蛋白质分子（如热激蛋白）形成复合物，阻止受体与 DNA 的结合。没有结合信号分子的胞内受体主要位于细胞质中，也有一些在细胞核内。

能与细胞内受体结合的信号分子有类固醇激素、甲状腺激素、视黄酸和维生素 D 等。当激素进入细胞后，如果其受体位于细胞核内，激素则被运输到核内，与受体形成激素-受体复合物。如果受体是位于细胞质中，激素则在细胞质中结合受体，导致受体的构象变化而与热激蛋白分离，从而暴露出受体的核内转移部位及 DNA 结合部位，激素-受体复合物穿过核孔，向细胞核内转移，并结合于靶基因邻近的激素反应元件上。结合于激素反应元件的激素-受体复合物再与位于启动子区域的基本转录因子及其他的特异转录调节分子作用，从而开放或关闭靶基因，进而改变细胞的基因表达谱（图 11-3）。

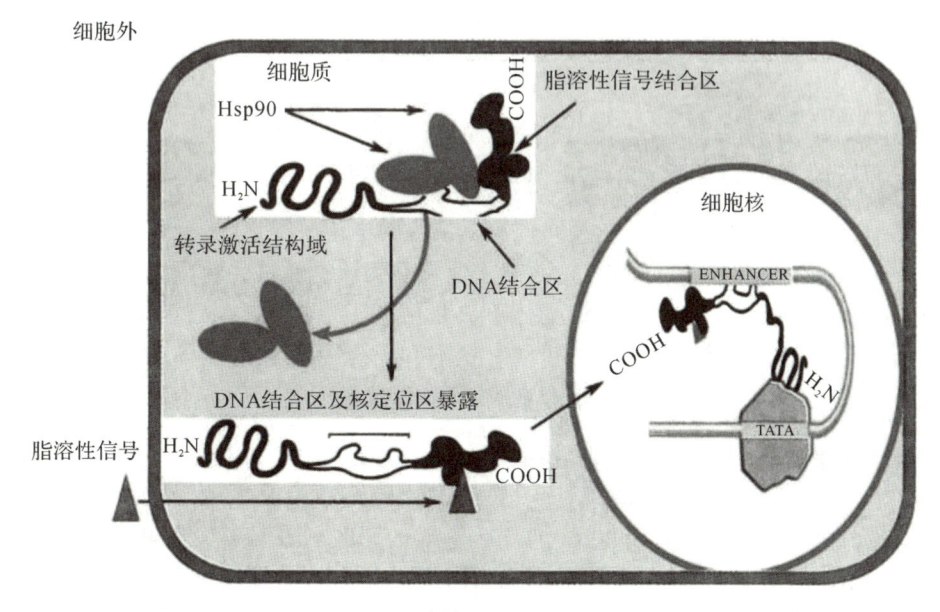

图 11-3　细胞内受体结构及作用机制示意图

二、离子通道型受体介导的信号转导途径

离子通道型受体本身为离子通道,是由蛋白质寡聚体形成的孔道,其中部分单体具有配体结合部位。通道的开放或关闭直接受化学信号配体的控制,称为配体门控受体型离子通道,其配体主要为神经递质。

离子通道型受体的典型代表是烟碱型乙酰胆碱受体(N受体),由5个亚基组成,包括β、γ、δ亚基以及2个α亚基,其中α亚基具有配体结合部位。每个亚基都具有4个由α-螺旋组成的跨膜区,以此镶嵌在细胞膜上。5个亚基相互围绕形成一个中央孔道,孔道直径约为2 nm,α亚基的胞外区具有乙酰胆碱的结合位点(图11-4)。当乙酰胆碱与神经元突触前膜或肌细胞膜上N受体的α亚基结合后,通过别构效应使受体的中央孔道开放,Na^+或Ca^{2+}通过孔道内流,导致突触后神经元或肌细胞出现去极化,引发突触后神经元产生动作电位或肌肉收缩。正常情况下,突触间隙中的乙酰胆碱会被乙酰胆碱酯酶迅速降解,使N受体离子通道关闭。在一些特殊情况下,当乙酰胆碱水平持续保持在高水平超过几毫秒时,N受体就会发生脱敏,转变为一种特殊的构象。此时N受体仍与乙酰胆碱紧密结合,但离子通道关闭。当乙酰胆碱浓度降低时,结合的乙酰胆碱从N受体的结合位点缓慢释放,受体会重新回到静息状态的构象,从而恢复对乙酰胆碱的敏感性。

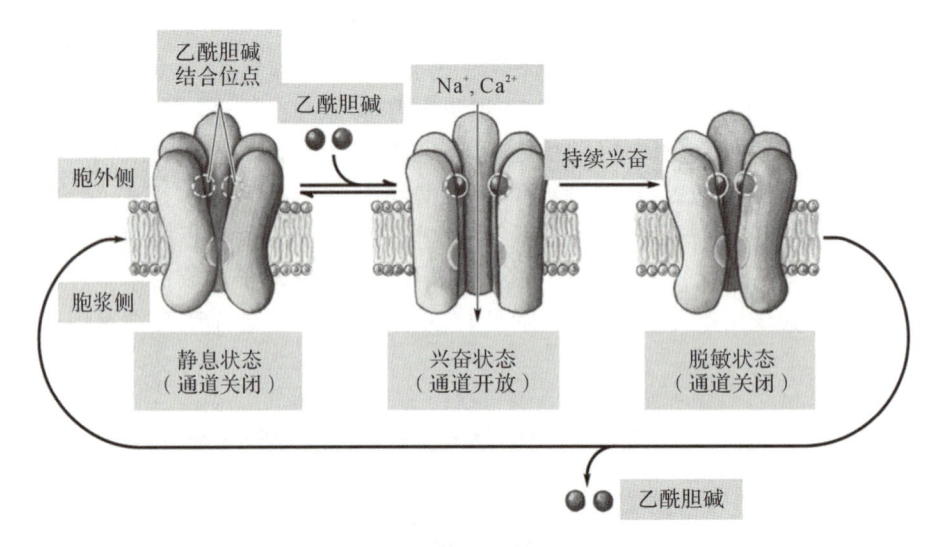

图11-4 细胞内离子通道型受体结构及作用机制示意图

离子通道型受体信号转导的最终效应是细胞膜电位改变,这类受体引起的细胞应答主要是去极化与超极化。可以认为,离子通道型受体是通过将化学信号转变为电信号而影响细胞功能的。离子通道型受体可以是阳离子通道,如乙酰胆碱、谷氨酸和5-羟色胺的受体;也可以是阴离子通道,如甘氨酸和γ-氨基丁酸的受体。阳离子通道和阴离子通道构成亲水性通道的氨基酸组成不同,导致通道表面携带不同电荷。

三、G蛋白偶联受体介导的信号转导途径

G蛋白偶联受体(G protein coupled receptor,GPCR)在结构上为单体蛋白,其氨基端位于细胞膜外表面,羧基端位于细胞膜内侧,由于其肽链反复跨膜七次,因此又被称为七次跨膜受体。因为其肽链反复跨膜,GPCR在膜外侧和膜内侧形成了几个环状结构,分别负责接受外源信号的刺激和细胞内的信号传递,受体的细胞内部分可与三

聚体G蛋白相互作用。此类受体通过G蛋白向下游传递信号，又称为G蛋白偶联受体。

（一）G蛋白偶联受体介导的信号转导途径具有相同的基本模式

不同的G蛋白（即不同的α、β、γ亚基组合）可与不同的下游分子组成信号转导途径，所以GPCR介导的信号传递可通过不同的途径产生不同的效应，但信号转导途径的基本模式大致相同，主要包括以下几个步骤。①细胞外信号分子结合受体，通过别构效应将其激活。②受体激活G蛋白，使G蛋白在有活性和无活性两种状态之间连续转换，称为G蛋白循环（G protein cycle）（图11-5）。③活化的G蛋白激活下游效应分子：不同的α亚基激活不同的效应分子，如腺苷酸环化酶（AC）、磷脂酶C（PLC）等效应分子都由不同的G蛋白激活（表11-4）。④G蛋白的效应分子主要通过催化产生小分子信使而向下游传递信号，如AC催化产生cAMP，PLC催化产生DAG和IP_3；有些效应分子可以通过对离子通道的调节改变Ca^{2+}在细胞内的分布，其效应与IP_3的效应相似。⑤小分子信使作用于相应的靶分子（主要是蛋白激酶），使之构象改变而被激活。⑥蛋白激酶通过磷酸化作用激活一些与代谢相关的酶、与基因表达相关的转录因子以及一些与细胞运动相关的蛋白质，从而能产生各种细胞应答反应。

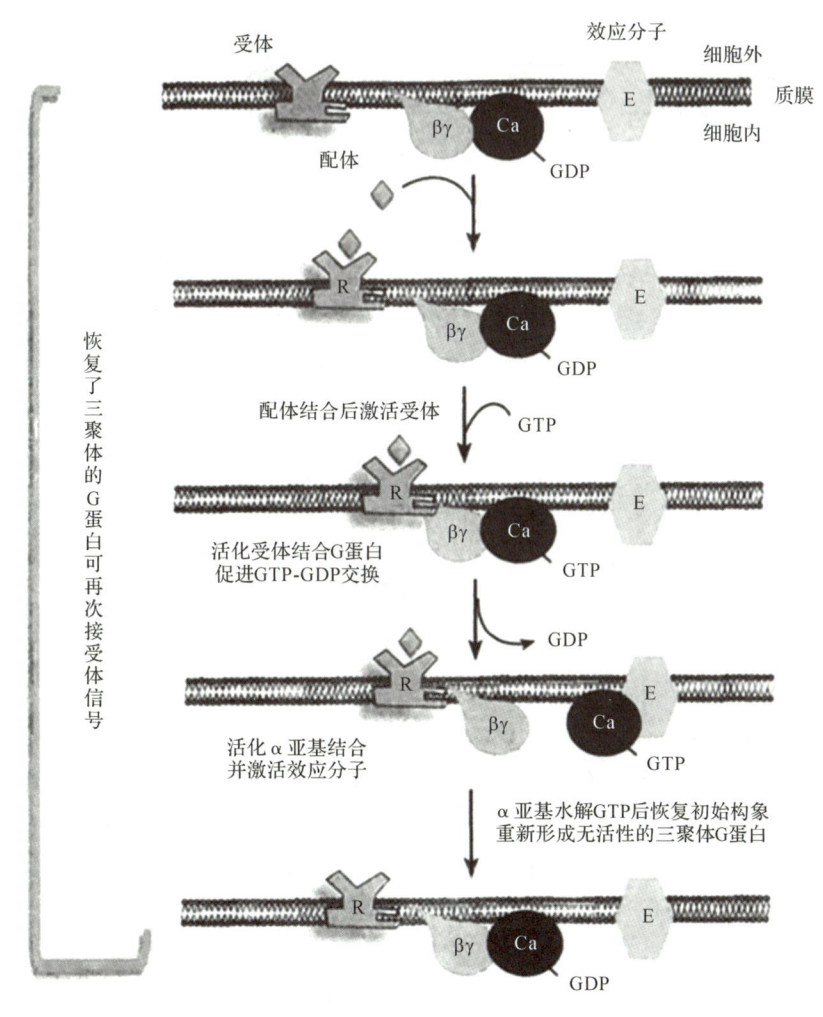

图11-5　G蛋白循环示意图

表 11-4 G_α亚基的类型及效应

G_α亚基种类	效应	细胞内第二信使	靶分子
α_s	AC 活化	cAMP ↑	PKA 活性 ↑
α_i	AC 抑制	cAMP ↓	PKA 活性 ↓
α_q	PLC 活化	Ca^{2+}、IP_3、DAG ↑	PKC 活性 ↑
α_t	cGMP-PDE 活化	cGMP ↓	Na^+ 通道关闭

(二) 不同 G 蛋白偶联受体的信号传递途径

不同的细胞外信号分子与相应 GPCR 结合后，由 G 蛋白传递信号。但传入细胞内的信号并不相同，这是因为不同的 G 蛋白与不同的下游信号转导分子组成了不同的信号转导途径。其中常见的有 3 条途径：cAMP-PKA 途径、IP_3/DAG-PKC 途径和 Ca^{2+}/钙调蛋白依赖的蛋白激酶途径 (图 11-6)。

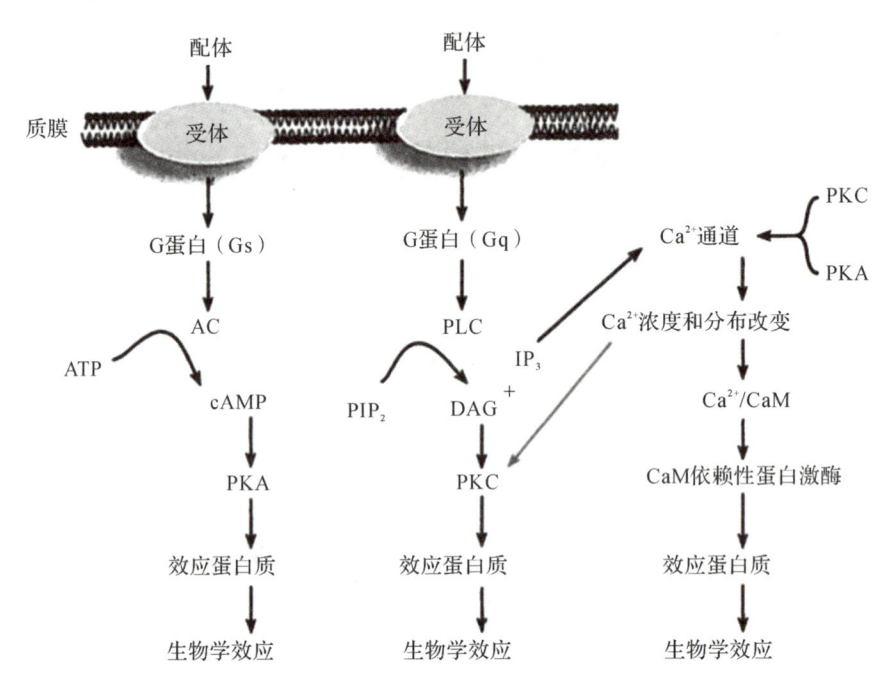

图 11-6 G 蛋白偶联受体介导的信号转导途径

1. cAMP-PKA 途径　在细胞中，cAMP 最主要的下游信号转导蛋白是 PKA，该途径以靶细胞内 cAMP 浓度的改变和 PKA 的激活为主要特征，胰高血糖素、肾上腺素、促肾上腺皮质激素等可激活此途径。PKA 是一种蛋白丝氨酸/苏氨酸激酶，由 4 个亚基组成，包括 2 个催化亚基 (C) 和 2 个调节亚基 (R)，R 亚基上有 cAMP 的别构结合位点。在没有上游信号时，R 亚基与 C 亚基紧密结合，抑制 C 亚基的催化活性。当细胞内 cAMP 浓度升高时，cAMP 与 PKA 的 R 亚基结合，并使其构象发生改变，释放出具有催化活性的 C 亚基，从而激活 PKA (图 11-7)。在信号转导完成后，cAMP 的浓度可以迅速下降，这是因为在细胞中存在 cAMP 特异性的磷酸二酯酶 (cAMP-PDE)，可以使其迅速降解。cAMP 浓度降低后，PKA 的 R 亚基重新与 C 亚基结合，从而失去活性。PKA 激活后，可使多种底物蛋白分子的丝氨酸/苏氨酸残基发生磷酸化，改变其活性状态，从而调节代谢、基因表达或细胞极性。这些底物分子包括一些与糖代谢和脂代谢相关的酶类、离子通道以及某些转录因子。

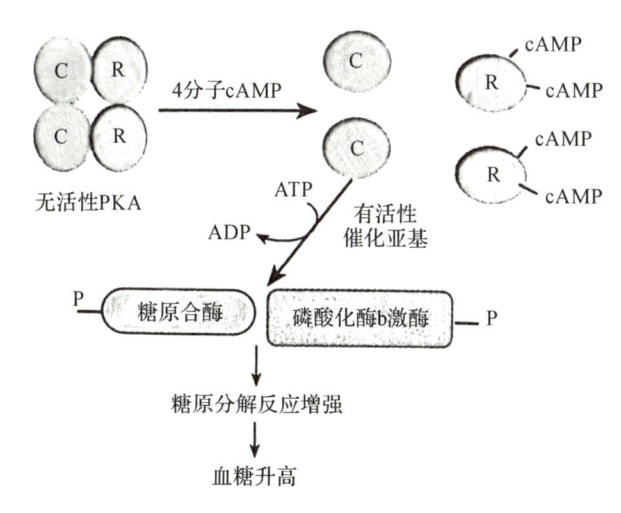

图 11-7　cAMP 激活 PKA 升高血糖的作用机制

(1)调节代谢:PKA 可通过调节代谢过程中关键酶的活性,对不同的代谢途径发挥调节作用,如激活糖原磷酸化酶 b 激酶、糖原合酶、激素敏感性脂肪酶、胆固醇酯酶,从而促进糖原、脂肪、胆固醇的分解代谢;也可抑制乙酰 CoA 羧化酶、糖原合酶,从而抑制脂肪和糖原的合成代谢。

(2)调节基因表达:PKA 可修饰并激活转录调控因子,从而调控基因表达。如 PKA 被激活后进入细胞核可使 cAMP 反应元件结合蛋白(CREB)磷酸化,磷酸化的 CREB 以二聚体的形式结合于 cAMP 反应元件(CRE),并与 CREB 结合蛋白(CBP)结合。与 CREB 结合后的 CBP 作用于通用转录因子,促进其与启动子结合,形成转录起始复合物,从而激活 CRE 增强子附近基因的转录和表达。

(3)调节细胞极性:PKA 亦可通过磷酸化作用来激活离子通道,进而调节细胞膜电位。

2. IP$_3$/DAG-PKC 途径　促甲状腺素释放激素、去甲肾上腺素、抗利尿激素与受体结合后,所激活的 G 蛋白可激活 PLC。PLC 水解膜组分 PIP$_2$,生成 DAG 和 IP$_3$。IP$_3$ 可促进细胞钙库内的 Ca^{2+} 迅速释放,使细胞质内的 Ca^{2+} 浓度迅速升高,并与细胞质内的 PKC 结合而聚集至质膜。PKC 也是一种蛋白丝氨酸/苏氨酸激酶,其催化结构域与 PKA 的 C 亚基具有同源性。在未激活状态下,PKC 的假底物区结合于催化结构域的活性中心,抑制了其活性。PKC 还具有 DAG 和 Ca^{2+} 结合部位,二者共同作用于 PKC 的调节结构域,使 PKC 发生变构效应,其假底物区释放暴露出活性中心而被激活。

PKC 可催化细胞中多种膜蛋白、代谢酶及转录因子等的磷酸化,激活或抑制其活性,进而调控细胞的代谢和基因表达。佛波酯是 DAG 的类似物,可以直接并持续激活 PKC,对细胞发出相对长久、不协调的信号,导致细胞持续增殖而促进肿瘤的形成,是一种诱癌剂。

3. Ca^{2+}/钙调蛋白依赖的蛋白激酶途径　G 蛋白偶联受体至少可通过三种方式引起细胞内 Ca^{2+} 浓度的升高。G 蛋白可以直接激活细胞质膜上的钙通道;或通过 PKA 激活细胞质膜的钙通道,促进 Ca^{2+} 流入细胞质;或通过 IP$_3$ 促使细胞质钙库释放 Ca^{2+}。

细胞质中的 Ca^{2+} 浓度升高后,可以通过结合钙调蛋白来传递信号。Ca^{2+}/CaM 复合物的下游信号转导分子是一些蛋白激酶,其共同特点是可被 Ca^{2+}/CaM 复合物激活,因而统称为钙调蛋白依赖性蛋白激酶。钙调蛋白依赖性蛋白激酶属于蛋白丝氨酸/苏氨酸激酶,如磷酸化酶激酶(PhK)、肌球蛋白轻链激酶(MLCK)、钙调蛋白依赖性激酶(CaMK)等。这些激酶可激活各种对应的效应蛋白质分子,从而在收缩和运动、物质代谢、神经递质的合成、细胞分泌和分裂等多种生理过程中起作用。如 CaMK Ⅱ 可修饰并激活突触蛋白Ⅰ、酪氨酸羟化酶、色氨酸羟化酶和骨骼肌糖原合酶等,参与神经递质的合成与释放以及糖代谢等多种细胞功能的调节。

四、酶偶联受体介导的信号转导途径

酶偶联受体主要是生长因子和细胞因子的受体,此类受体介导的信号转导主要是调节蛋白质的功能和表达水平,调节细胞的增殖和分化。

(一)蛋白激酶偶联受体介导的信号转导途径具有相同的基本模式

细胞内的蛋白激酶有很多种,不同蛋白激酶可组成不同的信号转导途径,因此蛋白激酶偶联受体介导的信号转导途径较为复杂。各种途径的具体作用模式虽有差别,但基本模式大致相同,主要包括以下几个阶段:①细胞外信号分子与酶偶联受体结合,导致第一个蛋白激酶被激活,这一步反应是"蛋白激酶偶联受体"名称的由来。"偶联"有两种形式:有的受体自身就具有蛋白激酶活性,此步骤是激活受体细胞内结构域的蛋白激酶活性;有些受体自身没有蛋白激酶活性,此步骤则是受体通过蛋白质-蛋白质相互作用来激活某种蛋白激酶。②通过蛋白激酶的磷酸化修饰作用或蛋白质-蛋白质相互作用来激活下游信号转导分子,从而传递信号,最终激活一些特定的蛋白激酶。③蛋白激酶通过磷酸化修饰激活代谢途径中的关键酶、转录调控因子等,进而影响代谢途径、基因表达、细胞运动与细胞增殖等。

(二)常见蛋白激酶偶联受体介导的信号转导途径

目前已发现的蛋白激酶偶联受体介导的信号转导途径有十几条,如 JAK-STAT 途径、Smad 途径、PI-3K 途径、NF-κB 途径等,本节介绍最常见的 MAPK 途径。以丝裂原激活的蛋白激酶(MAPK)为代表的信号转导途径称为 MAPK 途径,其主要特点是具有 MAPK 级联反应。MAPK 至少有 12 种,分属于 ERK 家族、P38 家族、JNK 家族。

在不同的细胞中,MAPK 途径的成员组成及诱导的细胞应答有所不同,其中了解得最清楚的是 RAS/MAPK 途径(图 11-8)。RAS/MAPK 途径转导生长因子信号,如表皮生长因子(EGF)信号,其基本过程是:①受体胞外区与配体(如 EGF)结合后形成二聚体,受体的蛋白激酶活性被激活;②受体胞内区发挥蛋白酪氨酸激酶(PTK)活性,使其自身的酪氨酸残基磷酸化,形成 SH2 结合位点,从而能够结合含有 SH2 结构域的接头蛋白 Grb2;③Grb2 还具有两个 SH3 结构域,可与 SOS 分子中的富含脯氨酸的序列结合,将 SOS 活化;④活化的 SOS 作用于低分子 RAS 蛋白,促进 RAS 释放 GDP,结合 GTP,从而激活 RAS 蛋白;⑤活化的 RAS 蛋白(RAS-GTP)可激活 MAPKKK,活化的 MAPKKK 可磷酸化 MAPKK 而将其激活,活化的 MAPKK 将 MAPK 磷酸化而激活;⑥活化的 MAPK 可以转位至细胞核内,通过磷酸化作用激活多种效应蛋白,从而使细胞对外来信号产生生物学应答。

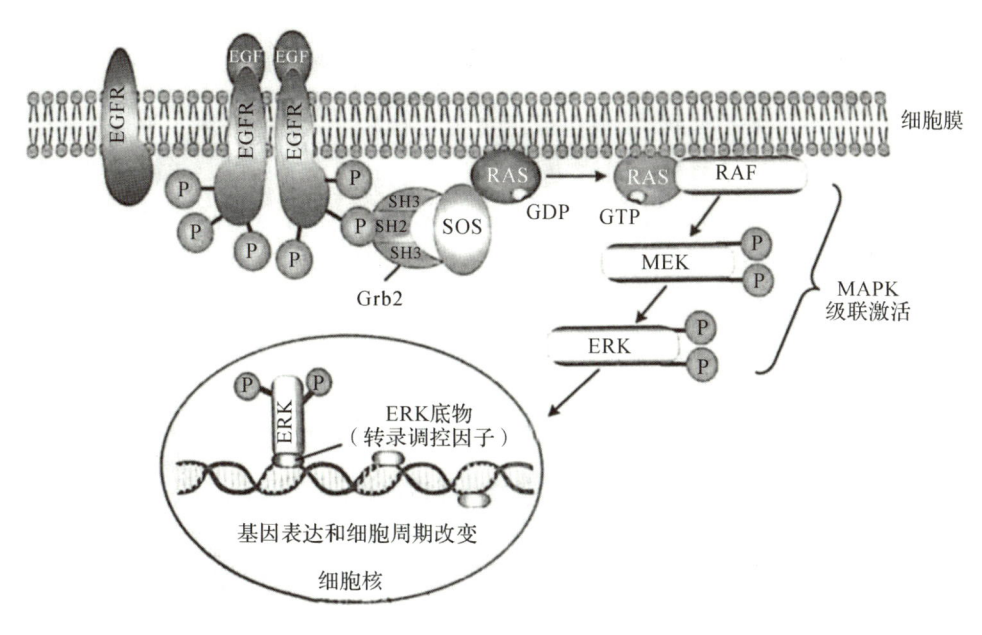

图 11-8　表皮生长因子经 RAS/MAPK 途径的信号转导过程

上述 RAS/MAPK 途径是 EGFR 的主要信号途径之一。此外，许多单次跨膜受体也可以激活这一信号途径，甚至 G 蛋白偶联受体也可以通过一些调节分子作用于这一途径。由于 EGFR 的胞内段存在着多个酪氨酸磷酸化位点，所以除 Grb2 外，还可募集其他含有 SH2 结构域的信号转导分子，激活 PLC-IP$_3$/DAG-PKC 途径、PI-3K 途径等信号途径。

第三节　细胞信号转导的基本规律

每一条信号转导途径都是由多种信号转导分子组成的，不同分子间依次有序地进行相互作用，上游分子引起下游分子的数量、分布或活性状态变化，从而使信号逐级向下游传递。信号转导分子之间的相互作用构成了信号转导的基本机制，并具有一些共同的基本规律和特点。

一、信号的传递和终止涉及许多双向反应

信号的传递和终止实际上就是信号转导分子的数量、分布、活性转换的双向反应。例如，AC 可以催化第二信使 cAMP 的生成而传递信号，磷酸二酯酶则将 cAMP 迅速水解为 AMP 而终止信号传递。又如，以 Ca^{2+} 为细胞内信使时，Ca^{2+} 可以从其贮存部位迅速释放，然后又通过细胞 Ca^{2+} 泵作用迅速恢复初始状态。再如，PLC 催化 PIP$_2$ 分解成 DAG 和 IP$_3$ 而传递信号，DAG 激酶和磷酸酶分别催化 DAG 和 IP$_3$ 转化而重新合成 PIP$_2$。对于蛋白质信号转导分子，则是通过与上、下游分子的迅速结合和解离而传递信号或终止信号传递，或者通过磷酸化作用和去磷酸化作用在活性状态和无活性状态之间转换而传递信号或终止信号传递。

二、细胞信号转导具有级联放大效应

细胞外信号可能是微弱的,但是通过细胞信号转导,会使细胞出现非常显著的应答。这是因为细胞信号转导过程中,每一步上游信号分子都可能激活几倍甚至几十倍的下游信号分子,随着信号转导步骤的积累,信号就会明显放大。G蛋白偶联受体介导的信号转导过程和蛋白激酶偶联受体介导的MAPK途径都是典型的级联反应过程。细胞信号转导的级联放大效应使得细胞能够对细胞外信号做出灵敏的响应。

三、细胞信号转导途径既有通用性又有特异性

细胞内许多信号转导分子和信号转导途径常常被不同的受体共用,而不是每一个受体都有专用的信号分子和转导途径。换言之,细胞的信号转导系统对不同的受体具有通用性。一方面,信号转导途径的通用性使得细胞内有限的信号转导分子可以满足多种受体信号转导的需求。另一方面,不同的细胞具有不同的受体,而同样的受体在不同的细胞可利用不同的信号转导途径,同一信号转导途径在不同细胞中的最终效应蛋白又有所不同。因此,配体-受体-信号转导分子-效应蛋白可以有多种不同组合,而这种特定组合决定细胞对特定的细胞外信号分子能产生特定的应答,体现了细胞信号转导的特异性。

四、细胞信号转导途径具有交互联系和多样性

人们把细胞内的信息转导人为地分割成不同的系统或途径。事实上这些系统的相互联系十分密切,某一信号在细胞内的传递往往并不局限在某一单独的信息传递系统内,还往往涉及其他系统。一定的细胞外信号刺激可能主要是通过特定的信号系统起作用,但所产生的细胞效应往往是细胞内各信息系统相互作用的结果。这种相互调节、相互制约可以解释为何同样的信号刺激在不同的组织和细胞中表现出不同的反应。因此,配体-受体-信号转导分子-效应蛋白并不是以一成不变的固定组合构成信号转导途径,细胞信号转导是复杂的,具有多样性,并且多种途径交互联系。这种交互联系和多样性反映在以下几个方面:①一种细胞外信号分子可通过不同信号转导途径影响不同的细胞;②一种受体或信号转导分子并非只能激活一条信号转导途径;③一条信号转导途径中的功能分子可影响和调节其他途径;④不同信号转导途径可参与调控相同的生物学效应。

第四节 细胞信号转导异常与疾病的关系

细胞信号转导是生物体适应内外环境变化的重要机制,对生物体至关重要。细胞信号转导过程中涉及许多信号分子和转导途径,内外因素引发的任何环节的异常,均可引起信号转导的紊乱,进而导致疾病的发生和发展。深入研究细胞信号转导的机制,对认识生命活动的本质具有重要的指导意义,同时也为阐明一些疾病的发病机理、

寻找疾病诊断和治疗的新靶标提供了可能。

一、细胞信号转导异常可导致疾病的发生

多种体内外因素均可能引起细胞信号转导通路异常，包括细菌毒素、自身抗体应激、基因突变等。细胞信号转导通路异常的原因一般有两个方面，一是受体功能的异常激活或失活，二是细胞内信号转导分子功能的异常激活或失活。细胞信号转导异常使得信号不能正常传递或者信号通路保持持续激活状态，细胞失去正常功能或者获得异常功能，最终可导致疾病的发生发展。

（一）信号转导异常导致细胞正常功能缺失

1. 失去正常的分泌功能　自身免疫性疾病可能产生一些阻断性抗体，抑制相应受体的作用。如部分自身免疫性甲状腺病患者，体内能产生针对促甲状腺激素（thyroid-stimulating hormone，TSH）受体的阻断性抗体，可抑制 TSH 对受体的激活作用，从而抑制甲状腺素的分泌，最终可导致甲状腺功能减退。

2. 失去正常的反应性　慢性长期的儿茶酚胺刺激可以导致 β-肾上腺素能受体（β-AR）表达下降，并使心肌细胞失去对肾上腺素的反应，细胞内 cAMP 水平降低，从而导致心肌收缩功能不足。

3. 失去正常的生理调节能力　胰岛素受体异常是一个最典型的例子，由于细胞胰岛素受体功能异常而不能对胰岛素产生反应，不能正常摄入和贮存葡萄糖，从而导致机体血糖水平升高。抗利尿激素（antidiuretic hormone，ADH）的受体是 G 蛋白偶联受体，ADH 受体位于远端肾小管或集合管上皮细胞膜。该受体激活后，通过 cAMP-PKA 途径使微丝微管磷酸化，促进细胞质内的水通道蛋白向集合管上皮细胞管腔侧膜移动并插入膜内，集合管上皮细胞膜对水的通透性增加，管腔内的水进入细胞，并由于渗透梯度而转移到肾间质，使得小管腔内的尿液浓缩。基因突变可使 ADH 受体合成减少或受体胞外环结构异常，不能传递 ADH 的刺激信号，导致集合管上皮细胞不能有效进行水的重吸收，引起肾性尿崩症的发生。

（二）信号转导异常导致细胞获得异常功能或表型

1. 细胞获得异常的增殖能力　机体通过生长因子调控细胞的增殖能力，使正常细胞的增殖在体内受到严格控制。基因突变可产生异常受体，不依赖外源信号的存在而激活细胞内的信号途径。如当 *ERB-B* 癌基因异常表达时，细胞不依赖 EGF 的存在而持续产生活化信号，从而使细胞获得持续增殖的能力。MAPK 途径是调控细胞增殖的重要信号转导途径，当 *RAS* 基因突变时，RAS 蛋白处于持续激活状态，进而使 MAPK 途径持续激活，可导致多种肿瘤的发生，这是肿瘤细胞持续增殖的重要机制之一。

2. 细胞的分泌功能异常　生长激素（growth hormone，GH）的功能是促进机体生长。GH 的分泌受下丘脑 GH 释放激素和生长抑素的调节。GH 释放激素通过激活 G 蛋白和促进 cAMP 水平升高，进而促进分泌 GH 的细胞增殖和分泌功能增强；生长抑素则通过降低 cAMP 水平来抑制 GH 分泌。当 G 蛋白的 α 亚基基因突变而失去 GTP 酶活性时，G 蛋白处于异常激活的状态，导致垂体细胞分泌功能活跃，引起 GH 的过度分泌，可刺激骨骼过度生长，引发成人的肢端肥大症或儿童的巨人症。

3.细胞膜通透性改变　霍乱毒素的 A 亚基可使 G 蛋白处于持续激活状态,进而持续激活 PKA。PKA 通过将小肠上皮细胞膜上的蛋白质磷酸化而改变细胞膜的通透性,Na^+ 通道和 Cl^- 通道持续开放,造成水与电解质的大量丢失,导致腹泻和水电解质紊乱等症状。

二、细胞信号转导分子是重要的药物作用靶点

对细胞信号转导机制的研究,尤其是对各种疾病过程中的信号转导异常的不断认识,给研发疾病新的诊断和治疗手段提供了更多的机会。各种疾病发生发展过程中的信号转导分子结构与功能的改变为新药的筛选和开发提供了新的靶点,由此产生了信号转导药物这一概念。信号转导分子的激动剂和抑制剂是信号转导药物研究的出发点,尤其各种蛋白激酶的抑制剂被广泛用作母体药物进行抗肿瘤新药的研发。

信号转导药物是否可以用于疾病的治疗,主要取决于两点:一是其所干扰的信号转导途径在体内是否广泛存在,如果该途径广泛存在则其副作用很难控制;二是药物自身的选择性,药物对信号转导分子的选择性越高,所引起的副作用就越小。目前,已经发现的慢性粒细胞白血病的治疗药物,如达沙替尼和伊马替尼,就是蛋白酪氨酸激酶的抑制剂。寻找药物作用的靶点时,选择在正常细胞和异常细胞中表达水平或活性差别大的信号分子,开发特异性激动剂或抑制剂药物,才能更好地在纠正异常细胞信号转导的同时,不影响正常细胞,减小药物的副作用。

思 考 题

1. 试述受体的概念、类型及与配体相互作用的特点。
2. 试比较三种膜受体的结构和功能特点。
3. 简述 G 蛋白偶联受体介导的信号转导途径的基本模式。
4. 简述 cAMP-PKA 信号转导途径。
5. 试述细胞信号转导的基本规律。

本章小结

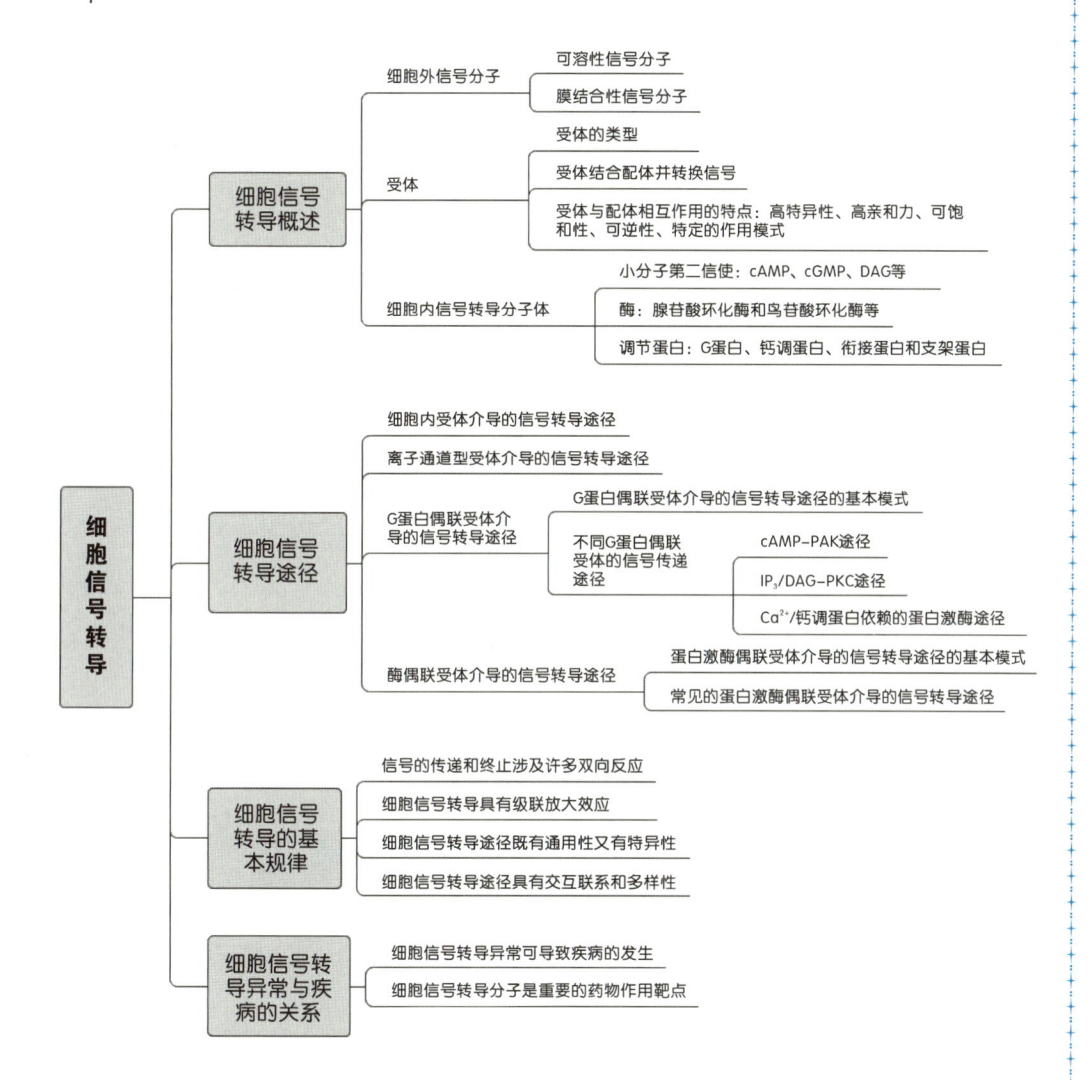

- 细胞信号转导
  - 细胞信号转导概述
    - 细胞外信号分子
      - 可溶性信号分子
      - 膜结合性信号分子
    - 受体
      - 受体的类型
      - 受体结合配体并转换信号
      - 受体与配体相互作用的特点：高特异性、高亲和力、可饱和性、可逆性、特定的作用模式
    - 细胞内信号转导分子体
      - 小分子第二信使：cAMP、cGMP、DAG等
      - 酶：腺苷酸环化酶和鸟苷酸环化酶等
      - 调节蛋白：G蛋白、钙调蛋白、衔接蛋白和支架蛋白
  - 细胞信号转导途径
    - 细胞内受体介导的信号转导途径
    - 离子通道型受体介导的信号转导途径
    - G蛋白偶联受体介导的信号转导途径
      - G蛋白偶联受体介导的信号转导途径的基本模式
      - 不同G蛋白偶联受体的信号传递途径
        - cAMP-PAK途径
        - IP_3/DAG-PKC途径
        - Ca^{2+}/钙调蛋白依赖的蛋白激酶途径
    - 酶偶联受体介导的信号转导途径
      - 蛋白激酶偶联受体介导的信号转导途径的基本模式
      - 常见的蛋白激酶偶联受体介导的信号转导途径
  - 细胞信号转导的基本规律
    - 信号的传递和终止涉及许多双向反应
    - 细胞信号转导具有级联放大效应
    - 细胞信号转导途径既有通用性又有特异性
    - 细胞信号转导途径具有交互联系和多样性
  - 细胞信号转导异常与疾病的关系
    - 细胞信号转导异常可导致疾病的发生
    - 细胞信号转导分子是重要的药物作用靶点

第十二章　药物在体内的转运和生物转化

学习目标

知识目标
1. 掌握：药物生物转化的概念、特点、发生部位、酶系及反应类型。
2. 熟悉：影响药物代谢的因素。
3. 了解：药物在体内的转运过程；药物生物转化的意义。

能力目标
1. 学会运用相关知识分析药物体内生物转化的结果。
2. 运用药物代谢相关知识来指导合理用药。

第一节　药物在体内的转运

一、药物的体内过程

药物在体内的吸收、分布、代谢及排泄过程的动态变化，称为药物的体内过程。吸收是药物从用药部位进入体循环的过程，除了血管内给药，药物经其他途径应用后，都要经过吸收过程。吸收包括消化道吸收和非消化道吸收，前者包括口腔黏膜吸收和口服药物的胃肠道吸收。其中，口腔黏膜吸收可避免胃肠道消化酶、pH 以及首关效应（first pass effect）对药物的影响，但由于药物停留时间短，吸收量有限；胃肠道吸收的主要部位是小肠。非消化道吸收即胃肠道外的给药途径，包括各种注射给药（静脉、肌内、皮下）、肺吸入和皮肤黏膜给药等。除了静脉给药时药物直接注入血液循环外，其他给药途径都有吸收过程。

吸收后的药物经过血液再向体内各组织器官分布，在作用部位（靶细胞）发挥药理作用，或者其中一部分被代谢转化，最终经肾从尿中或经胆从粪便中排泄。药物在体内吸收、分布及排泄过程称为药物转运（transportation）；药物在体内的代谢变化过程称为生物转化（bio-transformation）。药物的代谢和排泄合称为消除（elimination）。药物的体内过程见图 12-1。

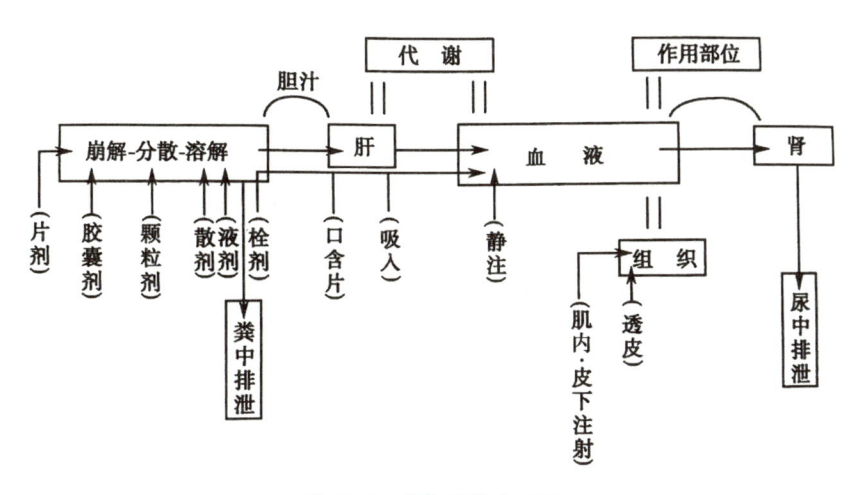

图 12-1　药物的体内过程

二、药物转运体

药物的体内转运过程,包括吸收、分布、代谢和排泄过程,都涉及药物对生物膜的通透。关于生物膜(包括细胞膜和细胞的内膜系统)对药物的通透性,以往主要从药物的理化性质,如亲脂亲水属性方面研究较多。近年来发现,许多组织的生物膜上存在特殊的转运蛋白系统,其中能够介导药物跨膜转运的蛋白质称为药物转运体(transporters)。药物转运体按其转运的方向不同分为两类,一类为摄入型转运体,可转运底物进入细胞,增加细胞内的药物浓度;另一类为外排型转运体,需要依赖 ATP 分解释放能量,可把药物逆向泵出细胞,能够降低药物在细胞内的浓度(图 12-2)。

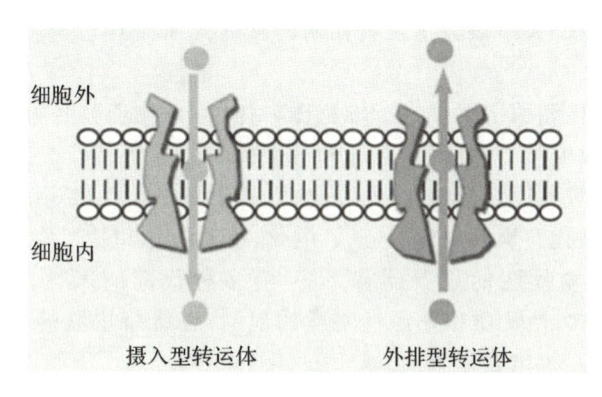

图 12-2　药物转运体的类型

三、影响药物转运的主要人体屏障

血脑屏障(blood brain barrier,BBB)是存在于血液和脑组织之间的屏障结构,主要由脑毛细血管内皮细胞、基膜和神经胶质膜构成,主要生理功能是维持脑内环境相对稳定,防止有害物质侵害脑神经。胎盘屏障(placental barrier)是胎盘绒毛组织与子宫血窦间的屏障,胎盘由绒毛膜、绒毛间隙和基蜕膜构成,主要生理功能是吸收母血中的氧和营养成分,并排泄代谢产物,同时保护胎儿避免与母体免疫细胞和有害物质接触。药物对血脑屏障和胎盘屏障的透过性极其重要,作用于其他部位的药物其透过性越小越好,这样可以避免给脑组织以及胎儿带来毒性。但是对于需要在脑内起作用的药物，如果不能透过血脑屏障，那么只能考虑脑室内注射，为药物的使用带来不便且增加感染风险。

第二节 药物的生物转化

一、药物生物转化的概念

药物的生物转化指在多种药物代谢酶（尤其是肝药酶）的作用下，体内正常不应有的外来有机物包括药物和毒物在体内进行的代谢转化，又称药物的代谢转化或药物代谢。多数药物经转化作用后成为药理活性或毒性较小、水溶性较大而易于排泄的物质。有些药物经过初步代谢转化，其药理活性或毒性不变或比原来更大。也有少数药物经过代谢转化后溶解度反而降低。

药物在体内的代谢转化有其特殊方式和酶系。由大肠吸收进人体的药物、肠道细菌腐败产物、代谢过程中产生的毒物、体内过剩的活性物质如激素以及少数正常代谢产物如胆红素等，在体内的代谢方式和外来有机物相似。还有一些药物不经代谢转化而以原型药直接排出。

二、药物生物转化的主要器官

药物代谢酶主要存在于肝脏，绝大多数药物和外源性化合物是经过肝脏代谢的。肾、肺和皮肤等脏器也有药物代谢酶的表达，部分药物可在这些脏器中进一步代谢转化，同时这些脏器也是大多数药物及其代谢产物的排泄器官，尤其肾脏是最主要的排泄器官。

肝脏中的药物代谢酶主要存在于细胞微粒体中，催化药物各种类型的氧化、偶氮或硝基的还原、酯或酰胺的水解、甲基化和葡糖醛酸结合等；其次存在于细胞质中，催化醇的氧化和醛的氧化以及硫酸化、乙酰化、甲基化和谷胱甘肽等结合反应；还有少数存在于线粒体中，催化胺类的氧化脱氢、乙酰化、硫氰酸化和甘氨酸结合等反应。

皮肤是肝外药物代谢的主要器官之一，有多种代谢酶表达。皮肤中细胞色素P450酶参与多种内源性物质和外源性物质的代谢，在维持皮肤的正常生理功能和保护内环境稳定方面发挥重要作用。

肠道菌群是人体重要的"微生态器官"，作为与宿主共生的有生系统，参与宿主多项生理过程。肠道菌群含有特别的药物代谢酶，对于经肠道吸收和重吸收的药物影响很大。多种外界因素可影响肠道菌群的稳态平衡，如应激、抗生素滥用等，常可导致肠道菌群紊乱，加重对药物代谢转化的影响。

三、药物生物转化的特点

1.生物转化的连续性 药物的生物转化可分为两相反应，第一相反应包括氧化、还原和水解；第二相反应又称结合反应。有些药物经过第一相反应，分子中的一些非极性基团转变为极性基团，其极性和水溶性增加，即可排出体外。但也有一些药物，经过第一相反应后极性和水溶性变化不明显，还需要进行第二相反应，进一步与极性更强的物质如葡糖醛酸、硫酸结合，使其溶解度进一步增大，最终排出体外。有时一种药物需要连续进行几种类型的转化反应后才能顺利排出体外,如阿司匹林在体内通常先水解生成水杨酸,然后与葡糖醛酸结合才能排出体外。

2. 反应类型的多样性　由于药物的化学结构中常含有一种以上可进行代谢转化的基团,所以同一种药物在体内可以进行不同类型的转化反应,产生不同的转化产物。例如,阿司匹林在体内水解生成水杨酸后,既可以与甘氨酸结合转化成水杨酰甘氨酸,也可与葡糖醛酸结合生成 β-葡糖醛酸苷,还可氧化生成羟基水杨酸,再进行结合反应。

3. 解毒与致毒的双重性　药物在机体内经代谢转化作用后,其药理活性或毒性多是降低。通常,结合反应产物的药理活性或毒性都会降低,而非结合反应产物的活性或毒性多数降低,也有一些非结合反应产物的活性或毒性改变不大或反而增高,但可以进一步进行结合反应,使其活性或毒性降低并排出体外。有些药物(如水合氯醛、非那西汀、百浪多息、环磷酰胺和大黄酚)经生物转化后才具有药理活性。也有部分物质经生物转化后反而具有毒性或毒性增强。如香烟中所含的 3,4-苯并芘无致癌作用,但经过生物转化后生成的 7,8-二氢二醇-9,10-环氧化物则有很强的致癌作用。因此,不能将体内(主要是肝)的生物转化作用简单地称为"解毒作用",而是具有解毒和致毒双重性的特点。

四、药物生物转化的类型和酶系

小分子药物或极性强的药物进入机体后,在生理 pH 条件下可完全呈电离状态,由肾直接排出。但大多数药物为脂溶性药物,极性较低,在生理 pH 条件下不电离或仅部分电离,并且常与血浆蛋白结合,不易由肾小球滤出。因此,脂溶性药物在体内通常要经过生物转化作用,使其极性或水溶性增强才能排出体外。

药物的生物转化反应可分为氧化反应、还原反应、水解反应和结合反应四种类型。其中,氧化反应、还原反应和水解反应是药物分子本身发生的初步化学反应,不需要与特殊的结合物结合才能改变药物的极性,称为第一相反应。结合反应需要与特殊的结合物结合,称为第二相反应。结合反应的结合剂有多种,如葡糖醛酸、硫酸盐、乙酰化剂、甲基化剂、氨基酸和谷胱甘肽等。由于药物的化学结构中往往有许多可代谢基团,所以一种药物可能有许多种生物转化方式和代谢产物。

催化药物在体内进行生物转化的酶系称为药物代谢酶。肝内参与生物转化的主要酶类见表 12-1。

表 12-1　参与生物转化的酶类

酶类	辅酶或结合物	细胞内定位
第一相反应		
氧化酶类		
单加氧酶系	NADPH+H$^+$、O$_2$、细胞色素 P450	微粒体
胺氧化酶类	黄素辅酶	线粒体
脱氢酶类	NAD$^+$	细胞质或线粒体
还原酶类		
硝基还原酶	NADH+H$^+$ 或 NADPH+H$^+$	微粒体
偶氮还原酶	NADH+H$^+$ 或 NADPH+H$^+$	微粒体
水解酶类		细胞质或微粒体

续表

酶类	辅酶或结合物	细胞内定位
第二相反应		
葡糖醛酸转移酶	尿苷二磷酸葡糖醛酸(UDPGA)	微粒体
硫酸基转移酶	3′-磷酸腺苷-5′-磷酰硫酸(PAPS)	细胞质
乙酰基转移酶	乙酰辅酶A	细胞质
酰基转移酶	甘氨酸	线粒体
甲基转移酶	S-腺苷甲硫氨酸(SAM)	细胞质与微粒体
谷胱甘肽-S-转移酶	谷胱甘肽(GSH)	细胞质与微粒体

(一)药物生物转化第一相反应

1. 氧化反应 氧化反应是最常见的生物转化第一相反应。催化氧化反应的药物代谢酶主要有微粒体氧化酶系、单胺氧化酶系、醇脱氢酶与醛脱氢酶。

(1)微粒体氧化酶系:催化药物氧化反应最为重要的酶是定位于肝细胞微粒体(光滑型内质网)的依赖细胞色素 P450 的单加氧酶系(CYP)。由于它催化的反应是在底物分子上加一个氧原子,所以也称为单加氧酶系或羟化酶系。它所催化的氧化反应与正常代谢物在细胞线粒体进行的生物氧化不同,需要还原剂 NADPH+H$^+$ 和分子氧参与,反应中的一个氧原子被还原为水,另一个氧原子加入底物分子中使底物氧化,所以又称为混合功能氧化酶系。该酶是目前已知底物最为广泛的生物转化酶类,也是肝内药物代谢最重要的酶类,因此也称肝药酶。

$$RH + O_2 + NADPH + H^+ \longrightarrow ROH + NADP^+ + H_2O$$

细胞色素 P450 在生物体内广泛分布,因还原型细胞色素 P450 与一氧化碳结合后在波长 450 nm 处出现最大吸收峰而得名。微粒体氧化酶系还含有另一种成分,称 NADPH-细胞色素 P450 还原酶,它属于黄素酶类,其辅基为 FAD,催化 NADPH 和 P450 之间电子传递。

微粒体药物氧化酶系所催化的氧化反应类型包括羟化、脱烃基、脱氨基、S-氧化、N-氧化、N-羟化以及脱硫代氧。这些氧化反应不仅是许多药物代谢过程中不可缺少的步骤,而且可增加多数药物或毒物的极性,使其水溶性增加,有利于排泄。如类固醇激素及胆汁酸合成中的羟化作用、维生素 D$_3$ 羟化为其活性形式等均需要羟化反应,而有些本来无活性的物质经氧化后却生成有毒或致癌物质,需要进一步生物转化。例如,发霉的谷物、花生等常含有的黄曲霉素 B$_1$ 经单加氧酶系作用,生成黄曲霉素 2,3-环氧化物,成为诱发原发性肝癌的重要危险因素。

(2)单胺氧化酶系:单胺氧化酶属于黄素酶类,存在于肝细胞线粒体中,可将胺类物质氧化脱氨基生成醛和氨。肠道腐败产物(如组胺、尸胺、酪胺、精胺、腐胺等)以及一些肾上腺素能药物(如5-羟色胺、儿茶酚胺类等)均可在此酶作用下氧化生成相应的醛和氨,其反应通式如下:

$$RCH_2NH_2 + O_2 + H_2O \longrightarrow RCHO + NH_3 + H_2O_2$$

(3)醇脱氢酶与醛脱氢酶:这类酶在细胞质和线粒体中产生作用。如乙醇由肝细胞中乙醇脱氢酶氧化生成乙醛,再经氧化生成乙酸而进入三羧酸循环。甲醇在体内亦通过该酶氧化,生成高毒性甲醛及甲酸,后者可引发代谢性酸中毒。乙醇与酶的亲和力大于甲醇,故在甲醇中毒时,可用乙醇竞争脱氢酶,而减少对肝细胞的损害及酸中毒。

$$RCH_2OH \xrightarrow[NAD^+ \quad NADH+H^+]{\text{醇脱氢酶}} RCHO \xrightarrow[H_2O+NAD^+ \quad NADH+H^+]{\text{醛脱氢酶}} RCOOH$$

2.还原反应 硝基还原酶和偶氮还原酶是催化生物转化还原反应的主要酶类,除此之外,醛酮还原酶也能催化相应的还原反应。

(1)硝基和偶氮化合物还原酶:肝细胞微粒体中存在硝基还原酶和偶氮还原酶,辅酶为 NADH 或 NADPH,可分别催化硝基苯和偶氮苯还原为苯胺。例如含硝基的氯霉素,可在硝基还原酶催化下转化成胺类物质而失去药理活性,而含偶氮基的抗菌药百浪多息本身是无活性的药物前体,在偶氮还原酶催化下生成具有抗菌活性的对氨基苯磺酰胺。

(2)醛酮还原酶:该酶系存在于肝细胞细胞质中,辅酶为 NADH 或 NADPH,可催化醛基或酮基还原为醇。例如催眠药三氯乙醛在该酶催化下还原为三氯乙醇而失去催眠作用。

3.水解反应 酯酶、酰胺酶和糖苷酶是催化水解反应的主要酶类,它们存在于肝细胞微粒体或细胞质中,分别催化酯类、酰胺类和糖苷类化合物水解生成相应的羧酸,如普鲁卡因、双香豆素乙酸乙酯、琥珀酰胆碱、有机磷农药等水解。经过水解反应,许多药物的药理活性降低或失效,例如普鲁卡因在肝细胞酯酶的催化下迅速水解,故注入机体后很快失效,而普鲁卡因胺在肝细胞酰胺酶的催化下发生水解,由于水解速度较慢,注入机体后可维持较长的作用时间。

(二)药物生物转化第二相反应

药物生物转化的第二相反应是结合反应。所谓结合反应是指药物或其初步代谢物(第一相反应产物)与内源性结合剂发生结合的反应,它是由相应的基团转移酶所催化的。凡是含有或经第一相反应可生成含有羟基、羧基或氨基的药物,在肝细胞内可与相应的结合剂发生结合反应。药物或毒物经过生物转化第一相反应后,其产物也常常需要通过结合反应进一步转化,使药物毒性或活性降低,而其极性和水溶性进一步增大,容易随尿液或胆汁排泄。如乙酰水杨酸的水解产物为水杨酸,该产物还需进一步与葡糖醛酸结合才能顺利排出体外。

1.葡糖醛酸结合反应 葡糖醛酸结合反应是最普遍和最重要的结合反应,由葡糖醛酸转移酶催化,该酶主要存在于肝细胞微粒体,专一性低。此反应的结合基团葡糖醛酸(GA)是由其活化形式尿苷二磷酸葡糖醛酸(UDPGA)提供的。

许多药物如吗啡、可待因、大黄蒽醌衍生物、类固醇激素(甾族化合物)及甲状腺素等在体内可与葡糖醛酸结合。它们主要是通过分子结构中的醇或酚羟基、羧基的氧、胺类的氮以及含硫化合物的硫与葡糖醛酸的第一位碳结合成葡糖醛酸苷。一般来说,酚羟基比醇羟基易与葡糖醛酸结合。葡糖醛酸结合物都是水溶性的,因分子中引进了极性糖分子,而且在生理 pH 条件下,羧基可以解离,所以葡糖醛酸结合几乎都是活性降低,水溶性增加,易从尿和胆汁排出。临床上用肝泰乐(葡醛内酯)治疗肝病,其治疗原理就是通过提高肝脏的生物转化能力起保护肝脏和解毒的作用。

2.硫酸结合反应 此反应主要是硫酸与羟基(酚、醇)或芳香族胺类的氨基结合,需要硫酸基转移酶催化。该酶存在于肝细胞细胞质中,反应所需的结合基团硫酸是由其活化形式 3′-磷酸腺苷-5′-磷酰硫酸(PAPS)提供的。参与硫酸结合反应的物质包括正常代谢物或活性物(甲状腺素、5-羟色胺、酪氨酸、肾上腺素、类固醇激素等),外来药物(如氯霉素、水杨酸等)以及吸收的肠道腐败产物(如酚和吲哚酚)。例如,雌激素(雌酮)的酚羟基与硫酸结合后生成雌酮硫酸酯而失活,其溶解性增强而易于排出体外。

硫酸结合反应与葡糖醛酸结合反应有竞争性作用,如乙酰氨基酚的羟基和氨基都可与之结合,但由于体内硫酸来源有限,易发生饱和,所以与葡糖醛酸结合占优势。硫酸结合反应的饱和可被胱氨酸或甲硫氨酸消除。

3. 乙酰化结合反应　许多含伯胺基或磺酰胺基的药物或生理活性物如异烟肼、苯胺、组胺和磺胺类药物等,可以在体内进行乙酰化结合,生成乙酰化衍生物。催化此反应的酶是乙酰基转移酶,主要存在于肝细胞细胞质中,反应所需的结合基团乙酰基是由其活性供体乙酰辅酶A提供的。大部分磺胺类药物在肝内通过乙酰化结合反应灭活,通常情况下,磺胺乙酰化即失去抗菌活性。但应注意,磺胺类药物的乙酰化产物的水溶性反而降低,在酸性尿中容易析出而引起尿道结石。故服用磺胺类药物时应碱化尿液(如服用适量的碳酸氢钠)并大量饮水,以提高其溶解度有利于随尿排出。

4. 甲基化结合反应　许多酚、胺类药物或生理活性物质如肾上腺素、去甲肾上腺素、5-羟色胺、多巴胺、组胺、烟酰胺、苯乙胺、儿茶酚胺等,能在体内进行 N-甲基化或 O-甲基化。此反应所需结合基团甲基是由其活性供体 S-腺苷甲硫氨酸(SAM)提供的,在甲基转移酶的催化下将甲基转移给受体(如药物)的羟基或氨基上,生成相应的甲基化衍生物。甲基转移酶存在于许多组织细胞(尤其是肝和肾)的细胞质和微粒体中。

甲基化反应对儿茶酚胺类活性物的生成(活性增加)和灭活(活性降低)起着重要作用。如去甲肾上腺素 N-甲基化生成肾上腺素,肾上腺素 O-甲基化灭活。一般来说,甲基化产物极性和水溶性反而降低。

5. 甘氨酸结合反应　含羧基的药物、毒物首先在酰基辅酶A连接酶的催化下活化为酰基辅酶A,然后在肝细胞线粒体中酰基辅酶A-氨基酸-N-酰基转移酶的催化下与甘氨酸结合生成相应的结合产物,如苯甲酸与甘氨酸结合生成马尿酸。

6. 谷胱甘肽结合反应　肝细胞的细胞质和微粒体中存在谷胱甘肽-S-转移酶(GST),可催化谷胱甘肽(GSH)与某些致癌物、抗癌药物及毒物结合生成硫醚氨酸类化合物。如环氧化物可与细胞内生物大分子如DNA、RNA及蛋白质发生共价结合而导致细胞损伤,通过与GSH结合降低其细胞毒性,增加其水溶性,有利于排出体外。

第三节　影响药物代谢的因素

药物的生物转化主要依赖体内各种药物代谢酶的催化,药物代谢酶的活性受药物相互作用以及年龄、性别、营养、疾病、遗传等诸多因素的影响。

一、药物相互作用

两种或多种药物同时应用,可出现药物与药物的相互作用(drug-drug interaction,DDI),有时可使药效加强,这对患者是有利的;但有时也可以使药效减弱或不良反应加重。药物的相互作用影响药物生物转化主要表现在药物诱导和药物抑制。

1. 药物诱导　已知有许多种化合物可促进有关药物代谢酶的生物合成，从而促进药物代谢，称为药物代谢酶诱导剂。药物代谢酶诱导剂多数是脂溶性化合物，并且具有专一性，如镇静催眠药（巴比妥、甲丙氨酯）、麻醉药（乙醚、N_2O）、抗风湿药（氨基比林、保泰松）、中枢兴奋药（尼可刺米、贝米格）、降血糖药（甲苯磺丁脲）、甾体激素（睾酮、糖皮质激素）、维生素C、肌松药、抗组胺药以及食品添加剂、杀虫剂、致癌剂（3-甲基胆蒽）等。其中以巴比妥和3-甲基胆蒽两种比较典型。

诱导作用是由药物代谢酶生物合成增加所致。实验证明，苯巴比妥类药物可诱导肝细胞微粒体药物代谢酶（包括细胞色素P450、NADPH-细胞色素P450还原酶）、葡糖醛酸转移酶的合成而加速药物代谢，而这种诱导作用可以被蛋白质生物合成抑制剂如放线菌素D等所抑制。已知的药物代谢酶诱导剂有200余种，其不仅可促进其他药物生物转化的速率，也可促进其自身的生物转化。因此，当反复使用某种药物时，机体对该药物的反应性减弱，药效降低；为达到与原来相等的反应和药效，就必须逐步增加用药剂量，这种通过叠加和递增剂量以维持药效作用的现象，称药物耐受性。

一般来说，药物经过生物转化，药理活性或毒性降低。因此，药物代谢酶诱导剂通过增强药物的生物转化作用，在多数情况下可以促进药物的活性或毒性降低，极性或水溶性增强，有利于药物排出体外。动物实验证明：预先给予苯巴比妥，由于药物代谢酶被诱导生成，增强了有机磷化合物的生物转化，可降低有机磷农药的毒性。临床上用苯巴比妥防治胆红素血症，其原理是苯巴比妥可诱导葡糖醛酸转移酶的生成，促进胆红素和葡糖醛酸的结合而易排出体外。但是，有些药物经过生物转化，药理活性或毒性反而增加，在这种情况下，药物代谢酶诱导剂将会促使药物的活性或毒性增加。例如预先给予苯巴比妥，由于药物代谢酶被诱导合成，可促使非那西汀羟化为毒性更大的对氨基酚，后者可使血红蛋白转变为高铁血红蛋白。苯巴比妥导致非那西汀副反应的增加就是这个原因，临床用药配伍应特别注意。

2. 药物抑制　另有许多化合物可以抑制某些药物的生物转化，称为药物代谢酶抑制剂。有的抑制剂本身就是药物，可以抑制其他药物的代谢。如氯霉素或异烟肼能抑制肝细胞药物代谢酶，可使同时合用的巴比妥类、苯妥英钠、甲苯磺丁脲以及双香豆素类药物的生物转化速率降低，使其药理作用和毒性增加。单胺氧化酶抑制剂可延缓酪胺、苯丙胺、左旋多巴及拟交感胺类的生物转化，使升压作用和毒性反应增加。别嘌醇能抑制黄嘌呤氧化酶，使6-巯基嘌呤及硫嘌呤的生物转化速率减慢，毒性增加。

有的抑制剂本身无药理作用，而是通过抑制其他药物的代谢而发挥其作用，因此，药物代谢酶抑制剂有重要的药理意义。它可以加强药物的药理作用，即药物代谢酶抑制剂和所作用的药物有协同作用。药物代谢酶抑制剂有竞争性抑制剂和非竞争性抑制剂。

由于多种药物的生物转化反应常由同一酶系催化，在同时服用这些药物时，这些药物能对该酶系产生竞争性抑制，从而使这些药物的转化速率都降低，引起药物的系统作用。如保泰松可抑制体内双香豆素类药物的生物转化，两者同时服用时，由于保泰松的竞争性抑制，双香豆素类药物的代谢减慢，其抗凝作用增强，容易发生出血现象。又如没食子酚对肾上腺素-O-转甲基酶具有抑制作用。肾上腺素的灭活主要是由O-甲基转移酶的催化使3位羟基甲基化为甲氧基，而没食子酚可与此酶竞争结合，导致O-甲基转移酶被抑制，肾上腺素的灭活受到影响，因此没食子酚可延长儿茶酚胺类活性物的作用。酯类和酰胺类化合物对普鲁卡因水解酶也有竞争性抑制作用。因此，同时服用多种药物时应加以注意。

非竞争性抑制剂如SKF-525A(普罗地芬)及其类似物,这些化合物本身并无药理作用,专一性也较低,可抑制微粒体药物代谢酶系如药物氧化酶、硝基还原酶、偶氮还原酶、葡糖醛酸转移酶等的活性。但对水解普鲁卡因的酯酶则属于竞争性抑制,因为SKF-525A本身也有酯键。由于SKF-525A对许多药物代谢酶有抑制作用,所以可以延长许多药物的作用时间,例如增加环己巴比妥催眠时间许多倍,但对正常代谢并无抑制作用。

二、其他因素

1. 年龄因素　新生儿肝发育尚不完善,生物转化酶系发育不全,对药物及毒物的转化能力较弱,容易发生药物及毒素中毒。例如,新生儿易发生氯霉素中毒导致"灰婴综合征"。老年人因器官退化,肝血流量和肾的清除速率下降,导致老年人血浆药物的清除率降低,药物在体内的半衰期延长,常规剂量用药时可发生药物蓄积,药效强且副作用大。因此,临床用药时,新生儿和老年人的剂量应较成年人低,有些药物要求儿童和老年人慎用或禁用。

2. 性别因素　不同性别对药物的生物转化能力不尽相同,有不同的耐受性。一般来说,雌性对药物敏感性高,而雄性相对较低,可能与雄性激素是药物代谢酶诱导剂有关,以致雄性体内药物代谢酶活性比雌性高。例如幼鼠注射睾酮后可使药物转化能力增强;去势雄鼠药物转化能力降低,再注射睾酮,药物转化可以恢复正常。但也有例外,人类女性对氨基比林的生物转化能力强于男性,有较大的耐受性;女性体内醇脱氢酶活性高于男性,女性对乙醇的代谢处理能力强于男性。

3. 营养状况　营养情况对药物生物转化也有影响,饥饿时通常可使肝微粒体药物代谢酶活性降低。如饥饿7天左右,会导致肝谷胱甘肽-S-转移酶活性降低,使谷胱甘肽结合反应水平降低。此外,低蛋白膳食及维生素C、A、E的缺乏均可使肝微粒体药物氧化酶活性降低。维生素B_2缺乏时会引起药物还原酶活性降低,缺乏钙、铜、锌和锰则会引起细胞色素P450含量降低。

4. 严重肝病　药物主要在肝代谢,当肝功能受损时直接影响肝药物代谢酶的合成,肝对药物的生物转化能力通常会降低,可使药物作用延长或增强,甚至导致药物中毒,故对肝病患者用药应特别慎重。

5. 给药途径　口服或腹腔注射时,药物首先到达肝,然后进入体循环。由于药物在肝被迅速代谢,所以通过体循环到达靶细胞的未代谢药物会减少,导致药效降低。例如口服异丙肾上腺素时,其3,4-羟基可在肝和肠黏膜进行甲基化和硫酸盐结合而被灭活,因此异丙肾上腺素口服几乎无效。而静脉注射时,药物直接进入体循环,血药浓度较高,药效较强。

6. 种属差异　不同种属动物对药物代谢的方式和速度也不相同。例如鱼类不能对药物进行氧化和葡糖醛酸结合反应。两栖类也不能对药物进行氧化,但可以进行葡糖醛酸或硫酸结合反应。猫不能进行葡糖醛酸结合,但硫酸盐结合反应很强,而犬则相反。2-乙酰氨基芴-N-羟化物可致癌,豚鼠体内不能进行N-羟化,故不致癌,而鼠、犬、兔则有N-羟化,故能致癌。因此,动物药理实验应用于人要慎重。

7. 遗传因素　遗传变异可引起个体之间药物代谢酶类的差异,许多肝药酶存在酶活性异常的多态性,如葡糖醛酸转移酶和醛脱氢酶等。通过遗传变异产生的低活性肝药酶会导致药物蓄积,而变异产生的高活性肝药酶则会导致药效降低或药物代谢毒性产物增多。

第四节 药物生物转化的意义

一、药物生物转化的生理意义

1.清除外来异物 进入体内的外来异物(如药物、农药、色素、防腐剂、添加剂等)主要由肾排出体外,也有少数由胆汁排出。肾小管和胆管上皮细胞是一种脂性膜,脂溶性物质易通过膜而被再吸收,排泄较慢。为了使药物易于排出,必须将脂溶性药物通过生物转化变为易溶于水的物质,使其不易通过肾小管和胆管上皮细胞膜,不易被再吸收,而易于排泄。可见,药物代谢酶是机体对外环境的一种防护机制,专为清除体内不需要的脂溶性外来异物。但也有少数药物经过生物转化水溶性反而降低,如磺胺类药物的乙酰化和含酚羟基药物的 O-甲基化。

2.改变药物活性或毒性 大多数药物在体内经生物转化,其活性或毒性降低。一般来说,结合代谢产物活性或毒性都降低,而非结合代谢产物多数活性或毒性降低,也有不大改变或反而增高的,但均可以进一步结合代谢解毒并排出体外。

经体内代谢转化后,活性或毒性增高的药物,有水合氯醛、非那西汀、百浪多息、有机磷农药和大黄酚等。这些化合物在体内经过第一相生物转化(氧化或还原)而活化,然后再经结合(葡糖醛酸或乙酰化结合)或水解而解毒。毒性或活性不大改变的药物,如可待因经 O-脱甲基氧化为吗啡,可待因和吗啡都有药理活性,只是程度不同。

3.灭活体内活性物质 体内生理活性物质如激素等在体内不断生成,发挥作用后也不断灭活,构成动态平衡,以维持正常生理功能。而这些生理活性物质的灭活,其代谢方式和酶系有许多是和药物生物转化相同的。例如肾上腺素是通过 O-甲基化和单胺氧化酶而灭活的,又如类固醇、甲状腺素等在体内可与葡糖醛酸结合而灭活。

二、研究药物生物转化的意义

1.阐明药物不良反应的原因 大多数药物需在肝脏内进行生物转化而使其药理活性减弱或消失(药物失活)。当肝功能受损时,肝的生物转化能力下降,药物的代谢速率降低,容易造成药物蓄积,引起 A 型药物不良反应(如呕吐、腹泻、粒细胞和血小板减少、运动失调、眼球震颤和昏睡)。体内细胞色素 P450 酶系(微粒体药物氧化酶系)在某些情况下具有基因多态性,导致对某些药物的生物转化反应快慢不一。药物生物转化慢者容易发生一些与浓度相关的药物不良反应,而药物生物转化快者则对药物之间的相互作用易感,其中产生抑制的药物相互作用可能会由于药物在血浆中浓度的增加而导致毒性。如酮康唑、红霉素等药物系已知的细胞色素 P450 酶抑制剂,在体内可抑制西沙必利的生物转化作用,使其血药浓度升高而引起不良反应。

2.对研发新药具有指导意义 药物生物转化对研发新药具有很好的指导作用,主要体现在以下几个方面。

(1)使药物活性由低效转化为高效:有些药物本身药理活性很低,但进入机体后,在体内经过生物转化第一相反应(氧化或还原),化学结构发生改变,转变为药理活性高的化合物,由此为新药设计提供了思路。例如低抗菌活性的百浪多息,在体内经过生物转化可生成高抗菌活性的磺胺，这一发现指导了后来磺胺类药物的合成。

(2) 使药物活性由短效转化为长效：有些药物在体内容易发生生物转化而灭活，作用时间短，可通过改变其体内容易被转化灭活的基团，使其在体内不易被灭活，从而延长其在体内的作用时间。如甲苯磺丁脲的甲基在体内容易转化为羟甲基和羧基而灭活，如把甲基改构为氯而成为氯磺丙脲，则在体内不易被转化，药理活性大为提高，作用时间延长。普鲁卡因易被酯酶水解破坏，作用时间短，如改为普鲁卡因胺，则不易水解，药理作用时间延长，这是因为体内酰胺酶的活性比酯酶小。

(3) 指导药物或药物前体的合成：有些药物毒性较强，可通过化学合成改变其结构，使其药理活性或毒性降低，当其进入体内到达靶器官后，再经生物转化作用生成活性强的化合物而发挥其作用。例如，通过化学合成使化学活性强的氮芥与环磷酰胺结合后，毒性降低（比氮芥低数十倍），在体外无药理活性。但进入机体后，在靶细胞经酶的催化，使 NH— 转化为 NOH—，可与癌细胞 DNA-鸟嘌呤 N_7 交联而发挥其抗癌作用。有些生理活性物在体内易代谢破坏，可以人工合成前体物，在未生物转化之前不易排出，但在体内可以生物转化成活性物，使其作用时间延长。例如睾酮 C_{17} 上的羟基被酯化为丙酸睾酮，可在体内缓慢水解成原来激素而发挥作用。

3. 解释某些发病机制　许多化学致癌物本身并无致癌作用，但通过在体内的生物转化（如羟化）成为有致癌活性的物质。例如 3,4-苯并芘、3-甲基胆蒽、2-乙酰氨基芴、β-萘胺等。长期接触芳香胺的职业工人易患膀胱癌，可能是由于 β-萘胺在体内进行芳香环羟化，然后与葡糖醛酸结合而由尿排出。在膀胱，由于尿中 β-葡萄糖苷酸酶在尿酸性 pH 条件下的水解作用，释放游离羟化萘胺，进入膀胱黏膜而诱发癌变，但也有人认为 β-萘胺的致癌作用主要是由于 N-羟化（$NH_2 \rightarrow NHOH$）而致癌。还有些致癌物，在体内可以结合生物转化，然后由胆汁排出，在肠下段水解，再释放游离致癌物，作用于肠黏膜而引起癌变。

4. 为合理用药提供依据　肝是药物代谢的主要器官，药物口服时，首先到达肝，然后进入体循环，因此，凡是容易在肝生物转化而被灭活的药物，口服效果较差，以注射给药为好。另外，某些药物可作为另一些药物的代谢酶诱导剂，所以临床用药要充分考虑两种以上药物同时使用时，可能引起的药效降低或毒副作用增加等问题。此外，某些药物可诱导其本身生物转化的酶系生成，因此这些药物经常服用，容易产生耐受。

思考题

1. 试述药物生物转化作用的概念、特点和反应类型。
2. 试述药物生物转化第二相反应的酶类、细胞内定位及结合物。
3. 试述药物相互作用对药物代谢的影响。
4. 影响药物生物转化的因素有哪些？
5. 药物生物转化有何意义？

本章小结

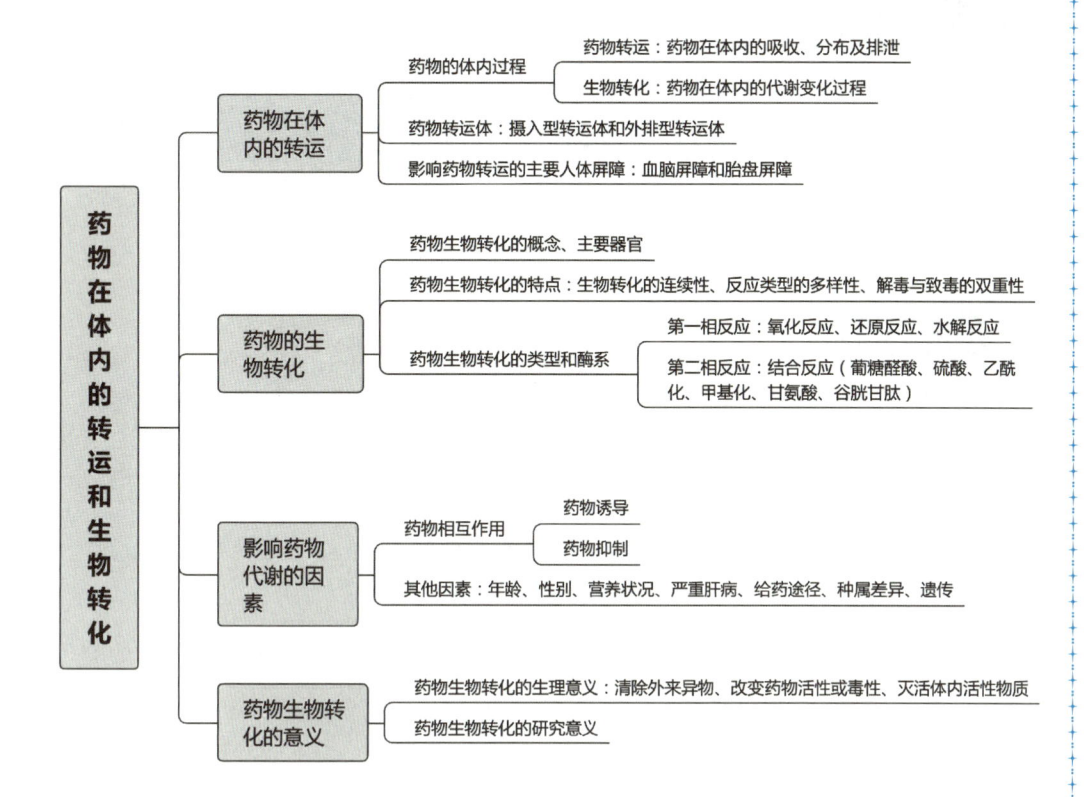

- 药物在体内的转运和生物转化
  - 药物在体内的转运
    - 药物的体内过程
      - 药物转运：药物在体内的吸收、分布及排泄
      - 生物转化：药物在体内的代谢变化过程
    - 药物转运体：摄入型转运体和外排型转运体
    - 影响药物转运的主要人体屏障：血脑屏障和胎盘屏障
  - 药物的生物转化
    - 药物生物转化的概念、主要器官
    - 药物生物转化的特点：生物转化的连续性、反应类型的多样性、解毒与致毒的双重性
    - 药物生物转化的类型和酶系
      - 第一相反应：氧化反应、还原反应、水解反应
      - 第二相反应：结合反应（葡糖醛酸、硫酸、乙酰化、甲基化、甘氨酸、谷胱甘肽）
  - 影响药物代谢的因素
    - 药物相互作用
      - 药物诱导
      - 药物抑制
    - 其他因素：年龄、性别、营养状况、严重肝病、给药途径、种属差异、遗传
  - 药物生物转化的意义
    - 药物生物转化的生理意义：清除外来异物、改变药物活性或毒性、灭活体内活性物质
    - 药物生物转化的研究意义

第十三章　DNA的生物合成

学习目标

知识目标
1. 掌握：DNA复制的概念、特点、复制的过程及参与复制的酶类。
2. 熟悉：DNA损伤与修复；逆转录的概念及基本过程。
3. 了解：原核生物基因组与真核生物基因组的特点；端粒的复制与端粒酶。

能力目标
1. 能依据遗传信息传递的中心法则，深入理解并探索生命的本质。
2. 能结合DNA复制机理学好基因体外克隆技术。

第一节　遗传信息概述

一、基因和基因组

1. 基因和基因组的概念　遗传学将DNA分子中最小的功能单位称作基因(gene)，也就是说基因是遗传的功能单位。按照功能的不同，基因可以分为结构基因(structural gene)和调节基因(regulator gene)。为RNA或蛋白质编码的基因称为结构基因；DNA中还有一些片段，只有调节基因表达的功能，而并不转录生成RNA，称为调节基因；基因之间还有一些序列，既不转录生成RNA，也没有调节基因表达的功能，称为间隔序列。

某物种所含的全套遗传物质称该生物体的基因组(genome)。从分子角度来看，基因组代表一个细胞所有的DNA分子。人类基因组包括核基因组和线粒体基因组两部分。核基因组由24个线性DNA分子，大约$3×10^9$个碱基对(bp)组成，每一个DNA分子包含在不同的染色体中。核基因组约可编码3万个基因，这些编码区仅占整个基因组的1%。线粒体基因组是一个长为16569 bp的环状DNA分子，它有许多拷贝，位于线粒体中。

2. 原核生物的基因组结构　原核生物染色体DNA和真核生物细胞器DNA通常都是双链环状分子，极少数为线状分子。病毒基因组为DNA(单链或双链，线状或环状)或RNA(正链、负链或双链，线状或环状)。

原核生物基因组的结构有如下特点：①基因组较小，大部分为编码序列，单拷贝（rRNA基因为多拷贝）、间隔序列和调节序列所占比例较小；②基因编码序列连续，无内含子；③功能相关的基因组成操纵子；④重复序列极少、较短。

3.真核生物的基因组结构　真核生物包括单细胞的真菌（如酵母）、原生生物（原生动物、黏菌、藻类）和多细胞的动物、植物及真菌，其基因组结构的特点如下。

(1)基因组较大：真核生物的核基因由多条线形的染色体构成，每条染色体都有一个线形的DNA分子，每个DNA分子有多个复制起点。线粒体和叶绿体等细胞器中含有环形的DNA分子，其结构与原核生物的DNA相似。

(2)不存在操纵子结构：真核生物功能上密切相关的基因可以排列在一起组成基因簇（gene cluster），这些基因也可以相距较远，甚至位于不同的染色体。即使同一个基因簇的基因，也不会像原核生物的操纵子结构那样，转录到同一个mRNA上。基因的协调表达是通过多种调控因子构成的复杂系统完成的。

(3)存在大量的重复序列：真核生物基因中存在大量的重复序列（repetive sequence），根据其重复程度的差别可将重复序列分为高度重复序列、中度重复序列、低度重复序列和单一序列。

(4)断裂基因：真核细胞的结构基因是不连续的，即在有编码意义的基因内部相间穿插着若干无编码意义的核苷酸序列，有编码意义的序列称为外显子（exon），无编码意义的序列称为内含子（intron）。内含子的存在使真核生物基因成为不连续基因或断裂基因（图13-1）。

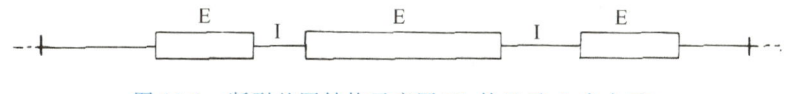

图13-1　断裂基因结构示意图（E：外显子，I：内含子）

二、遗传信息传递的中心法则

大多数生物体的遗传特征是由DNA中特定的核苷酸序列决定的，以亲代DNA为模板合成子代DNA的过程叫作复制（replication）。DNA通过自我复制合成完全相同的分子，从而将遗传信息由亲代传到子代。生物体可用碱基配对的方式合成与DNA核酸序列相对应的RNA，即将遗传信息传递到RNA分子中，这一过程称为转录（transcription）。转录生成的RNA，一部分用于指导蛋白质合成，称为信使RNA（messenger RNA，mRNA）。由mRNA指导蛋白质的生物合成过程称为翻译（translation）。遗传信息通过转录和翻译指导机体合成各种功能的蛋白质，这就是基因的表达。

1958年，DNA双螺旋的发现人之一Crick把上述遗传信息从DNA到RNA再到蛋白质的传递规律归纳为中心法则（the central dogma）。直到1970年，Temin、Mizufani以及Baltimore分别从致癌RNA病毒中发现逆转录酶（reverse transcriptase），对中心法则提出了补充与修正，提出还可以RNA为模板指导DNA的合成。这种遗传信息的传递方向和上述转录过程相反，故称为逆转录（reverse transcription）或反转录。后来还发现某些RNA病毒中的RNA也可以进行复制。修正与补充后的中心法则见图13-2。

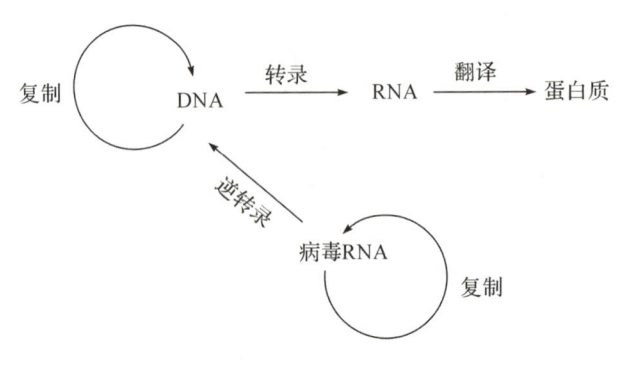

图 13-2 遗传信息传递的中心法则

第二节 DNA 的复制

一、DNA 复制的基本特征

在自然界中,DNA 的生物合成有两条途径。大多数生物的 DNA 是通过复制过程合成的,少数只含有 RNA 的生物如 RNA 病毒,可以其 RNA 为模板逆转录合成 DNA。DNA 复制(replication)是亲代 DNA 分子的双螺旋解开,两条链分别作为模板合成子代 DNA 分子的过程。不论是原核生物还是真核生物,在细胞增殖周期的一定阶段,DNA 都会发生精确的复制,随细胞分裂,将复制好的 DNA 分配到两个子细胞中。染色体外的遗传物质如线粒体、叶绿体 DNA 及质粒和噬菌体 DNA 也有基本相似的复制过程,但它们的复制受到染色体 DNA 复制的控制。

1.半保留复制　DNA 复制最主要的特征是半保留复制,即在复制过程中,亲代 DNA 的双链解开成两条单链各自作为模板指导合成新的互补链,所得子代 DNA 分子中,一条链来自亲代 DNA,另一条链则是新合成的。这种复制方式称为半保留复制(semiconservative replication)。

知识链接

DNA 半保留复制的实验研究

1958 年,Meselson 和 Stahl 利用氮标记技术在大肠埃希菌中首次证实了 DNA 的半保留复制。他们将大肠埃希菌放在含有 ^{15}N 标记的 NH_4Cl 培养基中繁殖了数代,使所有的大肠埃希菌的 DNA 被 ^{15}N 所标记,可以得到 ^{15}N-DNA。然后将细菌转移到含有 ^{14}N 标记的 NH_4Cl 培养基中进行培养,在培养不同代数时,收集细菌,裂解细胞,用氯化铯(CsCl)密度梯度离心法观察 DNA 所处的位置。由于 ^{15}N-DNA 的密度比普通 DNA(^{14}N-DNA)的密度大,在氯化铯密度梯度离心时,两种密度不同的 DNA 分布在不同的区带(图 13-3)。继续培养时,子代杂合 DNA 的含量逐渐呈几何级数减少。把 ^{14}N-^{15}N 杂合 DNA 加热,它们分开成 ^{15}N-DNA 单链和 ^{14}N-DNA 单链。实验结果证实了 DNA 的半保留复制。

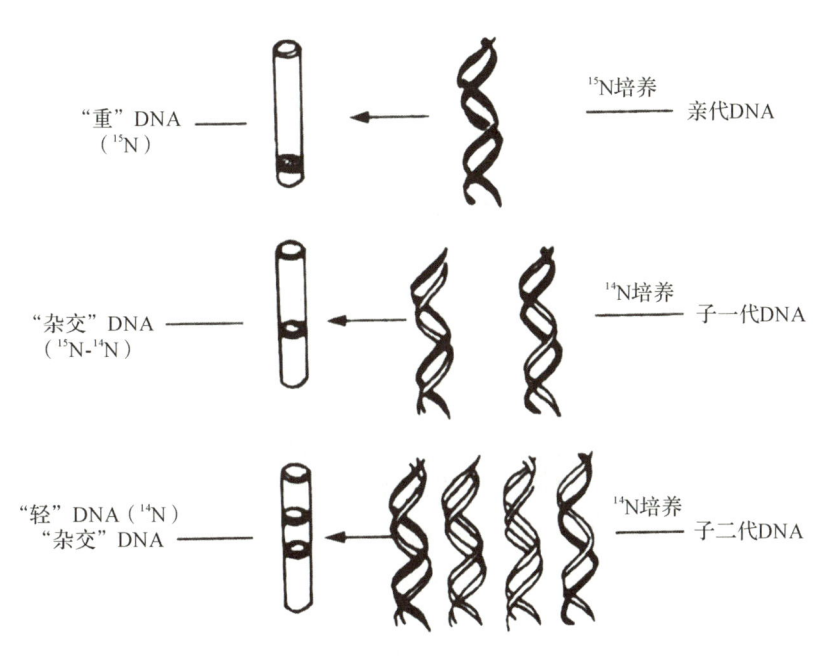

图13-3 DNA半保留复制的实验证据

2. 双向复制　DNA复制是从一个单独的复制起始点(single origin)开始的。从每个复制起始点到复制终点的区域称为一个复制子。原核生物的DNA分子通常只有一个复制起始点,因此它只有单一的复制子。复制时,局部DNA解链形成复制泡(replication bubble),其两侧形成两个对应的复制叉,然后不断向DNA分子的两端延伸,且方向相反,这种复制方式称为双向复制(bidirectional replication)。在原核生物双向复制中,DNA被描述为眼睛状,复制过程形似希腊字母 θ(图13-4)。值得注意的是,真核细胞DNA分子上存在很多复制起始点,形成多复制子结构,故可使复制时间大大缩短。

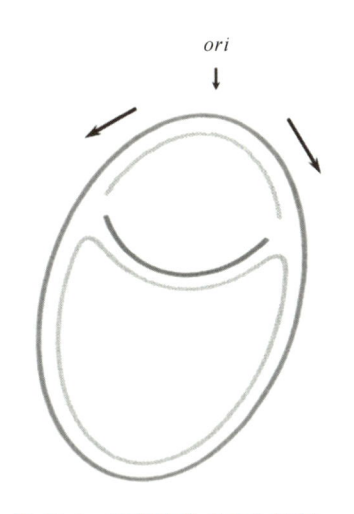

图13-4 原核生物的双向复制

3. 半不连续复制　DNA复制的另一个特征就是半不连续复制(semidiscontinuous replication),即DNA复制时,一条子代链的合成是连续的,另一条是不连续分段合成的,最后才连接成完整的长链(图13-5)。这是因为DNA两条链是反向平行的,一条链走向为 $5'\rightarrow 3'$,另一条链为 $3'\rightarrow 5'$,但所有DNA聚合酶只能催化 $5'\rightarrow 3'$ 方向的合成。因此在以 $3'\rightarrow 5'$ 走向的链为模板时,新生的DNA链以 $5'\rightarrow 3'$ 方向连续合成,与复制叉方向一致,称为前导链(leading strand)或领头链;而另一条以 $5'\rightarrow 3'$ 走向的链为模板的新生链,其合成方向与复制叉移动的方向相反,称为后随链(lagging strand)或随从链。后随链的合成是不连续的,先形成许多不连续的片段,然后再将这些片段连接起来,这些片段根据其发现者命名为冈崎片段(Okazaki fragment)。依据不同的细胞类型,冈崎片段的长度为从几百到数千个核苷酸。一般,原核生物如大肠杆菌中冈崎片段为1000~2000个核苷酸,而真核生物冈崎片段长度为100~200个核苷酸。

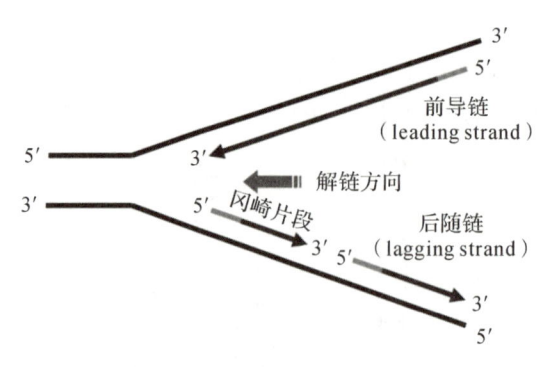

图 13-5 半不连续复制

4. 高保真性 为了保证遗传的稳定,DNA 的复制必须具有高保真性。DNA 复制时的高保真性主要依赖下列因素：①严格的碱基互补配对；②DNA 聚合酶对碱基的选择；③DNA 聚合酶的校读功能；④DNA 复制后的修复。通过这几个环节,DNA 复制时碱基的错配率低至 $10^{-10} \sim 10^{-9}$。

二、参与 DNA 复制的物质

DNA 复制不仅需要亲代 DNA 作为模板、dNTP 作为原料,还需要引物、多种酶和蛋白质因子的共同参与。

(一)模板和原料

1. **模板** DNA 的合成有严格的模板(template)依赖性,需以解开的两条亲代 DNA 单链为模板,指引 dNTP 按照碱基配对的原则逐一合成新链。

2. **原料** DNA 合成的原料(底物)为脱氧核苷三磷酸(dATP、dGTP、dCTP 和 dTTP,总称 dNTP)。由于 DNA 的基本构成单位是脱氧单核苷酸(dNMP),所以每聚合 1 分子核苷酸须释放 1 分子焦磷酸。

$$(dNMP)_n + dNTP \rightarrow (dNMP)_{n+1} + PPi$$

(二)引物

DNA 聚合酶不能催化两个游离的 dNTP 互相聚合,只能催化下一个 dNTP 与已有寡核苷酸的 3′-OH 形成 3′,5′-磷酸二酯键,然后依次延长,这一寡核苷酸称为引物(primer)。引物是一小段单链 DNA 或 RNA,但在细胞内引导 DNA 复制的引物都是 RNA。细菌的 RNA 引物较长,一般含 50~100 个核苷酸残基,哺乳动物的 RNA 引物较短,一般只含 10 个左右的核苷酸残基。

(三)酶和蛋白质因子

1. **DNA 聚合酶** 指催化底物 dNTP 聚合为 DNA 的酶,又称 DNA 指导的 DNA 聚合酶(DNA-directed DNA polymerase,DDDP)。此酶是催化 DNA 复制的一系列酶中最为重要的酶,其主要作用是在 DNA 模板链的指导下,按碱基配对原则,将 dNTP 逐个地加到寡聚核苷酸的 3′端上,并催化核苷酸之间 3′,5′-磷酸二酯键的形成,从而将 dNTP 沿着 5′→3′方向聚合成为多核苷酸链(图 13-6)。

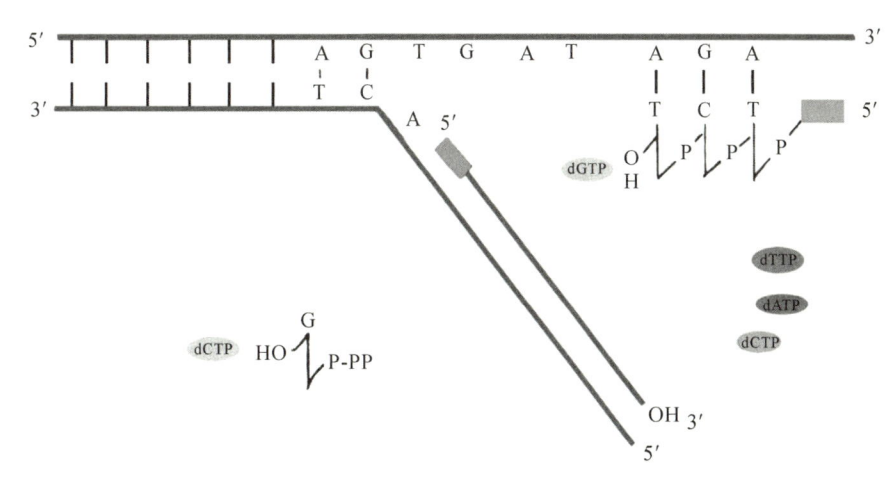

图 13-6　DNA 聚合酶的催化作用

(1) 原核生物 DNA 聚合酶：DNA 聚合酶最早在 E.coli 中发现,目前为止已确定有 5 种类型,分别为 DNA 聚合酶Ⅰ、DNA 聚合酶Ⅱ、DNA 聚合酶Ⅲ、DNA 聚合酶Ⅳ和 DNA 聚合酶Ⅴ,都与 DNA 链的延长有关。其中研究较为明确的是前面三种(表 13-1)。

表 13-1　大肠杆菌中的三种 DNA 聚合酶

特性	DNA 聚合酶Ⅰ	DNA 聚合酶Ⅱ	DNA 聚合酶Ⅲ
分子量($\times 10^3$)	103.1	90	791.5
亚基种类	1	≥7	≥10
$5'\to 3'$聚合酶活性	+	+	+
$3'\to 5'$外切酶活性	+	+	+
$5'\to 3'$外切酶活性	+	—	—
聚合速率(核苷酸/秒)	16～20	40	250～1000
持续性	3～200	1500	≥500 000

DNA 聚合酶Ⅰ是一种多功能酶,主要作用有 3 个:①$5'\to 3'$的聚合作用,用于填补 DNA 上的空隙或切除 RNA 引物后留下的空隙;②$3'\to 5'$的外切酶活性,能识别和切除在聚合作用中错误配对的核苷酸,起到校读作用;③$5'\to 3'$的外切酶活性,用于切除引物或受损伤的 DNA。

DNA 聚合酶Ⅱ与 DNA 聚合酶Ⅰ在性质上有许多相似之处。它也可以催化 $5'\to 3'$方向的合成反应,但活性只有 DNA 聚合酶Ⅰ的 5%。也具有 $3'\to 5'$外切酶活性,但无 $5'\to 3'$外切酶活性。因缺陷该酶的大肠杆菌突变株的 DNA 复制都正常,所以 DNA 聚合酶Ⅱ并不是复制的主要聚合酶。它可能在 DNA 的损伤修复中起到一定的作用。

DNA 聚合酶Ⅲ是复制时起主要作用的酶,是由多种亚基组成的蛋白质,包含 α、β、γ、δ、ε、θ 等 10 种亚基。其中 α、ε 和 θ 亚基构成核心酶。α 亚基具有催化合成 DNA 的功能,ε 亚基有 $3'\to 5'$外切酶活性,θ 亚基则为装配所必需,其他亚基各有不同的作用。

(2) 真核生物 DNA 聚合酶：在真核生物细胞中已发现十几种 DNA 聚合酶,常见的有 α、β、γ、δ、ε 五种(表 13-2)。DNA 聚合酶 α 和 δ 是 DNA 复制时起主要作用的酶,DNA 聚合酶 β 主要参与 DNA 损伤的修复,DNA 聚合酶 γ 存在于线粒体内,参与线粒体 DNA 的复制。

表 13-2 真核细胞中的五种 DNA 聚合酶

特性	DNA 聚合酶 α	DNA 聚合酶 β	DNA 聚合酶 γ	DNA 聚合酶 δ	DNA 聚合酶 ε
细胞定位	细胞核	细胞核	线粒体	细胞核	细胞核
外切酶活性	无	无	3′→5′外切酶	3′→5′外切酶	3′→5′外切酶
引物合成酶活性	有	无	无	无	无
功能	引物合成和核 DNA 合成	修复	线粒体 DNA 合成	核 DNA 合成	修复

2. 解链酶(helicase) 又称解螺旋酶,其作用是解开 DNA 双链。解链酶能辨认复制的起始点并与之结合,先解开一小段 DNA。这一小段单链 DNA 即可作为模板引导 DNA 新链的合成。在 DNA 复制过程中,解链酶可沿着模板向复制方向移动,逐渐解开双链,每解开 1 个碱基对,需消耗 2 分子 ATP。

3. 拓扑异构酶(topoisomerase) 当双螺旋结构复制到一定程度时,原有的负超螺旋已经被耗尽,双螺旋的解旋作用使复制叉前方双链进一步扭紧而出现正超螺旋,从而影响双螺旋的解旋。拓扑异构酶可松解正超螺旋,从而保障复制的顺利进行。拓扑异构酶有两种,分别称为拓扑异构酶Ⅰ和拓扑异构酶Ⅱ。拓扑异构酶Ⅰ在不消耗 ATP 的情况下,切断 DNA 双链中的一股,使 DNA 链末端沿松解的方向转动,DNA 分子变为松弛状态,然后再将切口连接起来。拓扑异构酶Ⅱ能同时切开 DNA 的双链,使其变为松弛状态,再封闭切口使之成负超螺旋,此酶需要 ATP 水解提供能量。

4. 单链 DNA 结合蛋白(single strand binding protein,SSB) 作为模板的 DNA 总要处于单链状态,但因碱基高度配对,解开的 DNA 单链又有再次形成双螺旋的倾向,以使分子达到稳定状态和免受细胞内核酸酶的降解。SSB 能与 DNA 单链结合,保持模板的单链状态以便于复制,同时还可以防止单链 DNA 被核酸酶水解。SSB 不像 DNA 聚合酶那样沿着复制方向向前移动,而是不断结合、不断脱离并重复利用。

5. 引物酶(primase) 催化引物合成的是一种 RNA 聚合酶,因它不同于催化转录过程的 RNA 聚合酶,遂称为引物酶。引物酶可催化游离的 NTP 聚合,聚合的一小段 RNA 即可为 DNA 聚合酶的聚合作用提供 3′-OH 末端。

6. DNA 连接酶(DNA ligase) 此酶能连接 DNA 链的 3′-OH 末端和相邻 DNA 链的 5′-磷酸末端,使二者生成磷酸二酯键,从而把两段相邻的 DNA 链连接成完整的链。DNA 连接酶只能连接碱基互补基础上的双链中的单链缺口,并没有连接单独存在的 DNA 单链或 RNA 单链的作用。此酶不仅在复制中起最后接合缺口的作用,在 DNA 损伤的修复和基因工程中也是不可缺少的。

三、DNA 的复制过程

DNA 复制是连续的过程,为便于描述,把它分为起始、延伸和终止三个阶段。下面以大肠杆菌(E. coli)DNA 复制为例说明原核生物 DNA 的复制过程。

1. 复制的起始 复制是从特异性的蛋白质识别复制起始位点开始。复制起始位点指 DNA 复制所必需的一段特殊 DNA 序列,一般由保守的 DNA 序列构成,都含有重复序列。E. coli 的复制起始位点 oriC 为一段长 245 bp 且富含 AT 的片段。oriC 含有两种类型的重复序列,一种是 4 个重复的 9 bp 反向重复序列(共有序列为 TTATCCACA),可被特异性的起始蛋白 DnaA 识别和结合;另一种是 3 个重复的 13 bp 同向重复序列(共有序列为 GATCTNTTNTTTT),富含 A—T,有利于双链 DNA 在此处的解链。

E.coli 复制起始的具体过程:①DnaA 蛋白识别 oriC 位点的 4 个 9 bp 重复序列,并与之结合。②解旋酶在 DnaC 蛋白的协同下结合到解链区,并利用 ATP 水解提供的能量双向解链产生两个初步的复制叉,DnaA 蛋白也被逐步置换。③随着解链的进行,引物酶与解旋酶、DnaC 等结合,构成引发体(primosome);拓扑异构酶Ⅱ在复制叉前端移动,负责消除和松解下游的正超螺旋结构;SSB 结合于已解开的单链上,防止其重新形成双螺旋。④引发体可以在单链 DNA 上移动,在适当的位置上,引物酶依据模板的碱基序列,从 5′→3′方向催化合成短链 RNA 引物。此引物的 3′-OH 末端就是新的 DNA 的起点。引物的合成标志着复制正式开始。

E.coli 复制起始位点还含有 11 个重复的 GATC 序列。复制前这些重复序列两条链中的 A 均被甲基化,而复制后的一段时间内这些位点保持半甲基化状态。半甲基化的复制起始位点(oriC 位点)不能启动 DNA 复制,在甲基化酶将两条链上的 A 甲基化后才可启动。因此,oriC 位点上 DNA 的甲基化能保证复制起始位点在每个复制周期中仅起一次作用。

2. 复制的延伸　RNA 引物合成以后,在两条 DNA 模板链的指导下,在 DNA 聚合酶Ⅲ催化下,按照 A—T、G—C 的碱基配对原则,在引物的 3′-OH 端逐个地聚合四种脱氧核苷酸,同时合成两条新的 DNA 链(图 13-7)。

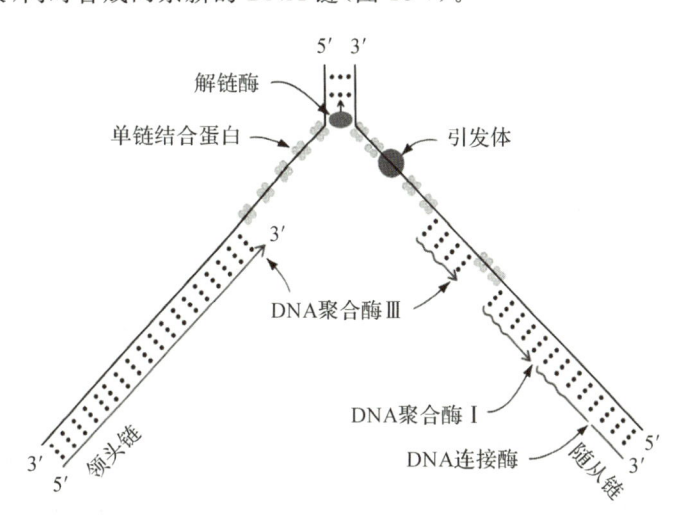

图 13-7　DNA 复制的延伸过程

在复制过程中,拓扑异构酶Ⅱ和解链酶不断地向前推进,复制叉也不停地向前移行,新合成的 DNA 链也就相应地延伸。前导链的合成较简单,通常是一个连续的过程,其方向与复制叉前进的方向保持一致。后随链的合成较为复杂,除前文所述的不连续合成的特点外(形成冈崎片段),其合成也稍落后于前导链。当冈崎片段形成后,DNA 聚合酶Ⅰ通过其 5′→3′外切酶活性切除冈崎片段上的 RNA 引物,同时 DNA 聚合酶Ⅰ利用后一个冈崎片段作为"引物"由 5′→3′填补引物水解留下的空隙。最后,由 DNA 连接酶催化前一片段的最后一个核苷酸的游离 3′-OH 与相邻的 5′-磷酸形成 5′,3′-磷酸二酯键,将此缺口连接起来,形成完整的 DNA 后随链。

3. 复制的终止　DNA 上也存在特异的复制终止位点，DNA 的复制将在复制终止位点处终止，并不一定等全部 DNA 合成完毕。如 E.coli 染色体 DNA 的复制终止位点 ter 有一段保守的核心序列(5′-GTCTGTTGT)，Tus 蛋白可识别并结合这一序列，通过阻止解链酶的解链活性而抑制复制叉前进，还可能使复制体解体，从而终止复制。

E.coli 的基因组是双链闭合环形 DNA。DNA 复制时产生连环体，拓扑异构酶Ⅳ可识别和结合连环体 DNA，并水解其中一个 DNA 分子的两条链，使连环体 DNA 分子彼此脱离，再由拓扑异构酶Ⅳ连接缺口形成闭环。

四、端粒与端粒酶

端粒(telomere)是真核生物染色体线性 DNA 分子的末端结构。端粒富含 TG 重复序列，由于其与特异性结合蛋白紧密结合，通常膨大成粒状。端粒的主要功能是防止正常染色体端部间发生融合，避免染色体被核酸酶降解，使染色体保持稳定，并与核纤层相连，得以定位。

真核生物 DNA 的合成，几乎是与染色体蛋白(包括组蛋白类和非组蛋白类)的合成同步进行的。DNA 复制完成后，随即装配成核内的核蛋白，并组成染色体。染色体 DNA 分子为线性结构，当前导链和后随链的 5′端引物被降解后，3′端比 5′端长，形成单链 DNA，留下的空隙没法填补，使细胞的染色体 DNA 有可能每复制一次就缩短一些，从而导致 DNA 末端出现遗传信息的丢失。而事实上染色体虽经多次复制，却不会越来越短，这得益于端粒酶的存在。人体端粒酶由三部分组成，即端粒酶 RNA、端粒酶协同蛋白和端粒酶逆转录酶，它以自身 RNA 为模板，以端粒 3′端为引物，以爬行模式合成端粒重复序列，从而使端粒长度稳定而不致缩短(图 13-8)。

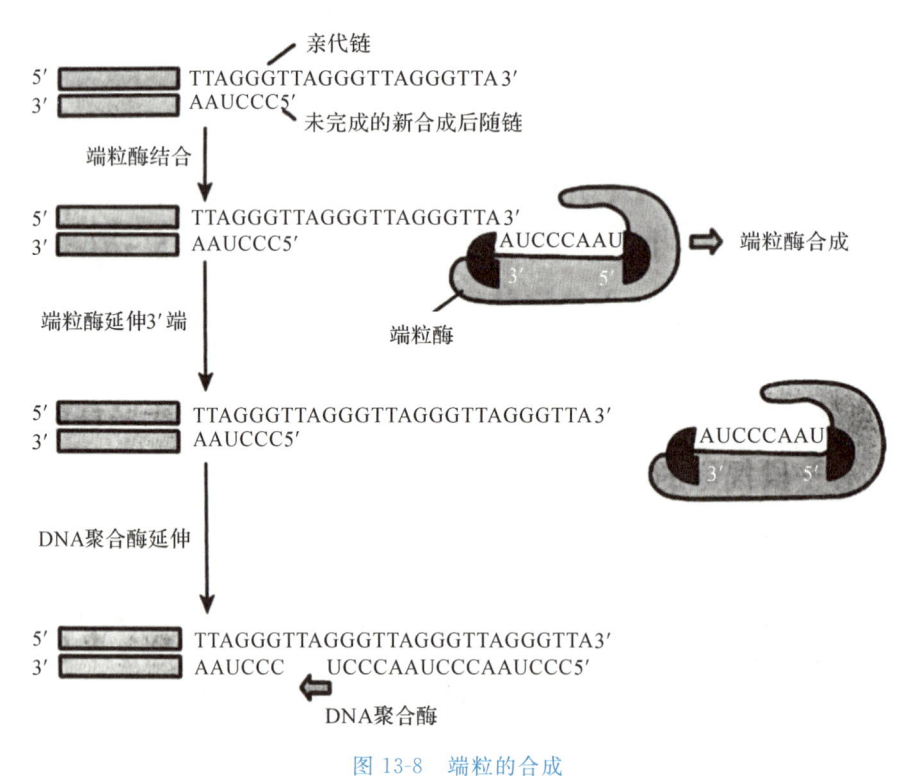

图 13-8　端粒的合成

端粒酶在正常人体细胞中几乎没有活性,而在生长迅速的生殖细胞、干细胞和造血细胞中活性比较高。由于端粒酶的存在,每次因细胞分裂而逐渐缩短的端粒长度得以补偿,进而保持端粒长度的稳定。在缺乏端粒酶的活性时,细胞连续分裂使端粒不断缩短,端粒短到一定程度即引起细胞生长停滞、衰老或凋亡。研究发现,生殖细胞的端粒长于体细胞,成年细胞的端粒短于胚胎细胞。如把端粒酶注入衰老细胞中,可弥补端粒的缺损,从而使细胞年轻并延长细胞的寿命,这说明细胞水平的老化可能与端粒酶活性的下降有关。另外,端粒酶在大多数肿瘤细胞中具有较强的活性,它不仅可以使肿瘤细胞可以不断地分裂增生,而且还参与调控肿瘤细胞的凋亡和基因组稳定。因此,以端粒和端粒酶作为靶点的研究,已成为当前抗肿瘤领域备受关注的热点之一。

第三节 逆 转 录

RNA 病毒在宿主细胞中能以病毒 RNA 为模板合成 DNA,这种遗传信息由 RNA 转录到 DNA 的过程称为逆转录(reverse transcription)或反转录。

一、逆转录酶

催化逆转录的酶称为逆转录酶或反转录酶,也称为 RNA 指导的 DNA 聚合酶(RNA-directed DNA polymerase,RDDP),主要存在于 RNA 病毒中。该酶能以病毒 RNA 病毒为模板,合成带有病毒 RNA 全部遗传信息的 DNA。逆转录酶具有三种酶活性:①RNA 指导的 DNA 聚合酶活性。可利用 RNA 作为模板合成互补的 DNA 链,形成 RNA-DNA 杂交分子。②核糖核酸酶(RNase H)活性。可水解 RNA-DNA 杂交分子中的 RNA 链。③DNA 指导的 DNA 聚合酶活性。以新合成的 DNA 为模板,合成另一条互补的 DNA 链,形成 DNA 双链分子。此外,有些逆转录酶还具有 DNA 内切核酸酶的活性,这可能与病毒基因整合到宿主细胞染色体 DNA 中有关。值得注意的是,逆转录酶并不具有 $5'→3'$ 和 $3'→5'$ 的外切核酸酶活性,因此没有校对功能,所以由逆转录酶催化合成的 DNA 错误率较高。这可能是致病病毒突变率高、易出现新病毒的原因之一。

二、逆转录过程

RNA 病毒的逆转录过程可以概括为以下三个步骤(图 13-9)。

(1)RNA 病毒进入宿主细胞后,在胞液中脱去外壳,逆转录酶以宿主 21tRNA 的 $3'$-OH 为引物,以病毒 RNA 为模板,以 dNTP 为底物,催化 DNA 链的合成,如此合成的 DNA 链称为互补 DNA(Complementary DNA,cDNA)。cDNA 链的碱基与 RNA 模板链的碱基之间以氢键相连,形成 RNA-DNA 杂交分子。

(2)逆转录酶水解杂交分子中的 RNA,释放出 cDNA,再以 cDNA 为模板指导合成另一条与其互补的 DNA 链,形成双链 cDNA 分子,其长度比逆转录病毒正链 RNA 长。在 cDNA 的 $5'$ 端和 $3'$ 端产生相同的长末端重复序列,含有整合信号、启动子、增强子和多聚腺苷序列。

(3)双链 cDNA 通过整合酶、以基因重组的方式,整合到宿主细胞的 DNA 分子中形成原病毒,并随宿主细胞复制和表达。

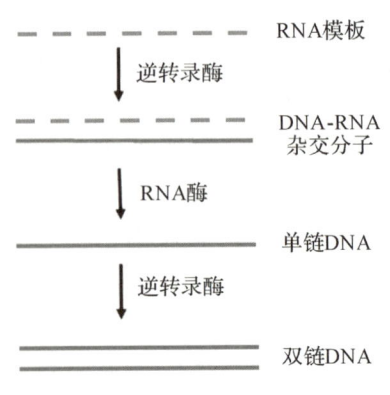

```
------------  RNA模板
     ↓ 逆转录酶
------------
_____  DNA-RNA
              杂交分子
     ↓ RNA酶
_____  单链DNA
     ↓ 逆转录酶
_____
_____  双链DNA
```

图13-9 病毒RNA的逆转录过程

三、逆转录的生物学意义

1. **修正和补充了中心法则** 中心法则认为,遗传信息是从DNA传递给DNA,或者从DNA到RNA再到蛋白质,可见DNA处于生命活动的中心位置。逆转录现象则说明,遗传物质不只是DNA,也可以是RNA,遗传信息还可以从RNA到DNA传递。因此,逆转录的发现是对中心法则的补充,具有重要的理论和实践意义。

2. **逆转录与癌症** 哺乳动物的胚胎细胞和正在进行分裂的淋巴细胞中含有高活性的逆转录酶,可能与胚胎发育和细胞分化有关。分布于致癌RNA病毒中的逆转录酶则可能与病毒的恶性转化有关。实际上,大多数逆转录病毒有致癌作用,因此对RNA病毒逆转录的研究,将对阻抑癌症的发生和发展起到重要作用。

3. **逆转录酶与基因工程** 逆转录酶的发现有力地推动了基因工程技术的发展,该酶已成为一种重要的工具酶。目的基因的转录产物mRNA易于制备,以mRNA为模板,利用逆转录酶合成互补的cDNA来获得目的基因,是基因工程技术获得目的基因的重要方法之一。

知识链接

HIV与逆转录

艾滋病的病原体是人类免疫缺陷病毒(HIV),可分为Ⅰ型和Ⅱ型两种类型,每一型又分为很多亚型。HIV含4种重要的酶,分别是逆转录酶、核糖核酸酶H、整合酶和蛋白酶,这4种酶在病毒繁殖及感染中发挥不同作用。其中,逆转录酶能以病毒RNA为模板逆转录合成一条与模板RNA互补的DNA链(cDNA),并能以cDNA为模板合成另一条与其互补的DNA单链,进而形成双链DNA分子;核糖核酸酶H能从RNA-DNA杂交体中分割出DNA单链;整合酶能将病毒DNA整合到宿主细胞基因中;蛋白酶则可以促进HIV病毒颗粒在宿主细胞内成熟。

第四节　DNA 的损伤与修复

一、DNA 的损伤

DNA 损伤也称为 DNA 突变（mutation），指机体在自发或受某些理化因素的诱发下，使 DNA 分子中个别碱基乃至 DNA 片段在构成、复制或表型功能上发生的异常变化，即遗传物质结构改变引起遗传信息的改变。大多数 DNA 损伤导致的突变，会产生不良的后果，但是从物种进化的角度看，突变也具有积极意义。它不仅增强了物种对不同环境的适应性，也促成了生命世界的多样性。

引起 DNA 损伤的物理因素主要是紫外线和各种辐射。其中，紫外线可使 DNA 分子上两个相邻的胸腺嘧啶（T）或胞嘧啶（C）之间以共价键连接，形成嘧啶二聚体（图 13-10）。X 射线、γ 射线可促使细胞内产生自由基，这些自由基可使 DNA 分子双链间的氢键断裂，还可以使 DNA 分子的单链或双链断裂。

图 13-10　嘧啶二聚体的形成

引起 DNA 损伤的化学因素主要是化学诱变剂，其中大多数是致癌物。如亚硝酸能引起碱基的氧化脱氨反应；吖啶类染料和甲基氨基偶氮苯等芳香胺致癌物，可造成个别核苷酸对的插入或缺失，引起移码突变。

DNA 损伤的类型主要有以下几类：①碱基置换突变（base substitution mutation），即 DNA 链上的一个碱基对，被另一个不同的碱基对置换，也称为点突变（point mutation）；②缺失突变（deletion mutation），即 DNA 序列中一个核苷酸或一段核苷酸链消失；③插入突变（insertion mutation），即原来没有的一个核苷酸或一段核苷酸链插入 DNA 序列中；④重组或重排突变（rearrangement mutation），即 DNA 分子内发生较大片段的交换。其中，插入或缺失突变均可引起移码突变（frame shift mutation），即 DNA 片段中某一点位插入或丢失一个或几个碱基对。

二、DNA 损伤的修复

体内外可引起 DNA 损伤的因素很多，但生物在长期进化过程中，建立了一系列 DNA 损伤的修复机制，使损伤得以迅速修复，维持生物体的正常功能和遗传的稳定。DNA 损伤修复的主要类型和机制如下。

1. **错配修复** 碱基错配修复(mismatch repair)系统可以识别和修复 DNA 链中的错配碱基,但效率相对较低。由于错配碱基并非受损碱基,所以该修复系统必须能够识别模板链和子代链。E. coli 的模板链包含一段特异序列 5'-GATC,其中的 A 在 N^6 位被甲基化。DNA 复制过程中,新生的子代链尚未被甲基化,而使修复系统能被区分。E. coli 碱基错配修复系统至少包含 12 种蛋白质成分,可以识别和切除错配碱基的区段,产生的空隙与缺口分别由 DNA 聚合酶和 DNA 连接酶填补和修复。

2. **直接修复** 单细胞生物及鸟类细胞内存在光裂合酶,在较强的可见光(400 nm)照射下可被激活。其酶分子含有的激发型 $FADH_2$,使 DNA 分子中由于紫外线作用生成的嘧啶二聚体分解为原来的非聚合状态,DNA 恢复正常,这种修复机制也称光修复。细菌细胞中还有 O^6-甲基鸟嘌呤 DNA 甲基转移酶,其酶蛋白活性中心的 Cys 残基可接受甲基,从而修复 DNA 分子中被甲基化修饰的鸟嘌呤。

3. **切除修复** 切除修复是人体细胞内 DNA 损伤的主要修复机制,需要特异的核酸内切酶、DNA 聚合酶Ⅰ和 DNA 连接酶参与。

(1)碱基切除修复:细胞中的基因组因水解可丢失嘧啶碱基,胞嘧啶也可能自发脱氨基变成尿嘧啶。如果这类 DNA 损伤在 DNA 复制前未去除,就会导致基因突变。实际上细胞中存在 DNA 损伤修复系统,能识别并切除修复突变碱基。糖苷酶能识别损伤碱基并水解糖苷键去除该碱基,在 DNA 上产生 1 个无嘌呤的位点,即 AP 位点。然后,核酸内切酶水解核酸链内损伤部位 5'端的磷酸二酯键,再由核酸外切酶切除 3'端,造成的缺口由 DNA 聚合酶以未损伤的 DNA 链为模板,合成正常的 DNA 片段来弥补缺口,最后由 DNA 连接酶将新合成的 DNA 片段与原来的链接合起来,完成碱基切除修复(图 13-11)。

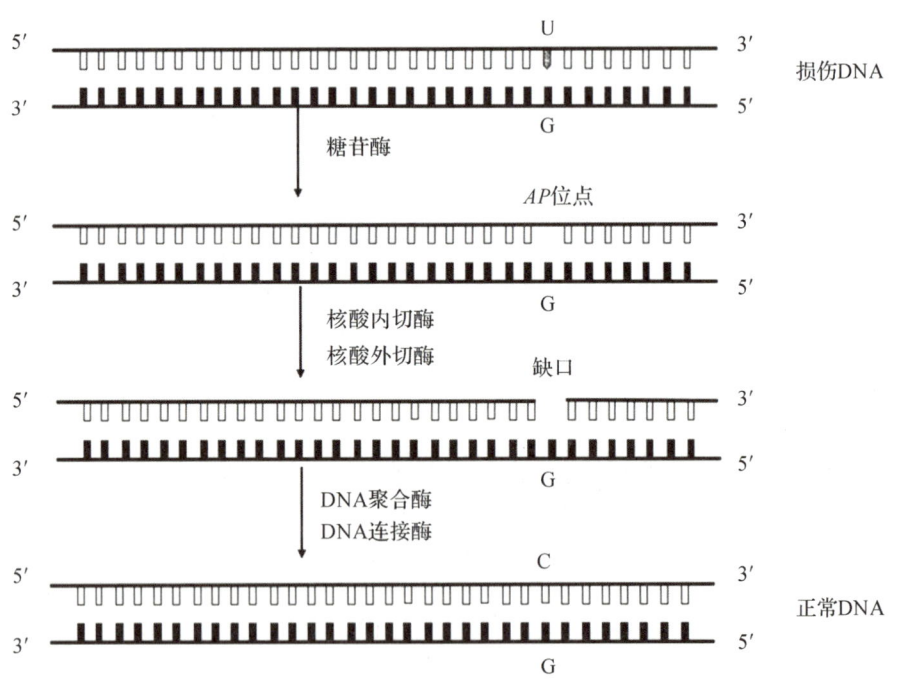

图 13-11 DNA 分子损伤的碱基切除修复

(2)核苷酸切除修复:DNA 损伤修复系统识别 DNA 损伤,如嘧啶二聚体造成的分子变形。损伤核苷酸切除修复系统识别 DNA 中的不正常形变,在损伤部位两侧切断 DNA 链,在解旋酶的作用下移除包括损伤部位在内的小片段 DNA,形成较长缺口。DNA 聚合酶合成与正常链互补的新链,然后通过 DNA 连接酶封闭缺口(图 13-12)。

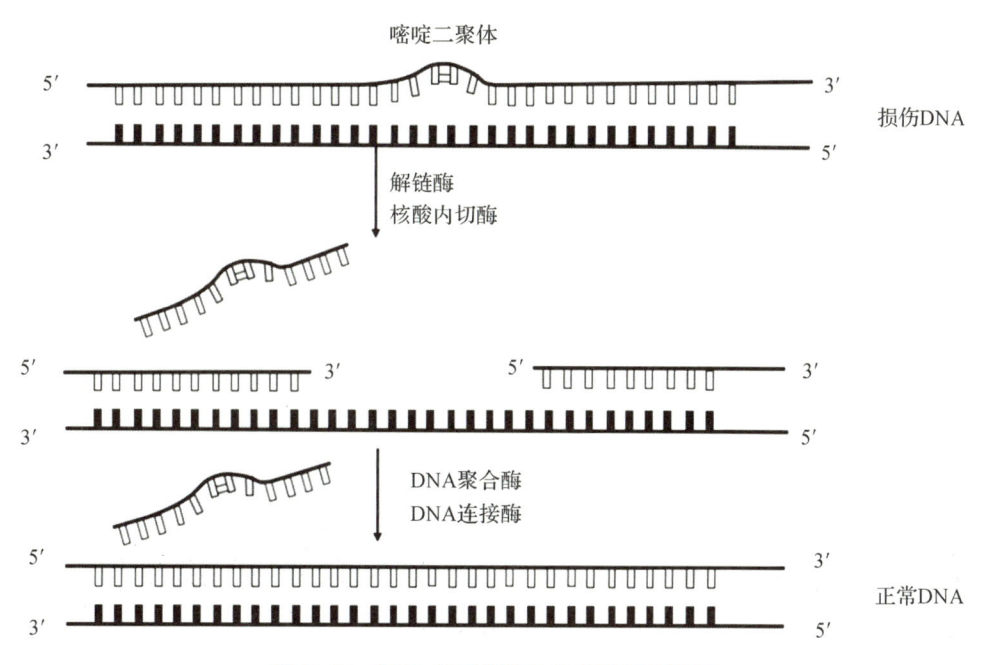

图 13-12　DNA 分子损伤的核苷酸切除修复

4. 重组修复　当 DNA 分子的损伤面较大，未修复完善就进行复制时，损伤的部位失去模板作用，可使复制出来的新子链出现缺口。这时，另一条已完成复制的"健康"母链可与有缺口的子链进行重组交换，以填补缺口。而"健康"母链转移造成的新缺口则由 DNA 聚合酶与 DNA 连接酶催化，以新合成的子链 DNA 为模板进行复制，将新缺口补上（图 13-13）。重组修复并没有消除原有的损伤，而是通过多次复制使损伤 DNA 所占的比例越来越小。

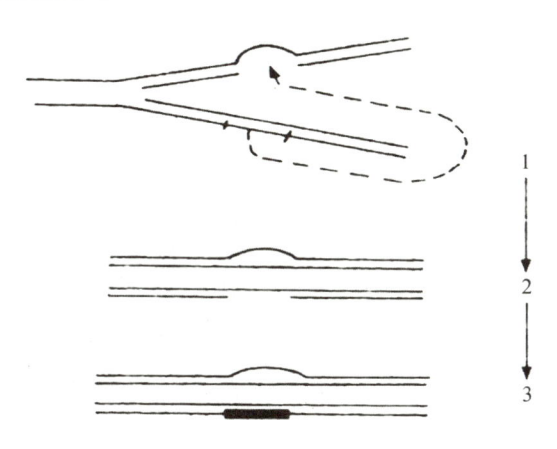

图 13-13　DNA 分子损伤的重组修复

5. SOS 修复　SOS 修复是在 DNA 损伤极其严重、复制难以继续进行时，细胞出现的一种应激修复方式，因此，采用国际海难呼救信号（SOS）来命名。此时，细胞可诱导合成一些新的 DNA 聚合酶和蛋白质，组成修复系统，催化损伤部位 DNA 的合成。但这类 DNA 损伤修复系统的特异性低，对碱基的识别、选择能力差，常使修复后的 DNA 链上出现许多差错，引起较广泛和长期的突变，甚至可使细胞发生癌变，但这种修复可以提高细胞的存活率。

思考题

1. 简述原核生物 DNA 复制的过程。
2. DNA 复制的特点有哪些？
3. 逆转录酶有哪几种功能？
4. 试述原核生物基因组与真核生物基因组的特点。
5. DNA 损伤的修复有哪些类型？

本章小结

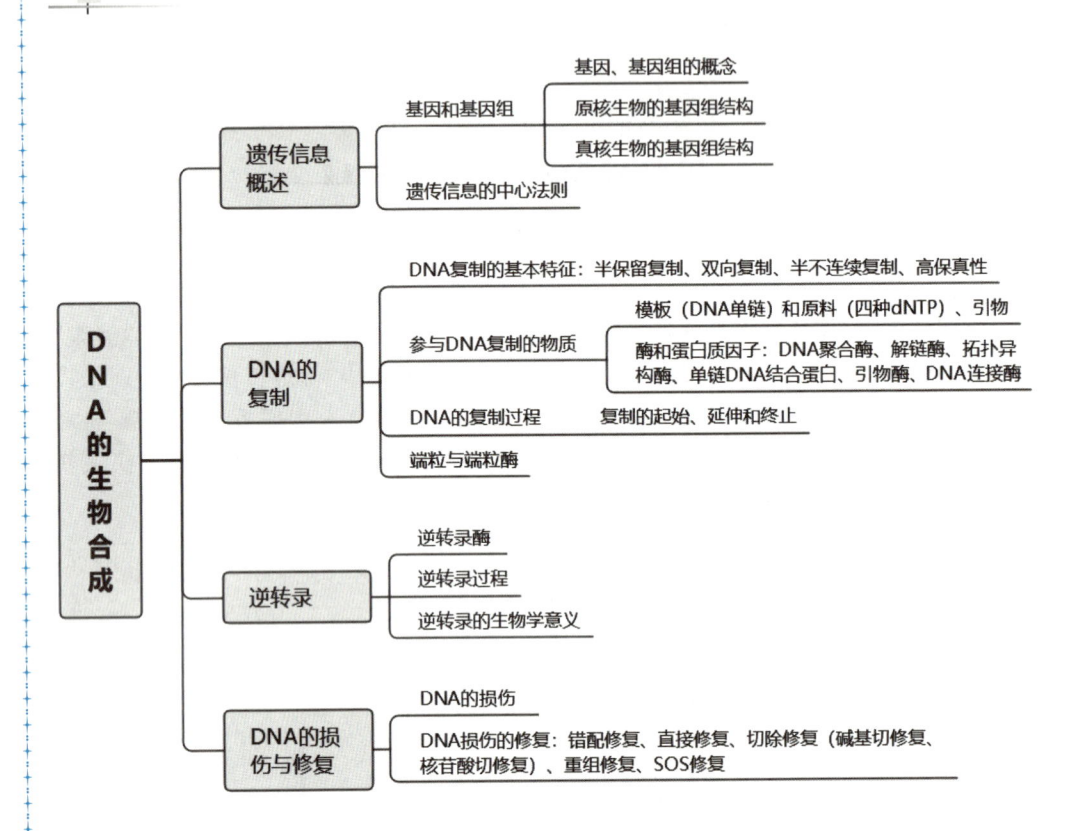

DNA的生物合成
- 遗传信息概述
  - 基因和基因组
    - 基因、基因组的概念
    - 原核生物的基因组结构
    - 真核生物的基因组结构
  - 遗传信息的中心法则
- DNA的复制
  - DNA复制的基本特征：半保留复制、双向复制、半不连续复制、高保真性
  - 参与DNA复制的物质
    - 模板（DNA单链）和原料（四种dNTP）、引物
    - 酶和蛋白质因子：DNA聚合酶、解链酶、拓扑异构酶、单链DNA结合蛋白、引物酶、DNA连接酶
  - DNA的复制过程：复制的起始、延伸和终止
  - 端粒与端粒酶
- 逆转录
  - 逆转录酶
  - 逆转录过程
  - 逆转录的生物学意义
- DNA的损伤与修复
  - DNA的损伤
  - DNA损伤的修复：错配修复、直接修复、切除修复（碱基切修复、核苷酸切修复）、重组修复、SOS修复

第十四章　RNA的生物合成

学习目标

知识目标

1. 掌握：转录的概念及基本特点；复制和转录的异同点；RNA 聚合酶的结构与功能。
2. 熟悉：转录的过程；RNA 转录后加工。
3. 了解：RNA 生物合成的抑制剂。

能力目标

能理解 RNA 生物合成抑制剂等药物的作用机制并加以运用。

第一节　转录体系及过程

生物体以 DNA 为模板合成 RNA 的过程称为转录（transcription）。该过程是在 RNA 聚合酶催化下，以单链 DNA 为模板，四种三磷酸核苷（NTP）为底物，按照 A—U、C—G 的碱基配对原则，合成一条与 DNA 链互补的 RNA 链。通过转录，生物体的遗传信息由 DNA 传递到 RNA。遗传信息从 DNA 经过 RNA 传递到蛋白质的过程称为基因的表达，所以转录是基因表达的第一步，也是最关键的一步。

一、转录的模板

合成 RNA 要以 DNA 作为模板，所合成的 RNA 中核苷酸（或碱基）的顺序和模板 DNA 的碱基顺序有互补关系，如 A—U、G—C、T—A。

为保留物种的全部遗传信息，生物体的全部基因组 DNA 都需要进行复制。不同的组织细胞、生存环境以及发育阶段，都会存在某些基因转录，某些基因不转录，甚至在某些细胞中仅少数基因被转录，可见，转录是有选择性的，并且是区段性的。能够转录生成 RNA 的 DNA 区段称为结构基因，双链结构基因中能作为模板被转录的那股 DNA 链称为模板链（template strand），与其互补的另一股不被转录的 DNA 链称为编码链（coding strand）。模板链并非总是在同一股 DNA 单链上，即在某一区段上，DNA 分子中的一股链是模板链，而在另一区段又以其对应链作为模板，转录的这一特征称为不对称转录。由于合成 RNA 的方向是 $5'→3'$，所以模板链的方向是 $3'→5'$。

RNA 的生物合成

二、参与转录的酶和蛋白质因子

1. RNA 聚合酶 又称 DNA 指导的 RNA 聚合酶(DNA-directed RNA polymerase, DDRP),它广泛存在于原核细胞和真核细胞中。该酶催化 RNA 合成所需的条件是:①双链 DNA 中的一股作为 RNA 合成的模板;②四种三磷酸核糖核苷(NTP)作为底物;③有二价金属离子如 Mg^{2+} 或 Mn^{2+} 的参与。

(1)原核生物 RNA 聚合酶:原核细胞的 RNA 聚合酶分布于细胞质,转录在细胞质中进行。原核细胞中只有一种 RNA 聚合酶,目前研究得最清楚的是大肠杆菌 RNA 聚合酶,该酶由 σ 亚基和核心酶两部分组成。核心酶($α_2ββ'ω$)由两个 α 亚基、一个 β 亚基、一个 β′亚基和一个 ω 亚基组成,再与 σ 亚基结合后称为全酶,各亚基及其功能见表 14-1。其中 σ 亚基,又称为 σ 因子,其作用是识别 DNA 模板上特定的转录起始位点(启动子),并协助转录的启动,因此又称起始因子。不同的 σ 因子识别不同的启动子从而使不同的基因进行转录。σ 因子与其他亚基结合不牢固,转录起始后,σ 因子容易从全酶脱离,核心酶沿 DNA 模板移动合成 RNA。

表 14-1 大肠杆菌 RNA 聚合酶的亚基组成及功能

亚基	分子量	亚基数目	功能
α	36 512	2	核心酶组装,启动子识别
β	150 618	1	参与转录全过程,形成磷酸二酯键
β′	155 613	1	结合 DNA 模板(开链)
σ	70 263	1	识别启动子,促进转录的开始
ω	9 000	1	尚不清楚,可能促进全酶的组装和稳定

(2)真核生物 RNA 聚合酶:真核细胞的 RNA 聚合酶存在于细胞核,转录在细胞核中进行,转录完成后,生成的 RNA 再进入细胞质。根据对鹅膏蕈碱特异性抑制作用的敏感性,可将真核细胞的 RNA 聚合酶分为三种:RNA 聚合酶Ⅰ、Ⅱ、Ⅲ。它们专一性地转录不同的基因,转录产物也各不相同(表 14-2)。

表 14-2 真核细胞 RNA 聚合酶的种类及功能

种类	分布	转录产物	对鹅膏蕈碱的作用
RNA 聚合酶Ⅰ	核仁	rRNA 的前体	耐受
RNA 聚合酶Ⅱ	核质	mRNA 的前体	极敏感
RNA 聚合酶Ⅲ	核质	tRNA 的前体、5S rRNA	中度敏感

2. ρ(Rho)因子 用 T_4 噬菌体 DNA 在试管内做转录实验,发现转录产物比其在细胞内转录出的要长。这说明转录终止点是可以被跨越而继续转录的,而在细胞内存在执行转录终止功能的某些因素。据此现象,有人在大肠杆菌(T_4 噬菌体的宿主菌)中发现了能控制转录终止的蛋白质,定名为 ρ 因子。ρ 因子是由相同的 6 个亚基组成的六聚体蛋白质,亚基分子量为 46 kD,与 RNA 合成的终止有关。

三、转录过程

RNA 的转录全过程均需 RNA 聚合酶催化,大体可分为起始、延伸和终止三个阶段。真核细胞和原核细胞的延伸过程基本相同,而在转录的起始和终止方面却有较多的不同。

(一)原核生物的转录过程

1. 转录的起始　转录起始需要核心酶加上σ因子即全酶参与。转录是在 DNA 模板的特殊部位开始的,此部位称为启动子,它位于转录起始点的上游。

(1)启动子:各种启动子具有下列共同点:①在－10 区(以转录 RNA 第一个核苷酸的位置为＋1,负数表示上游的碱基数)处有一段相同的富含 A—T 配对的碱基序列,即 TATAAT,也称为 Pribnow 框。它和转录起始位点一般相距 5 bp,富含 A 和 T 而易于解链,有利于 RNA 聚合酶的进入并促进转录起始。②上游－35 区的中心处,有一组保守的序列 TTGACA,称为 Sextama 框,与－10 区相隔 16～19 bp,该序列与 RNA 聚合酶辨认起始点有关,又称为辨认点。

(2)转录的起始过程:首先σ因子辨认启动子－35 区的 TTGACA 序列,并以全酶形式与之结合。在这一区段,RNA 聚合酶与模板结合松弛,移向－10 区的 TATAAT 序列,并到达转录起始点,二者形成较稳定的结构(图 14-1)。因 Pribnow 盒富含碱基 A 和 T,DNA 双螺旋容易解开,当解开 17 bp 时,DNA 双链中的模板链就开始指导 RNA 链的合成。

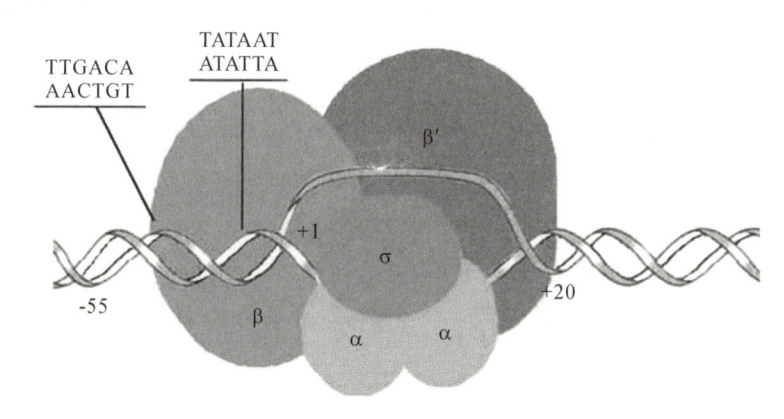

图 14-1　原核生物 RNA 聚合酶在转录起始区的结合

新合成 RNA 的 5′端第一个核苷酸往往是嘌呤核苷酸(ATP 或 GTP),尤以 GTP 为常见,与模板链互补的第二个核苷酸进入,并与第一个核苷酸之间形成磷酸二酯键,释放出焦磷酸,开始 RNA 的延伸。RNA 链合成开始后,σ因子即脱落下来,核心酶与合成的 RNA 仍结合在 DNA 上,并沿 DNA 向前移动。脱落的σ因子可与另一核心酶结合,反复使用,循环参与起始位点的识别作用。

2. 转录的延伸　延伸过程是核心酶催化下的核苷酸聚合反应。当σ因子从全酶中脱落后,核心酶发生构象改变,与 DNA 模板的结合变得较为松弛,可以在 DNA 模板链上沿 3′→5′的方向滑动。在核心酶的催化下,4 种 NTP 按照模板链碱基排列顺序的指引依次进入,按照碱基配对原则逐个地加到前一个核苷酸的 3′-OH 上生成磷酸二酯键。随着核心酶不断沿模板链滑动,DNA 双螺旋逐渐解开暴露模板链,新生 RNA 链沿 5′→3′方向逐渐延长。此时,已合成的 RNA 链从 5′端逐渐与模板链分离,而已解开的模板链与编码链退火形成双螺旋(图 14-2)。

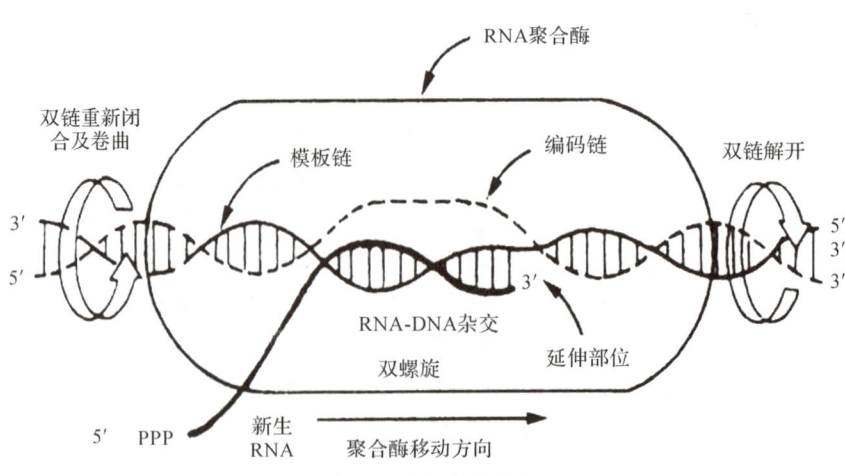

图 14-2 转录的延伸

3. 转录的终止 当核心酶滑行到 DNA 模板链的终止部位即停顿下来不再前进，转录产物 RNA 链从转录复合物上脱落下来，就是转录终止。原核生物转录终止有依赖 ρ 因子和不依赖 ρ 因子两种方式。

(1) 依赖 ρ 因子的转录终止：ρ 因子能与转录产物 RNA 结合，尤其与其 3′端多聚 C 的结合力强，结合后，ρ 因子和 RNA 聚合酶都发生构象变化，从而使 RNA 聚合酶停顿。ρ 因子还有 ATP 酶活性和解螺旋酶活性，能利用 ATP 水解释放的能量将 RNA 链从模板 DNA 链上拆开，并从转录复合物中释放出来。

(2) 不依赖 ρ 因子的转录终止：某些基因 DNA 模板有特异的转录终止信号，它可使合成的转录产物的 3′端富含 G—C 和带有一段寡聚 U。这一段富含 G—C 的 RNA 能通过碱基互补配对形成发夹结构，RNA 聚合酶与发夹结构作用后，即停止转录。寡聚 U 则进一步使 RNA 与 DNA 的结合力下降，新合成的 RNA 从模板上脱落下来，转录终止。

(二) 真核生物的转录过程

1. 转录的起始 真核生物的转录起始比原核生物复杂，其调控序列包括启动子、增强子和沉默子等。与原核生物相比，真核生物 RNA 聚合酶并不能直接与 DNA 模板结合，而需要众多的蛋白质因子参与，形成转录起始前复合物。能直接或间接与 RNA 聚合酶结合的蛋白质因子，称为转录因子 (transcriptional factor, TF)。

(1) 启动子：典型的启动子在转录起始点上游 −25 区含共有序列 TATAAAA，称为 TATA 框或 Hogness 框。TATA 框是绝大多数真核生物基因正确表达所必需的，RNA 聚合酶与 TATA 框牢固结合后才能起始转录。通常在转录起始点上游 −110～−30 区，还存在共有序列 GGCCAATCT 和 GGGCGG，分别称为 CAAT 框和 GC 框，两者均可通过增强启动子的活性来控制转录频率。TATA 框、CAAT 框和 GC 框都是转录因子的结合位点。真核生物的 RNA 聚合酶 Ⅰ、RNA 聚合酶 Ⅱ 和 RNA 聚合酶 Ⅲ 分别需要 TF Ⅰ、TF Ⅱ 和 TF Ⅲ 识别相应的启动子。

(2) 转录的起始过程：以 RNA 聚合酶 Ⅱ 催化的转录过程为例，真核生物 mRNA 的转录起始也需要 RNA 聚合酶和模板结合形成复合物。首先，由一系列转录因子 TF Ⅱ 与 DNA 模板结合形成聚合物，聚合物与 TATA 框结合为核心，再引导 RNA 聚合酶 Ⅱ 和转录起始点结合，最终形成转录起始前复合物。

2. 转录的延伸 真核生物的转录延伸与原核生物的过程基本相似。真核生物的 DNA 双螺旋和组蛋白结合成核小体，在转录的延伸过程中，可以观察到核小体移位和解聚的现象。

3.转录的终止　真核生物 DNA 模板链的编码区下游常有一组共有序列 AATAA，在下游有许多 GT 序列，这是 hnRNA 转录终止相关信号，称为修饰点。当聚合酶Ⅱ所催化的转录越过修饰点后，hnRNA 在修饰点处被切断，随即加上一段 poly(A) 尾结构。

无论是原核生物还是真核生物，RNA 转录和 DNA 复制都是聚合酶催化的核苷酸的聚合过程，既有相同点，又有不同之处（表 14-3）。

表 14-3　复制和转录的比较

区别点	复制	转录
模板	DNA 两股链均复制	DNA 模板链转录（不对称转录）
原料	dNTP（dATP，dCTP，dGTP，dTTP）	NTP（ATP，CTP，GTP，UTP）
酶	DNA 聚合酶	RNA 聚合酶
聚合反应	形成 3′,5′-磷酸二酯键	形成 3′,5′-磷酸二酯键
聚合方向	5′→3′	5′→3′
聚合产物	子代双链 DNA	mRNA、tRNA、rRNA
碱基配对	A—T，G—C	A—U，G—C，T—A
RNA 引物	需要	不需要

第二节　真核生物转录后加工

转录生成的 RNA 是初级转录产物，又称为前体 RNA，需经过一定的加工修饰，才能变成成熟的、具有生物学活性的 RNA 分子。原核细胞没有细胞核，其结构基因是连续的核苷酸序列，转录后的 RNA 很少需要加工处理（tRNA 例外）。真核细胞则不同，它有细胞核，转录和翻译的部位被核膜隔开，且多数基因是由编码序列（外显子）与非编码序列（内含子）相间排列组成的断裂基因。所以转录后生成的各种 RNA 都是其前体，必须经过较为复杂的加工修饰过程，才能成为成熟的 RNA。这一过程称为 RNA 转录后加工，包括剪切、拼接和化学修饰等。

一、mRNA 前体的转录后加工

由于不同基因结构的差异，真核生物 mRNA 的原始转录产物很不均一，统称为核内不均一 RNA（heterogeneous nuclear RNA，hnRNA），也称为 mRNA 前体。真核生物 mRNA 转录后，需进行 5′端加帽、3′端加尾以及对 hnRNA 进行剪接等，其转录后加工如下。

1.5′端加帽　真核生物中成熟 mRNA 的 5′端都含有一个 m^7GpppG 的帽结构。5′端加帽是在细胞核内进行的，通过鸟苷酸转移酶的作用，在 hnRNA 的 5′端加上一个鸟苷酸残基，然后对该残基进行甲基化修饰，使其成为 m^7GpppG 的帽结构（图 14-3）。5′端帽结构的作用包括：①保护 mRNA 免受核酸酶的水解；②能与帽结合蛋白复合体结合，参与 mRNA 与核糖体的结合，启动蛋白质的翻译过程；③有利于成熟的 mRNA

从细胞核输送到细胞质,只有成熟的 mRNA 才能进行输送。

图 14-3　mRNA 的 5′端帽结构和 3′端尾结构

2.3′端加尾　mRNA 3′端的多聚腺苷酸[poly(A)]也是在转录后加上去的。先由特异的核酸外切酶切去 3′端的一些核苷酸,然后在多聚腺苷酸聚合酶的催化下,以 ATP 为底物,在 3′端接上一段 30～200 个 A 的 poly(A)的尾结构(图 14-3)。poly(A)尾结构的功能是:①维持 mRNA 翻译模板的活性;②增加 mRNA 本身的稳定性;③是 mRNA 由细胞核进入细胞质所必需的结构。

3.mRNA 的剪接　真核细胞的 mRNA 前体(hnRNA)是由断裂基因转录的,包含内含子和外显子的区段,所以其分子量比成熟的 mRNA 大几倍甚至数十倍。剪接(splicing)就是把 hnRNA 分子中的内含子除去,把外显子拼接起来,成为具有翻译模板功能的成熟 mRNA。剪接过程中,hnRNA 分子中的内含子先弯成套索状,使外显子相互靠近,接着由特异的 RNA 酶切断外显子与内含子之间的磷酸二酯键,再让外显子相互连接,生成成熟的 mRNA(图 14-4)。

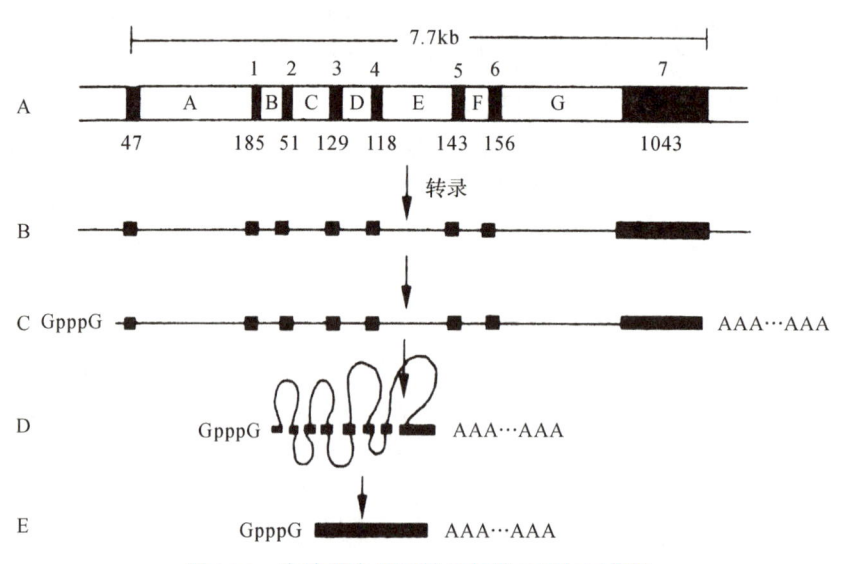

图 14-4　卵清蛋白基因转录与转录后加工修饰
A.蛋白基因(A、B、C、D、E、F、G 为内含子;1、2、3、4、5、6、7 为外显子);
B.转录初级产物 hnRNA;C.hnRNA 的加帽、加尾;D.剪接过程中套索 RNA 的形成;
E.细胞质中出现的成熟 mRNA

二、tRNA 前体的转录后加工

原核生物和真核生物共有 40～50 种 tRNA 分子。原核生物的 rRNA 和某些 tRNA 基因组成混合操纵子,如大肠杆菌基因组有 7 个编码 rRNA 的操纵子,这些操纵子中编码 rRNA 的基因相同,均含有 16S rRNA、23S rRNA 和 5S rRNA 分子。有的 16S rRNA、23S rRNA 之间有 1 或 2 个 tRNA 编码基因,有的 5S rRNA 的 3′端也有 tRNA 编码基因。这些混合操纵子可转录生成一个约有 6500 nt 的 30S rRNA 前体,然后被核酸酶切割加工为成熟的 rRNA 及 tRNA。真核生物细胞中 RNA 聚合酶 Ⅲ 负责 tRNA 的转录。与原核生物 tRNA 前体加工相似,由核酸酶切除 tRNA 前体分子 3′端和 5′端的多余序列及内含子序列,如果 tRNA 前体含有多个 tRNA,由核酸内切酶切割分离。酶切割分离 tRNA 前体的同时,由核苷酸转移酶在 3′端加上 CCA 序列,再经化学修饰形成 tRNA 分子中的稀有碱基。修饰反应主要有还原反应、甲基化反应、脱氨基反应和核苷内的转位反应,如尿嘧啶还原为二氢尿嘧啶,嘌呤甲基化生成甲基嘌呤,腺嘌呤脱氨生成次黄嘌呤,尿苷经过核苷内的转位反应生成假尿苷等。

三、rRNA 前体的转录后加工

真核生物 rRNA 基因串联重复排列在基因组上,重复次数可达上千次。真核细胞的 rRNA 来自更长的前体,rRNA 前体必须经过切割和修饰才能形成成熟的 rRNA。18S rRNA、28S rRNA 和 5.8S rRNA 基因成簇排列组成一个转录单位,由 RNA 聚合酶 Ⅰ 催化合成 45S rRNA 前体。不同 rRNA 由间隔区隔开,在转录过程中或转录刚完成时,rRNA 前体分子的初级转录物中有一百多个核苷酸的 2′-OH 被甲基化,然后一系列特异的 RNA 酶催化 45S rRNA 前体,最终分裂为成熟的 18S rRNA、28S rRNA 和 5.8S rRNA。随后它们在核仁内与蛋白质一起装配成核糖体,被输送至细胞质而参与蛋白质的生物合成。5S rRNA 来源于 RNA 聚合酶 Ⅲ 催化合成的转录产物。

四、核酶在转录后加工中的作用

核酶(ribozyme)是一类具有生物催化功能的 RNA,亦称 RNA 催化剂。核酶最初是在 20 世纪 80 年代初由 Cech 在研究四膜虫的 rRNA 剪接时发现的。四膜虫的组 Ⅰ 内含子是典型的天然核酶,具有自剪接功能,以鸟嘌呤核苷为辅因子,通过转酯化和磷酸二酯水解反应,在内含子的 5′端特异位点剪接 mRNA,切除内含子,连接外显子。组 Ⅰ 内含子还可通过两步反应剪接 mRNA 分子将 3′-OH 与另一靶 RNA 分子的 5′磷酸相连,因此在 mRNA 水平,核酶也可起到修复 mRNA 分子突变的作用。

RNA 酶 P(RNase P)广泛存在于生物细胞中,RNase P 分子由 RNA 和蛋白质两部分组成,其中 RNA 部分具有催化功能。RNase P 能识别和加工所有类型的 tRNA 前体,切除 5′端序列生成成熟的 tRNA。

第三节 RNA 生物合成的抑制剂

一些临床药物和试剂可作为干扰 RNA 生物合成的抗代谢物或抑制剂,包括碱基类似物、核苷类似物、DNA 模板功能的抑制剂和 RNA 聚合酶抑制剂等。

一、碱基类似物与核苷类似物

一些碱基类似物通过细胞代谢或酶催化,在体内转化为有活性的结构,干扰核酸的正常合成。5-氟胞嘧啶(5-FC)是一种抗真菌药物,其自身无抗菌活性,UMP磷酸核糖转移酶催化5-FC生成有活性的单磷酸5-氟尿苷,并以三磷酸5-氟尿苷的形式引起RNA错配。6-巯基嘌呤进入体内后可转变为巯基嘌呤核苷酸,抑制嘌呤核苷酸的合成,可作为抗癌药物治疗急性白血病等。

核苷类似物的功能主要是抗病毒,提高免疫及恢复肝功能。利巴韦林(ribavirin)是一种核苷类抗病毒药物,除了错配作用外,它还可以抑制病毒mRNA的5′加帽反应,干扰mRNA的加工。

二、DNA模板功能的抑制剂

一些人工合成的化学物质可通过干扰DNA生物合成的过程间接抑制RNA的转录。阿昔洛韦(acyclovir)和更昔洛韦(ganciclovir)是鸟苷类抗病毒药物,疱疹病毒编码的胸腺嘧啶激酶可催化这两种药物生成它们的单磷酸衍生物,感染了病毒的宿主细胞利用自身的激酶继续催化单磷酸衍生物生成三磷酸衍生物。该三磷酸衍生物是病毒DNA聚合酶的适合底物,而宿主细胞的DNA聚合酶不能识别它们,因此,病毒DNA聚合酶将该类三磷酸核苷衍生物掺入新合成的病毒DNA中,并生成缺少3′-OH的DNA链,使之无法生成3′,5′-磷酸二酯键,导致病毒DNA链延伸的终止。5-碘脱氧尿苷(5-iododeoxyuridine),阿糖腺苷(arabinosyladenosine)也以类似的机制,通过病毒DNA聚合酶向病毒DNA中掺入它们的磷酸衍生物,抑制病毒DNA的复制。

逆转录酶是RNA指导的DNA聚合酶。该酶的抑制剂具有抗反转录病毒的作用。叠氮脱氧胸苷(zidovudine,AZT)是具有抗HIV的药物,宿主细胞激酶催化AZT生成AZT-TP。后者与内源ATP竞争逆转录酶的活性中心,在cDNA中掺入AZT-MP,导致cDNA链缺少3′-OH而无法延伸。后来发现的多种核苷类抗HIV药物的作用机制与AZT类似。

放线菌素D、丝裂霉素C能与DNA结合形成复合物,使DNA链不能发挥模板功能,因而它们对动物细胞及微生物细胞均具有细胞毒性。

三、RNA聚合酶抑制剂

RNA聚合酶抑制剂指那些能够抑制RNA聚合酶活性,从而抑制RNA合成的物质,如利福霉素、利迪链菌素等抗生素和α-鹅膏蕈碱等化学药物。大肠杆菌RNA聚合酶全酶 $α_2ββ′σ$ 催化核苷酸连接的活性中心位于β亚基上,它与转录的起始有关,也是抗生素的结合靶点。利福霉素B的衍生物利福平对革兰氏阳性细菌具有抗菌活性,它可与RNA聚合酶的β亚基结合来抑制该酶活性,从而抑制RNA转录过程中RNA链的延长。

思考题

1. 简述原核生物mRNA转录的主要过程。
2. 比较原核生物RNA转录和DNA复制的异同。

3. 简述 hnRNA 与成熟 mRNA 的关系,以及 mRNA 前体的转录后加工。
4. 分别说明原核生物和真核生物启动子的结构特点。
5. 举例说明抑制 RNA 生物合成的药物的作用机制。

本章小结

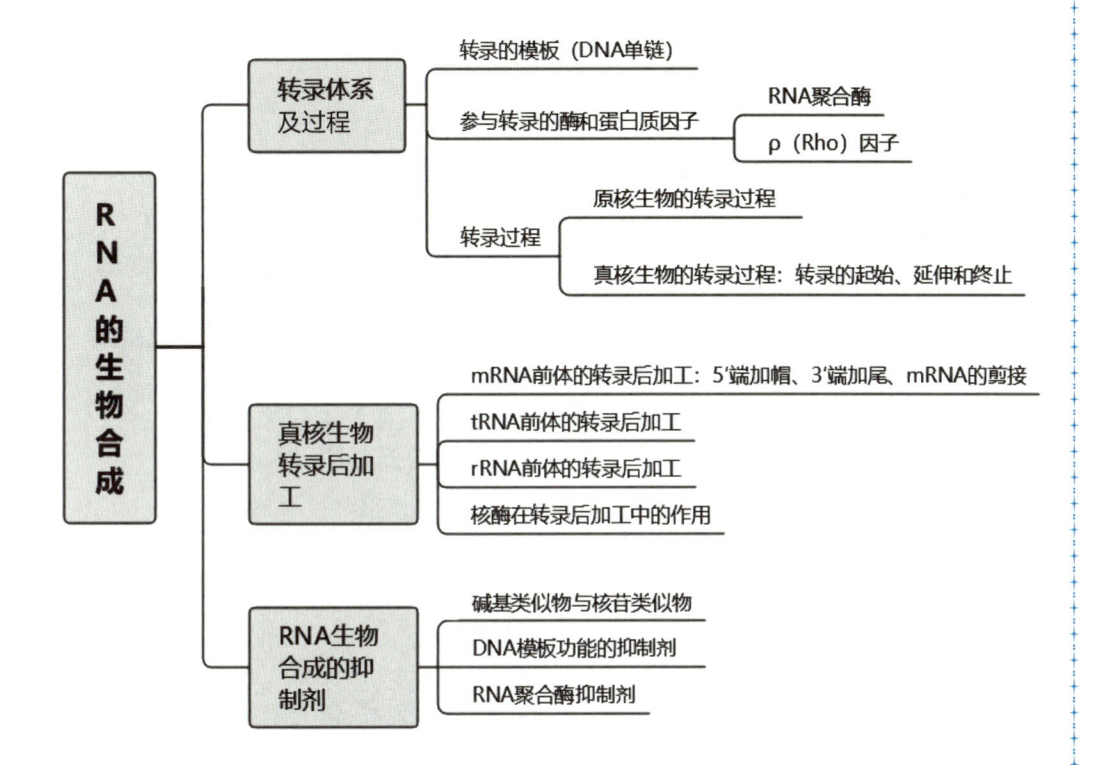

```
                          ┌── 转录的模板（DNA单链）
           ┌─转录体系──────┤                          ┌── RNA聚合酶
           │   及过程      └── 参与转录的酶和蛋白质因子┤
           │                                          └── ρ (Rho) 因子
           │                   ┌── 原核生物的转录过程
           │              转录过程
R          │                   └── 真核生物的转录过程：转录的起始、延伸和终止
N          │
A          │                  ┌── mRNA前体的转录后加工：5'端加帽、3'端加尾、mRNA的剪接
的          │   真核生物     ├── tRNA前体的转录后加工
生 ────────┼── 转录后加   ──┤
物          │      工        ├── rRNA前体的转录后加工
合          │                  └── 核酶在转录后加工中的作用
成          │
           │                  ┌── 碱基类似物与核苷类似物
           │   RNA生物      ├── DNA模板功能的抑制剂
           └── 合成的抑  ────┤
               制剂          └── RNA聚合酶抑制剂
```

277

第十五章 蛋白质的生物合成

学习目标

知识目标
1. 掌握：三种 RNA 的作用；遗传密码的特点；蛋白质生物合成的基本过程。
2. 熟悉：核糖体的组成及结构；蛋白质生物合成所需蛋白质因子及其功能。
3. 了解：蛋白质合成后的加工与修饰；影响核酸和蛋白质生物合成的药物。

能力目标
1. 根据蛋白质翻译后加工及运输，深入理解蛋白质结构与功能的关系。
2. 理解干扰蛋白质生物合成等药物的作用机制并加以运用。

第一节 蛋白质的生物合成体系

蛋白质的生物合成称为翻译（translation），其实质是蛋白质多肽链的合成。遗传信息贮存于 DNA 分子中，通过转录传给 mRNA，然后以 mRNA 为直接模板，指导蛋白质的生物合成。翻译是遗传信息表达的第二步。蛋白质的生物合成是涉及数百种分子的、复杂的耗能过程，合成原料是 20 种氨基酸。mRNA 分子是由四种碱基（A、C、G、U）组成的多核苷酸链，翻译就是将 mRNA 分子中四种碱基的排列顺序，破译为蛋白质分子中 20 种氨基酸的排列顺序。tRNA 结合并运载各种氨基酸至 mRNA 模板上，而 rRNA 和多种蛋白质构成的核糖体是蛋白质生物合成的场所。此外，参与蛋白质合成的物质还包括氨基酸活化及肽链合成起始、延长和终止阶段中的多种蛋白质因子、其他蛋白质、酶类、供能物质和某些无机离子等。

一、蛋白质生物合成的模板——mRNA

mRNA 通过其模板作用传递 DNA 的遗传信息，从而决定蛋白质分子中的氨基酸排列顺序。mRNA 分子从 AUG 开始，按 5′ 至 3′ 方向，每 3 个相邻的碱基组成一个三联体，决定一个氨基酸的遗传密码，又称密码子。密码子在 mRNA 分子上的排列顺序决定了多肽链中氨基酸的排列顺序。因为蛋白质分子共有 20 种氨基酸，故至少有 20 种密码子，但实际上，mRNA 分子中共有 64 个密码子（4^3），见表 15-1。其中有 3 个位于 mRNA 3′ 端的密码子（UAA、UAG、UGA）不代表任何氨基酸，只代表多肽链合成的终止信号,称为终止密码。另外,AUG 既编码多肽链中的甲硫氨酸,又作为多肽链合成的起始信号,故称为起始密码子。

表 15-1 遗传密码表

第一个核苷酸(5′)	第二个核苷酸				第三个核苷酸(3′)
	U	C	A	G	
U	UUU UUC 苯丙 UUA UUG 亮	UCU UCC UCA UCG 丝	UAU UAC 酪 UAA UAG 终止	UGU UGC 半胱 UGA 终止 UGG 色	U C A G
C	CUU CUC CUA CUG 亮	CCU CCC CCA CCG 脯	CAU CAC 组 CAA CAG 谷胺	CGU CGC CGA CGG 精	U C A G
A	AUU AUC 异亮 AUA AUG 甲硫	ACU ACC ACA ACG 苏	AAU AAC 天冬 AAA AAG 赖	AGU AGC 丝 AGA AGG 精	U C A G
G	GUU GUC GUA GUG 缬	GCU GCC GCA GCG 丙	GAU GAC 天胺 GAA GAG 谷	GGU GGC GGA GGG 甘	U C A G

遗传密码具有如下特点。

(1)方向性:RNA 分子中三联体密码子是按 5′→3′方向排列的,即翻译时读码从 RNA 的起始密码 AUC 开始,按 5′→3′的方向逐一阅读,直至终止密码。这样,mRNA 阅读框中 5′→3′的核苷酸顺序就决定了多肽链中从氨基端到羧基端的氨基酸顺序。

(2)连续性:mRNA 分子中含有密码子的区域称为阅读框。在阅读框内,三联体密码是连续不间断排列的,如 mRNA 链上有碱基插入或缺失,就会导致读码错误,造成移码突变,使下游翻译出的氨基酸序列完全改变。

(3)简并性:遗传密码中,除蛋氨酸和色氨酸仅有 1 个密码子外,其余 18 种氨基酸均对应有 2 个或 2 个以上密码子。这种同一种氨基酸对应多种密码子的现象称为遗传密码的简并性。编码同一种氨基酸的一组密码子称为同义密码子。细看遗传密码表,同义密码子的第一、二位碱基大多相同,而第三位不同,可见同义密码子的特异性主要是由前两位碱基决定的,第三位碱基同义突变。因此,遗传密码的简并性对于减少基因突变对蛋白质功能的影响具有重要意义。

(4)摆动性:翻译过程中,氨基酸的正确加入依赖 mRNA 的密码子与 tRNA 的反密码子之间的反向配对。然而密码子与反密码子配对时,有时会出现不严格遵守常见的碱基配对规律的情况,称为摆动配对。按照 5′→3′阅读密码规则,摆动配对常见于密码子的第三位碱基与反密码子的第一位碱基间的配对,两者虽不严格互补,但也能相互辨认。如 tRNA 反密码子的第一位常出现稀有碱基次黄嘌呤(inosine,I),可分别与密码子的第三位碱基 U、C、A 配对(表 15-2)。摆动配对的碱基间形成的是特异、低键能的氢键,有利于翻译时 tRNA 迅速与密码子分离。因此,摆动配对使密码子与反密码子的相互识别具有灵活性,这可使一种 tRNA 能识别 mRNA 上的 1~3 种简并性密码子。

表 15-2 密码子与反密码子配对的摆动现象

tRNA 反密码子第一位碱基	mRNA 密码子第三位碱基
I	U、A、G
U	A、G
G	U、C

(5)通用性:从简单的生物(如病毒)到人类,所有生物在蛋白质的合成中都使用这套遗传密码。但是,动物细胞线粒体和植物细胞叶绿体的密码子与这套"通用密码子"有些不同。例如线粒体和叶绿体以 AUG、AUU 为起始密码子,而 AUA 兼有起始密码子和甲硫氨酸密码子的功能,终止密码子是 AGA、AGG,色氨酸密码子是 UGA 等。

知识链接

遗传密码的破译

20 世纪 60 年代,Nirenbreg 等人推断出 64 个密码子,并利用人工合成的多尿嘧啶核苷酸[poly(U)]为模板,在体外无细胞蛋白质合成体系中合成了苯丙氨酸,从而确定密码子 UUU 代表苯丙氨酸。其后,又用同样的方法证明了密码子 CCC 和 AAA 分别代表脯氨酸和赖氨酸。另外,Khorana 将化学合成与酶促合成巧妙地结合起来,合成含有重复序列的多核苷酸共聚物,并以此为模板确定了半胱氨酸、缬氨酸等的密码子。Holley 则成功地制备了一种纯的 tRNA,标志着有生物学活性的核酸完成了化学结构的确定。

经过多位科学家的共同努力,64 个密码子的意义于 1966 年被确定,在现代生物学研究史上写下了不朽的篇章。Nirenbreg、Khorana 和 Holley 因此荣获 1968 年诺贝尔生理学或医学奖。

二、蛋白质生物合成的场所——核糖体

rRNA 是一类分子量不等的非均一性 RNA,它们与多种蛋白质互相镶嵌,结合为显微镜下可见的核糖体颗粒,是氨基酸聚合成肽链的场所。核糖体由大、小亚基构成,每个亚基含有不同的蛋白质和 rRNA,在原核生物和真核生物中,大、小亚基的组成成分各有不同(表 15-3)。大亚基有转肽酶活性和两个 tRNA 结合部位,一个结合肽酰-tRNA(P 位),另一个结合氨酰-tRNA(A 位),如图 15-1 所示。小亚基有结合模板 mRNA 的功能,在大小亚基之间有容纳 mRNA 的部位,核糖体能沿着 mRNA 按 5′→3′方向阅读遗传密码。

表 15-3　核糖体中的蛋白质和 rRNA

核糖体	亚基	rRNA	蛋白质
原核生物 (70S)	大亚基(50S)	5S rRNA、23S rRNA	34 种
	小亚基(30S)	16S rRNA	21 种
真核生物 (80S)	大亚基(60S)	5S rRNA、28S rRNA、5.8S rRNA	49 种
	小亚基(40S)	18S rRNA	33 种

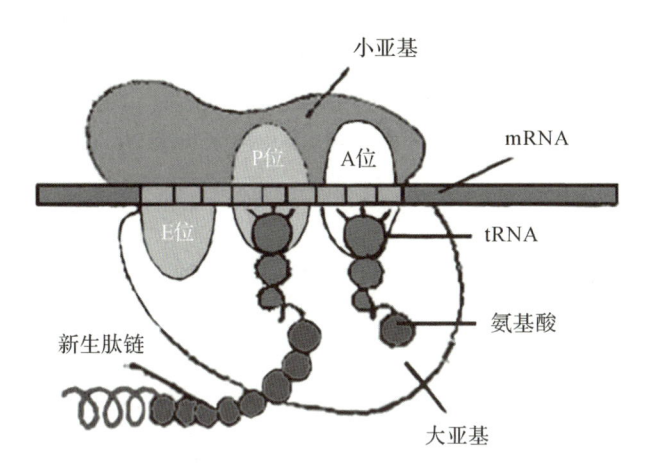

图 15-1　原核生物核糖体结构模式

核糖体蛋白种类繁多，其中有些是参与蛋白质合成的酶和各种因子，靠这些蛋白质、rRNA，以及 mRNA、tRNA 等特异性地、准确地相互配合，能使氨基酸按 mRNA 上遗传密码的指引依次聚合为肽链。

三、结合并转运氨基酸的工具——tRNA

tRNA 分子具有两个关键部位：一个是氨基酸的结合部位，由氨基酸臂 3′端 CCA—OH 与氨基酸分子的羧基共价结合，将氨基酸由细胞液转移到核糖体上；另一个是 mRNA 结合部位，由反密码环中的反密码子与 mRNA 上的密码子配对结合。由此可见，tRNA 是既可携带特异的氨基酸，又可特异识别 mRNA 遗传密码的双重功能分子。已发现的 tRNA 已超过 80 种，而氨基酸只有 20 种，故存在 2~6 种 tRNA 转运同一种氨基酸的情况。tRNA 携带的氨基酸在多肽链中的排列顺序，是由 mRNA 上的三联体密码子决定的，因此，tRNA 可将氨基酸准确地带到指定的位置。这种由密码子—反密码子—氨基酸的传递顺序，保证了从核酸到蛋白质信息传递的准确性。

四、参与蛋白质生物合成的其他物质

1. 蛋白质生物合成酶系

(1) 氨酰-tRNA 合成酶：又称为氨酰-tRNA 连接酶或氨基酸活化酶，催化 tRNA 与氨基酸的结合。此酶在 ATP 参与下，催化 tRNA 的 3′端 CCA—OH 与氨基酸的羧基之间生成酯键，使氨基酸活化，同时还能识别错配的氨基酸并进行校正。每种氨基酸都有其特异的氨酰-tRNA 合成酶；该酶具有绝对专一性，能对 tRNA 和氨基酸两种底物进行高度特异性的识别。

(2) 转肽酶：该酶实际上是核糖体大亚基上的蛋白质，能催化大亚基 P 位上的肽

酰-tRNA 的肽酰基转移到 A 位氨酰-tRNA 的氨基上，使酰基与氨基结合形成肽键，延长肽链。

(3)转位酶：转位酶活性存在于延长因子 EF-G 中，催化核糖体向 mRNA 的 3′端移动一个密码子的距离，使下一个密码子进入 A 位，同时，使 A 位上的肽酰-tRNA 进入 P 位，空出 A 位用于下一个氨酰-tRNA 进位。

2. 蛋白质因子　在蛋白质合成的各阶段还有多种重要的蛋白质因子参与反应，主要有起始因子(IF，真核细胞的写作 eIF)、延伸因子(EF)、释放因子(RF)、核糖体释放因子(RRF)等。它们参与蛋白质合成过程中氨酰-tRNA 对模板的识别和附着、核糖体沿 mRNA 模板的相对移动、合成终止时肽链的解离等环节。

3. 能源物质及无机离子　氨基酸活化及肽链形成过程中需要 ATP 及 GTP 供能。在蛋白质生物合成过程中，还有无机离子(如 Mg^{2+}、K^+ 等)参与反应。

第二节　蛋白质生物合成的过程

蛋白质的生物合成

在核糖体上合成多肽链的过程又称为翻译过程。翻译过程很复杂，可分为起始、延伸和终止三个阶段来描述，起始、延伸阶段也配合着氨酰-tRNA 的合成和转运。

一、氨基酸的活化

1. 氨基酸的活化过程　氨基酸的活化指氨基酸的 α-羧基与特异 tRNA 的 3′端 CCA-OH 结合形成氨酰-tRNA 的过程。这一反应由氨酰-tRNA 合成酶催化完成。反应分两步进行：第一步是氨酰-tRNA 合成酶识别它所催化的氨基酸及另一底物 ATP，并在酶的催化下，氨基酸的羧基与 AMP 上的磷酸之间形成酯键，生成中间复合物(氨酰-AMP-E)，同时释放出 1 分子 PPi；第二步是中间复合物与 tRNA 作用生成氨酰-tRNA，并重新释放出 AMP 和酶。

$$氨基酸 + ATP\text{-}E \longrightarrow 氨酰\text{-}AMP\text{-}E + PPi$$
$$氨酰\text{-}AMP\text{-}酶 + tRNA \longrightarrow 氨酰\text{-}tRNA + AMP + 酶$$

2. 氨酰-tRNA 的表示方法　如用三字母缩写代表氨基酸，各种氨基酸和对应的 tRNA 结合形成的氨酰-tRNA 可用以下方法表示。如原核生物的天冬氨酸、丝氨酸表示为 fAsp-tRNA^{fAsp}、fSer-tRNA^{fSer}，真核生物的天冬氨酸、丝氨酸表示为 Asp-tRNA^{Asp}、Ser-tRNA^{Ser}。

密码子 AUG 可编码甲硫氨酸(Met)，同时作为起始密码子。原核生物的起始密码子只能辨认甲酰化的甲硫氨酸，即 N-甲酰甲硫氨酸(fMet)，因此起始位点的甲酰甲硫氨酰-tRNA 表示为 fMet-tRNA^{fMet}。真核生物中，在起始位点和肽链延伸中的甲硫氨酰-tRNA 表示为 Met-tRNAi^{Met} 和 Met-tRNAe^{Met}。

二、原核生物蛋白质的合成

蛋白质的翻译过程分为起始、延长和终止三个阶段，这三个阶段都是在核糖体上完成的，即广义的核糖体循环。原核生物多肽链的合成过程涉及众多的蛋白质因子(表 15-4)。

表 15-4 参与原核生物蛋白质合成的蛋白质因子

蛋白质因子	种类	生物学功能
起始因子	IF-1	占据 A 位防止结合其他氨酰 tRNA
	IF-2	促进 fMet-tRNA^{fMet} 与 30S 小亚基结合
	IF-3	促进大、小亚基分离,提高 P 位对结合 fMet-tRNA^{fMet} 的敏感性
延长因子	EF-Tu	结合 GTP,携带氨酰 tRNA 进入 A 位
	EF-Ts	调节亚基
	EF-G	有转位酶活性,促进肽酰-tRNA 由 A 位转移至 P 位,促进 tRNA 卸载与释放
释放因子	RF-1	特异识别 UAA、UAG,诱导转肽酶变成转酯酶
	RF-2	特异识别 UAA、UGA,诱导转肽酶变成转酯酶
	RF-3	可与核糖体其他部位结合,有 GTP 酶活性,能介导 RF-1 及 RF-2 与核糖体的相互作用

1.肽链合成的起始 翻译起始先把核糖体的大小亚基、mRNA 和带有甲酰甲硫氨酸的起始 tRNA(fmet-tRNA^{fmet})聚合成翻译起始复合物。起始过程需要起始因子(IF-1、IF-2、IF-3)以及 GTP 和 Mg^{2+} 的参与。起始复合物的形成可分为下列 4 个步骤(图 15-2)。

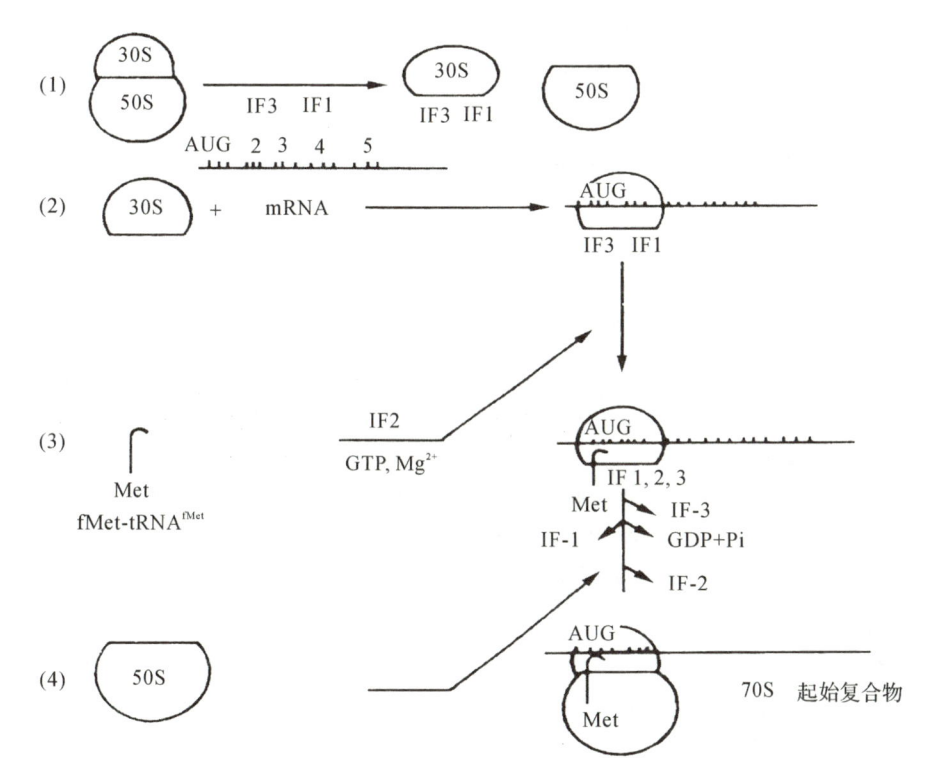

图 15-2 原核生物肽链合成的起始

(1)核糖体大小亚基解离:翻译延伸过程中,核糖体的大、小亚基是连成整体的。翻译终止的最后一步,实际上也是下一轮翻译的第一步,即核糖体的大、小亚基必须先分开,以利于 mRNA 和 fmet-tRNA^{fmet} 先结合于小亚基上。翻译起始时,IF-3 结合于核糖体，使大、小亚基解离，则单独存在的小亚基易于与 mRNA 和起始 tRNA 结合。IF-1 能协助 IF-3 的作用。

(2) mRNA 与核糖体的小亚基结合：在 mRNA 起始密码子 AUG 的上游有一段以 AGGAGG 为核心的富含嘌呤的序列(S-D 序列)，在小亚基上的 16S rRNA 近 3′端处，有一段富含嘧啶的短序列 UCCUCC 可与 S-D 序列互补结合，同时小亚基蛋白可以辨认、结合紧接 S-D 序列的一小段核苷酸序列。通过上述 RNA-RNA、RNA-蛋白质的相互辨认和结合作用，原核生物 mRNA 的起始密码子 AUG 在核糖体的小亚基上精确定位而形成复合体。

(3) fmet-tRNA^{fmet} 与小亚基结合：它们的结合受 IF-2 的控制。起始时 IF-1 结合在 A 位，阻止氨酰 tRNA 的进入。IF-2 首先与 GTP 结合，再结合 fMet-tRNA^{fMet}。在 IF-2 的帮助下，fMet-tRNA^{fMet} 识别对应核糖体 P 位的 mRNA 起始密码 AUG，并与之结合，从而促进 mRNA 的准确就位。

(4) 翻译起始复合体的形成：IF-2 有完整核糖体依赖的 GTP 酶活性。当上述结合了 mRNA、fMet-tRNA^{fMet} 的小亚基再与 50S 大亚基结合生成完整核糖体时，IF-2 结合的 GTP 就被水解释能，促使 3 种 IF 释放，形成由完整核糖体、mRNA、起始氨酰-tRNA 组成的翻译起始复合体。此时，结合起始密码子 AUG 的 fMet-tRNA^{fMet} 占据 P 位而 A 位留空，并对应 mRNA 上紧接在 AUG 后的三联体密码，为肽链延长做好了准备。

2. 肽链的延长　指在 mRNA 密码子序列的指导下，氨基酸依次进入核糖体并聚合成多肽链的过程。肽链延伸的过程是在核糖体上连续循环进行的，故也称核糖体循环，每次循环可分为进位、成肽和转位三个步骤。每循环一次，肽链增加一个氨基酸残基，如此不断重复，直到肽链合成终止(图 15-3)。这一过程需要肽链延长因子(EF)、GTP、Mg^{2+} 和 K$^+$ 的参与。

(1) 进位：又称注册，指一个氨酰-tRNA 按照 mRNA 模板的指令进入并结合到核糖体 A 位的过程。肽链合成起始后，核糖体 P 位已被起始氨酰-tRNA 占据，但 A 位是留空的，并对应 AUG 后下一组的三联体密码子，进入 A 位的氨酰-tRNA 即由该密码子决定。这一过程必须有 EF-T 的参与和 GTP 提供能量。

(2) 成肽：又称转肽，是在肽酰转移酶催化下形成肽键的过程。在肽酰转移酶催化下，P 位上 fmet-tRNA^{fmet} 中甲酰甲硫氨酸的酰基转移到 A 位，与 A 位上氨酰-tRNA 的氨基结合形成第一个肽键，这样就在 A 位上形成一个二肽酰-tRNA。P 位上空载的 tRNA 随之从大亚基上脱落下来，此时 P 位成为空位。

(3) 转位：又称移位。上述二肽形成之后，在 EF-G(具有转位酶活性)作用下，核糖体向 mRNA 的 3′端方向移动相当于一个密码子的距离，此时 A 位上的二肽酰-tRNA 移至 P 位，A 位留空，而 mRNA 上的第三个密码子与空着的 A 位相对应。至此，第一次循环完成，又回到循环开始时的状态。所不同的是，此时 P 位上由循环开始时的 fmet-tRNA^{fmet} 变成了二肽酰-tRNA。接着，第 3 个氨酰-tRNA 就按第三个密码子的指引进入 A 位，开始下一轮循环，形成三肽酰-tRNA。

如此按进位-成肽-转位每循环一次，就在肽链上增加一个氨基酸残基，核糖体依次沿 5′→3′方向阅读 mRNA 的遗传密码子，肽链不断从 N 端向 C 端延伸(图 15-3)。

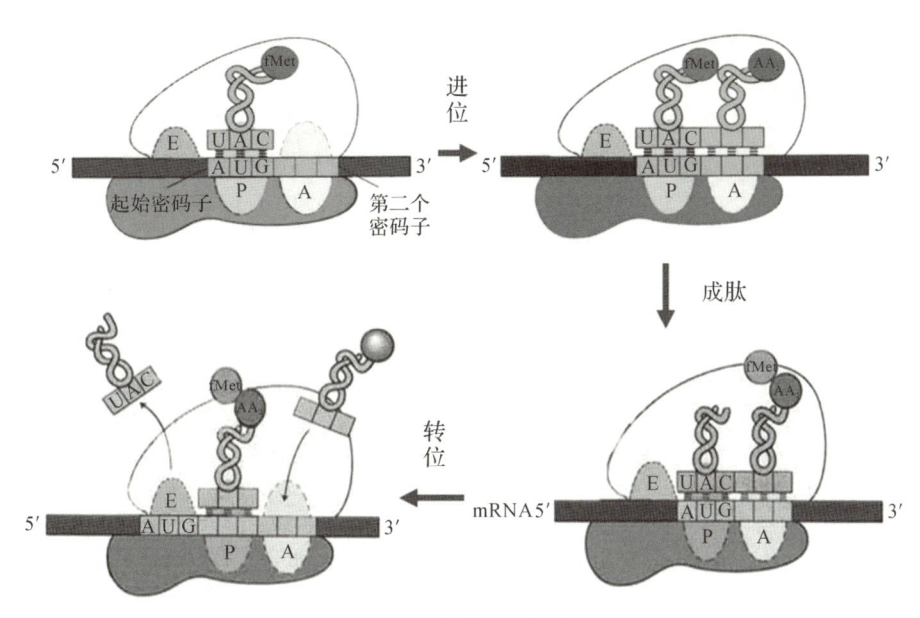

图 15-3 肽链合成的延长

3.肽链合成的终止 肽链合成的终止指核糖体 A 位出现 mRNA 的终止密码子后，多肽链合成停止，肽链从肽酰-tRNA 中释出，mRNA 及核糖体大、小亚基等分离的过程（图 15-4）。

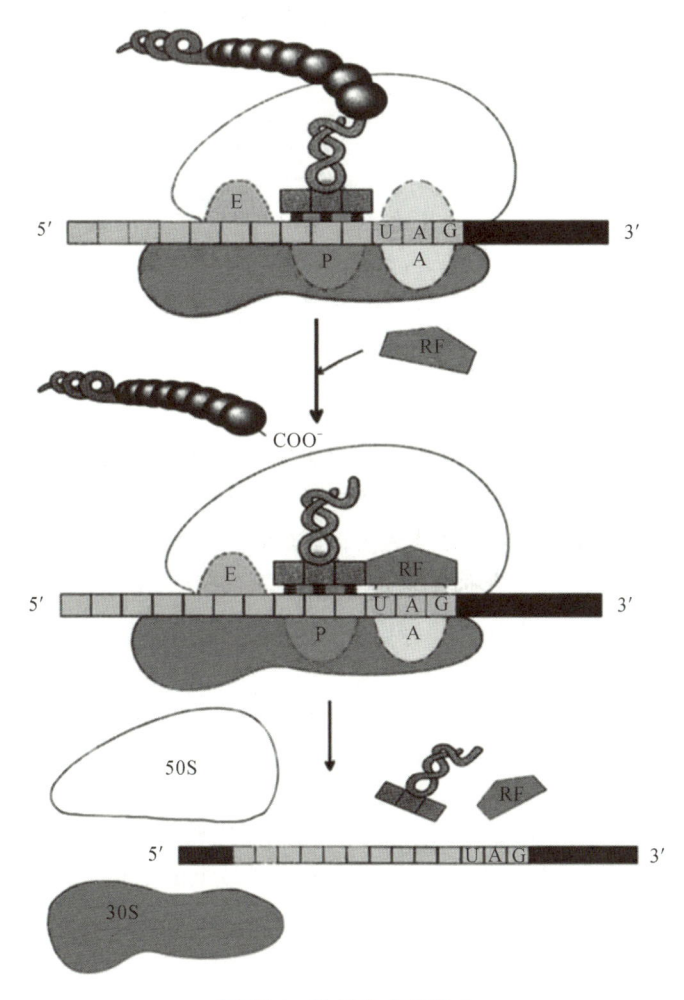

图 15-4 肽链合成的终止

当肽链延长直到 A 位出现终止密码子(UAA、UAG、UGA)，无氨酰-tRNA 与之对应时，释放因子(RF)能识别终止密码子，进入 A 位。RF 与大亚基的结合，可诱导转肽酶变构，激活转肽酶，使 P 位上的多肽链从 tRNA 上分离；然后由 GTP 供能，使 tRNA、RF 和 mRNA 均从核糖体上脱落下来；在 IF 的作用下，核糖体解聚成大、小亚基。解聚后的大、小亚基又可重新进入翻译过程，循环使用。核糖体循环狭义上指翻译延长，广义上则包括整个翻译过程。

细胞内合成蛋白质多肽链时，在同一条 mRNA 模板上不只结合一个核糖体，而是同时结合多个核糖体，各自进行翻译，合成相同的多肽链，这就是多核糖体(图 15-5)。多核糖体的形成是由于第一个核糖体在 mRNA 链上随着翻译的进行而向 3′端方向移动，空出的起始部位就会与第二个核糖体结合，以后第三个、第四个核糖体也可在 mRNA 的起始位点进入。多个核糖体在一条 mRNA 模板上同时进行翻译，可以大大提高蛋白质合成的速度。

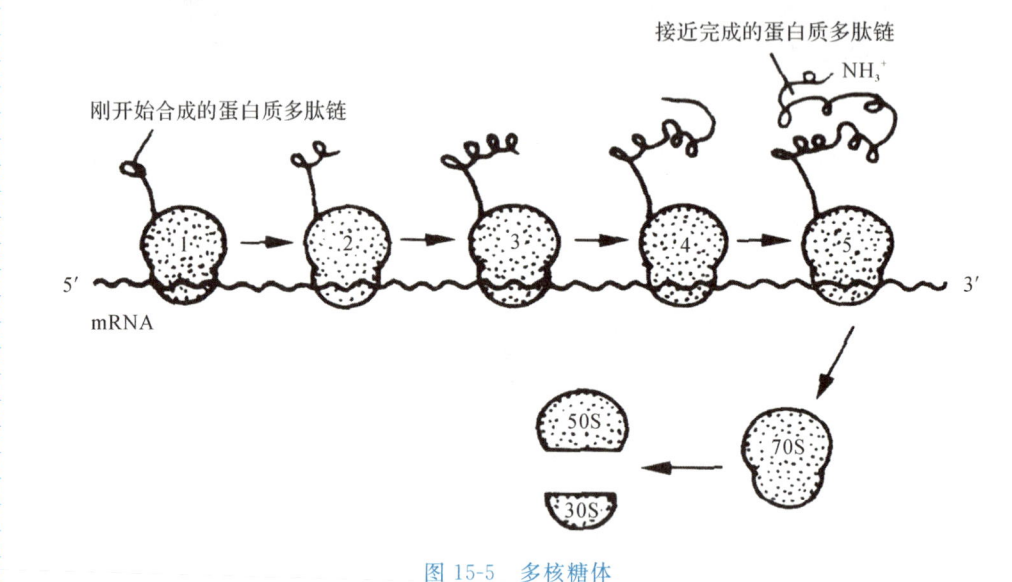

图 15-5 多核糖体

三、真核生物蛋白质的合成

真核生物蛋白质生物合成的过程与原核生物相似，但其步骤更复杂，需要更多的蛋白质因子参加。动物细胞含有两类核糖体，两组 tRNA 及两套蛋白质合成所需要的蛋白质因子。真核生物细胞液核糖体为 80S，包括 60S 大亚基和 40S 小亚基；而线粒体核糖体约为 70S，包括 50S 大亚基和 30S 小亚基。在细胞核内转录生成的 mRNA，随后被运输到核外，在细胞液中与核糖体结合进行翻译；线粒体 mRNA 的转录及蛋白质合成均在线粒体内完成，除线粒体 DNA 编码的 tRNA 外，其他 tRNA 和蛋白质来自细胞液。

1.肽链合成的起始　真核生物蛋白质合成的起始密码子为 AUG，起始氨基酸为甲硫氨酸，其活化形式为 Met-tRNA^{Met}。起始因子参与真核生物蛋白质翻译的起始，如表 15-5 所示。真核生物的起始因子有 10 种，虽然原核生物和真核生物的起始因子不相同，但二者的氨酰-tRNA 和 mRNA 结合到核糖体上的步骤，大致是一样的。

表 15-5　真核生物翻译起始因子及功能

起始因子家族	成员	功能
eIF-1	eIF1,eIF1A	多功能因子,促进起始复合物形成,识别选择 AUG
eIF-2	eIF2,eIF2B	依赖 GTP 识别 Met-tRNA^{Met},鸟苷酶交换因子,将 GDP 交换成 GTP
eIF-3	eIF3	核糖体亚基解离,促进 mRNA、tMet-tRNA^{Met} 与 40S 小亚基结合
eIF-4	eIF4A、eIF4B、eIF4F、eIF4H	识别 mRNA 上的 5′帽结构,使 40S 小亚基结合 mRNA,解开 mRNA 的二级结构
eIF-5	eIF5,eIF5B	启动 eIF2 GTPase,识别选择 AUG,促使起始因子从 40S 小亚基脱落以便与 60S 大亚基形成 80S 起始复合物
eIF-6	eIF6	结合 60S 大亚基,促进大、小亚基分离
PABP	Poly(A)结合蛋白	结合 mRNA 分子 3′端 poly(A),并与 5′端 eIF4F 作用促进循环

在前一轮翻译终止时,真核细胞起始因子 eIF2 依赖 GTP 与起始 Met-tRNA^{Met} 形成 eIF2:GTP:Met-tRNA^{Met} 三元复合物,随后起始因子 eIF3、eIF1、eIF1A 和 eIF5 辅助该三元复合物与游离的核糖体 40S 小亚基结合形成的 43S 复合物。eIF4 家族起始因子识别 mRNA 的 5′帽结构,并使 43S 复合物与 mRNA 的 5′帽结构附近序列结合并共同形成起始复合物(40S:Met-tRNA^{Met}:eIFs)。该复合物沿 mRNA 链从 5′→3′扫描直至发现第一个 AUG,Met-tRNA^{Met} 通过反密码子与 AUG 相互作用,核糖体 60S 大亚基进一步与起始复合物结合,并释放起始因子(eIF),完成翻译的起始。此时核糖体位于 mRNA 链的起始位点,Met-tRNA^{Met} 进入 P 位。

2. 肽链的延长　真核生物肽链的延长过程与原核生物相似,重复进位、成肽和转位反应。延伸过程需要 3 个延伸因子 eEF1A、eEF1B 和 eEF2,eEF1A 结合 GTP 和氨酰-tRNA,GTP 水解协助氨酰-tRNA 进入核糖体 A 位与密码子配对,eEF1B 负责 eEF1A 因子上 GTP 与 GDP 交换,维持 eEF1A 循环。生成新的肽键之后,eEF2 通过水解 GTP 催化 mRNA 移位。

3. 肽链合成的终止　当核糖体 A 位出现终止密码子(UAA、UAG 或 UGA)时,释放因子 eRF1 和 GTP-eRF3 结合到核糖体的 A 位。eRF1 能识别三种终止密码子并结合释放因子 eRF3。eRF3 具有 GTP 酶活性,核糖体上的肽酰转移酶催化肽酰-tRNA 发生水解,释放最后一个 tRNA 和完整的多肽链。eIF6 和 ATP 结合盒 E1(ATP-binding cassette E1,ABCE1)使 80S 核糖体的大、小亚基解聚,mRNA 离开核糖体,开始新一轮蛋白质的合成。

四、蛋白质合成后的加工及输送

从核糖体释放的多肽链,不一定具有生物活性,大多数需要经过细胞内的修饰处理过程,并形成特定的空间结构,才能成为有活性的成熟蛋白质。此过程称为翻译后加工,主要包括多肽链的折叠、一级结构的修饰和空间结构的修饰等过程。

(一)多肽链的折叠

核糖体上新合成的多肽链需要被逐步折叠成正确的天然构象才能成为有功能的蛋白质。新生多肽链的折叠在肽链合成中及合成后完成,新生肽链 N 端在核糖体上一出现,肽链的折叠即开始。可能随着序列的不断延伸而逐步折叠,产生正确的二级结构、模体、结构域直到形成完整的空间构象。这种折叠过程的意义有两点:①如果肽链折叠错误的话,就无法形成具有特定生物学活性的蛋白质分子;②至少在人体中,很多疾病如退行性神经系统疾病(如阿尔茨海默病等)都被发现与蛋白质分子的不正确折叠而导致的蛋白质聚集有关。

蛋白质折叠的信息全部储存于肽链自身的氨基酸序列中,即蛋白质的空间构象由一级结构决定。细胞中大多数天然蛋白质的折叠都不是自动完成的,而需要其他酶、蛋白质辅助。这些辅助性蛋白质可以指导新生蛋白质按特定方式进行正确的折叠。具有促进蛋白质正确折叠功能的大分子有分子伴侣、二硫键异构酶、脯氨酰顺-反异构酶等。

(二)一级结构的修饰

1. 肽链 N 端的切除 新合成的多肽链的第一个氨基酸总是甲硫氨酸或 N-甲酰甲硫氨酸。但大多数天然蛋白质的第一个氨基酸不是甲硫氨酸,因此在肽链的延伸中或合成后,在细胞内脱甲酰酶或氨肽酶作用下切除 N-甲酰基、N-甲硫氨酸或 N 端附加序列。

2. 氨基酸残基的化学修饰 蛋白质分子中某些氨基酸残基的侧链存在共价修饰的化学基团,是翻译后经特异加工形成的。这些修饰性氨基酸对蛋白质的生物学活性有重要作用。氨基酸残基的化学修饰包括赖氨酸、脯氨酸羟基化生成羟赖氨酸和羟脯氨酸,肽链内或肽链间半胱氨酸形成二硫键,某些蛋白质的丝氨酸、苏氨酸或酪氨酸残基磷酸化,赖氨酸、精氨酸甲基化等。

3. 多肽链的水解加工 某些无活性的蛋白质前体可经蛋白酶水解生成有活性的蛋白质或多肽。如胰岛素原酶解生成胰岛素;鸦片促黑皮质素原含有多个首尾相连的肽类激素,其多肽链的水解释放促肾上腺皮质激素、β-促黑激素、内啡肽等活性物质。

(三)空间结构的修饰

多肽链合成后,除了需要正确折叠成天然构象外,还需其他空间结构的修饰,包括亚基聚合、辅基连接和疏水脂链的链接等,如具有四级结构的蛋白质各亚基的非共价聚合。结合蛋白质如脂蛋白、色蛋白等需结合相应的辅基才能成为功能性蛋白质。某些蛋白质,如 RAS 蛋白、G 蛋白等,翻译后需要在肽链特定位点共价连接一个或多个疏水性强的脂链、多异戊二烯链等。

(四)蛋白质合成后的靶向运输

蛋白质合成后需定向运输到相应的部位才能行使其生物学功能,称为蛋白质的靶向运输(targeting transport)。蛋白质合成后大致有两种去向:一种是保留在细胞液中,另一种是进入细胞器或分泌到细胞外。蛋白质需要通过膜性结构,经过复杂的靶向运输机制,才能到达功能部位。

研究表明,细胞内蛋白质的合成有两个不同的场所,分别是游离核糖体与膜结合核糖体,这也就决定了蛋白质的去向和转运机制的不同。①翻译转运同步机制:指在内质网膜结合核糖体上合成的蛋白质,其合成与转运同时发生,包括细胞分泌蛋白、膜整合蛋白、滞留在内膜系统(如内质网、高尔基体、溶酶体和小泡等)的可溶性蛋白质。②翻译后转运机制：指在细胞质游离核糖体上合成的蛋白质，其从核糖体释放后才发生转运，包括预定滞留在细胞质基质中的蛋白质、质膜内表面的外周蛋白、核蛋白及掺入到其他细胞器（如线粒体、过氧化物酶体等）的蛋白质等。这些靶向输送的蛋白质结构中均存在分选信号，主要为 N 端特异性氨基酸序列，可引导蛋白质转移到细胞的适当靶部位。这类序列称为信号序列（signal sequence），是决定蛋白质靶向输送特性的重要元件。如各种新生分泌蛋白的 N 端信号序列称为信号肽（signal peptide），而靶向输送到细胞核的蛋白质的信号序列称为核定位序列（nuclear localization sequence）。

第三节 蛋白质生物合成的抑制剂

蛋白质生物合成的抑制剂很多，其作用部位也各有不同，或作用于翻译过程，直接影响蛋白质的生物合成（如多数抗生素）；或作用于转录过程，对蛋白质生物合成造成间接影响；也有作用于复制过程的（如多数抗肿瘤药物），能影响细胞分裂而间接抑制蛋白质的生物合成。

一、抗生素类

抗生素（antibiotics）是一类来源于微生物的、能杀灭细菌或抑制细菌的药物。它们可以通过专一性阻断细菌蛋白质的生物合成过程起抑制作用，但对真核细胞无害或者毒性较低。常用的抗生素有伊短菌素、四环素族、林可霉素、氯霉素、红霉素、链霉素、卡那霉素等，各种抗生素对蛋白质合成的抑制机制和作用位点不同，见表 15-6。

表 15-6 常用抗生素抑制蛋白质生物合成的原理与应用

抗生素	作用点	作用原理	应用
伊短菌素	真核、原核核糖体小亚基	阻碍翻译起始复合体的形成	抗肿瘤药
四环素族	原核核糖体小亚基	抑制氨酰-tRNA 与小亚基结合	抗菌药
链霉素、卡那霉素	原核核糖体小亚基	改变构象引起读码错误，抑制起始	抗菌药
氯霉素、林可霉素	原核核糖体大亚基	抑制转肽酶，阻断肽链延长	抗菌药
红霉素	原核核糖体大亚基	抑制转位酶（EF-G），妨碍转位	抗菌药
放线菌酮	真核核糖体大亚基	抑制转肽酶，阻断肽链延长	医学研究
嘌呤霉素	真核、原核核糖体	氨酰-tRNA 类似物，进位后引起未成熟肽链脱落	抗肿瘤药

二、其他干扰蛋白质生物合成的物质

1. 干扰素类 干扰素（interferon，IF）是真核细胞感染病毒后分泌的一类具有抗病毒作用的蛋白质。它能作用于邻近细胞，诱导产生抗病毒蛋白，抑制病毒蛋白质的

合成并促进病毒 RNA 降解，从而抑制病毒的繁殖。干扰素除抗病毒作用外，还有调节细胞生长分化、激活免疫系统等作用，因此具有十分广泛的临床作用。目前多用基因工程技术生产人类各种干扰素。

2. 生物碱类　一些生物碱具有抗癌作用，如秋水仙碱、长春碱、长春新碱、喜树碱、高三尖杉酯碱等，它们对细胞的 DNA、RNA 和蛋白质合成均具有不同程度的抑制作用，因此可抑制肿瘤细胞的生长繁殖。

思考题

1. 简述遗传密码的特点。
2. 真核生物与原核生物核糖体有何异同？
3. 试述三种 RNA 在蛋白质生物合成中的作用。
4. 举例说明影响蛋白质生物合成的药物。
5. 蛋白质翻译后加工及运输有何意义？

本章小结

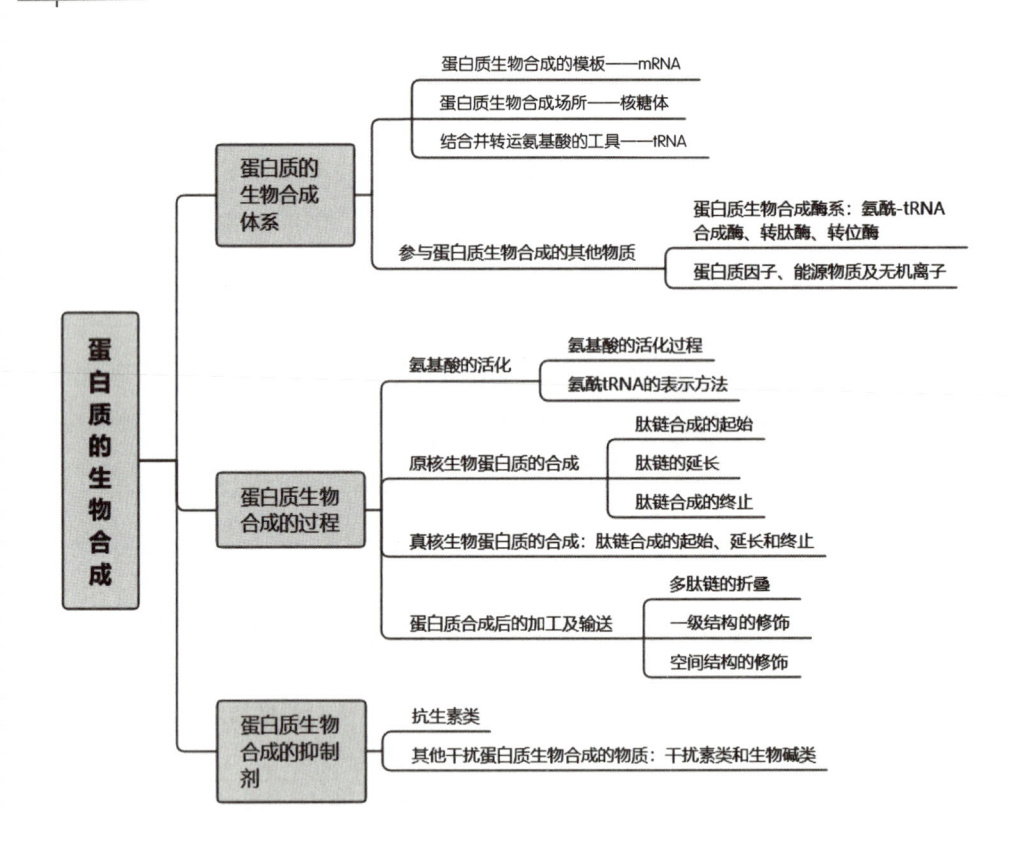

蛋白质的生物合成
- 蛋白质的生物合成体系
  - 蛋白质生物合成的模板——mRNA
  - 蛋白质生物合成场所——核糖体
  - 结合并转运氨基酸的工具——tRNA
  - 参与蛋白质生物合成的其他物质
    - 蛋白质生物合成酶系：氨酰-tRNA 合成酶、转肽酶、转位酶
    - 蛋白质因子、能源物质及无机离子
- 蛋白质生物合成的过程
  - 氨基酸的活化
    - 氨基酸的活化过程
    - 氨酰tRNA的表示方法
  - 原核生物蛋白质的合成
    - 肽链合成的起始
    - 肽链的延长
    - 肽链合成的终止
  - 真核生物蛋白质的合成：肽链合成的起始、延长和终止
  - 蛋白质合成后的加工及输送
    - 多肽链的折叠
    - 一级结构的修饰
    - 空间结构的修饰
- 蛋白质生物合成的抑制剂
  - 抗生素类
  - 其他干扰蛋白质生物合成的物质：干扰素类和生物碱类

第十六章 基因表达调控

学习目标

知识目标

1. 掌握：基因表达的概念及基因表达的方式和特异性；原核生物转录水平的调节——乳糖操纵子。
2. 熟悉：基因表达的调控序列和调控蛋白；原核生物和真核生物基因表达调控的特点；真核生物染色质水平和转录水平及转录后水平的调控。
3. 了解：原核生物和真核生物翻译水平的调控。

能力目标

学会运用相关知识分析生物体内基因表达的时空特异性。

第一节 基因表达的基本规律

基因表达（gene expression）指基因经过转录和翻译，合成具有特定生理功能的产物（蛋白质或 RNA）的过程。基因表达调控（regulation of gene expression）是细胞或生物体在接受内外环境信号刺激时，或适应环境变化的过程中，在基因表达水平上做出应答的分子机制，即位于基因组内的基因如何被表达为有功能的蛋白质（或 RNA），在什么组织表达、什么时候表达、表达多少等。基因表达调控的研究使人们了解到多细胞生物从一个受精卵及其所具有的一套遗传基因组，最终演变成具有不同形态和功能的多组织、多器官的个体；也使人们认识到为何同一个体中不同的组织细胞拥有相同的遗传信息，却能产生各自特性的蛋白产物，从而具有完全不同的生物学功能。基因表达调控的研究是生命科学研究领域不可或缺的内容。

一般而言，随着生物的进化，物种的级别越高，基因表达的调控过程也越复杂和精细。基因表达调控有其自身的基本方式和基本规律，并依赖生物大分子之间的相互作用。

一、基因表达的基本方式

因为不同基因的性质与功能不同，对内、外环境信号刺激的反应性也不同，所以表达调控的方式也不同。基因表达调控的生物学意义在于适应环境，维持细胞正常的生

基因表达调控

长、增殖和分化,维持个体生长和发育。基因表达异常或者失控往往导致某些疾病的发生和发展。

1.组成性表达　组成性表达(constitutive expression)指在生命活动的全过程中都是必不可少的,且在生物体的几乎所有细胞内都持续的基因表达。这类基因通常称为持家基因(house-keeping gene)或管家基因,如编码物质代谢所需的大部分酶的基因、编码核糖体蛋白的基因等。当然,管家基因的表达水平并不是一成不变的,只是变化相对较小。

2.适应性表达　与管家基因不同,大多数基因的表达极易受内、外环境变化的影响。有些基因因环境信号的刺激而开放或增强,表达水平升高,这一过程称为诱导表达(inducible expression)。如当DNA损伤时,细菌中编码DNA修复系统的基因会被诱导激活,使其修复能力增强。相反,有些基因因环境信号的刺激而关闭或减弱,使其表达水平下降,这一过程称为阻遏表达(repression expression)。当培养基中色氨酸供应充足时,细菌编码与色氨酸合成有关酶的基因就会被抑制。诱导和阻遏是同一事物的两种表现形式,在生物界普遍存在,也是生物体适应环境的基本途径,相应的基因分别称为诱导基因和阻遏基因。

3.协同性表达　在生物体内,各代谢途径通常由一系列化学反应组成,并且需要多种酶、多种蛋白质参与代谢物的代谢与转运。这些酶及转运蛋白基因的表达必须受统一调控,使表达产物的量和比例适当,才能确保代谢有条不紊地进行。这种在一定机制控制下,功能相关的一组基因需协调一致、共同表达的方式称为协同性表达(coordinate expression),相应的调控方式称为协同调控(coordinate control)。

二、基因表达的特异性

1.基因表达的时间特异性(temporal specificity)　指不同基因在生命的同一生长发育阶段的表达是不一样的,同一基因在生命的不同生长发育阶段的表达也是不一样的,而同一基因在不同个体的同一生长发育阶段的表达却是一样的。多细胞生物从受精卵到组织、器官形成的各个发育阶段,相应基因都严格按照一定的时间顺序开启或关闭。基因表达的时间特异性与个体的分化和发育阶段一致,所以又称阶段特异性(stage specificity)。

2.基因表达的空间特异性(spatial specificity)　指在同一生长发育阶段,不同基因在同一组织器官的表达是不一样的,同一基因在不同组织器官的表达也是不一样的,而同一基因在不同个体的同一组织器官的表达则是一样的。基因表达的空间特异性是在细胞分化所形成的组织器官中表现的,所以又称细胞特异性(cell specificity)或组织特异性(tissue specificity)。

三、基因表达调控序列和调节蛋白

基因表达的调节与基因的结构、性质,生物个体或细胞所处的内、外环境,以及细胞内所存在的转录调节蛋白有关。仅就基因转录激活而言,其调控主要与特异的DNA调控序列和转录调节蛋白有关。

(一)特异的DNA调控序列

基因特异的表达方式与基因结构有关,这里主要指具有调控功能的DNA序列。

1.原核生物的DNA调控序列　原核生物大多数基因的表达调控是通过操纵子机

制来实现的。操纵子(operon)是原核生物基因转录的调控单位,通常由 2 个以上的编码序列(coding sequence)、启动子(promoter)、操纵序列(operator)以及激活蛋白结合序列在基因组中成簇串联组成。

(1)启动子:RNA 聚合酶结合并启动转录的特异 DNA 序列。在各种原核基因启动序列的特定区域内,通常在转录起始位点上游-10 及-35 区域存在一些高度保守的序列,称为共有序列(consensus sequence),包括-10 区域的 TATAAT(Pribnow 框)和-35 区域的 TTGACA(Sextama 框)。这些共有序列中的任一碱基发生突变或变异都会影响 RNA 聚合酶与启动子的结合和转录起始。因此,共有序列决定了启动子转录活性的大小。

(2)操纵序列:与启动子毗邻或接近,其 DNA 序列常与启动子交错、重叠,它是原核阻遏蛋白的结合位点。当操纵序列结合阻遏蛋白时,就会阻碍 RNA 聚合酶与启动子的结合,或使 RNA 聚合酶不能沿 DNA 向前移动,从而阻遏转录,介导负性调节。

(3)激活蛋白结合序列:原核操纵子调节序列中还有一种特异 DNA 序列,其结合激活蛋白后使 RNA 聚合酶活性增强,从而激活转录,介导正性调节。

2.真核生物的 DNA 调控序列 真核基因组结构庞大,参与真核生物基因转录激活调节的 DNA 序列比原核生物更复杂。绝大多数真核生物基因的调控机制涉及编码基因两侧的 DNA 序列,即可以影响自身基因表达活性的 DNA 序列,称为顺式作用元件(cis-acting element),主要包括启动子、增强子(enhancer)、沉默子(silencer)和反应元件等。

(1)启动子:分为Ⅰ类、Ⅱ类和Ⅲ类启动子,分别可启动 rRNA 基因、mRNA 基因和 tRNA 基因的转录。典型的启动子序列包括核心序列 TATAAAA(Hogness 框)和上游启动元件(CAAT 框、GC 框)等。

(2)增强子:指促进基因转录的调控序列。增强子与启动子可以相邻、重叠或包含,故其作用通常与位置、方向和距离无关。增强子无基因特异性,但有组织或细胞特异性。这是因为增强子必须与调控蛋白结合才能发挥作用,而很多调控蛋白只在特定组织或细胞中合成,二者的结合就决定了基因表达的时空特异性。增强子的功能是提高转录启动效率,但并不能代替启动子;没有启动子时,增强子也无法发挥作用。

(3)沉默子:指抑制基因转录的调控序列,对选择基因的表达起重要作用。沉默子与相应的调控蛋白结合后,对基因转录起阻抑作用,从而使正调控失去作用。

沉默子和增强子的协同作用可以决定基因表达的时空顺序。有些调控序列既可以是增强子,也可以是沉默子,这取决于与之结合的调控蛋白的性质。

(二)转录调节蛋白

1.原核生物转录调节蛋白 包括特异的 σ 因子、阻遏蛋白和激活蛋白三类。σ 因子是 RNA 聚合酶的亚基之一,决定了 RNA 聚合酶对启动子的特异性识别和结合能力。阻遏蛋白(repressor)与操纵序列结合,阻遏转录起始复合物的形成而抑制基因转录,介导负性调节,是原核生物转录调控的主要方式。激活蛋白(activator)与激活蛋白结合序列结合,可增强 RNA 聚合酶的转录活性,介导正性调节。例如,分解代谢物基因激活蛋白(catabolite gene activator protein,CAP)就是一种典型的激活蛋白,有些基因在没有激活蛋白存在时甚至不能转录。

2.真核生物转录调节蛋白 又称转录调控因子或转录因子(transcription factors)。根据作用方式,此类蛋白可分为顺式作用因子(cis-acting factors)和反式作用因子(trans-acting factors)两大类。绝大多数真核生物的转录调节蛋白由其编码基因表达后,与另一基因的顺式作用元件识别和结合,激活另一基因的转录,故称反式作用蛋白或反式作用因子。也有些转录调节蛋白可特异识别和结合自身基因的调节序列,从而调节自身基因转录的开启或关闭,发挥顺式调节作用,称为顺式作用蛋白或顺式作用因子。如图 16-1 所示,蛋白质 A 由它的编码基因表达后,识别和结合与 B 基因特异的顺式作用元件,从而反式激活 B 基因的转录,蛋白质 A 即为反式作用因子。B 基因的表达产物蛋白质 B 也可特异识别和结合自身基因的调节序列,发挥顺式调节作用,蛋白质 B 即为顺式作用因子。

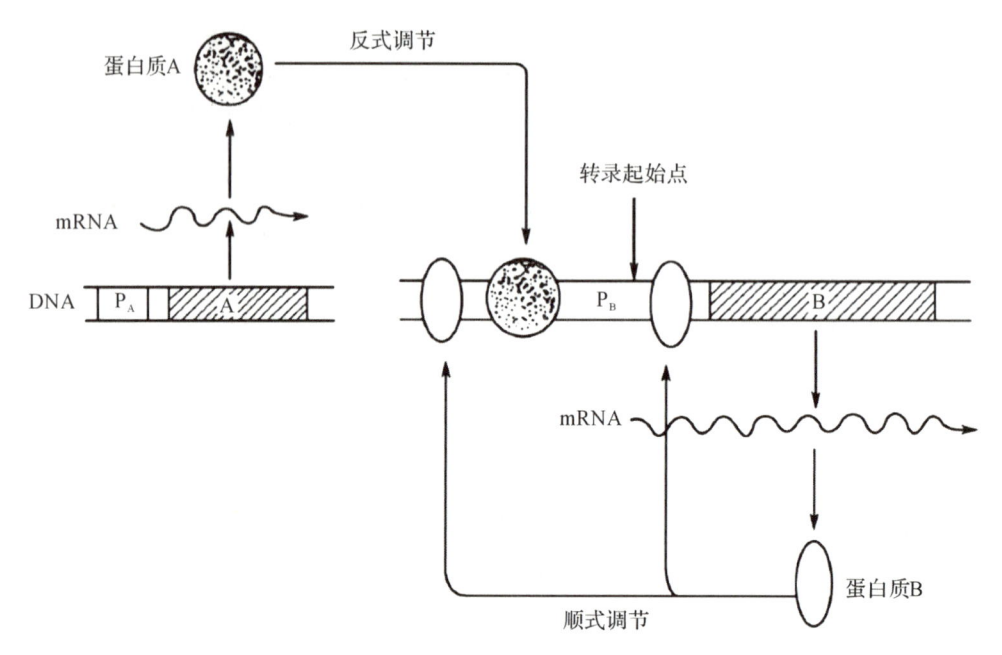

图 16-1　反式与顺式调节作用

大多数转录调节蛋白是 DNA 结合蛋白,通过 DNA-蛋白质相互作用,能够与 DNA 调控序列结合,从而增强或抑制 RNA 聚合酶活动。也有些真核生物的转录调节蛋白在结合 DNA 之前,需通过蛋白质-蛋白质相互作用形成二聚体或多聚体,从而具有更强或更弱的 DNA 结合能力。还有些真核生物的转录调节蛋白不能直接结合 DNA,而是通过蛋白质-蛋白质相互作用间接结合 DNA,调节基因转录。

四、基因表达调控的多层次和复杂性

基因表达是一个多环节的过程,一个基因的编码产物——酶或蛋白质在细胞内的水平至少在以下几个环节受到调控,即基因激活、转录起始、转录后加工、mRNA 降解、翻译、翻译后修饰和蛋白质降解等。可见基因表达调控是在多级水平上进行的十分复杂的过程,其中转录水平的调控是最重要的调控层面,而转录起始是基因表达的最关键步骤。下面主要从转录水平阐述原核生物和真核生物基因表达调控的方式和特点。

第二节 原核生物基因表达调控

原核生物没有细胞核及细胞器结构,基因组结构及基因表达调控均比较简单。本节以大肠杆菌(E.coli)为例介绍原核生物基因在转录水平上的调控。

一、原核生物基因表达调控的特点

1. **基因表达与周围环境密切相关** 原核生物是单细胞生物,结构比较简单,没有能量储备系统,因而在长期的进化过程中形成了对环境的高度适应性。原核生物必须不断地调控自身基因的表达,以便适应生存环境和营养环境的变化,使其生长和繁殖达到最优化。

2. **以操纵子为单位进行基因转录** 操纵子是原核生物基因转录调控的基本单位,是一组功能相关的结构基因连同调节基因串联在一起构成的一个转录单位。它控制着一种或几种蛋白质的生物合成。转录生成的一段 mRNA 往往编码几种功能相关的蛋白质,称为多顺反子 mRNA(polycistronic mRNA)。

3. **基因转录的特异性由 σ 因子决定** E.coli 的 RNA 聚合酶由核心酶($\alpha_2\beta\beta'\omega$)和 σ 因子(即 σ 亚基)组成。σ 因子协助核心酶识别并结合启动子,不同的 σ 因子识别不同基因的启动子,以决定哪个基因被转录。环境变化可以诱导产生特定的 σ 因子,从而启动特定基因转录。

4. **基因表达存在正调控和负调控** 通过调控蛋白与调控序列的特异性结合实现基因表达调控,包括正调控和负调控。如果调控蛋白与调控序列结合的结果是促进基因表达,则为正调控(positive control);如果调控蛋白与调控序列结合的结果是阻遏基因表达,则为负调控(negative control)。

二、原核生物转录水平调控——操纵子

大多数原核生物的多个功能相关基因串联在一起,依赖同一调控序列对其转录进行调节,即通过操纵子调控机制使这些相关基因实现协同表达。操纵子在原核生物的基因表达调控中具有普遍性,如 E.coli 有 2584 个操纵子,包括乳糖操纵子、色氨酸操纵子等,下面重点介绍乳糖操纵子。

(一)乳糖操纵子

1. **乳糖操纵子的结构** E.coli 的乳糖操纵子含 Z、Y 和 A 三个结构基因,分别编码 β-半乳糖苷酶、乳糖通透酶和 β-半乳糖苷乙酰转移酶,此外还有一个操纵序列 O、一个启动子 P 及一个调节基因 I(图 16-2)。基因 I 编码一种阻遏蛋白,后者与 O 序列结合,使操纵子受阻遏而处于关闭状态。在启动子的上游还有一个分解代谢基因激活蛋白(CAP)结合位点。调节基因 I、启动子 P、操纵序列 O 和 CAP 结合位点共同构成乳糖操纵子的调控区,三个酶的编码基因 Z、Y 和 A 在这一调控区的调节下,实现基因产物的协调表达。

乳糖操纵子

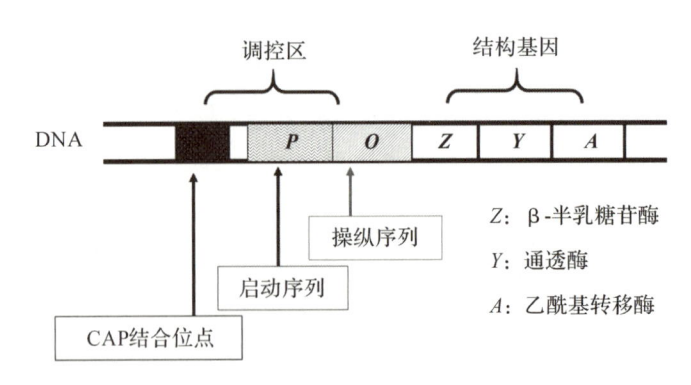

图 16-2　乳糖操纵子结构示意图

2.阻遏蛋白的负调控　培养基未加乳糖时，I基因表达的阻遏蛋白与O序列结合，阻碍RNA聚合酶与P序列结合，抑制转录起始。此时，大肠杆菌乳糖操纵子处于阻遏状态。向培养基添加乳糖时，乳糖操纵子就可被诱导，实际上，真正的诱导剂不是乳糖而是半乳糖。半乳糖可与阻遏蛋白结合，使蛋白构象发生变化，导致阻遏蛋白与O序列解离而失去阻遏作用，此时，RNA聚合酶可顺利通过O序列，移行到结构基因，开始转录。

3.CAP的正调控　CAP是乳糖操纵子的激活蛋白，其激活效应受cAMP浓度控制。当培养基中乳糖浓度增加而无葡萄糖时，细胞内的cAMP含量增加，cAMP与CAP结合成复合物，促使RNA聚合酶与P序列紧密结合，此时，RNA的转录活性可提高50倍。当有葡萄糖时，cAMP浓度降低，cAMP与CAP结合受阻，转录活性下降。

可见，对乳糖操纵子来说，CAP是正调控因素，阻遏蛋白是负调控因素，两者根据碳源种类（葡萄糖/乳糖）及水平共同调控乳糖操纵子的表达。通常，把能够诱导蛋白质或酶合成的物质称为诱导剂，诱导合成的蛋白质或酶称为诱导蛋白或诱导酶。酶合成的诱导剂常为酶的底物，这时酶诱导合成的意义在于形成一种正反馈调节机制，使底物丰富时，细胞能相应地合成较多的酶，以加速底物的利用。

(二)色氨酸操纵子

色氨酸操纵子的结构与乳糖操纵子类似，但它上游的调节基因编码的阻遏蛋白是无活性的，不能与操纵序列结合，结构基因是"开放"的，可以很顺利地表达色氨酸合成酶。当培养基中色氨酸含量充足时，细菌催化色氨酸合成所需酶的基因表达就会被阻遏。因为色氨酸过多时，色氨酸可与无活性的阻遏蛋白结合，使其变构而活化，与操纵序列结合，使结构基因"关闭"。这种与无活性的阻遏蛋白结合并使其活化的物质称为辅阻遏物。辅阻遏物往往不是酶的底物，而是酶的产物。它作用的意义在于形成一种负反馈的调节机制，使某种代谢物足量时细胞不再继续合成，防止代谢物的堆积。

三、原核生物翻译水平的调控

翻译水平的调控一般是在翻译的起始和终止阶段，尤其是起始阶段。翻译起始主要通过调节分子（蛋白质或RNA）进行调节，调节分子可直接或间接决定翻译起始位点能否被核糖体利用。

1.蛋白质分子结合于启动子或启动子周围进行自体调控　无论是单顺反子mRNA还是多顺反子mRNA，调节蛋白都能结合mRNA位点，阻止核糖体识别翻译起始区，从而阻断翻译。调节蛋白一般作用于自身mRNA，抑制自身合成，故这种调节方式称为自体调控（autogenous control）。

2. 反义 RNA 结合于翻译起始位点的互补序列进行调节　某些 RNA 分子也可以调节基因表达，这种 RNA 称为调节 RNA。细菌中有一种被称为反义 RNA 的调节 RNA，因含有与特定 mRNA 翻译起始位点互补的序列，可通过与 mRNA 杂交来阻断核糖体 30S 小亚基对起始密码子的识别以及与 SD 序列的结合，从而抑制翻译起始，这种调节方式称为反义控制（antisense control）。

第三节　真核生物基因表达调控

真核生物基因表达调控的显著特征是在特定时间激活特定细胞内的特定基因，从而实现预定的有序分化及发育过程。真核生物的基因表达调控比原核生物的基因表达调控复杂而精细，涉及 DNA 和染色体水平、转录水平、转录后加工水平、翻译水平和翻译后修饰水平等调控环节，其中转录水平依然是最主要的调控环节。

一、真核生物基因表达调控的特点

与原核生物相比，真核生物的基因表达调控有以下特点。

1. 既有瞬时调控又有发育调控　瞬时调控又称可逆调控，属于适应性调控，是真核生物对内、外环境刺激做出的反应，一般通过改变代谢物浓度或激素水平，引起细胞内某些酶或其他功能蛋白质量的变化来实现。发育调控又称不可逆调控，属于程序性调控。正常情况下，体细胞的生长和分化按一定程序严格调控，使个体的生长和发育顺利进行。细胞的类型不同，所处的发育阶段不同，所表达基因的种类和强度也就不同。因此，发育调控决定了真核细胞生长和分化的全过程，是真核生物基因表达调控的精髓。

2. 调控环节更多且转录后加工更复杂　有些环节是原核生物没有的，如染色质重塑、mRNA 转录后加工、蛋白质靶向运输等。与原核生物相比，真核生物的 mRNA 前体只是一个初级转录产物，只有经过加工为成熟 mRNA，才能转运到细胞质并指导合成蛋白质。这是真核生物基因表达必不可少的环节。

3. 转录效率与染色体结构变化有关　真核生物 DNA 与蛋白质形成复杂而有序的染色体结构。基因表达过程中转录区 DNA 必须与蛋白质解离，以暴露特定的 DNA 序列。

4. 转录和翻译分开进行并具有时空差别　真核生物的细胞核和细胞质被核膜隔开，使真核生物可以通过信号转导调控基因表达。

5. 转录调控以正调控为主　真核生物 RNA 聚合酶对启动子的亲和力极低，必须依赖调控蛋白才能结合，这种调控蛋白包括起正调控作用的激活蛋白和起负调控作用的阻遏蛋白，而真核生物以正调控为主。

二、真核生物染色质水平的调控

真核生物染色质水平调控的本质是改变染色质的结构，这种调控是稳定而持久的。

1. 染色质重塑　染色质结构改变是基因转录的前提，转录区只有在染色质结构处于"开放"状态时才能被转录。基因转录激活时,核小体解聚或完全消失,又或者核小体虽未消失,但位置发生了移动,这将引起转录起始部位的 DNA 链变得"开放"。染色质重塑就是通过暴露启动子、募集转录因子并形成转录起始复合物从而启动基因表达。

2. 组蛋白修饰 染色质的疏松是基因激活的前提。组蛋白氨基端丝氨酸的磷酸化及赖氨酸和精氨酸的乙酰化,均可使组蛋白所带正电荷减少,从而降低组蛋白与 DNA 的亲和力,使染色质疏松而激活基因表达。组蛋白的高乙酰化使染色质容易疏松,更易于结合调控蛋白,从而有利于转录。

3. DNA 甲基化 真核生物 DNA 的碱基可以被甲基化,且甲基化程度与基因表达呈负相关。激素或致癌物质可以作用于低表达基因的调控序列,使其去甲基化,从而激活基因。DNA 甲基化常发生在特定 GC 序列中的胞嘧啶的第 5 位碳原子上,形成 5-甲基胞嘧啶;另有少量腺嘌呤也可被甲基化,形成 N^6-甲基腺嘌呤。甲基化调控基因表达的机制包括改变染色质结构、DNA 构象与稳定性以及 DNA 与蛋白质的相互作用方式。

4. 基因重排与扩增 基因重排(gene rearrangement)指基因片段在基因组中位置的变化或相互换位,由此组合成新的基因表达单位。基因重排不仅可以形成新的基因,还可以调控基因表达,如酵母交配型的转换和抗体基因的重排。

基因扩增(gene amplification)是细胞内某一特定基因获得大量单一拷贝的现象,是细胞在短时间内大量表达某一基因产物的一种有效方式,以满足生物体生长发育的需要。例如氨甲蝶呤抑制肿瘤细胞二氢叶酸还原酶的活性,使 dTMP 合成减少,从而杀死肿瘤细胞;然而将肿瘤细胞在氨甲蝶呤培养基中培养一段时间后会产生抗药性,其原因是二氢叶酸还原酶的基因扩增,拷贝数可增加 200~250 倍,从而可以抵抗更高浓度氨甲蝶呤的杀伤作用。基因扩增也是原癌基因激活的机制之一。

5. 染色质丢失 一些低等真核生物在细胞分化过程中可丢失染色质或染色质片段的现象,称为染色质丢失。某些基因在丢失这些片段之前并不表达,丢失之后才表达。因此,这些片段的存在可能抑制了某些基因的表达。染色体丢失属于不可逆调控,高等生物也有染色质丢失,例如红细胞在成熟过程中会丢失整个细胞核。

三、真核生物转录水平及转录后水平的调控

1. 转录水平的调控 真核生物转录水平的调控实际上是对 RNA 聚合酶活性的调控,主要通过 RNA 聚合酶、调控序列和调控蛋白的共同作用来实现,包括 RNA 聚合酶与转录因子的相互作用,以及顺式作用元件与反式作用因子的作用。真核生物基因转录调控的方式复杂多样,不同的调控序列通过组合作用可以产生多种类型的转录调控方式,而多种转录因子又可以与相同或不同的调控序列结合。在与调控序列结合之前,某些特异转录因子常需通过蛋白质-蛋白质相互作用形成二聚体;组成二聚体的亚基不同,二聚体与调控序列结合的能力也不同,对转录过程所产生的效果各异,有正调控和负调控之分。这样,基因调控序列不同,存在于细胞内的转录因子种类、性质及浓度不同,则所发生的 DNA-蛋白质相互作用、蛋白质-蛋白质相互作用的类型也就不同,从而产生协同、竞争或拮抗等不同作用,以调控基因表达。

2. 转录后水平的调控 真核生物转录后水平的调控就是对基因转录产物进行的一系列加工和修饰,都是通过与蛋白质结合形成核糖核蛋白复合体进行的,包括对 mRNA 前体 hnRNA 的加工和剪接、mRNA 的稳定性、成熟 RNA 由细胞核转至细胞

质及其定位,以及 RNA 编辑等多个调控环节。

在所有 RNA 类型中,mRNA 寿命最短。细胞内 mRNA 水平及稳定性由 mRNA 的合成速率和降解速率共同决定。大多数高等真核生物细胞的 mRNA 半衰期较原核生物的长,一般为几个小时。mRNA 的半衰期可影响蛋白质合成的量,可通过调节某些 mRNA 的稳定性,在一定程度上控制相应蛋白质的合成量。

四、真核生物翻译水平及翻译后水平的调控

蛋白质生物合成过程较为复杂,涉及众多成分,真核生物通过调节许多参与成分的作用使基因表达在翻译水平及翻译后阶段得到控制。

1. 对翻译起始因子活性的调控　发生在翻译水平上,主要在翻译的起始阶段和延长阶段,尤其是起始阶段,如对翻译起始因子活性的调控、Met-tRNA^{met} 与小亚基结合的调控、mRNA 与小亚基结合的调控等。蛋白质合成速率的快速变化很大程度上取决于翻译起始水平,主要通过磷酸化修饰调节真核起始因子(eIF)的活性,起到对起始阶段的重要控制作用。如 eIF2α 亚单位的磷酸化可阻碍 eIF 的正常运行,从而抑制蛋白质合成的起始。

2. RNA 结合蛋白的调控　RNA 结合蛋白(RNA binding protein,RBP)指那些能够与 RNA 上的特异序列结合的蛋白质。基因表达的诸多环节,包括转录终止、RNA 剪接、RNA 转运、RNA 胞质内稳定性控制以及翻译起始等,都有 RBP 的参与。如铁蛋白相关基因的 mRNA 翻译水平的调节就是 RBP 参与基因表达调控的典型例子。

3. 对翻译水平及翻译产物活性的调控　新合成蛋白质的半衰期长短是决定其生物学功能的重要因素。因此,通过对新生肽链的水解和运输,可以使蛋白质浓度在特定的部位或亚细胞器中保持在合适的水平。此外,许多蛋白质在合成后需要经过特定的修饰才具有生物学活性。对蛋白质进行可逆的磷酸化、甲基化和酰基化修饰,可以调节蛋白质功能,是基因表达的快速调节方式。

五、非编码 RNA 对基因表达的调控

与原核基因表达调节一样,某些小分子 RNA 也有调节真核基因表达的作用,这些 RNA 都是非编码 RNA(non-coding RNA,ncRNA)。近年来,小分子 RNA 对基因表达调控的影响已成为新的研究热点。除了具有催化活性的 RNA(核酶)、核小 RNA(snRNA)以及核仁小 RNA(snoRNA)外,目前被广泛关注的非编码 RNA 还有微 RNA(miRNA)和小干扰 RNA(siRNA)。

知识链接

RNA 干扰现象

1995 年,康奈尔大学的研究人员 Guo 和 Kemphues 用反义 RNA 技术阻断了秀丽隐杆线虫(Caenorhabditis elegans)PAR-1 基因的表达,对照组注射正义 RNA,以期从对照组观察到基因表达的增强。但结果显示,两种方式都抑制了 PAR-1 基因的表达。此后,美国科学家 Fire 和 Mello 首次将双链 RNA(dsRNA)——反义 RNA 和正义 RNA 的混合物同时注入线虫,诱发了比单独注射反义 RNA 或正义 RNA 更有效的基

因沉默。由此推断,反义 RNA 和正义 RNA 形成的 dsRNA 触发了高效的基因沉默机制,并极大降低了靶 mRNA 水平,这一现象被称为 RNA 干扰(RNAi)现象。该研究成果于 1998 年发表在期刊 Science 上。由于在 RNA 干扰机制研究方面的突出贡献,Fire 和 Mello 共同获得了 2006 年度诺贝尔生理学或医学奖。

在线测试

思考题

1. 什么是基因表达？基因表达的方式和特异性有哪些？
2. 基因表达调控分为哪些层次？其中最重要的是哪一个阶段的调控？
3. 真核生物基因转录调节蛋白是如何起作用的？
4. 简述真核生物基因表达调控的特点。
5. 以乳糖操纵子模型为例,简述原核生物基因表达调控的方式。

本章小结

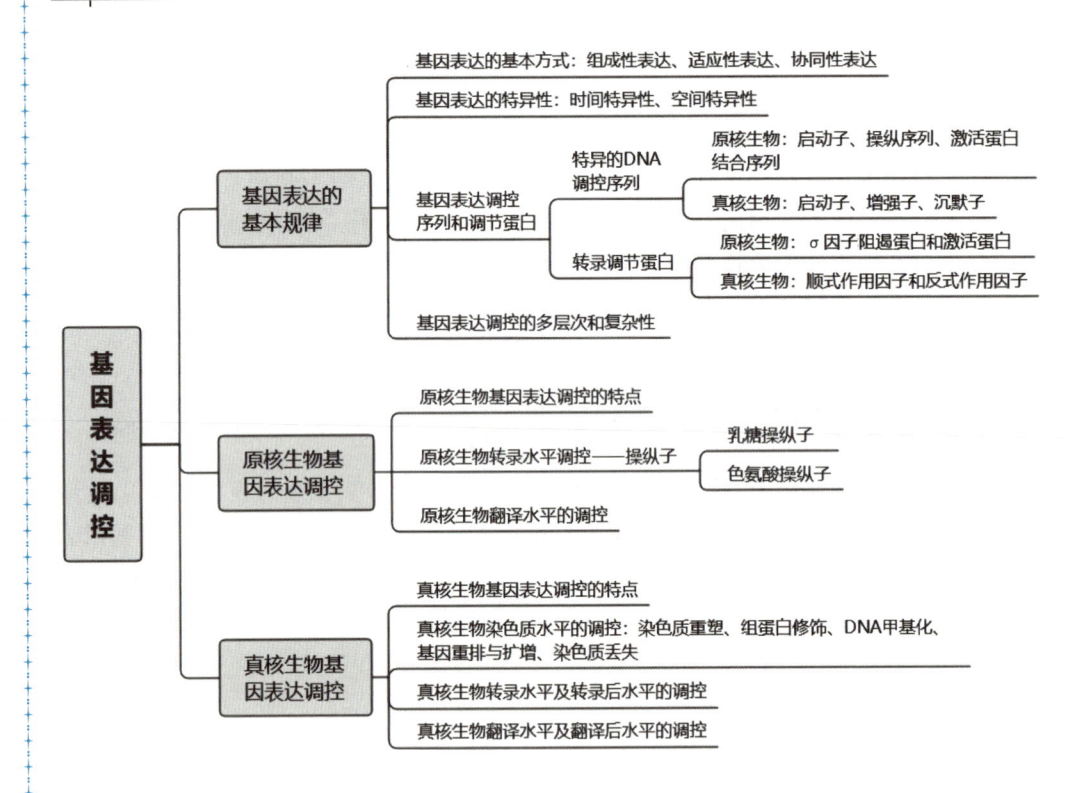

基因表达调控

- **基因表达的基本规律**
  - 基因表达的基本方式：组成性表达、适应性表达、协同性表达
  - 基因表达的特异性：时间特异性、空间特异性
  - 基因表达调控序列和调节蛋白
    - 特异的DNA调控序列
      - 原核生物：启动子、操纵序列、激活蛋白结合序列
      - 真核生物：启动子、增强子、沉默子
    - 转录调节蛋白
      - 原核生物：σ因子阻遏蛋白和激活蛋白
      - 真核生物：顺式作用因子和反式作用因子
  - 基因表达调控的多层次和复杂性

- **原核生物基因表达调控**
  - 原核生物基因表达调控的特点
  - 原核生物转录水平调控——操纵子
    - 乳糖操纵子
    - 色氨酸操纵子
  - 原核生物翻译水平的调控

- **真核生物基因表达调控**
  - 真核生物基因表达调控的特点
  - 真核生物染色质水平的调控：染色质重塑、组蛋白修饰、DNA甲基化、基因重排与扩增、染色质丢失
  - 真核生物转录水平及转录后水平的调控
  - 真核生物翻译水平及翻译后水平的调控

第十七章 重组DNA技术

学习目标

知识目标
1. 掌握：重组DNA技术的概念、原理及基本过程；重组DNA技术中常用的工具酶。
2. 熟悉：重组DNA技术中常用的载体。
3. 了解：重组DNA技术在医药中的应用。

能力目标
能根据重组DNA技术的原理及过程进行基因工程制药相关实验的设计及实施。

重组DNA技术（recombinant DNA technology）又称基因克隆（gene cloning）或基因工程（genetic engineering），是指在体外将不同来源的目的基因或DNA片段插入载体分子，构建重组DNA，并将其导入合适的受体细胞，使其在细胞中扩增，获得大量相同的DNA分子。在克隆目的基因后，还可表达产物蛋白质或多肽，以及定向改造基因结构。自1972年成功构建第一个重组DNA分子以来，重组DNA技术得到了快速发展，也进一步推动了分子生物学理论和技术的不断发展，切割、连接、分离、鉴定等基因操作得到推广应用。当前，重组DNA技术已广泛应用于生命科学各个领域，使药物研发和疾病治疗进入了分子医学时代。

重组 DNA 技术

知识链接

重组DNA技术的创建与应用

1972年，美国斯坦福大学的Berg成功构建了第一个重组DNA分子，即将噬菌体DNA和猿猴病毒DNA经酶切-连接构建了新的嵌合DNA分子。因其在"有关核酸特别是重组DNA分子的基础研究"方面做出的重大贡献，他获得了1980年度的诺贝尔化学奖。1973年，Boyer和Cohen成功创建了重组DNA技术，即将两种质粒DNA经酶切-连接组成新的质粒DNA，然后转入细菌中进行克隆扩增。1974年，Boyer和Cohen申请了重组DNA技术的发明专利。1976年，Boyer和Swanson作为发起人一起创建了生物技术公司Genentech Inc.。1982年，Genentech Inc.的第一个基因工程产品——重组人胰岛素上市,标志着重组DNA技术的应用正式成为一个产业,拉开了生物技术药物的序幕。

第一节 重组DNA技术中常用的工具酶

重组DNA技术属于分子水平上的操作,必须依赖一些重要的酶(如限制性核酸内切酶、DNA连接酶、DNA聚合酶、末端转移酶、逆转录酶等)作为工具,对DNA分子进行切割、拼接和修饰,才能完成DNA分子的重组。这些与DNA重组技术相关的酶统称为工具酶。

一、限制性核酸内切酶

限制性核酸内切酶(restriction endonucleases,RE),简称限制性内切酶或限制酶,属于核酸水解酶,能识别双链DNA中的特异序列并断裂DNA的3′,5′-磷酸二酯键,是DNA重组技术中重要的工具酶之一。除极少数来自绿藻外,绝大多数限制性内切酶来自细菌。限制性内切酶与相伴存在的甲基化酶共同构成细菌的限制-修饰体系(resitctionmodification system),形成细菌的先天性免疫,可切割侵入的外源DNA使之迅速降解,自身DNA因受甲基化酶的修饰而被保护,因此对细菌遗传性状的稳定具有重要意义。

1. 限制性内切酶的类型　目前发现的限制性内切酶有六千多种,根据其组成及裂解方式的不同可分为三种类型,即Ⅰ、Ⅱ和Ⅲ型。Ⅰ型和Ⅲ型酶为复合功能酶,有限制和DNA修饰两种作用,且不在所识别的位点切割DNA(即特异性不强),故用途较少。Ⅱ型酶具有高度特异性的DNA裂解点,能对DNA进行精确切割,因此是重组DNA技术中最基本的工具酶,被誉为"手术刀"。故重组DNA技术中的限制性内切酶通常是Ⅱ型酶。

2. 限制性内切酶的命名　限制性内切酶大多是从细菌中发现的,根据其来源进行命名,通常用缩略字母表示,其中用细菌属名的第一个字母(大写,斜体)和种名的两个字母(小写,斜体)表示产生该酶的物种名称,第四个字母(大写或者小写,有时无)表示发现该酶的菌株,最后用罗马数字表示该酶被发现的顺序。例如,EcoRⅠ表示从大肠埃希菌(Escherichia)RY13菌株中发现和分离的第1种酶,其中"E"来自大肠埃希菌Escherichia属;co来自coli菌种;"R"来自RY13菌株;"Ⅰ"表示从该菌株中分离得到的第1种酶。

3. 限制性内切酶的作用特点　Ⅱ型限制性内切酶通常能够识别由4～6个核苷酸组成的具有回文结构的特定序列。回文结构(palindrome),即反向重复序列,是指在两条核苷酸链中,从5′→3′方向的序列完全一致。例如,EcoRⅠ的识别序列,在两条链上的5′→3′序列均为GAATTC。

多数限制性内切酶可在DNA双链上交错切割,形成带有2～4个未配对核苷酸的单链突出末端,称为黏性末端(sticky ends),如EcoRⅠ。用同种限制酶切割2个不同的DNA分子,能形成相同的黏性末端,黏性末端互补配对的碱基在DNA连接酶的催化下即可形成新的重组DNA分子。也有一些限制性内切酶是在识别序列的中间切割,产生两条链平齐的末端,称为平末端(blunt end),如表 17-1 中的 *Hpa* Ⅰ。

表 17-1　限制性内切酶的切口类型举例

限制性内切酶	识别序列及切割位点	末端类型
*Eco*R Ⅰ	5'-G ↓ AATTC-3' 3'-CTTAA ↑ G-5'	5'端黏性末端
Pst Ⅰ	5'-CTGCA ↓ G-3' 3'-G ↑ ACGTC-5'	3'端黏性末端
Hpa Ⅰ	5'-GTT ↓ AAC-3' 3'-CAA ↑ TTG-5'	平末端

4.同尾酶和同裂酶　有些限制性内切酶识别序列虽不完全相同,但切割 DNA 双链后可产生相同的黏性末端,称为同尾酶(isocaudarner),如 *Bam*H Ⅰ(5'-G↓GATCC-3')和 *Bgl* Ⅱ(5'-A↓GATCT-3')可切割产生相同的 5'黏性末端(5'-GATC-3')。一些来源不同但能识别相同序列(切割位点可相同或不同)的酶称为同裂酶(isoschizomer)或同工异源酶,如 *Bam*H Ⅰ 和 *Bst* Ⅰ 能识别并在相同位点切割同一 DNA 序列(5'-G↓GATCC-3')。

二、其他工具酶

在重组 DNA 技术中,一般根据操作 DNA 的需要选择合适的工具酶,除了限制性核酸酶,还需要 DNA 连接酶、DNA 聚合酶、末端转移酶、逆转录酶等作为工具,以完成对 DNA 分子的切割、拼接和修饰。重组 DNA 技术中常用工具酶的功能、特点如表 17-2 所示。

表 17-2　重组 DNA 技术中常用的工具酶

工具酶	功能特性
限制性核酸内切酶	识别特异序列,切割双链 DNA 的 3',5'-磷酸二酯键,使其断裂
DNA 连接酶	催化 DNA 中相邻的 3'-OH 和 5'端的磷酸基团,形成 3',5'-磷酸二酯键,使 DNA 切口封合或使两个 DNA 分子或者片段连接
Taq DNA 聚合酶	具有 5'→3'聚合和 5'→3'外切活性,热稳定,最适反应温度为 75～80 ℃,掺入 dNTP 的速度为 35～100 nt/(s·酶分子)。用于 DNA 特定片段的体外扩增
DNA 聚合酶 Ⅰ	具有 5'→3'聚合、3'→5'外切和 5'→3'外切活性。用于:①合成 DNA 链;②缺口平移法制作高比活性探针;③DNA 序列分析;④填补双链 DNA 的 3'端
Klenow 片段	又名 DNA 聚合酶 Ⅰ 大片段,具有完整 DNA 聚合酶 Ⅰ 的 5'→3'聚合、3'→5'外切活性,而无 5'→3'外切活性。常用于 cDNA 第二链合成,双链 DNA 3'端标记等
逆转录酶	RNA 依赖的 DNA 聚合酶,用于:①合成 cDNA;②替代 DNA 聚合酶 Ⅰ 进行末端填补、标记或 DNA 序列分析

续表

工具酶	功能特性
多聚核苷酸激酶	催化多聚核苷酸 5′-羟基末端磷酸化或者标记探针
末端转移酶	在 3′-羟基末端进行同质多聚物加尾
碱性磷酸酶	水解核酸末端磷酸基

第二节　重组DNA技术中常用的载体

载体(vector)是能携带目的 DNA 片段进入宿主细胞并进行扩增和(或)表达的 DNA 分子。常用的载体是通过改造天然的细菌质粒、噬菌体和病毒等构建而成的。目前已构建的载体主要有质粒载体、噬菌体载体、病毒载体和人工染色体等多种类型，亦可根据其用途不同分为克隆载体和表达载体两大类，有的载体兼有克隆和表达两种功能。

一、克隆载体

克隆载体(cloning vector)指能携带外源 DNA、在宿主细胞中复制扩增的 DNA 分子。一般应具备如下基本特点：①至少有一个复制起点，使载体能在宿主细胞中自主复制，并能使外源 DNA 片段得到同步扩增；②至少有一个筛选标记(selection marker)，如抗生素抗性基因、β-半乳糖苷酶基因(lacZ)、营养缺陷耐受基因等，从而筛选出含有载体的宿主细胞；③有多个限制性内切酶的单一位点，即多克隆位点(multiple cloning site, MCS)，可供外源基因插入。常用克隆载体主要有质粒、噬菌体载体和其他克隆载体等。

(一)质粒载体

质粒(plasmid)是细菌染色体以外、具有自主复制能力的小型双链环状 DNA 分子，根据细菌染色体对质粒复制的控制程度，可将质粒分为紧密型质粒(stringent plasmid)和松弛型质粒(relaxed plasmid)。质粒克隆载体是重组 DNA 技术中最常用的载体，质粒载体大多是在天然松弛型质粒的基础上经人工改造拼接而成的，这类质粒在宿主蛋白质合成及染色体复制停止后尚能继续复制上千个拷贝。因此加入氯霉素抑制大肠杆菌蛋白质合成，可以达到进一步扩增质粒的目的。质粒载体是重组 DNA 技术中最常用的载体，主要有 pBR332 质粒和 pUC 质粒系列等。

1.pBR332 质粒载体　pBR332 质粒是研究得较清楚、较早被广泛应用的克隆载体之一。其结构如图 17-1 所示，是一个大小约为 4.36 kb 的环状双链 DNA。pBR332 质粒载体具有以下特点：①带有一个复制起始位点 ori，保证该质粒能在大肠杆菌中复制；②含有氨苄西林抗性基因(Amp^r)和四环素抗性基因(Tet^r)两个筛选标记，用于筛选出阳性克隆；③含有 MCS，便于外源基因的插入和筛选：酶切位点 BamH Ⅰ、Hind Ⅲ 和 Sal Ⅰ 均在 Tet^r 基因内，Pst Ⅰ 识别位点在 Amp^r 基因内，当外源基因插入这些抗性位点时，就分别成为 Amp 敏感(Amp^s)或 Tet 敏感(Tet^s)，即插入失活；④具有较小的分子量,不仅利于自身 DNA 的纯化,而且能有效地克隆 6 kb 的外源 DNA 片段;⑤具有较高的拷贝数,为重组 DNA 的制备提供了极大的方便。

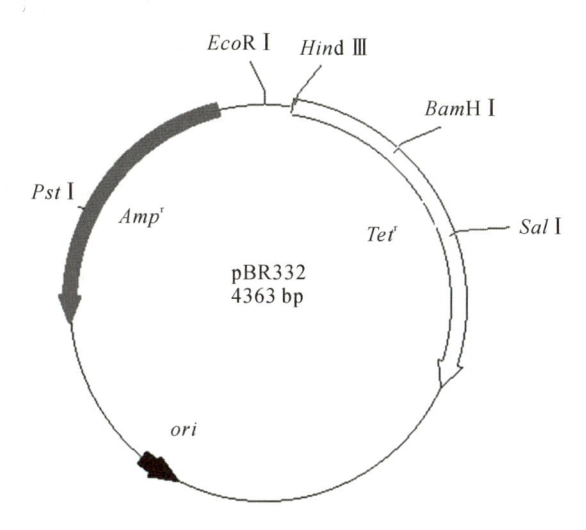

图 17-1 pBR332 质粒结构示意图

2. pUC 质粒载体系列 pUC 质粒是在 pBR332 质粒基础上改造而成的,因插入了一个来自 M13 噬菌体且在其 5′端带有一段 MCS 的 LacZ′基因,而形成具有双重检测特性的新型质粒载体系列。如图 17-2 所示,一个典型的 pUC 系列的质粒载体包含以下 4 个组成部分:①来自 pBR332 质粒的复制起始位点(ori);②来自 pBR332 质粒的 Amp^r 基因,但其 DNA 序列已不再含有原来的限制性内切酶位点;③来自大肠埃希菌 β-半乳糖苷酶基因(LacZ)的启动子及其编码 α 肽链的 DNA 序列,此结构称为 LacZ′基因;④来自 M13 噬菌体的 MCS,位于 LacZ′基因中靠近 5′端,但并未破坏该基因的功能。pUC 载体系列大多数是成对的,如 pUC8/pUC9、pUC18/pUC19 等,成对载体的其他特性完全相同,仅 MCS 的限制性内切酶位点的排列顺序相反,不同的 pUC 质粒系列载体中 MCS 的数目和种类不同,这就提供了更多可供选择的克隆策略。与 pBR332 质粒载体相比,pUC 载体系列更具优势,是目前重组 DNA 技术中最常用的质粒载体。

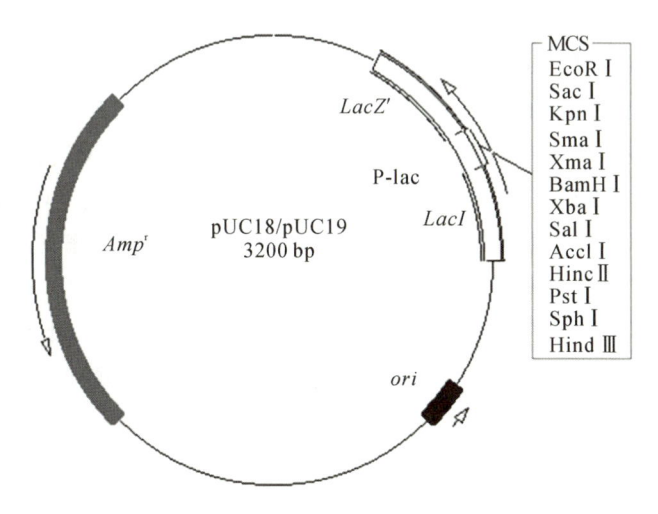

图 17-2 pUC18/pUC19 质粒克隆载体图谱

（二）噬菌体载体

噬菌体（phage）是一类感染细菌的病毒，改造后可用于克隆和扩增特定的 DNA 片段。噬菌体感染细胞比质粒转化更有效，且噬菌体的克隆容量也明显大于质粒，故在基因组或 cDNA 文库构建中优势明显。

1. λ噬菌体载体　λ噬菌体为温和型噬菌体，有溶原和裂解两种生存策略。其基因组为 48.5 kb 的线性双链 DNA，编码至少 61 个基因，在分子两端各有 12 个碱基的互补单链，是天然的黏性末端，称 cos 位点。基因组中 50% 的基因对噬菌体的生长和裂解寄生菌是必需的，分布在噬菌体 DNA 的两端（即左右臂）；中间是非必需区，当它们被外源基因插入或取代后，并不影响噬菌体的生存，且重组 DNA 可以随宿主细胞一起复制，在溶原周期中整合进细菌染色体。较早改建的有 λgt 系列和 EMBL 系列。

现经改造构建了两类 λ 噬菌体载体：一类是插入型载体，允许外源基因插入中间区域，常用的 λgt 系列载体如 λgt10 载体，大小为 43.34 kb，允许插入 0～7 kb 的片段，主要用于 cDNA 的克隆；另一类是取代型载体，允许外源基因替换中间区域，如 EMBL 系列载体，可容纳较大分子的外源 DNA 片段（可达 20 kb），主要用于大片段基因组 DNA 的克隆。

2. M13 噬菌体载体　M13 噬菌体外形呈丝状，是一种既不溶原也不裂解宿主细菌的噬菌体。其基因组为一闭环单链 DNA，大小为 6407 bp，可分为 10 个区和 507 bp 的基因间隔区。其复制起始点在基因间隔区内，但基因间隔区的部分核苷酸序列即使发生突变、缺失或插入外源 DNA 片段也不会影响 M13 的繁殖和生存，为 M13 构建克隆载体提供了条件。通过对 M13 的改造，包括在基因间隔区插入大肠埃希菌 LacZ' 基因等，已成功构建出 M13mp 噬菌体载体系列。该系列载体大多是成对的，如 M13mp8/9、M13mp18/19 等，它们均含有携带 MCS 序列的 LacZ' 基因，重组体可用 IPTG-X-gal 蓝白斑实验进行筛选。M13 噬菌体载体的一大优点是，克隆的外源双链 DNA 片段，在子代噬菌体便成为单链形式，故用 M13mp 进行克隆，可方便地获得大量外源 DNA 的单链形式。

（三）其他克隆载体

为了容纳更大的外源 DNA 片段，科学家还构建了人工染色体载体。如在人类基因组计划中，为了绘制基因组物理图谱，建立基因组大片段文库，相继构建了酵母人工染色体（yeast artificial chromosome，YAC）和细菌人工染色体（bacterial artificial chromosome，BAC）等载体，用于大片段 DNA 的克隆。YAC 含酵母染色体上必需的端粒、着丝点和复制起始序列，能携带 400 kb 左右的 DNA 片段。BAC 是以大肠埃希菌 F 质粒为基础构建的载体，可携带 50～300 kb 的 DNA 片段。此外，为适应真核细胞重组 DNA 技术的需要，实现真核基因表达或基因治疗的需要，已发展出用动物病毒（如 SV40、腺病毒、牛乳头瘤病毒及逆转录病毒等）改造的病毒载体，以及用于昆虫细胞表达的杆状病毒载体等。

二、表达载体

外源 DNA 片段与克隆载体重组导入宿主细胞中只能进行复制扩增，要获得其编码的蛋白质产物必须借助表达载体。所谓表达载体(expression vector)是一类在宿主细胞中表达外源基因的载体。这类载体除了具有克隆载体所具备的特性外,还带有转录和翻译所必需的元件,所以表达载体一般兼具克隆和表达的两种功能。根据宿主细胞的不同,表达载体可分为原核表达载体和真核表达载体,它们的主要区别在于为外源基因提供的表达元件。

(一)原核表达载体

原核表达载体(prokaryotic expression vector)用于在原核细胞中表达外源基因,由克隆载体发展而来,除具有克隆载体的基本特征外,还有供外源基因有效转录和翻译的原核表达调控序列,如启动子、核糖体结合位点和转录终止序列等。目前应用最广泛的原核表达载体是 $E.\ coli$ 表达载体。

(1)启动子:是启动外源基因表达的必需元件,常用的启动子有 tac 启动子(乳糖和色氨酸杂合启动子)、λ 噬菌体的 P_L 和 P_R 启动子,以及 T7 噬菌体启动子等。此外,也可使用组成性或诱导性启动子,实现组成性或诱导调控性表达。

(2)核糖体结合位点(ribosome binding site,RBS):又称 SD 序列,能与核糖体 30S 小亚基上的 16S rRNA 3′端的部分序列互补结合,是形成翻译起始复合物所必需的。

(3)转录终止序列:可控制转录 RNA 的长度,提高稳定性,避免质粒上异常表达导致质粒稳定性下降。为防止外源基因的表达干扰表达系统的稳定性,一般在多克隆位点下游插入一段强转录终止序列。

(二)真核表达载体

真核表达载体(eukaryotic expression vector)用于在真核细胞中表达外源基因,也是克隆载体发展而来的。除了具备克隆载体的基本特征外,还具有包括启动子、增强子、poly(A)加尾信号和转录终止序列等真核表达调控元件,以及真核细胞的复制起始序列与真核细胞的筛选标志,从而使外源基因能在真核细胞中自主表达或诱导表达。由于真核生物基因的转录调控机制比较复杂,外源基因的转录调控元件一般来自真核病毒。根据宿主细胞的不同,真核表达载体可分为酵母表达载体、昆虫表达载体和哺乳类细胞表达载体等。

第三节 重组 DNA 技术的基本过程

重组 DNA 技术是基因工程的核心,完整的 DNA 克隆与表达过程包括以下步骤(图 17-3):①获取目的 DNA(切);②选择与制备合适的载体(选);③目的 DNA 与载体的连接(接);④重组 DNA 转入受体细胞(转);⑤重组体的筛选及鉴定(筛);⑥克隆基因的表达(表)。

重组 DNA 技术

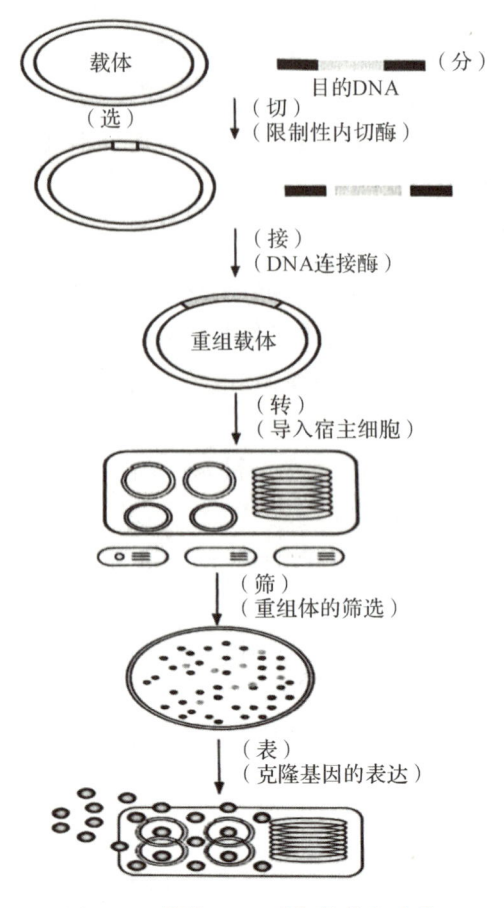

图 17-3　体外 DNA 重组的基本过程

一、获取目的 DNA

目的 DNA 主要从 cDNA 和基因组 DNA 分离得到。cDNA 指经逆转录合成的、与 RNA（通常指 mRNA 或病毒 RNA）互补的单链 DNA，以此单链 DNA 为模板经聚合反应可合成双链 cDNA。获得目的 DNA 是分子克隆过程中最重要的一步。目前获得目的 DNA 的方法主要有下列几种。

1. 化学合成法　如果已知目的基因的核苷酸序列，或能根据该基因产物的氨基酸序列推导出相应的核苷酸序列，就可利用 DNA 合成仪人工化学合成该基因。目前，化学合成的片段长度有一定限制，较长的 DNA 分子需分段合成，再经退火连接而成。随着技术进步和自动化程度的提高，化学合成法的成本已经大幅降低，但与其他方法比较仍较昂贵。

2. 从基因文库中筛选　基因文库（gene library）指通过克隆方法保存在适当宿主中的一群混合 DNA 分子，所有这些分子中插入片段的总和可代表某种生物的全部基因组序列或全部 mRNA 序列。因此，基因文库实际上是包含某一生物体或生物组织样本基因序列的克隆群体，根据序列来源不同，可分为基因组文库（genomic library）和 cDNA 文库（cDNA library）。获得基因文库后，就可以根据已知的信息合成特异性探针，用核酸分子杂交的方法从文库中筛选目的基因片段；也可以设计相应的特异性引物，用 PCR 方法从文库中获得目的 DNA 片段。

3. PCR 法　PCR 是一种高效、特异的体外扩增 DNA 的方法，是获得目的 DNA

最常用、最简便的方法。使用 PCR 法的前提是：已知待扩增目的基因或 DNA 片段两端的序列，并根据该序列合成了适当的引物。根据不同的研究目的，既可选择以 DNA 为模板，通过扩增后得到含有内含子和调控序列在内的完整基因；也可选择以 RNA 为模板，经逆转录成 cDNA 再扩增得到无内含子、无调控序列，只有结构基因的核苷酸片段。

4. 其他方法　除上述方法外，也可采用酵母单杂交系统克隆 DNA 结合蛋白的编码基因，或用酵母双杂交系统克隆特异性相互作用蛋白质的编码基因。

二、选择与制备合适的基因载体

DNA 克隆的目的主要有两个：一是获取目的 DNA 片段，二是获取目的 DNA 所编码的蛋白质；前者选用克隆载体，后者选用表达载体。另外，选择载体时还要考虑目的 DNA 的大小、受体细胞的种类和来源等因素（表 17-3）。此外，选择载体时要注意载体内需有适宜的单一酶切位点或 MCS，以便根据目的 DNA 片段，对载体进行适当的酶切处理。总之，在重组 DNA 技术中，载体的选择、准备和改进极富技术性，目的不同以及操作基因的性质不同，载体的选择和改建方法也就不同。

表 17-3　不同载体的克隆容量及适宜宿主细胞

载体	插入 DNA 片段大小	宿主细胞
质粒	5～10 kb	细菌、酵母
λ 噬菌体	≤20 kb	细菌
黏粒	≤50 kb	细菌
细菌人工染色体（BAC）	≤400 kb	细菌
酵母人工染色体（YAC）	≤3 kb	细菌

三、目的 DNA 与载体的连接

获得目的 DNA 并选择适宜的载体后，需将二者通过酶切产生可供连接的切口，再用 DNA 连接酶进行连接，此即为 DNA 的体外重组。分析载体与外源 DNA 上限制性内切酶酶切位点的性质，依据外源 DNA 片段末端和线性化载体末端的特点可采用不同的连接策略。

1. 黏性末端连接　依靠酶切后的黏性末端进行连接，不仅连接效率高，还具有方向性和准确性。有以下三种情况。

（1）相同黏性末端连接：用同一限制性内切酶分别切割目的 DNA 和载体，那么所产生的黏性末端完全相同。这种相同黏性末端连接时会有三种连接结果：载体自连（载体自身环化）、载体与目的 DNA 连接和 DNA 片段自连。可见，这种连接的缺点是：容易出现载体自身环化、目的 DNA 可以双向插入载体（即正向和反向插入）及出现多拷贝连接现象，从而给后续筛选增加了困难。连接前用碱性磷酸酶处理线性化载体使之去磷酸化，可抑制载体的自身环化。欲筛选出含有正确插入方向和单拷贝插入片段的重组体，需要将重组体进行限制性酶切分析。

（2）不同黏性末端连接：如用一组同尾酶分别切割载体和目的 DNA，就可使载体和目的 DNA 的两端形成不同的黏性末端，这样可以让外源 DNA 定向插入载体。这种使目的基因按特定方向插入载体的克隆方法称为定向克隆（directed cloning），可有效避免载体自连、DNA 片段的反向插入和多拷贝现象。

(3)其他措施产生黏性末端连接:将平末端改造为黏性末端的方法有:①人工接头法:用化学合成法获得含限制性内切酶位点的平端双链寡核苷酸接头。再将此接头连接在目的DNA的平端上,然后用限制性内切酶切割人工接头产生黏性末端,进而将DNA片段连接到载体上。②同聚物加尾法:用末端转移酶将某一核苷酸(如dC)逐一加到目的DNA的3′端羟基上,形成同聚物尾(如同聚dC尾);同时又将与之互补的另一核苷酸(如dG)加到载体DNA的3′端羟基上,形成与目的DNA末端互补的同聚物尾(如同聚dG尾)。两个互补的同聚物尾均为黏性末端,可高效率地连接到一起。③PCR法:针对目的DNA的5′端和3′端设计一对特异引物,在每条引物的5′端分别加上不同的限制性内切酶位点,再以目的DNA为模板,经PCR扩增便可得到带有引物序列的目的DNA,然后用相应的限制性内切酶切割PCR产物,产生黏性末端,便可与带有相同黏性末端的线性化载体进行有效连接。另外,在使用Taq DNA聚合酶进行PCR时,扩增产物的3′端一般会多出一个不配对的腺苷酸残基(A)而成为黏性末端,这样的PCR产物可直接与3′端带不配对的胸腺嘧啶残基(T)的线性化载体(T载体)连接,此即T—A克隆。

2. 平末端连接　若目的DNA两端和线性化载体两端均为平末端,也可在DNA连接酶的作用下进行连接,其连接结果有三种,即载体自连、载体与目的DNA连接和DNA片段自连,但连接效率都较低。可采用提高连接酶用量、延长连接时间、降低反应温度、增加DNA片段与载体的摩尔比等措施来提高连接效率。平末端连接同样存在载体自身环化、目的DNA双向插入和多拷贝现象等缺点。

3. 黏-平末端连接　黏-平末端连接指目的DNA和载体以一端为黏性末端、另一端为平末端的方式进行连接。以该方式连接时,目的DNA被定向插入载体(定向克隆),也避免了载体分子的自身环化,但其连接效率显然低于纯黏性末端连接。

四、重组DNA转入宿主细胞进行扩增

重组DNA转入宿主细胞后才能扩增,将重组DNA导入宿主细胞的方法主要有转化、转染和感染。

1. 转化(transformation)　指将质粒DNA或重组质粒DNA分子导入细菌(原核细胞)的过程。常用的细菌是大肠埃希菌的突变体菌株。这些菌株在人的肠道几乎不能存活或存活率极低,且由于其丧失了限制修饰系统,故不会降解导入细胞内未经修饰的外源DNA。转化前需要处理细菌细胞,使之处于容易接受外源DNA分子的状态,此时的细胞称为感受态细胞(competent cells)。转化方法有化学诱导法(如$CaCl_2$法)、电穿孔法等。此外,将质粒DNA直接导入酵母细胞以及将黏粒DNA导入细菌的过程也称作转化。

2. 转染(transfection)　指将外源重组DNA载体直接导入真核细胞(酵母除外)的过程,导入后的细胞称为转染细胞。导入细胞内的DNA分子可以被整合至真核细胞染色体,经筛选而获得稳定转染,转染后细胞内DNA分子的表达即为稳定表达。导入细胞内的DNA分子也可以游离在宿主细胞染色体外短暂地复制表达,不经过筛选而进行瞬时转染,转染细胞内DNA分子的表达即为瞬时表达。常用的转染方法包括化学方法(如DNA-磷酸钙共沉淀法、脂质体介导法、聚乙二醇介导的转染法等)和物理方法(如显微注射法、电穿孔法等)。此外,将质粒、噬菌体或病毒DNA直接导入真核细胞的过程也称作转染。

3. 感染(infection)　指以病毒颗粒作为外源DNA载体导入宿主细胞的过程。例

如，以噬菌体、逆转录病毒、腺病毒等的 DNA 作为载体构建的重组 DNA 分子，经包装形成病毒颗粒后进入宿主细胞。

五、重组体的筛选与鉴定

重组 DNA 分子导入宿主细胞后，可通过载体携带的选择标记或目的 DNA 片段的序列特征进行筛选和鉴定，从而获得含重组 DNA 分子的宿主细胞。筛选和鉴定方法主要有根据遗传表型进行筛选、序列特异性筛选法、免疫化学法等。

1. 根据遗传表型进行筛选　重组载体上通常携带某种遗传标记，如抗生素抗性基因等，据此可对含重组 DNA 的宿主细胞进行筛选。

(1) 利用抗性标记筛选：这是筛选含有重组 DNA 宿主细胞的主要方法，因为大多数载体都带有抗生素抗性基因，常见的有 Amp^r、Tet^r、Kan^r 等。当带有完整抗性基因的重组体转入无抗性基因的宿主细胞后，细胞即获得了耐药性，能在含有相应抗生素的琼脂平板上生长成菌落，而未被转化的宿主细胞不能生长。只带有一种抗性基因的载体组成的重组 DNA，若在琼脂平板上生长，是不能被确定其是否含重组 DNA 或是空载体的，需要进一步鉴定。

(2) 利用基因的插入失活/插入表达特性筛选：对于某些带有抗生素抗性基因的载体，当目的 DNA 插入抗性基因后，可使该抗性基因失活。如果还以这种抗生素抗性进行筛选，不能生长的细胞应该是含重组 DNA 的细胞。以这种方式筛选时，通常载体携带一个以上的筛选标记基因。例如 pBR322 质粒含有 Amp^r、Tet^r 两个抗性基因，如将目的 DNA 插入 Tet^r 中使其失活，则含重组 DNA 的细胞只能在含氨苄西林（Amp）的培养基中生长，而不能在含四环素（Tet）的培养基中生长（图 17-4）。

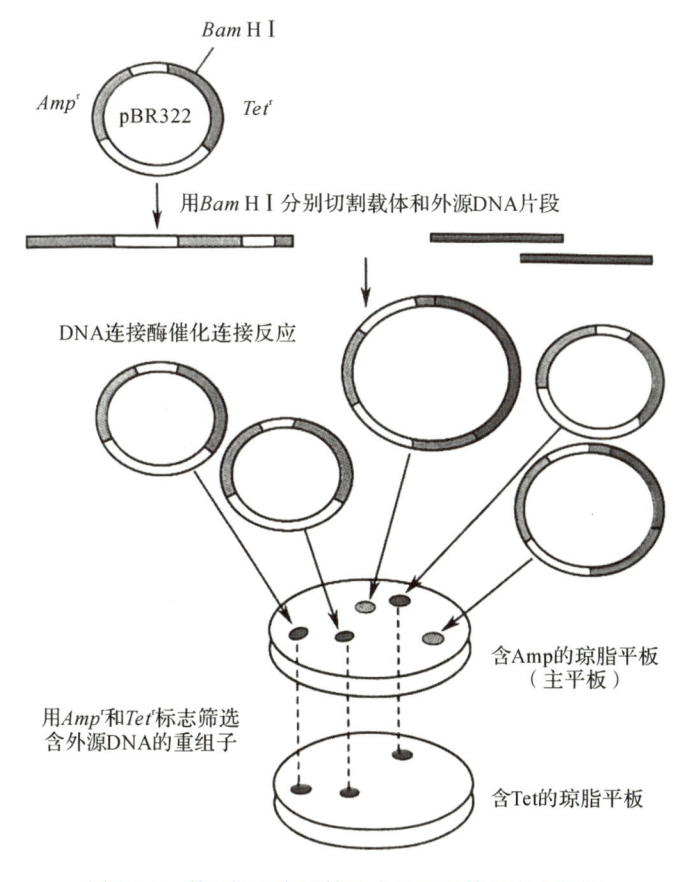

图 17-4　利用插入失活筛选含重组载体的宿主细胞

(3)根据β-半乳糖苷酶显色反应筛选：含有 *LacZ'* 基因的 pUC 系列载体及其他载体，可通过蓝白斑标记进行筛选。没有外源基因插入 *LacZ'* 基因的载体所转化的细菌在 IPTG/X-gal(IPTG：异丙基-β-D-硫代半乳糖苷，为 β-半乳糖苷酶的诱导剂；X-gal：5-溴-4-氯-3-吲哚-β-D-半乳糖苷，为 β-半乳糖苷酶的显色底物)琼脂培养板上呈现蓝色，而含有重组载体转化的菌落在 IPTG/X-gal 琼脂培养板上呈白色(图 17-5)。蓝白斑筛选也称 α 互补筛选，其本质上属于一种标记补救筛选方法，即当载体上的标记基因在宿主细胞中表达时，宿主细胞通过与标记基因表达产物互补来弥补自身的相应缺陷，从而在相应的选择培养基中存活，并利用该策略筛选含有重组载体的宿主细胞。

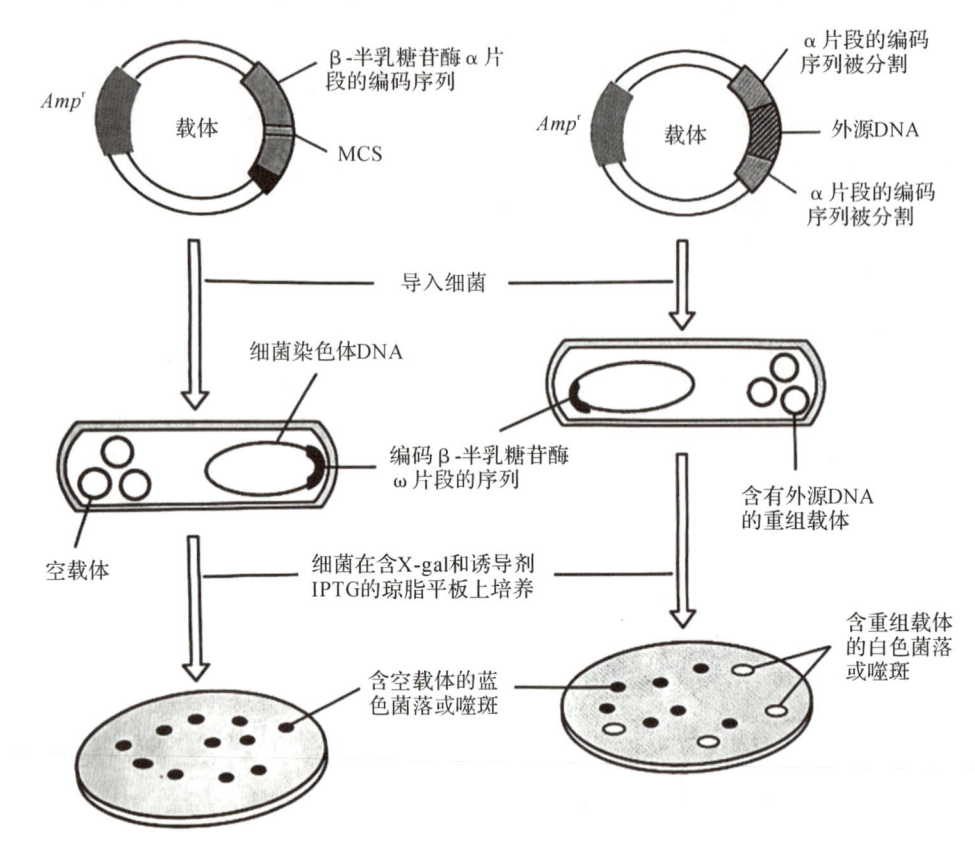

图 17-5 蓝白斑筛选含重组载体的阳性菌落

(4)利用噬菌体的包装特性进行筛选：λ噬菌体的一个重要遗传特性是其在包装时对 λDNA 的大小有严格要求，只有当 λDNA 的长度达到其野生型长度的 75%～105% 时，才能包装形成有活性的噬菌体颗粒，从而在培养基上生长时可呈现出清晰的噬菌斑。而不含外源 DNA 的单一噬菌体载体因其 DNA 长度太小而不能被包装成有活性的噬菌体颗粒，故不能感染细菌形成噬菌斑。据此原理即可初步筛选出带有重组 λ 噬菌体载体的克隆。

2. 序列特异性筛选　根据序列特异性筛选的方法包括限制性内切酶酶切法、PCR 法、核酸分子杂交法和 DNA 测序法等。

(1)限制性内切酶酶切法：针对初筛为阳性的克隆，提取其重组 DNA，用限制性内切酶进行酶切消化，再经琼脂糖凝胶电泳即可判断目的 DNA 片段是否插入及插入片段的大小。还可用多种限制性内切酶制作并分析插入片段的酶切图谱。

(2)PCR 法：利用序列特异性引物，经 PCR 扩增，可鉴定出含有目的 DNA 的阳性克隆。用克隆位点两侧的载体序列设计引物并进行 PCR 扩增，再结合序列分析，便可证实插入片段的方向、序列和可读框的正确性。

(3) 核酸分子杂交法：该法可直接筛选和鉴定含有目的基因的克隆，常用菌落或噬斑原位杂交法。用标记的核酸探针与转移至硝酸纤维素薄膜上的转化子 DNA 或克隆 DNA 片段进行分子杂交，直接选择和鉴定含目的 DNA 的阳性菌落。该法操作烦琐、成本较高，故仅适用于大规模操作，常用于从基因文库中筛选含目的基因的阳性克隆。

(4) DNA 测序法：该法是最准确的鉴定目的 DNA 的方法。针对已知序列，通过 DNA 测序可明确具体序列和可读框的正确性；针对未知 DNA 片段，可揭示其序列，为进一步研究提供依据。

3. 免疫化学法　该法是对目的基因表达产物的直接筛选，要求重组 DNA 进入宿主细胞后能够表达蛋白质产物。常用的免疫化学法的是基于抗原-抗体反应或配体-受体反应，一般做法与上述菌落或噬斑原位杂交相似，只是被检测的靶分子换成了吸附于硝酸纤维素膜上的蛋白质产物，检测探针换成了标记的抗体/抗原或配体/受体。

六、克隆基因的表达

通过外源 DNA 的重组、克隆及鉴定，可以获得所需的 DNA 克隆。如果是克隆到表达载体上还可以表达出相应蛋白质产物。表达体系的建立包括表达载体的构建、宿主细胞的选择以及表达产物的鉴定、分离和纯化等操作。表达系统根据宿主细胞的来源不同，可分为原核表达体系和真核表达体系。

1. 原核表达体系　$E.coli$ 是当前采用最多的原核表达体系，其优点是培养方法简单、迅速、经济且适合大规模生产。

(1) 原核表达载体的必备条件：以 $E.coli$ 为例，要表达有用的蛋白质，就必须使构建的表达载体符合以下标准：①含 $E.coli$ 适宜的选择标记；②具有能调控转录、产生大量 mRNA 的强启动子，如 lac、tac 启动子；③含适当的翻译控制序列，如核糖体结合位点和翻译起始点等；④含有合理设计的 MCS，以确保目的基因按一定方向与载体正确连接。

(2) 重组蛋白质的表达策略：因需求不同，蛋白质表达策略并不一致。一般要求表达蛋白质产物具有抗原性或生物活性，同时要求表达产物易于分离、纯化。较好的策略是为目的基因连上一个编码标签肽的序列，从而表达为融合蛋白 (fusion protein)。如果在设计融合基因时，在目的基因和标签序列之间加入适当的裂解位点，则很容易从表达的融合蛋白分子中去除标签序列而获得目的产物。巧妙设计的标签序列还可大大方便表达产物的分离纯化。如果表达的是可溶性蛋白质，往往具有特异的生物学功能；如果表达的是不溶性的包含体形式，还需要在分离纯化后进行复性或折叠。

(3) 原核表达体系的不足：①缺乏真核转录后加工的功能，不能进行 mRNA 的剪接，所以不宜表达真核基因组 DNA，只适合表达克隆的 cDNA；②缺乏真核细胞所特有的翻译后加工修饰系统（如糖基化、磷酸化等），难以形成正确的二硫键配对和特定的空间构象折叠，所得产物蛋白质通常没有生物学活性；③细菌本身产生的内毒素等致热源不易去除干净，增加了产品纯化的难度；④难以大量表达分泌性蛋白；⑤表达常形成包涵体 (inclusion bodies)，提取和纯化步骤烦琐，而且蛋白复性较困难。

2. 真核表达体系　真核表达体系既有与原核表达体系的相似之处，也有自己的特点。真核表达载体通常含有供真核细胞使用的选择标记、启动子、转录和翻译终止信号、mRNA 的 poly(A) 加尾信号或染色体整合位点等。

真核表达体系有酵母、昆虫和哺乳类细胞等，既能表达克隆的 cDNA，也可表达从真核基因组 DNA 扩增的基因。这些表达系统不仅在研究蛋白质分子功能和真核基因表达调控机制方面有广泛应用,还在重组 DNA 药物、疫苗生产及其他生物制剂生产上获得了成功。相对于原核表达系统,真核表达系统具有以下优势:①具有转录后加工系统,可表达克隆的 cDNA 或真核基因组 DNA;②具有翻译后加工系统,可进行糖基化、乙酰化、磷酸化等修饰;③某些真核细胞可将外源基因表达产物直接分泌至细胞培养液中,简化了后续分离纯化操作。

第四节 重组 DNA 技术在医药中的应用

目前,重组 DNA 技术已广泛应用于生命科学和医药研究、疾病诊断与防治、法医学鉴定、物种的修饰与改造等诸多领域,对推动医学和药学的发展起着重要作用。

一、广泛应用于生物制药

利用重组 DNA 技术生产有应用价值的药物是当今医药发展的一个重要方向,有望成为 21 世纪的支柱产业之一。该技术一方面可改造升级传统的制药工业,如可改造制药所需要的工程菌种或创建新的工程菌种,从而提升抗生素、氨基酸、维生素等药物的产量;另一方面可生产有药用价值的蛋白质/多肽及疫苗等产品。重组人胰岛素是世界上第一个利用该技术生产的基因工程产品,目前上市的基因工程药物已有百种以上,表 17-4 中仅列出部分药物和疫苗。

表 17-4 利用重组 DNA 技术制备的部分蛋白质/多肽类药物及疫苗

产品名称	主要功能
组织纤溶酶原激活剂	抗凝血,溶解血栓
凝血因子 VIII/IX	促进凝血,治疗血友病
粒细胞-巨噬细胞集落刺激因子	刺激白细胞生成
促红细胞生成素	促进红细胞生成,治疗贫血
多种生长因子	刺激细胞生长与分化
生长激素	治疗侏儒症
胰岛素	治疗糖尿病
多种白细胞介素	调节免疫,调节造血
肿瘤坏死因子	杀伤肿瘤细胞,调节免疫,参与炎症
骨形态形成蛋白	修复骨缺损,促进骨折愈合
人源化单克隆细胞	利用其结合特异性进行临床诊断,肿瘤靶向治疗
重组乙肝疫苗(HbsAg VLP)	预防乙肝
重组 HIV 疫苗(L1 VLP)	预防 HIV 感染
重组 B 亚单位/菌体霍乱疫苗	口服预防霍乱

二、医学研究的重要技术平台

1. 建立遗传修饰动物模型　重组 DNA 技术可用于遗传修饰动物模型的研究,建立人类疾病的动物模型。目前已经建立了诸多人类疾病的遗传修饰动物模型,用于癌症、糖尿病、肥胖、心脏病、关节炎等疾病的研究。

2. 建立遗传修饰细胞模型　重组 DNA 技术也可用于建立遗传修饰细胞模型,从而用于基因替代治疗/靶向治疗。目前,体细胞基因治疗已经用于 X-连锁联合免疫缺陷病、慢性淋巴细胞白血病和帕金森病的临床研究,这是在人体上进行的遗传工程的研究。改造 T 淋巴细胞,让其携带嵌合抗原受体(chimeric antigen receptor,CAR),从而达到靶向治疗疾病的 CAR-T 细胞也采用了重组 DNA 技术。

3. 研究基因及基因功能　基因工程动物或细胞模型可用来发现新基因或一些基因的新功能。一般是通过转基因或基因敲除技术获得或失去基因来进行研究的,也可通过示踪实验(如 GFP 融合蛋白)研究基因表达产物的定位或相互作用信息等,或通过报告基因(如 GFP 或催化特定底物的酶)与不同启动子相融合的方法实现对基因表达调控的研究。

三、基因及其表达产物研究的技术基础

重组 DNA 技术已经成为基因、基因功能获得或丧失研究的技术基础,也是基因表达产物相互作用研究的技术基础。

1. 在基因组水平上干预基因　重组 DNA 技术是基因打靶(包括基因敲除和基因敲入)及基因组编辑等的技术基础。例如,基因组编辑(genome editing)是指一类能定向地在基因组上改变基因序列的技术,其中 CRISPR/Cas9 系统是目前应用较多和脱靶较少的基因组编辑技术,也是细菌抵抗病毒感染的一种获得性免疫机制。利用 CRISPR/Cas9 基因组编辑技术对特定基因进行改造,需要在体外构建含导向 CRISPR RNA(crRNA)和 Cas9 编码基因的重组载体,再将其导入受体细胞,从而实现在基因组水平定向地改变特定基因的目的。

2. 在 RNA 水平上干预基因的功能　RNA 干扰(RNA interference,RNAi)是通过干扰小 RNA(small interference RNA,siRNA)与靶 RNA 结合,来阻止基因表达的。siRNA 可以直接用化学法合成,也可以用 DNA 克隆技术构建干扰小发夹 RNA,即将编码 siRNA 的反向互补序列和间隔序列克隆至合适的载体,在细胞内转录合成干扰小发夹 RNA,实现 RNA 干扰目的。

3. 在蛋白质水平上相互作用的研究　重组 DNA 技术也是蛋白质相互作用研究的技术基础。例如,酵母双杂交系统分别克隆转录因子 DNA 结合结构域和转录激活结构域的融合基因,再对所表达融合蛋白的潜在相互作用能力进行研究。

思考题

1. DNA 重组技术常用的工具酶有哪些?其中限制性内切酶如何命名?其作用特点有哪些?
2. DNA 重组技术常用的载体有哪些?
3. 简述重组 DNA 技术的基本过程。
4. DNA 重组技术在医药领域中有哪些应用?

在线测试

5.重组 DNA 技术为操作 DNA 提供了技术平台,针对人基因组中的一个基因序列,如何能成功地用大肠埃希菌表达系统将其编码产物表达出来?(需要考虑原核表达体系的特点、真核基因的结构特点、构建重组 DNA 的优化方式等。)

本章小结

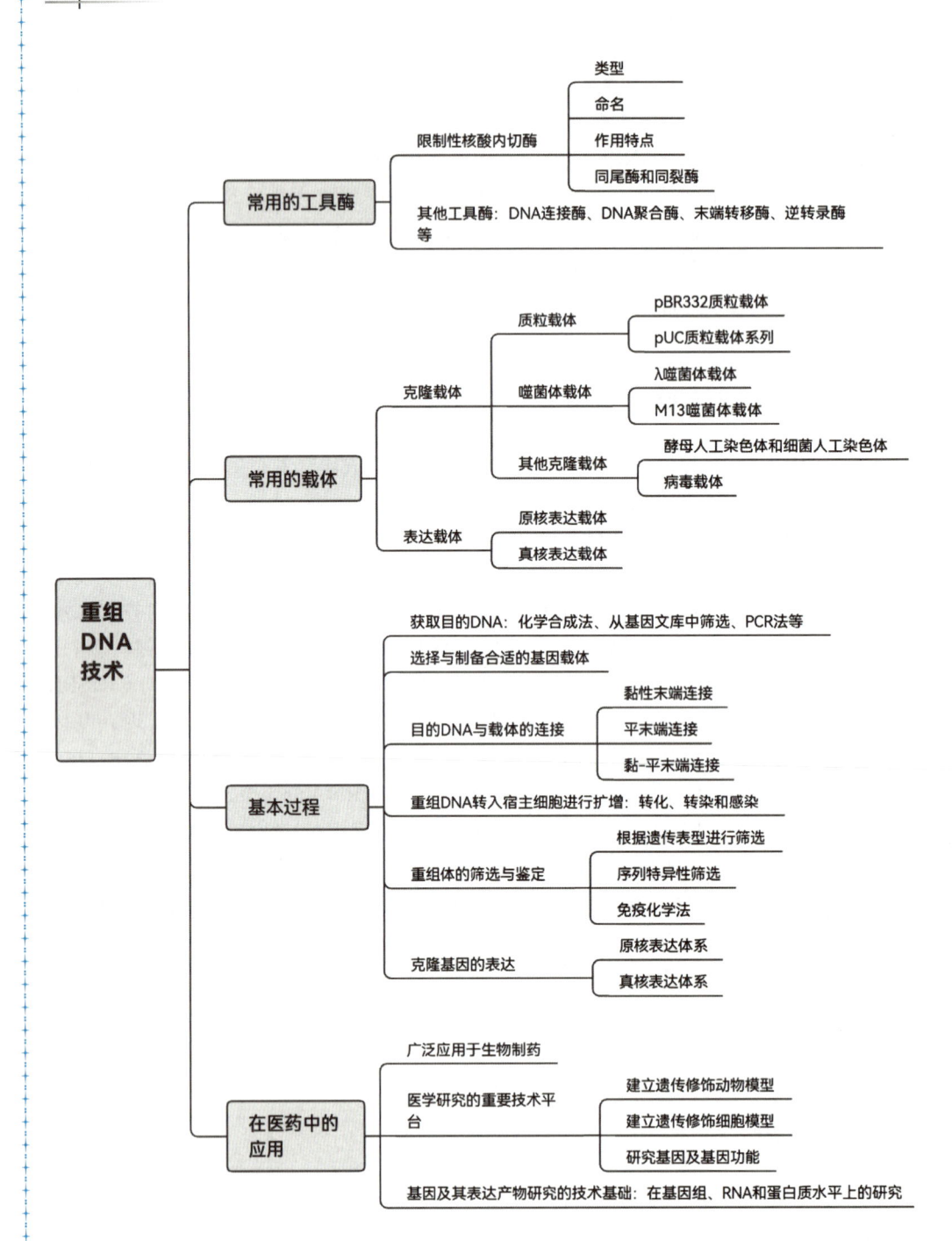

```
重组DNA技术
├─ 常用的工具酶
│   ├─ 限制性核酸内切酶
│   │   ├─ 类型
│   │   ├─ 命名
│   │   ├─ 作用特点
│   │   └─ 同尾酶和同裂酶
│   └─ 其他工具酶:DNA连接酶、DNA聚合酶、末端转移酶、逆转录酶等
├─ 常用的载体
│   ├─ 克隆载体
│   │   ├─ 质粒载体
│   │   │   ├─ pBR322质粒载体
│   │   │   └─ pUC质粒载体系列
│   │   ├─ 噬菌体载体
│   │   │   ├─ λ噬菌体载体
│   │   │   └─ M13噬菌体载体
│   │   └─ 其他克隆载体
│   │       ├─ 酵母人工染色体和细菌人工染色体
│   │       └─ 病毒载体
│   └─ 表达载体
│       ├─ 原核表达载体
│       └─ 真核表达载体
├─ 基本过程
│   ├─ 获取目的DNA:化学合成法、从基因文库中筛选、PCR法等
│   ├─ 选择与制备合适的基因载体
│   ├─ 目的DNA与载体的连接
│   │   ├─ 黏性末端连接
│   │   ├─ 平末端连接
│   │   └─ 黏-平末端连接
│   ├─ 重组DNA转入宿主细胞进行扩增:转化、转染和感染
│   ├─ 重组体的筛选与鉴定
│   │   ├─ 根据遗传表型进行筛选
│   │   ├─ 序列特异性筛选
│   │   └─ 免疫化学法
│   └─ 克隆基因的表达
│       ├─ 原核表达体系
│       └─ 真核表达体系
└─ 在医药中的应用
    ├─ 广泛应用于生物制药
    ├─ 医学研究的重要技术平台
    │   ├─ 建立遗传修饰动物模型
    │   ├─ 建立遗传修饰细胞模型
    │   └─ 研究基因及基因功能
    └─ 基因及其表达产物研究的技术基础:在基因组、RNA和蛋白质水平上的研究
```

实验项目十一　质粒 DNA 的提取与鉴定

【实验目的】

1. 学习和掌握碱裂解法提取质粒。
2. 熟悉琼脂糖凝胶电泳法的原理、操作及应用。

【实验原理】

质粒(plasmid)是独立于染色体外的，能自主复制且稳定遗传的遗传因子。它是一种环状的双链 DNA 分子，存在于细菌、放线菌、真菌以及一些动植物细胞中，在细菌细胞中最多。

本实验利用 SDS 碱裂解法提取质粒 DNA。将细菌悬浮液暴露于高 pH 的强阴离子洗涤剂中，会使细胞壁破裂，染色体 DNA 和蛋白质变性，将质粒 DNA 释放到上清液中。在裂解过程中，细菌蛋白质、破裂的细胞壁和变性的染色体 DNA 会相互缠绕成大型复合物，后者被 SDS（十二烷基硫酸钠）包盖。当用 K^+ 取代 Na^+ 时，这些复合物会从溶液中有效地沉淀下来。离心除去变性剂后，就可以从上清中回收得到复性的质粒 DNA。

【试剂与器材】

1. 实验材料　大肠杆菌（含有携带插入片段的质粒 PMD-18T）。
2. 实验试剂

(1) 溶液Ⅰ：Tris·HCl(pH8.0) 25 mmol/L，EDTA(pH8.0) 10 mmol/L，葡萄糖 50 mmol/L。

(2) 溶液Ⅱ（新鲜配制）：NaOH 0.2 mol/L，SDS 1%(W/V)。

(3) 溶液Ⅲ(100ml)：5 mol/L 乙酸钾 60 ml，冰乙酸 11.5 ml(pH4.8)，水 28.5 ml。

(4) 氯仿-异戊醇(24∶1)。

(5) 异丙醇、70%乙醇。

3. 耗材　1.5 ml 离心管、1000 μl 枪头、200 μl 枪头、20 μl 枪头。

4. 器材　移液枪、微量进样器、高速冷冻离心机、凝胶成像仪、电泳仪、电泳槽等。

【实验方法及步骤】

1. 挑转化后的单菌落（含 PMD-18T 质粒），接种到 20 ml 含有适当抗生素（Amp）的丰富培养基中(LB 培养液)，于 37 ℃剧烈振摇下培养过夜。

2. 将 1.5 ml 的培养物倒入 1.5 ml 的 EP 管中，于 4 ℃以 12000 rpm 离心 1 min。

3. 离心结束，弃去上层培养液，再向离心管中加入 1.5 ml 的培养物，于 4 ℃以 12000 rpm 离心 1 min。

4. 弃去上层培养液，使细菌沉淀尽可能干燥。

5. 将细菌沉淀重悬于 100 μl 冰预冷的溶液Ⅰ中，用 Tip 吸头吹打沉淀至完全混匀（无块状悬浮）。

6. 加 200 μl 新配制的溶液Ⅱ于每管细菌悬液中，盖紧管口，快速颠倒离心管 5 次，以混合内容物,注意动作一定要轻柔缓和,切勿振荡。将离心管放置于冰上(2 min)。

7. 加 150 μl 用冰预冷的溶液Ⅲ,盖紧管口,反复颠倒数次,使溶液Ⅲ在黏稠的细菌裂解物中分散均匀,之后将管置于冰上 3~5 min。

8. 4 ℃以 12000 rpm 离心 5 min,将上清液(400 μl)转移到另一离心管中。

9. 加等体积的氯仿:异戊醇(24:1)振荡混匀。4 ℃以 12000 rpm 离心 5 min,将上清液(300 μl)转移到另一离心管中。

10. 加 2/3 体积的异丙醇沉淀质粒 DNA,振荡混匀,于冰上放置 15 min。

11. 4 ℃低温下以 12000 rpm 离心 5 min,小心吸去上清液,将离心管倒置于纸巾上,以使所有液体流出,再将附于管壁的液滴除尽。

12. 加 1 ml 70%乙醇溶液洗涤沉淀,振荡混匀,4 ℃ 12000 rpm 离心 5 min,弃去上清液,在空气中使 DNA 沉淀干燥(5~10 min)。

13. 用 20 μl 灭菌的蒸馏水溶解 DNA,加 1 μl 胰 RNA 酶 37 ℃消化 RNA 30 min。

14. 用 1%的琼脂糖凝胶电泳检测质粒的提取情况。

【注意事项】

1. 提取过程应尽量保持低温。

2. 提取质粒 DNA 过程中除去蛋白很重要,采用酚/氯仿去除蛋白效果较单独用酚或氯仿好,要将蛋白尽量除干净且需多次抽提。

3. 沉淀 DNA 通常使用冰乙醇,在低温条件下放置时间稍长可使 DNA 沉淀完全。也可用异丙醇(一般使用等体积),且沉淀完全,速度快,但常把盐沉淀下来。所以多数还是用乙醇。

4. 细菌沉淀中加入溶液Ⅰ后,一定要彻底悬浮,否则抽提质粒 DNA 的纯度及得率会大大降低。

【思考题】

1. 试述在提取质粒过程中溶液Ⅰ、Ⅱ、Ⅲ的作用。

2. 描述质粒 DNA 的电泳图谱,并解释产生的现象及可能的原因。

第十八章　分子生物学常用技术

学习目标

知识目标
1. 掌握：分子杂交与印迹技术、PCR 技术、DNA 测序技术和生物芯片技术的原理及应用。
2. 熟悉：PCR 技术及其衍生技术的体系组成与操作过程。
3. 了解：转基因技术、基因剔除技术和生物大分子相互作用研究技术。

能力目标
1. 能选择相应的 PCR 技术对目标基因进行扩增或检测。
2. 能根据目标序列的类型选择合适的分子生物学检测方法。

随着分子生物学理论研究的不断突破，分子生物学技术也得到了巨大的发展，成为当前生命科学领域不可或缺的研究手段。因此，了解分子生物学技术的原理及其用途，有助于更好地利用分子生物学技术探究疾病发生和发展的分子机制，为开发新的诊断技术、治疗方法及研发新药提供技术平台。本章主要介绍一些常用的分子生物学技术。

第一节　分子杂交与印迹技术

一、分子杂交与印迹技术的原理

分子杂交技术是利用 DNA 变性和复性这一基本性质，结合印迹技术和探针技术，进行核酸的定性及定量分析。分子杂交的概念在前文已有介绍，这里主要介绍印迹技术和探针技术。

(一)印迹技术

1975 年，Southern 先将琼脂糖电泳分离得到的 DNA 片段在胶中变性为单链，再将硝酸纤维素(nitrocellulose，NC)膜放在胶上，然后在上面覆盖一定厚度的吸水纸，利用毛细作用带动单链 DNA 从凝胶转移到 NC 膜上。将载有单链 DNA 的 NC 膜放入杂交反应液中，溶液中含有互补序列的单链 DNA 或 RNA 可与 NC 膜上的单链

DNA结合形成杂交分子。这一技术类似用吸墨纸吸收纸张上的墨迹,故称为印迹法(blotting)。分子杂交与印迹技术已广泛用于核酸和蛋白质的检测分析,是目前生命科学领域中应用最广的技术之一,常用的印迹方法有电转移、毛细管转移和真空转移。

(二)探针技术

探针(probe)是用于指示特定物质(如核酸、蛋白质、细胞结构等)的性质或状态且能被检测的一类标记分子。核酸探针是指带有放射性核素、生物素或荧光物质等可检测标记物的、已知序列的核酸片段,能与待测核酸样品中的靶序列特异性杂交,用于检测核酸样品中特定核酸分子。核酸探针是否合适是决定核酸杂交分析能否成功的关键,一般需要符合以下两个条件。①特异性高,即只与待测样品中的靶序列杂交;②带有稳定且灵敏度高的标记物,检测方便。根据来源和性质不同,核酸探针可分为基因组探针、cDNA探针、寡核苷酸探针和RNA探针等。

由于核酸分子杂交技术具有高度特异性,因此该技术已应用于基因相关疾病的诊断和连锁分析、多态性与疾病发生的关联性分析、法医鉴定及个体识别等。例如DNA-DNA杂交技术可以用来分析个体之间是否存在亲缘关系,杂交率越高,个体间的亲缘关系就越高。在基因工程技术中,用带标记的寡核苷酸与菌落杂交,即可从cDNA文库或基因组文库中筛选出目标菌落;用克隆的DNA片段作探针,使其与基因组DNA杂交,即可确定基因组DNA上与该探针DNA片段同源序列的特定区域;DNA-RNA杂交可用于分析检测基因在样本DNA链中的位置。

二、核酸分子杂交与印迹技术

(一)Southern印迹法

Southern印迹法也称DNA印迹法,指DNA与DNA分子之间的杂交,常用于基因组DNA的定性和定量分析。Southern印迹法的基本操作步骤如下(图18-1)。

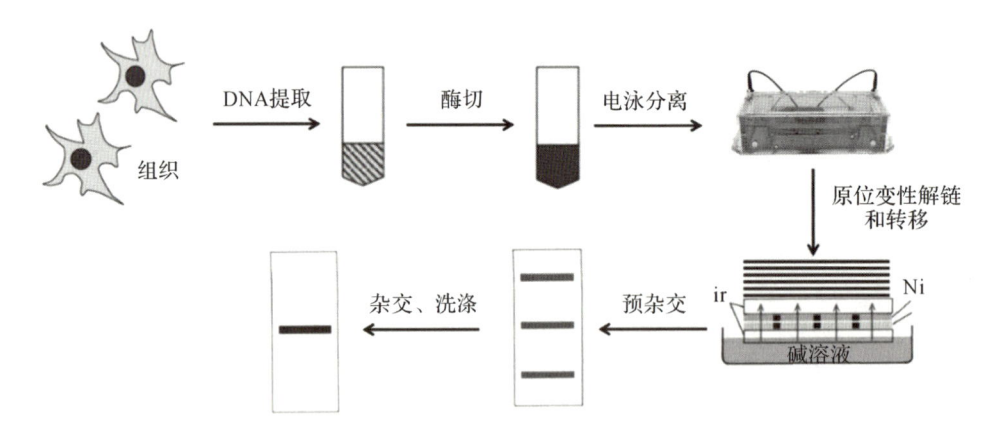

图18-1 Southern印迹法示意图

1.样品制备 从组织或细胞样本中提取具有一定纯度和完整度的基因组DNA,用限制性内切酶将其进行酶切,获得长度不等的DNA限制性片段混合物。

2.电泳分离 主要采用0.8%～1.0%的琼脂糖凝胶进行电泳,使DNA片段按分子量大小进行分离。DNA片段的移动速度取决于其分子量大小,分子量越小,移动速度越快。琼脂糖凝胶浓度的选用则主要取决于待分离DNA片段的大小,分离大片段DNA需要浓度较低的凝胶,分离小片段DNA需要浓度较高的凝胶。为了便于测定待测DNA分子量的大小,往往还需同时在样品邻近的泳道中加入已知分子量的DNA

样品,即标准 DNA(DNA marker)进行电泳。标准 DNA 可以用放射性同位素等进行标记,杂交后的标准 DNA 也能显影出条带。

3. 变性和印迹　将电泳后的琼脂糖凝胶放入碱性溶液中,使凝胶中的双链 DNA 变性成单链 DNA。用中性缓冲液进行中和,再选择合适的印迹方法将单链 DNA 转移到 NC 膜、尼龙膜等固相支持物上。固相支持物对 DNA 分子有非常强的结合能力。

4. 预杂交　在杂交之前必须用封闭物(主要是非同源性核酸或蛋白质,如鲑鱼精子 DNA 或牛血清白蛋白等)将膜上所有能与 DNA 非特异性结合的位点封闭,再漂洗除去未结合的封闭物。这是因为能结合 DNA 片段的膜同样能结合探针 DNA,故预杂交的目的就是将膜上所有能与 DNA 结合的位点全部封闭。

5. 杂交　用探针杂交液浸泡固相膜,孵育,探针 DNA 在适当的离子强度和温度下与待测 DNA 片段进行杂交,形成探针-靶序列杂交体。

6. 漂洗　用不同离子强度的漂洗液依次漂洗印迹膜,除去未杂交探针和非特异性杂交体。

7. 结果分析　采用放射自显影或显色反应等方法,可在膜上显示杂交区带,进而分析样品 DNA 的有关信息。例如,将杂交体位置和凝胶电泳图谱进行对比,能检出特异的 DNA 片段,计算待测 DNA 片段的分子量,分析 DNA 限制酶图谱、DNA 指纹、基因扩增、基因突变和 DNA 多态性等。

(二)Northern 印迹法

1977 年,Alwine 等提出一种与 DNA 的 Southern 印迹法相类似的,用于分析细胞 RNA 样品中特定 mRNA 分子大小和丰度的分子杂交技术,为了与 Southern 印迹法相对应,则将这种 RNA 印迹法趣称为 Northern 印迹法(Northern blotting)。

Northern 印迹法的特点:①RNA 分子量小,无需酶切。②严格防止 RNase 的污染。由于 RNase 无处不在,可将 RNA 降解,因而从 RNA 制备到分析都要绝对消除外源 RNase 的污染,并尽量抑制内源性 RNase。③与 Southern 印迹法先电泳后变性和转移不同的是,Northern 印迹法是先变性后电泳和转移。由于碱性溶液会导致 RNA 水解,所以不能进行碱变性,而是采用甲醛、乙二醛、二甲基亚砜等变性剂进行变性琼脂糖凝胶电泳。变性剂的作用是防止 RNA 分子形成二级结构,维持其单链线性状态。④Southern 印迹法可以用于定性或定量分析组织细胞内的总 RNA 或某一特异 RNA,特别是对组织或细胞中的 mRNA 和 miRNA 进行定性或定量,分析是否有不同剪接体等。尽管 Northern 印迹法的敏感性低于 PCR,但由于其特异性强,假阳性率低,仍然被认为是可靠的 mRNA 定量分析方法之一。

(三)其他核酸杂交与印迹法

1. 斑点印迹法和狭线印迹法　这是由 Southern 印迹法发展而来的两种类似的检测 DNA 或 RNA 的分子杂交技术,是将 DNA 或 RNA 样品变性后直接点样于 NC 膜或尼龙膜表面,再进行固定、预杂交和杂交分析。斑点印迹法(dot booting)采用圆形点样,狭线印迹法(slot booting)采用线状点样。与 Southern 印迹法和 Northern 印迹法相比,其优点是简便、快速、用样量少,提取的核酸不需要进行电泳和转移,可以在同一张膜上进行多个样品的检测。缺点是特异性不高,有一定比例的假阳性,且不能鉴定核酸的分子量。斑点印迹法或狭线印迹法可以用于检测 DNA 样品的同源性、细胞内特定基因的拷贝数或 mRNA 的相对含量。

2. 噬斑杂交法和菌落杂交法　这两种方法分别适合筛选含有特异 DNA 序列的噬菌斑或阳性菌落。其特点是省略了核酸提取步骤。菌落杂交法的基本过程:首先用

NC膜拓印培养菌落,并做相应标记,再用碱处理拓膜菌落,裂解释放DNA并固定,然后进行预杂交和杂交,分析杂交结果,并从原培养菌落中筛选含有目的DNA的阳性菌落(图18-2)。噬斑杂交法和上述过程基本一致。

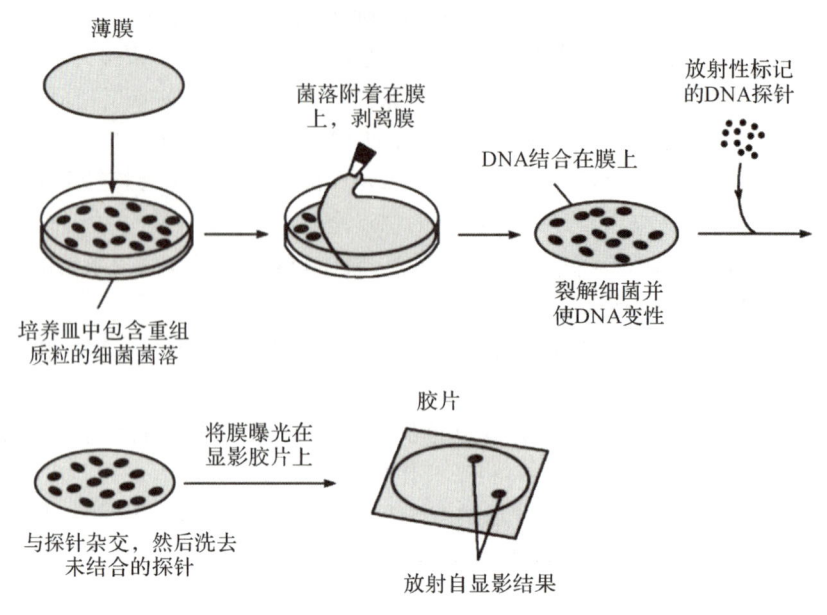

图18-2 菌落杂交法

3. 原位杂交法　原位杂交(in situ hybridization)又称组织原位杂交,是将组织或细胞切片进行适当处理,增加其细胞通透性,然后置于核酸探针杂交液中,使探针进入细胞内,与目的DNA或RNA杂交。该法可用于检测组织切片或细胞内某些特异性寡核苷酸或核酸片段。该法不需要把核酸提取出来,而是在成分复杂的组织中对某些细胞的DNA或RNA进行分析,可保持组织与细胞形态的完整性,且灵敏度高,特别适用于组织细胞中低丰度核酸的检测。原位杂交多用于分析待测核酸的组织、细胞甚至亚细胞定位,能更准确地反映组织细胞的相互关系,这一点具有重要的生物学和病理学意义。此外,原位杂交还可以分析病原微生物的定位及存在方式。

三、Western 印迹法

Western 印迹法是根据蛋白质分子之间的相互作用特点,将蛋白质电泳分离后转移和固定于膜上,再用相应的抗体对其进行检测,因此 Western 印迹法也被称为免疫印迹法(immunoblotting)、蛋白质印迹法。与 Southern 印迹法、Northern 印迹法类似,Western 印迹法也是由电泳分离、转移固定和检测分析等步骤组成的,其基本操作步骤如下。

1. 样品制备　根据样品的组织或细胞来源、待测蛋白质的性质,选择适当的方法制备蛋白质样品,并测定蛋白质浓度。

2. 电泳分离　通过 SDS-聚丙烯酰胺凝胶电泳分离蛋白质样品,使其按分子量大小在凝胶上形成梯状区带。

3. 印迹　将电泳分离所得蛋白质区带用水浴式(即湿转)或半干式电转移法转移到固相膜载体上。固相载体以非共价键形式吸附蛋白质。

4. 封闭　在进行抗原-抗体反应之前,一般要用非特异性蛋白质如白蛋白、脱脂奶粉等作为封闭剂浸泡固相膜,以封闭未结合样品的位点,从而降低背景信号和非特异性结合。

5.检测与分析　以固相载体上的蛋白质作为抗原,根据抗原-抗体反应检测印迹在固相膜上的目的蛋白,即用一抗(即抗目的蛋白抗体)与固相膜上的目的蛋白结合,再加二抗(即抗一抗的抗体)与一抗结合。二抗一般为酶标抗体或放射性核素标记的抗体。经双抗体标记后,固相膜上只有目的蛋白位点存在标记酶,再加标记酶底物进行呈色反应或放射自显影来检测蛋白质区带的信号,从而确定目的蛋白在固相膜基上的位置和分子量。

第二节　PCR 技术

聚合酶链反应(polymerase chain reaction,PCR)技术是 20 世纪 80 年代中期由美国 Cetus 公司的技术人员 Mullis 等发明的体外核酸扩增技术。1971 年,Khrana 最早提出核酸体外扩增的设想,Mullis 和 Saiki 等于 1985 年正式发表了第一篇与 PCR 相关的论文,Mullis 也因此获得了 1993 年的诺贝尔化学奖。PCR 技术具有敏感度高、特异性强、产率高、重复性好、简便快速及易自动化等优点,可在一支试管内将所要研究的目的基因或某一 DNA 片段于数小时内扩增至十万乃至百万倍,已成为分子生物学研究领域中应用最广泛的技术。PCR 技术的发明使很多以往难以解决的分子生物学问题得以解决,极大地推动了生命科学研究的发展,是生命科学领域中当之无愧的革命性创举和里程碑。

一、PCR 技术的基本原理及特点

(一)PCR 技术的基本原理

PCR 是一种选择性扩增目的 DNA 序列的方法,原理类似细胞内 DNA 的复制过程。PCR 反应过程是以拟扩增的 DNA 序列为模板(DNA 分子的两端序列已知),以一对分别与目的 DNA 序列的两端互补的寡核苷酸片段为引物,在 DNA 聚合酶的催化下,依据半保留复制的机制合成新的 DNA 链,不断重复这一过程,即可使目的基因得到扩增。

PCR 反应步骤由变性、退火和延伸 3 个基本反应构成。

(1)变性:模板 DNA 经 95 ℃左右的高温保持一定时间后,双链变性解离为单链,以便与引物结合。DNA 变性的同时,引物自身及引物之间存在的局部双链也得以消除。

(2)退火(复性):将温度降至合适的温度(一般较 T_m 低 5 ℃),目的是使引物与模板 DNA 单链进行互补配对结合,而 DNA 模板链之间基本不会发生复性。原因是引物的量远远大于模板的量,且引物片段短,不易发生缠绕。

(3)延伸:将温度调至 DNA 聚合酶的最适温度(72 ℃),DNA 聚合酶以四种 dNTP 为反应原料,按照碱基互补配对和半保留复制的原则,催化 DNA 模板上的引物延伸,生成新的 DNA 分子。

上述 3 个步骤为一个循环,新合成的 DNA 分子可以作为下一轮循环的模板。每进行一次循环,目的 DNA 的拷贝数就增加一倍,经过多轮循环,理论上就能将目的 DNA 扩增 2^n 倍,使 DNA 扩增量呈指数上涨。PCR 每次循环仅需 2～3 min,不到 1 h

PCR 技术

就可以使目的 DNA 扩增几百万倍(图 18-3)。

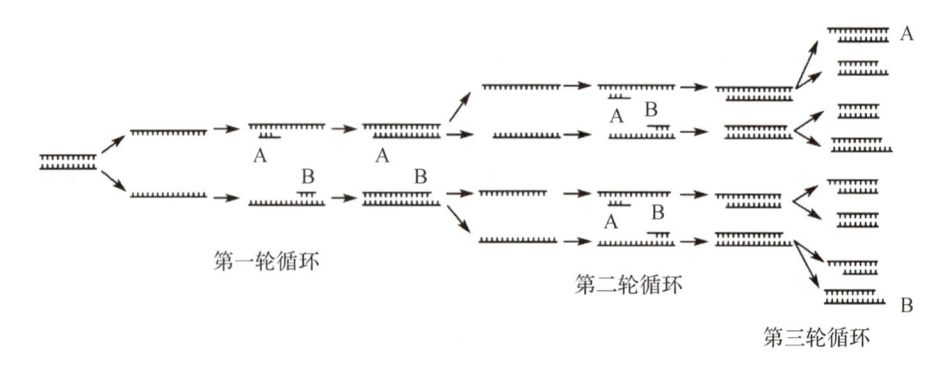

图 18-3 PCR 扩增原理示意图

(二)PCR 技术的主要特点

1. 特异性强 PCR 反应的特异性取决于引物的特异性、退火温度以及 Taq DNA-pol 合成反应的忠实性等。其中引物与模板的正确结合是关键因素。一般情况下，PCR 反应时的退火温度越高，引物发生的非特异性反应越少，扩增的特异性就越好。耐热性 Taq DNA-pol 的应用，使反应中模板与引物的退火可以在较高温度下进行，大大增加了反应的特异性。因此，通过合理设计引物、控制退火温度、采用高温启动法等，就能使 PCR 扩增具有很高的特异性。

2. 灵敏度高 这是 PCR 技术的主要特点。PCR 产物的生成量是以指数量增长的，能将皮克($1\ pg=10^{-12}\ g$)量级的起始模板，扩增到微克量级，也可以对单拷贝基因、单个细胞等微量标本进行分析。

3. 简便快捷 目前 PCR 技术已经实现自动化，一般用耐高温的 Taq DNA-pol，仅需一次性地建立反应体系，置于 PCR 仪中，反应即可自动进行，一般 1.5~3 h 完成。

4. 对样本要求低 PCR 技术对样本的要求并不高，DNA 样本可以是纯品或粗品，甚至可以是细胞或混合液，如可直接用血液、体液、毛发、细胞和组织等临床样本进行扩增检测。

二、PCR 的体系组成

应用 PCR 技术扩增目的 DNA，既要考虑扩增的特异性，又要考虑扩增的效率。这两者均由 PCR 的体系组成和反应条件决定。PCR 的体系包括耐热 DNA-pol、引物、dNTP、模板、缓冲液和 Mg^{2+} 等。

(一)DNA 聚合酶

目前用于 PCR 的耐热 DNA-pol 有很多种，其中应用最广泛的是 Taq DNA-pol。该酶具有很好的热稳定性，且在 75~80 ℃时活性最高，若降低温度，则扩增效率也随之降低。Taq DNA-pol 的作用特点包括：①有 $5'\rightarrow 3'$ 聚合酶活性，以 DNA 为模板，以 dNTP 为原料，遵循碱基互补原则以 $5'\rightarrow 3'$ 方向合成 DNA 新链；②需要引物的参与，发挥作用依赖 Mg^{2+} 或 Mn^{2+}；③有 $5'\rightarrow 3'$ 外切酶活性，但无 $3'\rightarrow 5'$ 外切酶活性，因此无校对功能；④具有逆转录酶活性，可以直接从 RNA 扩增 cDNA，使逆转录 PCR 技术简化；⑤具有类似末端转移酶的活性，可以在新合成 DNA 链的 $3'$ 端加接一个不依赖模板的核苷酸(优先添加 dAMP)。

(二)引物

引物与模板 DNA 结合的特异性决定了 PCR 反应的特异性,因此引物的设计是关键。引物的设计与合成需遵循以下几个原则:①引物长度要合适,一般为 15~30 nt;②引物碱基的组成和分布具有随机性,避免一种碱基含量过高或过度集中排列,G/C 含量以 40%~60%为宜;③两条引物的碱基组成基本一致,便可应用相同的退火温度,确保 PCR 扩增成功;④避免引物内部或者引物之间形成二级结构,若两条引物之间产生互补序列,会大大降低扩增效率;⑤引物应具有严格特异性,与样本中其他序列的同源率不应超过 70%;⑥引物的 3′端最好是 G/C,可以提高 PCR 产物的特异性;⑦引物的 5′端可以修饰,如加酶切位点或密码子序列、引入突变位点或末端标记等;⑧引物的浓度要合适,引物浓度过高会降低 PCR 扩增的特异性。

(三)dNTP

dNTP 是 PCR 的底物,其浓度、比例和质量与反应效率、特异性存在密切关联。dNTP 的浓度过高可以提高扩增的效率,但会大大降低反应的特异性;浓度过低可提高反应的特异性,但会大大降低扩增的效率。反应体系中 4 种 dNTP 的量要相等,如果其中一种 dNTP 的浓度不同于其他 3 种(偏高或偏低),就会导致错配率升高,甚至过早终止延伸反应。

(四)模板

PCR 模板可以是 DNA 或 cDNA,可以来源于病毒、细菌、真菌、支原体、衣原体和立克次氏体等微生物样本,或组织细胞、血液、尿液和羊水等临床样本,或犯罪现场的血迹、精斑和毛发等法医学样本。

(五)缓冲液

缓冲液用于维持 DNA 聚合酶的活性和稳定性。PCR 一般是在 pH7.2 的条件下进行,缓冲液 pH<7.0 时,会影响扩增效率。Mg^{2+} 是缓冲液的重要成分,可影响解链温度、退火温度、扩增效率、扩增特异性和引物二聚体形成等。Mg^{2+} 浓度过低,会降低 Taq DNA-pol 的活性,从而降低扩增效率;Mg^{2+} 浓度过高,则会降低 PCR 反应的特异性。

三、PCR 产物分析

依据研究对象和研究目的,可选择相应的方法分析 PCR 产物。

1. 凝胶电泳分析　通过凝胶电泳可以分析 PCR 产物片段的大小是否与预计的一致。用毛细管电泳可以提高分析效率。

2. 酶切分析　根据 PCR 产物的酶切位点,用相应的限制性内切酶消化,再通过电泳分析消化产物的长度进行鉴定。此法既能进行产物鉴定,又能进行基因分型、变异性研究。

3. 分子杂交分析　常用 DNA 印迹法、斑点杂交法等,可以检测 PCR 产物的碱基突变。

4. 序列分析　DNA 测序是检测 PCR 产物特异性的最可靠方法,不仅能进行基因分型,还能进行变异性研究。

四、PCR 技术的主要用途

1. 目的基因的扩增与克隆　PCR 技术是目前快速获得已知序列目的基因片段的主要方法，可通过以下方式获得目的基因片段：①与逆转录反应相结合，从细胞 mRNA 获得目的 cDNA 片段；②以基因组 DNA 或 cDNA 为模板，通过特异性引物扩增获得目的基因片段；③利用随机引物或简并引物从基因组文库或 cDNA 文库中扩增目的基因。

2. 基因突变分析　基因突变与遗传病、肿瘤等许多疾病存在密切关联，故基因突变分析可为这些疾病的预防、诊断和治疗提供科学依据。传统的分析方法复杂而费时且样本量大，而利用 PCR 技术和相关技术结合，可以大大简化基因突变分析过程，提高检测效率和灵敏度。分析方法包括 PCR-RFLP 分析、PCR-等位基因特异的寡核苷酸探针杂交、基因芯片等。

3. DNA 和 RNA 的微量分析　PCR 技术灵敏度高，对模板 DNA 的量要求很低，是 DNA 与 RNA 微量分析最有效的方法，可通过 PCR 技术检测细菌、病毒、寄生虫等的 DNA 或 RNA。细胞中 RNA 的水平可以反映基因表达的状态，逆转录为 cDNA 后即可用 PCR 技术进行检测。

五、常见的 PCR 衍生技术

PCR 技术自建立以来在生命科学各个领域得到了广泛应用。PCR 技术的自身发展以及与其他分子生物学技术的结合，形成了不同的 PCR 衍生技术。本节主要介绍几种常见的 PCR 衍生技术。

(一) RT-PCR 技术

逆转录 PCR(reverse transcription PCR，RT-PCR)是将逆转录反应与 PCR 反应联合的一种技术。其原理是以 RNA 为模板，逆转录合成 cDNA，再以 cDNA 为模板通过 PCR 扩增获得目的 DNA。RT-PCR 具有特异性强、灵敏度高和反应时间短等优点，是目前获取目的基因 cDNA 和构建 cDNA 文库的最有效方法之一，也是基因定性和定量分析的最常用技术之一。

(二) 原位 PCR 技术

原位 PCR(in situ PCR)技术是在细胞内进行的以细胞内 DNA 或 RNA 为靶序列的 PCR 技术，是将目的基因的扩增与定位相结合的一种最佳方式。其原理是将 PCR 技术与原位杂交技术相结合，先在细胞内进行 PCR 反应，再利用特定的探针与细胞内的 PCR 产物进行原位杂交，从而检测细胞或组织内是否有待测 DNA 或 RNA。

原位 PCR 技术兼具 PCR 技术的高度特异敏感性和原位杂交技术的细胞定位能力等优点，既能够分辨鉴定带有靶序列的细胞，又能标出靶序列在细胞内的位置，已成为检测靶基因细胞定位、组织分布和靶基因表达的重要手段。该技术在肿瘤学、组织胚胎学及病毒学检测等方面得到了广泛应用。

(三) 实时 PCR 技术

1. 实时 PCR 的原理　实时 PCR(real-time PCR)也称为定量 PCR(quantitative PCR，Q-PCR)或实时定量 PCR(quantitative real-time PCR)。其原理是在 PCR 反应中加入荧光标记分子，PCR 反应中荧光信号的强弱与产物生成的量成正比，利用荧光信号的积累来实时监测整个 PCR 反应的进程，从而动态监测反应中的产物量，消除了产物堆积对定量分析的干扰。因此,实时 PCR 技术是对反应体系的初始模板进行精确定量的方法。该技术不仅彻底克服了常规 PCR 采用终点法定量的缺陷,而且具有较常规 PCR 更快、灵敏度更高和交叉污染更少的优点,真正实现了 PCR 技术从定性到定量的飞跃。

2. 实时 PCR 的分类　荧光标记是实现 PCR 实时定量的化学基础,根据是否使用探针,可将实时 PCR 分为非探针类实时 PCR 和探针类实时 PCR。

(1)非探针类实时 PCR 不加入探针,而加入了能结合双链 DNA 的荧光染料或特殊设计的引物。最常用的荧光染料是 SYBR Green。它与双链 DNA 结合时,荧光信号强度大幅增加,当其处于游离状态时,荧光信号强度较低(约为结合状态的千分之一),这就保证了 PCR 扩增产物量的多少与荧光信号的强弱完全同步,从而进行实时监测。目前,荧光染料的种类繁多且经济实用,使非探针类实时 PCR 获得广泛应用。

(2)探针类实时 PCR 通过使用探针来产生荧光信号。探针不仅能产生荧光信号来监测 PCR 进程,还能与模板待扩增区进行结合,因此大幅度提高了 PCR 的特异性。常用的探针有 TaqMan 探针、分子信标(molecular beacons)探针和荧光共振能量转移(fluorescence resonance energy transfer,FRET)探针等,其中最为广泛的是 TaqMan 探针。TaqMan 探针法的反应体系中除了含有两条 PCR 引物之外,还含有与上游和下游引物之间的序列特异性杂交的探针,探针的 5′端标记荧光报告基团,3′端标记荧光猝灭基团。游离状态下,探针保持完整,由于存在猝灭基团,报告基团不能产生荧光;PCR 扩增时,当 Taq DNA-pol 移动至探针结合的位置时,利用其 5′→3′的外切酶活性,将探针 5′端报告基团切下,使探针被切断(荧光猝灭基团和荧光报告基团分离),荧光信号发出。切下的荧光分子数与 PCR 产物的数量成正比,可通过荧光光谱仪检测荧光强度,实现实时监测。

3. 实时 PCR 的应用　与逆转录联合应用可以定量分析 mRNA 以研究基因表达,是快速便捷且常用的 RNA 定量方法,广泛应用于等位基因、细胞分化、药物作用、环境影响等基础研究,以及肿瘤、遗传病、传染病等疾病的临床诊断。

案例分析

对辖区内 276 例疑似新型冠状病毒感染者的采集样本以及检测结果进行回溯性分析,所有纳入研究的案例样本均使用实时荧光 PCR 检测法进行检验,对比分析检测结果。在确诊案例的三种标本采样方式中,咽拭子样本的阳性与阴性检出结果数据分别为 36(55.38%),29(44.62%),鼻拭子样本的阳性与阴性检出结果分别为 41(60.29%)、27(39.71%),痰液样本的阳性与阴性检出结果数据分别为 40(56.34%)、31(43.66%)。

1. 实时荧光 PCR 检测新冠病毒的原理是什么?
2. 为什么确诊病例中仍有一部分被检测出阴性结果?
3. 请思考是否有更准确更便捷的方法来检测新冠病毒?

第三节　DNA 测序技术

DNA 测序（DNA sequencing），即 DNA 一级结构的测定，是一项常用的分子生物学技术。常规基因的阳性克隆验证、基因的突变检测等均需要进行 DNA 测序，更重要的是，该技术是基因组学尤其是结构基因组学研究的主要支撑性技术。早期的 DNA 测序技术主要是 Sanger 于 1977 年创立的双脱氧链末端终止法以及 Maxam 和 Gilbert 同期创立的化学降解法，称为第一代测序技术，Sanger、Gilbert 也因此与发明了重组 DNA 技术的 Berg 共同分享了 1980 年的诺贝尔化学奖。后来在 Sanger 法测序原理的基础上发展了 DNA 全自动测序技术，并成功研制了 DNA 测序仪，这对分子生物学的发展和早期的基因组学研究起到了重要作用，至今仍为常规 DNA 测序的主要手段。随着近年来基因组学的发展，新一代的高通量测序技术得以建立，极大地推动了生命医学尤其是系统生物学和基因组学的研究进程。

一、第一代测序技术

(一)双脱氧链末端终止法

双脱氧链末端终止法也称为 Sanger 法，是目前应用较为广泛的 DNA 测序方法。该方法基于引物的延伸合成反应，需要建立 4 个链终止反应体系，每个体系中都含有 DNA-pol、引物（20～30 nt）和 2′,3′-双脱氧核苷酸三磷酸（ddNTP），可用待测 DNA 作为模板，合成其互补链。如图 18-4 所示，用 DNA-pol 来延伸结合在待测序列 DNA 模板上的寡脱氧核苷酸引物，直到在新合成的 DNA 链的 3′端掺入了 4 种放射性核素标记的 ddNTP 底物中的其中一种。ddNTP 脱氧核糖的 3′位碳原子上缺少羟基，因而不能与下一位核苷酸的 5′位磷酸基之间形成 3′,5′-磷酸二酯键，从而使正在延伸的 DNA 链在该 ddNTP 处终止。由此可见，在 4 种不同反应体系中分别加入 4 种不同的 ddNTP 底物（A、G、C、T），就可以获得一系列终止于相应特定碱基的不同长度的 DNA 片段。这些片段有共同的起点（引物的 5′端），而终点（ddNTP 掺入的位置）不同，其长度取决于 ddNTP 掺入的位置与引物的 5′端之间的距离。经可分辨 1 个核苷酸差别的变性聚丙烯酰胺凝胶电泳分离这些片段后，再借助 DNA 片段的放射性核素标记或荧光标记，即可读出一段 DNA 序列。

目前 DNA 序列分析已经实现了自动化，全自动 DNA 测序仪的问世极大提高了测序速度，也是人类基因组计划得以提前完成的重要基础。DNA 自动测序技术是一种改进的双脱氧链末端终止法，它将用于聚合反应的底物标记上不同颜色的荧光物质，在毛细管中进行反应，通过激光检测即可快速完成。

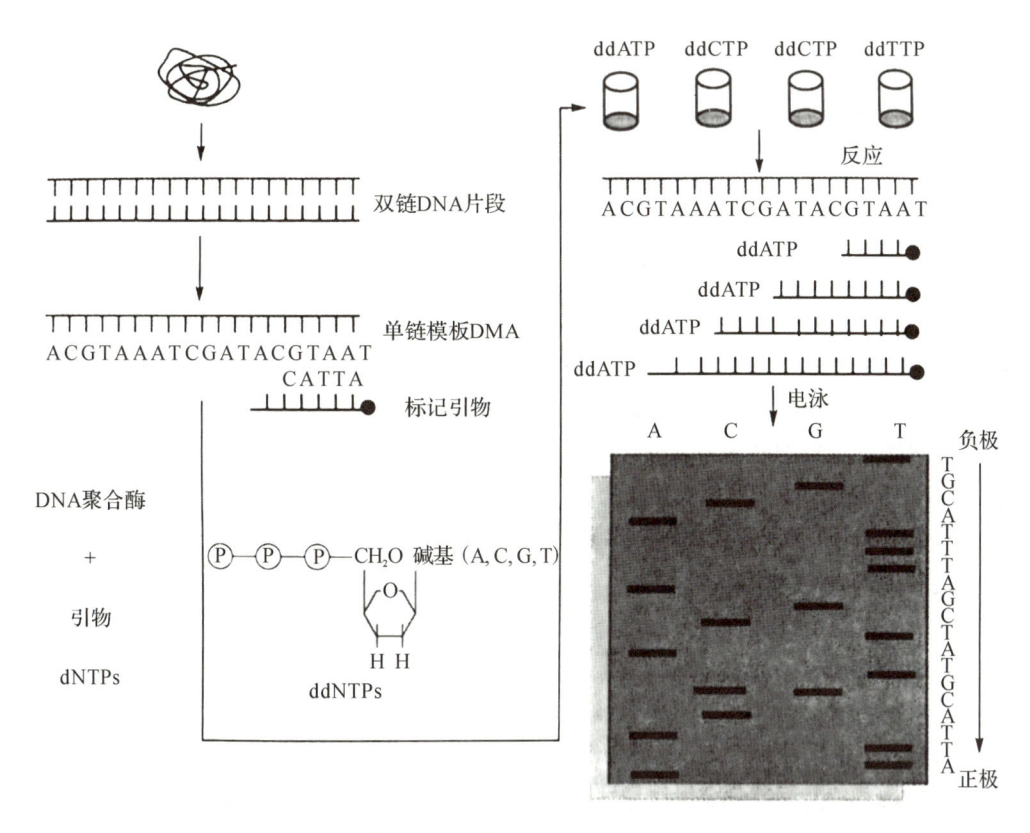

图 18-4　双脱氧链末端终止法

(二)化学降解法

化学降解法也称 Maxam-Gilbert 测序法,其基本原理是用特异的化学试剂对 4 种核苷酸碱基之间 3',5'-磷酸二酯键进行切割。该方法是将末端有放射性标记的 DNA 片段在 4 组独立的、含不同化学试剂的化学反应中分别进行特异性降解,其中每一组反应特异性地针对某一类碱基,因此产生 4 套长短不一的 DNA 片段混合物,片段长度从共同起点(末端标记)延续到发生化学降解的位点,之后各组通过高分辨率凝胶电泳进行分离与放射自显影,即可读出 DNA 片段的核苷酸顺序。这一方法的建立在分子生物学发展早期发挥了重要作用,但因其费用高且难以实现自动化而后被其他方法取代。

二、第二代测序技术

第二代测序技术又称为下一代测序技术、高通量测序技术、深度测序技术,其核心是边合成边测序,即通过捕捉新合成的末端标记来测定 DNA 序列。与第一代测序技术相比,极大地增加了数据产出,一次运行可以对含有几十万甚至上亿碱基的 DNA 或 RNA 样品进行测序,极大地降低了测序成本,使物种在基因组水平和转录组水平上的精细分析成为可能。该技术的工作原理是先将片段化的 DNA 两侧连上接头,随后用固着芯片的引物进行 bridge PCR,得到上百万条相同的 DNA 簇;再加入 4 种不同荧光标记的终止型 ddNTP,每掺入一个 ddNTP 就使反应终止;洗去未参加的 ddNTP 后,读取荧光数据,得到一个位点的串行;切去终止 ddNTP 上的阻断基因后,即可进入下一轮测序,如此循环 50 次左右。同时对上百万个 DNA 簇进行边合成边测序,最后用计算机进行分析,即可得到DNA簇的串行,最后拼成全基因组串行。

三、第三代测序技术

第三代测序技术是以单分子为目标的边合成边测序。该技术的特点是不需要经过PCR扩增,即可实现对每一条DNA的单独测序。关键技术是荧光标记核苷酸、微孔纳米和激光共聚焦显微镜实时记录微孔荧光。该技术能够产生远长于第二代测序技术的串行读长,可以直接测RNA串行,也可以测甲基化的DNA串行,因此在表观遗传学研究中有巨大潜力,其在基因组测序、甲基化研究、突变鉴定等方面应用广泛。第三代测序技术的原理主要分为两大技术阵营。

1. 单分子荧光测序　荧光标记脱氧核苷酸后,显微镜可以实时记录荧光强度变化。当荧光标记的脱氧核苷酸被掺入DNA链时,其荧光就能同时在DNA链上探测到;当它与DNA链形成化学键时,其荧光基团就被DNA-pol切除而消失。这种荧光标记的脱氧核苷酸不会影响DNA-pol活性,并且在荧光被切除之后,合成的DNA链和天然的DNA链完全相同。

2. 纳米孔测序　是采用电泳技术,借助电泳驱动单个分子逐一通过纳米孔来实现测序的。由于纳米孔直径非常细小,仅允许单个核酸聚合物通过,而4个碱基的带电性质不一样,由此通过电信号的差异就能检测出通过的碱基类别,从而实现测序。新型纳米孔测序法是最近几年兴起的新一代测试技术,甚至被称为第四代测序技术。

第四节　转基因技术与基因剔除技术

基因打靶(gene targeting)是一种利用同源重组原理对哺乳动物细胞特定的内源基因进行改造的技术。

在对动物的特定基因进行改造时,按照其改造的性质不同,可分为基因敲入(gene knocking)和基因剔除(gene knockout)两类。基因敲入是将外源的功能基因转入细胞内,使之与细胞内的同源序列进行同源重组,插入基因组中,从而在细胞内进行表达。由此构建的转基因动物称为基因敲入动物。基因剔除是用外源DNA片段替代宿主基因组中的特定靶基因,从而使靶基因失活。由此构建的转基因动物,称为基因剔除动物。

知识链接

基因靶向技术

基因靶向技术源于Capecchi、Smithies和Evans的杰出贡献,这三位科学家也因此获得了2007年的诺贝尔生理学或医学奖。

20世纪80年代,Capecchi和Smithies先后证实了在哺乳动物细胞内可以发生同源重组,并利用同源重组的原理对哺乳动物基因进行了改造,这实际上就是在细胞水平上的基因靶向。同期,Evans 也创立了利用胚胎干细胞(embryonic stem cell,ES 细胞)建立转基因动物的关键技术体系。由此,Capecchi 和 Smithies 进一步用胚胎干细胞作为受体,将基因打靶技术用于构建转基因动物。

一、转基因技术

转基因技术(transgenic techniques)指将外源基因整合到动物细胞或植物细胞的染色体基因组中,使外源基因在细胞中稳定遗传和表达,并能传递给后代的技术,由此构建的动物称为转基因动物。转基因技术的基本原理是选用适当的基因导入方法,将外源目的基因转移到实验动物的受精卵(或早期胚胎细胞)中,使其整合到宿主基因组中,再将此受精卵(或早期胚胎细胞)植入受体动物的输卵管或子宫中,使其生长发育成携带外源基因的转基因动物。转基因技术在生命科学的各个领域均得到了广泛应用,培育出各种不同的转基因动植物,如转基因小鼠、转基因羊和转基因牛等。该技术的基本流程包括外源基因的获取、外源基因的导入、胚胎的培养与移植、外源基因的表达和检测等。外源目的基因导入的主要方法有基因显微注射法、ES 细胞介导法、精子载体导入法等。其中最常用的是基因显微注射法。

(一)基因显微注射法

该方法是较早发展、较成熟和应用较广的转基因技术(图 18-5),其他方法都是这一方法的改进和补充。DNA 显微注射法借助显微操作系统将目的基因直接注射到实验动物受精卵的细胞核内,把外源 DNA 整合至基因组中,并最终产生携带外源基因的转基因动物。其基本过程包括转基因载体的准备、胚胎操作和显微注射、转基因动物的鉴定和培育。该方法的优点是导入基因的速度快且操作简单,无需载体,且对 DNA 大小没有限制;缺点是转基因效率低、插入位点随机而造成表达结果的不确定性等。

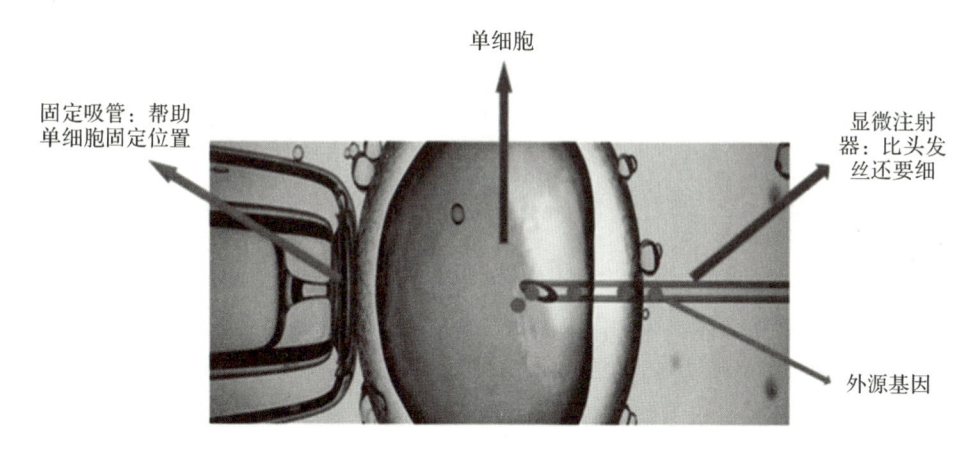

图 18-5 基因显微注射法示意图

(二)ES 细胞介导法

ES 细胞是从早期胚胎阶段——囊胚的内细胞团分离出来的一种高度未分化的、具有多发育潜能的细胞。它可在体外进行人工培养和扩增,在被注射到宿主胚胎后,能参与宿主胚胎的生长发育,形成包括生殖细胞在内的所有组织。因此,可利用该特性来制备转基因动物。该方法的基本步骤为：首先分离获得ES细胞，再将外源目的基因导入ES细胞后将其移入胚泡期的宿主胚胎，然后将处理过的宿主胚胎移植到假孕母体子宫中，即可培育出转基因动物。

(三) 精子载体导入法

通过DNA与精子共育法、脂质体转染法、电穿孔导入法等方法，将外源目的基因导入精子中，携带外源基因的精子与卵子结合后，外源基因即可整合到卵细胞内，使其在胚胎内表达而获得转基因动物。

案例分析

核转移技术（nuclear transfer）也称体细胞克隆技术，是利用显微操作技术和电融合等方法，将动物体细胞内的细胞核取出后全部导入另一个去除细胞核的成熟卵细胞中，并进行培养使其发育成一个新的个体。1997年，英国罗斯林研究所的Wilmut等研究人员，利用绵羊乳腺细胞进行核转移试验，成功获得了世界上第一只体细胞克隆绵羊——多莉（Dolly），成为生命科学发展中的重要事件。两年后，他们又成功克隆合成人第Ⅸ因子的克隆羊，使核转移技术更接近于实用。核转移技术可以使一个细胞变成一个个体，使产生的个体所携带的遗传物质与细胞核供体的遗传物质完全相同，本质上是一种无性繁殖，故称为克隆（clone）。

1. 乳腺细胞是高度分化细胞，其含有的很多基因已经沉默，那为什么将其细胞核转移到去核的成熟卵细胞后，能够使受体细胞发育成胚胎细胞？
2. 如何看待体细胞克隆技术带来的伦理学问题？

二、基因剔除技术

通过分子生物学的方法定向地敲除动物体细胞内某个基因的技术称为基因剔除或基因敲除。目前，该技术主要在小鼠ES细胞中进行，其基本原理是通过DNA定点同源重组，使ES细胞中特定的内源基因被破坏而导致其功能丧失。基因剔除技术可以在细胞水平进行，从而建立基因剔除细胞系。也可以用显微注射的方法将基因剔除ES细胞移入小鼠囊胚中，再移植到假孕母鼠内使其发育为嵌合体小鼠，经过适当的交配，即可获得基因剔除小鼠。

如图18-6所示，基因剔除技术的基本过程包括：

1. 构建基因剔除载体　应用同源基因DNA片段构建含有失活目的基因的基因剔除载体，通常包括两个筛选标记基因（常用新霉素抗性基因 neo^r 和单纯疱疹病毒胸苷激酶基因 $HSV\text{-}tk$）及待剔除基因同源臂序列（即与拟剔除基因片段两端同源的序列）。

2. 剔除载体导入受体ES细胞　用显微注射法将基因剔除载体导入受体ES细胞，在细胞核内与ES细胞染色体的相应基因发生同源重组，替代ES细胞中原有的正常基因，从而得到目的基因剔除的ES细胞。

3. 重组细胞的筛选　ES细胞的筛选通常采用基于 neo^r 和 $HSV\text{-}tk$ 标记基因的正负双向筛选系统。在构建剔除载体时，neo^r 和 $HSV\text{-}tk$ 基因分别位于同源序列的内侧和外侧。其中，neo^r 基因能使细胞耐受新霉素类似物G418的毒性，为正选择标记基因；

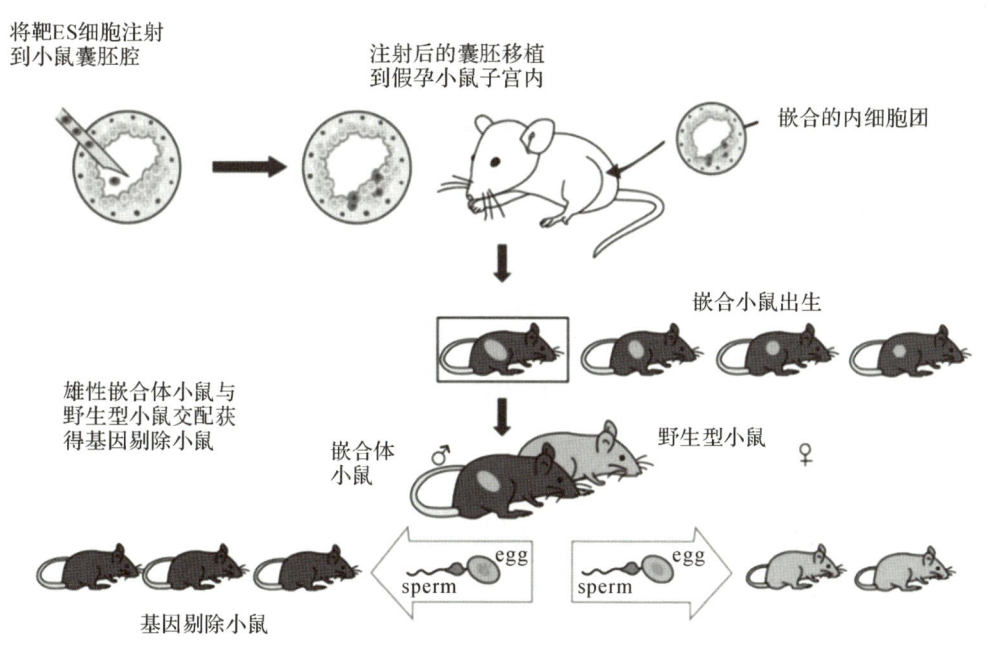

图 18-6 基因剔除技术

HSV-tk 基因可使环氧丙苷（gancidovir，GCV）磷酸化转变为细胞毒性核苷类似物而导致细胞死亡，为负选择标记基因。正常细胞不能在含有 G418 的培养基中存活，当 neo^r 和 HSV-tk 均整合入宿主染色体时，细胞能在含有 G418 的培养基中存活，但不能在含有 GCV 的培养基中存活；而当发生同源重组时，仅 neo^r 整合入宿主基因组，细胞可在同时含有 G418 和 GCV 的培养基中存活。因此，通过该正负双向筛选系统获得的 neo^{r+}/tk^- 小鼠 ES 细胞就是剔除载体与内源基因组 DNA 发生同源重组的 ES 细胞。

4.ES 细胞导入囊胚　将基因剔除的 ES 细胞注射至小鼠的囊胚中，使其与囊胚中的细胞共同组成囊胚内的细胞团。

5.囊胚植入假孕母鼠子宫　将含有基因剔除 ES 细胞的囊胚移植到假孕母鼠的子宫中进行胚胎发育。

6.转基因小鼠的繁育　首先获得一种既含基因剔除细胞又含正常细胞的嵌合体小鼠，然后将嵌合体小鼠与正常小鼠交配，再经过连续的交配和选择性培育，最终筛选出基因剔除的纯合子小鼠。

三、转基因技术和基因剔除技术的应用

转基因技术和基因剔除技术是在动物水平上研究基因功能的主要技术。这两项技术通过分析外源目的基因转入特定动物模型或剔除动物模型后动物表型的变化，来推测基因的功能，在生物医学领域有非常广泛的应用。

（一）建立疾病动物模型

人类的遗传病及其他许多复杂性疾病（如糖尿病、肿瘤、神经系统疾病等）与基因结构的改变密切相关。通过转基因技术和基因剔除技术可以建立人类疾病的各种动物模型，从而在整体水平上研究基因在动物中的表达调控规律及其与疾病的关系。目前，已经建立的动物疾病模型有地中海贫血、动脉硬化症、阿尔茨海默病和糖尿病等。此外，转基因动物或基因剔除动物还可作为药效评价、药物筛选的动物模型，为寻找新

的治疗药物提供有效评价和筛选手段。

(二) 制备生物活性蛋白

转基因动物可用于生物制药,生产出具有较高医药价值的目的蛋白(多肽)、抗体和疫苗等。例如将组织特异性启动子引入目的基因中,使其在乳腺细胞或膀胱细胞中表达,就可以从转基因动物分泌的乳汁或排出的尿液中收集目的蛋白(多肽)。从1987年第一例表达人组织型纤维蛋白溶酶原激活因子的转基因小鼠开始,目前已获得多种转基因技术生产的重组蛋白,如从转基因山羊中获得抗凝血酶Ⅲ,从转基因绵羊中获得 α1-抗胰蛋白酶,从转基因兔中获得 α-葡萄糖苷酶。

(三) 治疗性克隆和生产器官移植供体

利用细胞核移植技术可获得具有增殖分化潜能的干细胞,诱导其分化成特定的细胞、组织、器官后,再通过移植进入患者体内,用于治疗疾病,称为治疗性克隆。通过转基因动物可以改造异种来源器官的遗传性状,使其能适用于人体器官的移植。

(四) 人类疾病的基因治疗

基因治疗本质上就是在个体水平上对人体进行转基因和基因剔除技术操作,基因剔除技术的不断进步和完善对基因治疗必会产生重大影响。同时,转基因动物和基因剔除动物也为基因治疗提供了良好的动物模型。

第五节 生物芯片技术

生物芯片(bio chip)技术是融微电子学、生物学、物理学、化学和计算机科学为一体的新技术。所谓生物芯片一般指高密度固定在互相支持介质上的生物信息分子(如基因片段、DNA 片段或多肽、蛋白质、糖分子和组织等)的微阵列杂交型芯片,又称生物微阵列(biomicroarray)。这些微阵列由生物活性物质以点阵的形式固定在载体上,可在一定的条件下进行生化反应,其反应结果用酶标法、化学荧光法或电化学法显示后,再用生物芯片扫描仪采集数据,并通过计算机软件进行数据分析。根据检测的目标分子不同,生物芯片可以分为基因芯片、蛋白质芯片、糖芯片和组织芯片等。本节主要介绍基因芯片和蛋白质芯片。

一、基因芯片

基因芯片(gene chip)也称 DNA 芯片(DNA chip)、DNA 微阵列(DNA biomicroarray),包括 DNA 芯片和 cDNA 芯片。该技术是在核酸斑点杂交技术的基础上发展起来的,利用核酸杂交的特性,以大量特定的 DNA 片段(或 cDNA 片段)分子为探针,按照一定的顺序排列并固定在某种固相载体表面(玻片、尼龙膜等固体载体),形成致密有序的 DNA 分子点阵,再与荧光标记的待测样本进行杂交,然后通过激光共聚焦显微镜及电脑组成的检测器和处理器来检测杂交的荧光信号、强度,从而获取样本分子的数量及序列信息等。

(一)DNA 芯片的类型

根据探针来源及性质不同,将 DNA 芯片分为寡核苷酸芯片和 cDNA 芯片;根据功能不同,将 DNA 芯片分为基因表达谱芯片和 DNA 测序芯片;根据制备模式不同,将 DNA 芯片分为 Ⅰ 型 DNA 芯片和 Ⅱ 型 DNA 芯片;根据用途不同,将 DNA 芯片分为基因表达分析芯片、DNA 多态性分析芯片和疾病诊断芯片。

(二)DNA 芯片的特点

DNA 芯片的特点是检测通量大、敏感度高,可在同一时间对大量样本进行快速检测(定性和定量分析),特别适合大规模筛查由基因突变引起的疾病、分析不同组织细胞或同一细胞不同状态下的基因表达差异,以及大规模筛查基因组的单核苷酸多态性(SNP)。

(三)DNA 芯片技术的操作

DNA 芯片技术的基本操作一般分为芯片制备、样品制备、分子杂交和检测分析 4 个基本步骤。

1. 芯片制备　按操作原理及技术的不同,DNA 芯片的制备可分为原位合成法和微量点样法。

2. 样品制备　先提取 mRNA,再通过逆转录合成 cDNA 后扩增。一般将待测样品和对照样品分别利用花青素 Cy3 和 Cy5 进行标记。

3. 分子杂交　DNA 芯片杂交属于固相杂交,将待测 DNA 与芯片探针阵列进行杂交,再漂洗去除未杂交的 DNA 样品。

4. 检测分析　利用芯片扫描仪扫描芯片获得杂交图像,再利用相应的软件进行数据分析,从而获得待测 DNA 的信息。

二、蛋白质芯片

蛋白质芯片(protein chip)又称蛋白质微阵列(protein microarray),是将蛋白质探针以高密度的方式固定在固相载体上,再与待测蛋白质样品进行反应,来捕获待测样品中的靶蛋白,然后通过检测系统对靶蛋白进行分析(定性和定量)的一种技术。其基本原理是蛋白质与蛋白质分子之间,在空间构象上能够特异性地相互识别与结合,如抗体与抗原或受体与配体之间的特异结合。最常用的探针是抗体,因为抗体与抗原结合的特异性最强。

蛋白质芯片技术具有快速和高通量等特点,可对整个基因组水平的上千种蛋白质同时进行分析,故是蛋白质组学研究的重要技术之一,已广泛应用于蛋白质表达谱、蛋白质功能和蛋白质分子间相互作用等研究。

第六节　生物大分子间相互作用研究技术

生物大分子之间可相互作用并形成各种复合物,生物体所有重要的生命活动(如 DNA 的复制、转录、蛋白质的合成与分泌、信号转导和代谢等)都是由这些复合物完成的。因此，研究各种生物大分子的相互作用方式，分析蛋白质之间、蛋白质-DNA 和蛋白质-RNA 的组成和作用方式是理解生命活动分子机制的基础。

一、蛋白质相互作用研究技术

蛋白质与蛋白质之间的相互作用是细胞生命活动的基本特征，研究细胞内各种蛋白质分子间相互作用的机制及蛋白质相互作用网络，有助于理解生命活动的分子机制。目前常用于研究蛋白质相互作用的技术有酵母双杂交系统、各种亲和分离分析、生物传感芯片质谱、蛋白质工程中的定点诱变技术、FRET 效应分析、噬菌体展示技术等。以下选取代表性的技术进行研究。

（一）酵母双杂交系统

酵母双杂交系统是 1989 年由 Fields 等提出的，是研究酿酒酵母中蛋白质间相互作用的一种非常有效的手段。GAL4 分子中包括两个彼此分开但是功能相互必需的结构域：N 端的 DNA 结合结构域（BD）和 C 端的转录激活结构域（AD）。BD 能够识别和结合位于 GAL4 效应基因上的上游激活序列（UAS），而 AD 则通过与转录元件中的其他成分之间的结合作用，来启动 UAS 下游的基因转录。BD 和 AD 被分开时将丧失对下游基因表达的激活作用，但是如果两者分别融合了具有配对相互作用的两种蛋白质分子后使其在空间上充分接近，就可以呈现完整的 GAL4 转录因子活性并可激活 UAS 下游启动子，从而激活下游基因转录。因此，将已知蛋白质 X 基因与酵母菌转录因子的 BD 基因融合，构建"诱饵 X"质粒载体，同时将某一组织的 cDNA 文库与转录因子的 AD 基因融合构建"猎物 Y"质粒载体。再将两种融合基因的质粒载体共转染酵母细胞，如果表达的蛋白质 X 和蛋白质 Y 发生相互作用，则会导致 BD 和 AD 在空间上接近，从而激活 UAS 下游启动子调控的报告基因的表达，通过报告基因的表达分析即可判断蛋白质 X 和蛋白质 Y 是否存在相互作用。

酵母双杂交系统主要应用于：①验证已知蛋白质间可能的相互作用；②确定蛋白质特异相互作用的关键结构域和氨基酸；③克隆新基因和新蛋白；④检测与蛋白质相互作用的小分子多肽的药理作用。

（二）噬菌体展示技术

噬菌体展示技术是将外源蛋白或多肽的 DNA 序列插入噬菌体外壳蛋白结构基因的适当位置，使外源基因随着外壳蛋白而表达，并使外源蛋白随噬菌体的重新组装而展示到噬菌体表面的一种技术。该技术实现了表型与基因型相统一，是一种高通量筛选功能性蛋白质或多肽的分子生物学技术。因此，噬菌体展示技术在分子间相互识别、抗原表位分析、新型疫苗及药物的开发研究等方面均有广泛的应用前景。

（三）蛋白质免疫共沉淀与 GST pull-down

蛋白质免疫共沉淀（co-immunoprecipitation，co-IP）是根据抗体与抗原之间的特异性作用建立起来的，是确定两种蛋白质在细胞内相互作用的经典方法。其基本原理是：当细胞在非变性条件下被裂解时，完整细胞内存在的许多蛋白质-蛋白质复合体不会发生解离而保留下来。此时利用某种特定蛋白质的抗体与细胞裂解液进行温育，使该抗体与蛋白质复合物中的特定蛋白质发生特异性结合，则与该特定蛋白质在细胞内结合的其他蛋白质也能同时沉淀下来,最后通过 Western 印迹法来检测其他蛋白质是否也被沉淀下来,即可确认其是否存在相互作用。蛋白质免疫共沉淀技术的突出优点是,它进行的环境是非变性的,使蛋白质之间的天然相互作用可以最大限度地保留,因此可比较真实地反映蛋白质之间的相互作用。但该技术并不能显示蛋白质间的相互作用是直接的还是间接的。

要进一步确证蛋白质之间的直接相互作用,则需采用 GST pull-down 技术。该技术不仅可以证明蛋白质分子的直接结合,还可以更为精细地分析两个蛋白质之间结合的具体结构域。其基本原理是:将目的蛋白的基因和一些标签蛋白(如谷胱甘肽 S-转移酶,GST)的基因进行 DNA 重组,表达融合蛋白并将其在体外与待检测蛋白温育;随后利用 GST 与还原型谷胱甘肽的特异性结合特点,通过偶联了还原型谷胱甘肽的琼脂糖珠将该 GST 融合表达蛋白吸附下来;再利用特定洗脱液将该 GST 融合表达蛋白及其结合蛋白复合物从琼脂糖珠上洗脱下来;最后采用电泳等方法来检测洗脱液中相互作用蛋白质是否存在。如果两种蛋白质直接结合,那么待检测融合蛋白就会被琼脂糖珠沉淀下来而被检测到(图 18-7)。

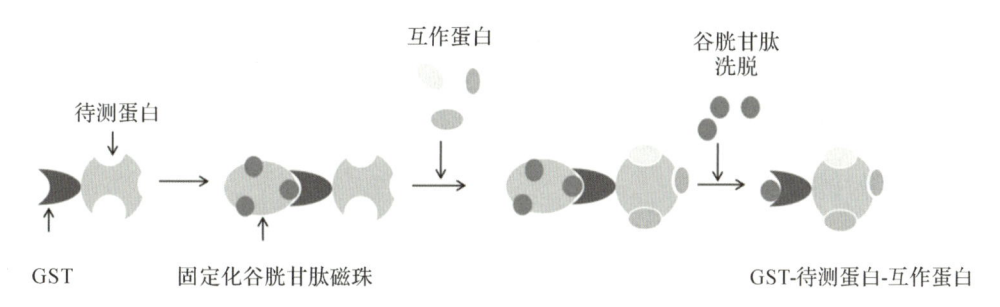

图 18-7 GST pull-down 示意图

二、蛋白质-核酸相互作用研究技术

研究蛋白质与 DNA 的相互作用,特别是分析各种转录因子所结合的特定 DNA 序列及基因的调控序列所结合的蛋白质将有助于阐明基因表达调控的机制。研究蛋白质与 DNA 分子间相互作用的主要方法有电泳迁移率变动分析、酵母单杂交技术和染色质免疫沉淀技术等。

(一)电泳迁移率变动分析

电泳迁移率变动分析(electrophoretic mobility shift assay,EMSA),也称凝胶阻滞分析(gel retardation assay),是一种研究蛋白质和核酸间相互作用的技术。这一技术最初用于研究蛋白质与 DNA 序列之间的相互作用,目前也用于研究蛋白质和 RNA 序列之间的相互作用。EMSA 的原理是将纯化的蛋白质或细胞粗提液与放射性核素 ^{32}P 标记的 DNA(或 RNA)探针一起保温,然后在非变性聚丙烯酰胺凝胶上进行电泳分离。如果探针与目的蛋白结合,那么 DNA-蛋白质复合物(或 RNA-蛋白质复合物)的移动速度比非结合的探针移动慢。

EMSA 的基本流程包括:探针的合成标记与纯化;制备细胞裂解液;探针与蛋白质的结合及检测。可根据标记探针的位置来判断其是否与目的蛋白质结合。若探针信号全部集中出现在凝胶前沿,则说明探针没有和目的蛋白质结合;若探针信号出现在靠近加样孔的位置,此即为探针与目的蛋白质形成的复合物。EMSA 通常用于研究及寻找具有调控作用的顺式作用元件和与顺式作用元件相结合的蛋白质氨基酸序列或结构域。

(二)染色质免疫沉淀技术

染色质免疫沉淀技术(chromatin immuno-precipitation assay,ChIP)是一种研究体内蛋白质和 DNA 相互作用的方法。其原理是:在活细胞状态下把细胞内的蛋白质与 DNA 交联在一起形成复合物,并将其随机切断为一定长度范围内的染色质小片段,再利用目的蛋白质的特异抗体通过抗原-抗体反应沉淀此复合物,并特异性地富集与目的蛋白质结合的 DNA 片段,再将 DNA 片段与蛋白质解离并纯化,最后利用 PCR 等技术对 DNA 片段进行分析,进而判断细胞内与目的蛋白质发生相互作用的 DNA 序列。ChIP 能准确、完整地反映结合在 DNA 序列上的转录调控蛋白,主要用于鉴定与体内转录调控因子结合的特异性 DNA 序列或鉴定与特异性 DNA 序列结合的蛋白质,是研究染色质水平基因表达调控的一种有效方法。

EMSA 可用于研究蛋白质与 DNA 的体外结合,而 ChIP 则可以用来证实蛋白质与 DNA 在细胞内的特异性结合,因此在研究蛋白质与 DNA 的相互作用时,EMSA 和 ChIP 往往联合使用。

思 考 题

1. 什么是分子印迹与杂交技术?Southern 印迹法、Northern 印迹法和 Western 印迹法分别应用于什么研究?
2. 试述 PCR 技术的原理、特点、组成体系及基本操作过程。
3. 实时 PCR 技术为什么可以实时反映 PCR 扩增产物量的多少?可用于什么研究?
4. 简述双脱氧链末端终止法测定 DNA 序列的基本过程。
5. 转基因技术的方法有哪些?什么是基因显微注射法?
6. 简述 DNA 芯片技术的原理及应用。
7. 蛋白质相互作用研究和蛋白质-核酸相互作用研究分别有哪些技术?

本章小结

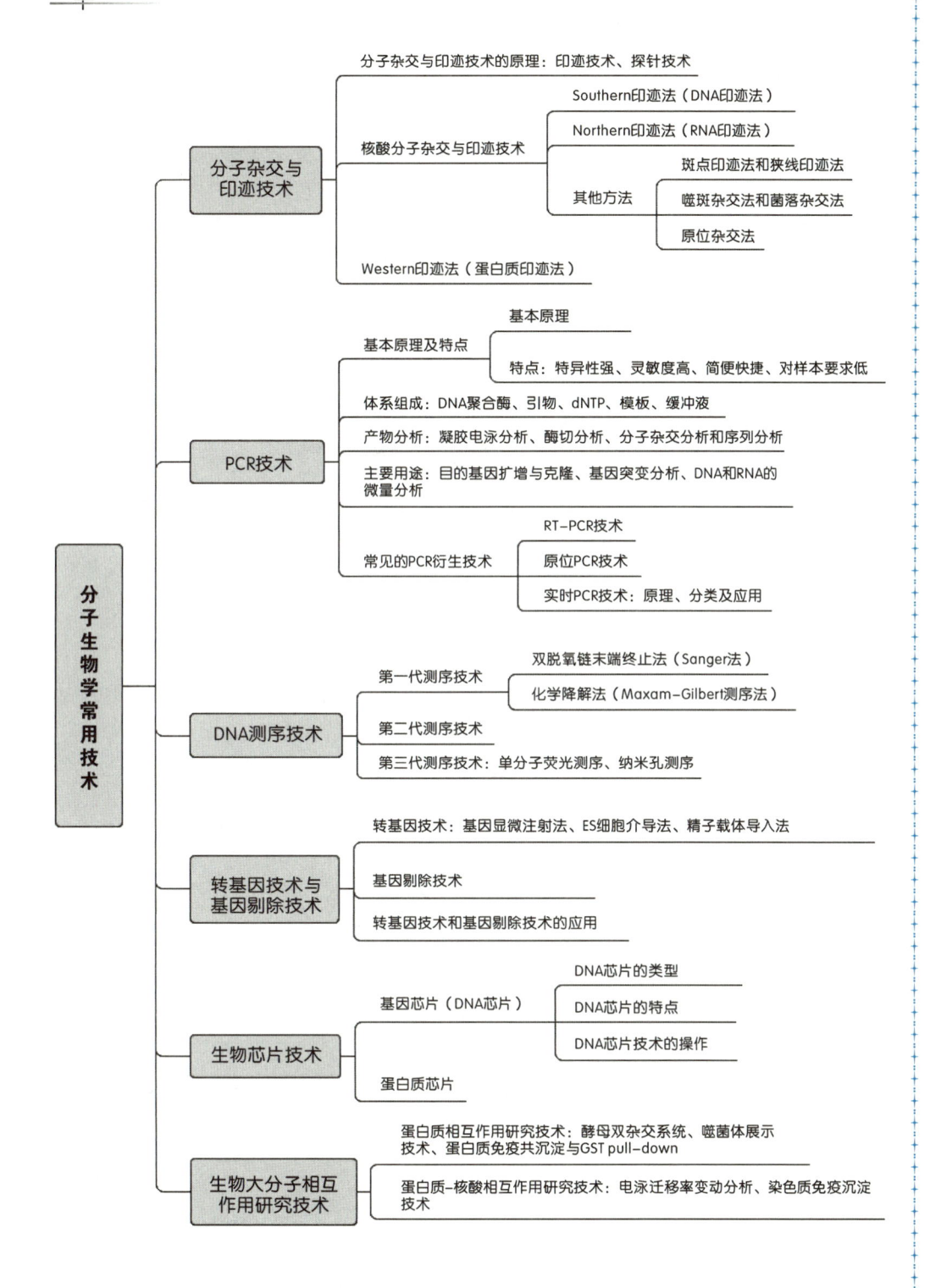

分子生物学常用技术

- **分子杂交与印迹技术**
  - 分子杂交与印迹技术的原理：印迹技术、探针技术
  - 核酸分子杂交与印迹技术
    - Southern印迹法（DNA印迹法）
    - Northern印迹法（RNA印迹法）
    - 其他方法
      - 斑点印迹法和狭线印迹法
      - 噬斑杂交法和菌落杂交法
      - 原位杂交法
  - Western印迹法（蛋白质印迹法）

- **PCR技术**
  - 基本原理及特点
    - 基本原理
    - 特点：特异性强、灵敏度高、简便快捷、对样本要求低
  - 体系组成：DNA聚合酶、引物、dNTP、模板、缓冲液
  - 产物分析：凝胶电泳分析、酶切分析、分子杂交分析和序列分析
  - 主要用途：目的基因扩增与克隆、基因突变分析、DNA和RNA的微量分析
  - 常见的PCR衍生技术
    - RT-PCR技术
    - 原位PCR技术
    - 实时PCR技术：原理、分类及应用

- **DNA测序技术**
  - 第一代测序技术
    - 双脱氧链末端终止法（Sanger法）
    - 化学降解法（Maxam-Gilbert测序法）
  - 第二代测序技术
  - 第三代测序技术：单分子荧光测序、纳米孔测序

- **转基因技术与基因剔除技术**
  - 转基因技术：基因显微注射法、ES细胞介导法、精子载体导入法
  - 基因剔除技术
  - 转基因技术和基因剔除技术的应用

- **生物芯片技术**
  - 基因芯片（DNA芯片）
    - DNA芯片的类型
    - DNA芯片的特点
    - DNA芯片技术的操作
  - 蛋白质芯片

- **生物大分子相互作用研究技术**
  - 蛋白质相互作用研究技术：酵母双杂交系统、噬菌体展示技术、蛋白质免疫共沉淀与GST pull-down
  - 蛋白质-核酸相互作用研究技术：电泳迁移率变动分析、染色质免疫沉淀技术

实验项目十二　定量PCR技术检测目的基因表达

【实验目的】

1. 掌握实时荧光定量PCR的操作方法和荧光定量PCR仪的使用。
2. 了解实时荧光定量PCR的测定原理,并与一般PCR进行比较。

【实验原理】

1. 基本原理　实时荧光定量PCR技术是在PCR反应体系中加入荧光基团,利用荧光信号积累实时监测整个PCR进程,最后通过标准曲线对未知模板进行定性及定量分析的方法(图18-8)。

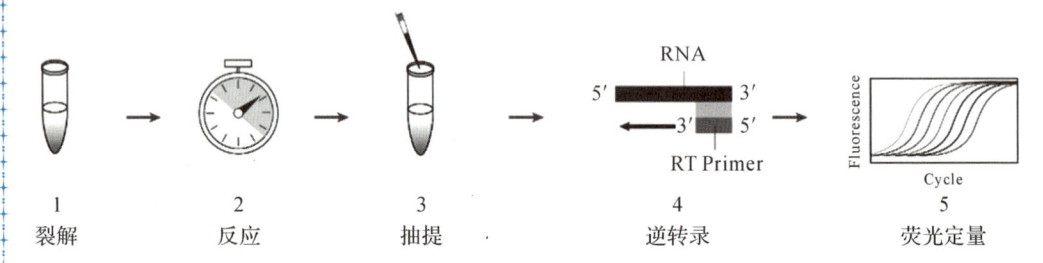

图18-8　实时荧光定量PCR的基本过程

2. 荧光定量PCR的重要参数和曲线

(1) 扩增曲线:以循环数为横坐标,荧光强度为纵坐标,即可得到扩增曲线,用来表示荧光信号变化量的对数与PCR反应循环数之间的关系,如图18-9所示。

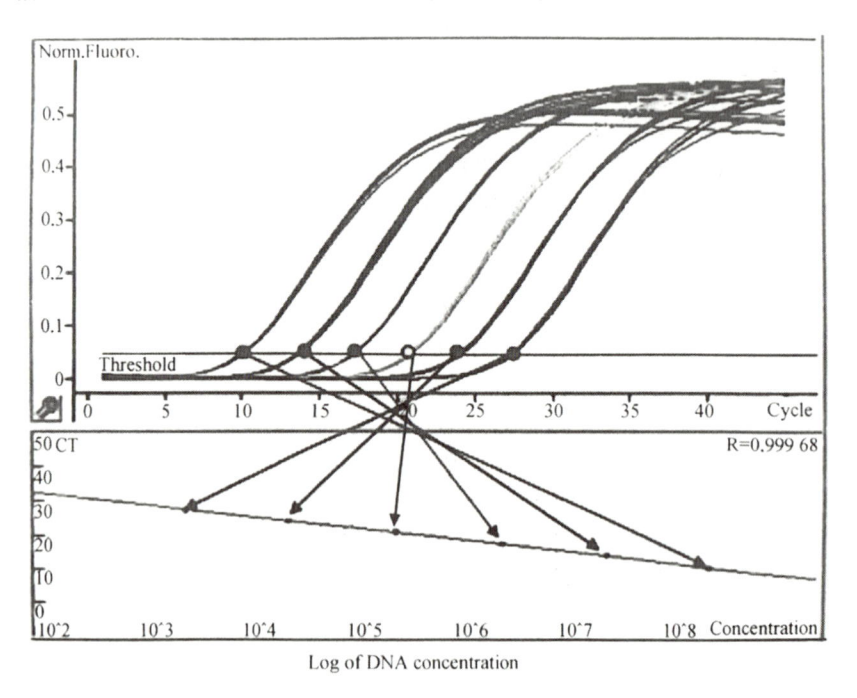

图18-9　不同模板数量的实时荧光定量PCR扩增曲线

(2)阈值线:在荧光定量 PCR 扩增的指数期,画一条线,在此直线上,所有样品的荧光强度与其本底荧光强度的差值全部相同。

(3)Ct 值:指每个反应管内的荧光信号到达设定阈值时所经历的循环数。在扩增曲线中,存在一段对数增加区。在这段对数区中设一个阈值。不同的起始拷贝数的样品,Ct 值不同。拷贝数越多,Ct 值越小。

3.荧光定量 PCR 的数学原理

(1)扩增产物的量

$$X_n = X_0(1+Ex)^n$$

式中,n 为扩增反应的循环次数;X_n 为第 n 次循环后的产物量;X_0 为初始模板量;Ex 为扩增效率。

(2)在扩增产物达到阈值线时

$$X_{Ct} = X_0(1+Ex)^{Ct}$$

两边同时取对数,得

$$\lg X_{Ct} = \lg X_0(1+Ex)^{Ct}$$

简单运算与整理,得

$$\lg X_0 = -Ct \times \lg(1+Ex) + \lg X_{Ct}$$

式中,X_{Ct} 为荧光信号达到阈值强度时扩增产物的量,在阈值线设定以后,它就是一个常数。

(3)绝对定量:先用已知不同拷贝数梯度的标准样品得到一条 $\lg X_0$ 与 Ct 值的标准曲线,再将样品的 Ct 值代入求得样品的拷贝数 X_0。

(4)相对定量:即通过比较两个或多个处理的样本之间的基因表达差异,来研究处理的效果。该方法需要内参基因作为参考点,内参基因一般为 β-actin 等看家基因(维持细胞最低限度功能所不可少的基因,其在细胞内的表达量或拷贝数恒定)。

【试剂与器材】

1.试剂　细胞裂解液(RNAiso Plus)、氯仿、异丙醇、75%的乙醇(纯化水+无水乙醇配置)、RNase-free 水、one Step SYBR RT-PCR 试剂盒、引物。

2.耗材　1.5 ml 离心管、1000 μl 枪头、200 μl 枪头、20 μl 枪头。

3.器材　移液枪、高速冷冻离心机、荧光定量 PCR 仪、微量核酸分光光度计。

【实验方法及步骤】

1.RNA 的提取

(1)向样本中加入 1~2 ml 的 RNAiso Plus,用移液枪反复吹吸直至裂解液中无明显沉淀,室温静置 5 min。

(2)12000g 4 ℃离心 5 min,小心吸取上清液,移入新的离心管中。

(3)向上述步骤的匀浆裂解液中加入氯仿(RNAiso Plus 的 1/5 体积量),盖紧离心管盖,用手剧烈振荡 15 s;待溶液充分乳化后,再室温静置 5 min。

(4)12000g 4 ℃离心 15 min,从离心机中小心取出离心管,吸取上清液转移至另一新的离心管中。

(5)向上清中加入等体积的异丙醇,上下颠倒离心管充分混匀后,在 15~30 ℃下静止 10 min。

(6)12000g 4 ℃离心 10 min,一般在离心后,试管底部会出现沉淀;小心弃去上清,缓慢地沿离心管壁加入75%的乙醇 1 ml,轻轻上下颠倒洗涤离心管管壁。

(7)12000g 4 ℃离心 5 min 后小心弃去乙醇。

(8)室温干燥沉淀 2~5 min,加入适量的 RNase-free 水溶解沉淀,必要时可用移液枪轻轻吹打沉淀,至 RNA 沉淀完全溶解。

2. 一步法 Q-PCR 加样

(1)用微量核酸分光光度计测量 RNA 浓度。

(2)加样,加样成分如表 18-1 所示。

表 18-1 加样成分

试剂	使用量
2×one Step SYBR RT-PCR Buffer4	12.5 μl
Prime Script 1 Step Enzyme Mix 2	1 μl
PCR Forward Primer(10 μM)	1 μl
PCR Reverse Primer(10 μM)	1 μl
Total RNA	2 μl
RNase Free dH$_2$O	7.5 μl
Total	25 μl

3. Q-PCR 上机操作

PCR 反应管先用离心机轻轻离心后放入 Thermal Cycler Dice® Real Time System Ⅱ中进行 Real Time PCR 反应,反应程序如图 18-10 所示。

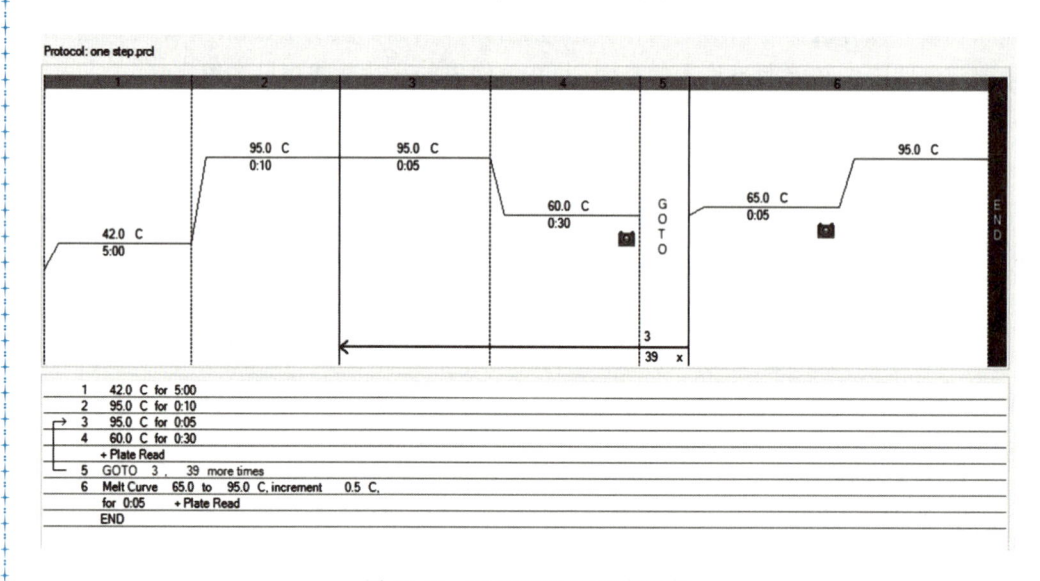

图 18-10 Q-PCR 上机操作程序

4. 实验数据及处理

(1)测得的 RNA 浓度 C(ng/μl)。

(2)纯度检测:①OD$_{260}$/OD$_{280}$;②OD$_{260}$/OD$_{230}$。

(3)Ct 值。

(4)扩增曲线。

【注意事项】

1. 纯 RNA 的 OD_{260}/OD_{280} 值应该在 1.7~2.0；OD_{260}/OD_{230} 用于估计去盐的程度，应大于 2。

2. 用氯仿处理样品时，因氯仿沸点低、易挥发，振荡时应小心离心管盖突然弹开。

【思考题】

1. 若样本为 DNA 时，能否进行荧光定量 PCR？其步骤有何区别？
2. 引物的设计原则是什么？给你一个目标基因，你能否设计一对合理的引物？

第十九章 癌基因、抑癌基因及生长因子

学习目标

知识目标

1. 掌握：癌基因、抑癌基因及生长因子的概念；癌基因的分类及激活机制；抑癌基因的失活机制。
2. 熟悉：癌基因的产物与功能；生长因子的分类及作用机制。
3. 了解：癌基因、抑癌基因及生长因子与疾病的关系。

能力目标

1. 能根据癌基因活化的机制，积极预防肿瘤。
2. 能利用抑癌基因的抑癌机制，探索治疗肿瘤的方法。

癌基因抑癌基因及生长因子

第一节 癌基因

一、癌基因

自20世纪70年代从逆转录病毒中发现癌基因，以及20世纪80年代初从人膀胱细胞株中证实有癌基因的存在以来，已经有一百多种癌基因被发现。

癌基因(oncogene)指能导致细胞发生恶性转化和诱发癌症的基因，绝大多数癌基因是由细胞内正常的原癌基因(proto-oncogene)突变或表达水平异常升高转变而来的，某些病毒也携带有癌基因。癌基因本身为基因组内正常存在的基因，正常情况下不具致癌性，参与调控细胞的生长、分化和发育等生理功能。癌基因这一名称的由来是因其具有潜在的诱导细胞恶性转化、癌变的特性。其突变或异常表达是细胞恶性转化的重要原因。因此，单纯把癌基因和肿瘤联系在一起是不全面的，广义的癌基因是指能编码生长因子、生长因子受体、细胞内信号转导分子以及与生长有关的转录调节因子等的基因。

癌基因分为细胞癌基因和病毒癌基因。癌基因的命名以其最初发现的肿瘤为基础，常用三个斜体大写字母表示，如 *SRC*、*RAS*、*MYC* 等。癌基因的表达产物有2种表示方式：①用癌基因蛋白产物的分子量来表示，如癌基因 *C-RAS* 编码分子量为 21 kD 的产物，故称 P21；②用癌基因首字母大写表示其蛋白产物，如 *RAS* 编码的蛋白产物

为 RAS。

(一) 细胞癌基因

细胞癌基因(cellular oncogene),也称原癌基因(proto-oncogene),是存在于细胞基因组中的一类正常基因。其编码产物在细胞增殖、分化、凋亡及个体发育和组织修复等生命活动过程中起重要作用,突变时可转变为癌基因,导致细胞发生癌变。根据细胞癌基因结构及其表达产物功能的不同,可以按照基因家族分类。以下是常见的几个家族。

1. *SRC* 基因家族　是第一个被发现的原癌基因,位于人第 20 号染色体上,其编码产物为 60 kD 的蛋白质(P60)。该产物具有酪氨酸蛋白激酶(TPK)活性,常位于细胞膜内侧,接受 TPK 类受体的活化,促进细胞增殖。其他一些基因如 *ROS*、*ABL*、*REB*、*FMS*、*FGR* 等也编码 TPK,统称 *SRC* 家族。

2. *RAS* 基因家族　表达产物为 188 或 189 个氨基酸组成的分子量为 21 kD 的蛋白质(P21),该产物与 G 蛋白功能相似,故称小 G 蛋白,能与 GTP 结合使其水解而影响细胞内信号传递。该家族包括来自大鼠肉瘤病毒中的 *H-RAS*、*K-RAS* 和来自人神经母细胞瘤中的 *N-RAS*。

3. *MYC* 基因家族　包括 *N-MYC*、*L-MYC*、*R-MYC*、*V-MYC* 和 *C-MYC*,它们具有类似的结构与功能,编码核内 DNA 结合蛋白。*C-MYC* 由 3 个外显子组成,其中两个外显子编码 49 kD 的蛋白质,是一类丝氨酸/苏氨酸磷酸化的核内转录因子,能特异性结合 DNA 而参与基因转录调控。

4. *SIS* 基因家族　只有一个基因成员,由 5 个外显子组成,分布在 12 kb 的 DNA 序列中,编码 241 个氨基酸组成的蛋白质(P28)。其 99~207 位氨基酸序列与血小板源性生长因子(PDGF)的 B 链同源,能刺激间叶组织细胞分裂增殖。

(二) 病毒癌基因

肿瘤病毒(tumor virus)是一类能使敏感宿主产生肿瘤或使培养细胞转化成癌细胞的动物病毒。根据其核酸组成的不同分为 DNA 病毒和 RNA 病毒(即逆转录病毒)。早在 1911 年,Rous 发现,将鸡肉瘤组织匀浆后的无细胞滤液皮下注射于正常鸡,可使鸡发生肉瘤。这种无细胞滤液还可以使体外培养的鸡胚成纤维细胞发生转化。因当时缺乏对病毒的认识,直到几十年后才发现致瘤的因素是病毒,这一病毒后来被命名为 Rous 肉瘤病毒(Rous sarcoma virus,RSV)。Rous 的这一发现使其获得了 1966 年诺贝尔生理学或医学奖。研究表明,Rous 肉瘤病毒的核酸中有一个特殊的片段 *SRC*,可使正常细胞转化为肿瘤细胞,早期将这一部分基因命名为转化基因(transforming gene),即后来的癌基因。许多致癌病毒中的癌基因不仅与致癌密切相关,而且与正常细胞的某些 DNA 顺序是同源的,病毒癌基因(virus oncogene,v-onc)被进一步认识。病毒癌基因是一类存在于肿瘤病毒中的,能使靶细胞发生恶性转化的基因。

目前已发现几十种病毒癌基因,但是病毒有致癌能力并不意味着其一定含有病毒癌基因。如逆转录肿瘤病毒有急性转化型和慢性转化型两种。急性转化型病毒含有癌基因,病毒感染宿主细胞后,可在短时间内高频率地转化细胞而诱发肿瘤;慢性转化型病毒不含癌基因,其感染细胞后通过基因组插入宿主细胞原癌基因附近,激活原癌基因而诱发致癌作用,但诱发频率低,潜伏期较长。RNA 肿瘤病毒癌基因并非必须参与病毒复制。它是 RNA 病毒侵染宿主细胞时,由宿主细胞内的基因整合到病毒基因组内形成的。因此,逆转录病毒癌基因也可以视为原癌基因的活化形式。而已知的 DNA 病毒的癌基因则是其基因组不可或缺的部分,对病毒的复制是必需的。

二、原癌基因的产物及其功能

原癌基因编码的产物通过多条途径调节细胞的增殖和生长,根据其在信号转导通路中的作用,分为四大类(表 19-1)。

表 19-1 细胞癌基因的类型及功能举例

类别	癌基因名称	作用
细胞外生长因子	SIS	与 PDGF-β 链同源
	INT-2	与 EGF 同源,促进细胞增殖
跨膜生长因子受体	FMS	与 CFS 受体同源,促进细胞增殖
	KIT	SCF 受体,促进细胞增殖
	TRK	NGF 受体
	EGFR	EGF 受体,促进细胞增殖
	HER2	EGF 受体类似物,促进细胞增殖
细胞内信号转导分子	SRC	与受体结合转导信号
	RAS	MAPK 通路中的重要分子
	RAF	MAPK 通路中的重要分子
核内转录因子	FOS	促进与增殖相关基因的表达
	MYC	促进与增殖相关基因的表达
	JUN	促进与增殖相关基因的表达

1. 细胞外生长因子　生长因子是一类与细胞膜上相应受体结合,而引起靶细胞增殖的活性多肽。癌基因通过编码生长因子,直接参与细胞的生长调控。如原癌基因 HST 与 INT-2 编码的蛋白与 FGF 结构类似,与 FGF 受体结合后可促进细胞增殖。

2. 跨膜生长因子受体　某些癌基因的编码产物与生长因子受体同源,能接受并传递生长信号,受体的胞内结构域大多数具有 TPK 活性。如 ERB-B 基因产物与 EGF 受体膜内区序列结构类似,KIT 编码 PDGF 受体,MET 编码肝细胞生长因子受体等。

3. 细胞内信号转导分子　细胞外信号需要转导至胞内或核内,才能发挥效应促进细胞生长,该转导体系的组成成分多数为原癌基因产物,包括 SRC、ALB 编码的非受体酪氨酸蛋白激酶,RAS、MOS 编码的丝/苏氨酸蛋白激酶,RAS 编码的小 G 蛋白等。

4. 核内转录因子　某些癌基因编码核内转录因子,其表达产物为 DNA 结合蛋白,通过与靶基因顺式作用元件结合来调节靶基因的转录活性,促进与细胞增殖有关靶基因的表达,使细胞增殖,如 MYC、MYB、JUN、FOS 等。

三、原癌基因的激活与肿瘤的发生

1. 原癌基因激活的机制　在某些化学、物理或生物因素作用下,原癌基因结构或表达调控发生改变,使细胞获得异常增殖能力,导致肿瘤的发生。这种从正常的原癌基因转变为具有使细胞发生恶性转化的癌基因的过程,称为原癌基因的活化。这种转变属于功能获得突变。原癌基因的激活机制主要包括以下几种。

(1)基因突变：各种类型的基因突变，如碱基替换、缺失或插入，都有可能激活原癌基因。较为典型且常见的是错义点突变，引起编码的蛋白质中关键氨基酸残基发生改变，从而影响其功能。如正常人膀胱上皮细胞的 H-RAS 中发生点突变（GGC→GTC），使表达产物 P21 蛋白的第 12 位氨基酸由甘氨酸变为缬氨酸，由此丧失 GTP 酶活性，使 RAS 结合的 GTP 不能被水解，RAS 基因持续激活，导致细胞癌变。

(2)强启动子或增强子插入：某些逆转录病毒的长末端重复序列含有强启动子和增强子。当这类病毒整合入细胞原癌基因附近或内部时，就会导致原癌基因的表达不再受原有启动子的正常调控，而成为病毒启动子或增强子的控制对象，从而激发该原癌基因的过量表达。如鸡白细胞增生病毒感染鸡淋巴细胞，其启动子插入 C-YMC 上游，导致淋巴细胞恶性转化，引起淋巴瘤。

(3)染色体易位：原癌基因遭受各种致癌因子攻击后，常发生从染色体的正常位置易位到另一个染色体上，因基因重排导致其调控环境改变而激活。染色体易位可通过两种机制致癌。第一种，染色体易位产生新的融合基因而致癌。如慢性髓系白血病（CML）中，9 号染色体的 ABL 基因易位到 22 号染色体 BCR 基因旁，形成 BCR-ABL 融合基因，表达产物为融合蛋白 BCR-ABL，致使 ABL 的蛋白酪氨酸激酶活性持续增高。该易位产生的较小的异常 22 号染色体，最早于 1960 年在美国费城被发现，故又称费城染色体，是诊断 CML 的标志性染色体。第二种，染色体易位使原癌基因易位至强启动子或增强子附近，导致原癌基因激活。如人 Burkitt 淋巴瘤中的 C-MYC 基因由 8 号染色体异位到 14 号染色体 IGH 基因旁，导致 C-MYC 获得强启动子而激活。

(4)基因扩增：原癌基因通过基因扩增使其拷贝数升高几十至上千倍，导致基因编码产物过量表达，引发调节细胞功能紊乱而发生细胞转化。如在乳腺癌和非小细胞肺癌中分别发现了 HER2 和 C-MYC 的扩增。

2.癌基因与肿瘤

(1)RAS 基因：RAS 基因常发生点突变，导致 RAS 蛋白活性过高，成为许多肿瘤发生的重要原因。大约 15% 的人类肿瘤有 RAS 点突变，其中以 K-RAS 突变最为常见，该突变在肺腺癌中占 30%，在结肠癌中占 50%，而在胰腺癌中占 90%。N-RAS 突变常见于血液系统恶性肿瘤，如在急性骨髓细胞白血病中占 25%。在甲状腺癌中，则发生 N-RAS、K-RAS、H-RAS 等多种 RAS 基因的点突变。

(2)MYC 基因：MYC 基因在细胞生长调控中具有重要作用，可通过染色体异位而活化。其表达产物 MYC 蛋白是与某些人类肿瘤关系密切的转录因子，在细胞内的功能形式是与 MAX 蛋白形成二聚体，其中 MAX 具有较强的 DNA 结合能力，而 MYC 的 N 端具有转录活性。因此 MYC 的过度表达可刺激相关基因的转录，导致细胞增殖及肿瘤发生。

(3)BCL-2 基因：BCL-2 基因是从 B 淋巴细胞瘤中鉴定出来的癌基因，通过染色体易位而激活。易位涉及 14q 的免疫球蛋白重链基因及染色体 18q 的部分序列，使 BCL-2 基因序列与 Ig 位点的强调控元件相结合，导致易位细胞中 BCL-2 基因表达失控。BCL-2 活化能抑制淋巴细胞程序性死亡，因此可导致某些淋巴瘤的发生。绝大多数结节非霍奇金淋巴瘤中均能见到易位活化的 BCL-2 基因表达。

第二节 抑癌基因

一、抑癌基因的概念

正常细胞生长的调节控制,涉及调控细胞生长基因(如原癌基因)和调节生长抑制基因(如抑癌基因)的协调表达,两种互相制约,使细胞生长处于相对的动态平衡中,细胞生长到一定程度则自动产生反馈抑制。抑癌基因(anti-oncogene)也称肿瘤抑制基因(tumor suppressor gene),与原癌基因激活诱发癌变的作用相反,是一类抑制细胞过度生长、增殖,从而遏制肿瘤形成的基因。这类基因的丢失或失活可以导致肿瘤发生。

判定抑癌基因的基本标准:①恶性肿瘤的相应正常组织中该基因正常表达;②恶性肿瘤中该基因应有功能失活或结构改变或表达缺陷;③将该基因的野生型导入基因异常的肿瘤细胞内可部分或全部改变其恶性表型。典型的抑癌基因有 RB 和 TP53,分别编码 RB 蛋白和 TP53 蛋白。

二、常见的抑癌基因及其功能

在正常细胞的增殖、分化和凋亡中,抑癌基因与原癌基因发挥着相反的作用。原癌基因起着正调控作用,促进细胞增殖,阻止细胞分化和凋亡;抑癌基因发挥负调控作用,抑制细胞周期进程,调控细胞周期检查点,促进凋亡,参与 DNA 损伤修复,从而维持基因组的稳定。抑癌基因及其产物对细胞增殖起负性调节作用,通常认为是 2 个等位基因都丢失或失活后才显示出抑癌功能缺陷,故抑癌基因的发现和分离都很困难。迄今已经发现的抑癌基因有 20 余种(表 19-2),这些基因的成功克隆对于研究肿瘤具有积极意义。

表 19-2 常见的抑癌基因

基因	染色体定位	编码产物及功能	相关肿瘤
RB	13q14.2	转录因子 P105	Rb、骨肉瘤
TP53	17p13.1	转录因子 P53	多种肿瘤
PTEN	10q23.3	磷酯类信使的去磷酸化,抑制 PI3K-AKT 通路	胶质瘤、膀胱癌、前列腺癌、子宫内膜癌
P16	9p21	P16 蛋白	肺癌、乳腺癌、胰腺癌、食管癌、黑色素瘤
P21	6p21	抑制细胞周期依赖性激酶	前列腺癌
APC	5q22.2	G 蛋白,细胞黏附与信号转导	结肠癌、胃癌等
DCC	18q21	表面糖蛋白	结肠癌

续表

基因	染色体定位	编码产物及功能	相关肿瘤
NF1	7q12.1	GTP 酶激活剂	神经纤维瘤
NF1	22q12.2	连接细胞膜与细胞骨架的蛋白	神经鞘膜瘤、脑膜瘤
VHL	3q25.2	转录调节蛋白	肾癌、小细胞肺癌、宫颈癌
WT1	11p13	含锌指的转录因子	肾母细胞瘤

三、抑癌基因的失活与肿瘤的发生

(一)抑癌基因失活的机制

抑癌基因的失活与原癌基因的激活一样,在肿瘤发生中起着非常重要的作用。但癌基因的作用是显性的,抑癌基因的作用往往是隐性的,即一般需要两个等位基因都失活才会导致其抑癌功能完全丧失。抑癌基因常见的失活方式有以下 3 种。

1. 基因突变　抑癌基因发生突变后,会造成其编码的蛋白质功能活性丧失或降低,引发癌变,这种突变属于功能失去突变。最经典的例子就是抑癌基因 TP53 的突变,目前发现 TP53 在一半以上的人类肿瘤中均发生突变。

2. 杂合性丢失　杂合性丢失(loss of heterozygosity)是指一对杂合的等位基因变成纯合状态的现象。发生杂合性丢失的区域往往就是抑癌基因所在的区域,是肿瘤细胞中常见的异常遗传性现象。典型实例就是抑癌基因 RB 的失活,由于某种原因导致正常的 RB 等位基因丢失即杂合性丢失时,抑癌基因 RB 彻底失活,失去抑癌作用,从而导致视网膜母细胞瘤。

3. 启动子区甲基化　真核生物基因启动子区域 CpG 岛的甲基化修饰对于调节基因转录活性至关重要,其甲基化程度与基因表达呈负相关。抑癌基因的基因启动子区域 CpG 岛呈高度甲基化状态,从而导致相应的抑癌基因不表达或低表达。如家族性腺瘤息肉所致的结肠癌中,因 APC 基因启动子区高度甲基化使转录受抑制而导致该基因失活,细胞内 β-连环蛋白积累而发生癌变。

以上这几种机制可能同时起作用,抑癌基因的失活比原癌基因的激活更加频繁和重要。尤其是在遗传性肿瘤中,几乎全部是由抑癌基因的失活引起的。

(二)抑癌基因与肿瘤

1. RB 基因　是第一种被鉴定和克隆的抑癌基因,含 27 个外显子,其 mRNA 长 4.7 kb,编码含有 928 个氨基酸残基、分子量为 105 kD 的转录因子。RB 蛋白有去磷酸化(有活性)和磷酸化(无活性)两种形式,磷酸化使 RB 蛋白与细胞内蛋白质形成复合物的能力丧失。在视网膜母细胞瘤中,多数病例的 RB 基因表现为完全或部分缺失。缺乏正常结构的 RB 蛋白不能充分与 E2F 结合而使其强激活靶基因,使细胞进入 S 期。某些 DNA 肿瘤病毒的抗原(如 SV40 病毒的 T 抗原、HPV 的 E7 等)可与非磷酸化的 RB 蛋白特异性结合,从而发挥这些病毒转化细胞的能力。RB 对肿瘤的抑制作用与转录因子 E2F 有关,它是一类激活转录因子活性蛋白。非磷酸化的 RB 蛋白可与 E2F 结合,使其处于非活化状态,并抑制其活化基因表达。当 RB 蛋白被磷酸化时,可以与 E2F 解离。后者与一种 DP1 蛋白形成二聚体,活化一系列在细胞由 G_1 期进入 S 期的过程中起关键作用的基因表达,细胞即进入增殖阶段。在 G_1 期,RB 为去磷酸化状态;当细胞进入 S 期时,磷酸化状态急剧增加,并持续到 G_2 期和 M 期,细胞 G_1/S 期 RB 磷酸化受周期调节激酶 CDK2 的调节。在病毒转化的宿主细胞中,SV40 的 T 抗原和 HPV 的 E7 蛋白可与 RB 蛋白结合而使其失活;当 RB 发生缺失或突变时,丧失结合和抑制 E2F 的能力,导致细胞增殖活跃而引发肿瘤。

2. *TP53* 基因　编码分子量为 53 kD 的蛋白质,故名 *TP53* 基因或 *P53* 基因,位于人染色体 17p13,含 11 个外显子,其 mRNA 长 2.5 kb。*TP53* 于 20 世纪 70 年代首次在 SV40 转化的小鼠中发现。由于其与癌基因 *RAS* 协同转化细胞,也被认为是一种癌基因。后来证实,上述具有协同转化作用的 *TP53* 基因实际上是突变的 *TP53*,而 P53 蛋白即为基因突变后的编码产物,因此野生型的 *TP53* 是一种抑癌基因。目前发现,人类肿瘤中 50% 以上含有突变型 *TP53*,因此该基因是迄今为止发现的、在人类肿瘤中发生突变最为广泛的抑癌基因。

P53 蛋白含有 393 个氨基酸,可分为三个结构域:①位于 N 端的酸性区,具有转录因子作用,因而也称转录激活结构域;②富含脯氨酸的核心区,可与 DNA 的特异序列结合,也称 DNA 结合结构域;③位于 C 端的碱性区,与 P53 四聚化和 DNA 非特异性结合有关,也称寡聚化结构域。野生型 P53 蛋白具有抑制细胞增殖、促进 DNA 损伤修复和诱导细胞凋亡等功能,因此被赋予"基因卫士"的称号。

据统计,*TP53* 的突变 95% 发生在 DNA 结合结构域,基因突变引起 P53 蛋白空间构象的改变,导致其丧失稳定性和功能,使一些细胞癌基因转录失控,从而促进细胞恶性转化。由于 P53 与多数肿瘤有较高相关性,针对 *TP53* 基因的治疗药物得到广泛关注,并已进入临床试验阶段。

第三节　生长因子

一、生长因子的概念及作用模式

1. 生长因子的概念　生长因子(growth factor,GF)又称细胞生长调节因子,是一类由细胞分泌的,能调节细胞生长、增殖和分化的物质,多数为多肽类或蛋白质类物质。它们通过与质膜上特异的受体相互作用而将信息传递至细胞内,从而对靶细胞的生长增殖起调节作用。细胞生长调节因子包括促进细胞增殖的细胞生长因子以及能抑制细胞增殖的细胞生长抑制因子。常见的生长因子及功能见表 19-3。

表 19-3　常见的生长因子及功能

生长因子	来源	功能
表皮生长因子(EGF)	颌下腺	促进表皮与上皮细胞生长
促红细胞生成素(EPO)	肾、尿	调节红细胞的发育
类胰岛素生长因子(IGF)	血清	促进软骨细胞分裂,对多细胞发挥胰岛素样作用
神经生长因子(NGF)	颌下腺	营养交感及某些感觉神经元

续表

生长因子	来源	功能
血小板源生长因子(PDGF)	血小板	促进间质及胶质细胞生长
转化生长因子-α(TGF-α)	肿瘤细胞	类似EGF
转化生长因子-β(TGF-β)	肾、血小板	双向调节

2.生长因子的作用模式　根据产生生长因子的细胞与接受生长因子作用的细胞之间的相互关系,可将生长因子的作用模式概括为以下三种。①内分泌(endocrine):从细胞分泌出来的生长因子,通过血液循环运输到相隔较远的靶细胞而起作用,如PDGF源于血小板,而作用于结缔组织细胞;②旁分泌(paracrine):细胞分泌的生长因子作用于邻近的其他类型细胞,因自身细胞缺乏相应受体而不发生作用;③自分泌(autocrine):生长因子分泌后作用于合成及分泌该生长因子的自身细胞。生长因子的作用方式以旁分泌和自分泌为主。多数生长因子不仅对某种特定细胞产生多种效应,作用的效应细胞的类型也多种多样。有的生长因子同时有促进和抑制细胞增殖两种功能;有的生长因子作用于靶细胞还可以影响其他生长因子的功能。它们彼此相互影响、相互协同,从而构成复杂的生长因子网络。

二、生长因子的作用机制

多数生长因子以大分子的蛋白前体形式合成,经过蛋白酶剪切,获得成熟的单体,分泌后通过细胞内信号传导系统起作用。生长因子作为细胞外信号分子(即第一信使),主要以旁分泌或自分泌的方式,通过与细胞膜或细胞内的特异性受体结合,将信号传入细胞内,通过级联传递将信号传至细胞核或直接作用于顺式作用元件,从而激活与细胞增殖及分化相关基因的表达,来调节细胞功能。各种生长因子通过不同的信号传导通路发挥作用,其中跨膜信号传递是生长因子作用的主要方式。其跨膜传递途径主要有3条:TPK途径、G蛋白-磷脂酶C途径(PKC途径)和G蛋白-腺苷酸环化酶途径(PKA途径)。生长因子的信号经这3条途径的传递,通过磷酸化级联反应导致核内转录因子的活化而引起基因转录。

三、生长因子与疾病

生长因子在维持机体正常生理功能中发挥着重要作用,因此其结构、功能或表达量的异常与很多疾病密切相关,许多生长因子也已作为药物应用于神经系统损伤、创伤等疾病的治疗。

(一)生长因子与肿瘤

癌基因/生长因子信号途径与肿瘤发生密切相关。生长因子主要与细胞增生及分化有关,如EGF可促进多种细胞的有丝分裂,刺激细胞增生,促进创伤愈合,在肿瘤发生发展中,肿瘤细胞通过自分泌、旁分泌的EGF刺激细胞TPK活性,使细胞不断分裂增生;PDGF主要促进结缔组织相关细胞的分裂增生,参与胚胎发育、创伤修复、肿瘤形成和纤维变性等;HGF介导肿瘤组织与间质的作用,引起肿瘤的浸润和转移。某些癌基因的编码产物属于生长因子类;而某些癌基因的编码产物属于信号转导途径的不同成分,如受体、蛋白激酶、小G蛋白和转录因子等。肿瘤细胞会分泌更多的生长因子,生长因子受体的数量也会增多,引起信号途径分子异常激活,表现为促进细胞增生。

(二)生长因子与心血管疾病

常见的心血管疾病包括高血压、心肌梗死、心力衰竭、心肌肥厚及动脉粥样硬化等,研究发现这些心血管疾病的发生与某些原癌基因的过表达、抑癌基因的少表达以及生长因子相关。

1. 原发性高血压　高血压是以平滑肌细胞增生为主要病变的疾病,这种变化与癌基因有密切关系,导致血管管腔变窄、变厚,外周阻力增加而引起高血压。原发性高血压大鼠的心肌和平滑肌细胞内 *MYC* 基因的表达较正常对照大鼠高 50%~100%,其主动脉和肝脏内 *MYC* 的转录水平明显高于正常对照大鼠;且 *SIS* 基因的表达亦高于正常对照大鼠。由此说明,*MYC* 和 *SIS* 的激活可能是引起平滑肌细胞增生、肥厚的一个重要因素。

2. 动脉粥样硬化　动脉粥样硬化也是一种以细胞增殖和变性为主要特征的疾病。动脉粥样硬化斑块损伤的细胞,癌基因(如 *SIS*)表达比正常细胞高 5~12 倍,从而产生过量的 PDGF,导致组织细胞的增生和血管壁斑块的形成。

3. 心肌肥厚　正常心肌、血管平滑肌和内皮细胞中的癌基因为心血管生长发育所必需。生长因子在心肌肥厚中的作用十分关键,在心肌负荷与心肌反应之间起中介与信息传递的作用。当心肌肥厚时,许多癌基因(*RAS*、*MYB*、*MYC*、*FOS* 等)发生过量表达,与此有关的生长因子包括 IGF、TGF 及 FGF 等。

思 考 题

1. 什么是原癌基因?原癌基因是如何被激活的?
2. 什么是抑癌基因?举例说明抑癌基因的作用机制。
3. 简述癌基因、原癌基因与肿瘤的关系。
4. 常见的生长因子有哪些(至少列举5种)?其对应的功能是什么?
5. 简述生长因子的特点。如何理解生长因子作用的多功能性?

在线测试

第十九章 癌基因、抑癌基因及生长因子

本章小结

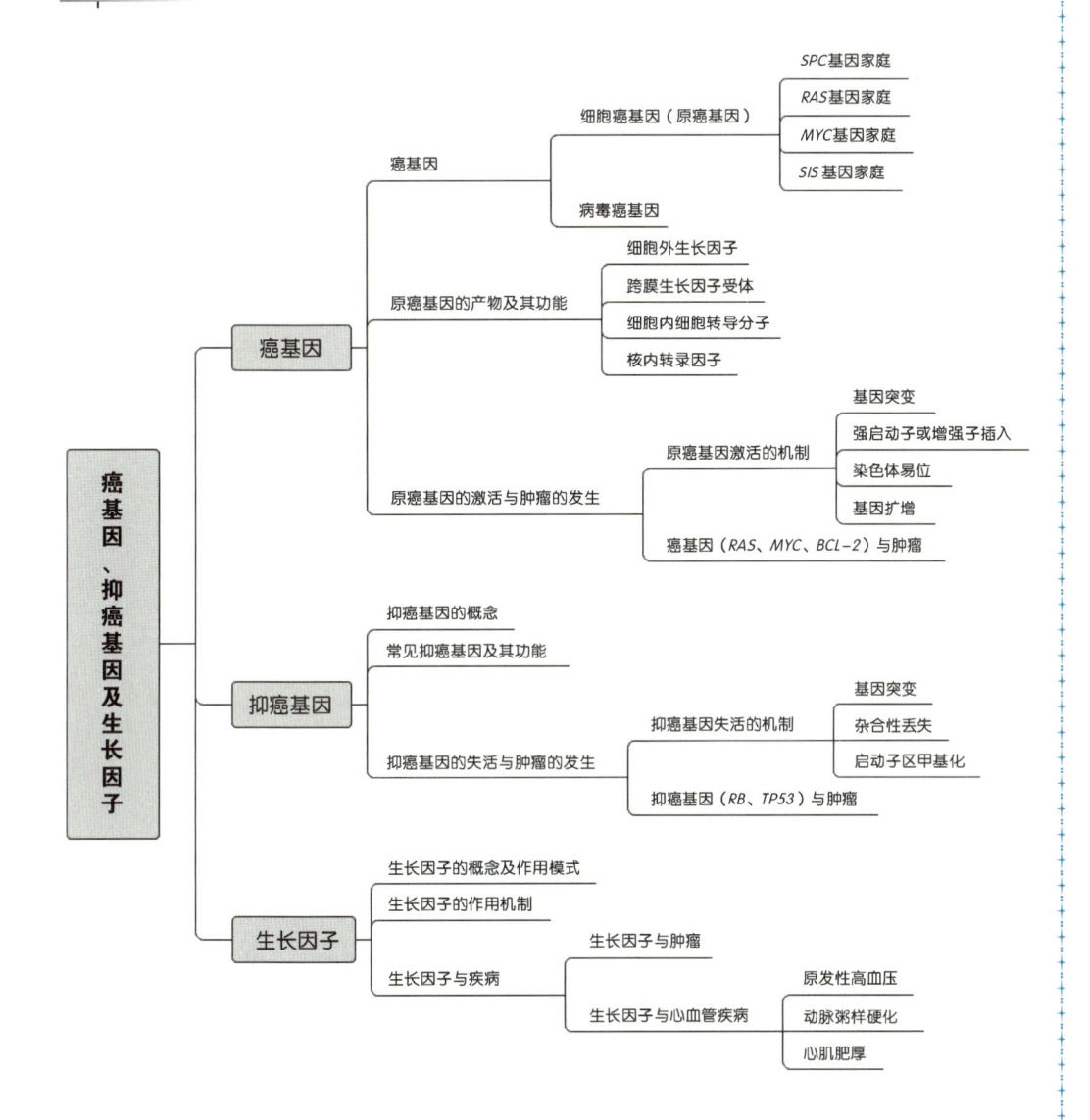

- 癌基因、抑癌基因及生长因子
  - 癌基因
    - 癌基因
      - 细胞癌基因（原癌基因）
        - SPC基因家庭
        - RAS基因家庭
        - MYC基因家庭
        - SIS基因家庭
      - 病毒癌基因
    - 原癌基因的产物及其功能
      - 细胞外生长因子
      - 跨膜生长因子受体
      - 细胞内细胞转导分子
      - 核内转录因子
    - 原癌基因的激活与肿瘤的发生
      - 原癌基因激活的机制
        - 基因突变
        - 强启动子或增强子插入
        - 染色体易位
        - 基因扩增
      - 癌基因（RAS、MYC、BCL-2）与肿瘤
  - 抑癌基因
    - 抑癌基因的概念
    - 常见抑癌基因及其功能
    - 抑癌基因的失活与肿瘤的发生
      - 抑癌基因失活的机制
        - 基因突变
        - 杂合性丢失
        - 启动子区甲基化
      - 抑癌基因（RB、TP53）与肿瘤
  - 生长因子
    - 生长因子的概念及作用模式
    - 生长因子的作用机制
    - 生长因子与疾病
      - 生长因子与肿瘤
      - 生长因子与心血管疾病
        - 原发性高血压
        - 动脉粥样硬化
        - 心肌肥厚

第二十章 基因诊断和基因治疗

学习目标

知识目标
1. 掌握：基因诊断的概念和基因治疗的概念；基因治疗的基本策略。
2. 熟悉：基因诊断常用的技术方法；基因治疗的基本程序。
3. 了解：基因诊断和基因治疗的临床应用。

能力目标
1. 能根据基因诊断报告确定临床疾病并正确选用基因治疗技术。
2. 能用简单的基因诊断技术鉴定常见的疾病。

基因诊断和基因治疗

第一节 基因诊断

1978年，美国加州大学旧金山分校的华裔科学家简悦威（Yuet Wai Kan）博士首先测定了α-地中海贫血患者的珠蛋白链杂交程度，以确定该类患者的α-基因缺失情况，发现了镰状细胞贫血限制性内切酶片段长度多态性（RFLP），并将此DNA检测技术应用于基因产前诊断，开启了基因诊断的先河。随着在分子水平上对疾病病因及发病机制研究的深入，人们逐渐认识到人类绝大多数疾病都与基因变异密切相关，既有遗传性分子病，也有后天环境因素引起基因结构突变或表达异常而产生的肿瘤、免疫系统异常等疾病，还有病原体基因入侵人体引起的各种感染性疾病。基因诊断（gene diagnosis）属于分子诊断（molecular diagnosis），指直接检测基因组中致病基因或疾病相关基因的结构或表达水平的异常，或病原体入侵基因的存在，从而对疾病做出诊断或对健康进行评估。基因诊断是继形态学检查、生化检查和免疫学检查之后的第四代诊断技术。目前，基因诊断主要应用于遗传性疾病、肿瘤和感染性疾病的诊断与筛查，以及法医学鉴定和器官移植的组织配型（HLA分型）等。基因诊断的检测对象是DNA或RNA，不仅可在DNA水平上检测与疾病相关的内源基因结构是否正常或外源基因是否存在，还可以在RNA水平上检测致病基因的表达是否异常，从而对相应疾病进行诊断、治疗和进行预后分析。

一、基因诊断的特点

传统的医学诊断主要依据患者的临床症状和体征。这些依据往往特异性较差,甚至在中晚期才会出现明显的症状,难以做出准确判断而延误疾病的治疗。基因诊断直接以相关的内源性或外源性基因为诊断对象,并不依赖表型改变,具有特异性强、灵敏度高、可早期快速诊断、适应性强、诊断范围广等显著特点。

1. **特异性强** 直接以疾病相关的目的基因作为检测对象,利用现代分子生物学技术可以测定基因的碱基序列,从而判断基因是否发生突变以及是否存在外源性病原体基因的入侵。可见基因诊断属于病因诊断,具有高度的特异性。

2. **灵敏度高** 基因诊断常用PCR技术和核酸分子杂交技术,均具信号放大效应。PCR技术能够对极其微量的样本基因快速进行百万倍的扩增,因此一根头发、一滴血中微量的基因样本即可检测。核酸分子杂交技术利用核酸杂交的特异性,使用具有生物催化活性的酶、放射性核素标记或荧光素标记的探针来检测,具有很高的灵敏度。通常联合应用PCR技术和核酸分子杂交技术,用于检测微量样本中的病原体基因或拷贝数极少的基因突变。

3. **早期快速诊断** 基因诊断属于病因诊断,不依赖疾病的表型,可以在疾病症状出现前做出诊断,并能预测疾病的易感性和潜在风险。PCR扩增通常能在2～3 h即可快速鉴定出基因的序列、拷贝数以及是否存在变异,因此与传统的诊断技术相比,基因诊断更加快速、便捷。

4. **适应性强、诊断范围广** 随着人类基因组计划的完成和功能基因组学研究的深入,家族遗传性致病基因、肿瘤易感基因、各类病原体的特异性基因不断被揭示,为基因诊断提供了坚实的基础,并不断扩大了诊断的疾病范围,已经能够对大多数疾病做出诊断。此外,基因诊断的取材极为方便,一般不受采样部位、采样方式和采样时间的限制。

二、基因诊断的常用技术

基因诊断包括检测个体的基因序列特征、基因突变、基因的拷贝数,以及是否存在病原体基因等。基因诊断技术可分为定性分析和定量分析两类。定性分析包括基因分型和基因突变检测;定量分析包括测定基因的拷贝数和基因表达的产物量。目前,基因诊断常用技术有核酸分子杂交技术、PCR技术、DNA序列测定和基因芯片技术等。

案例分析

一对夫妻第一胎生了一个男孩,经诊断患有α-地中海贫血,即Hb Bart's水肿。现妻子又怀孕了,想知道腹中的胎儿是否正常,要求对该孕妇腹中胎儿进行产前诊断。专家通过用限制性内切核酸酶 *Bam*H Ⅰ 和 *Bgl* Ⅱ 分别酶切孕妇外周血和胎儿绒毛组织DNA,经琼脂糖凝胶电泳分离后,进行Southern转移,再用 ^{32}P 标记的α-珠蛋白基因探针进行杂交,分析所得酶谱。检测结果:该孕妇腹中胎儿为 $α^0$-地中海贫血(αα/− −)。

1. 基因诊断与其他诊断方法相比,有何优势?
2. 常用的基因诊断技术有哪些?

(一)核酸分子杂交技术

核酸分子杂交技术是基因诊断的基本方法之一。不同来源的 DNA 或 RNA,在一定条件下可以通过变性和复性,形成杂化双链,再选择已知序列的核酸片段(目的基因或基因的局部序列),用放射性核素、生物素或荧光染料进行标记后作为探针,与样品核酸进行杂交反应,从而检测样品中目的基因的存在及拷贝数。常用的核酸分子杂交方法包括 Southern 印迹法、Northern 印迹法、斑点杂交、限制性内切核酸酶酶谱分析、RFLP 遗传连锁分析、SNP 分析等。

1.斑点杂交 将待测的生物样本置于固相支持的膜上并使样本核酸变性,然后用核酸探针与膜上的 DNA 或 RNA 进行杂交,根据信号可以判断目标 DNA 或 RNA 片段是否存在,或根据信号强弱测定基因的拷贝数或基因表达的产物量。该方法具有简便、快速、灵敏和样品用量少的优点,但不能测定基因片段的大小,有一定比例的假阳性。

2.限制性内切核酸酶酶谱分析 此法是限制性内切核酸酶酶切分析与 Southern 印迹法的结合,可以检测基因突变(包括点突变、缺失和插入等)。若样本中的 DNA 序列发生突变,就可能导致某一限制酶对其的识别位点发生改变,其特异的限制性内切酶酶切片段的大小和数量也随之改变,即该样本 DNA 的酶切图谱发生改变,因而用特异性探针进行 Southern 印迹法分析,就可以检测出基因突变,进而诊断出突变与致病基因之间的联系。例如,血红蛋白 A 的珠蛋白是由 2 条 α 链与 2 条 β 链组成($α_2β_2$)的,若 β-珠蛋白基因的第 6 个密码子发生点突变(GAG→GTG),则珠蛋白 β 链的第 6 个氨基酸残基发生改变(谷氨酸→缬氨酸)而引起镰状红细胞贫血。点突变(GAG→GTG)使 β-珠蛋白基因在该突变位点的限制酶 Mst Ⅱ 酶切位点消失 Mst Ⅱ 对该基因的酶切图谱显示片段数量减少和部分片段长度增加。因此,用 Mst Ⅱ 酶切正常人与突变体的基因组 DNA,通过电泳图谱分析,即可诊断出携带者或患者(图 20-1)。

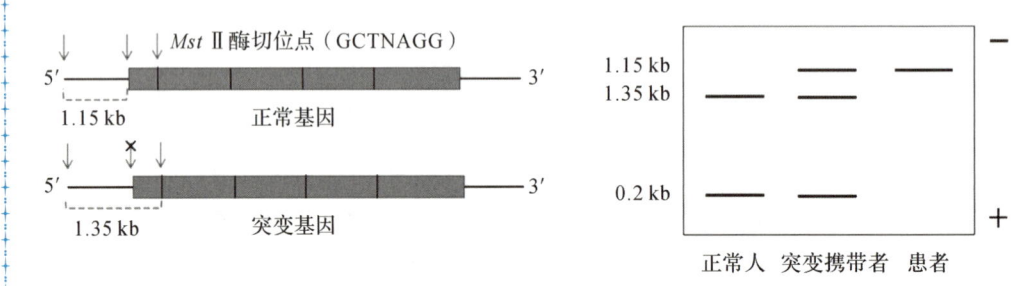

图 20-1 镰状红细胞贫血患者基因组的限制性酶切分析

3.RFLP 遗传连锁分析 人类基因组中基因突变的频率比较高,约 200 个碱基对即可发生一对变异,因此个体间基因的碱基序列会存在差异,称为 DNA 多态性。目前已鉴定出与疾病关联的多态性仍是少数,多数基因的改变并不引起生理功能的改变,或者与疾病的关系尚未明确,被称为中性突变。若 DNA 序列的多态性发生在限制性内切核酸酶的识别位点上,用一种或多种限制酶水解 DNA 就会产生长度不同的片段,称为限制性片段长度多态性(restriction fragment length polymorphism,RFLP)。RFLP 遵循孟德尔遗传规律,特异的多态性片段若与某一种致病基因紧密连锁,就可用这一多态性片段作为一种"遗传标记",来判断该家族成员或胎儿的基因组中是否携带该致病基因。RFLP 遗传连锁分析已用于甲型血友病(hemophilia A)、苯丙酮尿症、亨廷顿舞蹈病等遗传性疾病的诊断。

4.SNP 分析 单核苷酸多态性(single nucleotide polymorphism,SNP)指在基因

组水平上由单个核苷酸的变异引起的DNA序列多态性,在人群中的发生率大于1%。SNP是人类进化、种族和个体差异的重要遗传标志物,是人类可遗传的基因变异中最常见的一种,占所有已知多态性的90%以上。SNP包括单个碱基的转换、颠换、插入和缺失等形式,但主要是单个碱基的置换。一般认为,基因组中的SNP有助于解释生物个体间的表型差异,与不同群体或个体对复杂疾病的易感性、对药物的耐药性和对环境因素反应的不同有关。

(二)PCR技术

PCR技术是一种体外快速核酸扩增技术,具有特异性强、灵敏度高、操作简便、自动程序化等优势,被广泛应用于遗传性疾病、感染性疾病和恶性肿瘤等疾病的基因诊断。设计不同的引物可以扩增同一基因的不同部位,对于缺失突变、插入突变,甚至多点突变可以在电泳凝胶上直接读出结果。因此,利用PCR技术及对产物的电泳分析,可以直接检测疾病相关基因的缺失或插入突变,或判断病原体基因是否存在。PCR技术自建立以来发展极其迅速,与其他方法联合应用,产生了许多相关的衍生技术,广泛用于基因诊断中,如PCR-限制性内切核酸酶酶谱分析法、PCR-RFLP分析法、PCR-ASO探针法、PCR-SSCP分析法等。

(三)DNA序列测定

DNA序列测定是直接测定基因的碱基排列顺序,因此是鉴定基因变异最直接、最准确的方法,不仅可以确定突变的部位,而且可以确定突变的性质。DNA测序在技术上已基本实现自动化,经济易行,主要适用于基因突变类型已经明确的遗传病的诊断及产前诊断。

(四)基因芯片技术

基因芯片技术可以实现微量化、大规模、自动化处理样品,特别适用于同时检测多个基因、多个位点,精确研究各种状态下分子结构的变异情况,了解组织或细胞中基因的表达情况。基因芯片技术在基因诊断中主要用于检测基因突变、基因多态性和基因的表达水平等。目前,利用基因芯片技术可以早期、快速地诊断地中海贫血、血友病、异常血红蛋白病、苯丙酮尿症等常见遗传性疾病。在肿瘤诊断方面,基因芯片技术也广泛应用于肿瘤表达谱的研究、基因突变、SNP检测、甲基化分析和比较基因组杂交分析等领域。

三、基因诊断的临床应用

许多疾病的发生与基因结构的异常或基因表达的异常相关,基因诊断以此为切入点,具有传统诊断方法无法比拟的优势,现已广泛应用于遗传病、感染性疾病、恶性肿瘤等多种疾病的诊断,也能对治疗的预后作出评价。由于疾病基因的结构异常或表达异常往往是在疾病出现表型之前就已经存在,甚至不需要出现表型,所以基因诊断结果也可作为疾病易感性的风险指标,为疾病预防提供指导。此外,基因诊断在法医学、临床药学、器官移植配型等方面也有广泛的应用前景。

(一)遗传疾病的基因诊断

遗传病的诊断性检测和症状前检测预警,是基因诊断的主要应用领域。与传统的细胞学检查和生化检查相比,基因诊断耗时少、准确性高,而且对于单基因缺陷性遗传病,基因诊断可提供最终确诊依据。对于一些特定疾病的高风险个体、家庭或潜在风险人群,基因诊断还可实现症状前检测,从而预测个体发病风险和提供预防依据。由于遗传病的基因变异在全身各细胞中均表现一致,诊断取材极为便利,无须对某一特定组织或器官进行检测,所以基因诊断越来越广泛地应用于遗传性疾病,可用于许多单基因遗传病,包括显性遗传、隐性遗传、X-染色体连锁遗传病等。表 20-1 列举了我国部分常见单基因遗传病的基因诊断方法。

表 20-1 我国部分常见单基因遗传病的基因诊断

疾病	缺陷基因产物	突变类型	诊断方法
α-地中海贫血	α-珠蛋白	缺失为主	Gap-PCR、DNA 杂交、DHPLC
β-地中海贫血	β-珠蛋白	点突变为主	反向点杂交、DHPLC
血友病 A	凝血因子Ⅷ	点突变为主	PCR-RFLP
血友病 B	凝血因子Ⅸ	点突变、缺失等	PCR-STR 连锁分析
苯丙酮尿症	苯丙氨酸羟化酶	点突变	PCR-STR 连锁分析、ASO 分子杂交
马方综合征	原纤蛋白	点突变、缺失	PCR-VNTR 连锁分析、DHPLC

基因诊断目前可用于遗传筛查和产前诊断。通过遗传筛查,对于有高风险遗传病基因的携带者,可以有目的地进行胎儿的产前诊断,这对遗传病的防治和优生优育均有重要意义。在许多欧美发达国家,针对遗传病的基因诊断,尤其是单基因遗传病和某些恶性肿瘤的基因诊断,已成为医疗机构的常规项目,并逐步形成了商业化的服务网络,如美国著名的基因诊断机构——GENETests 可以为三千多种的遗传性疾病提供分子遗传、生化和细胞生物学检测。

(二)感染性疾病的基因诊断

针对病原体自身特异性核酸(DNA 或 RNA)序列,采用核酸分子杂交或 PCR 技术等手段,鉴定病原体基因或基因片段是否在人体组织中的存在,可以确定人体是否存在感染,从而能快速实现病毒或病菌的分型、药物敏感性检测等。基因诊断一般不需要分离和培养病原体,特别是对于体外难以培养或高致病性的病原体,基因诊断具有快速、安全、特异性强和灵敏度高等优点,因而有利于感染性疾病的早期诊治、隔离和人群预防。由于基因诊断只能判断病原体是否存在以及拷贝数的多少,并不能判断病原体进入人体后机体的反应及其他方面的后果,所以基因诊断并不能完全取代传统检测方法,必要时仍需结合传统的血清学、免疫学检测技术。

(三)恶性肿瘤的基因诊断

恶性肿瘤的发生、发展是公认的多因素、多基因、多阶段的癌变过程。导致肿瘤发生的因素既包括人体自身肿瘤相关基因的突变,也包括因相关病毒感染所引起的基因突变。因此,肿瘤基因诊断的对象既可以是肿瘤相关的原癌基因和抑癌基因,也可以是引发肿瘤的病毒相关基因,如与鼻咽癌有关的 EB 病毒、与宫颈癌有关的人类乳头状瘤病毒及与肝癌有关的乙肝病毒等。这些基因在表达量上的异常,往往与肿瘤的发展阶段乃至恶性程度相关,成为基因诊断中特异性的肿瘤标志物,检测这些标志物的 mRNA 水平或蛋白质表达水平可用于预测肿瘤发展的程度以及药物治疗后的预后情况。

常见的肿瘤标志物包括 *RAS* 家族、*C-MYC*、*C-ERBB2*、*P53*、*EGF*、*TGF-α*、*MTS1* 等癌基因、抑癌基因及其表达产物,这些标志物的诊断结果可用于阐明肿瘤发生和发展的机制,也可作为肿瘤复发与转移的评价指标,在判断疗效和预后及人群普查等方面具有临床实用价值,也为肿瘤的靶向治疗及免疫治疗提供了依据。表 20-2 列举了我国部分常见恶性肿瘤的基因诊断靶标和检测方法。此外,对于肿瘤等多基因常见病,基于 DNA 分析的预测性诊断可为被测者提供肿瘤等疾病发生风险的评估意见。例如,乳腺癌易感基因 *BRCA1* 和 *BRCA2* 的突变可增加个体患乳腺癌的风险,其基因诊断已成为某些发达国家人群健康监测的项目之一。

表 20-2　我国部分常见恶性肿瘤的基因诊断

恶性肿瘤	致病基因	诊断方法
肝癌	*K-RAS*、*SAMS*	AOS 杂交、RT-PCR、Northern 杂交
小细胞肺癌	*K-RAS*、*H-RAS*、*P53*	AOS 杂交、SSCP
乳腺癌	*BRCA1*、*BRCA2*	SSCP、DNA 测序
结肠癌	*APC*、*K-RAS*	SSCP、PCR
前列腺癌	*KAI1* 等	RT-PCR
胰腺癌	*K-RAS*、*CCK-A*	PCR-酶切分析

(四)用药指导和疗效评价

基因诊断也可用于评价临床药物疗效和提供用药指导信息。例如,临床上对于长期使用贺普丁(也称拉米夫定)治疗乙肝病毒(HBV)的患者,就必须通过基因诊断来检测 HBV 是否发生了 YMDD 变异。YMDD 是 4 个氨基酸(酪氨酸-甲硫氨酸-天冬氨酸-天冬氨酸)的缩写,位于 HBV-DNA pol 上,是该药的主要作用位点。YMDD 变异会降低贺普丁的亲和力,减弱该药对 HBV-DNA pol 的抑制能力,从而导致患者病情加重。

药物基因组学研究表明,人体对同种药物的反应性也存在个体差异,致使药物不良反应容易在某些个体出现。基因诊断可以预先判断这些易感个体,从而指导医生避免某些药物的处方和使用。例如,氨基糖苷类抗生素所致耳聋的副作用与线粒体 DNA 12S rRNA 基因的 1555 位的点突变(A→G)有关,在人群中筛查这样的个体,就可避免其使用氨基糖苷类抗生素。

第二节　基因治疗

基因治疗(gene therapy)是 20 世纪 80 年代发展起来的医学分子生物学新领域。它是将人的正常基因或有治疗作用的基因,通过一定方式导入人体靶细胞,以纠正基因缺陷或发挥治疗作用,从而达到治疗疾病的目的。早期的基因治疗是指将正常基因原位整合入细胞基因组,以矫正或置换致病基因的一种治疗方法。基因治疗和常规治疗的区别在于:常规治疗方法针对的是患者表现出的各种症状,而基因治疗针对的是疾病的根源和病因——异常的基因,是从根本上治疗一些现有的常规治疗无法解决的疾病。起初基因治疗仅用于单基因遗传病的治疗性探索,现已扩展到遗传性疾病、恶性肿瘤、心脑血管疾病、艾滋病、代谢性疾病和感染性疾病等。

一、基因治疗的基本策略

随着基因研究的不断深入,基因治疗的概念也不断发展,不仅可以导入正常基因以矫正遗传性疾病的基因缺陷,也可导入特定的 DNA 或 RNA 片段以封闭或抑制特定的基因表达。因此,广义上来讲,凡是利用分子生物学的原理和方法,在核酸水平上开展的疾病治疗方法都可称为基因治疗。根据所采用的方法不同,基因治疗的策略大致分为以下几种。

(一)基因置换与基因矫正

基因置换(gene replacement)是将外源性正常基因定点导入病变细胞的基因缺陷部位,原位替换异常基因,使致病基因得以永久修复。基因矫正(gene correction)是原位纠正缺陷基因的单个碱基突变,无须替换整个基因即可达到治疗目的,适用于因单个碱基突变引起的单基因遗传病的治疗。这两种方法均属于对缺陷基因精确的原位修复,既不破坏整个基因组的结构,又可达到治疗疾病的目的,因而是较为理想的治疗方法,但是技术难度大。

(二)基因增补

基因增补(gene augmentation)是将目的基因导入病变细胞或其他细胞,目的基因的表达产物能弥补缺陷细胞的功能或使原有的某些功能得以加强。这种治疗方式中,缺陷基因仍然存在于细胞内,适用于基因缺陷或功能缺陷引起的遗传性疾病。因技术较为成熟,目前基因治疗多采用这种方式。例如,将组织型纤溶酶原激活剂的基因导入血管内皮细胞并表达后,可防止经皮冠状动脉成形术诱发的血栓形成。

(三)基因失活

基因失活(gene inactivation)是利用反义核酸技术特异地抑制一些有害基因的异常过度表达,以达到治疗疾病的目的。需要抑制的基因往往是过度表达的癌基因或者病毒复制周期中的关键基因。如利用反义 RNA、核酶、肽核酸、基因剔除和 RNA 干扰技术等抑制一些癌基因的表达,从而抑制肿瘤细胞的增殖和诱导肿瘤细胞的分化。

(四)自杀基因疗法

自杀基因疗法(suicide gene therapy)是向肿瘤细胞中导入一种基因,其表达产物为一种酶,它可将原本无细胞毒性或低毒性的药物前体转化为细胞毒性产物,从而导致携带该基因的肿瘤细胞被杀死。这种基因被称为"自杀基因",如单纯疱疹病毒胸苷激酶基因(*HSV-TK*),其表达产物为单纯疱疹病毒胸苷激酶(HSV-TK),此酶可使鸟苷类似物 GCV 磷酸化。单磷酸化的 GCV 在细胞中转换成三磷酸形式(GCVTP)后,不仅可抑制 DNA-pol 的活性,还可与 dTTP 竞争掺入到分裂细胞的 DNA 中,从而抑制 DNA 的合成并杀死肿瘤细胞。

(五)免疫基因治疗

免疫基因治疗(immunogene therapy)是将抗体、抗原或细胞因子的基因导入患者体内,通过改变患者免疫状态而达到预防和治疗疾病的目的。例如,将抗癌免疫增强细胞因子或 *MHC* 基因导入肿瘤组织,可增强肿瘤组织微环境中的抗癌免疫反应。此策略已应用于多种恶性肿瘤的临床试验。

二、基因治疗的基本程序

(一)治疗性基因的选择

选择对疾病有治疗作用的目的基因是基因治疗的首要问题和关键问题。目的基因主要分为两类,一类是与致病基因相对应的功能正常的特定基因,另一类是参与致病基因及其表达产物调控的基因,如自杀基因、细胞因子基因等。从理论上来说,只要清楚引起某种疾病的突变基因是什么,就可以用其对应的正常基因或经改造后的基因作为治疗基因。对于单基因缺陷的分子病,其野生型基因即可被用于基因治疗。如选用腺苷脱氨酶基因(ADA)治疗因腺苷脱氨酶缺陷导致的重症联合免疫缺陷病(ADA-SCID);对于血管栓塞性疾病,可选用血管内皮生长因子基因(VEGF),通过其表达产物VEGF刺激侧支循环的建立,以改善栓塞部位的血液供应;对于肿瘤,可选用反义核酸干预活化的原癌基因(如 $ERBB_2$)的过度表达,从而发挥抗癌作用。

(二)基因载体的选择

大分子DNA不能主动进入细胞,即使进入细胞也将被细胞内的核酸酶降解,因此,要将治疗基因有效地导入人体细胞内就需要合适的基因运送工具,即载体。目前,基因治疗所使用的载体分为病毒载体和非病毒载体两大类,在临床基因治疗过程中,一般多选用病毒载体,包括逆转录病毒(RV)载体、腺病毒(AV)载体和腺相关病毒(AAV)载体等。几种常用病毒载体的特点如表20-3所示。

表20-3 几种常用病毒载体的比较

主要特点	逆转录病毒载体	腺病毒载体	腺相关病毒载体
基因组大小	8.5 kb	36 kb	5 kb
核酸类型	RNA	DNA	DNA
外源基因容量	<9 kb	2~7 kb	<3.5 kb
重组病毒滴度	中	高	较低
靶细胞状态	分裂细胞表面有特异受体	分裂细胞或非分裂细胞	分裂细胞或非分裂细胞
基因整合	随机整合	不整合	优先整合于染色体19q位点
外源基因表达	短暂表达/稳定表达	短暂表达	稳定表达
基因转移效率	高	高	不明
生物学特性	清楚	清楚	尚未清楚
安全性	不明	病毒蛋白可引起炎症及免疫反应	无病原性

(三)靶细胞的选择

基因治疗所选择的靶细胞通常是体细胞,包括病变组织细胞或正常的免疫功能细胞。人类生殖的生物学极其复杂,主要机制尚不明确。如果选择生殖细胞进行基因治疗,则有可能改变生殖细胞的遗传性状,一旦发生差错就会带来不可想象的后果,同时还涉及一系列伦理问题,故要慎重对待。因此,基因治疗的原则是仅限于患者个体,而不能涉及下一代,为此国际上严格限制用人生殖细胞进行基因治疗试验。

作为适合基因治疗的靶细胞,应具有以下特点:①容易取出和移植;②容易体外培养;③外源目的基因能高效导入靶细胞;④具有较长寿命。人类的体细胞有二百多种,目前还不能对大多数体细胞进行体外培养,能用于进行治疗的体细胞很少。目前,能成功用于基因治疗的靶细胞主要有造血干细胞、成纤维细胞、淋巴细胞、肌细胞和肿瘤细胞等。

(四)基因转移方法的选择

基因治疗的实施,有赖于将外源治疗基因准确、高效地导入靶细胞,并使其安全、高效和可控地表达。在体外研究中,将基因导入哺乳动物细胞的方法有两类,即非病毒介导的基因转移和病毒介导的基因转移。在基因治疗的临床实施中,以病毒为主要载体,特别是逆转录病毒载体。

目前,在人类的临床基因治疗实施方案中,体内基因导入的方式有两种。一种是间接体内疗法。即首先需要将接受基因的靶细胞从体内取出,在体外培养;再将携带外源治疗基因的载体导入细胞内,筛选出接受治疗基因的细胞,繁殖扩增后回输患者体内,使带有治疗基因的细胞在体内表达相应产物。其基本过程类似自体组织细胞移植,目前研究和应用较多。接受治疗基因的靶细胞可以不同的方式回输体内,以发挥治疗效果。如皮肤成纤维细胞可经胶原包裹后埋入皮下组织中;淋巴细胞可经静脉回输入血;造血干细胞可采用自体骨髓移植法等。另一种是直接体内疗法。即将外源目的基因直接注入有关的组织器官,使其在相应的细胞内表达相应产物。这种方法简便易行,包括肌内注射、静脉注射、器官内灌输、皮下包埋等。其缺点是基因转染率较低。

(五)外源基因及其表达产物的筛检

只有稳定表达治疗基因的细胞,才能在患者体内发挥治疗效应,可利用载体中的标记基因对转染细胞进行筛选。常用的筛选方法有遗传学方法、酶切鉴定、DNA 序列测定、PCR 扩增、核酸分子杂交法及免疫学方法等。

三、基因治疗的临床应用

基因治疗作为一种新的治疗手段,已经取得了巨大的进步,很多研究成果也已逐步从基础研究过渡到临床应用中。目前,基因治疗的临床应用越来越广泛,已被批准的基因治疗方法达几百种,包括用于肿瘤、遗传性疾病,以及心血管疾病、糖尿病等慢性非传染病的治疗。

案例分析

1990 年 9 月 14 日,美国 NIH 的 Blease 和 Anderson 合作进行了第一例人类基因治疗。患者是一位因体内缺乏腺苷脱氨酶(adenosine deaminase,ADA)而患有重度联合免疫缺陷病(severe combined immunodeficiency disease,SCID)的 4 岁女孩。他们采用梯度分离得到患儿血细胞中的单个核细胞,在 CD3 抗体和 IL-2 存在情况下培养这些细胞以刺激 T 淋巴细胞增殖,用携带 ADA 基因和 NEO 基因逆转录病毒转染增殖的细胞,数日后将细胞输回患者体内。该患者在随后的 10 个半月中,共接受了 7 次上述的自体细胞输回体内,患者免疫功能明显增强,临床症状改善。PCR 分析表明,患者血液中约有相当于正常人的 25% 的 ADA 基因转染细胞。治疗结果令人满意,极大地推动了临床基因治疗的发展。

1. 基因治疗的基本程序有哪些?
2. 将外源基因导入细胞内的常用方法有哪些?
3. 为何要采用基因疗法治疗重度联合免疫缺陷病?
4. 假如没有患者愿意成为"第一例"接受新型治疗方法的对象,那对临床研究的阻碍会有多大?

(一)用于单基因遗传病的治疗

若疾病只受 1 对等位基因的影响,这类疾病就是单基因遗传病,如镰状红细胞贫血、血友病等。单基因遗传病若是病因比较清楚,即引发疾病的缺陷基因已经明确,其基因治疗方案就相对容易确定。基因治疗的基本流程就是将野生正常基因导入人体,表达出有功能的蛋白质。常见的单基因遗传病及其缺陷基因表达产物见表 20-4。我国于 1991 年 12 月对两例 B 型血友病患者进行了凝血因子Ⅸ基因治疗,并取得了初步效果。具有我国自主知识产权的重组人 p53 腺病毒注射液是世界上第一个获批的基因治疗药物。2023 年 6 月,BioMarin 的基因疗法 Roctavian 获 FDA 批准上市,这是 FDA 批准的首款 A 型血友病基因疗法。

表 20-4　常用单基因遗传病及其缺陷基因表达产物

疾病名称	缺陷基因表达产物
血友病	ADA;Ⅷ(A 型);Ⅸ(B 型)
镰刀状红细胞贫血	β-珠蛋白(第 6 位碱基置换)
囊性纤维化	囊性纤维化跨膜调控子(CFTR)
苯丙酮尿症	苯丙氨酸羟化酶
肺气肿	α-抗胰蛋白酶
家族性高胆固醇血症	低密度脂蛋白受体

(二)用于多基因遗传病的治疗

与单基因遗传病相比,多基因遗传病不只是由遗传因素决定,而是由遗传因素和环境因素共同决定的。随着人们对多基因遗传病分子机制的深入研究,基因治疗也越来越多地应用于肿瘤、糖尿病、心血管疾病、艾滋病等多基因遗传病的临床治疗。如恶性肿瘤的基因治疗可以采取以下治疗策略:①用反义 RNA、RNA 干扰等技术抑制癌基因的表达;②补偿和修复突变或者缺失的抑癌基因;③采用免疫基因疗法治疗,如 CAR-T 疗法;④用自杀基因治疗或酶药物前体疗法治疗,如 *HSV-TK* 基因疗法等;⑤耐压基因治疗和抑制血管生成基因疗法。

思 考 题

1. 基因诊断常用的技术有哪些? 何种方法可以检测镰刀状红细胞贫血患者基因组?
2. 基因诊断常用于哪些疾病的诊断?
3. 简述基因治疗的基本策略和基本过程。
4. 基因治疗仅可以用于遗传病吗? 试总结一些可以采用基因治疗疗法的疾病并说明其靶基因。

在线测试

本章小结

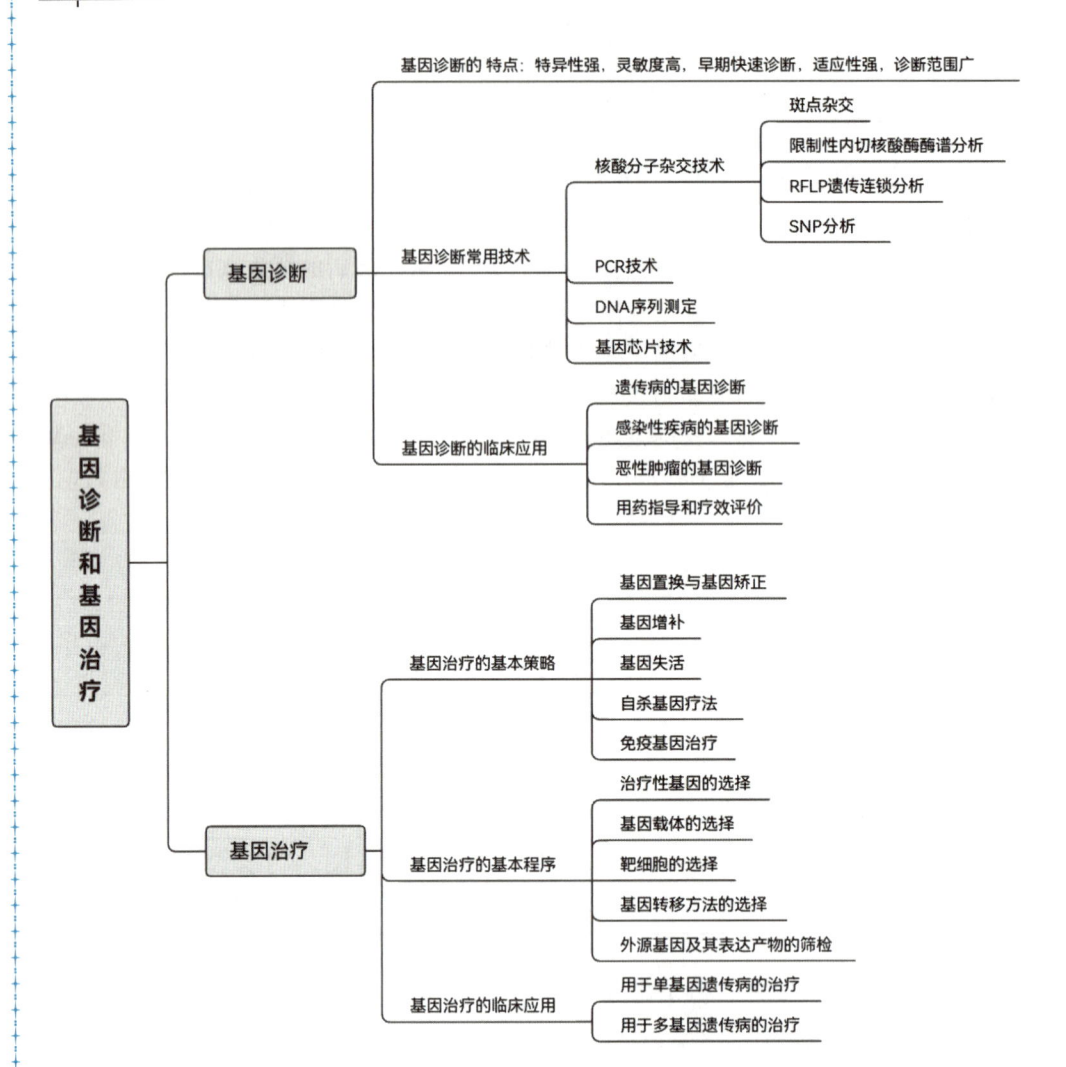

- 基因诊断和基因治疗
  - 基因诊断
    - 基因诊断的特点：特异性强，灵敏度高，早期快速诊断，适应性强，诊断范围广
    - 基因诊断常用技术
      - 核酸分子杂交技术
        - 斑点杂交
        - 限制性内切核酸酶酶谱分析
        - RFLP遗传连锁分析
        - SNP分析
      - PCR技术
      - DNA序列测定
      - 基因芯片技术
    - 基因诊断的临床应用
      - 遗传病的基因诊断
      - 感染性疾病的基因诊断
      - 恶性肿瘤的基因诊断
      - 用药指导和疗效评价
  - 基因治疗
    - 基因治疗的基本策略
      - 基因置换与基因矫正
      - 基因增补
      - 基因失活
      - 自杀基因疗法
      - 免疫基因治疗
    - 基因治疗的基本程序
      - 治疗性基因的选择
      - 基因载体的选择
      - 靶细胞的选择
      - 基因转移方法的选择
      - 外源基因及其表达产物的筛检
    - 基因治疗的临床应用
      - 用于单基因遗传病的治疗
      - 用于多基因遗传病的治疗

第二十一章 组学

学习目标

知识目标
1. 掌握：基因组学和蛋白质组学的概念、研究内容及常用研究技术。
2. 熟悉：转录物组学和代谢组学的概念及研究内容。
3. 了解：转录物组学和代谢组学研究的常用技术；糖组学、脂质组学和系统生物学。

能力目标
学会运用组学相关知识来分析机体组织器官功能和代谢状态。

基因组（genome）一词是德国的 Winkler 于 1920 年首次提出的，意为基因（gene）与染色体（chromosome）的组合，用于描述生物的全部基因和染色体组成。基因组学（genomics）最初由美国的 Roderick 于 1986 年提出，随着人类基因组计划（HGP）的实施与完成，基因组学研究进入了以破译、解读、开发基因组功能信息为主要研究内容的后基因组学（post-genomics）时代，并衍生出各种不同的组学。按照遗传信息传递的方向，组学研究包括基因组学、转录物组学、蛋白质组学、代谢物组学等不同层次。可见，组学是针对生物体某一类分子的总体进行分析，是从整体的角度研究生物体的组织细胞内 DNA、RNA、蛋白质、代谢物或其他分子的所有组成、结构与功能及其相互关系的科学。这就使得生命科学的研究对象从单一基因、蛋白质及其代谢物转向多个基因、蛋白质、代谢物及其分子间相互作用，并整体分析反映人体组织器官功能和代谢状态，为探索人类疾病的发生发展规律和机制，发展高效的预防、诊断和治疗手段提供了新思路。

组学

第一节 基因组学

基因组指一个生命单元的全部遗传物质（包括核内和核外遗传信息），其本质就是 DNA 或 RNA。基因组学是研究生物体基因组的结构、结构与功能的关系以及基因之间相互作用的科学，包括基因组作图、核苷酸序列分析、基因定位、基因功能分析及基因表达调控研究等。基因组学可分为结构基因组学（structural genomics）、功能基因组学（functional genomics）、比较基因组学（comparative genomics）和其他基因组学。

> **知识链接**

人类基因组计划

1986年3月,诺贝尔生理学或医学奖获得者Dulbecco率先提出人类基因组计划(Human Genome Project,HGP),并认为这是加快肿瘤研究进程的有效途径,引起世界性反响。随后,美国政府开始组织和讨论这一计划,并于1990年正式启动HGP。此后,英、法、德、日等国相继加入该计划,我国也于1999年跻身HGP,并承担1%的测序任务。该计划将对人类23对染色体的全部DNA进行测序,并绘制相关的遗传图谱、物理图谱、转录图谱和序列图谱。2001年2月,设在美国国立卫生研究院的人类基因组国家研究中心和美国Celera公司联合公布了人类基因组序列草图,为人类生命科学开辟了一个新纪元。2003年4月,科学家在华盛顿宣布:经过美国、英国、法国、德国、日本和中国科学家13年的共同努力,人类基因组测序工作基本完成。至此,人类历史上第一个由多个国家和数千名科学家共同参与的国际性科研合作项目宣告完成。

一、基因组学的研究内容

(一)结构基因组学

结构基因组学是研究生物体基因组结构的科学,通过基因作图、核苷酸序列分析确定基因组成和基因定位,其主要目标是绘制生物体的遗传图谱(genetic map)、物理图谱(physical map)、序列图谱(sequence map)和转录图谱(transcription map)。人类染色体DNA很长,不能直接测序,必须先对基因组DNA进行分解和标记,使之成为比较容易操作的较小结构区域,这一过程称为作图。

1.遗传图谱　也称连锁图谱(linkage map),指通过遗传重组得到的遗传标记(genetic marker)在染色体上的线性排列图谱,包括排列顺序以及它们之间的相对遗传距离。图距单位为厘摩尔根(centi-Morgan,cM)。当两个遗传标记之间的重组值为1%时,图距即为1 cM(约为1000 kb)。基因重组使两个连锁遗传标记分开的频率与它们在染色体上的图距呈正相关,图距值越大,说明它们之间的距离越远。绘制遗传图谱是结构基因组学的重要内容,人类基因组遗传大小已确定为3600 cM。

2.物理图谱　也称染色体图谱(chromosome map),是以STS为标记,以物理长度(bp、kb、Mb)作为图距单位,利用分子生物学技术将DNA分子标记或基因定位在染色体中的实际位置。STS指在染色体中定位明确且可用PCR扩增的单拷贝序列,每间隔100 kb就有一个标记。物理图谱是在遗传作图基础上绘制得更详细的基因组图谱,是进行DNA序列分析和基因组结构研究的基础。物理图谱包括荧光原位杂交图谱、限制性内切核酸酶酶切图谱和重叠群图谱。

3.序列图谱　是物理图谱的延伸,也是最详细、最准确的物理图谱。构建序列图谱的策略是,首先将基因组DNA进行分区克隆,并赋予遗传图谱和物理图谱中的遗传标记,再逐段进行序列测定,然后根据遗传标记将序列拼接起来,从而获得一个完整基因组DNA的全部核苷酸排列顺序。

4. 转录图谱　也称 cDNA 图谱,是一种以表达序列标签(EST)为位标绘制的遗传图谱。蛋白质编码序列占人类基因组 DNA 的 1%~2%。绘制转录图谱时,首先需要将全部转录本 mRNA 通过逆转录酶催化合成 cDNA,构建 cDNA 文库,再将 cDNA 片段作为探针与基因组 DNA 进行分子杂交,标记转录基因,就可以绘制出可表达基因的转录图谱。

(二)功能基因组学

功能基因组学是建立在结构基因组学研究基础上的基因组分析。它是在整体水平上研究一种组织或细胞在同一时间或同一条件下所表达基因的种类、数量及功能,或同一细胞在不同状态下的基因表达差异。功能基因组学的研究主要包括以下内容。

1. 基因的识别与鉴定　以基因组 DNA 序列数据库信息为基础,发展序列比较、基因组比较及基因预测理论方法,将理论方法与计算生物学技术、生物学实验手段相结合,全面分析基因组结构,发现或寻找新基因,分析基因调控信息,有助于蛋白质功能预测及疾病基因的发现。

2. 基因功能分析　基因功能分析的主要研究策略是利用计算机技术进行同源搜索,通过序列同源性分析、生物信息关联分析及生物数据挖掘,发现重要的蛋白质功能域。也可设计一系列的实验,包括转基因、基因过表达、基因敲除或基因沉默等方法,结合所观察到的表型变化来验证基因功能。由于生命活动的重要功能基因在进化上是保守的,所以可以采用合适的模式生物进行实验。

3. 研究基因组的表达调控　细胞的转录表达水平能够精确而特异地反映一定环境、一定细胞类型、一定细胞发育阶段及一定细胞状态下的基因功能信息。因此要在整体水平上识别所有基因组表达产物 RNA 和蛋白质,以及两者之间的相互作用,绘制基因组表达在细胞发育的不同阶段和不同环境状态下的基因调控网络图。

4. 研究基因组的多样性　人类是一个具有多态性的群体。基因多态性可能来源于基因组中重复序列拷贝数的不同,也可能来源于单拷贝序列的变异、双等位基因的转换或替换等。SNP 是人类基因组 DNA 序列中最常见的变异形式,平均 500~1000 bp 就有 1 个,其总数可达 300 万个甚至更多。因此,开展基因组多样性研究,有助于了解人类的起源、进化和迁徙,并会对生物医学等产生重大影响。

(三)其他基因组学

1. 比较基因组学　是在基因组作图和测序的基础上,对已知基因和基因组结构进行比较,鉴别和分析基因组的相似性和差异性,了解基因的功能、表达调控机制和物种进化的科学。种间比较基因组学通过比较不同物种间的基因组序列,有助于了解不同物种基因组结构和功能上的相似性及差异性,用于基因定位和基因功能预测,也可用于绘制系统进化树,揭示物种的起源和进化。种内比较基因组学则是分析同源基因的功能,或者比较同种群体内不同个体基因组存在的变异性和多态性。不同个体有不同的疾病易感基因,鉴别个体间 SNP 的差异性,有助于了解不同个体的疾病易感性和对药物的反应性,用于判定不同人群对疾病的易感程度并指导个体化用药。

2. 疾病基因组学(disease genomics)　人类健康或疾病状态都与基因直接或间接相关,每种疾病都有其相应的致病基因或易感基因,疾病的发生过程是相关基因与内外环境相互作用的结果。疾病基因组学主要研究与疾病易感性相关的各种基因的定位、鉴定、表达水平及 SNP 的关联分析等。定位克隆技术可将疾病相关基因位点定位于某一染色体区域,再根据该区域的基因、转录图谱或模式生物对应的同源区已知基因等信息,直接进行基因突变筛查,从而确定疾病相关基因。

3.药物基因组学(pharmacogenomics) 是功能基因组学和分子药理学的有机结合,主要研究遗传变异与药物反应之间的相关性,以提高药物疗效和安全性为目标。药物基因组学研究疾病、药物作用与基因多态性之间的关系。特别是对药物代谢相关基因、药物靶分子基因在群体和个体中的SNP研究,可阐明不同患者之间药物代谢及药效差别的遗传基础。基因多态性决定了患者对药物的不同反应。根据不同患者的基因组特征采用合理的基因分型方法,用以指导和优化个体化临床合理用药,从而获得最大疗效和产生最小不良反应。

二、基因组学研究的常用技术

1.DNA测序技术 DNA序列测定实际上就是分析特定DNA分子中4种碱基的排列顺序。双脱氧链末端终止法是第一代DNA测序技术的主要方法,而将PCR技术与双脱氧链终止法结合则是DNA自动化测序的重要基础,全自动激光荧光DNA测序仪的问世大大提高了测序速度,也是人类基因组计划得以提前完成的重要基础。

目前,DNA测序技术已经发展了第二代测序技术(即大规模平行测序)、第三代测序技术(即单分子测序技术)和第四代测序技术(即纳米孔测序技术),其共同特点是实现了微量化、高通量化和低成本化。这些高通量的DNA测序技术为全基因组测序、转录物组测序、全外显子测序及DNA甲基化研究、基因突变检测及SNP检测等提供了核心技术支持。

2.全基因组鸟枪法 全基因组鸟枪法能高效地从人类基因组或其他真核生物基因组获得重叠序列信息,是目前全基因组测序最主要的方法。该法首先用限制性内切核酸酶或高频超声波处理基因组DNA,得到长度为1.6~4 kb的DNA片段,构建随机细菌人工染色体文库,随后对文库大规模地克隆并进行双向测序,再运用生物信息学方法将测序片段拼接成全基因组序列。

3.DNA芯片技术 是在核酸斑点杂交技术的基础上建立的一种快速、准确、高通量检测DNA的技术。在基因组学研究中,该技术可用于基因功能研究、新基因发现、基因表达及突变检测、疾病基因诊断、药物筛选以及个体化治疗等。

4.转基因技术与基因敲入/剔除技术 是利用同源重组原理对生物体细胞特定的内源基因进行改造的技术。转基因技术是将外源目的基因导入受体细胞,从细胞水平和整体水平来研究目的基因的生物学特性和功能;基因敲入和基因剔除则是利用基因打靶技术对特定基因的功能进行研究。

5.生物信息学研究 生物信息学是随着人类基因组计划的实施、核酸序列和蛋白质一级结构序列数据以及相关的分子生物学文献数据的迅速增长而兴起的一门交叉学科,以计算机为工具,综合运用生物学、计算机科学和信息技术的理论和方法对生物信息进行采集、处理、存储、传播、分析和注释的科学。通过这样的分析逐步破译生物体全部的遗传信息,从认识生命的起源、进化、遗传和发育本质,到揭示人体生理和病理过程的分子基础,再到为人类疾病的预测、诊断、预防和治疗提供合理和有效的方法或途径。生物信息学的发展也为各种组学研究提供了重要方法。

第二节 转录物组学

转录物组(transcriptome)指一个细胞、组织、器官或者生物体所能转录出来的全部转录本,包括 mRNA、rRNA、tRNA 和其他非编码 RNA。狭义的转录物组是指一个活细胞所能转录出来的全部 mRNA。以转录物组为研究对象的研究领域即为转录物组学,是在整体上研究细胞中基因转录的水平及其转录调控规律的一门学科。与基因组的相对稳定性相比,转录物组最大的特点是受到内外多种因素的调节,因而转录物组是动态可变的,包含某一环境条件、某一生命阶段、某一生理病理状态下,生物体组织细胞的编码基因所转录产生的全部转录物的种类、结构与功能及其相互关系的信息,从而揭示不同物种、不同个体、不同细胞、不同发育阶段和不同生理病理状态下的基因表达差异。

一、转录物组学的研究内容

转录物组学是基因组功能研究的一个重要部分,它上承基因组,下接蛋白质组,其研究内容主要包括大规模基因表达谱分析和基因功能注释。任一组织或细胞在特定条件下所表达的基因种类和数量都有特定的模式,称为基因表达谱。大规模基因表达谱或全景式表达谱(global expression profile)是生物体组织或细胞在一定的发育阶段和特定的生长环境下基因表达的整体状况。根据不同状态下基因表达谱的差异,可推断相应未知基因的功能,研究基因间的相互作用及特定调节基因的作用机制,从而揭示基因与疾病发生、发展的内在联系。例如,通过差异转录物组学分析,可将表面上看似相同的病症分为多个亚型,为疾病的诊断及个性化治疗等提供依据。目前,转录物组学的核心任务侧重于大规模转录物组测序和单细胞转录物组分析。

1. 高通量转录物组测序 转录物组测序即 RNA 测序(RNA sequencing,RNA-seq),其研究对象为特定细胞在某一功能状态下所能转录出来的所有 RNA。基于高通量筛选的 RNA-seq 技术,能够在单核苷酸水平对任意物种的整体转录活性进行检测,从而提供全面的转录物组信息,是获得基因表达调控信息的基础,可用于转录本结构、转录本变异、非编码区功能、基因表达水平、全新转录本发现等研究。

2. 单细胞转录物组分析 对多细胞生物来说,细胞与细胞之间存在差异,不同类型的细胞具有不同的转录物组表型,并决定细胞的最终命运。从理论上讲,转录物组分析应以单细胞为研究模型,这样有助于解析单个细胞的行为、机制以及与机体的关系等的分子基础。不同于组织测序或细胞群测序,单细胞测序(scRNA-seq)是在单细胞水平上对 RNA 进行高通量测序和分析,能够深入挖掘细胞个体特异性的信息,尤其适合存在高度异质性的干细胞及胚胎发育早期细胞。scRNA-seq 技术结合活细胞成像系统,更有助于深入理解细胞发育及分化、细胞重编程及转分化等过程以及相关的基因调节网络。单细胞转录物组分析在临床上广泛应用于肿瘤细胞、免疫细胞和神经元细胞的异质性、胚胎细胞发育分化、生物标志物/疾病分型等方面的研究,可连续追踪疾病基因表达的动态变化,监测疾病进程和预测疾病预后。

二、转录物组学研究的常用技术

1. cDNA 芯片技术　cDNA 芯片是从生物体特定阶段组织或细胞中提取 mRNA，经逆转录合成 cDNA 后所制备的芯片。cDNA 芯片技术可以高通量、灵敏地检测多基因的表达状况，是大规模基因组表达谱研究的主要技术。该技术可以同时对大量样品进行快速检测，适于分析不同组织细胞或同一细胞在不同状态下的基因差异表达。

2. 基因表达系列分析（SAGE）　是基于 cDNA 芯片技术、在转录水平研究生物体组织或细胞基因表达模式的一种高通量技术。其以来自 cDNA 3′端的特定位置的、可代表相应转录本的一段 9~10 bp 的特异序列为标签，获得生物体转录本的表达信息。SAGE 的基本操作流程是，首先获取生物体特定组织或细胞的 cDNA，利用锚定酶（anchoring enzyme，AE）和位标酶（tagging enzyme，TE）切割 cDNA 分子 3′端的特定位置，分离所有转录本中的 SAGE 标签，再将这些标签串联起来并进行测序，最后以融合标签作为探针，结合生物信息学进行基因表达谱分析。该技术可以全面提供生物体基因表达谱信息，还可以定量比较不同状态下组织或细胞基因表达的差异。

3. 大规模平行信号测序系统（MPSS）　是一种以测序为基础的基因表达谱自动化和高通量分析技术。其基本原理是以能够特异识别每个转录子信息的一段 16~20 bp 的序列信号（sequence signature）为检测标签，定量地大规模平行测定相应转录子的表达水平。MPSS 的基本操作流程是，首先利用荧光标记的引物将生物体特定组织或细胞的 mRNA 逆转录成 cDNA，PCR 扩增获得含荧光引物的标签序列信号库；将大量特定的与标签序列互补的寡核苷酸片段加载到特制的微球载体表面，再与序列信号库进行杂交，使含标签的样品被微球吸附；采用荧光激活细胞分选（FACS）后直接进行序列测定，每一序列在样品中频率（拷贝数）就代表与该序列信号相应的 cDNA 的表达水平；最后经生物信息学分析，即可获得高通量基因表达谱。该技术可在短时间内检测生物体组织或细胞内全部基因的表达情况，特别适合对统计学检验有严格要求的病变样本和正常样本之间的高通量分析，能够有效测定表达水平较低、差异性较小的基因。

4. RNA-seq 技术　即利用高通量测序平台测定生物体组织或细胞在某一功能状态下所能转录出来的全部 RNA 序列。RNA-seq 的基本操作流程是，先提取样品总 RNA，逆转录成 cDNA；再经末端修复、加碱基 A、加测序接头后进行 PCR 扩增，构建文库；然后利用高通量测序平台进行测序。该技术无须预先针对已知序列设计探针，可以在单核苷酸水平上分析任意物种转录本的结构和表达水平，并发现未知的转录本，识别可变剪切位点及编码序列 SNP。

5. 生物信息学研究　目前已建立了诸多转录物组相关数据库，如 cDNA 数据库、可变剪接数据库、真核生物基因组转录调控区数据库、真核生物基因表达调控因子数据库、真核生物启动子数据库、转录因子和基因表达数据库及非编码 RNA 组数据库等。这些数据库有助于对基因转录调控区的特点、基因剪接、基因表达模式及基因表达时空特异性进行更深入研究。

第三节　蛋白质组学

蛋白质组（proteome）指生物体、组织或细胞在特定时间和空间上所表达的全部蛋白质。生物体所表达蛋白质的种类、数量随着细胞生长发育的不同阶段及所处环境条件的不同而发生变化,因此蛋白质组是一个在时间和空间上动态变化着的整体。蛋白质组学(proteomics)以蛋白质组为研究对象,分析细胞内动态变化的蛋白质组成、表达水平、修饰状态及生物活性,了解蛋白质之间的相互作用与联系,并从整体水平上阐明蛋白质调控的活动规律。

一、蛋白质组学的研究内容

1. 结构蛋白质组学(structural proteomics)　即蛋白质组表达模式的研究。采用高通量的蛋白质组研究技术,从大规模、系统性的角度对生物体、组织或细胞中所有蛋白质进行分离、鉴定及表达丰度等的研究,建立蛋白质表达谱,从而获得对蛋白质表达调控规律的全景式认识。通过对生物体生长发育、生理病理乃至死亡等不同阶段细胞、组织、器官中蛋白质表达谱的变化分析,可发现与生物体生长发育及疾病发生发展密切相关的蛋白质。

2. 功能蛋白质组学(functional proteomics)　即蛋白质组功能模式的研究,研究对象为细胞内与某种特定功能相关或在某种特定生理病理条件下表达的蛋白质群体。功能蛋白质组学从核酸和蛋白质水平对差异蛋白质进行研究,了解蛋白质结构与功能的关系,以及基因结构与蛋白质结构、功能的相互关系,进而确定重大生命活动或疾病发生发展的蛋白质基础。通过比较正常与异常细胞或组织中蛋白质表达水平的差异,进而找到与人类疾病密切相关的差异蛋白质。通过对其功能的研究确定靶分子,为临床诊断、病理研究、新陈代谢研究、药物筛选和新药开发提供理论依据。

3. 相互作用蛋白质组学(interaction proteomics)　即从整体水平上分析生物体、组织或细胞中的蛋白质相互作用及相互协调关系。蛋白质往往以蛋白质复合物的形式执行各种生物学功能,蛋白质-蛋白质相互作用是细胞生命活动的基础和特征。因此,要深入了解所有蛋白质的功能,理解生命活动的本质,就必须对蛋白质-蛋白质相互作用有清晰的认知,包括受体与配体的结合、信号转导分子间的相互作用及其机制等。

二、蛋白质组学常用的研究技术

蛋白质组学研究涉及蛋白质的分离、鉴定及鉴定结果的分析处理。双向凝胶电泳(two-dimensional gel electrophoresis,2-DE)、质谱(mass spectroscopy,MS)、计算机图像分析与数据处理技术是蛋白质组学研究的三大基本支撑技术。

1. 蛋白质分离技术　可选用组织细胞中的全部蛋白质组分或根据蛋白质的溶解性以及在细胞不同部位分离得到的蛋白质组分。常用的蛋白质分离技术主要有2-DE、二维差异凝胶电泳和双向高效柱层析等。2-DE是分离蛋白质最基本的方法,其原理是蛋白质在高压电场作用下先进行等电聚焦电泳,再进行SDS-聚丙烯酰胺凝胶电泳,先后利用蛋白质分子等电点的不同和分子量的不同而进行两次分离。二维差异凝胶电泳是在2-DE的基础上发展起来的一种荧光标记的蛋白质组学定量技术,比2-DE具有更高的灵敏度和检测范围,是目前最为可靠的蛋白质组学定量方法。双向高效柱层析是将复杂的蛋白质样品先进行凝胶过滤柱层析,再利用蛋白质表面疏水性质进行反向柱层析分离,通过两次分离可获得更多的蛋白质。

2. 蛋白质鉴定技术　主要包括MS、Edman降解法、氨基酸组成分析、C端氨基酸序列分析等,其中MS技术是蛋白质鉴定的核心技术。MS是将样品分子离子化后,根据不同离子间质荷比（m/z）的差异进行成分和结构分析的方法。MS早期只能分析小分子挥发性物质，但随着基质辅助激光解吸电离（matrix-assisted laser desorption ionization，MALDI）技术和电喷雾电离（electrospray ionization，ESI）技术的出现，分别发展了基质辅助激光解吸电离飞行时间质谱（MALDI-TOF-MS）技术和电喷雾串联质谱（ESI-MS/MS）技术，从而使核酸或蛋白质等生物大分子也可以产生带电荷的分子离子，进而能测定其分子量。MS具有很高的灵敏度和高质量的检测范围，与串联质谱联用，可用于复杂体系中痕量物质的鉴定和结构分析。利用MS鉴定蛋白质主要采用肽质量指纹图谱（peptide mass fingerprinting，PMF）法、肽段串联质谱（MS/MS）法、色谱与质谱联用技术。

3.蛋白质芯片技术　是一种高通量、高灵敏度、自动化的蛋白质分析技术。该技术已在蛋白质表达谱、蛋白质功能、蛋白质相互作用以及寻找疾病生物标志物和药物筛选等方面广泛应用。

4.蛋白质相互作用研究技术　包括噬菌体展示技术、酵母双杂交技术、蛋白质工程定点诱变技术、蛋白质免疫共沉淀技术以及亲和层析、蛋白质交联、Western印迹等，已广泛应用于蛋白质组学研究中。

5.生物信息学研究　生物信息学可以高效地分析蛋白质组数据，还可以通过与数据库的搜索匹配对已知基因或新基因产物进行全面的功能注释。常用的蛋白质序列数据库有PIR-PSD、TrEMBL、SWISS-PROT、UniProt等；蛋白质片段数据库有BLOCKS、PROSITE、PRINTS等；蛋白质结构分类数据库有SCOP、CATH、ProtClustDB等；蛋白质三维结构数据库有MMDB、PDB、BioMagResBank等相互作用的蛋白质数据库有DIP等。

第四节　代谢组学

代谢组（metabolome）指一个生物体、组织、细胞或体液中所产生的所有代谢产物。这些代谢产物主要是在代谢过程中产生的小分子物质（如葡萄糖、cAMP、cGMP、谷氨酸等），其中很多是酶的底物和产物。由于细胞内的生命活动大多发生于代谢层面，故代谢产物的变化能更直接地反映细胞所处的环境。代谢组学（metabonomics）是对一个生物体、组织、细胞或体液中代谢物的大规模研究，即测定样本中所有的小分子代谢产物的组成，描绘其动态变化规律，建立系统代谢图谱，并确定这些变化在生命活动过程中的联系。

一、代谢组学的研究内容

代谢组学本质上是蛋白质组学的延续，重点关注基因表达产物（代谢酶）与代谢产物之间的相互关系，以及生物系统代谢循环中小分子代谢产物的变化情况及其规律，从而反映机体、组织或细胞在内外环境刺激下的代谢应答变化。与基因组学和蛋白质组学相比，代谢组学与疾病的联系更加紧密，在许多与基因改变（如突变）没有明显联系的疾病中，代谢产物常作为疾病发生或长期暴露于内、外环境刺激的标志物，因此，代谢组学研究在生物医学领域具有广阔的前景。目前，代谢组学已广泛应用于遗传性代谢病、内分泌系统疾病、心脑血管疾病、肝肾疾病、肿瘤等的诊断、器官移植、生殖医学及营养和药物研究等方面。

代谢组学的研究可分为以下四个层次：①代谢物靶标分析：对一个或几个特定的代谢组分进行分析；②代谢谱分析：对一系列预先设定的目标代谢组分（如某一类结构、性质相关的化合物或某一代谢途径中所有的代谢物）进行定性和定量分析；③代谢组学分析：对某一生物、组织或细胞中所有代谢组分进行定性和定量分析；④代谢指纹谱分析：不分离鉴定生物样本中的具体单一组分，而是对代谢组分整体进行高通量的定性分析。

二、代谢组学的基本研究技术

代谢组学主要以生物体液（如血液、尿液及唾液等）为研究对象，也可选用完整的组织样品、组织提取液或细胞培养液等进行研究。其中，血液中的内源性代谢产物较为丰富，信息量较大，有助于观测体内代谢物水平的全貌及其动态变化过程；尿液所含的信息量相对有限，但尿样采集不具损伤性。代谢组学研究的基本流程如下：①提取生物体液样品并利用亲和色谱、固相萃取等方法对样品进行预处理；②采用液相色谱（LC）、气相色谱（GC）、毛细管电泳（CE）等方法分离样品中的代谢物；③采用光谱、质谱（MS）、核磁共振（nuclear magnetic resonance，NMR）、电化学等方法对代谢物进行定性及定量分析；④借助生物信息学、化学信息学、计算生物学、化学计量学等方法进行数据分析、建模及仿真。由于代谢物的多样性，代谢组学研究常需采用多种分离、分析手段及其组合技术，其中以 NMR、MS 和色谱-质谱联用技术较为常用。

1. 核磁共振（NMR）技术　根据具有自旋性质的原子核在感应磁场中的能级跃迁来分析物质的化学组成和空间结构。该法可对生物体系中所有的小分子代谢物进行定性及定量分析，现已成为代谢组学研究中的主要技术手段。常用的核磁共振波谱有氢谱（^{1}H-NMR）、碳谱（^{13}C-NMR）和磷谱（^{31}P-NMR）。

2. 质谱（MS）分析　将样品分子离子化后，根据其质荷比（m/z）的差异对生物体系中所有的小分子代谢物进行定性及定量分析，可得到相应的代谢产物谱。但是质谱只能检测离子化的物质，针对非离子化的代谢产物，可采用核磁共振分析。因此将质谱与核磁共振二者相结合，即可获得生物体系中较完整的代谢途径图谱。若将质谱与毛细管电泳共同使用，则可以更高效率地分离某些特定组分，提高某些低丰度代谢组分的检出率、鉴定和定量的精确度。

3. 色谱-质谱联用技术　常用的联用技术包括气相色谱-质谱联用（GC-MS）和液相色谱-质谱联用（LC-MS）技术，是针对生物体系中所有小分子代谢物的分离、定性及定量分析一次完成的高通量实验手段，具有较高的选择性和灵敏度，已被广泛用于代谢组学的研究。该技术可用于比较不同生物样品中各自的代谢产物及其相对丰度，也可以通过比较不同个体中代谢物的质谱峰，了解不同化合物的结构，从而建立完备的、识别这些不同化合物特征的分析方法。

第五节　其他组学

一、糖组学

聚糖（glycan）是由单糖通过糖苷键聚合而成的寡糖或多糖。生物界丰富多样的聚糖类型覆盖生物体所有细胞,不仅决定细胞的类型和状态,还参与细胞识别、细胞黏附、细胞发育、细胞分化、细胞信号转导以及肿瘤转移、微生物感染、免疫反应等重要生物学过程。种类繁多、结构多变、功能多样的聚糖是通过各种糖基转移酶和部分糖苷水解酶协同作用而合成的,富含大量的生物学信息。糖链是生物体中继 DNA 链、蛋白质多肽链之后的第 3 种复杂多分子结构链,鉴于糖基转移酶是由基因编码的,糖基转移酶便延续了"基因→蛋白质"的信息流,由此可以认为"蛋白质→糖类"是基因信息传递的延续。糖生物学(glycobiology)是对生物体内聚糖及其衍生物的结构、化学组成、生物合成及其生物功能的研究。

糖组(glycome)是指一个生物体、组织或细胞中的全部聚糖,其主要成分为糖蛋白、糖脂等的糖链部分。糖组学(glycomics)是对生物体所有聚糖和聚糖复合物的组成、结构及其功能进行的研究,包括糖与糖之间、糖与蛋白质之间、糖与核酸之间的联系和相互作用,旨在阐明聚糖的生物学功能及其与细胞、生物个体表型乃至疾病之间的关系。根据研究内容,可将糖组学分为:①结构糖组学(structural glycomics):对生物体中聚糖的种类、组成、结构、糖基化位点等进行分析;②功能糖组学(functional glycomics):对蛋白质糖基化的机制及功能等进行研究,并对蛋白质与聚糖间的相互作用和功能进行全面分析。

糖组学是基因组学和蛋白质组学的延续,因此要深入了解生命活动的复杂规律,就必须要有"基因组→蛋白质组→糖组"的整体观念。这样才有可能揭示生物体的全部基因功能,从而为重大疾病发生机制的阐明、疾病预测和有效控制、新的诊断标记物的筛选及药物新靶标的发现提供依据。目前,糖组学研究已广泛应用于肝脏疾病、感染性疾病、自身免疫性疾病及肿瘤等的诊断与发病机制研究、疫苗研制与免疫治疗等。

糖组学研究的常用技术有:①色谱分离与质谱鉴定技术:糖组学研究的核心技术,已广泛应用于糖蛋白的系统分析。该技术与蛋白质组数据库相结合,能够系统地鉴定可能的糖蛋白及糖基化位点。②糖微阵列技术:已广泛应用于糖结合蛋白的糖组分析,可对生物体中产生的全部蛋白聚糖结构进行系统鉴定与表征。③生物信息学:糖链研究的信息处理、归纳分析及糖链结构的检索都要借助生物信息学,目前相关的数据库包括 NIH 功能糖组学研究共同体计划(CFG)、复合糖结构数据库(CCSD)、糖组数据库(glycosuite DB)、京都基因与基因组百科全书(KEGG)等。

二、脂质组学

脂质(lipid)是生物体内的重要物质之一,具有化学多样性和功能多样化的特点。脂质及其代谢产物具有特殊而重要的生物学功能,参与细胞的组成、代谢、增殖、内吞、自噬、衰老、凋亡以及物质运输、能量代谢、代谢调控、信号转导等重要生物学过程。脂质代谢紊乱与多种疾病(如肥胖症、糖尿病、癌症等)的发生、发展密切相关,因此,全面系统地鉴定和分析生物体系中的所有脂质,研究脂质代谢调控和代谢产物,可进一步揭示脂质代谢在生命活动和疾病发生过程中的作用。

脂质组(lipidome)是指一个生物体、组织或细胞中所有的脂类。脂质组学(lipidomics)对生物体、组织、细胞或体液中所有脂质及与其相互作用的分子进行研究,旨在了解脂质的结构与功能及与其相互作用的分子,从而揭示脂质代谢与细胞、器官乃至机体的生理、病理过程之间的关系。脂质组学通过大规模定性和定量研究生物体系中的脂质分子,以及其在不同生理、病理条件下的功能和变化,可全面准确地建立不同生理、病理条件下脂质组的全方位信息图谱。脂质组学实际上是代谢组学的一个重要分支，由于脂质结构和功能的多样性，加之脂质代谢在物质代谢中的重要地位，脂质组学目前已成为一门独立的学科。将脂质组学与代谢组学整合，可提供更加完整的代谢图谱，从而更加全面地分析脂质及其代谢产物在生理、病理条件下的作用机制及在疾病发生、发展过程中的相互联系。目前，脂质组学已广泛应用于疾病相关脂质生物标志物的识别、疾病诊断、药物靶点及先导化合物的发现、药物作用机制研究等方面。

脂质组学的研究主要包括脂质的提取与分离、脂质的分析鉴定及数据信息处理，其中生物质谱技术是目前脂质组学研究的核心技术。脂质组学研究的常用技术包括：①色谱与质谱联用技术：主要有气相色谱与质谱联用（GC-MS）、高效液相色谱与质谱联用（HPLC-MS）、超高效液相色谱与质谱联用（UPLC-MS）等。②鸟枪法脂质组学（shotgun lipidomics）技术：可以最小限度地分离混合样品中的脂质，并对其进行大规模、全面的定性和定量分析，主要依赖电喷雾串联质谱（ESI-MS/MS）。③生物信息学：脂质组学的迅速发展，促进了相关数据库的逐步建立，目前已有 Lipid Bank、LIPID MAPS、Cyber Lipids、HMDB 等数据库。

三、系统生物学

随着各种组学和生物信息学的不断发展与整合，系统生物学（systems biology）作为一门新的学科应运而生。系统生物学是研究一个生物系统中所有的组成成分（如基因、mRNA、蛋白质等），以及在特定条件下这些组分之间的联系和相互作用，并分析这些组分在一定时间内的动力学过程。基因、蛋白质及环境之间不同层次的交互作用共同形成了整个生物系统的完整功能，因此，系统生物学就是全方位、多层次、系统性、整体性地了解和深入研究基因组、蛋白质组和代谢组之间的相互关系的学科。

系统生物学是以整体性研究为特征的整合科学，主要研究生物实体系统（生物个体、器官、组织、细胞、环境因子）的建模与仿真、生化代谢途径的动态变化、各种信号转导途径的相互作用、基因表达调控网络及生命活动机制等。系统生物学基于高通量的组学研究技术平台，利用各种组学提供的数据，结合计算生物学进行建模，并对模型进行预测或假设，从而使生命科学由描述式的科学转变为可定量描述和预测的科学。系统医学生物学应用相关理论与技术来研究人体（包括动物和细胞模型）生命活动的本质、规律以及疾病发生、发展的机制，目前已在预测医学、预防医学和个体化医学中得到广泛应用。例如，代谢组学的生物指纹可用于预测冠心病病人的危险程度、诊断肿瘤以及监控治疗过程；基因多态性图谱可用于预测病人对药物的应答，包括药物的毒副作用和疗效；表型组学的细胞芯片和代谢组学的生物指纹可广泛用于新药的研究和开发。未来的疾病治疗将不再依赖单一药物，而使用一组药物（系统药物）的协调作用来控制病变细胞的代谢状态，以减少药物的毒副作用，维持药物治疗的最大效果。

思考题

1. 查找资料，进一步了解人类基因组计划的目标、进程及研究成果。
2. 何为组学？按照生物遗传信息流方向，组学主要包括哪些？
3. 试述基因组学的概念、研究内容及常用的研究技术。
4. 试述蛋白质组学的研究内容及常用的研究技术。

在线测试

5. 比较转录物组学和蛋白质组学在所用技术和获得信息方面的异同。
6. 简述代谢物组学、糖组学、脂质组学和系统生物学的研究意义。

本章小结

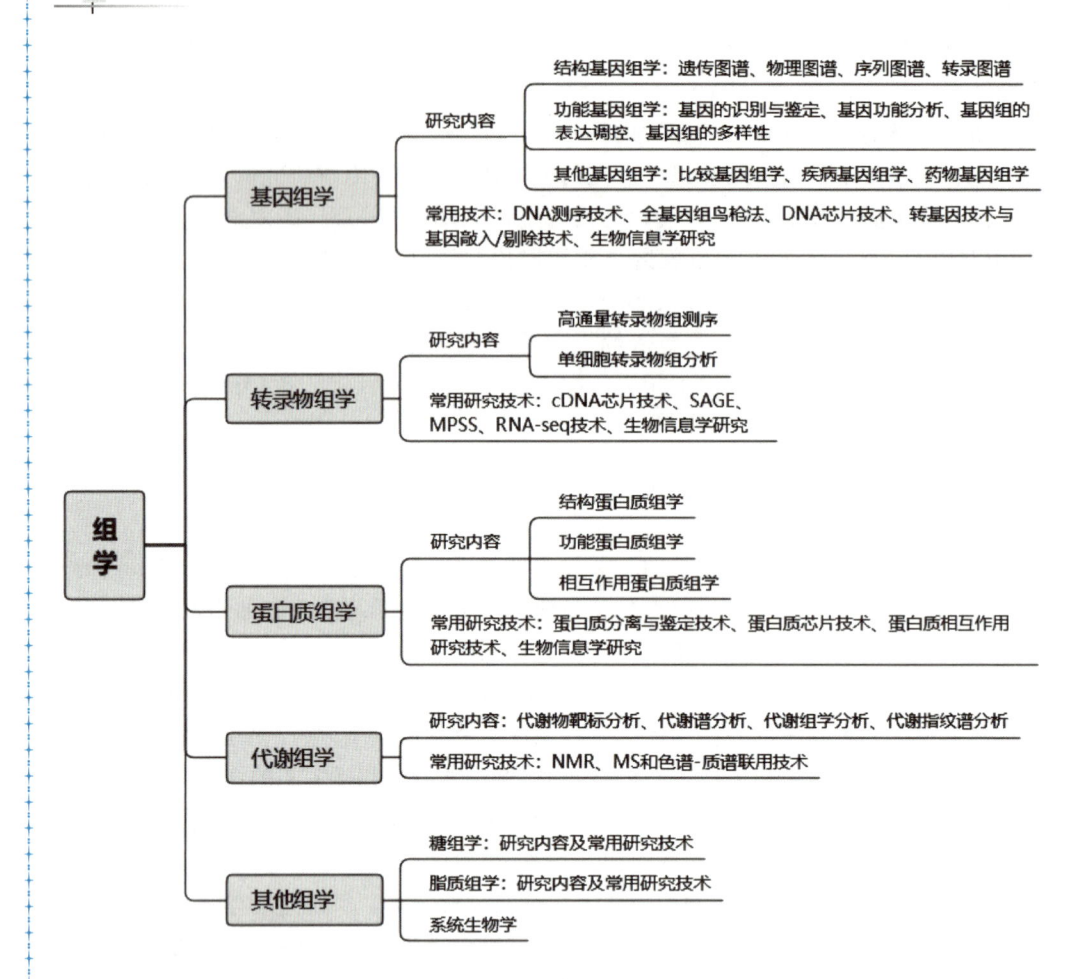

- **组学**
  - **基因组学**
    - 研究内容
      - 结构基因组学：遗传图谱、物理图谱、序列图谱、转录图谱
      - 功能基因组学：基因的识别与鉴定、基因功能分析、基因组的表达调控、基因组的多样性
      - 其他基因组学：比较基因组学、疾病基因组学、药物基因组学
    - 常用技术：DNA测序技术、全基因组鸟枪法、DNA芯片技术、转基因技术与基因敲入/剔除技术、生物信息学研究
  - **转录物组学**
    - 研究内容
      - 高通量转录物组测序
      - 单细胞转录物组分析
    - 常用研究技术：cDNA芯片技术、SAGE、MPSS、RNA-seq技术、生物信息学研究
  - **蛋白质组学**
    - 研究内容
      - 结构蛋白质组学
      - 功能蛋白质组学
      - 相互作用蛋白质组学
    - 常用研究技术：蛋白质分离与鉴定技术、蛋白质芯片技术、蛋白质相互作用研究技术、生物信息学研究
  - **代谢组学**
    - 研究内容：代谢物靶标分析、代谢谱分析、代谢组学分析、代谢指纹谱分析
    - 常用研究技术：NMR、MS和色谱-质谱联用技术
  - **其他组学**
    - 糖组学：研究内容及常用研究技术
    - 脂质组学：研究内容及常用研究技术
    - 系统生物学

参考文献

[1] 毕见州,何文胜.生物化学[M].4版.北京:中国医药科技出版社,2021.
[2] 张爱华,王云庆.生物分离技术[M].北京:化学工业出版社,2012.
[3] 须建.生物药品[M].北京:人民卫生出版社,2009.
[4] 陈电容.生物化学与生化药品[M].2版.郑州:河南科学技术出版社,2014.
[5] 周克元,罗德生.生物化学:案例版[M].2版.北京:科学出版社,2010.
[6] 刘新光,罗德生.生物化学与分子生物学:案例版[M].3版.北京:科学出版社,2021.
[7] 姚文兵.生物化学[M].8版.北京:人民卫生出版社,2016.
[8] 吴梧桐.生物化学[M].3版.北京:中国医药科技出版社,2015.
[9] 周春燕,药立波.生物化学与分子生物学[M].9版.北京:人民卫生出版社,2018.
[10] 郑里翔,杨云.生物化学[M].2版.北京:中国医药科技出版社,2018.
[11] 杨留才,张知贵,陈阳建.生物化学[M].北京:高等教育出版社,2021.
[12] 陈芬,徐固华.生物化学与技术[M].武汉:华中科技大学出版社,2010.
[13] 何凤田,李荷.生物化学与分子生物学[M].北京:科学出版社,2017.
[14] 郝乾坤,郑里翔.生物化学[M].西安:第四军医大学出版社,2011.
[15] 方定志,焦炳华.生物化学与分子生物学[M].4版.北京:人民卫生出版社,2023.
[16] 江兴林,郝岗平,杨军平.生物化学与分子生物学[M].2版.北京:中国医药科技出版社,2023.
[17] 杨清玲,朱华庆.分子生物学[M].合肥:中国科学技术大学出版社,2021.
[18] 钱晖,侯筱宇,何凤田.生物化学与分子生物学[M].5版.北京:科学出版社,2023.
[19] 唐炳华,郑晓珂.分子生物学[M].北京:中国中医药出版社,2017.
[20] 宋方洲.生物化学与分子生物学[M].北京:科学出版社,2014.